4.2.1 制作英语培训标牌

4.3 制作变形文字

4.4 制作卡片文字

5.1.1 制作城市宣传动画

5.2.1 制作婚礼视频

5.3 制作啤酒广告

5.4 制作海洋公园广告

6.1.1 制作快乐行动画

6.2.1 制作动态菜单

6.3 制作转动文字效果

6.4 制作单选按钮

7.1.1 制作打字效果

7.2.1 制作逐帧动画

7.3.1 制作精美戒指广告

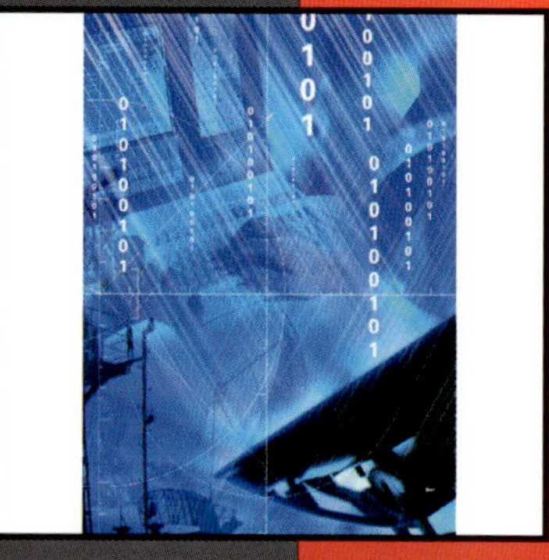
7.4.1 制作流动的文字

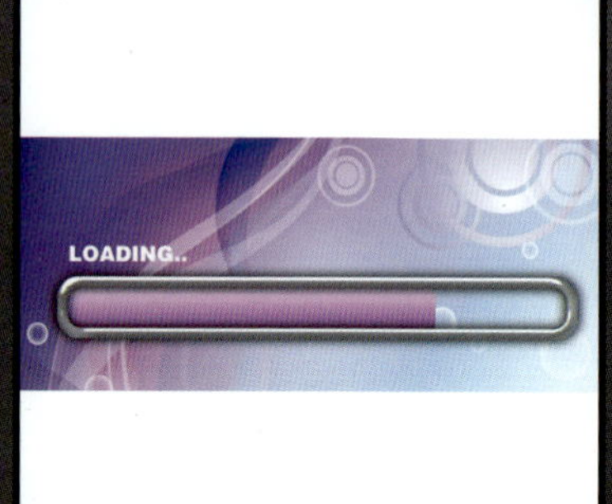

7.5 制作 LOADING 下载条

7.6 制作变色标志

8.1.1 制作落花效果

8.2.1 制作音乐会招贴

8.3 制作情人节贺卡

8.4 制作神秘的星空效果

9.1.1 制作圣诞节音乐贺卡

9.1.7 制作射击游戏

9.2 制作学字母发音

9.3 制作鼠标控制声道

10.1.1 制作移动的菜单

10.1.9 制作计算器

10.2 制作化学课件

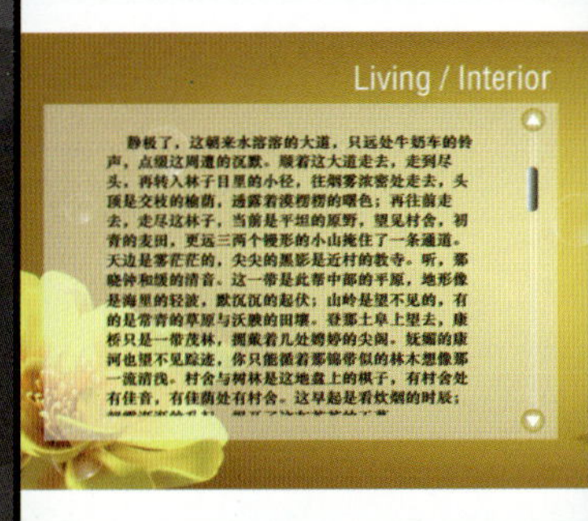

10.3 制作滚动条

11.1.1 制作浪漫婚纱相册

11.2.1 控制声音开关及音量

11.3.1 制作会员登录界面

11.4 制作化妆品网页

11.5 制作好朋友相册

12.1.1 制作历史课件

12.2.1 制作青花瓷欣赏课件

12.3 制作百科知识问答

12.4 制作文物鉴赏会幻灯片

14.1 制作家居组合游戏

14.2 制作数码产品网页

14.3 制作汉堡包游戏

14.4 制作汽车宣传广告

Flash动画制作

标准教程（CS4版）

2 1 世 纪 高 等 院 校 数 字 艺 术 类 规 划 教 材

马丹　主编

何焱　李立功　副主编

人 民 邮 电 出 版 社

北 京

图书在版编目（C I P）数据

Flash动画制作标准教程 : CS4版 / 马丹主编. -- 北京 : 人民邮电出版社, 2011.12（2021.8重印）
21世纪高等院校数字艺术类规划教材
ISBN 978-7-115-26520-3

Ⅰ. ①F… Ⅱ. ①马… Ⅲ. ①动画制作软件, Flash CS4－高等学校－教材 Ⅳ. ①TP391.41

中国版本图书馆CIP数据核字(2011)第206473号

内 容 提 要

本书全面系统地介绍了 Flash CS4 的基本操作方法和网页动画的制作技巧，包括 Flash CS4 基础入门、图形的绘制与编辑、对象的编辑与操作修饰、文本的编辑、外部素材的应用、元件和库、基本动画的制作、层与高级动画、声音素材的编辑、动作脚本的应用、交互式动画的制作、组件与行为、作品的测试、优化、输出和发布以及综合实训案例等内容。

本书内容的讲解均以案例为主线，通过案例的制作，学生可以快速熟悉软件功能和艺术设计思路。书中的软件功能解析部分使学生能够深入学习软件功能，课堂练习和课后习题可以拓展学生的实际应用能力，提高学生的软件使用技巧。在本书的最后一章，精心安排了专业设计公司的多个商业案例，力求通过这些案例的制作，使学生提高艺术设计创意能力。

本书适合作为高等院校数字媒体艺术类专业课程的教材，也可作为相关人员的自学参考书。

21 世纪高等院校数字艺术类规划教材
Flash 动画制作标准教程（CS4 版）

◆ 主　　编　马　丹
副 主 编　何　焱　李立功
责任编辑　李海涛
◆ 人民邮电出版社出版发行　　北京市丰台区成寿寺路 11 号
邮编　100164　　电子邮件　315@ptpress.com.cn
网址　http://www.ptpress.com.cn
北京市艺辉印刷有限公司印刷
◆ 开本：787×1092　1/16　　彩插：2
印张：19.75　　2011年12月第1版
字数：571千字　　2021年8月北京第10次印刷

ISBN 978-7-115-26520-3

定价：48.00 元（附光盘）

读者服务热线：(010) 81055256　印装质量热线：(010) 81055316
反盗版热线：(010) 81055315
广告经营许可证：京东市监广登字20170147号

前言

Flash 是由 Adobe 公司开发的网页动画制作软件。它功能强大、易学易用，深受网页制作爱好者和动画设计人员的喜爱，已经成为这一领域最流行的软件之一。目前，我国很多本科院校的数字媒体艺术类专业，都将“Flash”作为一门重要的专业课程。

本书具有完善的知识结构体系，书中精心设计了课堂案例，力求通过课堂案例演练，使学生快速掌握软件的应用技巧；课堂案例演练之后对案例中用到的重要基础知识进行详细的讲解，力求通过对软件基础知识的讲解，使学生深入学习软件功能；最后通过每章的课后习题实践，拓展学生的实际应用能力。在本书的最后一章，精心安排了专业设计公司的多个商业案例，力求通过这些案例的制作，使学生提高艺术设计创意能力。在内容编写方面，力求细致全面、重点突出；在文字叙述方面，注意言简意赅、通俗易懂；在案例选取方面，强调案例的针对性和实用性。

本书配套光盘中包含了书中所有案例的素材及效果文件。另外，为方便教师教学，本书配套光盘中配备了详尽的课堂练习和课后习题的操作步骤以及 PPT 课件、教学大纲等丰富的教学资源。本书的参考学时为 60 学时，其中实训环节为 20 学时，各章的参考学时参见下面的学时分配表。

章　节	课程内容	学时分配	
		讲　授	实　训
第 1 章	Flash CS 4 基础入门	2	
第 2 章	图形的绘制与编辑	3	2
第 3 章	对象的编辑与修饰	3	1
第 4 章	文本的编辑	3	1
第 5 章	外部素材的应用	2	1
第 6 章	元件和库	3	1
第 7 章	基本动画的制作	4	2
第 8 章	层与高级动画	4	2
第 9 章	声音素材的编辑	2	1
第 10 章	动作脚本的应用	3	2
第 11 章	交互式动画的制作	3	3
第 12 章	组件与行为	3	2
第 13 章	作品的测试、优化、输出和发布	1	
第 14 章	综合实训案例	4	2
课时总计		40	20

本书由马丹任主编，何焱、李立功任副主编。参加本书编写工作的还有周建国、王世宏、谢立群、葛润平、张敏娜、张文达、张丽丽、张旭、吕娜、程静、贾楠、房婷婷、黄小龙、周亚宁、崔桂青等。

由于时间仓促，加之水平有限，书中难免存在错误和不妥之处，敬请广大读者批评指正。

编　者

2011 年 9 月

目录

第 9 章 声音素材的编辑

第 10 章 动作脚本的应用

第 11 章 交互式动画的制作

第 12 章 组件与行为

第 13 章 作品的测试、优化、输出和发布

第1章 Flash CS4 基础入门

本章将详细讲解 Flash CS4 的基本知识和基本操作。读者通过学习要对 Flash CS4 有初步的认识和了解，并能够掌握软件的基本操作方法和技巧，为以后的学习打下一个坚实的基础。

【教学目标】

- Flash CS4 的操作界面。
- Flash CS4 的文件操作。
- Flash CS4 的系统配置。

1.1 Flash CS4 的操作界面

Flash CS4 的操作界面由以下几部分组成：菜单栏、主工具栏、工具箱、时间轴、场景和舞台、属性面板以及浮动面板，如图 1-1 所示。下面将一一介绍。

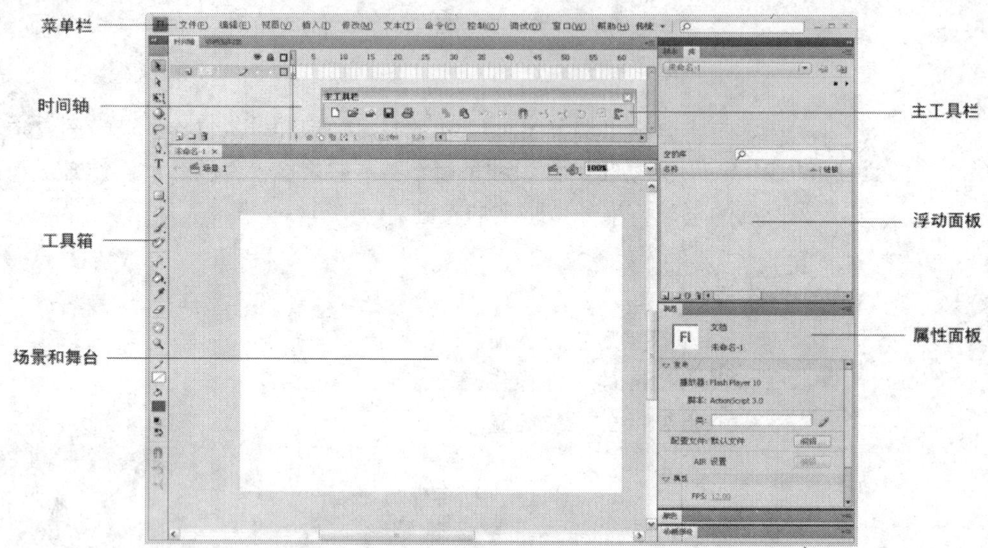

图 1-1

1.1.1 菜单栏

Flash CS4 的菜单栏依次分为："文件"菜单、"编辑"菜单、"视图"菜单、"插入"菜单、"修改"菜单、"文本"菜单、"命令"菜单、"控制"菜单、"调试"菜单、"窗口"菜单及"帮助"菜单，如图 1-2 所示。

文件(F) 编辑(E) 视图(V) 插入(I) 修改(M) 文本(T) 命令(C) 控制(O) 调试(D) 窗口(W) 帮助(H)

图 1-2

"文件"菜单：主要功能是创建、打开、保存、打印、输出动画，以及导入外部图形、图像、声音、动画文件，以便在当前动画中进行使用。

"编辑"菜单：主要功能是对舞台上的对象以及帧进行选择、复制、粘贴，以及自定义面板、设置参数等。

"视图"菜单：主要功能是进行环境设置。

"插入"菜单：主要功能是向动画中插入对象。

"修改"菜单：主要功能是修改动画中的对象。

"文本"菜单：主要功能是修改文字的外观、对齐以及对文字进行拼写检查等。

"命令"菜单：主要功能是保存、查找、运行命令。

"控制"菜单：主要功能是测试播放动画。

“窗口”菜单：主要功能是控制各功能面板是否显示以及面板的布局设置。

“帮助”菜单：主要功能是提供 Flash CS4 在线帮助信息和支持站点的信息，包括教程和 ActionScript 帮助。

1.1.2 主工具栏

为方便使用，Flash CS4 将一些常用命令以按钮的形式组织在一起，置于操作界面的上方。主工具栏依次分为："新建"按钮、"打开"按钮、"转到 Bridge"按钮、"保存"按钮、"打印"按钮、"剪切"按钮、"复制"按钮、"粘贴"按钮、"撤销"按钮、"重做"按钮、"对齐对象"按钮、"平滑"按钮、"伸直"按钮、"旋转与倾斜"按钮、"缩放"按钮以及"对齐"按钮，如图 1-3 所示。

选择"窗口 > 工具栏 > 主工具栏"命令，可以调出主工具栏，还可以通过鼠标拖动改变工具栏的位置。

图 1-3

"新建"按钮：新建一个 Flash 文件。

"打开"按钮：打开一个已存在的 Flash 文件。

"转到 Bridge"按钮：用于打开文件浏览窗口，从中可以对文件进行浏览和选择。

"保存"按钮：保存当前正在编辑的文件，不退出编辑状态。

"打印"按钮：将当前编辑的内容送至打印机输出。

"剪切"按钮：将选中的内容剪切到系统剪贴板中。

"复制"按钮：将选中的内容复制到系统剪贴板中。

"粘贴"按钮：将剪贴板中的内容粘贴到选定的位置。

"撤消"按钮：取消前面的操作。

"重做"按钮：还原被取消的操作。

"贴紧至对象"按钮：选择此按钮进入贴紧状态，用于绘图时调整对象准确定位；设置动画路径时能自动粘连。

"平滑"按钮：使曲线或图形的外观更光滑。

"伸直"按钮：使曲线或图形的外观更平直。

"旋转与倾斜"按钮：改变舞台对象的旋转角度和倾斜变形。

"缩放"按钮：改变舞台中对象的大小。

"对齐"按钮：调整舞台中多个选中对象的对齐方式。

1.1.3 工具箱

工具箱提供了图形绘制和编辑的各种工具，分为"工具"、"查看"、"颜色"、"选项"4 个功能区，如图 1-4 所示。选择"窗口 > 工具"命令或按 Ctrl+F2 组合键，可以调出主工具箱。

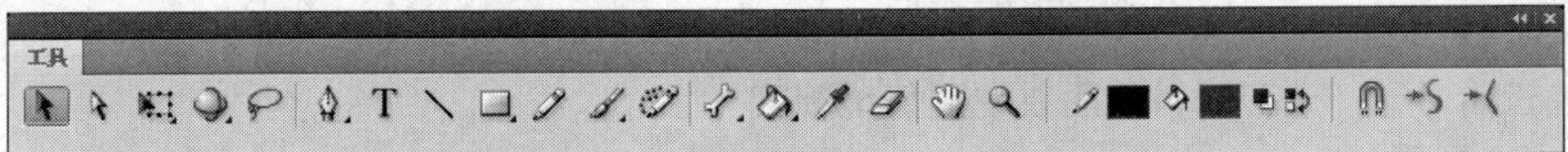

图 1-4

它们的具体功能如下。

1．“工具”区：提供选择、创建、编辑图形的工具

“选择”工具：选择和移动舞台上的对象，改变对象的大小和形状等。

“部分选取”工具：用来抓取、选择、移动和改变形状路径。

“任意变形”工具：对舞台上选定的对象进行缩放、扭曲、旋转变形。

“填充变形”工具：对舞台上选定的对象填充渐变色变形。

“3D 旋转”工具：可以在 3D 空间中旋转影片剪辑实例。在使用该工具选择影片剪辑后，3D 旋转控件出现在选定对象之上。x 轴为红色、y 轴为绿色、z 轴为蓝色。使用橙色的自由旋转控件可同时绕 x 和 y 轴旋转。

“3D 平移”工具：可以在 3D 空间中移动影片剪辑实例。在使用该工具选择影片剪辑后，影片剪辑的 x、y 和 z 三个轴将显示在舞台上对象的顶部。x 轴为红色、y 轴为绿色，而 z 轴为黑色。应用此工具可以将影片剪辑分别沿着 x、y 或 z 轴进行平移。

“套索”工具：在舞台上选择不规则的区域或多个对象。

“钢笔”工具：绘制直线和光滑的曲线，调整直线长度、角度及曲线曲率等。

“文本”工具：创建、编辑字符对象和文本窗体。

“线条”工具：绘制直线段。

“矩形”工具：绘制矩形向量色块或图形。

“椭圆”工具：绘制椭圆形、圆形向量色块或图形。

“基本矩形”工具：绘制基本矩形，此工具用于绘制图元对象。图元对象是允许用户在属性面板中调整其特征的形状。可以在创建形状之后，精确地控制形状的大小、边角半径以及其他属性，而无需从头开始绘制。

“基本椭圆”工具：绘制基本椭圆形，此工具用于绘制图元对象。图元对象是允许用户在属性面板中调整其特征的形状。可以在创建形状之后，精确地控制形状的开始角度、结束角度、内径以及其他属性，而无需从头开始绘制。

“多角星形”工具：绘制等比例的多边形。

“铅笔”工具：绘制任意形状的向量图形。

“刷子”工具：绘制任意形状的色块向量图形。

“喷涂刷”工具：可以一次性地将形状图案“刷”到舞台上。默认情况下，喷涂刷使用当前选定的填充颜色喷射粒子点。也可以使用喷涂刷工具将影片剪辑或图形元件作为图案应用。

“Deco”工具：可以对舞台上的选定对象应用效果。在选择 Deco 工具后，可以从属性面板中选择要应用的效果样式。

“骨骼”工具：可以向影片剪辑、图形和按钮实例添加 IK 骨骼。

“绑定”工具：可以编辑单个骨骼和形状控制点之间的连接。

“颜料桶”工具：改变色块的色彩。

“墨水瓶”工具：改变向量线段、曲线、图形边框线的色彩。

“滴管”工具：将舞台图形的属性赋予当前绘图工具。

“橡皮擦”工具：擦除舞台上的图形。

2．“查看”区：改变舞台画面以便更好地观察

“手形”工具：移动舞台画面以便更好地观察。

“缩放”工具：改变舞台画面的显示比例。

3．“颜色”区：选择绘制、编辑图形的笔触颜色和填充色

“笔触颜色”按钮：选择图形边框和线条的颜色。

“填充色”按钮：选择图形要填充区域的颜色。

“黑白”按钮：系统默认颜色。

“交换颜色”按钮：可将笔触颜色和填充色进行交换。

4．“选项”区：不同工具有不同的选项，通过“选项”区为当前选择的工具进行属性选择

1.1.4　时间轴

时间轴用于组织和控制文件内容在一定时间内播放。按照功能不同，时间轴窗口分为左右两部分：层控制区、时间线控制区，如图 1-5 所示。时间轴的主要组件是层、帧和播放头。

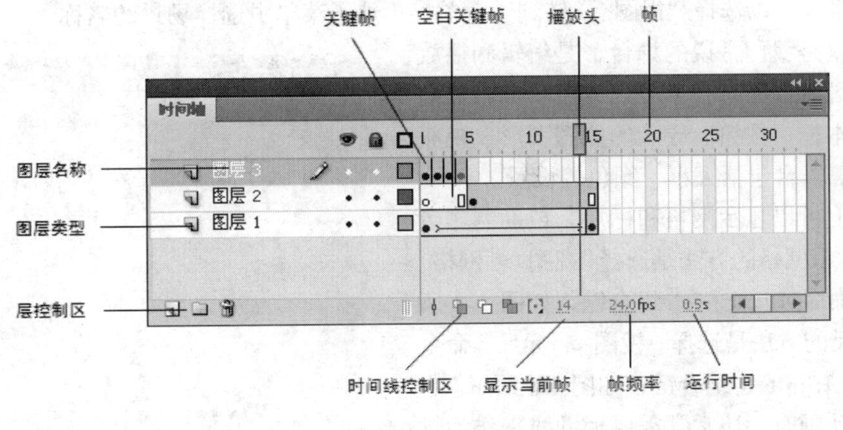

图 1-5

1．层控制区

层控制区位于时间轴的左侧。层就像堆叠在一起的多张幻灯胶片一样，每个层都包含一个显示在舞台中的不同图像。在层控制区中，可以显示舞台上正在编辑作品的所有层的名称、类型、状态，并可以通过工具按钮对层进行操作。

“新建图层”按钮：增加新层。

“新建文件夹”按钮：增加新的图层文件夹。

“删除”按钮：删除选定层。

“显示或隐藏所有图层”按钮：控制选定层的显示/隐藏状态。

“锁定或解除锁定所有图层”按钮：控制选定层的锁定/解锁状态。

“将所有图层显示为轮廓”按钮：控制选定层的显示图形外框/显示图形状态。

2．时间线控制区

时间线控制区位于时间轴的右侧，由帧、播放头和多个按钮及信息栏组成。与胶片一样，Flash 文档也将时间长度分为帧。每个层中包含的帧显示在该层名右侧的一行中。时间轴顶部的时间轴标题指示帧编号。播放头指示舞台中当前显示的帧。信息栏显示当前帧编号、动画播放速率，以及到当前帧为止的运行时间等信息。时间线控制区按钮的基本功能如下。

“帧居中”按钮：将当前帧显示到控制区窗口中间。

“绘图纸外观”按钮：在时间线上设置一个连续的显示帧区域，区域内的帧所包含的内容同时显示在舞台上。

“绘图纸外观轮廓”按钮：在时间线上设置一个连续的显示帧区域，除当前帧外，区域内的帧所包含的内容仅显示图形外框。

“编辑多个帧”按钮：在时间线上设置一个连续的显示帧区域，区域内的帧所包含的内容可同时显示和编辑。

“修改绘图纸标记”按钮：单击该按钮会显示一个多帧显示选项菜单，定义 2 帧、5 帧或全部帧内容。

1.1.5 场景和舞台

场景是所有动画元素的最大活动空间，如图 1-6 所示。像多幕剧一样，场景可以不止一个。要查看特定场景，可以选择“视图 > 转到”菜单，再从子菜单中选择场景的名称。

场景也就是我们常说的舞台，是编辑和播放动画的矩形区域。在舞台上可以放置、编辑如向量插图、文本框、按钮、导入的位图图形、视频剪辑等对象。舞台包括大小、颜色等设置。

图 1-6

在舞台上可以显示网格和标尺，帮助制作者准确定位。显示网格的方法是选择“视图 > 网格 > 显示网格”命令或按 Ctrl+’组合键，如图 1-7 所示；显示标尺的方法是选择“视图 > 标尺”命令或按 Ctrl+Alt+Shift+R 组合键，如图 1-8 所示。

在制作动画时，还常常需要辅助线来作为舞台上不同对象的对齐标准。需要时可以从标尺上向舞台拖动鼠标以产生蓝色的辅助线，如图 1-9 所示，它在动画播放时并不显示。不需要辅助线时，从舞台上向标尺方向拖动辅助线来删除它。还可以通过选择“视图 > 辅助线 > 显示辅助线”命令或按 Ctrl+；组合键，显示出辅助线；选择“视图 > 辅助线 > 编辑辅助线”命令或按 Ctrl+Alt+Shift+G 组合键，修改辅助线的颜色等。

图 1-7　　图 1-8　　图 1-9

1.1.6 属性面板

对于正在使用的工具或资源，使用“属性”面板，可以很容易地查看和更改它们的属性，从而简化文档的创建过程。当选定单个对象时，如文本、组件、形状、位图、视频、组、帧等，“属性”

面板可以显示相应的信息和设置。当选定了两个或多个不同类型的对象时，“属性”面板会显示选定对象的总数，如图 1-10 和图 1-11 所示。

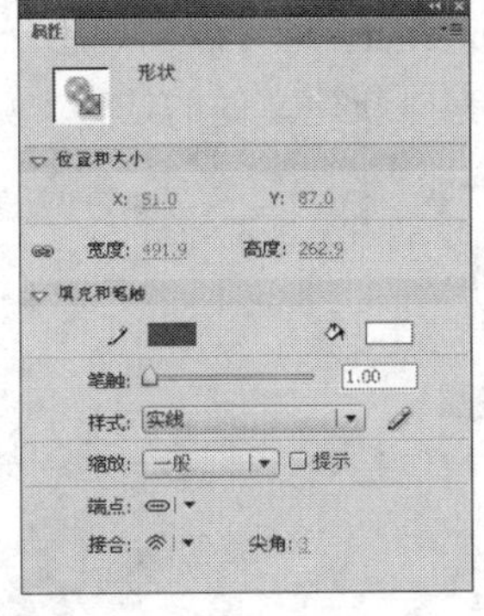

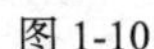

图 1-10

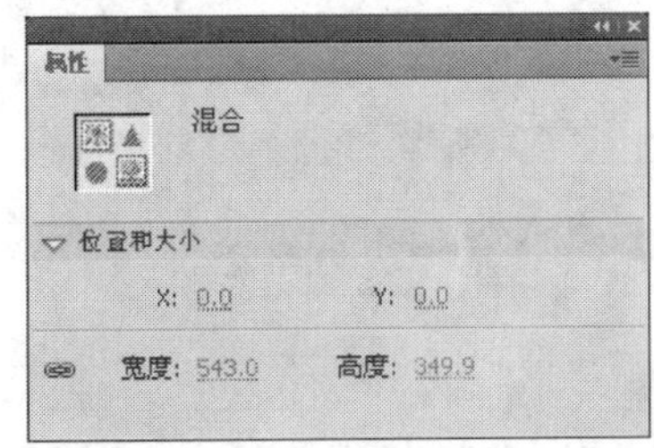

图 1-11

1.1.7　浮动面板

使用面板可以查看、组合和更改资源。但屏幕的大小有限，为了尽量使工作区最大，Flash 提供了许多种自定义工作区的方式，如可以通过“窗口”菜单显示、隐藏面板，还可以通过拖动面板左上方的虚线，将面板从组合中分离出来，也可以利用它将独立的面板添加到面板组合中，如图 1-12、图 1-13 和图 1-14 所示。

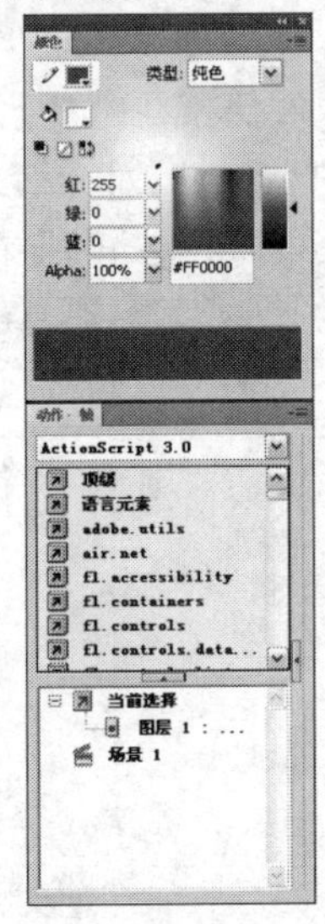

图 1-12

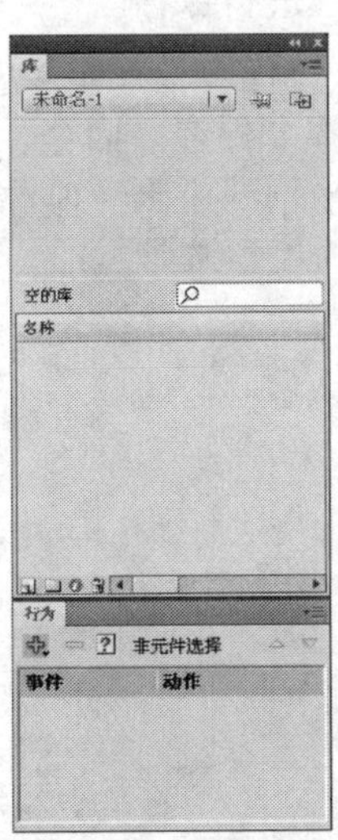

图 1-13

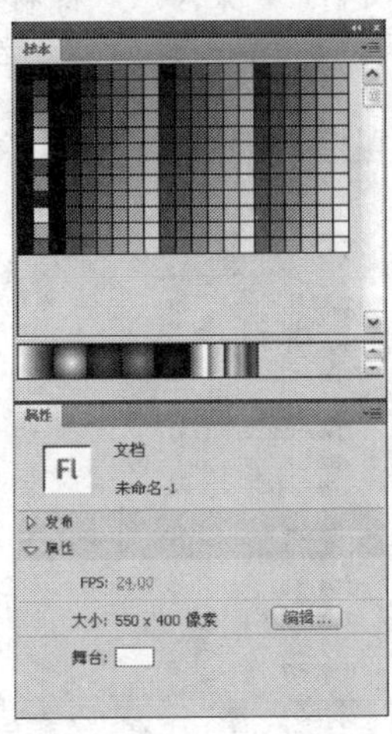

图 1-14

1.2 Flash CS4 的文件操作

1.2.1　新建文件

新建文件是使用 Flash CS4 进行设计的第一步。

选择“文件 > 新建”命令，弹出“新建文档”对话框，如图 1-15 所示。在对话框中，可以创建 Flash 文档，设置 Flash 影片的媒体和结构。创建 Flash 幻灯片演示文稿，演示幻灯片或多媒体等连续性内容。创建基于窗体的 Flash 应用程序，应用于 Internet；也可以创建用于控制影片的外部动作脚本文件等。选择完成后，单击“确定”按钮，即可完成新建文件的任务，如图 1-16 所示。

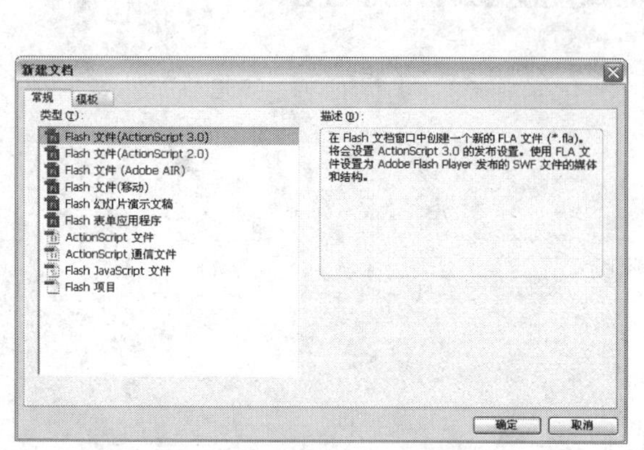

图 1-15

图 1-16

1.2.2 保存文件

编辑和制作完动画后，就需要将动画文件进行保存。

通过“文件 > 保存”、“保存并压缩”、“另存为”等命令可以将文件保存在磁盘上，如图 1-17 所示。当设计好作品进行第一次存储时，选择“保存”命令，弹出“另存为”对话框，如图 1-18 所示，在对话框中，输入文件名，选择保存类型，单击“保存”按钮，即可将动画保存。

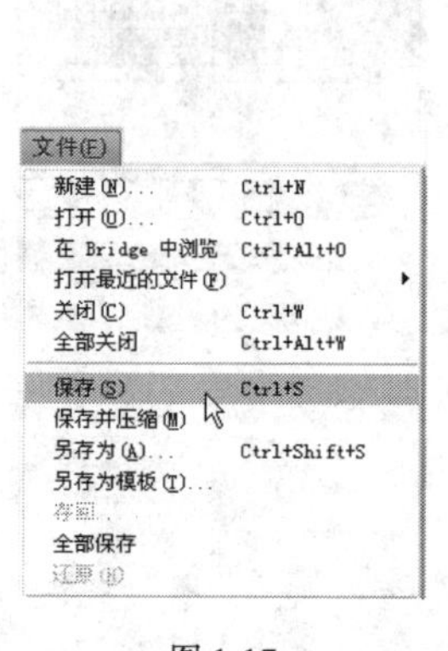

图 1-17

图 1-18

提示： 当对已经保存过的动画文件进行了各种编辑操作后，选择“保存”命令，将不弹出“另存为”对话框，计算机直接保留最终确认的结果，并覆盖原始文件。因此，在未确定要放弃原始文件之前，应慎用此命令。

若既要保留修改过的文件，又不想放弃原文件，可以选择“文件 > 另存为”命令，弹出“另存为”对话框，在对话框中，可以为更改过的文件重新命名、选择路径、设定保存类型，然后进行保存。这样原文件保留不变。

1.2.3　打开文件

如果要修改已完成的动画文件，必须先将其打开。

选择“文件 > 打开”命令，弹出“打开”对话框，在对话框中搜索路径和文件，确认文件类型和名称，如图 1-19 所示。然后单击“打开”按钮，或直接双击文件，即可打开所指定的动画文件，如图 1-20 所示。

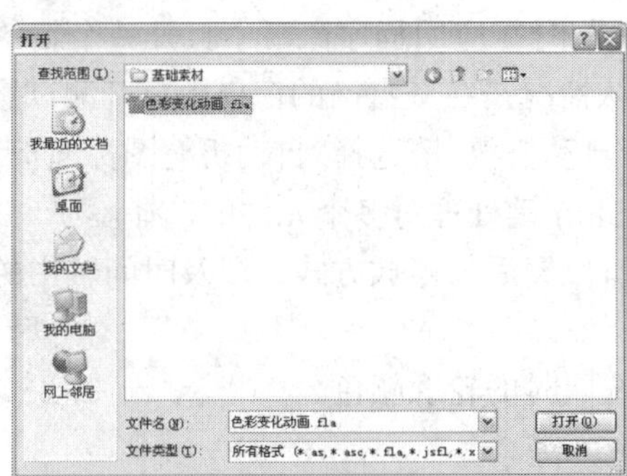

图 1-19

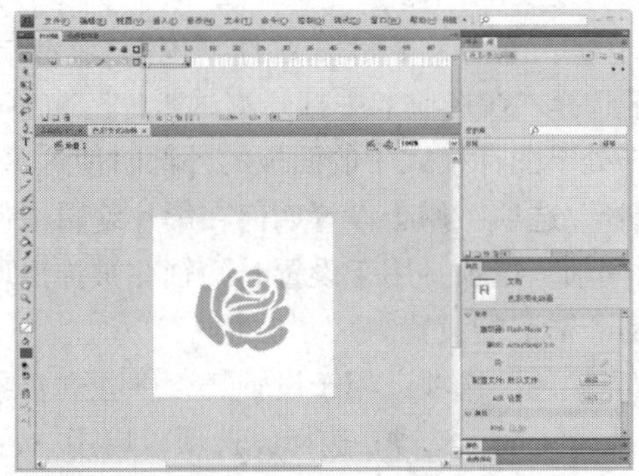

图 1-20

提示：在“打开”对话框中，也可以一次同时打开多个文件，只要在文件列表中将所需的几个文件选中，并单击“打开”按钮，系统就将逐个打开这些文件，以免多次反复调用“打开”对话框。在“打开”对话框中，按住 Ctrl 键的同时，用鼠标单击可以选择不连续的文件。按住 Shift 键，用鼠标单击可以选择连续的文件。

1.3　Flash CS4 的系统配置

应用 Flash 软件时，可以使用默认的配置，也可根据需要自己设定首选参数面板中的数值以及浮动面板的位置。

1.3.1　首选参数面板

应用首选参数面板可以自定义一些常规操作的参数选项。

参数面板依次分为：“常规”选项卡、“ActionScript”选项卡、“自动套用格式”选项卡、“剪贴板”选项卡、“绘画”选项卡、“文本”选项卡、“警告”选项卡、“PSD 文件导入器”选项卡以及“AI 文件导入器”选项卡，如图 1-21 所示。选择“编辑 > 首选参数”命令或按 Ctrl+U 组合键，可以调出“首选参数”对话框。

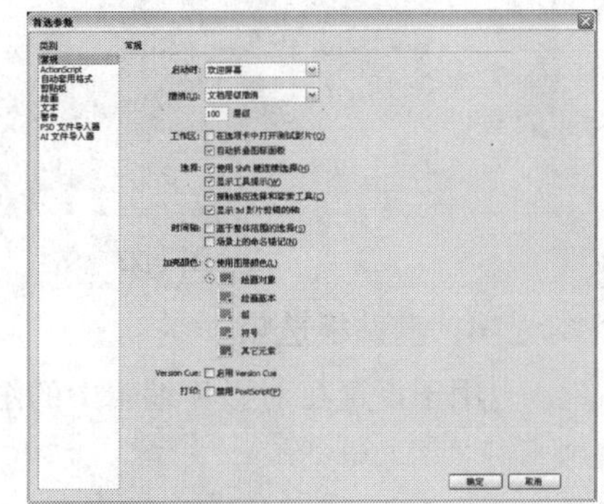

图 1-21

1．常规选项卡

常规选项卡如图 1-21 所示。

“启动时”选项：用于启动 Flash 应用程序时，对首先打开的文档进行选择，其下拉列表如图 1-22 所示。

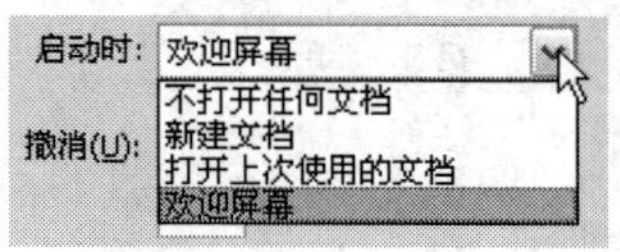

图 1-22

“撤消”选项：在该选项下方的“层极”文本框中输入数值，可以对影片编辑中的操作步骤的撤消／重做次数进行设置。输入数值的范围为 2~300 的整数。使用撤消级越多，占用的系统内存就越多，可能影响编辑速度。

“工作区”选项：若要在选择“控制 > 测试影片”时在应用程序窗口中打开一个新的文档选项卡，请选择“在选项卡中打开测试影片”选项。默认情况是在其自己的窗口中打开测试影片。若要在单击处于图标模式中的面板的外部时使这些面板自动折叠，请选择“自动折叠图标面板”选项。

“选择”选项：用于设置如何在影片编辑中使用 Shift 键处理对多个元件的选择。

“时间轴”选项：用于设置时间轴在被拖出原窗口位置后的停放方式，以及时间轴中的帧进行选择和命令锚记的设置。

“加亮颜色”选项：用于设置舞台中独立对象被选取时的轮廓颜色。

“Version Cue”选项：选择此选项以启用 Version Cue®。

“打印”选项：该选项只有在 Windows 操作系统中才能使用。选中“禁用 PostSoript”复选框，可以在打印时禁用 PostSoript 输出。

2. ActionScript 选项卡

ActionScript 选项卡如图 1-23 所示。动作脚本选项卡中的选项是用于设置动作面板中动作脚本的外观。

3. 自动套用格式选项卡

自动套用格式选项卡如图 1-24 所示。可以任意选择“自动套用格式”首选参数中的选项，并在“预览”窗口中查看效果。

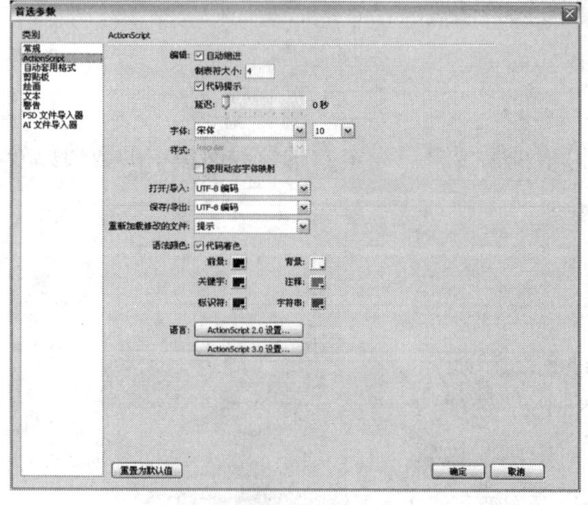

图 1-23

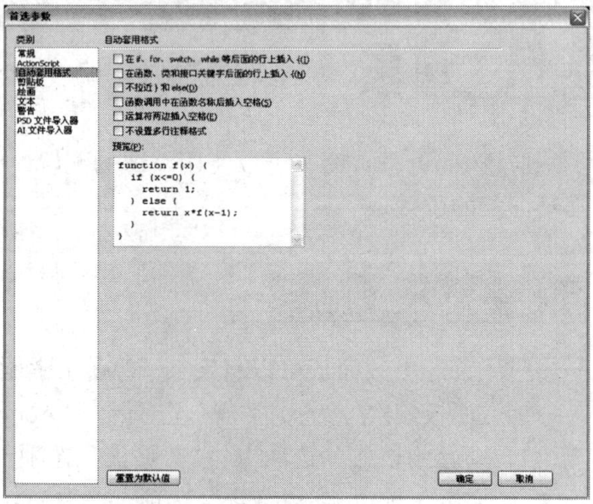

图 1-24

4. 剪贴板选项卡

用于设置在对影片编辑中的图形或文本进行剪贴操作时的属性选项，如图 1-25 所示。

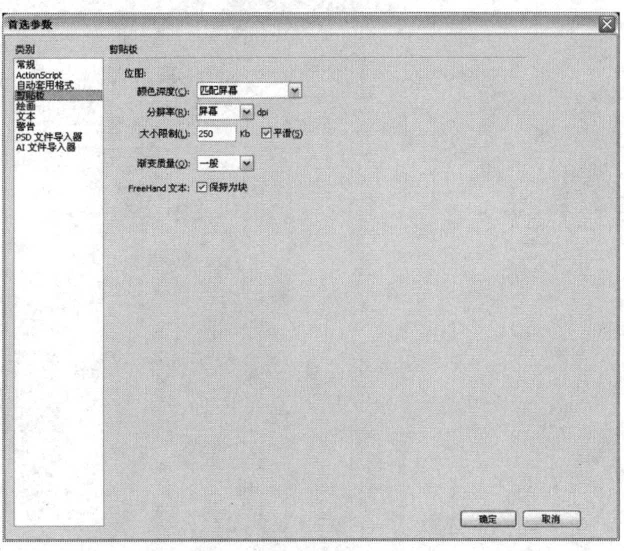

图 1-25

“位图”选项组：该选项只有在 Windows 操作系统中才能使用。当剪贴对象是位图时，可以对位图图像的“颜色深度”和“分辨率”等选项进行选择。在“大小限制”文本框中输入数值，可以指定将位图图像放在剪贴板上时所使用的内存量，通常对较大或高分辨率的位图图像进行剪贴时，需要设置较大的数值。如果计算机的内存有限，可以选择“无”不应用剪贴。勾选项“平滑”复选框，可以对剪贴位图应用消除锯齿的功能。

“FreeHand”选项：选中“保持为块”复选框，可以使粘贴到 FreeHand 程序中的文本保持可以被继续编辑的属性。

5．绘画选项卡

绘画选项卡如图 1-26 所示。

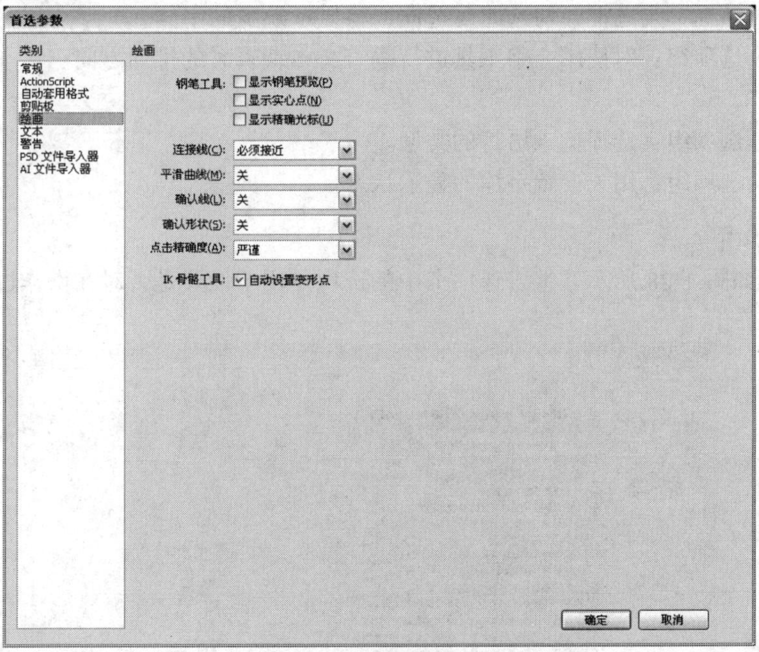

图 1-26

可以指定钢笔工具指针外观的首选参数用于在画线段时进行预览，或者查看选定锚记点的外观。并且还可以通过绘画设置来指定对齐、平滑和伸直行为，更改每个选项的“容差”设置，也可以打开或关闭每个选项。一般在默认状态下为正常。

6．文本选项卡

用于设置 Flash 编辑过程中使用到“字体映射默认设置”、“垂直文本”、“输入方法”等功能时的基本属性，如图 1-27 所示。

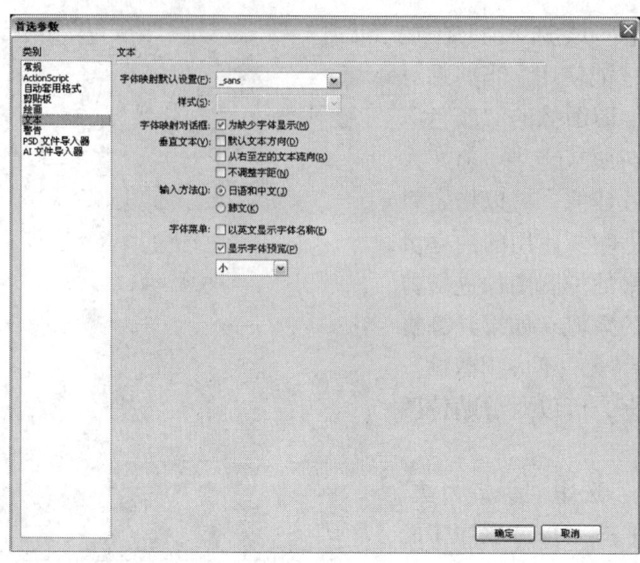

图 1-27

“字体映射默认设置”选项：用于设置在 Flash 中打开文档时替换缺失字体所使用的字体。

“样式”选项：用于设置字体的样式。

“字体映射对话框”复选框：勾选此复选框，将显示缺少的字体。

“垂直文本”选项组：对使用文字工具进行垂直文本编辑时的排列方向、文本流向及字距微调属性进行设置。

“输入方法”选项组：选择输入语言的类型。

“字体菜单”选项组：用于设置字体的显示状态。

7．警告选项卡

警告选项卡如图 1-28 所示。警告选项卡中的选项是用于设置是否对在操作过程中发生的一些异常提出警告。

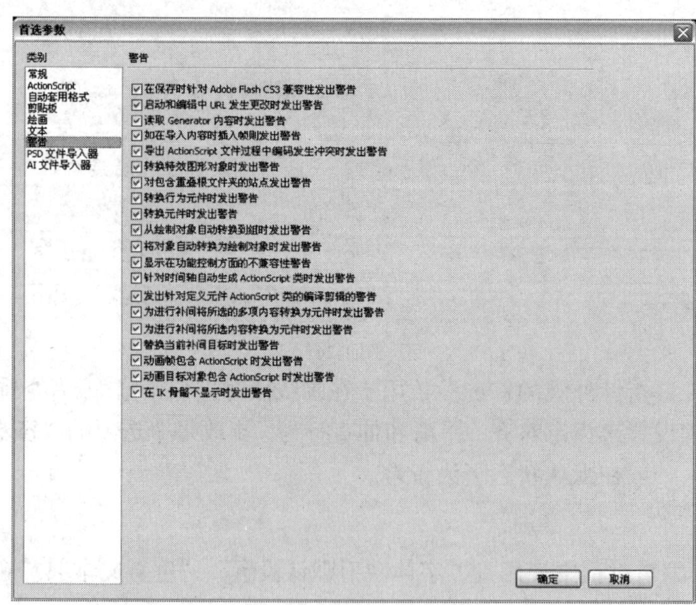

图 1-28

8. PSD 文件导入器选项卡

PSD 文件导入器选项卡如图 1-29 所示。PSD 文件导入器选项卡中的选项是用于导入 Photoshop 图像时的一些设置。

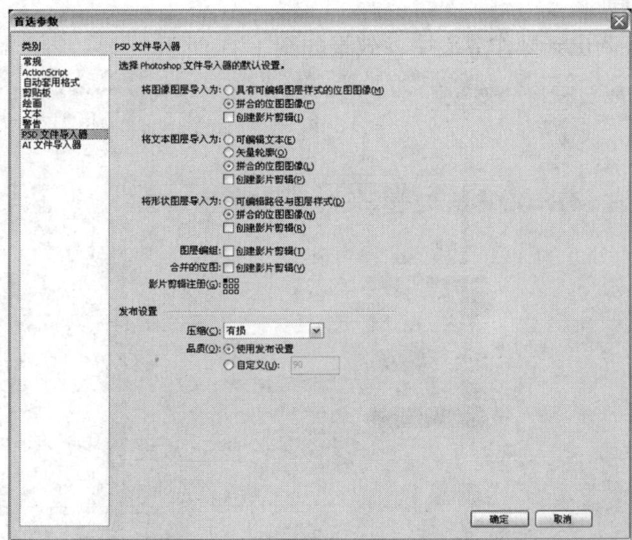

图 1-29

9. AI 文件导入器选项卡

AI 文件导入器选项卡如图 1-30 所示。AI 文件导入器选项卡中的选项是用于导入 Illustrator 文件时的一些设置。

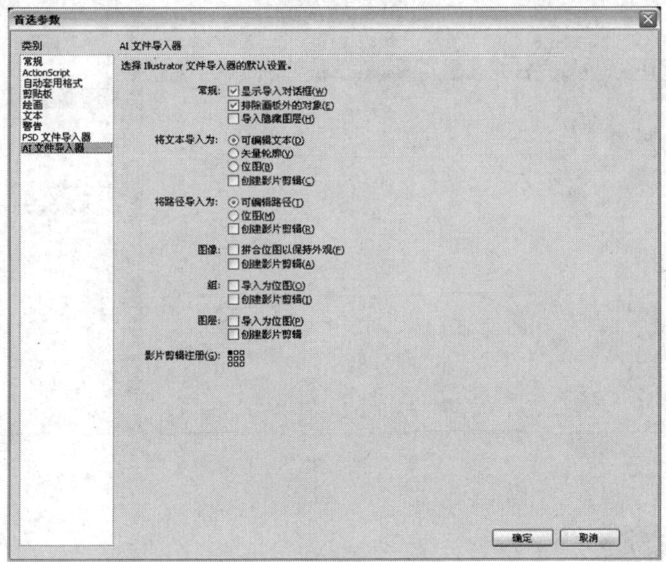

图 1-30

1.3.2　设置浮动面板

Flash 中的浮动面板用于快速设置文档中对象的属性。可以应用系统默认的面板布局；可以根据需要随意地显示或隐藏面板，调整面板的大小。

1．系统默认的面板布局

选择“窗口 > 工作区布局 > 传统”命令，操作界面中将显示传统的面板布局。

2．自定义面板布局

将需要设置的面板调出到操作界面中，效果如图 1-31 所示。

图 1-31

将鼠标放置在面板名称上，移动面板放置在操作界面的右侧，效果如图 1-32 所示。

图 1-32

1.3.3 历史记录面板

历史记录面板用于将文档新建或打开以后进行操作的步骤一一进行记录，便于制作者查看操作的步骤过程。在面板中可以有选择地撤消一个或多个操作步骤，还可将面板中的步骤应用于同一对象或文档中的不同对象。系统默认的状态下，历史记录面板可以撤消 100 次的操作步骤，还可以根据自身需要在“首选参数”面板（可在操作界面的“编辑”菜单中选择“首选参数”面板）中设置不同的撤消步骤数，数值的范围为 2~300。

提示： 历史记录面板中的步骤顺序是按照操作过程一一对应记录下的，不能进行重新排列。

选择“窗口 > 其他面板 > 历史记录”命令或按 Ctrl+F10 组合键，弹出“历史记录”面板，如图 1-33 所示。在文档中进行一些操作后，“历史记录”面板将这些操作按顺序进行记录，如图 1-34 所示。其中滑块 所在位置就是当前进行操作的步骤。

将滑块移动到绘制过程中的某一个操作步骤时，该步骤下方的操作步骤将显示为灰色，如图 1-35 所示。这时，再进行新的操作步骤，原来为灰色部分的操作将被新的操作步骤所替代，如图 1-36 所示。在“历史记录”面板中，已经被撤消的步骤将无法重新找回。

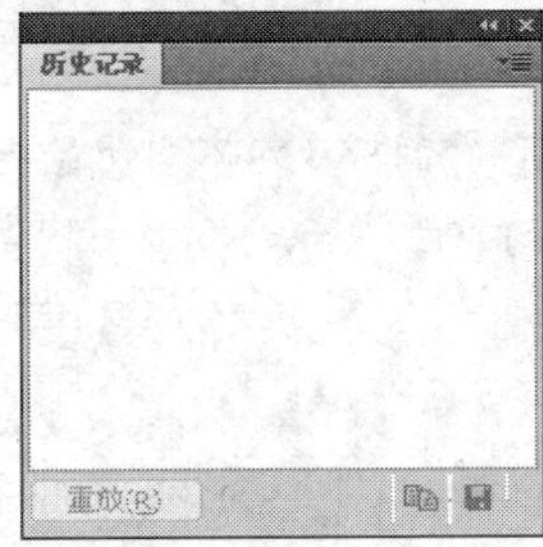

图 1-33

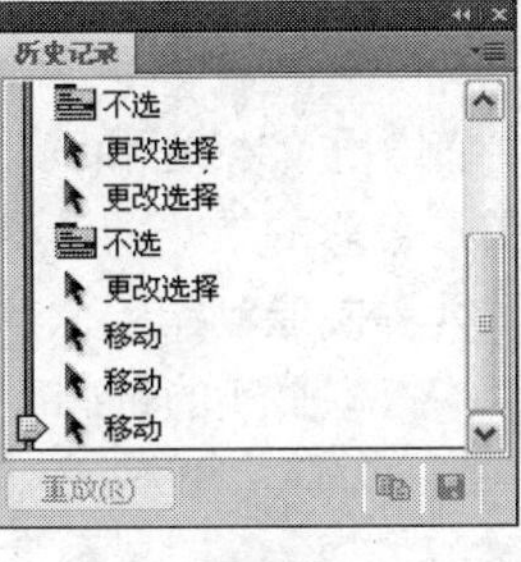

图 1-34

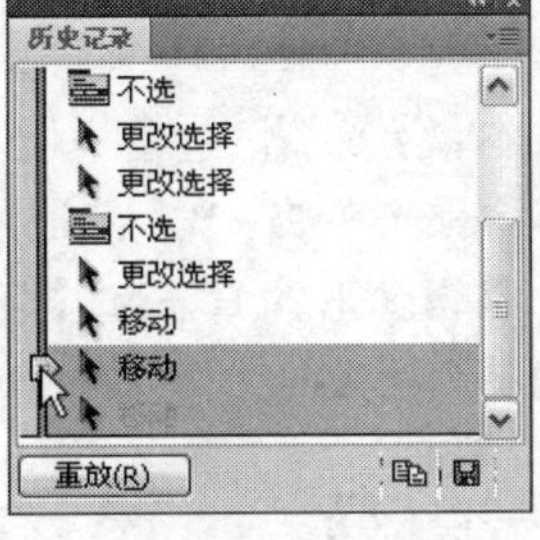

图 1-35

图 1-36

“历史记录”面板可以显示操作对象的一些数据。在面板中单击鼠标右键，在弹出式菜单中选择“视图 > 在面板中显示变量”命令，如图 1-37 所示。这时，在面板中显示出操作对象的具体参数，如图 1-38 所示。

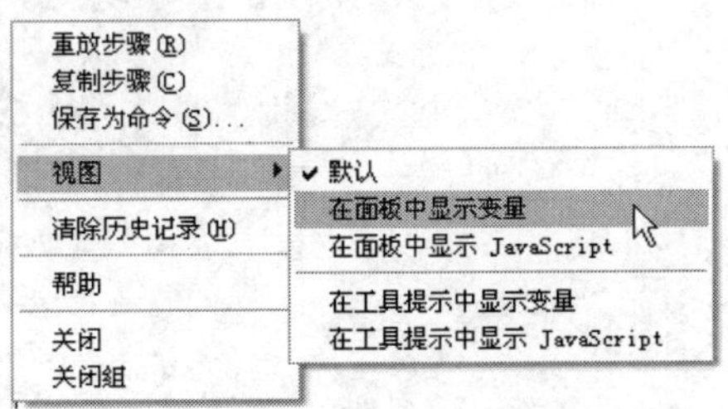

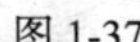
图 1-37

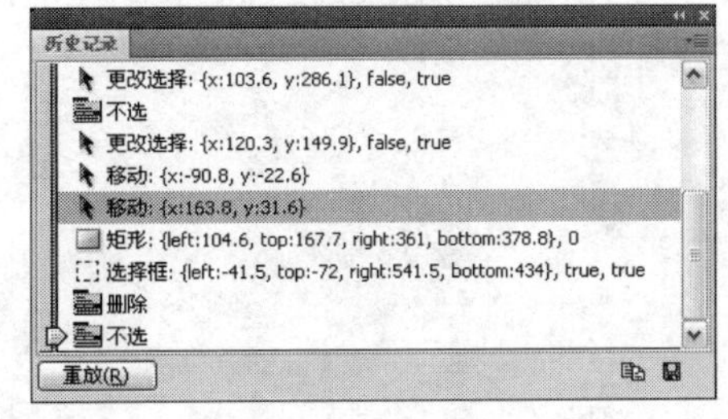

图 1-38

在“历史记录”面板中，可以将已经应用过的操作步骤进行清除。在面板中单击鼠标右键，在弹出式菜单中选择“清除历史记录”命令，如图 1-39 所示，弹出提示对话框，如图 1-40 所示，单击“是”按钮，面板中的所有操作步骤将会被清除，如图 1-41 所示。清除历史记录后，将无法找回被清除的记录。

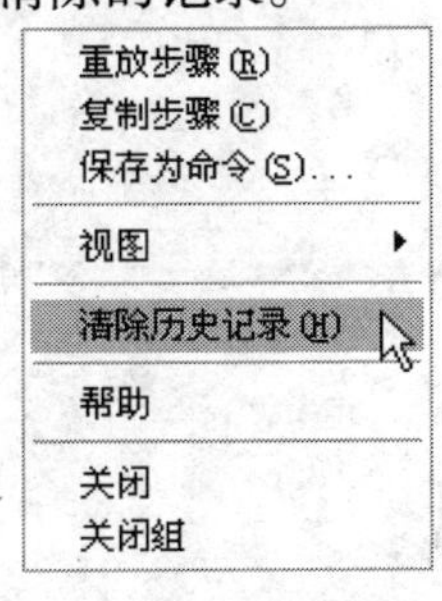

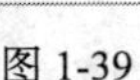
图 1-39

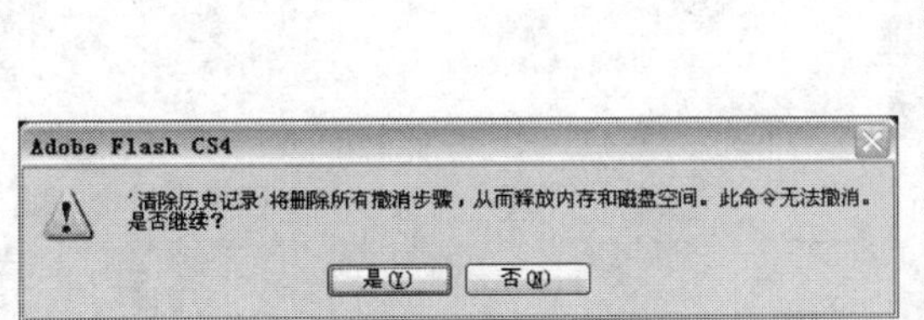

图 1- 40

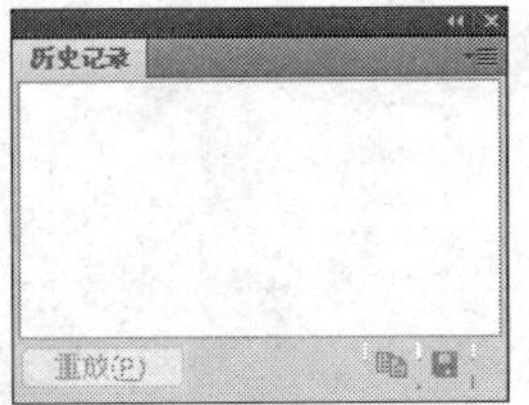

图 1-41

第2章 图形的绘制与编辑

本章将介绍 Flash CS4 绘制图形的功能和编辑图形的技巧，还将讲解多种选择图形的方法以及设置图形色彩的技巧。读者通过学习，要掌握绘制图形、编辑图形的方法和技巧，能独立绘制出所需的各种图形效果并对其进行编辑，为进一步学习 Flash CS4 打下坚实的基础。

【教学目标】

- 基本线条与图形的绘制。
- 图形的绘制与选择。
- 图形的编辑。
- 图形的色彩。

2.1 基本线条与图形的绘制

在 Flash CS4 中创造的充满活力的设计作品都是由基本图形组成的，Flash CS4 提供了各种工具来绘制线条和图形。

2.1.1　课堂案例——绘制风景画

案例学习目标：使用不同的绘图工具绘制图形并组合成图像效果。

案例知识要点：使用颜色面板和颜料桶工具制作背景效果，使用喷涂刷工具为画面添加星星图案，使用柔化填充边缘命令制作图形柔化效果，如图 2-1 所示。

效果所在位置：光盘/Ch02/效果/绘制风景画.fla。

图 2-1

1．绘制背景

Step 01 选择“文件 > 新建”命令，在弹出的“新建文档”对话框中选择“Flash 文件”选项，单击“确定”按钮，进入新建文档舞台窗口。按 Ctrl+F3 组合键，弹出文档“属性”面板，单击“大小”选项右侧的“编辑”按钮 编辑... ，弹出“文档属性”对话框，将“宽度”选项设为 450，“高度”选项设为 400，背景设为灰色（#CCCCCC），单击“确定”按钮，改变舞台窗口的大小。

Step 02 将“图层 1”重命名为“背景”。选择“矩形”工具，在工具中将笔触颜色设为无，填充色设为白色，绘制一个与页面大小相等的矩形。选择“窗口 > 颜色”命令，弹出“颜色”面板，在“类型”选项的下拉列表中选择“线性”，在色带上添加两个控制点，将第 1 个控制点的颜色设为深蓝色（#071D4C），第 2 个控制点的颜色设为蓝色（#4E2DAF），第 3 个控制点的颜色设为紫色（#732CB8），第 4 个控制点的颜色设为浅紫色（#C683F6），如图 2-2 所示。

Step 03 选择“颜料桶”工具，按住 Shift 键的同时，在白色图形上从上向下拖曳渐变色，如图 2-3 所示，松开鼠标，效果如图 2-4 所示。

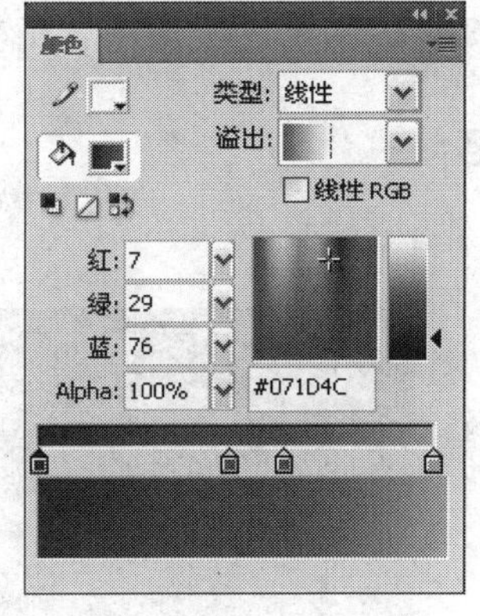

图 2-2

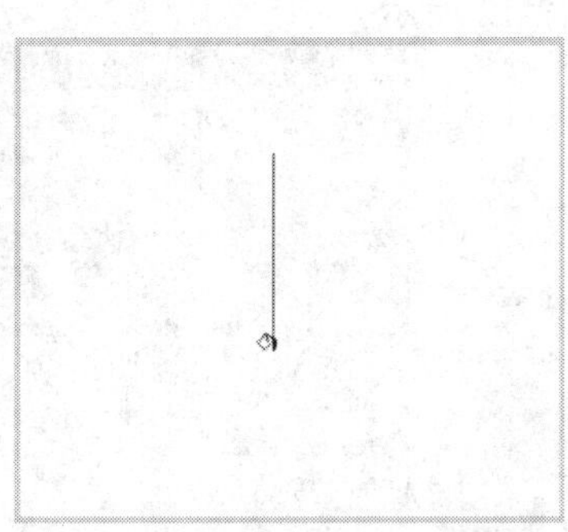

图 2-3

图 2-4

Step 04 按 Ctrl+L 组合键，调出“库”面板，在“库”面板下方单击“新建元件”按钮，弹出“创建新元件”对话框，在“名称”选项的文本框中输入“星星”，在“类型”选项的下拉列表中选择“图形”，单击“确定”按钮，新建图形元件“星星”，如图 2-5 所示，舞台窗口也随之转换为图形元件的舞台窗口。

Step 05 选择“多角星形”工具，在多角星形“属性”面板中将填充色设为白色，单击“选项”按钮，在弹出的“工具设置”对话框中进行设置，如图 2-6 所示。在舞台窗口中绘制图形。选中图形，在形状“属性”面板中，将“宽度”和“高度”选项均设为 20，效果如图 2-7 所示。

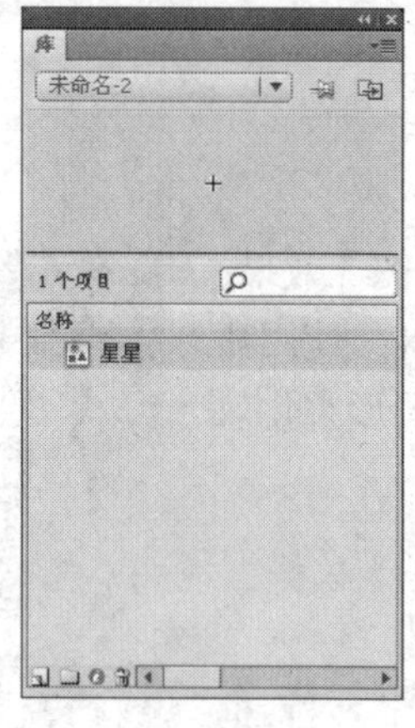

图 2-5

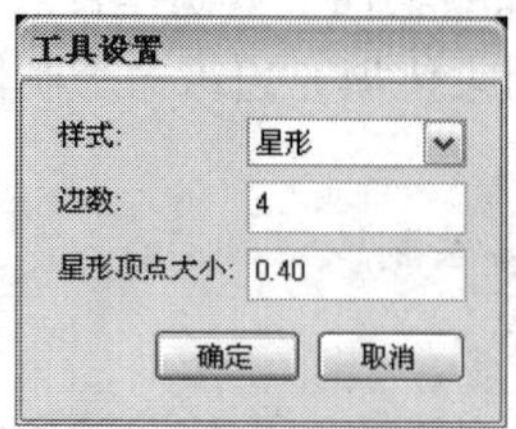

图 2-6

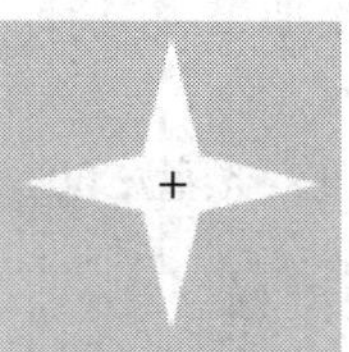

图 2-7

Step 06 选中图形，选择“修改 > 形状 > 柔化填充边缘”命令，在弹出的“柔化填充边缘”对话框中进行设置，如图 2-8 所示，单击“确定”按钮，效果如图 2-9 所示。

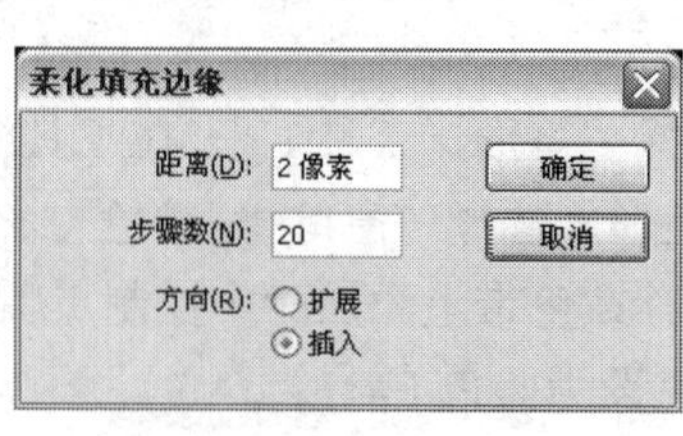

图 2-8

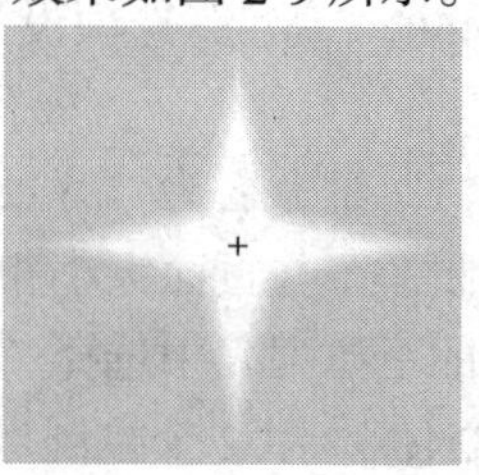

图 2-9

Step 07 单击“时间轴”面板下方的“场景 1”图标，进入“场景 1”的舞台窗口。选择“喷涂刷”工具，在喷涂刷“属性”面板中单击“编辑”按钮，在弹出的“交换元件”对话框中选择元件“星星”，如图 2-10 所示，单击“确定”按钮，其他选项的设置如图 2-11 所示。在舞台窗口中从左向右拖曳鼠标，效果如图 2-12 所示。

图 2-10

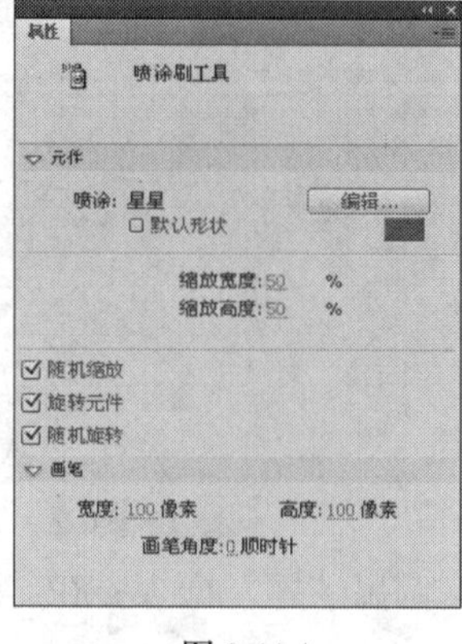

图 2-11

图 2-12

2. 绘制月亮

Step 01 单击“时间轴”面板下方的“新建图层”按钮，创建新图层并将其命名为“月亮”。选择“椭圆”工具，在工具箱中将笔触颜色设为无，将填充色设为黄色（#FFFF00），按住 Shift 键，在舞台窗口的右上方绘制出一个圆形作为月亮，效果如图 2-13 所示。选择“选择”工具，选取月亮图形，选择“修改 > 形状 > 柔化填充边缘”命令，在弹出的对话框中进行设置，如图 2-14 所示，单击“确定”按钮，效果如图 2-15 所示。

图 2-13

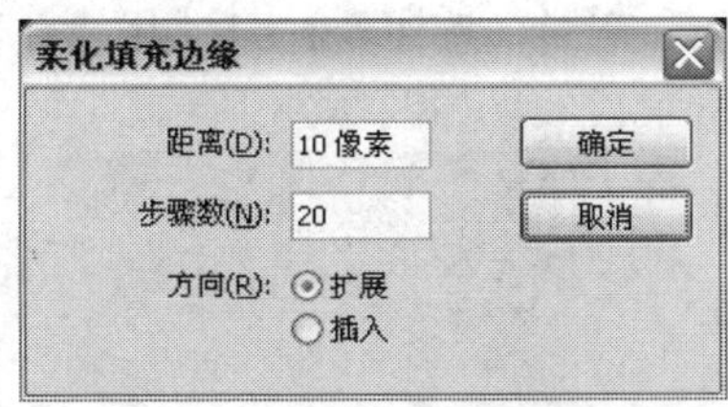

图 2-14

图 2-15

Step 02 选中图形，如图 2-16 所示。调出“变形”面板，单击面板下方的“复制选区和变形”按钮，复制图形，将复制出的图形填充色设为白色，效果如图 2-17 所示。选择“线条”工具，将笔触颜色设为白色，在窗口中绘制两条直线和一条斜线，使斜线和直线形成闭合路径，效果如图 2-18 所示。

图 2-16

图 2-17

图 2-18

Step 03 选择“选择”工具，将鼠标光标放在斜线的中心部位，光标下方出现圆弧，这表明可以将该直线转换为弧线，在直线的中心部位按住鼠标并向上拖曳，直线变为弧线，效果如图 2-19 所示。选择“颜色”面板，在“类型”选项的下拉列表中选择“线性”，选中色带上左侧的控制点，将其设为白色，选中色带上右侧的控制点，将其设为白色，将“Alpha”选项设为 50%，如图 2-20 所示。选择“颜料桶”工具，在边线内从左向右拖曳鼠标，如图 2-21 所示，效果如图 2-22 所示。

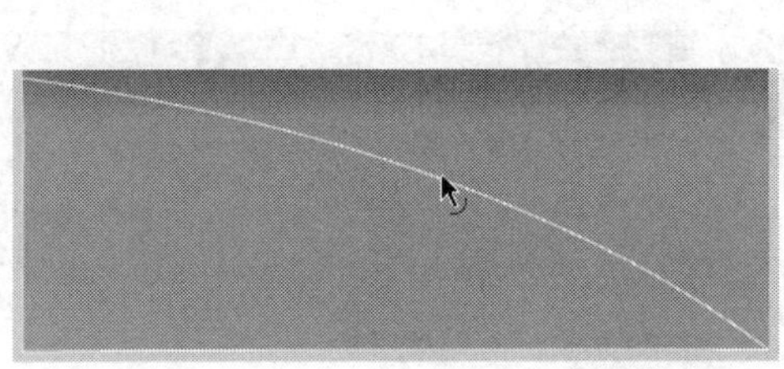
图 2-19

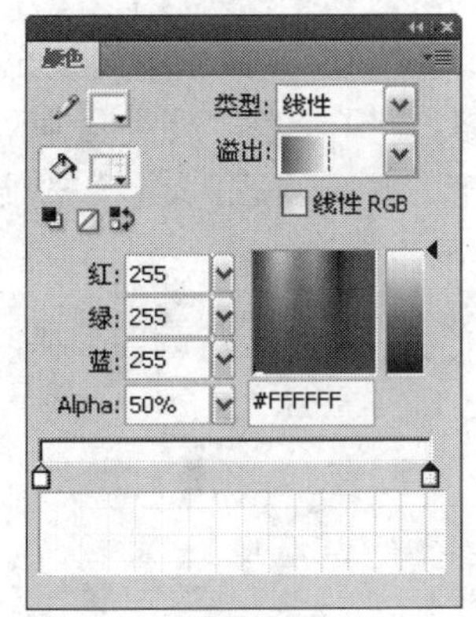

图 2-20

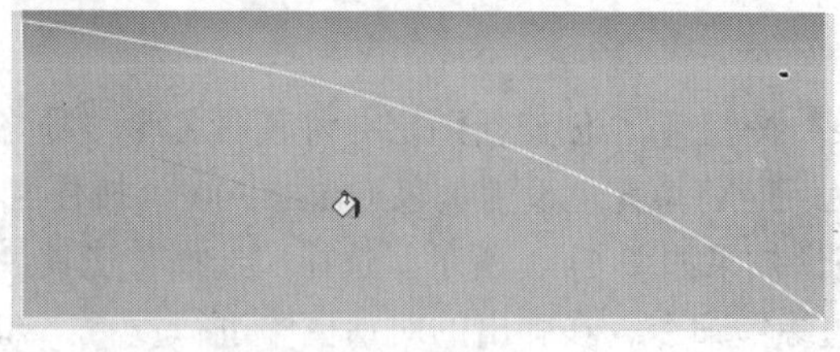
图 2-21

图 2-22

Step 04 选择“选择”工具，将边线删除，并选中图形，效果如图 2-23 所示。调出“变形”面板，单击面板下方的“复制选区和变形”按钮，复制图形，选中“倾斜”单选项，将“垂直倾斜”选项设为 180，如图 2-24 所示，效果如图 2-25 所示。

图 2-23

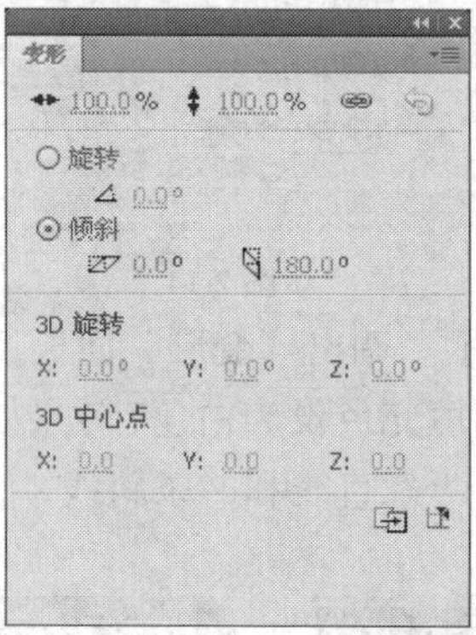

图 2-24

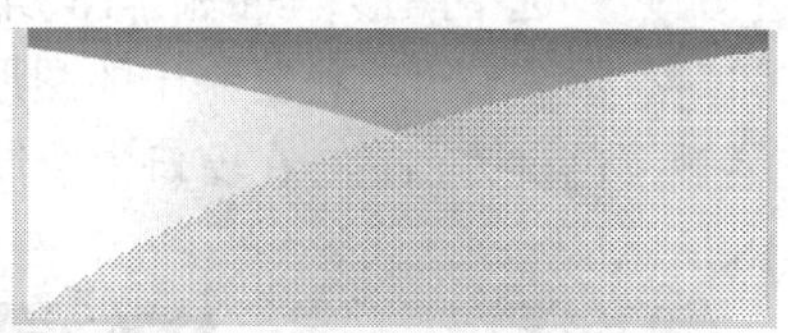
图 2-25

Step 05 选择“任意变形”工具，图形周围出现 8 个控制点，向内拖曳左上方的控制点，缩小图形，效果如图 2-26 所示。选择“颜色”面板，选择色带上右侧的控制点，将颜色设为蓝灰色（#E7EBEE），“Alpha”选项设为 100%，按 Ctrl+G 组合键，将其组合，效果如图 2-27 所示。

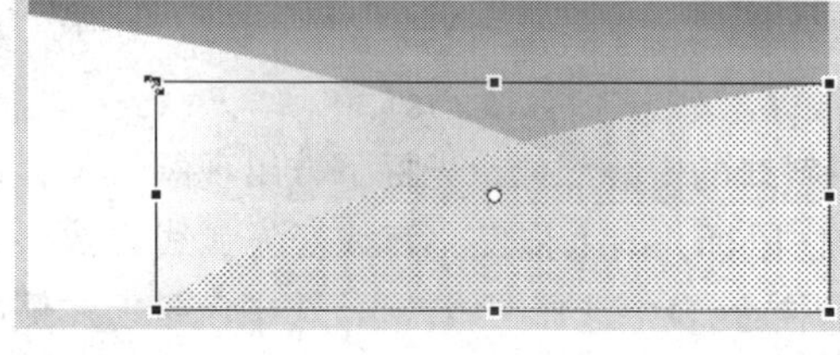
图 2-26

图 2-27

3．绘制树图形

Step 01 单击“时间轴”面板下方的“新建图层”按钮，创建新图层并将其命名为“树”，选择“刷子”工具，在工具箱中将填充色设为白色，在工具箱下方的“刷子大小”选项中将笔刷设为第 4 个，将“刷子形状”选项设为垂直椭圆形，在舞台窗口的左侧绘制出树干图形，如图 2-28 所示。在工具箱下方的“刷子大小”选项中将笔刷设为第 1 个，在树干上绘制出一些树枝效果，效果如图 2-29 所示。

图 2-28

图 2-29

Step 02 单击“时间轴”面板下方的“新建图层”按钮，创建新图层并将其命名为“雪人”。选择“文件 > 导入 > 导入到舞台”命令，在弹出的“导入”对话框中选择“Ch02 > 素材 > 绘制风景画 > 01”文件，单击“打开”按钮，文件被导入到舞台窗口中，调整大小放置在适当的位置，效果如图 2-30 所示。

Step 03 选择“选择”工具，选择渐变图形，如图 2-31 所示。按 Ctrl+C 组合键，复制图形，选择“雪人”图层，按 Ctrl+Shift+V 组合键，粘贴到当前位置，效果如图 2-32 所示。

图 2-30

图 2-31

图 2-32

Step 04 调出“颜色”面板，单击“填充颜色”按钮，在弹出的面板中选择白色，如图 2-33 所示。将渐变色图形填充设为白色，按 Ctrl+G 组合键，将其组合，如图 2-34 所示。

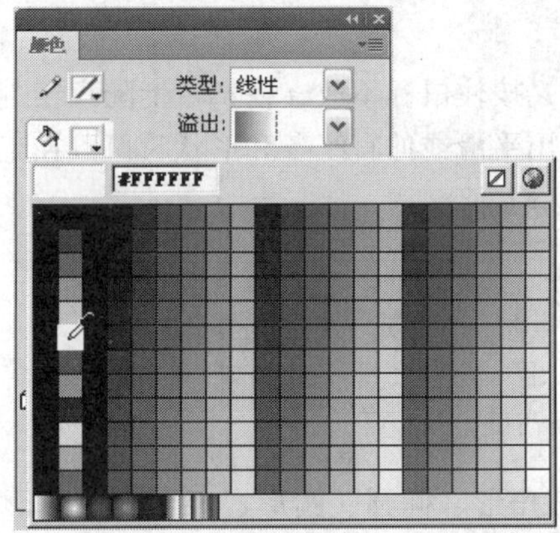

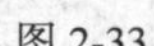
图 2-33

图 2-34

Step 05 选择“任意变形”工具，图形周围出现 8 个控制点，向下拖曳控制框上方中间的控制点，将图形压扁，效果如图 2-35 所示。在场景中的任意地方单击，取消选取状态，风景画绘制完成，按 Ctrl+Enter 组合键，查看效果，如图 2-36 所示。

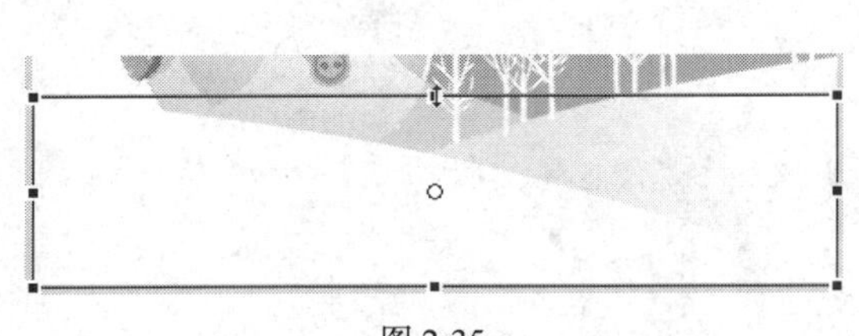
图 2-35

图 2-36

2.1.2 线条工具

选择“线条”工具，在舞台上单击鼠标，按住鼠标不放并向右拖曳到需要的位置，绘制出一条直线，松开鼠标，直线效果如图 2-37 所示。可以在直线工具“属性”面板中设置不同的线条颜色、线条粗细、线条类型，如图 2-38 所示。设置不同的线条属性后，绘制的线条如图 2-39 所示。

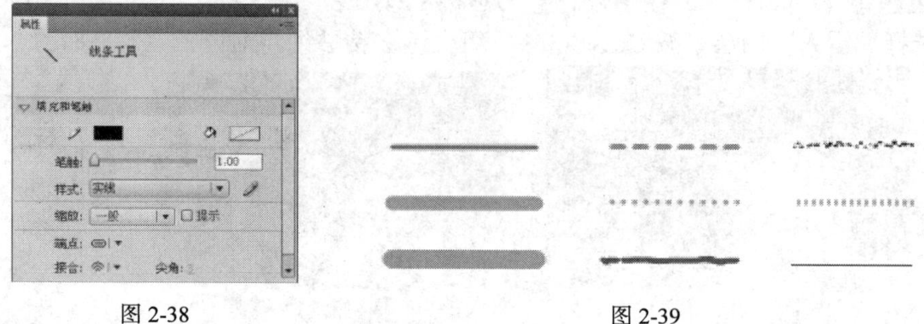

图 2-37　　图 2-38　　图 2-39

> **提示：**选择“线条”工具时，如果按住 Shift 键的同时拖曳鼠标绘制，则限制线条只能在 45° 或 45° 的倍数方向绘制直线，无法为线条工具设置填充属性。

2.1.3 铅笔工具

选择“铅笔”工具，在舞台上单击鼠标，按住鼠标不放，在舞台上随意绘制出线条，松开鼠标，线条效果如图 2-40 所示。如果想要绘制出平滑或伸直线条和形状，可以在工具箱下方的选项区域中为铅笔工具选择一种绘画模式，如图 2-41 所示。

图 2-40　　图 2-41

“伸直”选项：可以绘制直线，并将接近三角形、椭圆、圆形、矩形和正方形的形状转换为这些常见的几何形状。“平滑”选项：可以绘制平滑曲线。“墨水”选项：可以绘制不用修改的手绘线条。

可以在铅笔工具“属性”面板中设置不同的线条颜色、线条粗细、线条类型，如图 2-42 所示。设置不同的线条属性后，绘制的图形如图 2-43 所示。

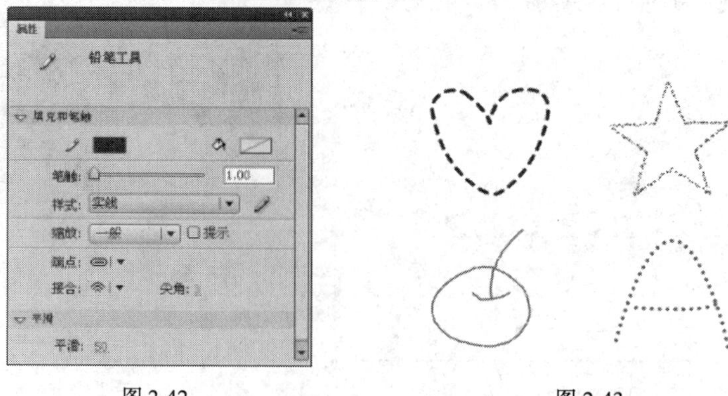

图 2-42　　图 2-43

单击属性面板“样式”选项右侧的“编辑笔触样式”按钮，弹出“笔触样式”对话框，如图 2-44 所示，在对话框中可以自定义笔触样式。

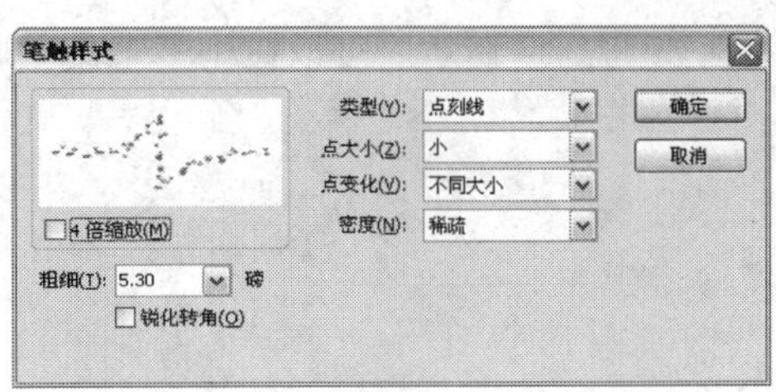

图 2-44

“4 倍缩放”选项：可以放大 4 倍，预览设置不同选项后所产生的效果。

“粗细”选项：可以设置线条的粗细。

“锐化转角”选项：勾选此选项可以使线条的转折效果变得明显。

“类型”选项：可以在下拉列表中选择线条的类型。

> **提示**：选择“铅笔”工具时，如果按住 Shift 键的同时拖曳鼠标绘制，则可将线条限制为垂直或水平方向。

2.1.4　椭圆工具

选择“椭圆”工具，在舞台上单击鼠标，按住鼠标不放，向需要的位置拖曳鼠标，绘制出椭圆图形，松开鼠标，图形效果如图 2-45 所示。按住 Shift 键的同时绘制图形，可以绘制出圆形，效果如图 2-46 所示。

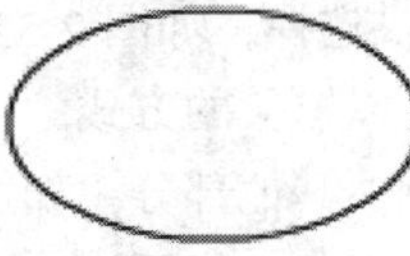

图 2-45

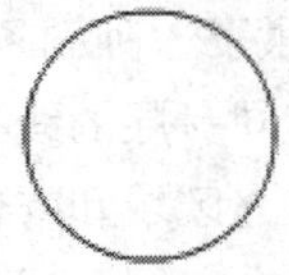

图 2-46

可以在椭圆工具“属性”面板中设置不同的边框颜色、边框粗细、边框线型和填充颜色，如图 2-47 所示。设置不同的边框属性和填充颜色后，绘制的图形如图 2-48 所示。

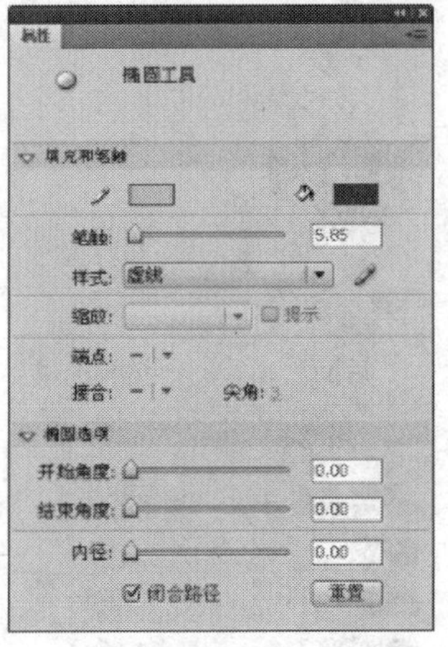

图 2-47

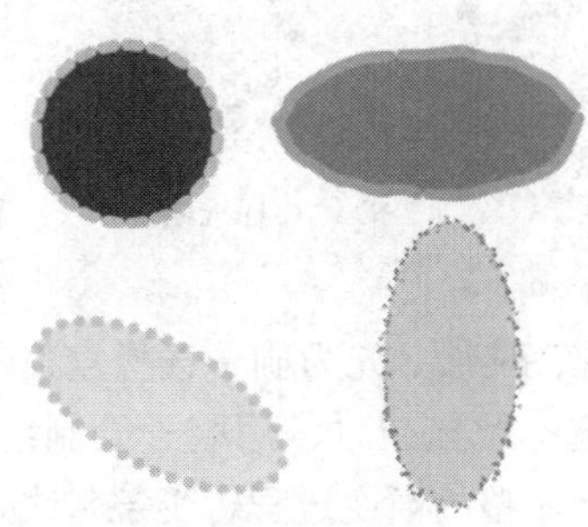

图 2-48

2.1.5　刷子工具

选择“刷子”工具，在舞台上单击鼠标，按住鼠标不放，随意绘制出笔触，松开鼠标，图形效果如图 2-49 所示。可以在刷子工具“属性”面板中设置不同的笔触颜色和平滑度，如图 2-50 所示。

图 2-49

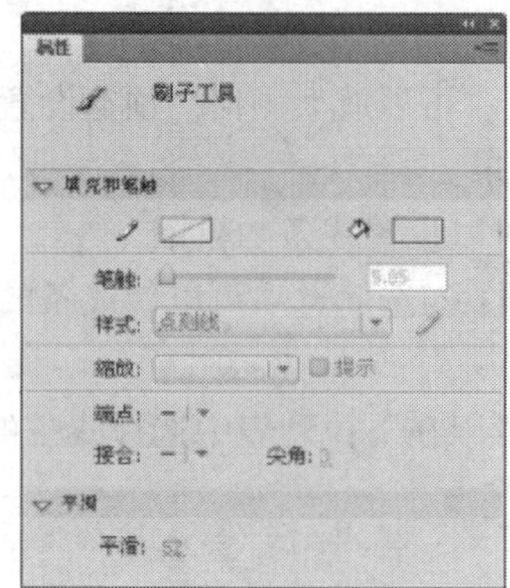

图 2-50

在工具箱的下方应用“刷子大小”选项、“刷子形状”选项，可以设置刷子的大小与形状。设置不同的刷子形状后所绘制的笔触效果如图 2-51 所示。

图 2-51

系统在工具箱的下方提供了 5 种刷子的模式可供选择，如图 2-52 所示。

“标准绘画”模式：会在同一层的线条和填充上以覆盖的方式涂色。

“颜料填充”模式：对填充区域和空白区域涂色，其他部分（如边框线）不受影响。

“后面绘画”模式：在舞台上同一层的空白区域涂色，但不影响原有的线条和填充。

“颜料选择”模式：在选定的区域内进行涂色，未被选中的区域不能够涂色。

“内部绘画”模式：在内部填充上绘图，但不影响线条。如果在空白区域中开始涂色，该填充不会影响任何现有填充区域。

应用不同模式绘制出的效果如图 2-53 所示。

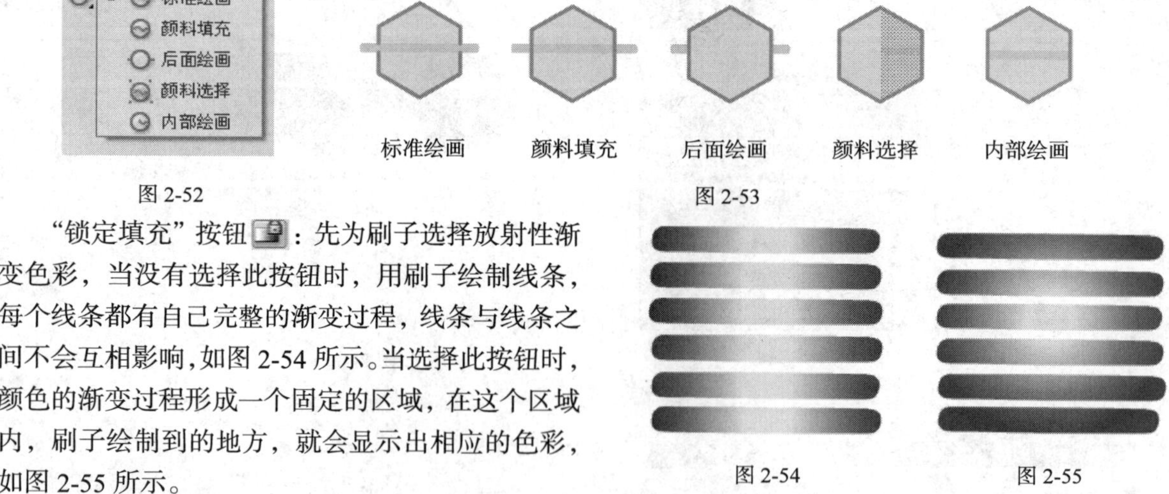

图 2-52

图 2-53

“锁定填充”按钮：先为刷子选择放射性渐变色彩，当没有选择此按钮时，用刷子绘制线条，每个线条都有自己完整的渐变过程，线条与线条之间不会互相影响，如图 2-54 所示。当选择此按钮时，颜色的渐变过程形成一个固定的区域，在这个区域内，刷子绘制到的地方，就会显示出相应的色彩，如图 2-55 所示。

图 2-54

图 2-55

在使用刷子工具涂色时，可以使用导入的位图作为填充。

导入粉色花图片，效果如图 2-56 所示。选择“窗口 > 颜色”命令，弹出“颜色”面板，将“类型”选项设为“位图”，用刚才导入的位图作为填充图案，如图 2-57 所示。选择“刷子”工具，在窗口中随意绘制一些笔触，效果如图 2-58 所示。

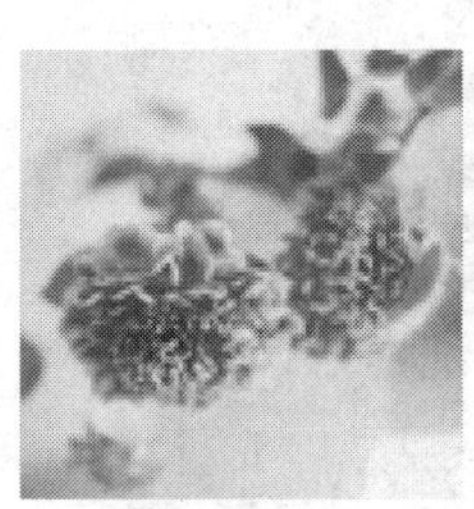

图 2-56

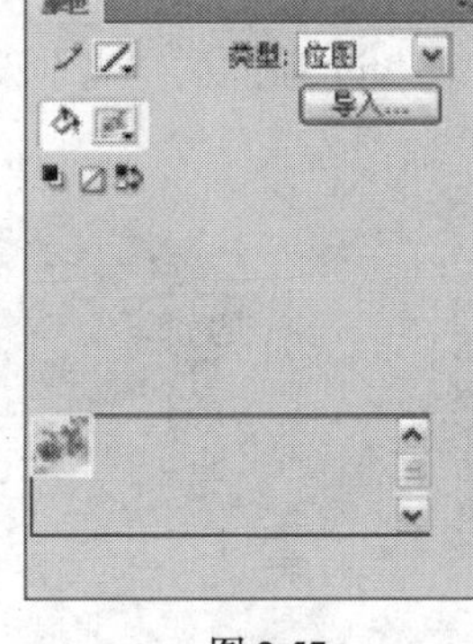

图 2-57

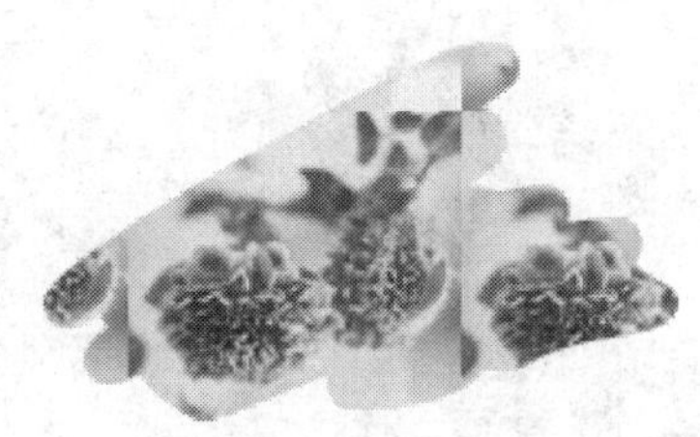

图 2-58

2.2 图形的绘制与选择

应用绘制工具可以绘制多变的图形与路径。若要在舞台上修改图形对象，则需要先选择对象，再对其进行修改。

2.2.1 课堂案例——绘制美朵坊标志

案例学习目标：使用不同的绘制工具绘制标志图形。

案例知识要点：使用矩形工具、钢笔工具、套索工具、铅笔工具、线条工具、椭圆工具来完成标志的绘制，如图 2-59 所示。

效果所在位置：光盘/Ch02/效果/绘制美朵坊标志.fla。

图 2-59

1. 绘制背景

Step 01 选择“文件 > 新建”命令，在弹出的“新建文档”对话框中选择“Flash 文件”选项，单击“确定”按钮，进入新建文档舞台窗口。按 Ctrl+F3 组合键，弹出文档“属性”面板，单击“大小”选项右侧的“编辑”按钮 编辑... ，在弹出的对话框中将舞台窗口的宽度设为 450 像素，高度设为 300 像素。

Step 02 将“图层 1”重命名为“背景”，选择“矩形”工具，在矩形工具“属性”面板中将笔触颜色设为无，填充色设为淡粉色（#FDE1F0），绘制多个矩形，效果如图 2-60 所示。单击“时间轴”面板下方的“新建图层”按钮创建新图层，并将其命名为“椭圆形”。选择“椭圆”工具，在工具箱中将笔触颜色设为无，填充色设为深粉色（#FB1F8D），在舞台窗口中绘制出一个椭圆形，选中图形，在形状“属性”面板中将“宽”设为 280，“高”设为 120，效果如图 2-61 所示。

图 2-60　　图 2-61

2．输入文字并编辑

Step 01 单击“时间轴”面板下方的“新建图层”按钮创建新图层，并将其命名为“文字”。选择“文本”工具，在文本工具“属性”面板中进行设置，在舞台窗口中输入白色文字“美朵坊”，效果如图 2-62 所示。选中文字，按两次 Ctrl+B 组合键将文字打散，分别移动文字到适当的位置，效果如图 2-63 所示。

图 2-62 　　图 2-63

Step 02 分别锁定“背景”和“椭圆形”图层，如图 2-64 所示。删除“朵”字的上半部分，如图 2-65 所示。选择“套索”工具，圈选“美”字的两点，如图 2-66 所示，按 Delete 键将其删除，效果如图 2-67 所示。用相同的方法删除文字上多余的笔画后，效果如图 2-68 所示。

图 2-64

图 2-65

图 2-66

图 2-67

图 2-68

Step 03 选中笔画，如图 2-69 所示。选择“任意变形”工具，在图形的周围出现控制点，拖曳右侧中间的控制点，改变图形的长度，效果如图 2-70 所示。在舞台窗口的空白处单击，控制点即可消失。

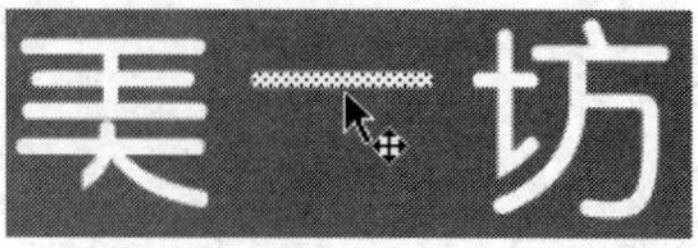

图 2-69

图 2-70

Step 04 单击“时间轴”面板下方的“新建图层”按钮创建新图层，并将其命名为“修改笔画”。选择“钢笔”工具，在钢笔工具“属性”面板中将笔触颜色设为白色，在“笔触高度”数值框中输入 5，如图 2-71 所示。

Step 05 在“美”字的上方单击，设置起始点，在字下方的空白处单击，设置第 2 个节点，按住鼠标左键不放，向旁边拖曳控制手柄，通过调节控制手柄来改变路径的弯度，释放鼠标，绘制出一条曲线。在第 2 个节点的右侧单击，设置第 3 个节点，释放鼠标，效果如图 2-72 所示。

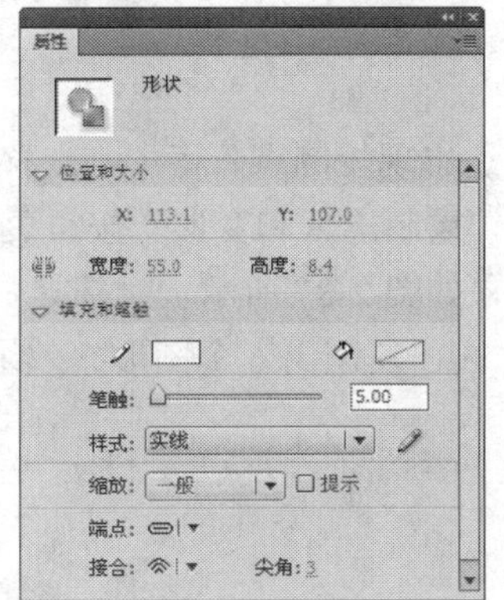

图 2-71

图 2-72

Step 06 选择“线条”工具，分别绘制两条斜线，如图 2-73 所示。选择“选择”工具，将鼠标指针移动到曲线上，鼠标指针变为，拖曳曲线来修改曲线的弧度，效果如图 2-74 所示。选择“椭圆”工具，将填充色设为无，绘制圆形描边，如图 2-75 所示。选择“选择”工具，框选图形的下半部，将其删除，移动图形的上半部分到适当的位置，效果如图 2-76 所示。

Step 07 选择“线条”工具，在“属性”面板中的“端点”选项下拉列表中选择“方型”，在半圆形的两端绘制直线，效果如图 2-77 所示。

图 2-73

图 2-74

图 2-75

图 2-76

图 2-77

Step 08 选择“钢笔”工具，在钢笔工具“属性”面板中将笔触颜色设为黑色，高度设为 0.1，在“美”字的左下方绘制一条封闭的路径，如图 2-78 所示。在工具箱的下方将填充色设为白色，选择“颜料桶”工具填充路径，并删除路径，效果如图 2-79 所示。用相同的方法在“坊”字的左下方绘制路径并填充，效果如图 2-80 所示。

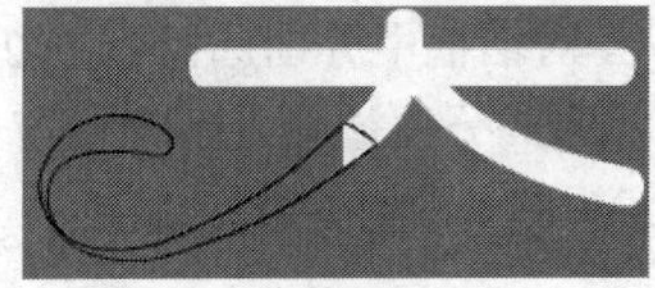

图 2-78

图 2-79

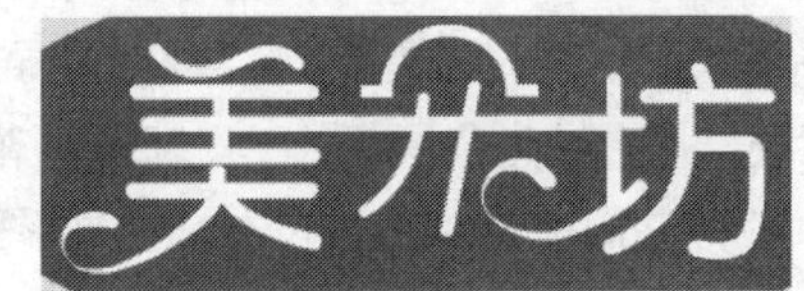

图 2-80

3．添加花朵图案

Step 01 选择“椭圆”工具，在工具箱中将笔触颜色设为无，填充色设为黑色，在舞台窗口的外侧绘制一个椭圆形，效果如图 2-81 所示。

Step 02 选择“部分选取”工具，在椭圆形的外边线上单击，出现多个节点，如图 2-82 所示。单击不需要的节点，按 Delete 键将其删除，效果如图 2-83 所示。使用相同的方法删除其他节点，如图 2-84 所示。

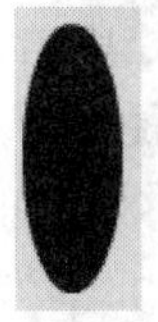

图 2-81　图 2-82　图 2-83　图 2-84

Step 03 选择“任意变形”工具，单击图形，出现控制点，将中心点移动到如图 2-85 所示的位置，按 Ctrl+T 组合键弹出“变形”面板，单击“重制选区和变形”按钮复制出一个图形，将“旋转”选项设为 45°，如图 2-86 所示，图形效果如图 2-87 所示。

Step 04 再单击 6 次“重制选区和变形”按钮，复制出 6 个图形，效果如图 2-88 所示。

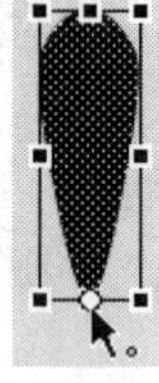

图 2-85

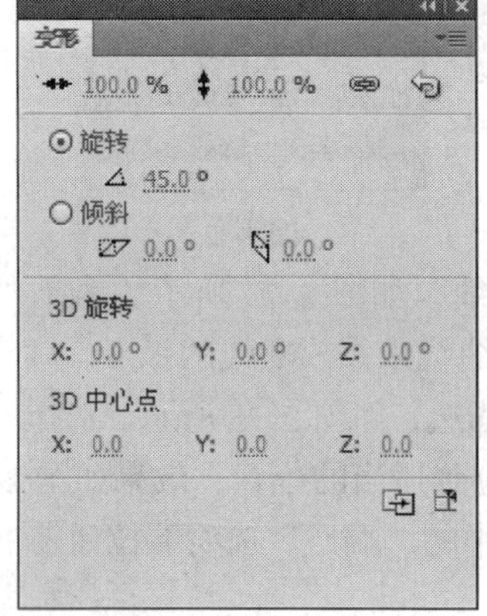

图 2-86

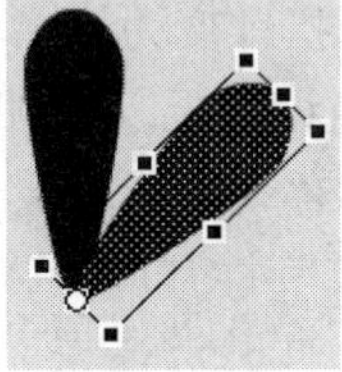

图 2-87

图 2-88

Step 05 选择“选择”工具，拖曳图形到“朵”字的右下角，并调整其大小，将填充色设为白色，效果如图 2-89 所示。按住 Alt 键选中图形，并将其拖曳到“朵”字的上方，复制当前选中的图形，选择“任意变形”工具将其缩小，效果如图 2-90 所示。

图 2-89

图 2-90

Step 06 选择“文件 > 导入 > 导入到舞台”命令，在弹出的“导入”对话框中分别选择“Ch02 > 素材 > 绘制美朵坊标志 > 蝴蝶、花纹”文件，单击“打开”按钮，图形分别被导入到舞台窗口中，将它们拖曳到适当的位置，如图 2-91 所示。美朵坊标志绘制完成，效果如图 2-92 所示。

图 2-91

图 2-92

2.2.2　矩形工具

选择“矩形”工具，在舞台上单击鼠标，按住鼠标不放，向需要的位置拖曳鼠标，绘制出矩形图形，松开鼠标，矩形图形效果如图 2-93 所示。按住 Shift 键的同时绘制图形，可以绘制出正方形，如图 2-94 所示。

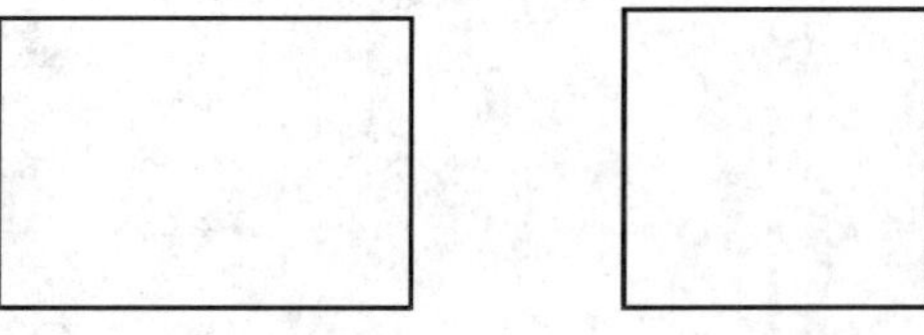

图 2-93　　图 2-94

可以在矩形工具“属性”面板中设置不同的边框颜色、边框粗细、边框线型和填充颜色，如图 2-95 所示。设置不同的边框属性和填充颜色后，绘制的图形如图 2-96 所示。

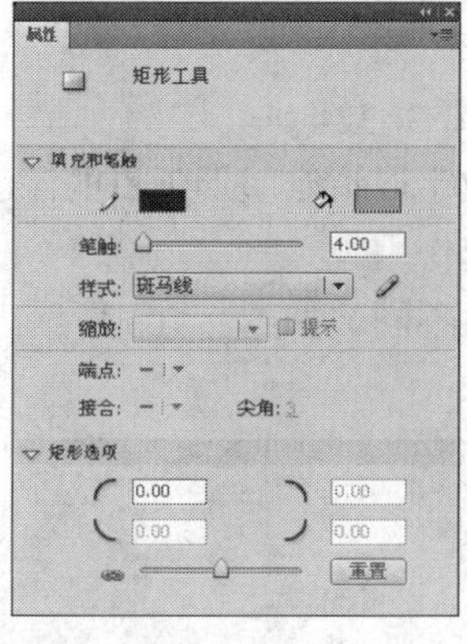

图 2-95

图 2-96

可以应用矩形工具绘制圆角矩形。选择“属性”面板，在“矩形边角半径”选项的数值框中输入需要的数值，如图 2-97 所示。输入的数值不同，绘制出的圆角矩形也相对不同，效果如图 2-98 所示。

图 2-97　　图 2-98

2.2.3　多角星形工具

应用多角星形工具可以绘制出不同样式的多边形和星形。选择“多角星形”工具，在舞台上单击鼠标，按住鼠标不放，向需要的位置拖曳鼠标，绘制出多边形，松开鼠标，多边形效果如图 2-99 所示。

可以在多角星形工具“属性”面板中设置不同的边框颜色、边框粗细、边框线型和填充颜色，如图 2-100 所示。设置不同的边框属性和填充颜色后，绘制的图形如图 2-101 所示。

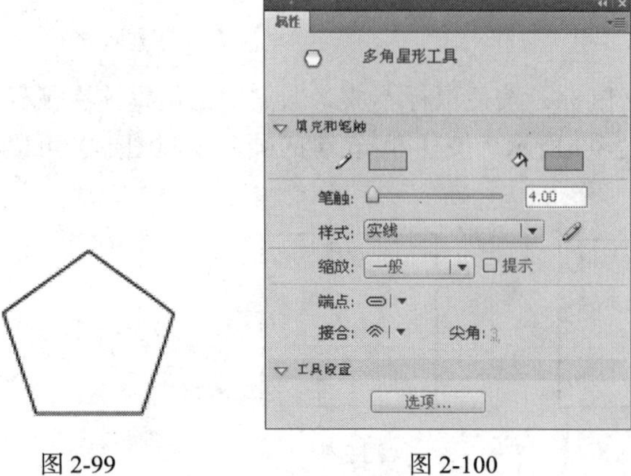

图 2-99　　图 2-100　　图 2-101

单击属性面板下方的“选项”按钮，弹出“工具设置”对话框，如图 2-102 所示，在对话框中可以自定义多边形的各种属性。

“样式”选项：在此选项中选择绘制多边形或星形。

“边数”选项：设置多边形的边数，其选取范围为 3~32。

“星形顶点大小”选项：输入一个 0~1 之间的数字以指定星形顶点的深度。此数字越接近 0，创建的顶点就越深。此选项在多边形形状绘制中不起作用。

设置不同数值后，绘制出的多边形和星形也相对不同，如图 2-103 所示。

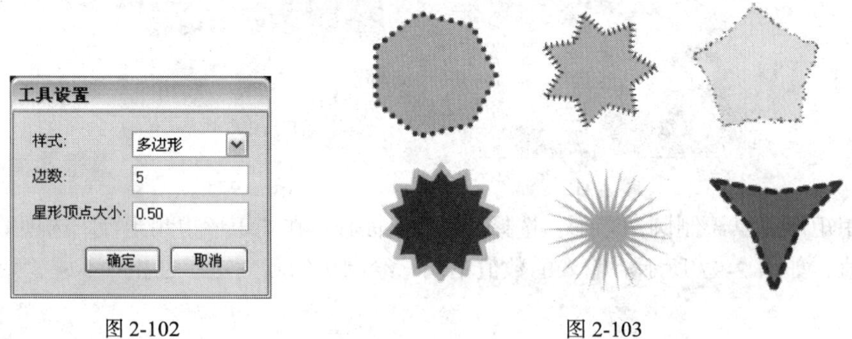

图 2-102　　图 2-103

2.2.4　钢笔工具

选择“钢笔”工具，将鼠标放置在舞台上想要绘制曲线的起始位置，然后按住鼠标不放。此时出现第一个锚点，并且钢笔尖光标变为箭头形状，如图 2-104 所示。松开鼠标，将鼠标光标放置在想要绘制的第二个锚点的位置，单击鼠标并按住不放，绘制出一条直线段，如图 2-105 所示。将鼠标向其他方向拖曳，直线转换为曲线，如图 2-106 所示。松开鼠标，一条曲线绘制完成，如图 2-107 所示。

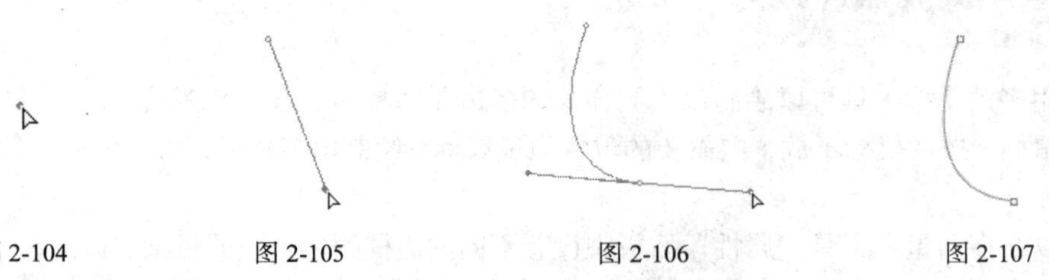

图 2-104　　图 2-105　　图 2-106　　图 2-107

用相同的方法可以绘制出多条曲线段组合而成的不同样式的曲线，如图 2-108 所示。

在绘制线段时，如果按住 Shift 键，再进行绘制，绘制出的线段将被限制为倾斜 45° 的倍数，如图 2-109 所示。

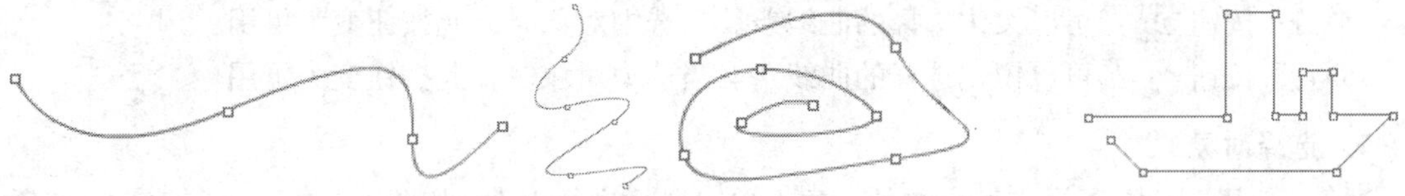

图 2-108　　　　图 2-109

在绘制线段时，“钢笔”工具的光标会产生不同的变化，其表示的含义也不同。

增加节点：当光标变为带加号时，如图 2-110 所示，在线段上单击鼠标就会增加一个节点，这样有助于更精确地调整线段。增加节点后效果如图 2-111 所示。

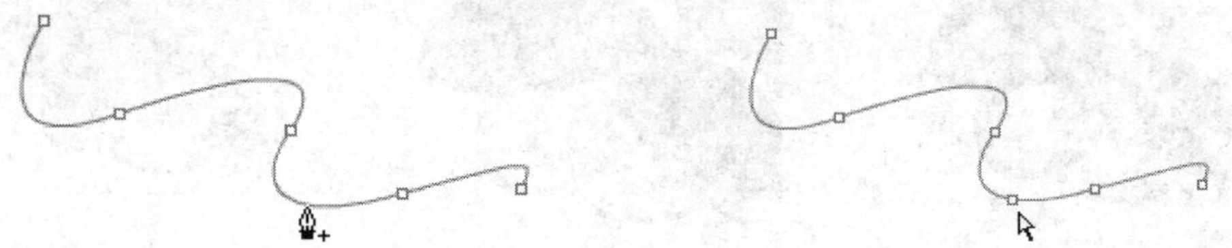

图 2-110　　　　图 2-111

删除节点：当光标变为带减号时，如图 2-112 所示，在线段上单击节点，就会将这个节点删除。删除节点后效果如图 2-113 所示。

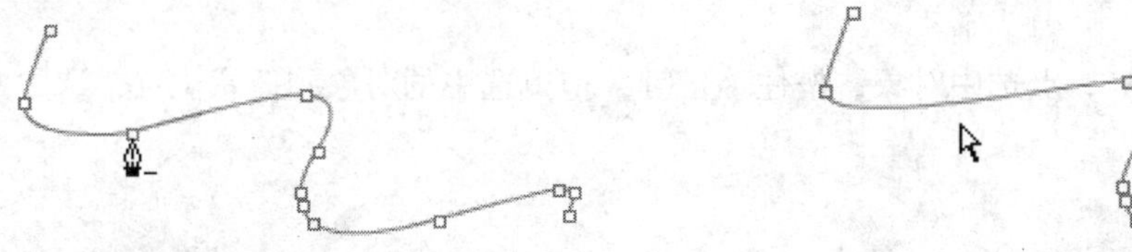

图 2-112 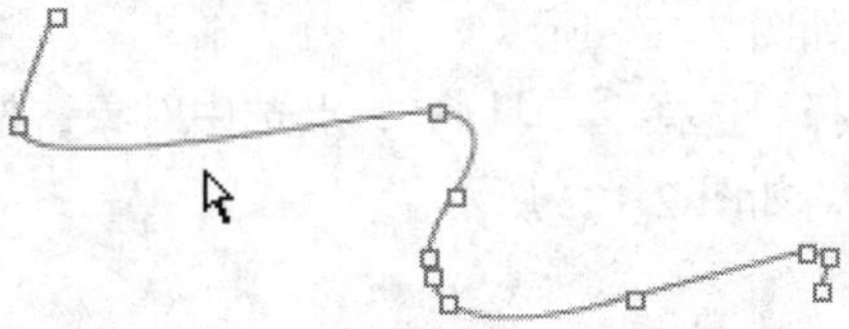　　　　图 2-113

转换节点：当光标变为带折线时，如图 2-114 所示，在线段上单击节点，就会将这个节点从曲线节点转换为直线节点。转换节点后效果如图 2-115 所示。

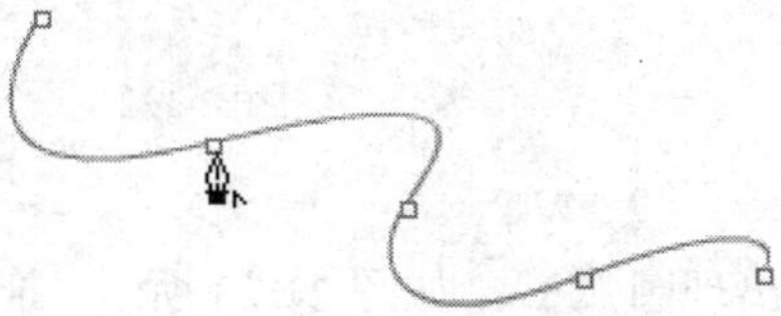

图 2-114 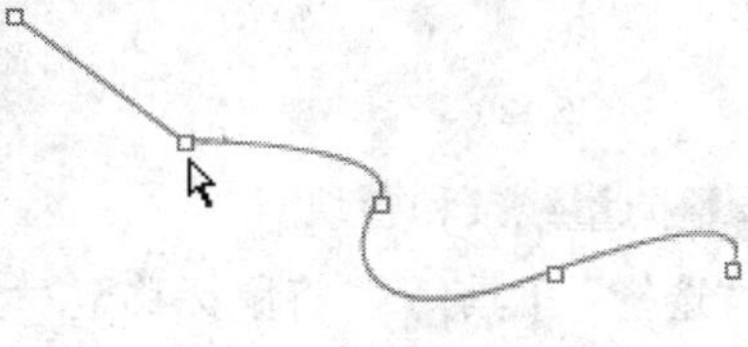　　　　图 2-115

提示： 当选择钢笔工具绘画时，若在用铅笔、刷子、线条、椭圆或矩形工具创建的对象上单击，就可以调整对象的节点，以改变这些线条的形状。

2.2.5　选择工具

选择“选择”工具，工具箱下方出现如图 2-116 所示的按钮，利用这些按钮可以完成以下工作。

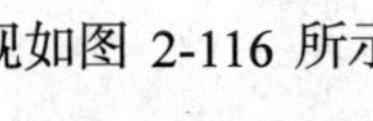

图 2-116

“对齐对象”按钮：自动将舞台上两个对象定位到一起，一般制作引导层动画时可利用此按钮将关键帧的对象锁定到引导路径上。此按钮还可以将对象定位到网格上。

“平滑”按钮：可以柔化选择的曲线条。当选中对象时，此按钮变为可用。

“伸直”按钮：可以锐化选择的曲线条。当选中对象时，此按钮变为可用。

1．选择对象

选择“选择”工具，在舞台中的对象上单击鼠标进行点选，如图 2-117 所示。按住 Shift 键，再点选对象，可以同时选中多个对象，如图 2-118 所示。在舞台中拖曳出一个矩形可以框选对象，如图 2-119 所示。

图 2-117　　图 2-118　　图 2-119

2．移动和复制对象

选择“选择”工具，点选中对象，如图 2-120 所示。按住鼠标不放，直接拖曳对象到任意位置，如图 2-121 所示。

选择“选择”工具，点选中对象，按住 Alt 键，拖曳选中的对象到任意位置，选中的对象被复制，如图 2-122 所示。

图 2-120　　图 2-121　　图 2-122

3．调整向量线条和色块

选择“选择”工具，将鼠标移至对象，鼠标下方出现圆弧，如图 2-123 所示。拖动鼠标，对选中的线条和色块进行调整，如图 2-124 所示。

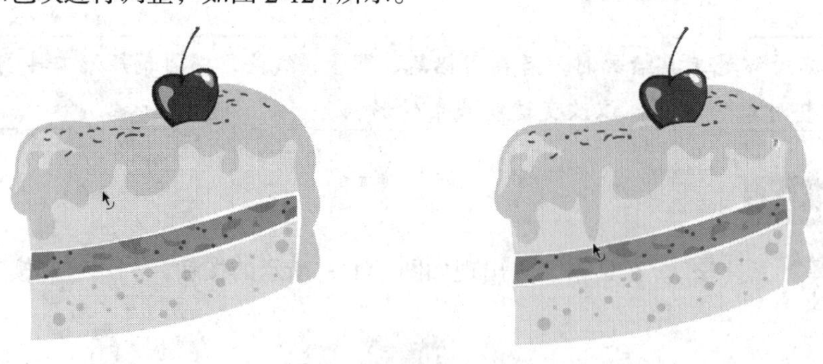

图 2-123　　图 2-124

2.2.6　部分选取工具

选择“部分选取”工具，在对象的外边线上单击，对象上出现多个节点，如图 2-125 所示。拖曳节点来调整控制线的长度和斜率，从而改变对象的曲线形状，如图 2-126 所示。

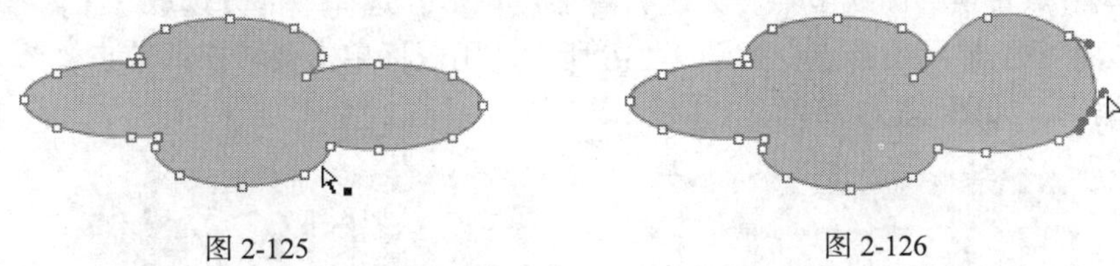

图 2-125　　图 2-126

> **提示：** 若想增加图形上的节点，可选择“钢笔”工具在图形上单击来增加节点。

在改变对象的形状时，“部分选取”工具的光标会产生不同的变化，其表示的含义也不同。

带黑色方块的光标：当鼠标光标放置在节点以外的线段上时，光标变为，如图 2-127 所示。这时，可以移动对象到其他位置，如图 2-128、图 2-129 所示。

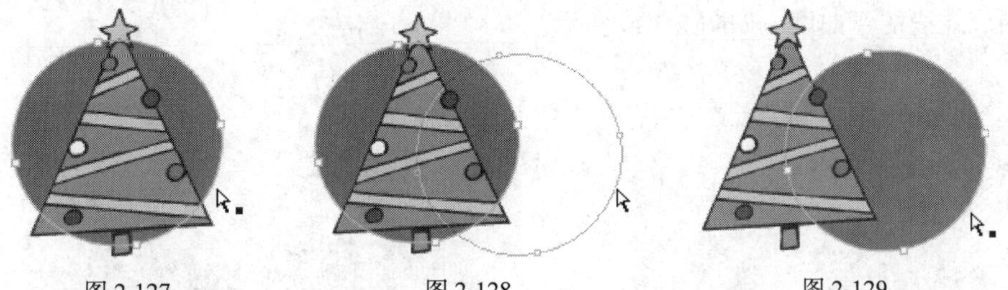

图 2-127　　图 2-128　　图 2-129

带白色方块的光标：当鼠标光标放置在节点上时，光标变为，如图 2-130 所示。这时，可以移动单个的节点到其他位置，如图 2-131、图 2-132 所示。

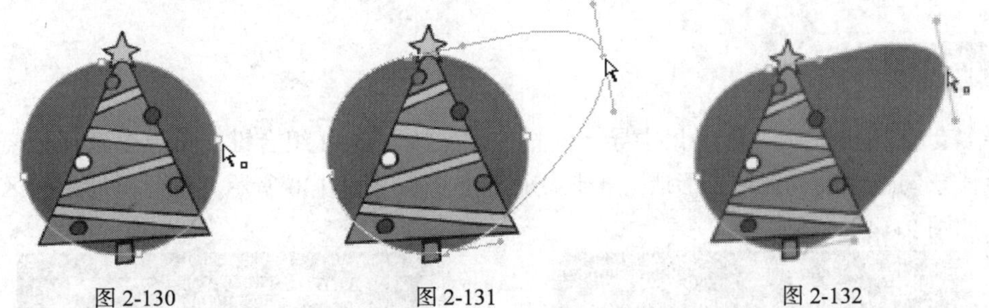

图 2-130　　图 2-131　　图 2-132

变为小箭头的光标：当鼠标光标放置在节点调节手柄的尽头时，光标变为，如图 2-133 所示。这时，可以调节与该节点相连的线段的弯曲度，如图 2-134、图 2-135 所示。

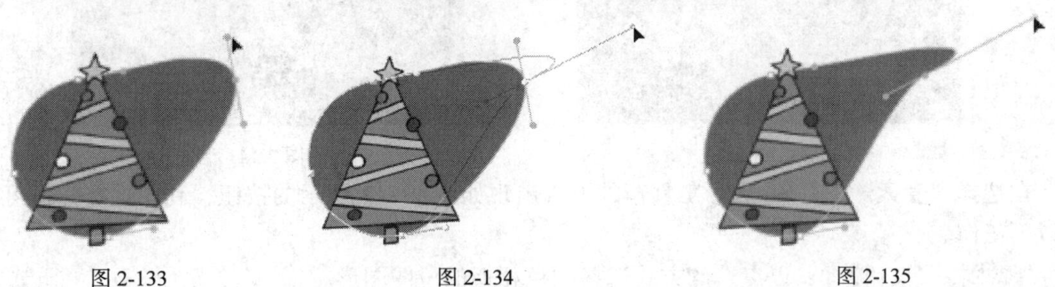

图 2-133　　图 2-134　　图 2-135

> **提示**：在调整节点的手柄时，调整一个手柄，另一个相对的手柄也会随之发生变化。如果只想调整其中的一个手柄，按住 Alt 键，再进行调整即可。

可以将直线节点转换为曲线节点，并进行弯曲度调节。选择“部分选取”工具，在对象的外边线上单击，对象上显示出节点，如图 2-136 所示。用鼠标单击要转换的节点，节点从空心变为实心，表示可编辑，如图 2-137 所示。

图 2-136

图 2-137

按住 Alt 键，用鼠标将节点向外拖曳，节点增加出两个可调节手柄，如图 2-138 所示。应用调节手柄可调节线段的弯曲度，如图 2-139 所示。

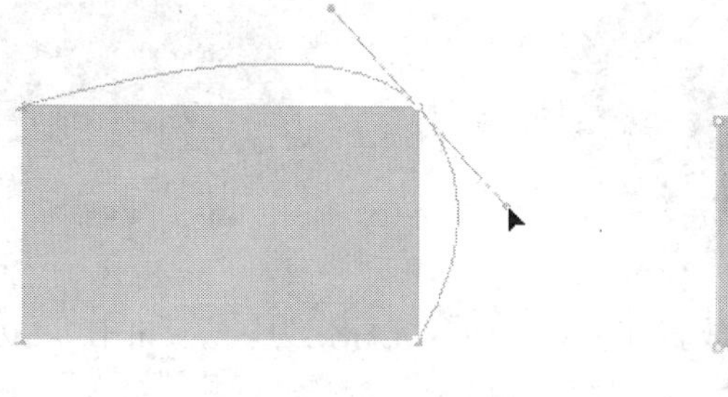

图 2-138

图 2-139

2.2.7 套索工具

选择“套索”工具，在场景中导入一幅位图，按 Ctrl+B 组合键，将位图进行分离。用鼠标在位图上任意勾选想要的区域，形成一个封闭的选区，如图 2-140 所示。松开鼠标，选区中的图像被选中，如图 2-141 所示。

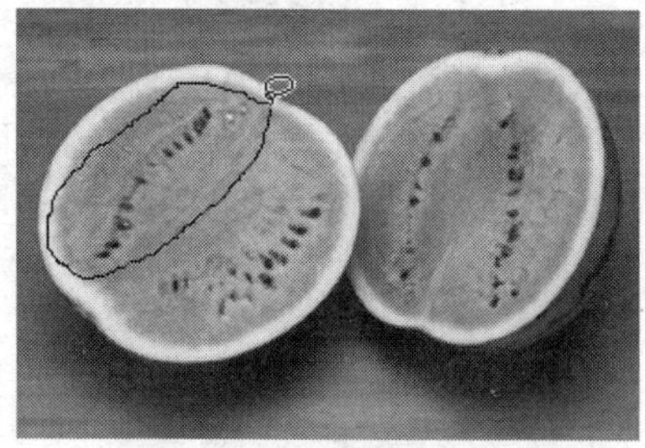

图 2-140

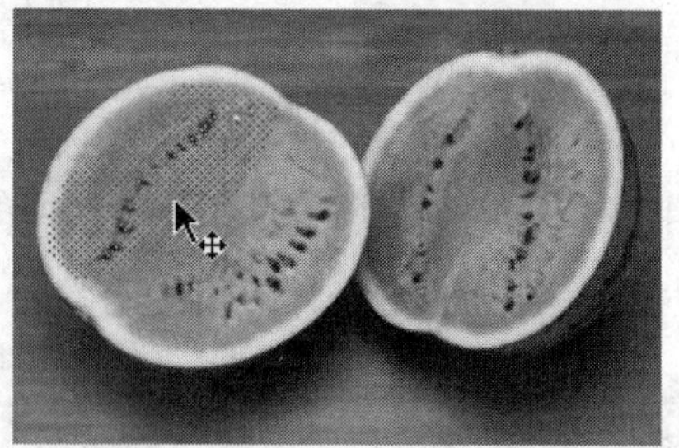

图 2-141

在选择“套索”工具后，工具箱的下方出现如图 2-142 所示的按钮，利用这些按钮可以完成以下工作。

“魔术棒”按钮：以点选的方式选择颜色相似的位图图形。

选中“魔术棒”按钮，将光标放在位图上，光标变为，在要选择的位图上单击鼠标，如图 2-143 所示。与点取点颜色相近的图像区域被选中，如图 2-144 所示。

图 2-142

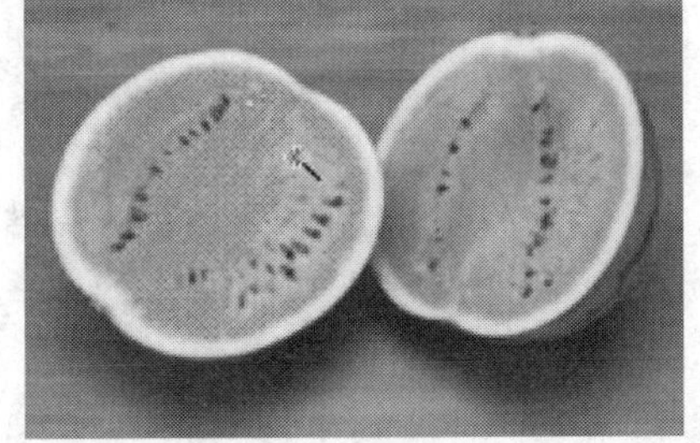

图 2-143

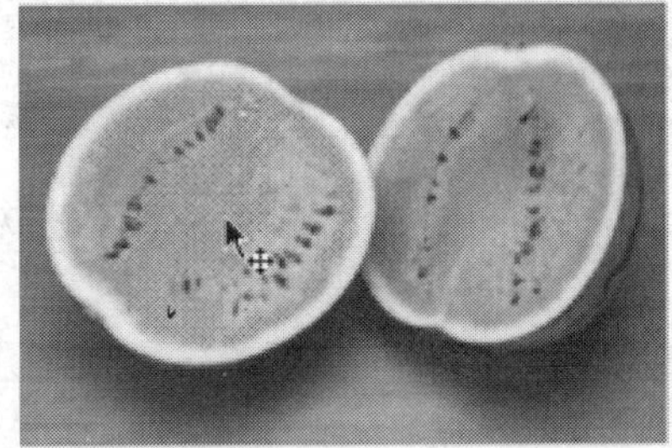

图 2-144

“魔术棒属性”按钮：可以用来设置魔术棒的属性，应用不同的属性，魔术棒选取的图像区域大小各不相同。

单击“魔术棒属性”按钮，弹出“魔术棒设置”对话框，如图 2-145 所示。

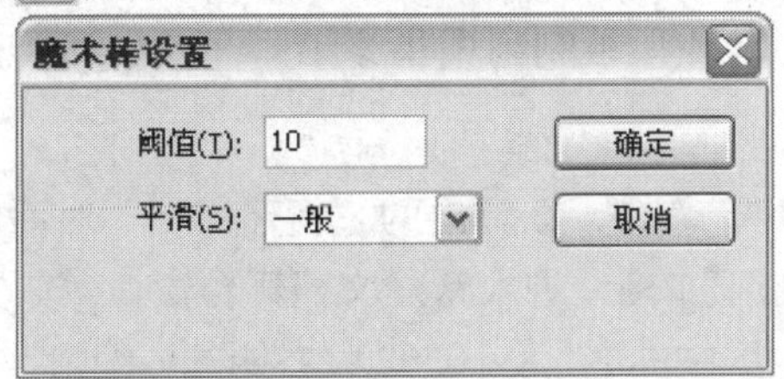

图 2-145

在“魔术棒设置”对话框中设置不同数值后，所产生的不同效果如图 2-146 所示。

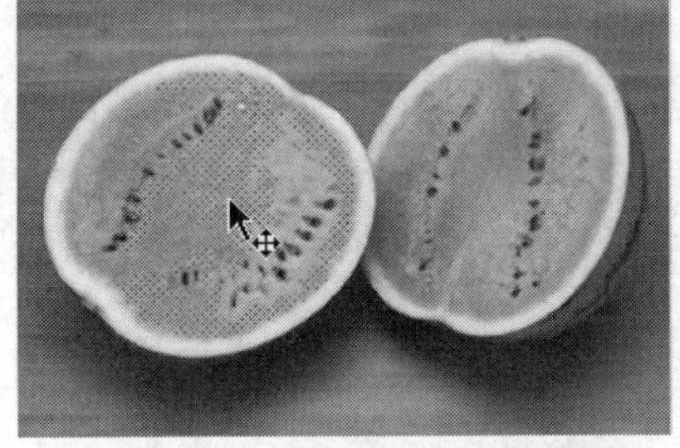

（a）阈值为 10 时选取图像的区域

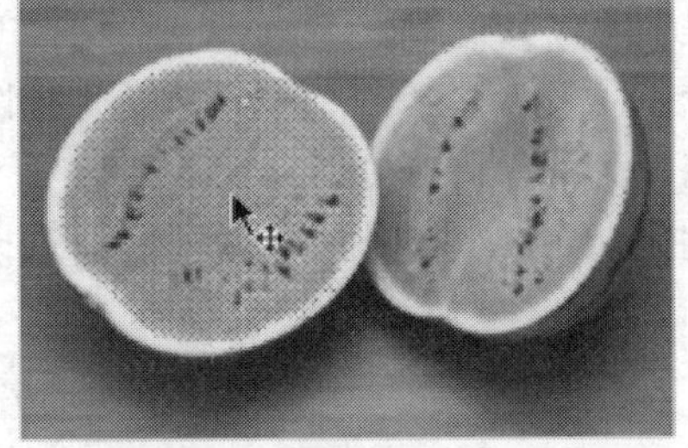

（b）阈值为 60 时选取图像的区域

图 2-146

“多边形模式”按钮：可以用鼠标精确地勾画想要选中的图像。

选中“多边形模式”按钮，在图像上单击鼠标，确定第一个定位点，松开鼠标并将鼠标移至下一个定位点，再单击鼠标，用相同的方法直到勾画出想要的图像，并使选取区域形成一个封闭的状态，如图 2-147 所示。双击鼠标，选区中的图像被选中，如图 2-148 所示。

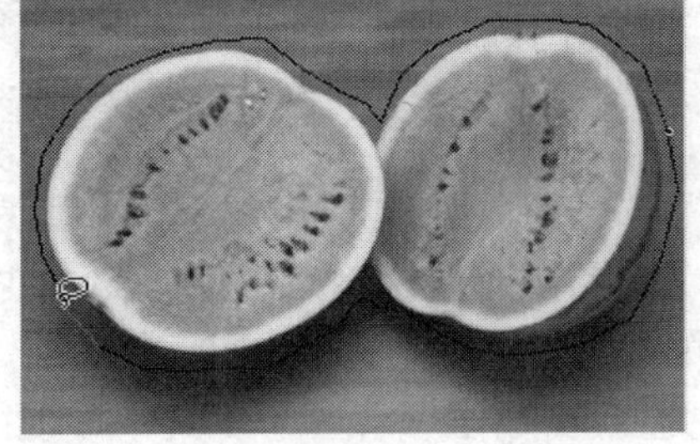

图 2-147

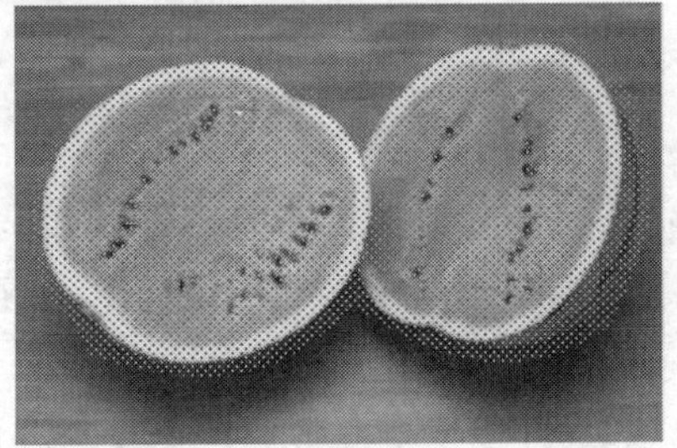

图 2-148

2.3 图形的编辑

图形的编辑工具可以改变图形的色彩、线条、形态等属性，可以创建充满变化的图形效果。

2.3.1 课堂案例——绘制雨中街景

案例学习目标：使用图形编辑工具对图形进行编辑。

案例知识要点：使用渐变工具制作背景效果，使用钢笔工具绘制群楼效果，使用橡皮擦工具制作窗户效果，使用线条工具制作雨点效果，使用多角星形工具制作星星效果，如图 2-149 所示。

图 2-149

效果所在位置：光盘/Ch02/效果/绘制雨中街景.fla。

1. 绘制背景和月亮图形

Step 01 选择“文件 > 新建”命令，在弹出的“新建文档”对话框中选择“Flash 文件”选项，单击“确定”按钮，进入新建文档舞台窗口。按 Ctrl+F3 组合键，弹出文档“属性”面板，单击“大小”选项右侧的“编辑”按钮 编辑... ，在弹出的对话框中将舞台窗口的宽度设为 400，高度设为 550。

Step 02 将“图层 1”重命名为“背景图”。选择“矩形”工具，在工具中将笔触颜色设为无，填充色设为白色，绘制一个与页面大小相等的矩形。选择“窗口 > 颜色”命令，弹出“颜色”面板，在“类型”选项的下拉列表中选择“线性”，在色带上单击鼠标，创建一个新的控制点。将第 1 个控制点设为深蓝色（#114A97），将第 2 个控制点设为蓝色（#79C3E8），将第 3 个控制点设为浅蓝色（#BEDBED），如图 2-150 所示。选择“颜料桶”工具，在黄色圆形上单击鼠标，渐变图形效果如图 2-151 所示。

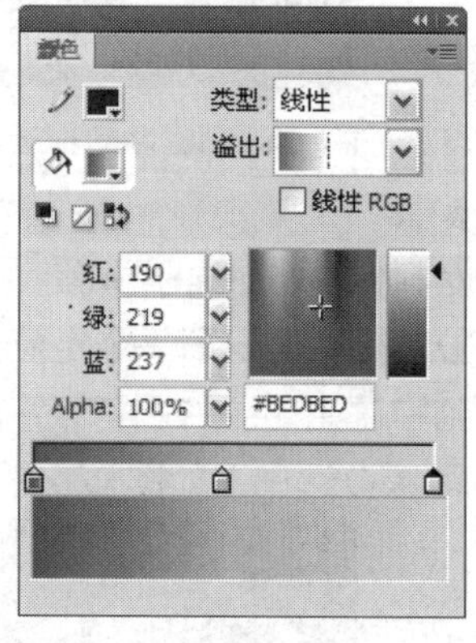

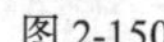

图 2-150

图 2-151

Step 03 单击“时间轴”面板下方的“新建图层”按钮，创建新图层并将其命名为“月亮”，选择“椭圆”工具，在工具箱中将笔触颜色设为无，将填充色设为蓝灰色（#A2BCBB），按住 Shift 键的同时，在舞台窗口的左侧绘制出一个圆形作为月亮，效果如图 2-152 所示。

Step 04 选择“多角星形”工具，填充颜色设为白色。单击多角星形工具“属性”面板中的

“选项”按钮，在弹出的对话框中进行设置，如图 2-153 所示，单击“确定”按钮。在舞台窗口中绘制多个星星图形，效果如图 2-154 所示。

图 2-152

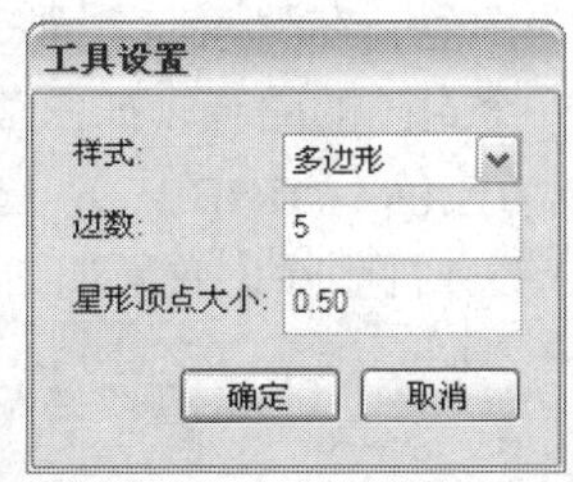

图 2-153

图 2-154

Step 05 选择“窗口 > 颜色”命令，弹出“颜色”面板，在“类型”选项的下拉列表中选择“放射状”，选中色带上左侧控制点，将其设为灰蓝色（#88B9D5），选中色带上右侧控制点，将其设为浅蓝色（#A8D1EA），如图 2-155 所示。

Step 06 选择“椭圆”工具，在工具箱中将笔触颜色设为无，在舞台窗口中绘制一个椭圆，选中椭圆，调出形状“属性”面板，分别将“宽”、“高”选项设为 199、44，舞台窗口中的效果如图 2-156 所示。

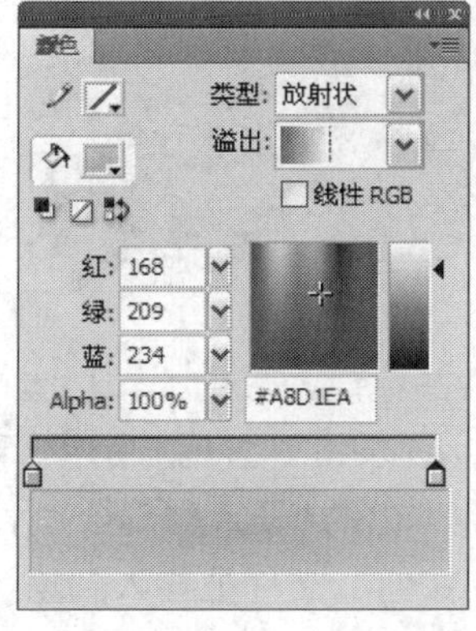

图 2-155

图 2-156

Step 07 选择“椭圆”工具，在工具箱中将填充色设为灰色，在舞台窗口中绘制一个椭圆。选中椭圆，调出形状“属性”面板，分别将“宽”、“高”选项设为 139、32，将灰色椭圆放置到大椭圆图形的中间位置，取消选取，如图 2-157 所示。再次选中灰色图形，按 Delete 键进行删除，效果如图 2-158 所示。

Step 08 选中相减后的图形，复制两次，并调整大小移动到适当的位置，效果如图 2-159 所示。

图 2-157

图 2-158

图 2-159

2．绘制楼剪影

Step 01 单击“时间轴”面板下方的“新建图层”按钮，创建新图层并将其命名为“楼”，选择“钢笔”工具，将笔触颜色设为白色，在“属性”面板中将“笔触高度”选项设为 1，在舞台窗口中，按住 Shift 键的同时绘制一个封闭的路径，如图 2-160 所示。

Step 02 在工具箱下方将填充色设为蓝色（#1F7BBE），选择“颜料桶”工具，在路径中单击鼠标填充颜色，选择边线，按 Delete 键进行删除，效果如图 2-161 所示。

图 2-160　　图 2-161

Step 03 选择“橡皮擦”工具，在工具箱的下方“橡皮擦”形状选项中选择第 2 种方形模式，在舞台窗口中的图形上多次单击鼠标，制作窗户效果，如图 2-162 所示。

图 2-162

Step 04 选择“铅笔”工具，在工具箱中将笔触颜色设为灰色（#CCCCCC），笔触高度设为 5，分别在舞台窗口中绘制多个斜线，制作雨点图形，效果如图 2-163 所示。雨中街景绘制完成。

Step 05 选择“文件 > 导入 > 导入到舞台”命令，在弹出的“导入到舞台”对话框中选择“Ch02 > 素材 > 绘制雨中街景 > 人物”文件，单击“打开”按钮，文件被导入到舞台窗口中，效果如图 2-164 所示。

图 2-163

图 2-164

2.3.2 墨水瓶工具

使用墨水瓶工具可以修改向量图形的边线。

导入图形，如图 2-165 所示。选择“墨水瓶”工具，在“属性”面板中设置笔触颜色、笔触高度以及笔触样式，如图 2-166 所示。

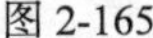

图 2-165

图 2-166

这时，光标变为，在图形上单击鼠标，为图形增加设置好的边线，如图 2-167 所示。在“属性”面板中设置不同的属性，所绘制的边线效果也不同，如图 2-168 所示。

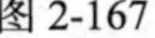

图 2-167

图 2-168

2.3.3　颜料桶工具

导入图形，如图 2-169 所示。选择“颜料桶”工具，在“属性”面板中设置填充颜色，如图 2-170 所示。在猫图形的线框内单击鼠标，线框内被填充颜色，如图 2-171 所示。

在工具箱的下方系统设置了 4 种填充模式可供选择，如图 2-172 所示。

图 2-169

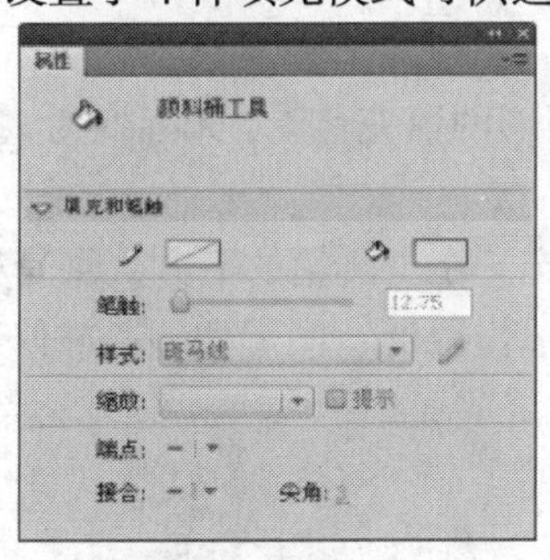

图 2-170

图 2-171

图 2-172

“不封闭空隙”模式：选择此模式时，只有在完全封闭的区域颜色才能被填充。

“封闭小空隙”模式：选择此模式时，当边线上存在小空隙时，允许填充颜色。

“封闭中等空隙”模式：选择此模式时，当边线上存在中等空隙时，允许填充颜色。

“封闭大空隙”模式：选择此模式时，当边线上存在大空隙时，允许填充颜色。当选择“封闭大空隙”模式时，无论空隙是小空隙还是中等空隙，也都可以填充颜色。

根据线框空隙的大小，应用不同的模式进行填充，效果如图 2-173 所示。

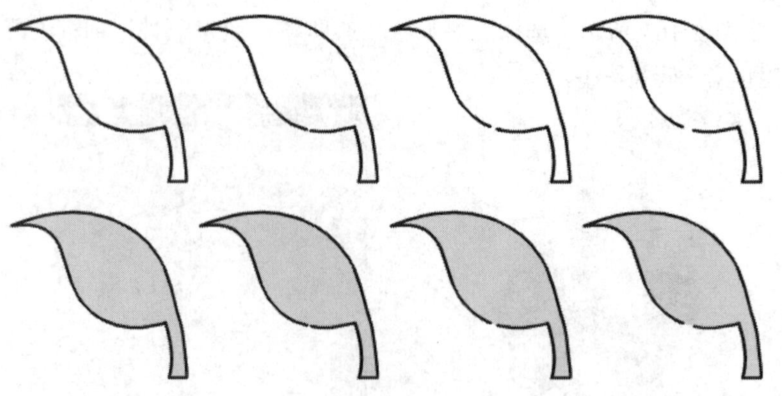

不封闭空隙模式　　封闭小空隙模式　　封闭中等空隙模式　　封闭大空隙模式

图 2-173

“锁定填充”按钮：可以对填充颜色进行锁定，锁定后填充颜色不能被更改。

没有选择此按钮时，填充颜色可以根据需要进行变更，如图 2-174 所示。

选择此按钮时，鼠标光标放置在填充颜色上，光标变为，填充颜色被锁定，不能随意变更，如图 2-175 所示。

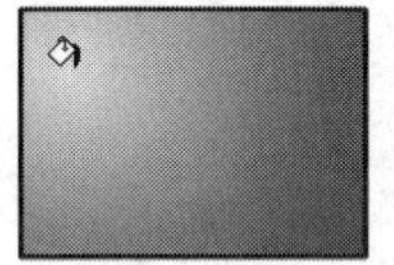

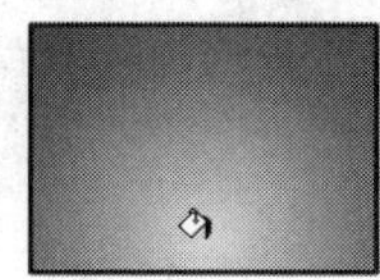
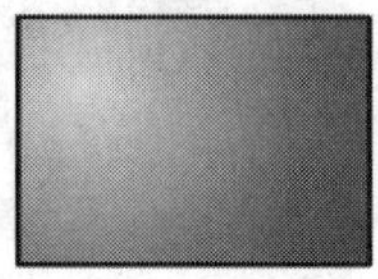

图 2-174

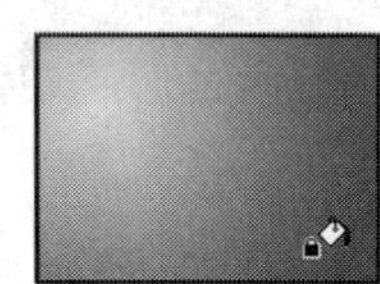

图 2-175

2.3.4 滴管工具

使用滴管工具可以吸取向量图形的线型和色彩，然后利用颜料桶工具，可以快速修改其他向量图形内部的填充色。利用墨水瓶工具，可以快速修改其他向量图形的边框颜色及线型。

1．吸取填充色

选择“滴管”工具，将光标放在左边图形的填充色上，光标变为，在填充色上单击鼠标，吸取填充色样本，如图 2-176 所示。

单击后，光标变为，表示填充色被锁定。在工具箱的下方，取消对“锁定填充”按钮的选取，光标变为，在右边图形的填充色上单击鼠标，图形的颜色被修改，如图 2-177 所示。

图 2-176

图 2-177

2．吸取边框属性

选择“滴管”工具，将鼠标放在左边图形的外边框上，光标变为，在外边框上单击鼠标，吸取边框样本，如图 2-178 所示。单击后，光标变为，在右边图形的外边框上单击鼠标，线条的颜色和样式被修改，如图 2-179 所示。

图 2-178

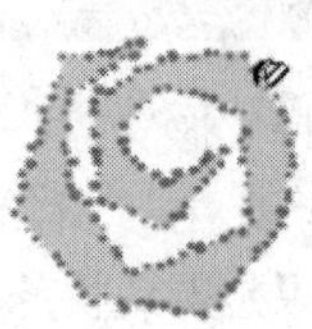

图 2-179

3．吸取位图图案

滴管工具可以吸取外部引入的位图图案。导入图片，如图 2-180 所示。按 Ctrl+B 组合键，将位图分离。绘制一个矩形图形，如图 2-181 所示。

选择“滴管”工具，将鼠标放在位图上，光标变为，单击鼠标，吸取图案样本，如图 2-182 所示。单击后，光标变为，在矩形图形上单击鼠标，图案被填充，如图 2-183 所示。

图 2-180

图 2-181

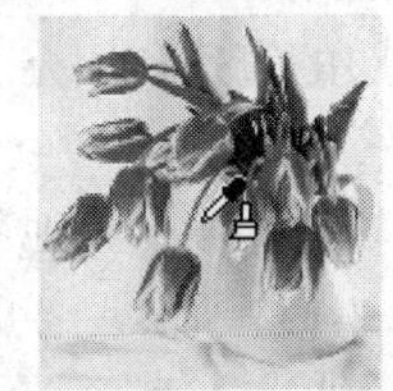

图 2-182

图 2-183

选择“渐变变形”工具，单击被填充图案样本的矩形，出现控制点，如图 2-184 所示。按住 Shift 键，将左下方的控制点向中心拖曳，如图 2-185 所示。填充图案变小，如图 2-186 所示。

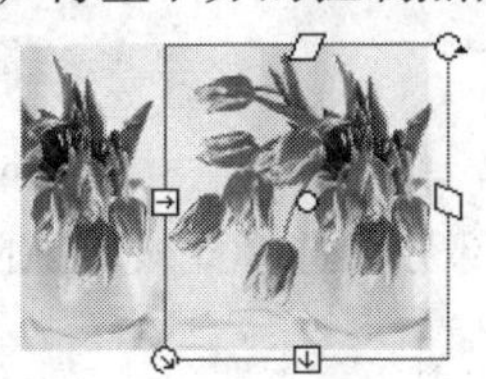
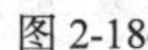

图 2-184

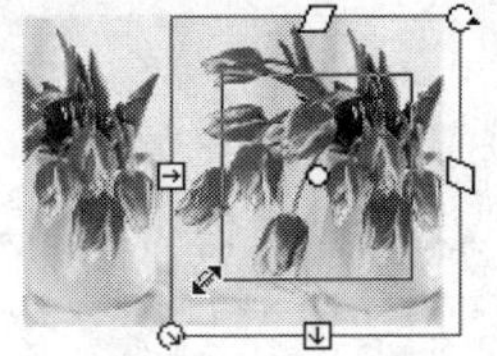

图 2-185

图 2-186

4．吸取文字颜色

滴管工具可以吸取文字的颜色。选择要修改的目标文字，如图 2-187 所示。

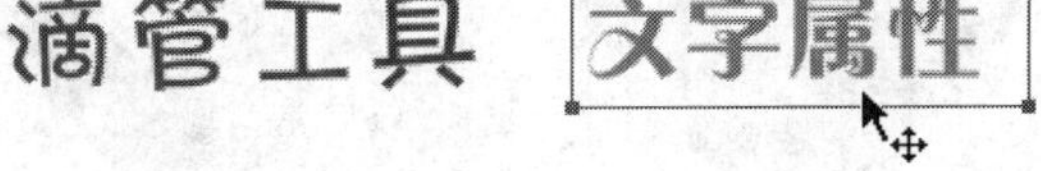

滴管工具　文字属性

图 2-187

选择“滴管”工具，将鼠标放在源文字上，光标变为，如图 2-188 所示。

滴管工具　文字属性

图 2-188

在源文字上单击鼠标，源文字的文字属性被应用到了目标文字上，如图 2-189 所示。

滴管工具　文字属性

图 2-189

2.3.5 橡皮擦工具

选择"橡皮擦"工具，在图形上想要删除的地方按下鼠标并拖动鼠标，图形被擦除，如图 2-190 所示。在工具箱下方的"橡皮擦形状"按钮的下拉菜单中，可以选择橡皮擦的形状与大小。

如果想得到特殊的擦除效果，系统在工具箱的下方设置了 5 种擦除模式可供选择，如图 2-191 所示。

图 2-190

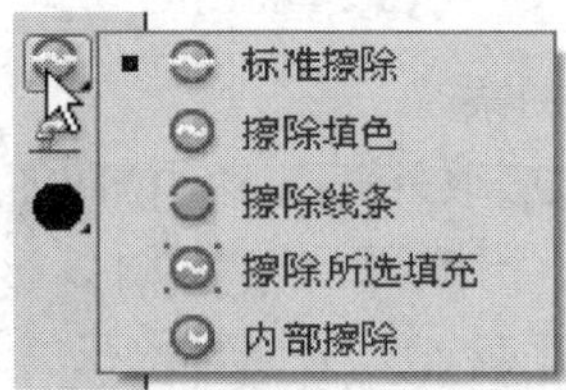

图 2-191

"标准擦除"模式：擦除同一层的线条和填充。选择此模式擦除图形的前后对照效果如图 2-192、图 2-193 所示。

"擦除填色"模式：仅擦除填充区域，其他部分（如边框线）不受影响。选择此模式擦除图形的前后对照效果如图 2-194、图 2-195 所示。

图 2-192

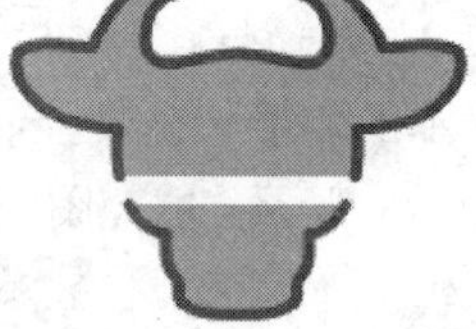

图 2-193

图 2-194

图 2-195

"擦除线条"模式：仅擦除图形的线条部分，但不影响其填充部分。选择此模式擦除图形的前后对照效果如图 2-196、图 2-197 所示。

"擦除所选填充"模式：仅擦除已经选择的填充部分，但不影响其他未被选择的部分（如果场景中没有任何填充被选择，那么擦除命令无效）。选择此模式擦除图形的前后对照效果如图 2-198、图 2-199 所示。

图 2-196

图 2-197

图 2-198

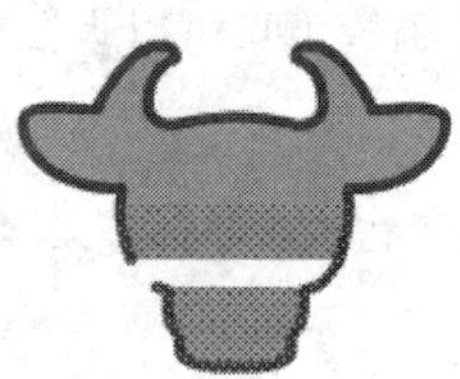

图 2-199

"内部擦除"模式：仅擦除起点所在的填充区域部分，但不影响线条填充区域外的部分。选择此模式擦除图形的前后对照效果如图 2-200、图 2-201 所示。

图 2-200

图 2-201

要想快速删除舞台上的所有对象，双击“橡皮擦”工具即可。

要想删除向量图形上的线段或填充区域，可以选择“橡皮擦”工具，再选中工具箱中的“水龙头”按钮，然后单击舞台上想要删除的线段或填充区域即可，如图 2-202、图 2-203 所示。

图 2-202　　图 2-203

提示：因为导入的位图和文字不是向量图形，不能擦除它们的部分或全部，所以，必须先选择“修改 > 分离”命令，将它们分离成向量图形，才能使用橡皮擦工具擦除它们的部分或全部。

2.3.6　任意变形工具和渐变变形工具

在制作图形的过程中，可以应用任意变形工具来改变图形的大小及倾斜度，也可以应用填充变形工具改变图形中渐变填充颜色的渐变效果。

1. 任意变形工具

选中图形，按 Ctrl+B 组合键，将其打散。选择“任意变形”工具，在图形的周围出现控制点，如图 2-204 所示。拖曳控制点改变图形的大小，如图 2-205 所示（按住 Shift 键，再拖曳控制点，可成比例地改变图形）。

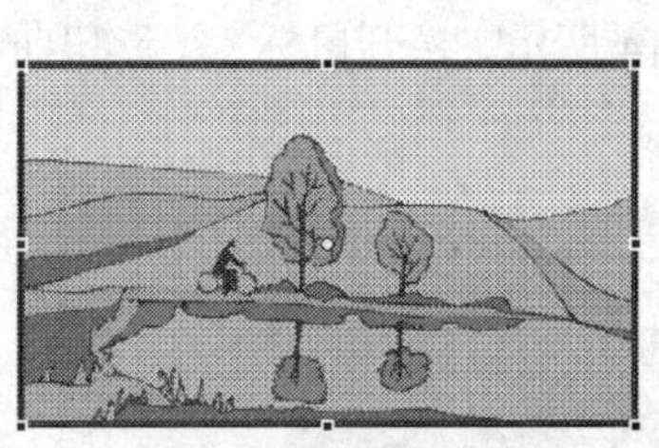

图 2-204

图 2-205

光标放在 4 个角的控制点上时，光标变为，如图 2-206 所示。拖曳鼠标旋转图形，如图 2-207、图 2-208 所示。

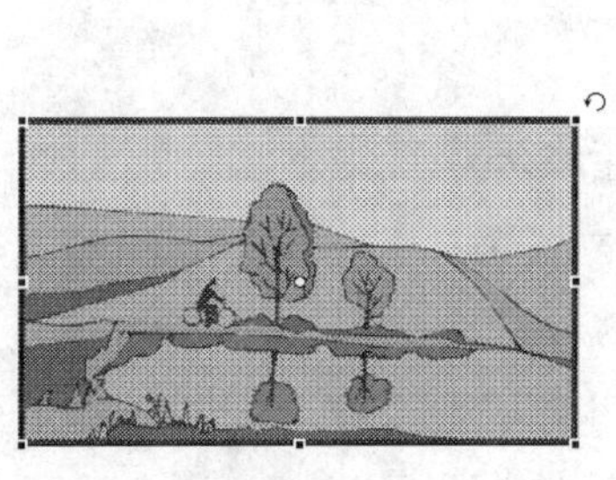

图 2-206

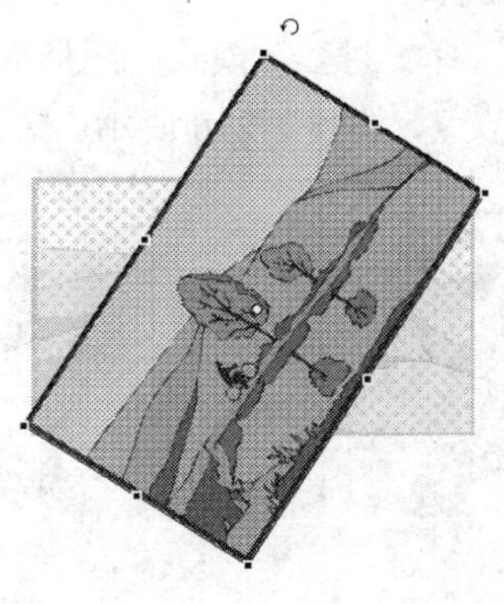

图 2-207

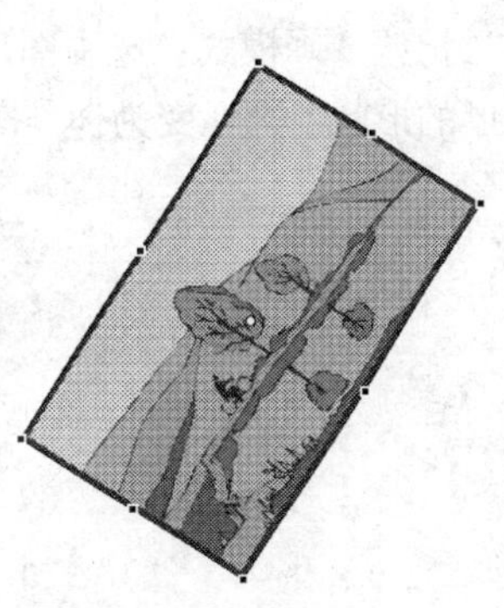

图 2-208

系统在工具箱的下方设置了 4 种变形模式可供选择，如图 2-209 所示。

"旋转与倾斜"模式：选中图形，选择"旋转与倾斜"模式，将鼠标放在图形上方中间的控制点上，光标变为⇋，如图 2-210 所示，按住鼠标不放，向右水平拖曳控制点，松开鼠标，图形变为倾斜，如图 2-211 所示。

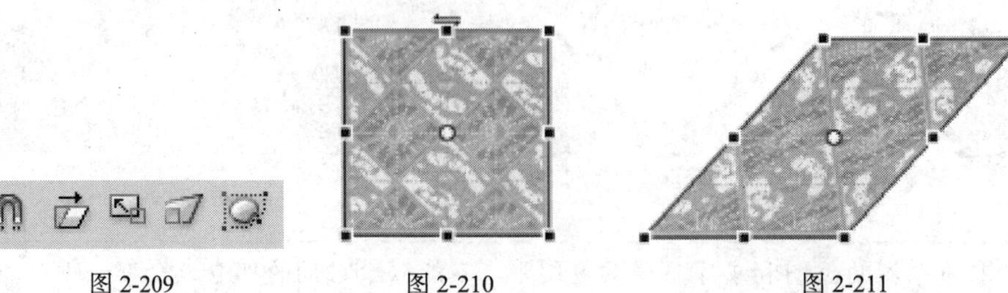

图 2-209　　图 2-210　　图 2-211

"缩放"模式：选中图形，选择"缩放"模式，将鼠标放在图形右上方的控制点上，光标变为⤢，按住鼠标不放，向右上方拖曳控制点，如图 2-212 所示，松开鼠标，图形变大，如图 2-213 所示。

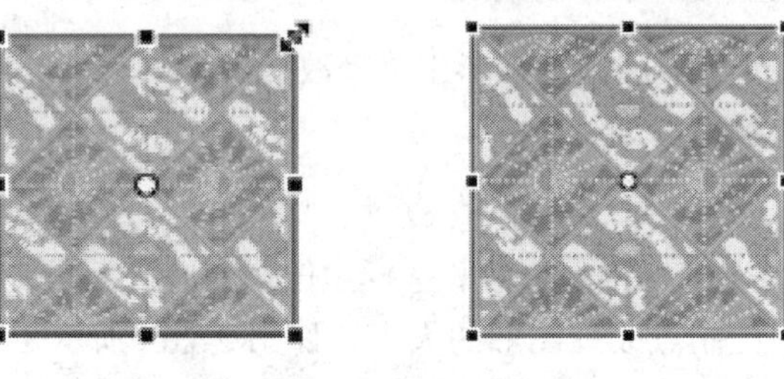

图 2-212　　图 2-213

"扭曲"模式：选中图形，选择"扭曲"模式，将鼠标放在图形右上方的控制点上，光标变为▷，按住鼠标不放，向右上方拖曳控制点，如图 2-214 所示，松开鼠标，图形扭曲，如图 2-215 所示。

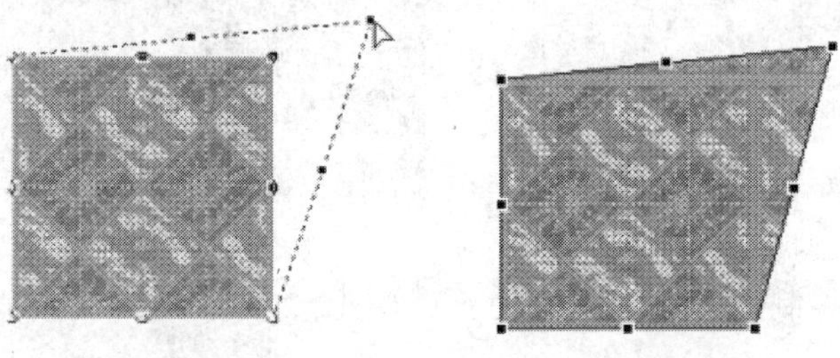

图 2-214　　图 2-215

"封套"模式：选中图形，选择"封套"模式，图形周围出现一些节点，调节这些节点来改变图形的形状，光标变为▷，拖曳节点，如图 2-216 所示，松开鼠标，图形扭曲，如图 2-217 所示。

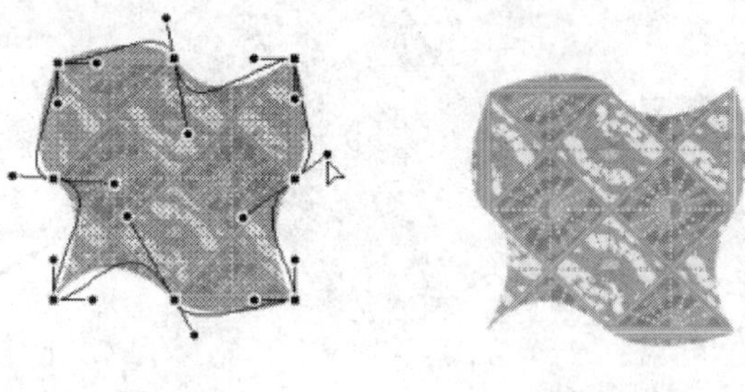

图 2-216　　图 2-217

2．渐变变形工具

使用渐变变形工具可以改变选中图形中的填充渐变效果。当图形填充色为线性渐变色时，选择“渐变变形”工具，用鼠标单击图形，出现 3 个控制点和 2 条平行线，如图 2-218 所示。向图形中间拖曳方形控制点，渐变区域缩小，如图 2-219 所示，效果如图 2-220 所示。

图 2-218　　图 2-219　　图 2-220

将鼠标放置在旋转控制点上，光标变为，拖曳旋转控制点来改变渐变区域的角度，如图 2-221 所示，效果如图 2-222 所示。

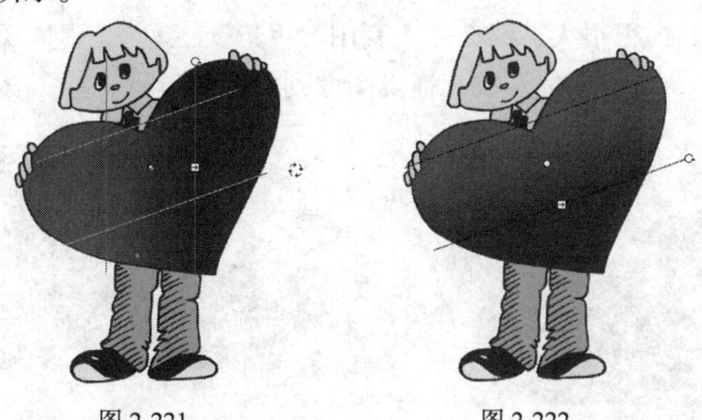

图 2-221　　图 2-222

当图形填充色为放射状渐变色时，选择“渐变变形”工具，用鼠标单击图形，出现 4 个控制点和 1 个圆形外框，如图 2-223 所示。向图形外侧水平拖曳方形控制点，水平拉伸渐变区域，如图 2-224 所示，效果如图 2-225 所示。

图 2-223　　图 2-224　　图 2-225

将鼠标放置在圆形边框中间的圆形控制点上，光标变为，向图形内部拖曳鼠标，缩小渐变区域，如图 2-226 所示，效果如图 2-227 所示。将鼠标放置在圆形边框外侧的圆形控制点上，光标变为，向上旋转拖曳控制点，改变渐变区域的角度，如图 2-228 所示，效果如图 2-229 所示。

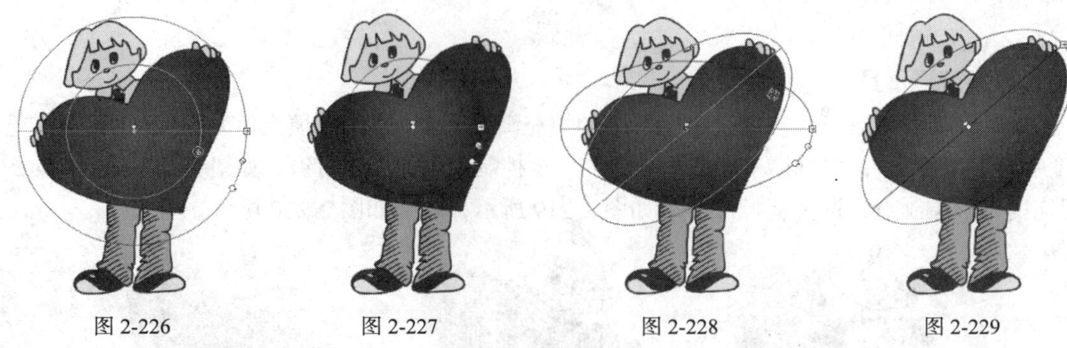

图 2-226　　图 2-227　　图 2-228　　图 2-229

提示：通过移动中心控制点可以改变渐变区域的位置。

2.3.7　手形工具和缩放工具

手形工具和缩放工具都是辅助工具，它们本身并不直接创建和修改图形，而只是在创建和修改图形的过程中辅助用户进行操作。

1．手形工具

如果图形很大或被放大得很大，那么需要利用“手形”工具调整观察区域。选择“手形”工具，光标变为手形，按住鼠标不放，拖曳图像到需要的位置，如图 2-230、图 2-231 所示。

图 2-230

图 2-231

提示：当使用其他工具时，按“空格”键即可切换到“手形”工具。双击“手形”工具，将自动调整图像大小以适合屏幕的显示范围。

2．缩放工具

利用缩放工具放大图形以便观察细节，缩小图形以便观看整体效果。选择“缩放”工具，在舞台上单击可放大图形，如图 2-232、图 2-233 所示。

图 2-232

图 2-233

要想放大图像中的局部区域，可在图像上拖曳出一个矩形选取框，如图 2-234 所示，松开鼠标后，所选取的局部图像被放大，如图 2-235 所示。

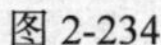
图 2-234

图 2-235

选中工具箱下方的“缩小”按钮，在舞台上单击可缩小图像，如图 2-236、图 2-237 所示。

图 2-236

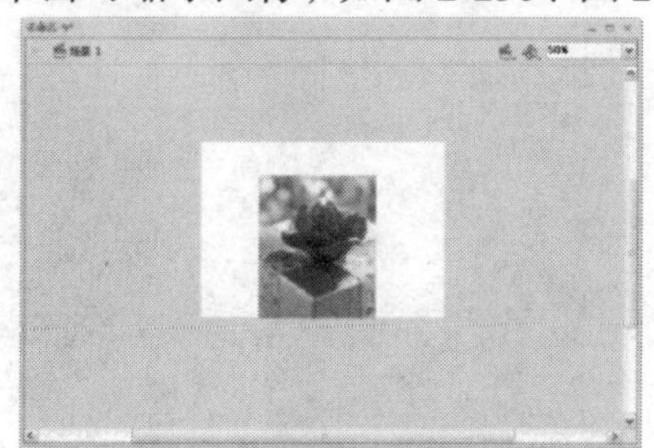
图 2-237

> **提示：** 当使用“放大”按钮时，按住 Alt 键单击也可缩小图形。用鼠标双击“缩放”工具，可以使场景恢复到 100%的显示比例。

2.4 图形的色彩

根据设计的要求，可以应用纯色编辑面板、颜色面板、样本面板来设置所需要的纯色、渐变色、颜色样本等。

2.4.1 课堂案例——绘制透明按钮

案例学习目标：使用图形编辑工具对图形进行编辑。

案例知识要点：使用椭圆工具和颜色面板绘制按钮图形，使用线型渐变制作高光效果，如图 2-238 所示。

效果所在位置：光盘/Ch02/效果/绘制透明按钮.fla。

图 2-238

1. 绘制按钮图形

Step 01 选择“文件 > 新建”命令，在弹出的“新建文档”对话框中选择“Flash 文件”选项，单击“确定”按钮，进入新建文档舞台窗口。调出“库”面板，在“库”面板下方单击“新建元件”按钮，弹出“创建新元件”对话框，在“名称”选项的文本框中输入“按钮 F”，在“类型”下拉列表中选择“图形”选项，单击“确定”按钮，新建一个图形元件“按钮 F”，如图 2-239 所示，舞台窗口也随之转换为图形元件的舞台窗口。

Step 02 选择“椭圆”工具，在工具箱中将笔触颜色设为无，填充色设为灰色，按 Shift 键的同时，在舞台窗口中绘制出一个圆形，选中圆形，在形状“属性”面板中将图形的“宽”、“高”选项都设为 77，效果如图 2-240 所示。选择“窗口 > 颜色”命令，弹出“颜色”面板，在“类型”选项的下拉列表中选择“放射状”，选中色带上左侧的控制点，将其设为白色，选中色带上右侧的控制点，将其设为深绿色（#003031），如图 2-241 所示。

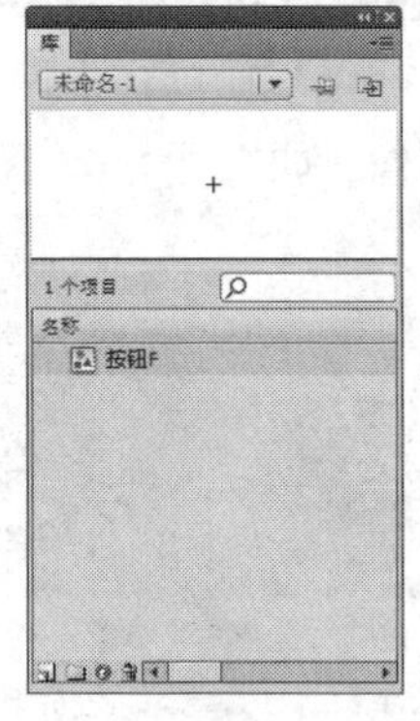

图 2-239

图 2-240

图 2-241

Step 03 选择“颜料桶”工具，在圆形下方单击鼠标，用渐变色填充图形，效果如图 2-242 所示。

Step 04 选择“椭圆”工具，在工具箱中将笔触颜色设为无，填充色设为深绿色（#003031），按住 Shift 键的同时，在舞台窗口中绘制出第二个圆形，选中圆形，在形状“属性”面板中将图形的“宽”、“高”选项都设为 78，效果如图 2-243 所示。

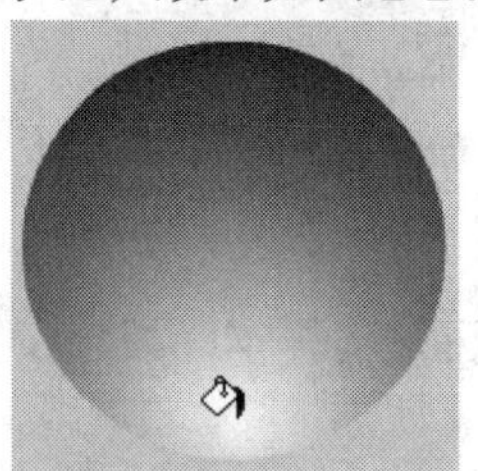
图 2-242

图 2-243

Step 05 选中圆形，选择“修改 > 形状 > 柔化填充边缘”命令，在弹出的对话框中进行设置，如图 2-244 所示，单击“确定”按钮，效果如图 2-245 所示。将制作好的渐变图形拖曳到柔化填充边缘图形的上方，效果如图 2-246 所示。

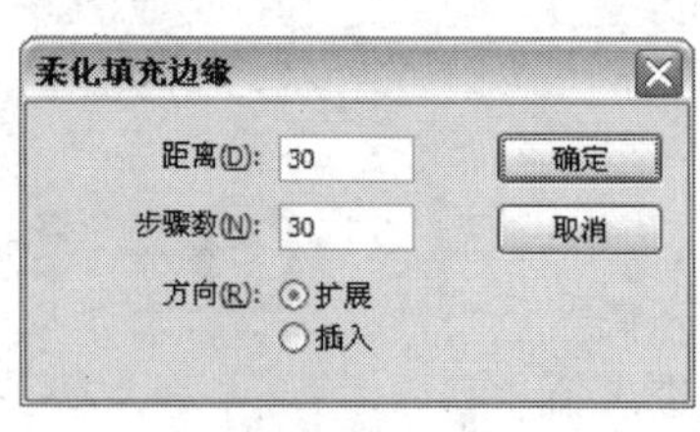

图 2-244

图 2-245

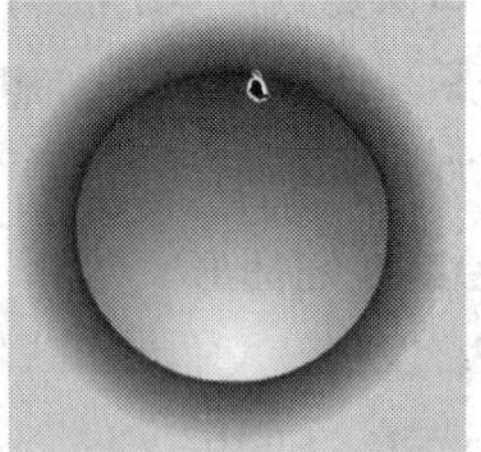
图 2-246

Step 06 选择“文本”工具，在文字“属性”面板中进行设置，在舞台窗口中输入大小为 64，字体为“文鼎霹雳体”的白色字母“F”，效果如图 2-247 所示。

Step 07 在文档“属性”面板中将背景颜色设为灰色（这里改为灰色背景以便于下一步制作透明图形）。选择“椭圆”工具，在工具箱中将笔触颜色设为无，填充色设为白色，在舞台窗口中绘制出一个椭圆图形，效果如图 2-248 所示。选择“窗口 > 颜色”命令，弹出“颜色”面板，在“类型”选项的下拉列表中选择“线性”，选中色带上左侧的控制点，将其设为白色，选中色带上右侧的控制点，将其设为白色，在“Alpha”选项中将其不透明度设为 0%，如图 2-249 所示。

图 2-247

图 2-248

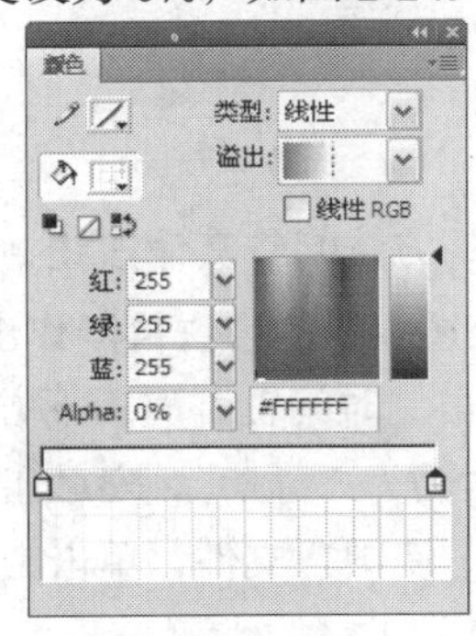

图 2-249

Step 08 单击“颜色”面板右上方的按钮，在弹出的菜单中选择“添加样本”命令，如图 2-250 所示。将设置好的渐变色添加为样本，如图 2-251 所示。选择“颜料桶”工具，按住 Shift 键，在椭圆图形中从上向下拖曳渐变色，松开鼠标后，渐变图形效果如图 2-252 所示。选中渐变图形，按 Ctrl+G 组合键，将其进行组合。

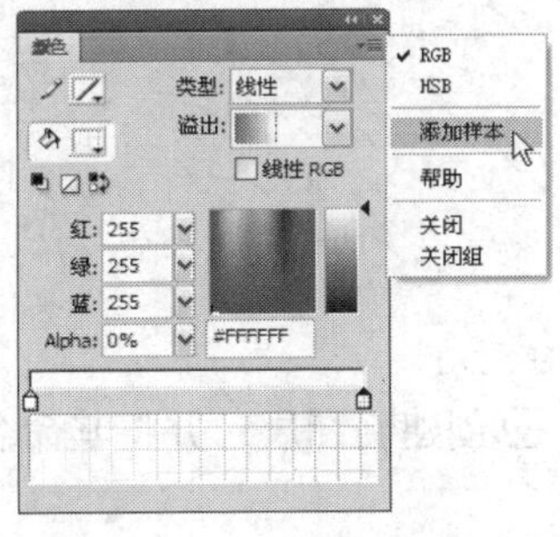

图 2-250

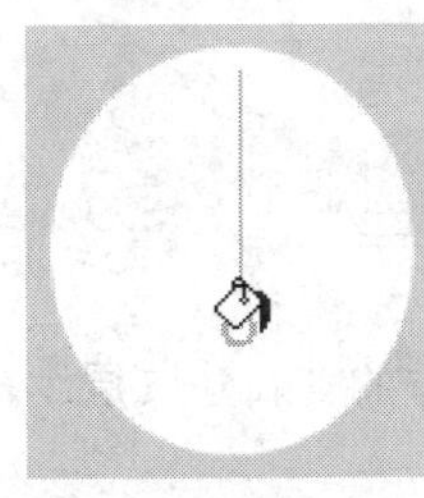

图 2-251

图 2-252

Step 09 选择“椭圆”工具，再绘制一个白色的椭圆图形，如图 2-253 所示。在工具箱中单击“填充颜色”按钮，弹出“颜色样本”面板，在面板下方选择刚才添加的渐变色样本，鼠标光标变为吸管，如图 2-254 所示。选择“颜料桶”工具，按住 Shift 键的同时，在椭圆图形中从下向上拖曳渐变色，如图 2-255 所示，松开鼠标后，效果如图 2-256 所示。选中渐变图形，按 Ctrl+G 组合键，将其进行组合。

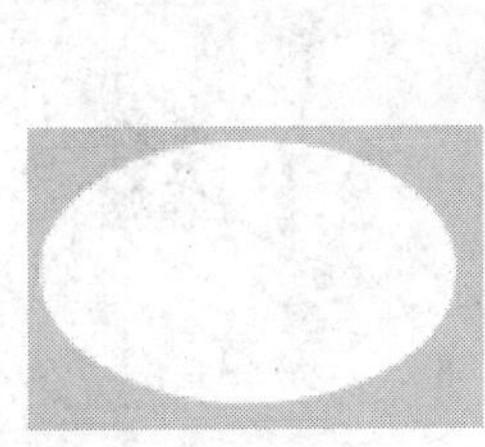

图 2-253

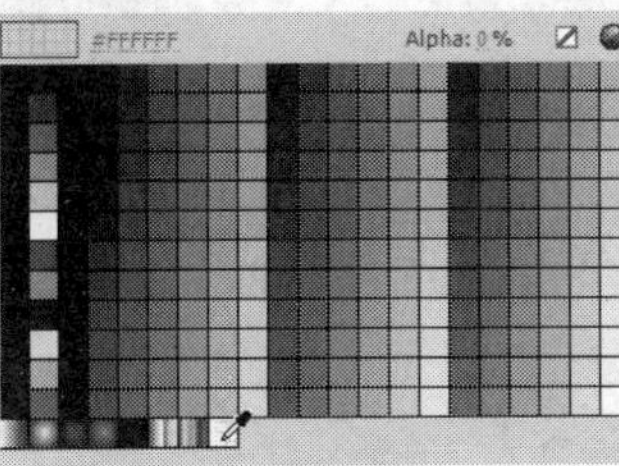

图 2-254

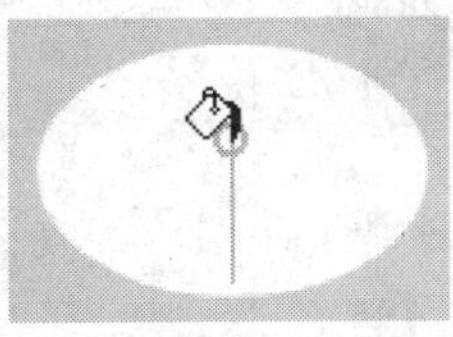

图 2-255

图 2-256

Step 10 将制作的第一个椭圆图形放置在字母“F”的上半部，并调整图形的大小，效果如图 2-257

所示。将制作的第二个椭圆图形放置在字母“F”的下半部，并调整图形的大小，效果如图 2-258 所示。在文档“属性”面板中将背景颜色恢复为白色，按钮制作完成，效果如图 2-259 所示。

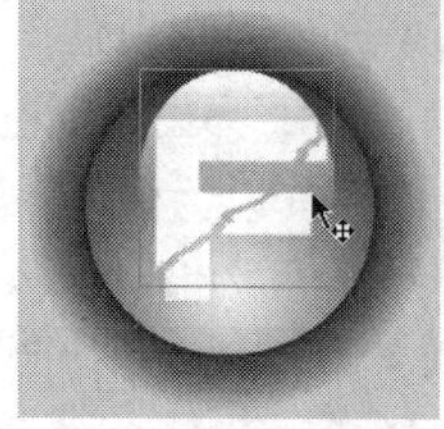
图 2-257

图 2-258

图 2-259

2．用相同的方法制作其他按钮

Step 01 用上述相同的方法再制作出按钮元件“按钮 G”、“按钮 H”、“按钮 I”、“按钮 J”，如图 2-260 所示。单击“时间轴”面板下方的“场景 1”图标 场景 1，进入“场景 1”的舞台窗口。将“图层 1”重新命名为“背景”。按 Ctrl+R 组合键，在弹出的“导入”对话框中选择“Ch02> 素材 > 绘制透明按钮 > 底图”文件，单击“打开”按钮，图片被导入到舞台窗口中，并将其拖曳到适当的位置，效果如图 2-261 所示。

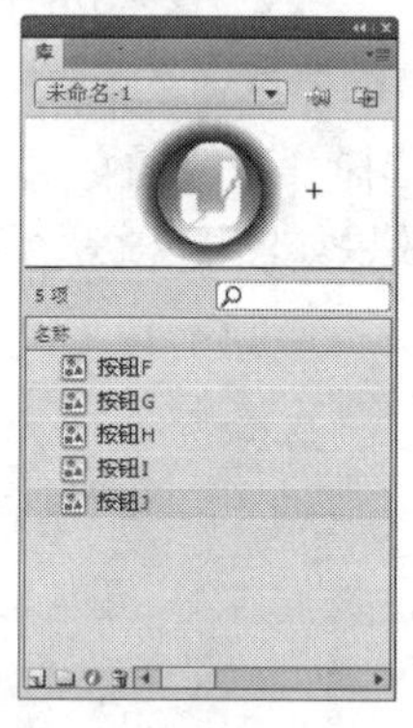

图 2-260

图 2-261

Step 02 单击“时间轴”面板下方的“新建图层”按钮创建新图层，并将其命名为“圆圈”，如图 2-262 所示。

Step 03 选择“椭圆”工具，调出椭圆工具“属性”面板，将笔触颜色设为深绿色（#394639），在“笔触样式”选项的下拉列表中选择第 3 种，将填充色设为无，如图 2-263 所示，按住 Shift 键的同时，在舞台窗口中绘制出多个圆圈，效果如图 2-264 所示。

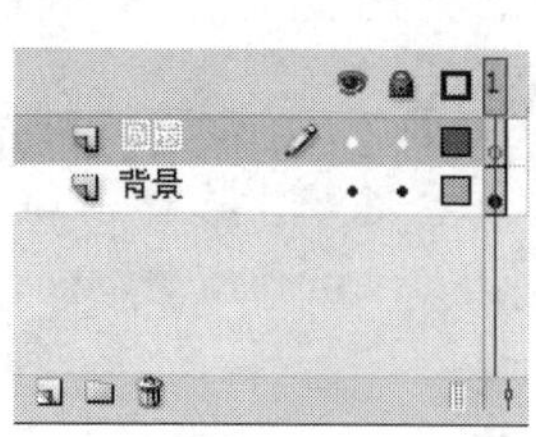

图 2-262

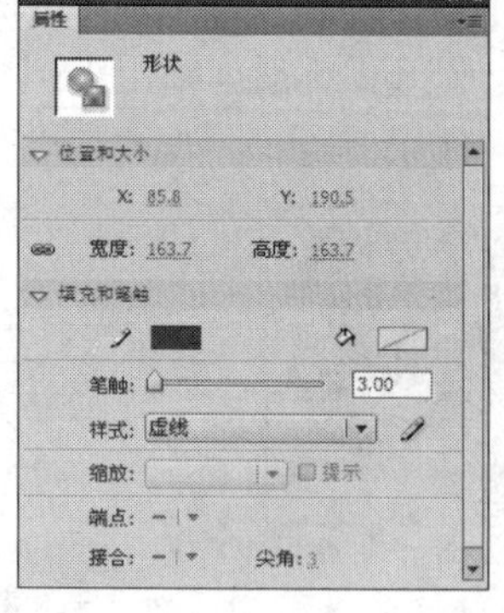

图 2-263

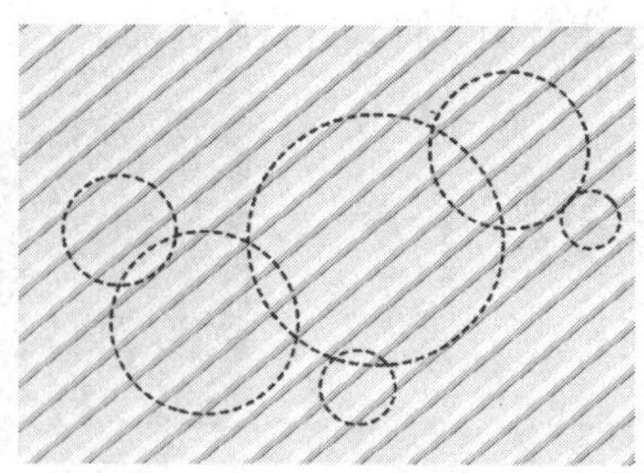
图 2-264

Step 04 单击“时间轴”面板下方的“新建图层”按钮创建新图层，并将其命名为“按钮”，如图 2-265 所示。将“库”面板中的按钮元件“按钮 F”、“按钮 G”、“按钮 H”、“按钮 I”、“按钮 J”拖曳到舞台窗口中，并分别放置在合适的位置，效果如图 2-266 所示。透明按钮效果绘制完成，按 Ctrl+Enter 组合键，即可查看效果。

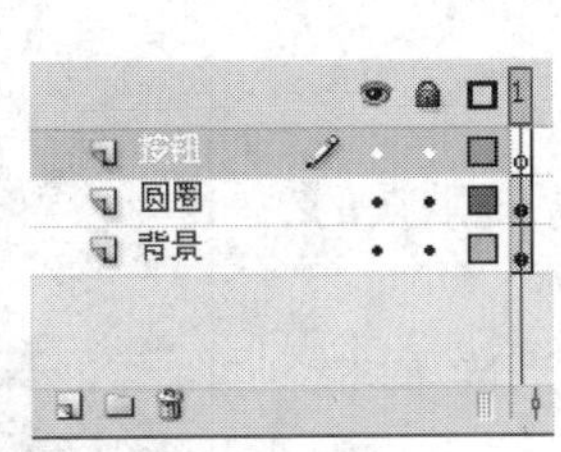

图 2-265

图 2-266

2.4.2　纯色编辑面板

在工具箱的下方单击“填充色”按钮，弹出纯色面板，如图 2-267 所示。在面板中可以选择系统设置好的颜色，如想自行设定颜色，单击面板右上方的颜色选择按钮，弹出“颜色”面板，在面板右侧的颜色选择区中选择要自定义的颜色，如图 2-268 所示。

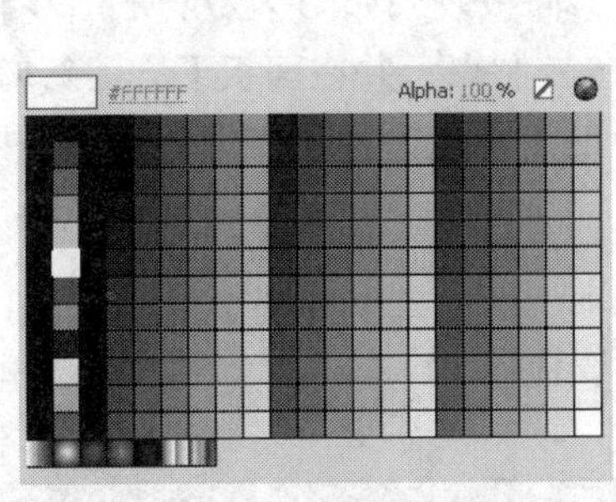

图 2-267

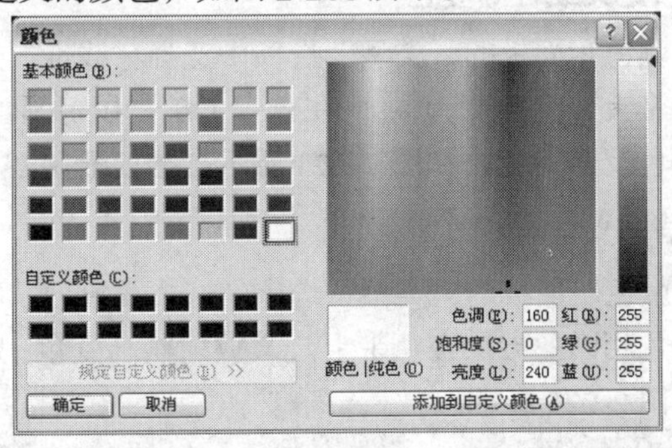

图 2-268

设定颜色后，可在“颜色/纯色”选项框中预览设定结果，如图 2-269 所示。单击面板右下方的“添加到自定义颜色”按钮，将定义好的颜色添加到面板左下方的“自定义颜色”区域中，如图 2-270 所示，单击“确定”按钮，自定义颜色完成。

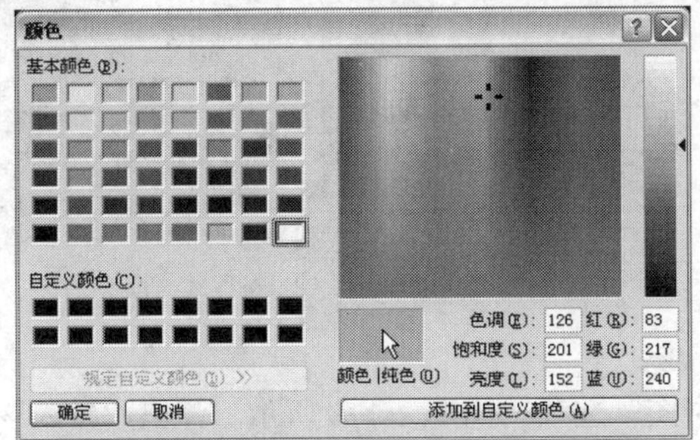

图 2-269

图 2-270

2.4.4 颜色面板

选择“窗口 > 颜色”命令，弹出“颜色”面板。

1. 自定义纯色

在“颜色”面板的“类型”选项中，选择“纯色”选项，面板效果如图 2-271 所示。

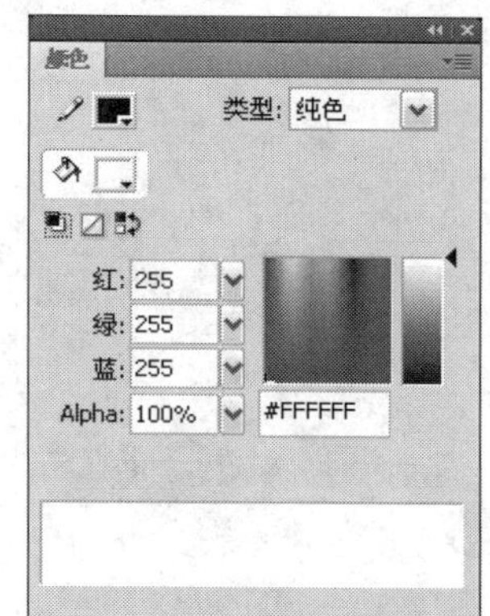

图 2-271

“笔触颜色”按钮：可以设定矢量线条的颜色。

“填充色”按钮：可以设定填充色的颜色。

“黑白”按钮：单击此按钮，线条与填充色恢复为系统默认的状态。

“没有颜色”按钮：用于取消矢量线条或填充色块。当选择“椭圆”工具或“矩形”工具时，此按钮为可用状态。

“交换颜色”按钮：单击此按钮，可以将线条颜色和填充色相互切换。

“红”、“绿”、“蓝”选项：可以用精确数值来设定颜色。

“Alpha”选项：用于设定颜色的不透明度，数值选取范围为 0~100%。

在面板下方的颜色选择区域内，可以根据需要选择相应的颜色。

2. 自定义线性渐变色

在“颜色”面板的“类型”选项中选择“线性”选项，面板效果如图 2-272 所示。将鼠标放置在滑动色带上，光标变为，在色带上单击鼠标增加颜色控制点，并在面板下方为新增加的控制点设定颜色及透明度，如图 2-273 所示。当要删除控制点时，只需将控制点向色带下方拖曳即可。

3. 自定义放射状渐变色

在“颜色”面板的“类型”选项中选择“放射状”选项，面板效果如图 2-274 所示。用与定义线性渐变色相同的方法在色带上定义放射状渐变色，定义完成后，在面板的左下方显示出定义的渐变色，如图 2-275 所示。

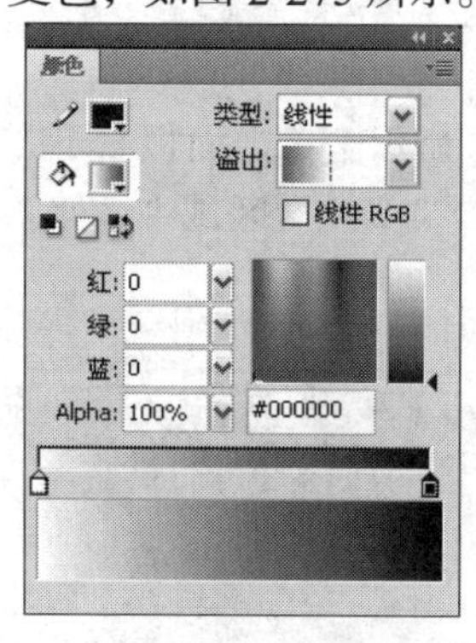

图 2-272

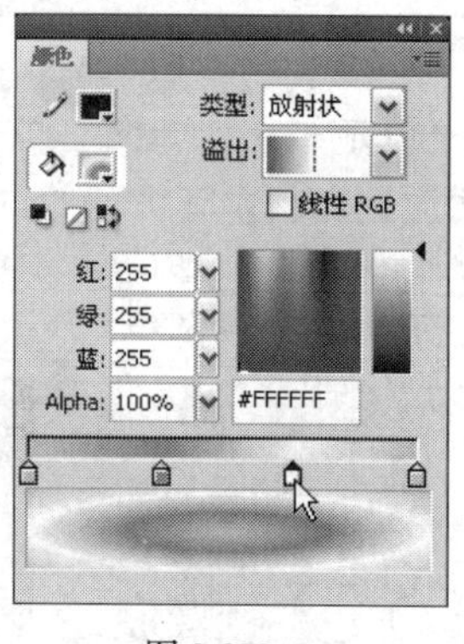

图 2-273

图 2-274

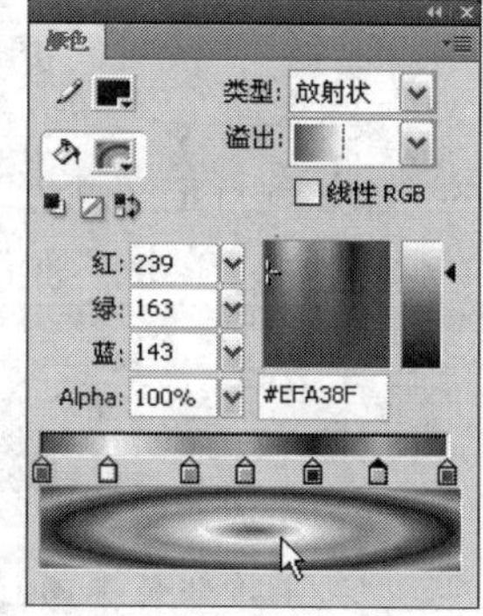

图 2-275

4. 自定义位图填充

在“颜色”面板的“类型”选项中，选择“位图”选项，如图 2-276 所示。弹出“导入”对话框，在对话框中选择要导入的图片，如图 2-277 所示。

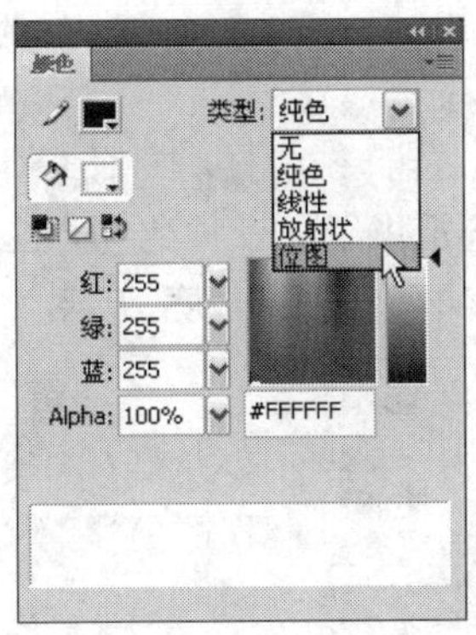

图 2-276

图 2-277

单击“打开”按钮，图片被导入到“颜色”面板中，如图 2-278 所示。选择“矩形”工具，在场景中绘制出一个矩形，矩形被刚才导入的位图所填充，如图 2-279 所示。

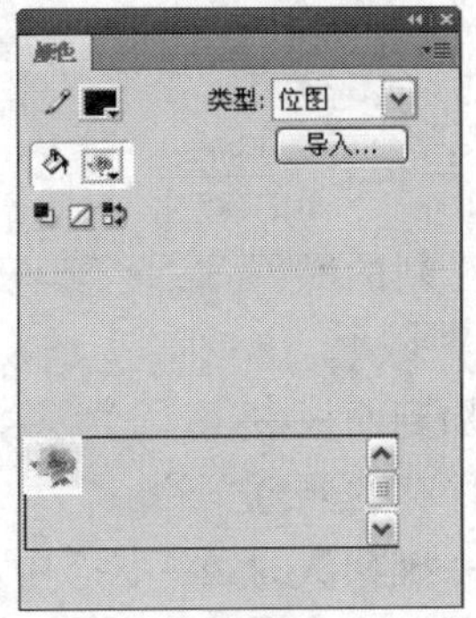

图 2-278

图 2-279

选择“渐变变形”工具，在填充位图上单击，出现控制点。向内拖曳左下方的方形控制点，如图 2-280 所示。松开鼠标后效果如图 2-281 所示。

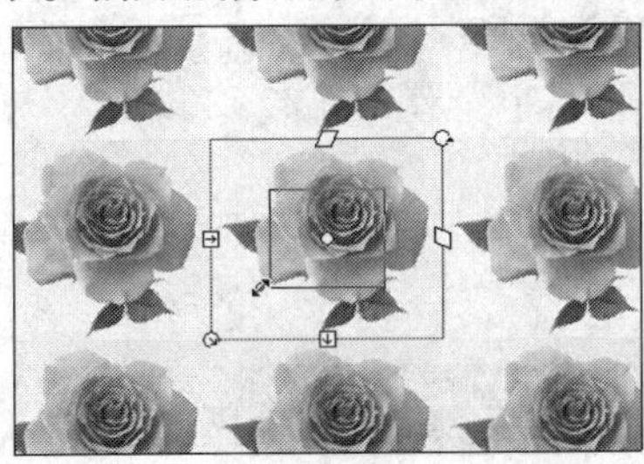

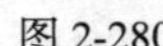

图 2-280

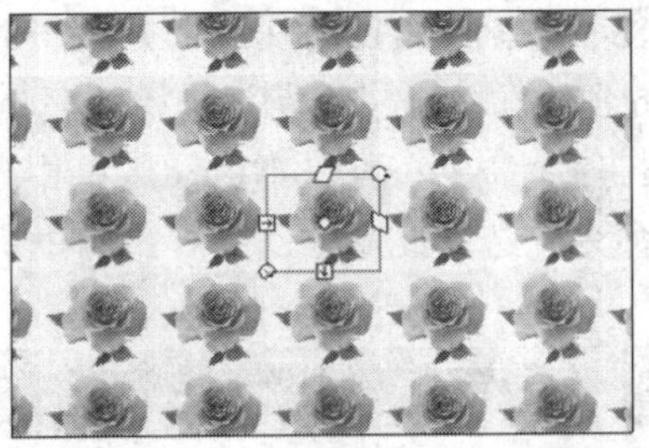

图 2-281

向上拖曳右上方的圆形控制点，改变填充位图的角度，如图 2-282 所示。松开鼠标后效果如图 2-283 所示。

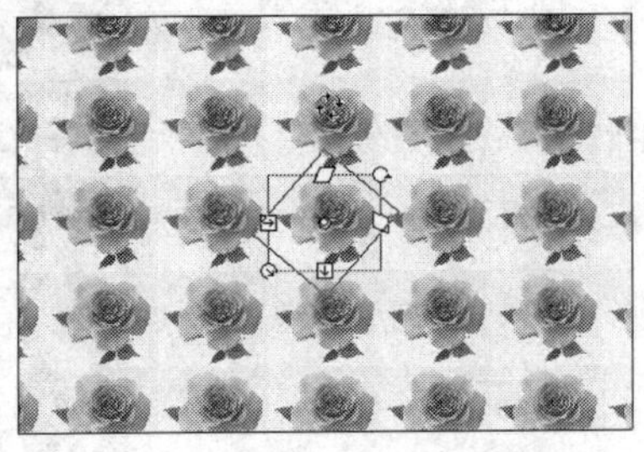

图 2-282

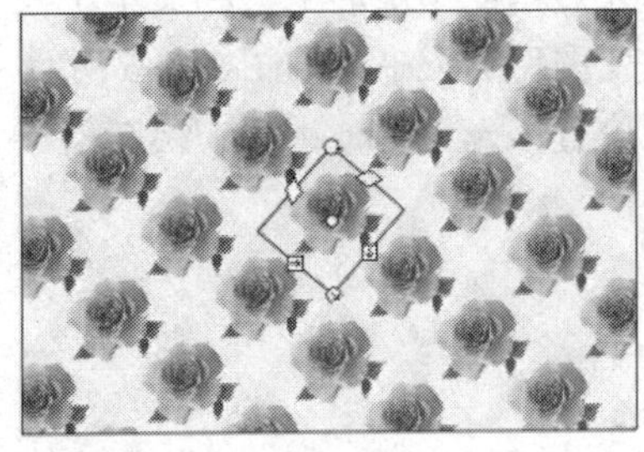

图 2-283

2.4.5 样本面板

在样本面板中可以选择系统提供的纯色或渐变色。选择“窗口 > 样本”命令，弹出“样本”面板，如图 2-284 所示。在控制面板中部的纯色样本区，系统提供了 216 种纯色。控制面板下方是渐变色样本区。单击控制面板右上方的按钮 ，弹出下拉菜单，如图 2-285 所示。

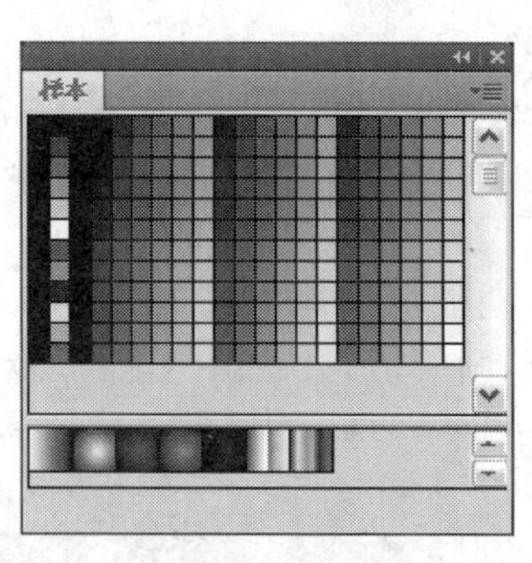

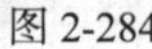
图 2-284

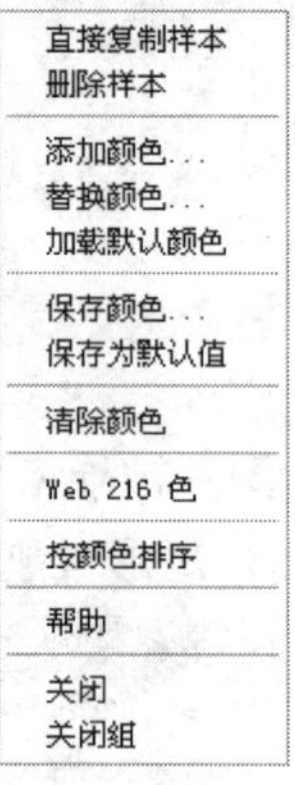

图 2-285

“直接复制样本”命令：可以将选中的颜色复制出一个新的颜色。

“删除样本”命令：可以将选中的颜色删除。

“添加颜色”命令：可以将系统中保存的颜色文件添加到面板中。

“替换颜色”命令：可以将选中的颜色替换成系统中保存的颜色文件。

“加载默认颜色”命令：可以将面板中的颜色恢复到系统默认的颜色状态中。

“保存颜色”命令：可以将编辑好的颜色保存到系统中，方便再次调用。

“保存为默认值”命令：可以将编辑好的颜色替换系统默认的颜色文件，在创建新文档时自动替换。

“清除颜色”命令：可以清除当前面板中的所有颜色，只保留黑色与白色。

“Web 216 色”命令：可以调出系统自带的符合 Internet 标准的色彩。

“按颜色排序”命令：可以将色标按色相进行排列。

“帮助”命令：选择此命令，将弹出帮助文件。

2.5 课堂练习——绘制新年卡片

练习知识要点：使用矩形工具和文本工具制作背景福字效果，使用任意变形工具改变图形的大小，如图 2-286 所示。

效果所在位置：光盘/Ch02/效果/绘制新年卡片.fla。

图 2-286

2.6 课后习题——绘制梳子包装

习题知识要点：使用椭圆工具和线条工具绘制背景图案效果，使用柔化填充边缘命令为图形制作柔化效果，使用多角星形工具绘制星星图案，使用钢笔工具绘制透明模和高光效果，如图 2-287 所示。

效果所在位置：光盘/Ch02/效果/绘制梳子包装.fla。

图 2-287

第3章 对象的编辑与修饰

使用工具栏中的工具创建的向量图形相对来说比较单调，如果能结合修改菜单命令修改图形，就可以改变原图形的形状、线条等，并且可以将多个图形组合起来达到所需要的图形效果。本章将详细介绍 Flash CS4 编辑、修饰对象的功能。通过对本章的学习，读者可以掌握编辑和修饰对象的各种方法和技巧，并能根据具体操作特点，灵活地应用编辑和修饰功能。

【教学目标】

- 对象的变形与操作。
- 对象的修饰。
- 对齐面板与变形面板的使用。

3.1 对象的变形与操作

应用变形命令可以对选择的对象进行变形修改，如扭曲、缩放、倾斜、旋转、封套等，还可以根据需要对对象进行组合、分离、叠放、对齐等一系列操作，从而达到制作的要求。

3.1.1 课堂案例——绘制田园风景

案例学习目标：使用不同的变形命令编辑图形。

案例知识要点：使用铅笔工具绘制白云、山川和草地图形，使用缩放、旋转与倾斜和翻转命令编辑素材图形，如图 3-1 所示。

效果所在位置：光盘/Ch03/效果/绘制田园风景.fla。

图 3-1

1. 制作背景和山图形

Step 01 选择“文件 > 新建”菜单命令，在弹出的“新建文档”对话框中选择“Flash 文件”选项，单击“确定”按钮，进入新建文档舞台窗口。在“属性”面板中将背景颜色设为天蓝色（#65D3FF），效果如图 3-2 所示。

Step 02 将“图层 1”重命名为“山”。选择“铅笔”工具，在工具箱下方的“铅笔模式”选项组的下拉列表中选择“平滑”选项，如图 3-3 所示。在铅笔“属性”面板中，将笔触颜色设为黑色，“笔触高度”选项设为 1，绘制出山的轮廓线，效果如图 3-4 所示。

图 3-2

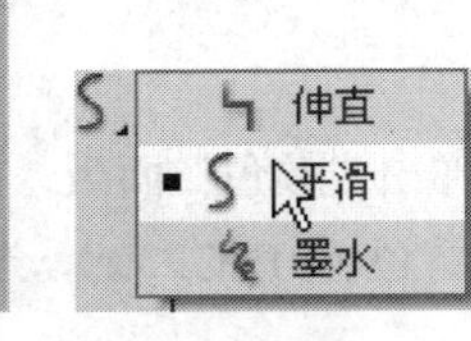

图 3-3

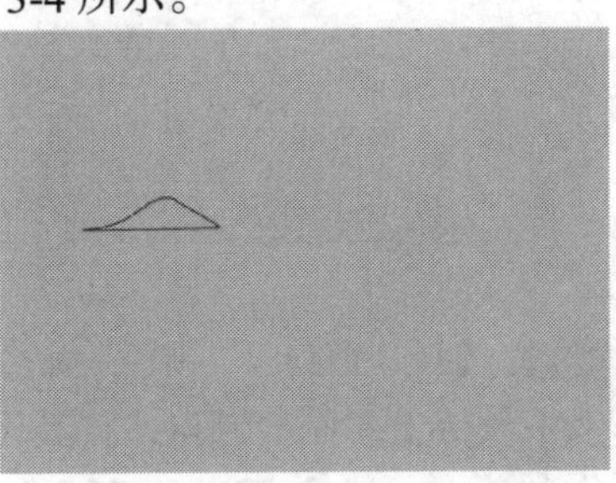

图 3-4

Step 03 选择“颜料桶”工具，在工具箱中将填充色设为绿色（#639A00），在闭合的路径内单击鼠标填充颜色，选择“选择”工具，单击外边线，按 Delete 键，将其删除，效果如图 3-5 所示。用相同的方法，应用“铅笔”工具，继续绘制出 2 个山图形，分别填充浅绿色（#8CC48E）和草绿色（#B0CD4E），删除边线，分别选中 3 个图形，按 Ctrl+G 组合键，图形效果如图 3-6 所示。

图 3-5

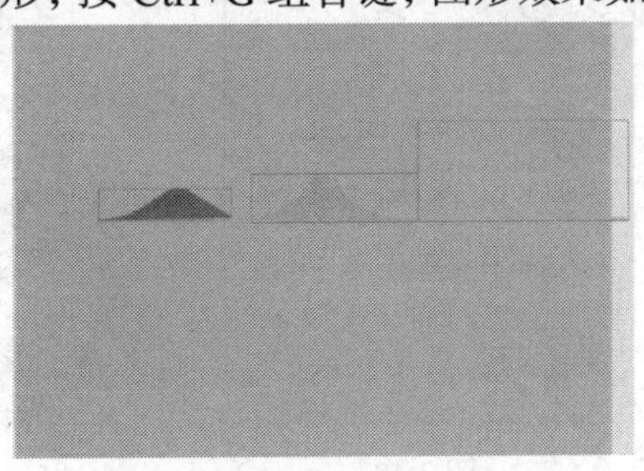

图 3-6

Step 04 应用“铅笔”工具，再次绘制图形，如图 3-7 所示。选择“窗口 > 颜色”命令，弹出“颜色”面板，在“类型”选项的下拉列表中选择“线性”，选中色带上左侧控制点，将其设为浅蓝色（#F0FFFF），将“Alpha”选项设为 60%，选中色带上右侧的控制点，将其设为白色，将“Alpha”选项设为 11%，如图 3-8 所示。

Step 05 选择“颜料桶”工具，按住 Shift 键的同时，在图形中从上向下拖曳渐变色，松开鼠标，选择“选择”工具，将边线删除，效果如图 3-9 所示。

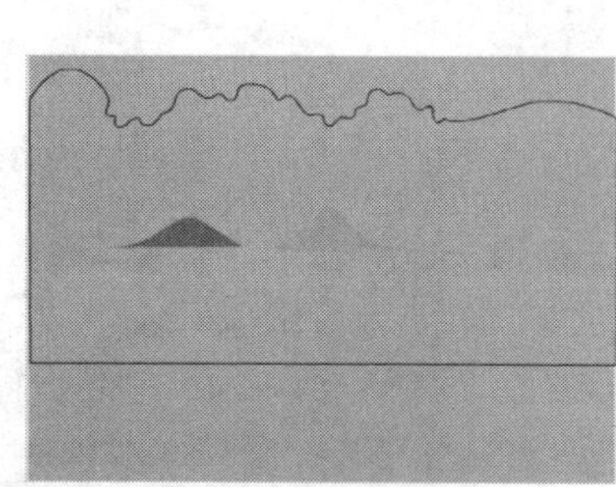

图 3-7

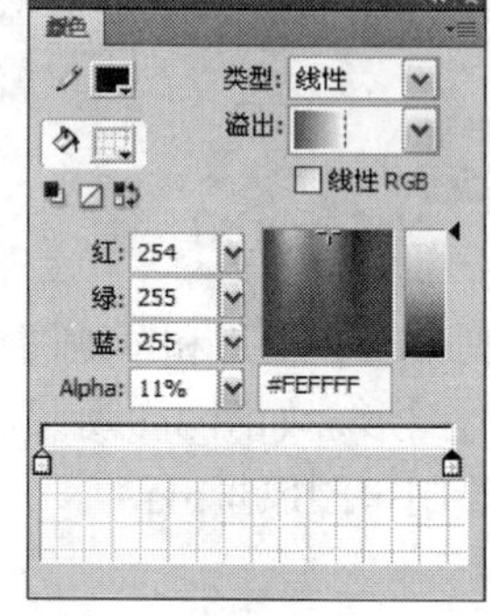

图 3-8

图 3-9

Step 06 单击“时间轴”面板下方的“新建图层”按钮，创建新图层并将其命名为“草地”，如图 3-10 所示。选择“铅笔”工具，绘制出如图 3-11 所示的草地轮廓。

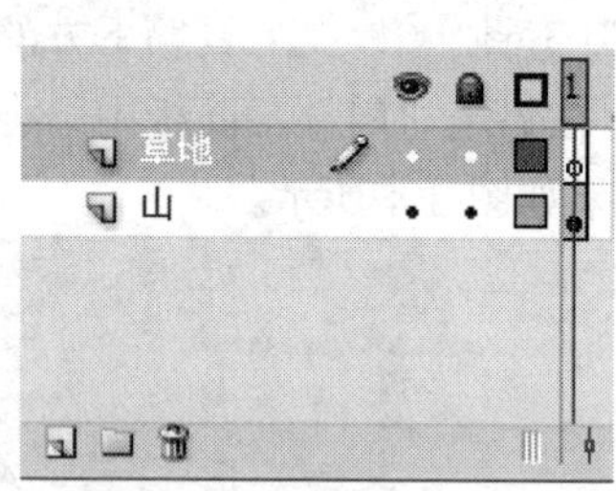

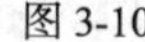

图 3-10

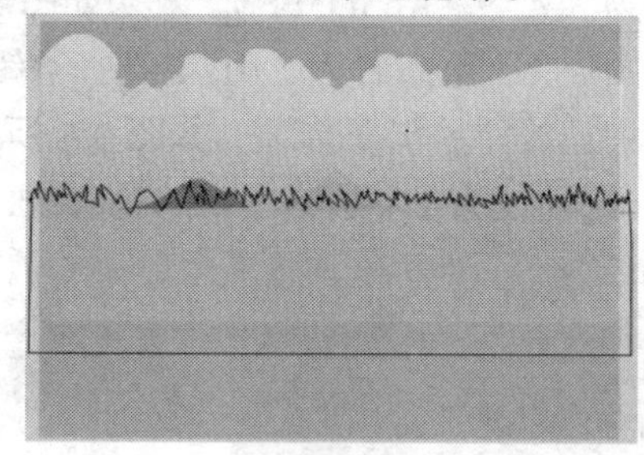

图 3-11

Step 07 选择“窗口 > 颜色”命令，弹出“颜色”面板，在“类型”选项的下拉列表中选择“线性”，选中色带上左侧控制点，将其设为黄色（#F7CF39），选中色带上右侧的控制点，将其设为暗黄色（#D3AA0A），如图 3-12 所示。

Step 08 选择“颜料桶”工具，按住 Shift 键的同时，在图形中从上向下拖曳渐变色，松开鼠标后，选择“选择”工具，单击外边线，按 Delete 键，将其删除，效果如图 3-13 所示。

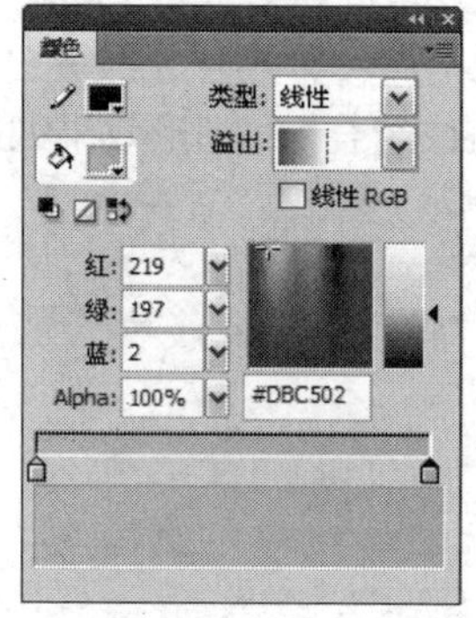

图 3-12

图 3-13

Step 09 选择“选择”工具，选中渐变的草地图形，按 Ctrl+G 组合键，将图形组合，按住 Alt 键的同时，向左下方拖曳鼠标，复制当前选中的图形，效果如图 3-14 所示。使用相同的方法再次复制图形并拖曳到适当的位置，效果如图 3-15 所示。

图 3-14

图 3-15

2．导入图片并绘制路图形

Step 01 单击“时间轴”面板下方的“新建图层”按钮，创建新图层并将其命名为“稻草人”，如图 3-16 所示。按 Ctrl+R 组合键，在弹出的“导入”对话框中选择“Ch03 > 素材 > 绘制田园风景 > 稻草人”文件，单击“打开”按钮，导入图形，拖曳稻草人图形到舞台的右下方，效果如图 3-17 所示。

Step 02 选择“稻草人”图形，选择“修改 > 变形 > 旋转与倾斜”命令，在当前选择的图形上出现控制点。将中心控制点拖曳到控制框的下方中间位置，如图 3-18 所示。拖曳控制点旋转图形，选择“选择”工具，效果如图 3-19 所示。

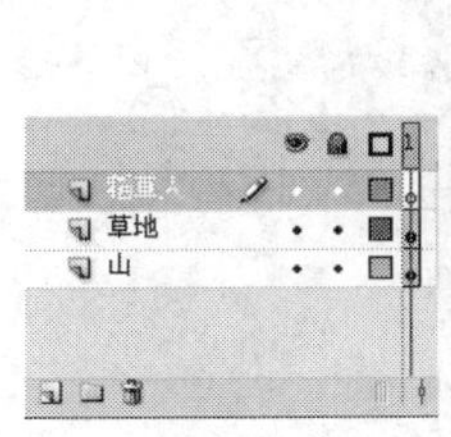

图 3-16

图 3-17

图 3-18

图 3-19

Step 03 单击“时间轴”面板下方的“新建图层”按钮，创建新图层并将其命名为“小路”。选择“铅笔”工具，将笔触颜色设为黑色，在舞台窗口中绘制出路的边线效果，如图 3-20 所示。选择“颜料桶”工具，在工具箱中将填充色设为乳白色（#FFF3D6），在图形内部单击鼠标填充颜色，将边线删除，效果如图 3-21 所示。

图 3-20

图 3-21

Step 04 单击“时间轴”面板下方的“新建图层”按钮，创建新图层并将其命名为“素材”。按 Ctrl+R 组合键，在弹出的“导入”对话框中选择“Ch03 > 素材 > 绘制田园风景 > 蜻蜓”文件，单击“打开”按钮，图形被导入到舞台窗口中，并将其拖曳到适当的位置，效果如图 3-22 所示。

Step 05 选择“选择”工具，选中蜻蜓图形，按住 Alt 键的同时，向右上方拖曳鼠标到适当的位置，复制图形，如图 3-23 所示。选择“修改 > 变形 > 缩放”命令，在当前选择的图形上出现控制点。用鼠标拖曳控制点可成比例地改变图形的大小，效果如图 3-24 所示。

图 3-22

图 3-23

图 3-24

Step 06 用相同的方法再次复制蜻蜓图形并将其拖曳到适当的位置，选择“修改 > 变形 > 旋转与倾斜”命令，在当前选择图形上出现控制点。用鼠标拖曳中间的控制点倾斜图形，拖曳 4 角的控制点旋转图形，选择修改 > 变形 > 水平翻转”命令，可以将图形进行翻转，效果如图 3-25 所示。按 Ctrl+R 组合键，在弹出的“导入”对话框中选择“Ch03 > 素材 > 绘制田园风景 > 枫叶”文件，单击“打开”按钮，图形被导入到舞台窗口中，拖曳图形到适当的位置，效果如图 3-26 所示。

图 3-25

图 3-26

3．绘制草图形

Step 01 单击“时间轴”面板下方的“新建图层”按钮，创建新图层并将其命名为“草”，如图 3-27 所示。选择“钢笔”工具，将笔触颜色设为黑色，在舞台窗口中绘制出一个草的轮廓图形，如图 3-28 所示。

Step 02 在“颜色”面板“类型”选项的下拉列表中选择“线性”，选中色带上左侧控制点，将其设为黄色（#DAAD1B），选中色带上右侧的控制点，将其设为暗黄色（#B18C14），如图 3-29 所示。选择“颜料桶”工具，按住 Shift 键的同时，在图形中从上向下拖曳渐变色，松开鼠标后，选择“选择”工具，单击外边线，按 Delete 键，将其删除，效果如图 3-30 所示。

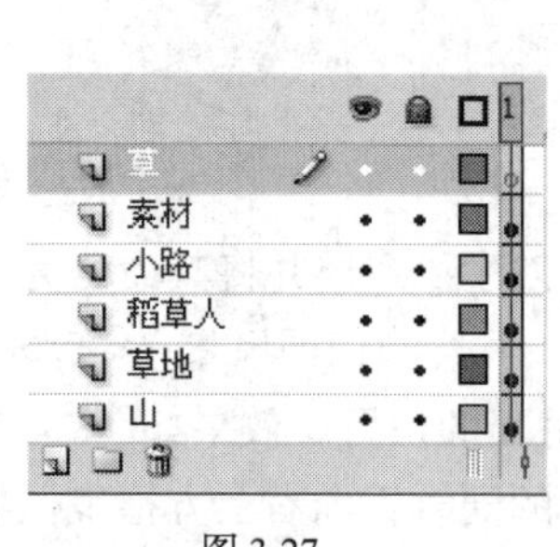

图 3-27

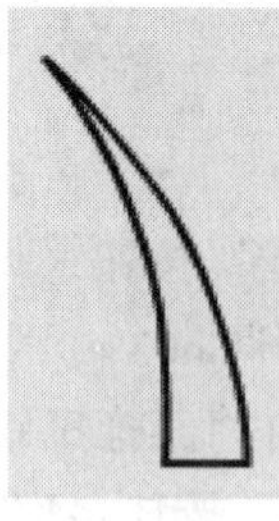
图 3-28

图 3-29

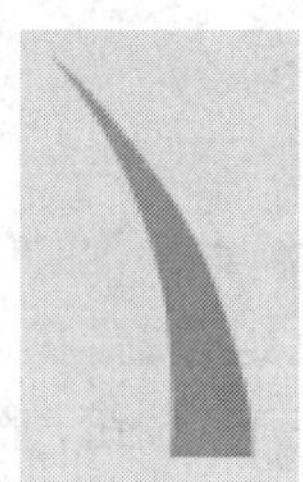
图 3-30

Step 03 选择“选择”工具，选中“草”图形，按住 Alt 键的同时，复制草图形并拖曳到适当的位置，如图 3-31 所示。选择“修改 > 变形 > 水平翻转”命令，将图形水平翻转，效果如图 3-32 所示。选择“任意变形”工具，图形周围出现控制点，拖曳控制点将其调整到适当的大小，如图 3-33 所示。

图 3-31

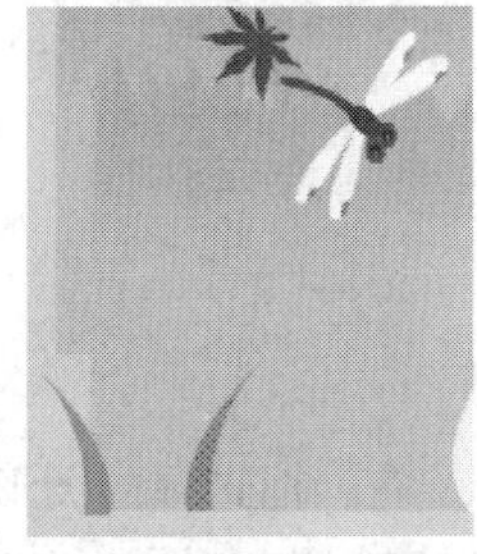
图 3-32

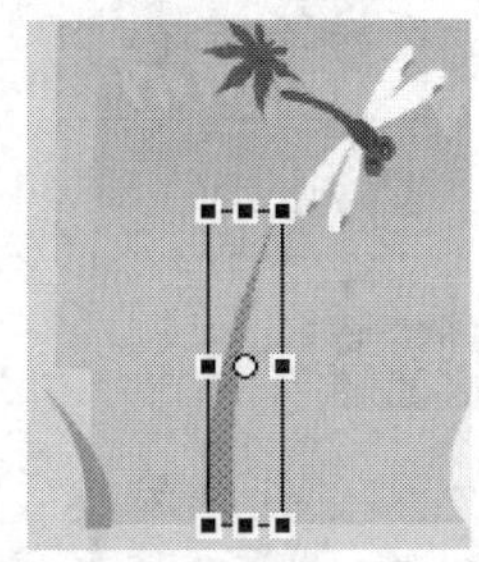
图 3-33

Step 04 使用相同的方法再次绘制多个草的轮廓图，填充适当的渐变色，效果如图 3-34 所示。田园风景绘制完成，效果如图 3-35 所示。

图 3-34

图 3-35

3.1.2　扭曲对象

选择“修改 > 变形 > 扭曲”命令，在当前选择的图形上出现控制点，如图 3-36 所示。光标变为▷，向右上方拖曳控制点，如图 3-37 所示，拖动 4 角的控制点可以改变图形顶点的形状，效果如图 3-38 所示。

图 3-36

图 3-37

图 3-38

3.1.3　封套对象

选择“修改 > 变形 > 封套”命令，在当前选择的图形上出现控制点，如图 3-39 所示。光标变为▷，用鼠标拖曳控制点，如图 3-40 所示，使图形产生相应的弯曲变化，效果如图 3-41 所示。

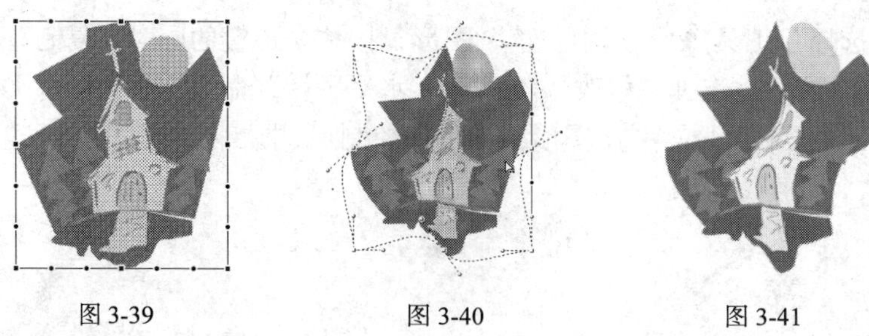

图 3-39　　图 3-40　　图 3-41

3.1.4　缩放对象

选择“修改 > 变形 > 缩放”命令，在当前选择的图形上出现控制点，如图 3-42 所示。光标变为 ⤢，按住鼠标不放，向右上方拖曳控制点，如图 3-43 所示，用鼠标拖曳控制点可成比例地改变图形的大小，效果如图 3-44 所示。

图 3-42　　图 3-43　　图 3-44

3.1.5　旋转与倾斜对象

选择“修改 > 变形 > 旋转与倾斜”命令，在当前选择的图形上出现控制点，如图 3-45 所示。用鼠标拖曳中间的控制点倾斜图形，光标变为 ⇋，按住鼠标不放，向右水平拖曳控制点，如图 3-46 所示，松开鼠标，图形变为倾斜，如图 3-47 所示。光标放在右上角的控制点上时，光标变为 ↶，如图 3-48 所示，拖曳控制点旋转图形，如图 3-49 所示，旋转完成后效果如图 3-50 所示。

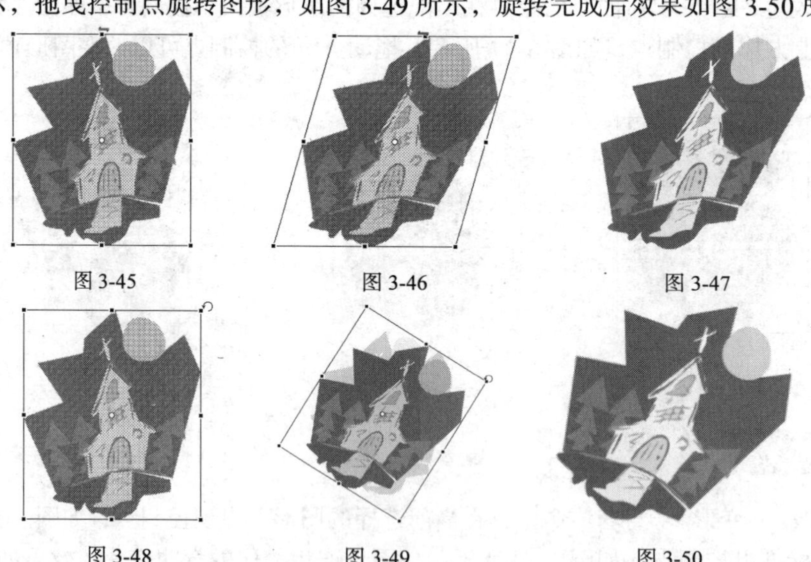

图 3-45　　图 3-46　　图 3-47

图 3-48　　图 3-49　　图 3-50

选择“修改 > 变形”中的“顺时针旋转 90 度”、“逆时针旋转 90 度”命令，可以将图形按照规定的度数进行旋转，效果如图 3-51、图 3-52 所示。

图 3-51

图 3-52

3.1.6　翻转对象

选择“修改 > 变形”中的“垂直翻转”、“水平翻转”命令，可以将图形进行翻转，效果如图 3-53、图 3-54 所示。

图 3-53

图 3-54

3.1.7　组合对象

选中多个图形，如图 3-55 所示，选择“修改 > 组合”命令，或按 Ctrl+G 组合键，将选中的图形进行组合，如图 3-56 所示。

图 3-55

图 3-56

3.1.8　分离对象

要修改多个图形的组合、图像、文字或组件的一部分时，可以使用“修改 > 分离”命令。另外，制作变形动画时，需用“分离”命令将图形的组合、图像、文字或组件转变成图形。

选中图形组合，如图 3-57 所示。选择“修改 > 分离”命令，或按 Ctrl+B 组合键，将组合的图形打散，多次使用“分离”命令的效果如图 3-58 所示。

图 3-57

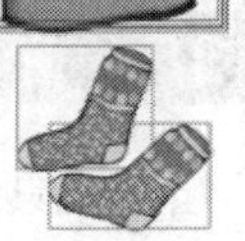

图 3-58

3.1.9 叠放对象

制作复杂图形时，多个图形的叠放次序不同，会产生不同的效果，可以通过“修改 > 排列”中的命令实现不同的叠放效果。

如果要将图形移动到所有图形的顶层，选中要移动的图形，如图 3-59 所示，选择“修改 >排列 > 移至顶层”命令，将选中的图形移动到所有图形的顶层，效果如图 3-60 所示。

图 3-59

图 3-60

提示：叠放对象只能是图形的组合或组件。

3.1.10 对齐对象

当选择多个图形、图像、图形的组合、组件时，可以通过“修改 > 对齐”中的命令调整它们的相对位置。

如果要将多个图形的底部对齐，选中多个图形，如图 3-61 所示。选择“修改 > 对齐 > 底对齐”命令，将所有图形的底部对齐，效果如图 3-62 所示。

图 3-61

图 3-62

3.2 对象的修饰

在制作动画的过程中，可以应用 Flash CS4 自带的一些命令，对曲线进行优化，将线条转换为填充，对填充色进行修改或对填充边缘进行柔化处理。

3.2.1 课堂案例——绘制沙滩风景画

案例学习目标：使用不同的绘图工具绘制图形，使用形状命令编辑图形。

案例知识要点：使用矩形工具和颜料桶工具制作背景渐变效果，使用钢笔工具和铅笔工具绘制海图形和山图形，使用椭圆工具和柔化填充边缘命令制作太阳效果，如图 3-63 所示。

图 3-63

效果所在位置：光盘/Ch03/效果/绘制沙滩风景画.fla。

1．绘制背景

Step 01 选择“文件 > 新建”命令，在弹出的“新建文档”对话框中选择“Flash 文件”选项，单击“确定”按钮，进入新建文档舞台窗口。将“图层 1”重命名为“背景”。选择“矩形”工具，将笔触颜色设为无，填充色设为白色，绘制一个与舞台窗口大小相等的矩形。

Step 02 选择“窗口 > 颜色”命令，弹出“颜色”面板，在“类型”选项的下拉列表中选择“线性”，在色带上单击鼠标增加颜色控制点，将第 1 个颜色控制点设为浅蓝色（#DCF0F3），第 2 个颜色控制点设为湖蓝色（#53B3C0），第 3 个颜色控制点设为蓝色（#2556A6），分别移动控制点的位置，如图 3-64 所示。选择“颜料桶”工具，在矩形图形的中心向上拖曳填充渐变色，如图 3-65 所示，释放鼠标，效果如图 3-66 所示。

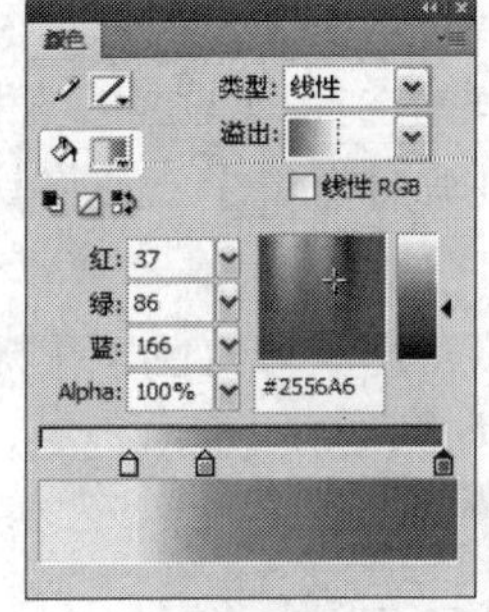

图 3-64

图 3-65

图 3-66

Step 03 在“时间轴”面板下方单击“新建图层”按钮创建新图层，并将其命名为“沙滩”。选择“矩形”工具，将笔触颜色设为无，填充色设为白色，绘制白色矩形，效果如图 3-67 所示。调出“颜色”面板，在“类型”选项的下拉列表中选择“线性”，在色带上单击鼠标增加颜色控制点，将第 1 个颜色控制点设为象牙色（#FFFBF8），第 2 个颜色控制点设为浅肤色（#FEDDB7），效果如图 3-68 所示。选择“颜料桶”工具，在图形上拖曳填充渐变色，释放鼠标，效果如图 3-69 所示。

图 3-67

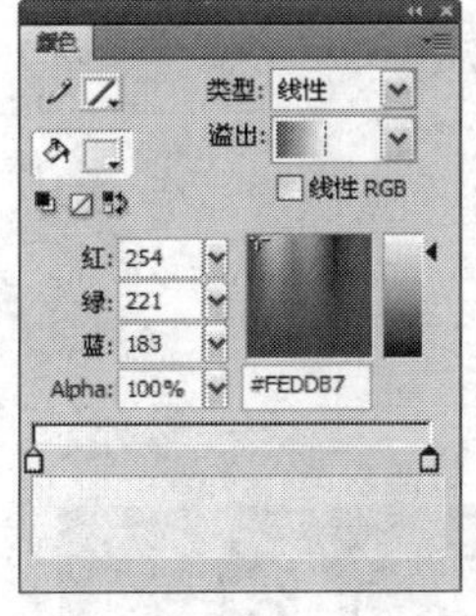

图 3-68

图 3-69

2．绘制海水

Step 01 在“时间轴”面板下方单击“新建图层”按钮创建新图层，并将其命名为“海水”。选择“钢笔”工具，将笔触颜色设为黑色，高度设为 1，在沙滩图形上绘制海水路径，如图 3-70

所示。调出“颜色”面板，在“类型”选项的下拉列表中选择“线性”，在色带上单击鼠标增加颜色控制点，将第 1 个颜色控制点设为浅蓝色（#C6E5DB），第 2 个颜色控制点设为蓝色（#1886B2），第 3 个颜色控制点设为深蓝色（#123994），分别移动控制点的位置，效果如图 3-71 所示。

Step 02 选择“颜料桶”工具，在矩形图形上方向中间拖曳填充渐变色。选择“选择”工具，选中黑色描边，按 Delete 键将其删除，效果如图 3-72 所示。

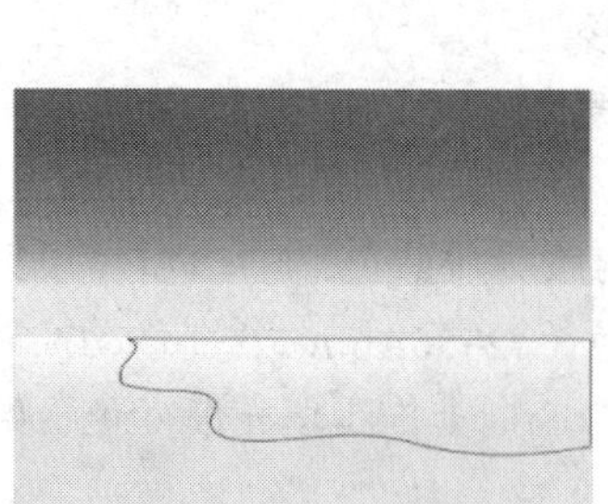
图 3-70

图 3-71

图 3-72

Step 03 选择“文件 > 导入 > 导入到舞台”命令，在弹出的对话框中选择“Ch03 > 素材 > 绘制沙滩风景画 > 透明波纹”文件，单击“打开”按钮，图形被导入到舞台窗口中，并将其拖曳到适当的位置，效果如图 3-73 所示。

Step 04 选择“椭圆”工具，在工具箱中将笔触颜色设为无，填充色设为白色，在舞台窗口中绘制一个椭圆形，用相同的方法绘制出多个椭圆形作为云彩图形，如图 3-74 所示。

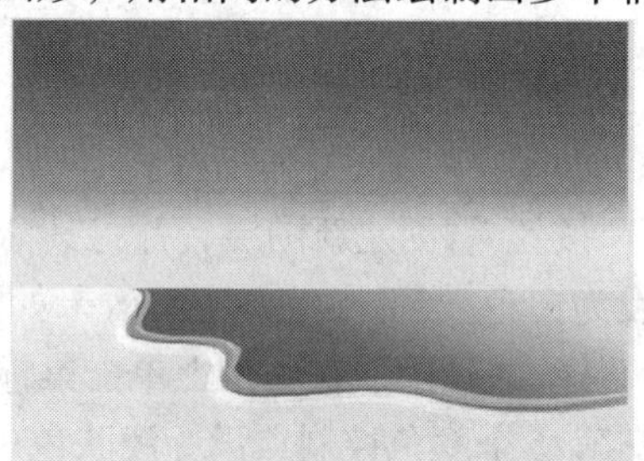
图 3-73

图 3-74

Step 05 选择“选择”工具，选中云彩图形，在“颜色”面板中将“Alpha”选项设为 50%，如图 3-75 所示，此时云彩图形呈半透明状态，效果如图 3-76 所示。用相同的方法绘制出如图 3-77 所示的效果。

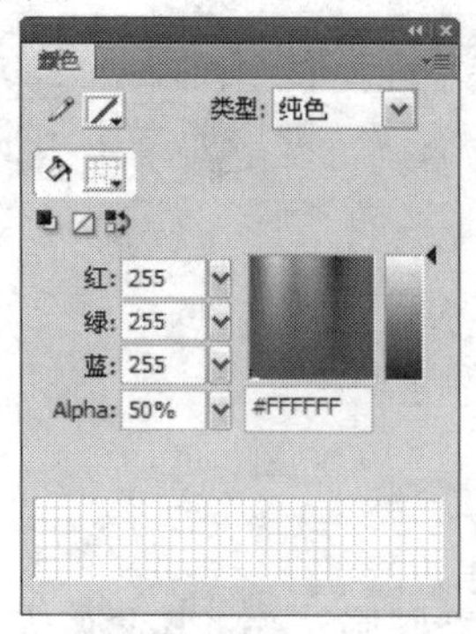

图 3-75

图 3-76

图 3-77

Step 06 选择“铅笔”工具，单击工具箱下方的“平滑”按钮。在铅笔工具“属性”面板中将“笔触颜色”选项设为黑色，“笔触高度”选项设为 1，在舞台窗口的中间位置绘制出一条曲线。按住 Shift 键的同时在曲线的下方绘制出一条直线，使曲线与直线形成闭合区域，效果如图 3-78 所示。选择“颜料桶”工具，在工具箱中将填充色设为深绿色（#375F2F），在闭合的区域中间单击鼠标填充颜色，删除描边，效果如图 3-79 所示。

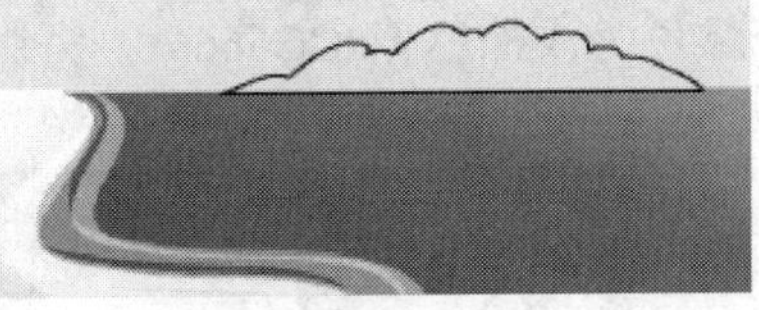
图 3-78

图 3-79

Step 07 选择“选择”工具，选中图形，按 Ctrl+G 组合键将其组合，如图 3-80 所示。用相同的方法制作其他图形，并填充适当的颜色，效果如图 3-81 所示。

图 3-80

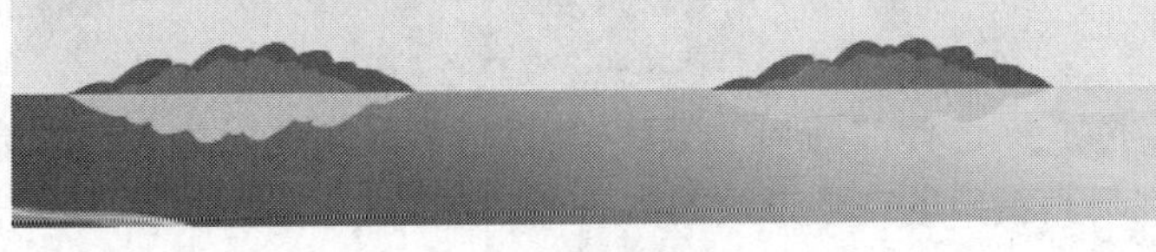
图 3-81

3．绘制船和太阳图形

Step 01 在“时间轴”面板下方单击“插入图层”按钮创建新图层，并将其命名为“船”。选择“矩形”工具，将笔触颜色设为无，填充色设为橘红色（#FF6600），在舞台窗口的右上方绘制出一个矩形，效果如图 3-82 所示。

Step 02 选择“选择”工具，将鼠标指针放在矩形上方边线的中心位置，鼠标指针下方出现圆弧，这表明可以将直线转换为弧线，在直线的中心位置按住鼠标左键并向下拖曳，直线变为弧线，效果如图 3-83 所示。用相同的方法将其他边线变为弧线，效果如图 3-84 所示。

图 3-82

图 3-83

图 3-84

Step 03 选择“线条”工具，在线条“属性”面板中进行设置，如图 3-85 所示。在橘红色图形的左侧绘制出一条直线，效果如图 3-86 所示。选择“矩形”工具，将笔触颜色设为无，填充色设为黑色，在舞台窗口中绘制出一个矩形，效果如图 3-87 所示。

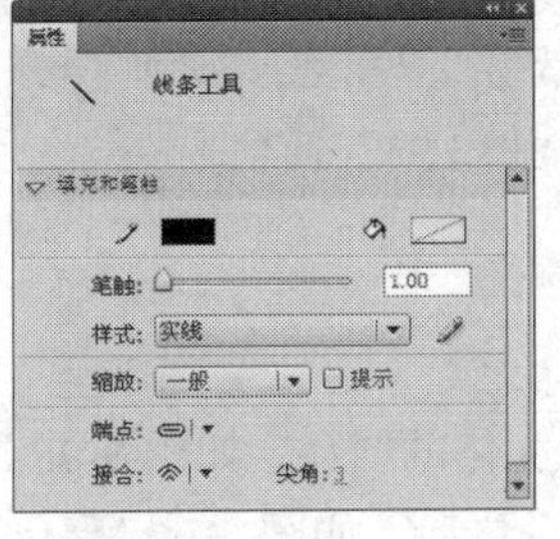

图 3-85

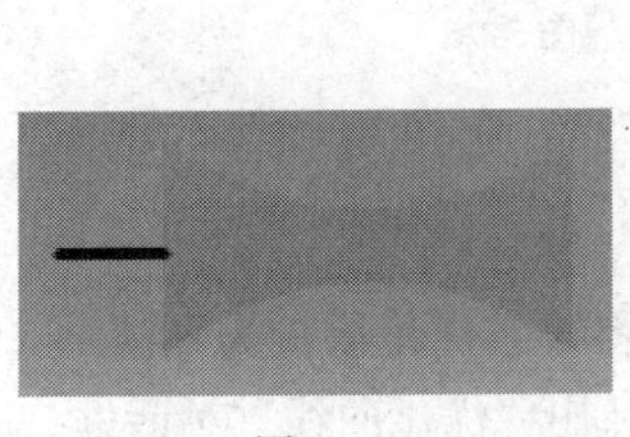
图 3-86

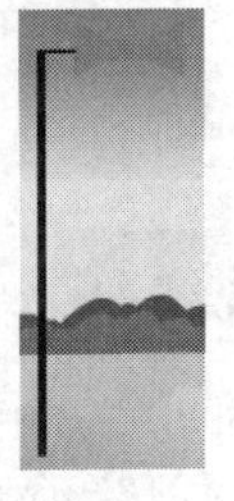
图 3-87

Step 04 选择“铅笔”工具，将笔触颜色设为黑色，绘制出如图 3-88 所示的边线效果。选择“颜料桶”工具，将填充色设为橘黄色（#FF9900），在图形内部单击填充颜色，将边线删除，效果如图 3-89 所示。选择“铅笔”工具绘制边线，将其填充为白色，调出“颜色”面板，在“Alpha”选项中将其不透明度设为 50%，将边线删除，效果如图 3-90 所示。用相同的方法制作出如图 3-91 所示的效果。

Step 05 选择“钢笔”工具，绘制边线，填充颜色为浅棕色（#CC6666），将边线删除，效果如图 3-92 所示。

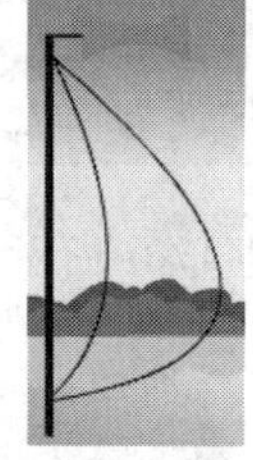
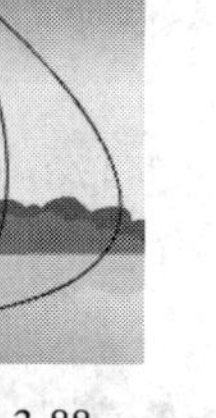

图 3-88

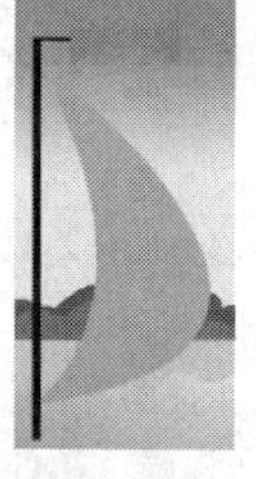

图 3-89

图 3-90

图 3-91

图 3-92

Step 06 选择“椭圆”工具，将笔触颜色设为无，填充色设为黄色（#FFFF33），按住 Shift 键在舞台窗口的左上方绘制出一个圆形，效果如图 3-93 所示。选中圆形，选择“修改 > 形状 > 柔化填充边缘”命令，弹出“柔化填充边缘”对话框，在对话框中进行设置，如图 3-94 所示，单击“确定”按钮，效果如图 3-95 所示。

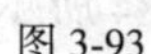

图 3-93

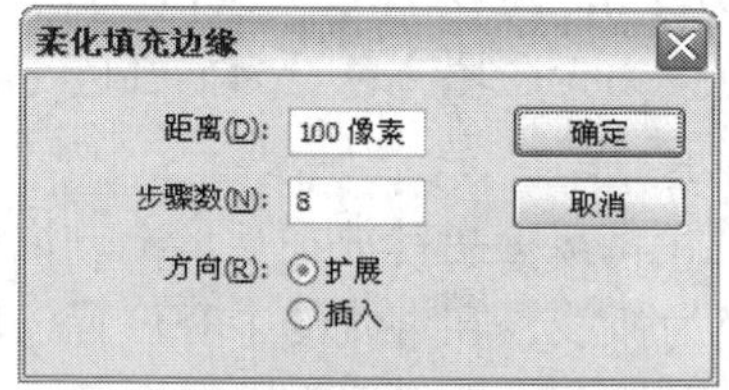

图 3-94

图 3-95

Step 07 在“时间轴”面板下方单击“新建图层”按钮，创建新图层并将其命名为“椰树”。按 Ctrl+R 组合键，在弹出的对话框中选择“Ch03 > 素材 > 绘制沙滩风景画 > 椰树”文件，单击“打开”按钮，图像被导入到舞台窗口中，将图像拖曳到适当的位置，效果如图 3-96 所示。沙滩风景效果绘制完成，如图 3-97 所示。

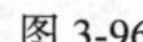

图 3-96

图 3-97

3.2.2 优化曲线

应用优化曲线命令可以将线条优化得较为平滑。选中要优化的线条，如图 3-98 所示。选择“修改 > 形状 > 优化”命令，弹出“优化曲线”对话框，进行设置后，如图 3-99 所示，单击“确定”

按钮，弹出提示对话框，如图 3-100 所示，单击“确定”按钮，线条被优化，如图 3-101 所示。

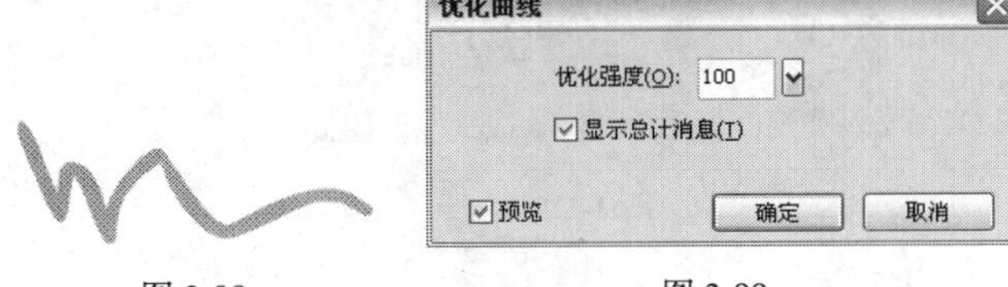

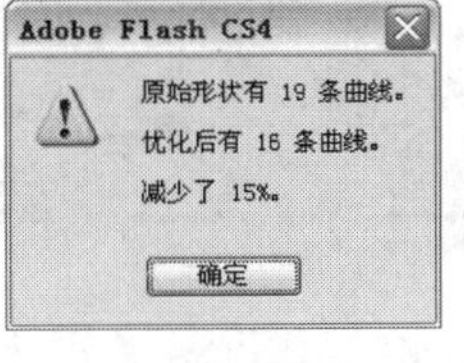

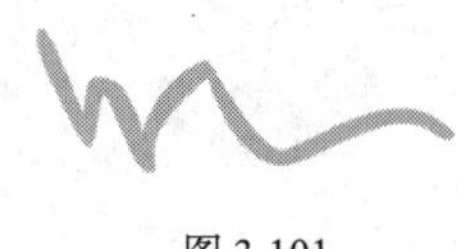

图 3-98　　图 3-99　　图 3-100　　图 3-101

3.2.3　将线条转换为填充

应用将线条转换为填充命令可以将矢量线条转换为填充色块。导入图片，如图 3-102 所示。选择“墨水瓶”工具，为图形绘制外边线，如图 3-103 所示。

双击图形的外边线将其选中，选择“修改 > 形状 > 将线条转换为填充”命令，将外边线转换为填充色块，如图 3-104 所示。这时，可以选择“颜料桶”工具，为填充色块设置其他颜色，如图 3-105 所示。

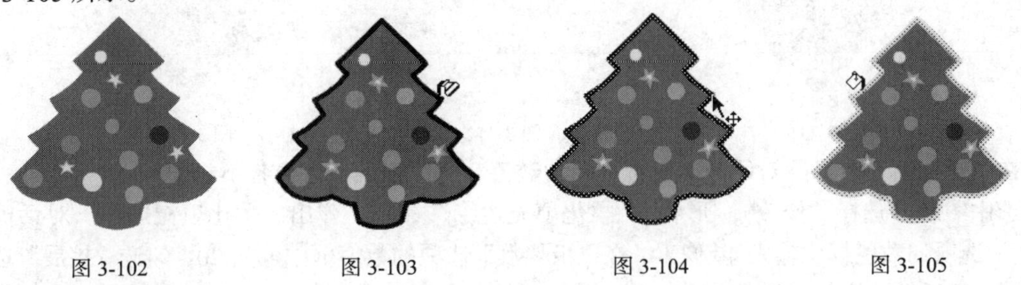

图 3-102　　图 3-103　　图 3-104　　图 3-105

3.2.4　扩展填充

应用扩展填充命令可以将填充颜色向外扩展或向内收缩，扩展或收缩的数值可以自定义。

1．扩展填充色

选中图形的填充颜色，如图 3-106 所示。选择“修改 > 形状 > 扩展填充”命令，弹出“扩展填充”对话框，在“距离”选项的数值框中输入 4 像素（取值范围在 0.05 像素 ~ 144 像素），勾选“扩展”选项，如图 3-107 所示。单击“确定”按钮，填充色向外扩展，效果如图 3-108 所示。

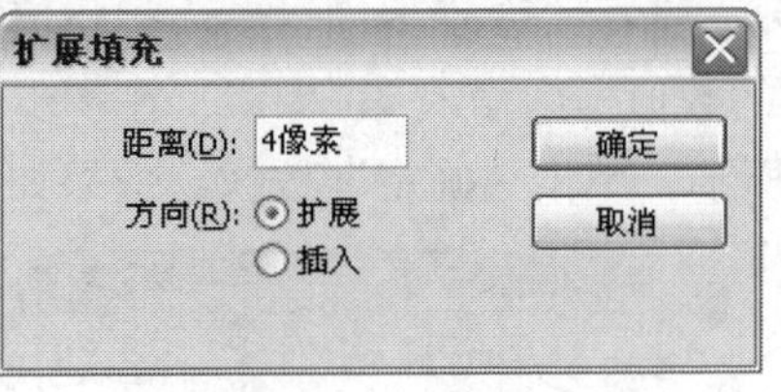

图 3-106　　图 3-107　　图 3-108

2．收缩填充色

选中图形的填充颜色，选择“修改 > 形状 > 扩展填充”命令，弹出“扩展填充”对话框，在“距离”选项的数值框中输入 7 像素（取值范围在 0.05 像素 ~ 144 像素），勾选“插入”选项，如图 3-109 所示，单击“确定”按钮，填充色向内收缩，效果如图 3-110 所示。

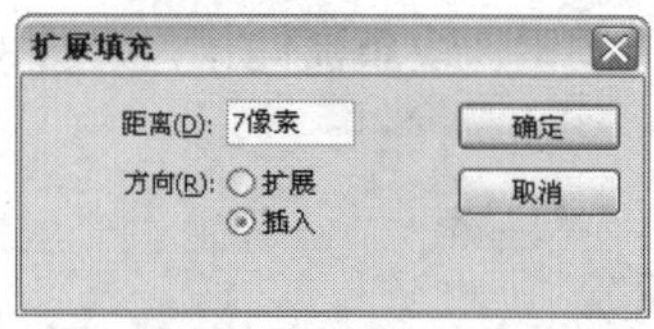

图 3-109

图 3-110

3.2.5 柔化填充边缘

1. 向外柔化填充边缘

选中图形，如图 3-111 所示，选择“修改 > 形状 > 柔化填充边缘”命令，弹出“柔化填充边缘”对话框，在“距离”选项的数值框中输入 40 像素，在“步骤数”选项的数值框中输入 4，勾选“扩展”选项，如图 3-112 所示，单击“确定”按钮，效果如图 3-113 所示。

图 3-111

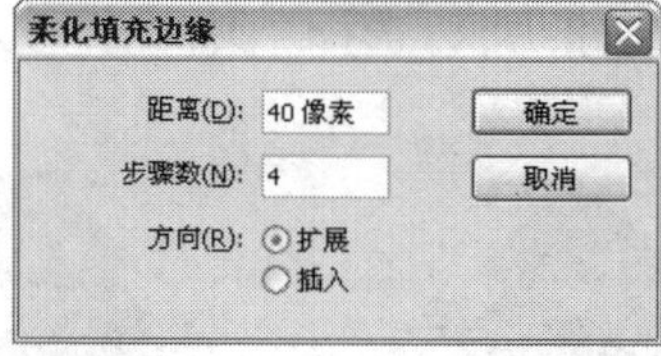

图 3-112

图 3-113

在“柔化填充边缘”对话框中设置不同的数值，所产生的效果也各不相同。

选中图形，选择“修改 > 形状 > 柔化填充边缘”命令，弹出“柔化填充边缘”对话框，在“距离”选项的数值框中输入 40 像素，在“步骤数”选项的数值框中输入 20，勾选“扩展”选项，如图 3-114 所示，单击“确定”按钮，效果如图 3-115 所示。

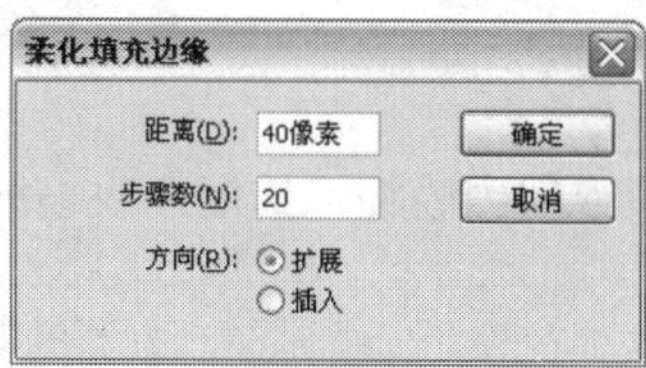

图 3-114

图 3-115

2. 向内柔化填充边缘

选中图形，如图 3-116 所示，选择“修改 > 形状 > 柔化填充边缘”命令，弹出“柔化填充边缘”对话框，在“距离”选项的数值框中输入 40 像素，在“步骤数”选项的数值框中输入 4，勾选“插入”选项，如图 3-117 所示，单击“确定”按钮，效果如图 3-118 所示。

图 3-116

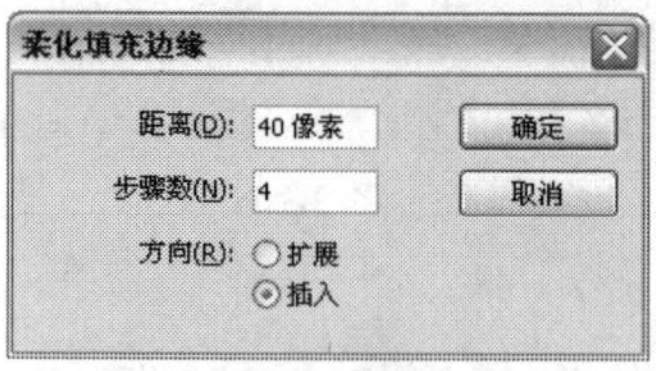

图 3-117

图 3-118

选中图形，选择“修改 > 形状 > 柔化填充边缘”命令，弹出“柔化填充边缘”对话框，在“距离”选项的数值框中输入 40 像素，在“步骤数”选项的数值框中输入 20，勾选“插入”选项，如图 3-119 所示，单击“确定”按钮，效果如图 3-120 所示。

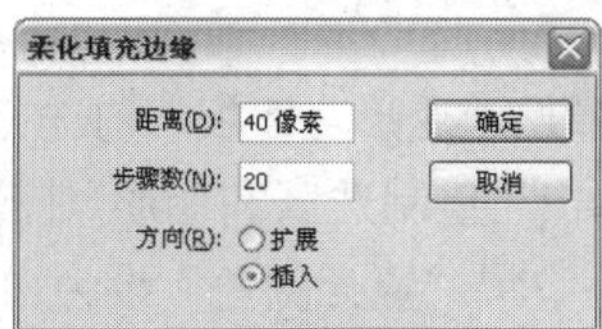

图 3-119

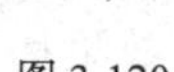

图 3-120

3.3 对齐面板与变形面板

可以应用对齐面板来设置多个对象之间的对齐方式，还可以应用变形面板来改变对象的大小以及倾斜度。

3.3.1 课堂案例——制作数字按钮

案例学习目标：使用不同的浮动面板编辑图形。

案例知识要点：使用矩形工具和椭圆工具绘制按钮图形，使用颜色面板、变形面板和对齐面板来完成按钮的制作，如图 3-121 所示。

效果所在位置：光盘/Ch03/效果/制作数字按钮.fla。

1．制作按钮元件

Step 01 选择“文件 > 新建”命令，在弹出的“新建文档”对话框中选择“Flash 文档”选项，单击“确定”按钮，进入新建文档舞台窗口。按 Ctrl+F3 组合键，弹出文档“属性”面板，单击“大小”选项右侧的“编辑”按钮 编辑...，弹出对话框，将舞台窗口的宽度设为 650，高度设为 200。

Step 02 按 Ctrl+L 组合键，调出“库”面板，在“库”面板下方单击“新建元件”按钮，弹出“创建新元件”对话框，在“名称”选项的文本框中输入“按钮图形”，勾选“图形”选项，单击“确定”按钮，新建一个图形元件“按钮图形”，如图 3-122 所示，舞台窗口也随之转换为图形元件的舞台窗口。

Step 03 选择“椭圆”工具，在工具箱中将“笔触颜色”设为无，“填充颜色”设为深红色（#990000），按住 Shift 键的同时，在舞台窗口中绘制出一个圆形。选中圆形，在形状“属性”面板中将“宽”、“高”选项分别设置为 20，取消对图形的选择，效果如图 3-123 所示。

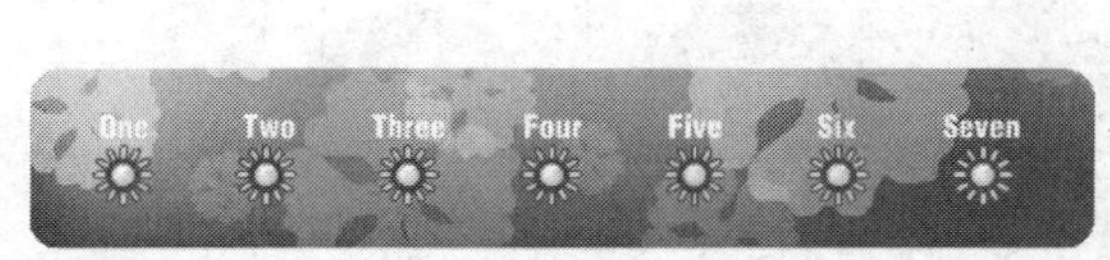

图 3-121

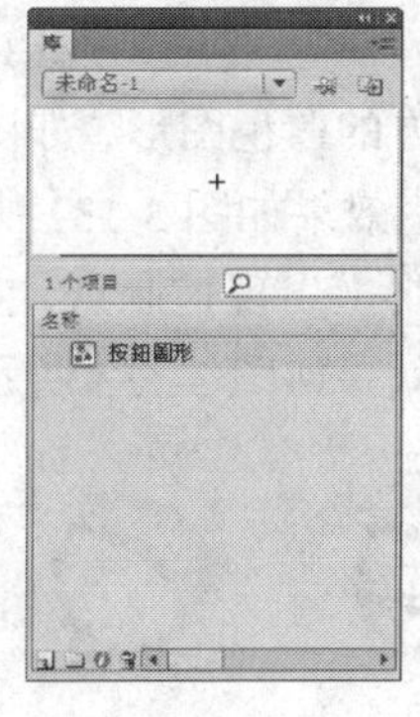

图 3-122

图 3-123

Step 04 再次选中图形，按 Ctrl+T 组合键，弹出“变形”面板，勾选“约束”选项，将“宽度”选项设为 65，“高度”选项也随之转换为 65，单击“重制选区和变形”按钮，如图 3-124 所示，新复制出一个圆形，如图 3-125 所示，在工具箱中将“填充颜色”设为白色，新复制出的图形转换为白色，取消对图形的选择，效果如图 3-126 所示。

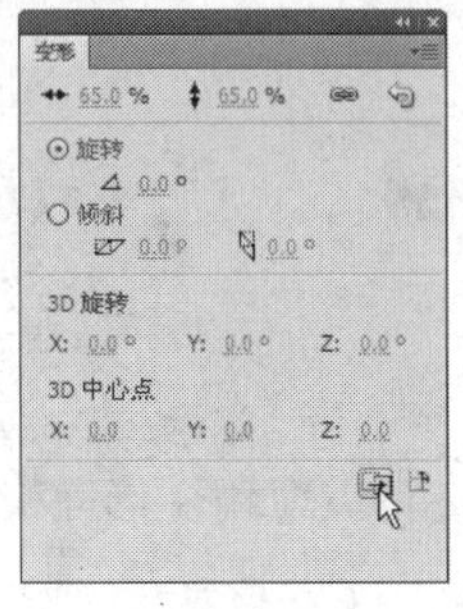

图 3-124

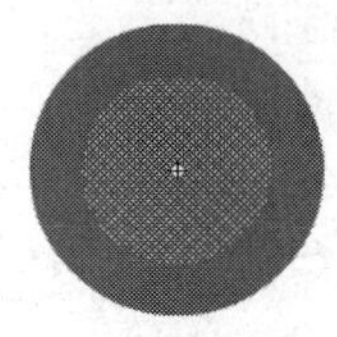
图 3-125

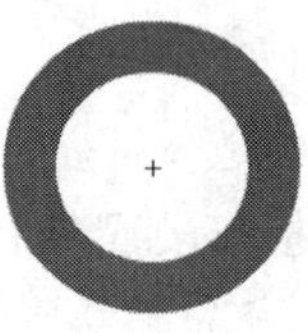
图 3-126

Step 05 选择“窗口 > 颜色”命令，弹出“颜色”面板，在“填充样式”选项的下拉列表中选择“放射状”，选中色带上左侧的色块，将其设为白色，选中色带上右侧的色块，将其设为粉色（#FD9D99），如图 3-127 所示。

Step 06 选择“颜料桶”工具，让工具箱下方的“锁定填充”按钮呈未被选中状态。在白色圆形上单击鼠标填充渐变色，效果如图 3-128 所示。在文档“属性”面板中将背景颜色设为灰色（此处更换背景颜色是为了下面操作时可以看清白色的图形）。选择“椭圆”工具，在工具箱中将“笔触颜色”设为黑色，“填充颜色”设为白色，在椭圆工具“属性”面板中将“笔触高度”选项设为 1，按住 Shift 键的同时，在舞台窗口中绘制出一个圆形。

Step 07 选择“线条”工具，在圆形中间绘制一条斜线。选择“选择”工具，将鼠标放置在斜线的下方，鼠标光标出现圆弧，将斜线向上拖曳，斜线转换为弧线，效果如图 3-129 所示。

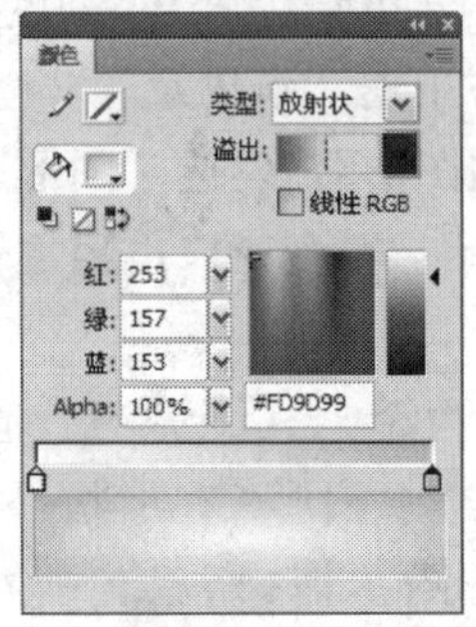

图 3-127

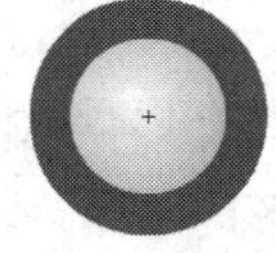
图 3-128

图 3-129

Step 08 选中弧线上方的白色图形，如图 3-130 所示，将图形移动到圆形边线的外面，按 Ctrl+G 组合键，对其进行组合，效果如图 3-131 所示。将白色图形移动到渐变图形的上方，选择“任意变形”工具，在白色图形上出现控制点，向内拖曳控制点来缩小白色图形，效果如图 3-132 所示，删除剩余的黑色边线，效果如图 3-133 所示。

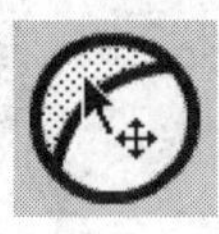
图 3-130

图 3-131

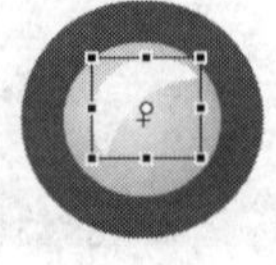
图 3-132

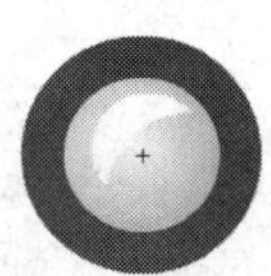
图 3-133

2. 制作花瓣元件

Step 01 单击“库”面板下方的“新建元件”按钮，弹出“创建新元件”对话框，在“名称”选项的文本框中输入“花瓣”，勾选“图形”选项，单击“确定”按钮，新建一个图形元件“花瓣”，如图 3-134 所示，舞台窗口也随之转换为图形元件的舞台窗口。选择“矩形”工具，在工具箱中将“笔触颜色”设为深红色（#990000），“填充颜色”设为粉色（#FFCCCC），在“属性”面板中将“矩形边角半径”选项设为 50，如图 3-135 所示，在舞台窗口中心位置绘制圆角矩形，效果如图 3-136 所示。

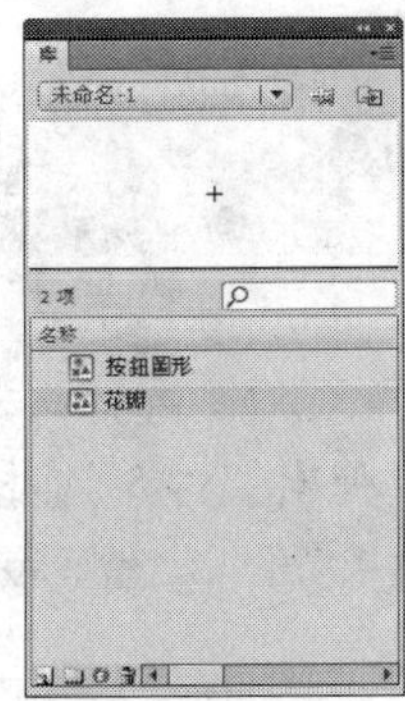

图 3-134

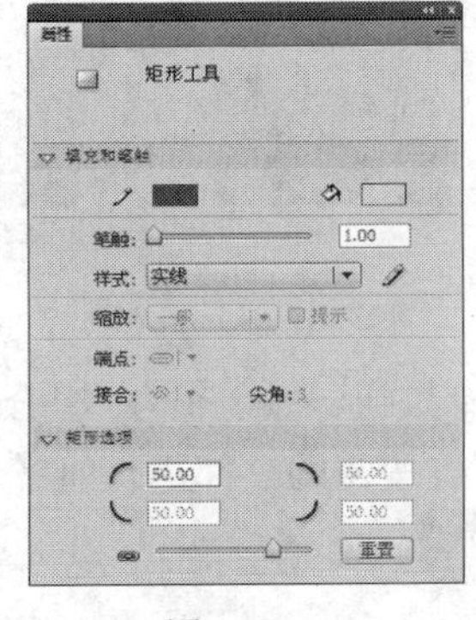

图 3-135

图 3-136

Step 02 双击“库”面板中的“按钮图形”元件的图标，舞台窗口转换到“按钮图形”元件的舞台窗口。单击“时间轴”面板下方的“新建图层”按钮，将“库”面板中的图形元件“花瓣”拖曳到按钮上，如图 3-137 所示。选择“任意变形”工具，图形上出现控制点，将中心控制点拖曳到控制框下方中间的控制点上，如图 3-138 所示。

Step 03 选择“变形”面板，将“旋转”选项设为 30，单击“重制选区和变形”按钮，如图 3-139 所示，花瓣图形被复制。多次单击“重制选区和变形”按钮，复制出多个花瓣图形，效果如图 3-140 所示。在“时间轴”面板中将“图层 2”拖曳到“图层 1”的下方，如图 3-141 所示，按钮图形效果如图 3-142 所示。

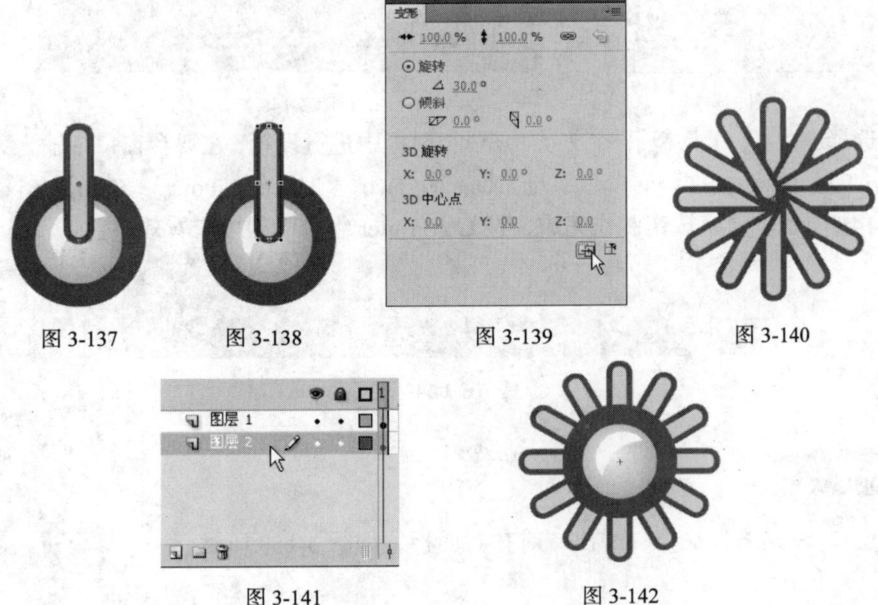

图 3-137　图 3-138　图 3-139　图 3-140

图 3-141　图 3-142

3．编辑元件

Step 01 单击“时间轴”面板下方的“场景 1”图标，进入“场景 1”的舞台窗口。选择“文件 > 导入 > 导入到舞台”命令，在弹出的“导入”对话框中选择“Ch03 > 素材 > 制作数字按钮 > 按钮底图”文件，单击“打开”按钮，图形被导入到舞台窗口中，将其拖曳到中心位置，效果如图 3-143 所示。

Step 02 将“库”面板中的图形元件“按钮图形”拖曳到舞台窗口中，成为实例，复制 6 次按钮实例，效果如图 3-144 所示。

图 3-143

图 3-144

Step 03 选中舞台窗口中的所有按钮，按 Ctrl+K 组合键，弹出“对齐”面板，单击“上对齐”按钮，如图 3-145 所示，对所有按钮的顶部进行对齐，效果如图 3-146 所示。

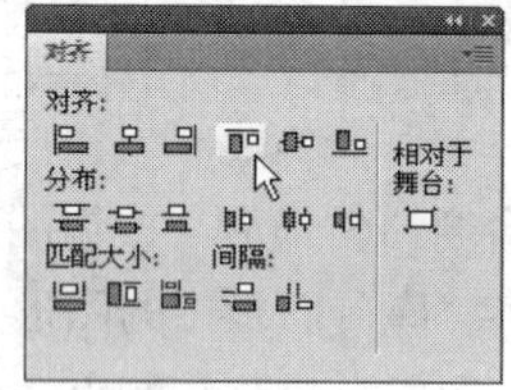

图 3-145

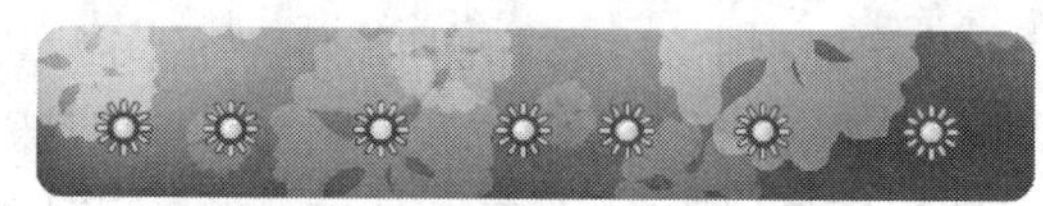

图 3-146

Step 04 单击“水平居中分布”按钮，如图 3-147 所示，对按钮进行间距相等的排列，效果如图 3-148 所示。

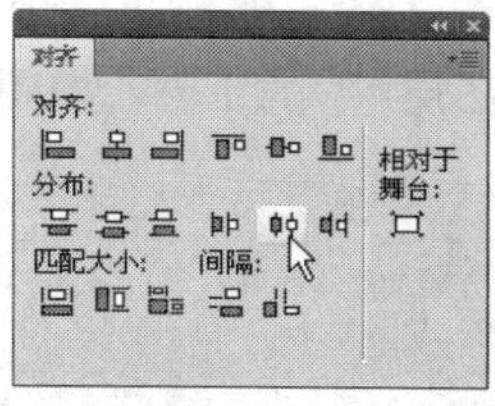

图 3-147

图 3-148

Step 05 选择“文本”工具，在文字“属性”面板中进行设置，在舞台窗口中输入大小为 18，字体为“Swis721 BlkCn BT”的白色字母“One、 Two、 Three、 Four、 Five、 Six 、Seven”，效果如图 3-149 所示。数字按钮制作完成，按 Ctrl+Enter 组合键即可查看效果。

图 3-149

3.3.2 对齐面板

选择“窗口 > 对齐”命令，弹出“对齐”面板，如图 3-150 所示。

1．“对齐”选项组

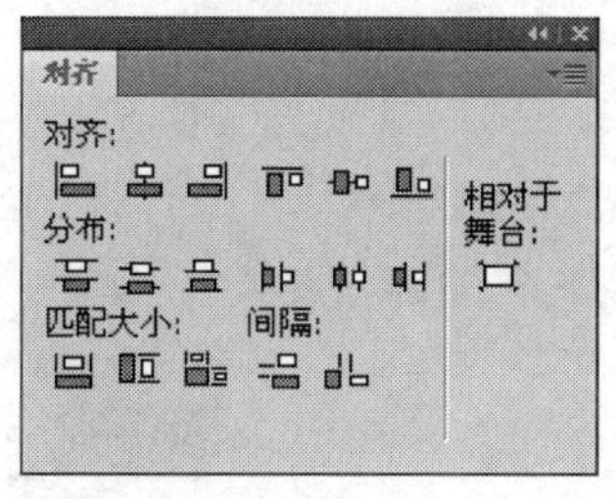

图 3-150

“左对齐”按钮：设置选取对象左端对齐。

“水平中齐”按钮：设置选取对象沿垂直线中对齐。

“右对齐”按钮：设置选取对象右端对齐。

“顶对齐”按钮：设置选取对象上端对齐。

“垂直中齐”按钮：设置选取对象沿水平线中对齐。

“底对齐”按钮：设置选取对象下端对齐。

2．“分布”选项组

“顶部分布”按钮：设置选取对象在横向上上端间距相等。

“垂直居中分布”按钮：设置选取对象在横向上中心间距相等。

“底部分布”按钮：设置选取对象在横向上下端间距相等。

“左侧分布”按钮：设置选取对象在纵向上左端间距相等。

“水平居中分布”按钮：设置选取对象在纵向上中心间距相等。

“右侧分布”按钮：设置选取对象在纵向上右端间距相等。

3．“匹配大小”选项组

“匹配宽度”按钮：设置选取对象在水平方向上等尺寸变形（以所选对象中宽度最大的为基准）。

“匹配高度”按钮：设置选取对象在垂直方向上等尺寸变形（以所选对象中高度最大的为基准）。

“匹配宽和高”按钮：设置选取对象在水平方向和垂直方向同时进行等尺寸变形（同时以所选对象中宽度和高度最大的为基准）。

4．“间隔”选项组

“垂直平均间隔”按钮：设置选取对象在纵向上间距相等。

“水平平均间隔”按钮：设置选取对象在横向上间距相等。

5．“相对于舞台”选项

“对齐/相对舞台分布”按钮：选择此选项后，上述设置的操作都是以整个舞台的宽度或高度为基准的。

选中要对齐的图形，如图 3-151 所示。单击“顶对齐”按钮，图形上端对齐，如图 3-152 所示。

图 3-151

图 3-152

选中要分布的图形，如图 3-153 所示。单击“水平居中分布”按钮，图形在纵向上中心间距相等，如图 3-154 所示。

图 3-153　　　　图 3-154

选中要匹配大小的图形，如图 3-155 所示。单击“匹配高度”按钮，图形在垂直方向上等尺寸变形，如图 3-156 所示。

图 3-155

图 3-156

在选择“对齐 > 相对舞台分布”按钮前后，应用同一个命令所产生的效果不同。选中图形，如图 3-157 所示。单击“左侧分布”按钮，效果如图 3-158 所示。选中“对齐 > 相对舞台分布”按钮后，单击“左侧分布”按钮，效果如图 3-159 所示。

图 3-157

图 3-158

图 3-159

3.3.3 变形面板

选择“窗口 > 变形”命令，弹出“变形”面板，如图 3-160 所示。

“缩放宽度” 100.0% 和“高度” 100.0% 选项：用于设置图形的宽度和高度。

“约束”按钮：用于约束“宽度”和“高度”选项，使图形能够成比例地变形。

“旋转”选项：用于设置图形的角度。

“倾斜”选项：用于设置图形的水平倾斜或垂直倾斜。

“重制选区和变形”按钮：用于复制图形并将变形设置应用给图形。

“取消变形”按钮：用于将图形属性恢复到初始状态。

“变形”面板中的设置不同，所产生的效果也各不相同。导入图形，如图 3-161 所示。

选中图形，在“变形”面板中将“宽度”选项设为 50，按 Enter 键，确定操作，如图 3-162 所示，图形的宽度被改变，效果如图 3-163 所示。

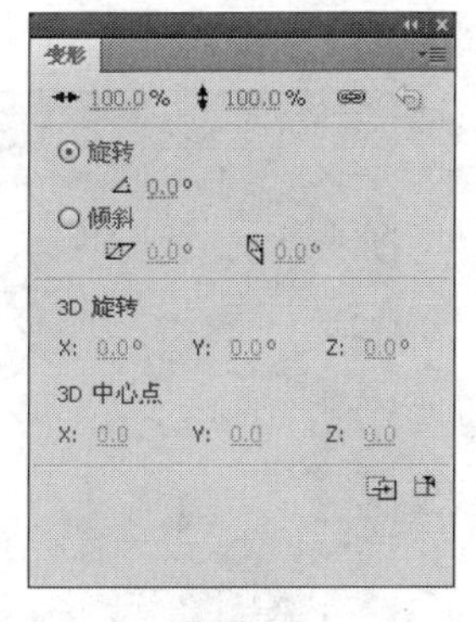

图 3-160

图 3-161

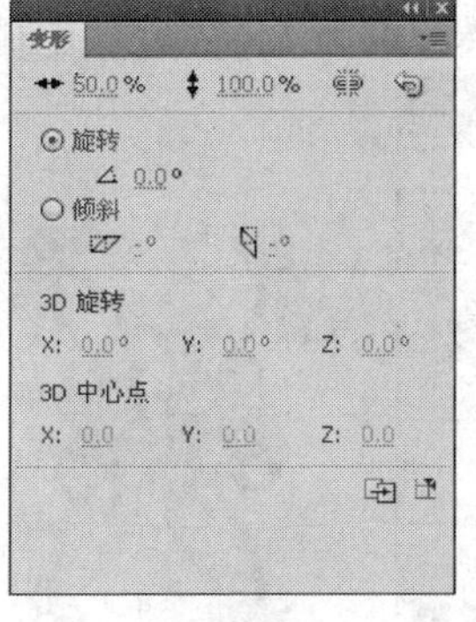

图 3-162

图 3-163

选中图形，在“变形”面板中单击“约束”按钮，将“宽度”选项设为 50，“高度”选项也随之变为 50，按 Enter 键，确定操作，如图 3-164 所示，图形的宽度和高度成比例地缩小，效果如图 3-165 所示。

选中图形，在“变形”面板中单击“约束”按钮，将旋转角度设为 30，按 Enter 键，确定操作，如图 3-166 所示，图形被旋转，效果如图 3-167 所示。

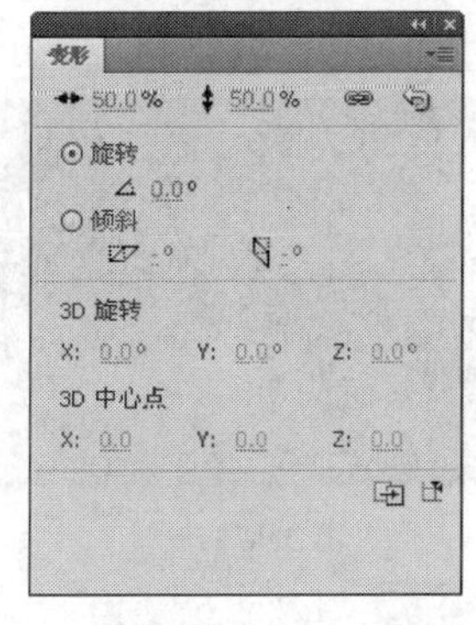

图 3-164

图 3-165

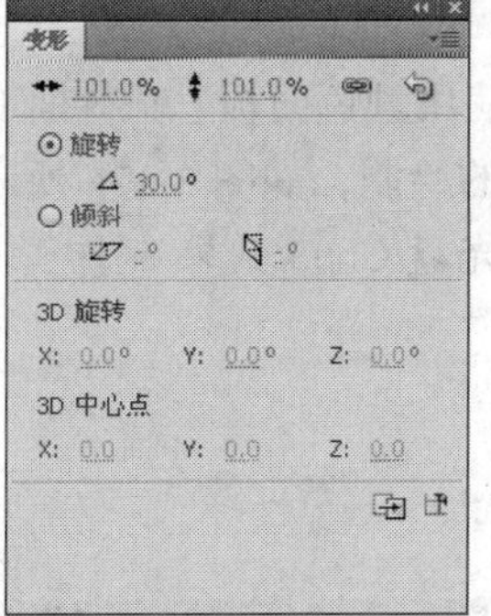

图 3-166

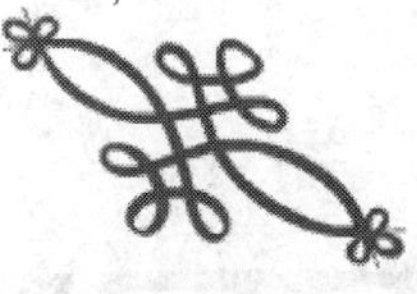

图 3-167

选中图形，在“变形”面板中勾选“倾斜”选项，将水平倾斜设为 40，按 Enter 键，确定操作，如图 3-168 所示，图形进行水平倾斜变形，效果如图 3-169 所示。

选中图形，在“变形”面板中勾选“倾斜”选项，将垂直倾斜设为-20，按 Enter 键，确定操作，如图 3-170 所示，图形进行垂直倾斜变形，效果如图 3-171 所示。

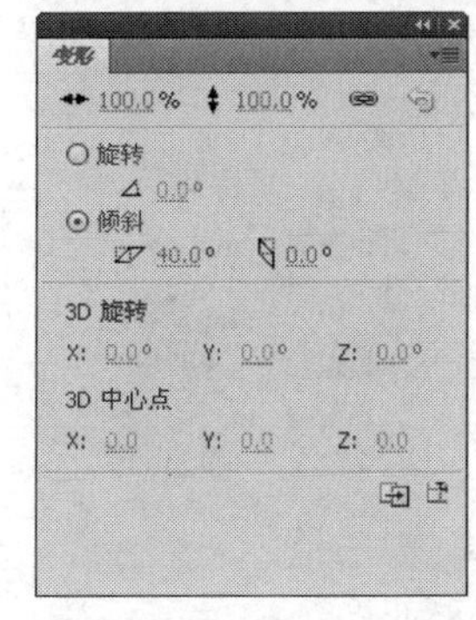

图 3-168

图 3-169

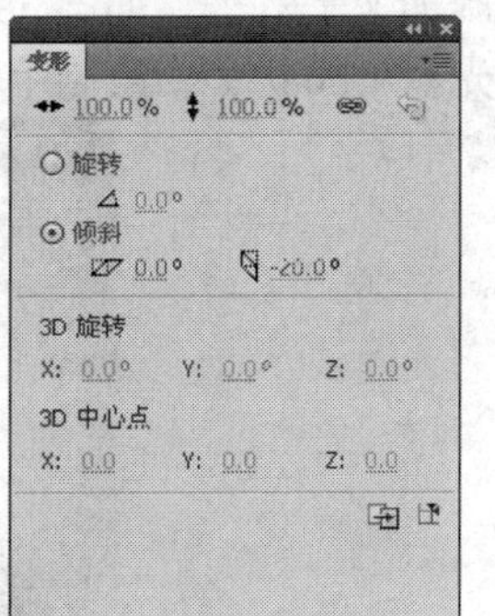

图 3-170

图 3-171

选中图形，在“变形”面板中，将旋转角度设为 60，单击“重制选区和变形”按钮，如图 3-172 所示，图形被复制并沿其中心点旋转了 60°，效果如图 3-173 所示。

再次单击“重制选区和变形”按钮，图形再次被复制并旋转了 60 度，如图 3-174 所示，此时，面板中显示旋转角度为 120，表示复制出的图形当前角度为 120°，如图 3-175 所示。

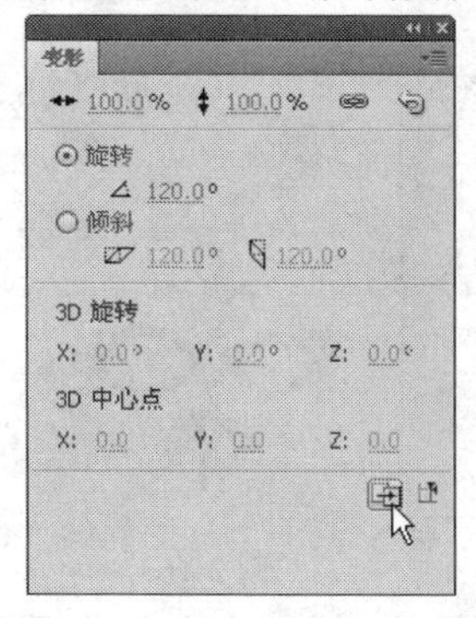

图 3-172

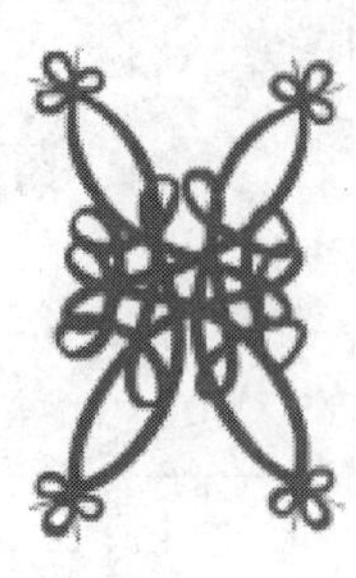

图 3-173

图 3-174

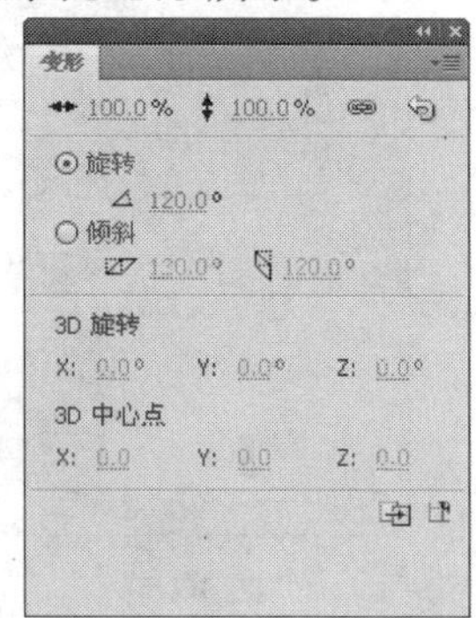

图 3-175

3.4 课堂练习——制作鲜花速递网页

练习知识要点：使用颜色面板、颜料桶工具、任意变形工具和变形面板完成图形的绘制，如图 3-176 所示。

效果所在位置：光盘/Ch03/效果/制作鲜花速递网页.fla。

图 3-176

3.5 课后习题——绘制手机宣传单

习题知识要点：使用矩形工具和椭圆工具绘制手机图形，使用任意变形工具改变图形的大小及角度，使用文本工具添加文字效果，如图 3-177 所示。

效果所在位置：光盘/Ch03/效果/绘制手机宣传单.fla。

图 3-177

第4章 文本的编辑

Flash CS4 具有强大的文本输入、编辑和处理功能。本章将详细讲解文本的编辑方法和应用技巧。读者通过学习能了解并掌握文本的功能及特点，并能在设计制作任务中充分地利用好文本的效果。

【教学目标】

- 文本的类型及使用。
- 文本的转换。

4.1 文本的类型及使用

建立动画时，常需要利用文字更清楚地表达创作者的意图，而建立和编辑文字必须利用 Flash CS4 提供的文字工具才能实现。

4.1.1 课堂案例——制作心情日记

案例学习目标：使用属性面板设置文字的属性。

案例知识要点；使用文字工具输入需要的文字，使用属性面板设置文字的字体、大小、颜色、行距和字符属性，如图 4-1 所示。

效果所在位置；光盘/Ch04/效果/制作心情日记.fla。

图 4-1

Step 01 选择“文件 > 新建”命令，在弹出的“新建文档”对话框中选择“Flash 文件”选项，单击“确定”按钮，进入新建文档舞台窗口。按 Ctrl+F3 组合键，弹出文档“属性”面板，单击“大小”选项右侧的“编辑”按钮 编辑... ，在弹出的对话框中将舞台窗口的宽度设为 381，高度设为 340，将背景颜色设为白色。

Step 02 选择“文件 > 导入 > 导入到舞台”命令，在弹出的“导入到舞台”对话框中选择“Ch04 > 素材 > 制作心情日记 > 背景”文件，单击“打开”按钮，文件被导入到舞台窗口中，如图 4-2 所示。选择“文本”工具 T，选择“窗口 > 属性”命令，弹出文本工具“属性”面板，在“属性”面板中进行设置，将文字颜色设为暗红色（#AB4241），如图 4-3 所示，在舞台窗口中输入需要的文字，如图 4-4 所示。

图 4-2

图 4-3

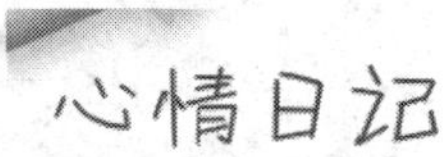

心情日记

图 4-4

Step 03 选择“文本”工具 T，在“属性”面板中进行设置，将文字颜色设为暗红色（#AB 4241），如图 4-5 所示，在舞台窗口中输入需要的文字，如图 4-6 所示。

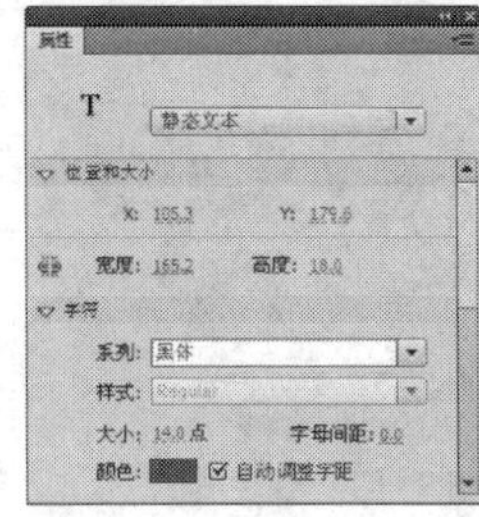

图 4-5

图 4-6

Step 04 选中数字“15”后面的数字“0”，如图 4-7 所示，在“属性”面板中“字符位置”选项中选择“切换上标”按钮，效果如图 4-8 所示，数字的效果如图 4-9 所示。使用相同的方法将数字“20”后面的数字“0”设置相同的属性，效果如图 4-10 所示。

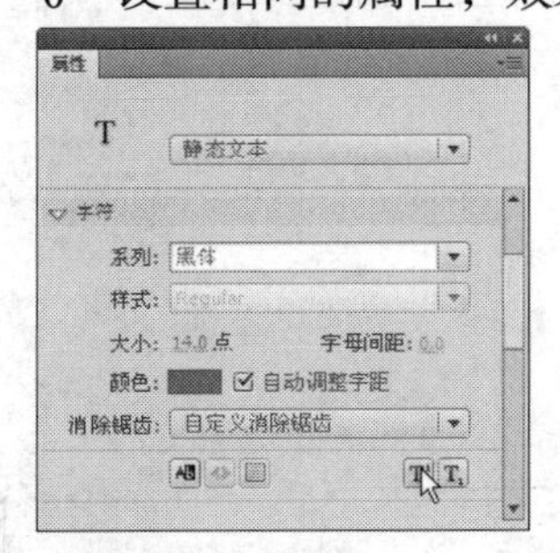

图 4-7　图 4-8　图 4-9　图 4-10

Step 05 选择“文本”工具，在“属性”面板中进行设置，将文字颜色设为黑色，如图 4-11 所示，在舞台窗口中输入需要的文字，如图 4-12 所示。

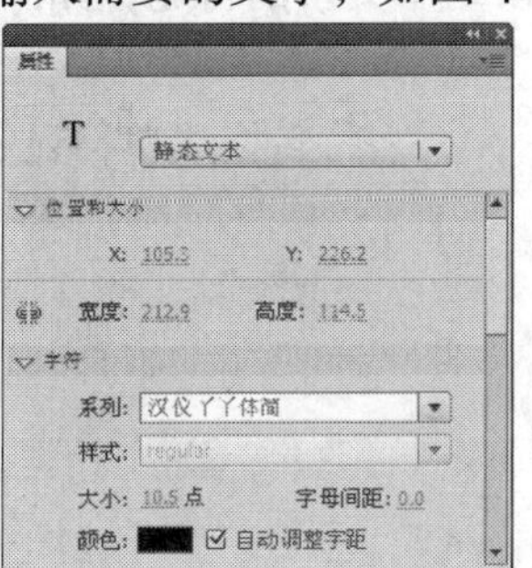

图 4-11

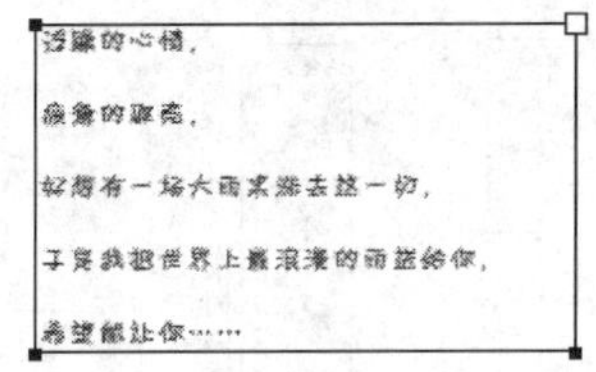

图 4-12

Step 06 选中输入的黑色文字，如图 4-13 所示，单击“属性”面板中的“段落”按钮，在弹出的对话框中进行设置，如图 4-14 所示，文字效果如图 4-15 所示。心情日记制作完成，按 Ctrl+Enter 组合键即可查看效果，如图 4-16 所示。

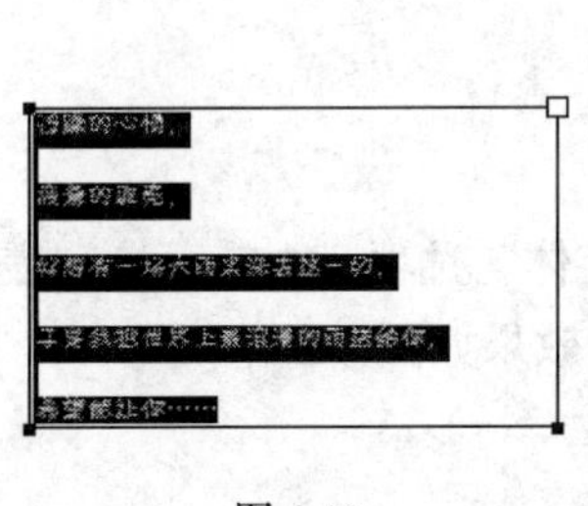

图 4-13

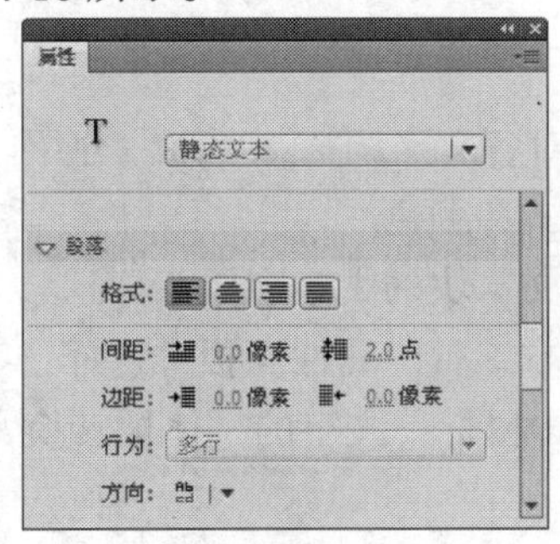

图 4-14

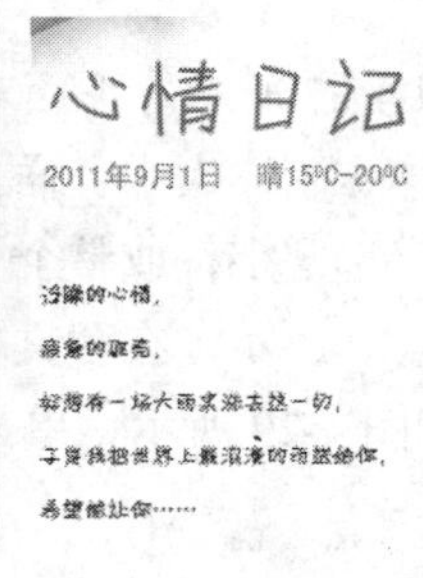

图 4-15

图 4-16

4.1.2 创建文本

选择“文本”工具，选择“窗口 > 属性”命令，弹出“文本工具”属性面板，如图 4-17 所示。

将鼠标光标放置在场景中，鼠标光标变为 ┼T。在场景中单击鼠标，出现文本输入光标，如图 4-18 所示。直接输入文字即可，效果如图 4-19 所示。

用鼠标在场景中单击并按住鼠标，向右下角方向拖曳出一个文本框，如图 4-20 所示。松开鼠标，出现文本输入光标，如图 4-21 所示。在文本框中输入文字，文字被限定在文本框中，如果输入的文字较多，会自动转到下一行显示，如图 4-22 所示。

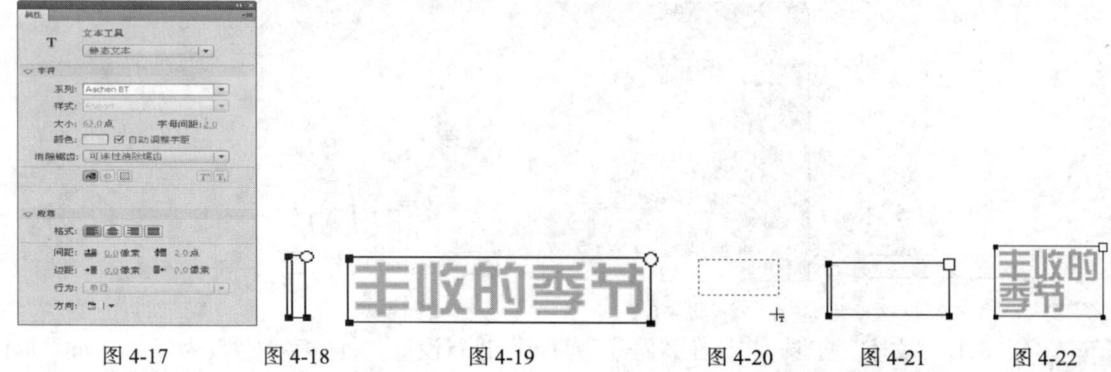

图 4-17　图 4-18　图 4-19　图 4-20　图 4-21　图 4-22

用鼠标向左拖曳文本框上方的方形控制点，可以缩小文字的行宽，如图 4-23 所示。向右拖曳控制点可以扩大文字的行宽，如图 4-24 所示。

双击文本框上方的方形控制点，如图 4-25 所示，文字将转换成单行显示状态，方形控制点转换为圆形控制点，如图 4-26 所示。

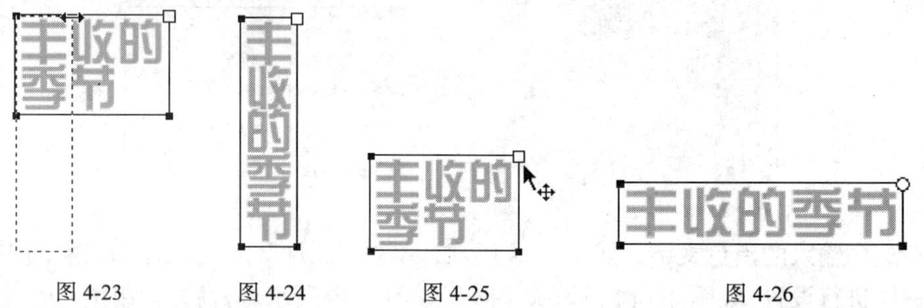

图 4-23　图 4-24　图 4-25　图 4-26

4.1.3　文本属性

文本属性面板如图 4-27 所示。下面对各文字调整选项逐一介绍。

1. 设置文本的字体、字体大小、样式和颜色

“字体”选项：设定选定字符或整个文本块的文字字体。

选中文字，如图 4-28 所示，在“文本工具”属性面板中选择“字体”选项，在其下拉列表中选择要转换的字体，如图 4-29 所示，单击鼠标，文字的字体被转换，效果如图 4-30 所示。

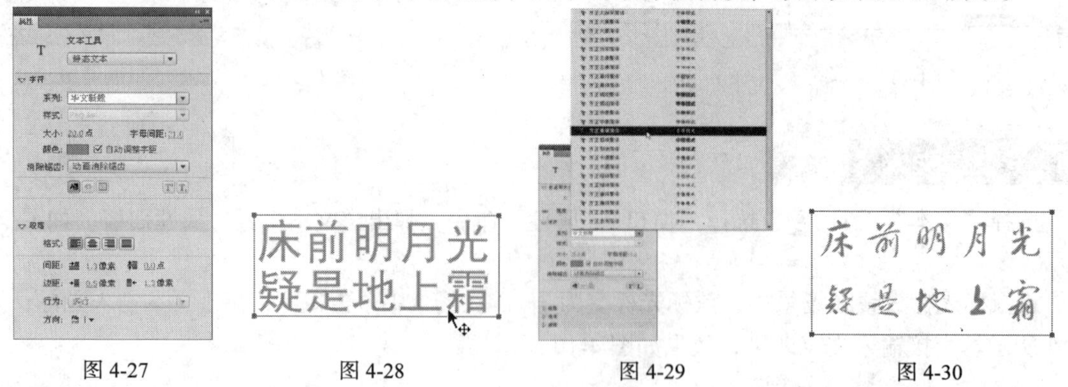

图 4-27　图 4-28　图 4-29　图 4-30

"字体大小"选项：设定选定字符或整个文本块的文字大小。选项值越大，文字越大。

选中文字，如图 4-31 所示，在"文本工具"属性面板中选择"字体大小"选项，在其数值框中输入设定的数值，如图 4-32 所示，文字的字号变大，如图 4-33 所示。

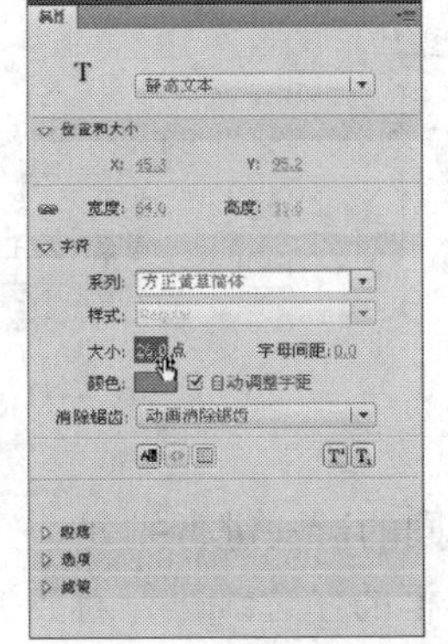

图 4-31　　图 4-32　　图 4-33

"文本填充颜色"按钮 颜色: ：为选定字符或整个文本块的文字设定颜色。

选中文字，如图 4-34 所示，在"文本工具"属性面板中单击"颜色"按钮，弹出颜色面板，选择需要的颜色，如图 4-35 所示，为文字替换颜色，如图 4-36 所示。

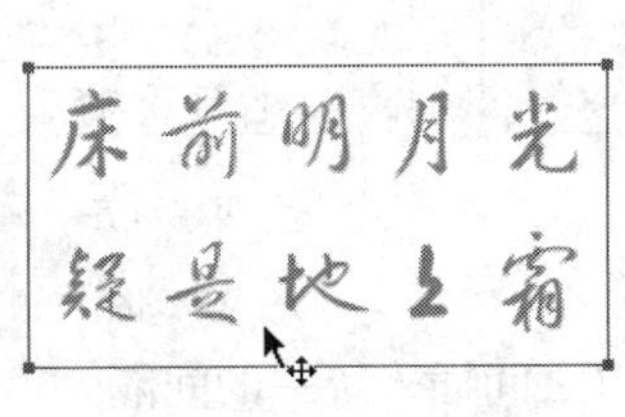

图 4-34

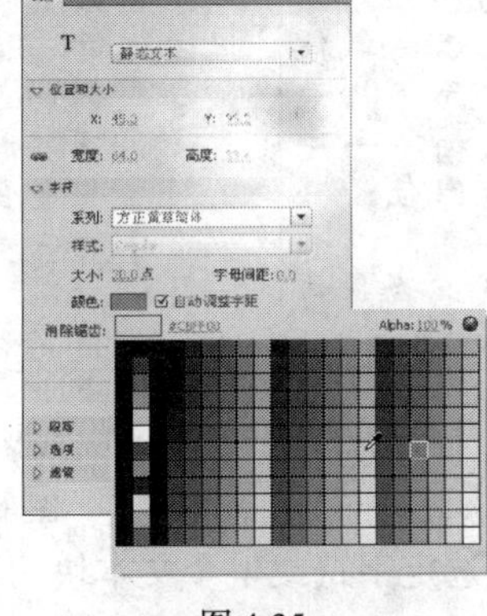

图 4-35

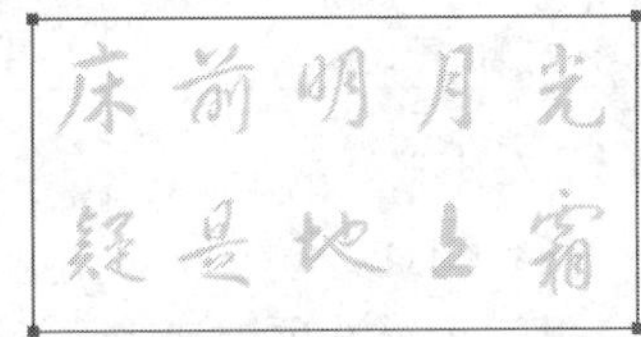

图 4-36

提示：文字只能使用纯色，不能使用渐变色。要想为文本应用渐变色，必须将该文本转换为组成它的线条和填充。

"方向"按钮 ：可以改变文字的排列方向。

选中文字，如图 4-37 所示，单击"方向"按钮 ，在其下拉列表中选择"垂直，从左向右"命令，如图 4-38 所示，文字将从左向右排列，如图 4-39 所示。

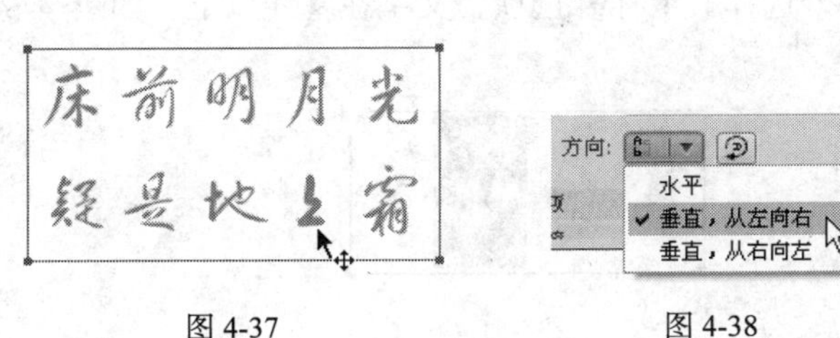

图 4-37　　图 4-38

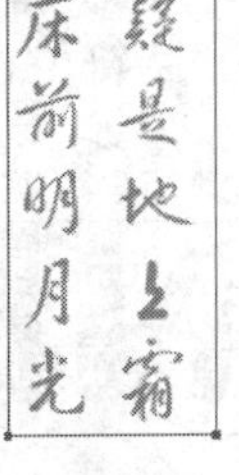

图 4-39

选中文字，如图 4-40 所示，单击“方向”按钮 ，在其下拉列表中选择“垂直，从右向左”命令，如图 4-41 所示，文字将从右向左排列，如图 4-42 所示。

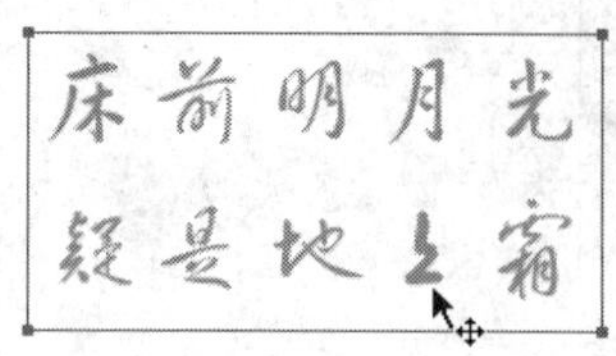

图 4-40

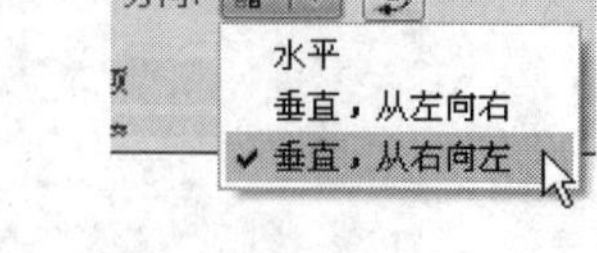

图 4-41

图 4-42

2. 设置字符与段落

文本排列方式按钮可以将文字以不同的形式进行排列。

“左对齐”按钮 ：将文字以文本框的左边线进行对齐。

“居中对齐”按钮 ：将文字以文本框的中线进行对齐。

“右对齐”按钮 ：将文字以文本框的右边线进行对齐。

“两端对齐”按钮 ：将文字以文本框的两端进行对齐。

选择不同的排列方式，文字排列的效果如图 4-43、图 4-44、图 4-45、图 4-46 所示。

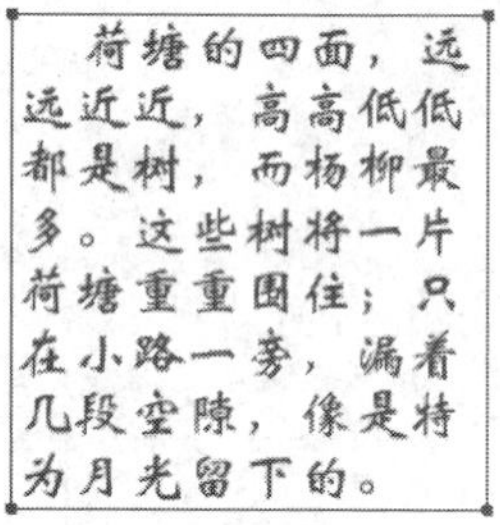

荷塘的四面，远远近近，高高低低都是树，而杨柳最多。这些树将一片荷塘重重围住；只在小路一旁，漏着几段空隙，像是特为月光留下的。

左对齐

图 4-43

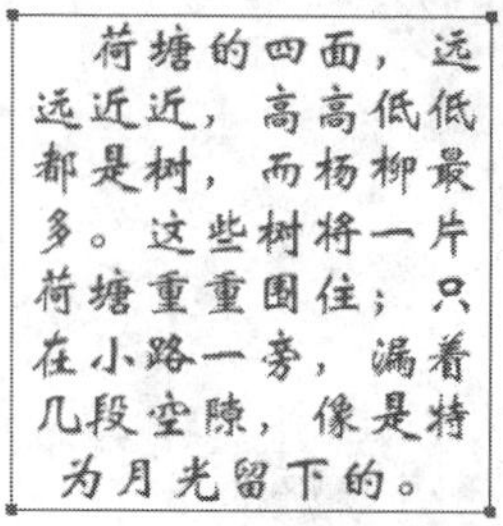

荷塘的四面，远远近近，高高低低都是树，而杨柳最多。这些树将一片荷塘重重围住；只在小路一旁，漏着几段空隙，像是特为月光留下的。

居中对齐

图 4-44

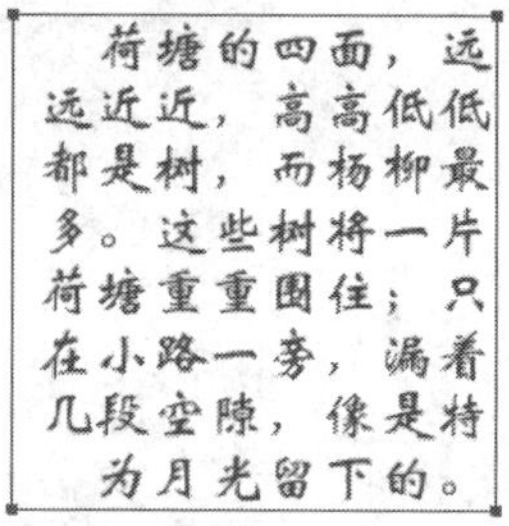

荷塘的四面，远远近近，高高低低都是树，而杨柳最多。这些树将一片荷塘重重围住；只在小路一旁，漏着几段空隙，像是特为月光留下的。

右对齐

图 4-45

荷塘的四面，远远近近，高高低低都是树，而杨柳最多。这些树将一片荷塘重重围住；只在小路一旁，漏着几段空隙，像是特为月光留下的。

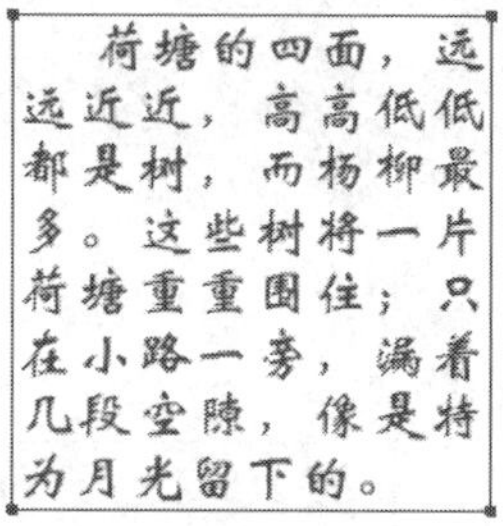

两端对齐

图 4-46

“字母间距”选项 字母间距: 0.0：在选定字符或整个文本块的字符之间插入统一的间隔。

设置不同的文字间距，文字的效果如图 4-47、图 4-48、图 4-49 所示。

月光如流水一般

间距为 0 时效果

图 4-47

月光如流水一般

缩小间距后效果

图 4-48

月 光 如 流 水 一 般

扩大间距后效果

图 4-49

“字符”选项：通过设置下列选项值控制字符对之间的相对位置。

“切换上标”按钮 ：可以将水平文本放在基线之上或将垂直文本放在基线的右边。

“切换下标”选项 ：可以将水平文本放在基线之下或将垂直文本放在基线的左边。

选中要设置字符位置的文字，选择“上标”选项，文字在基线以上，如图 4-50、图 4-51、图 4-52 所示。

图 4-50

图 4-51

图 4-52

设置不同字符位置，文字的效果如图 4-53、图 4-54 所示。

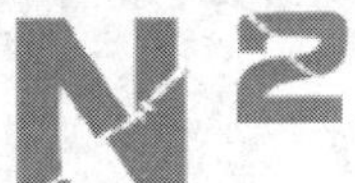

上标位置

图 4-53

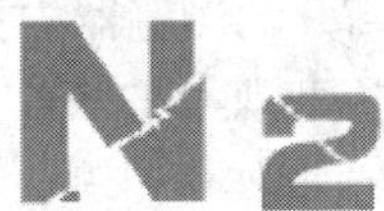

下标位置

图 4-54

“段落”选项：用于调整文本段落的格式。

“缩进”选项：用于调整文本段落的首行缩进。

“行距”选项：用于调整文本段落的行距。

“左边距”选项：用于调整文本段落的左侧间隙。

“右边距”选项：用于调整文本段落的右侧间隙。

选中文本段落，如图 4-55 所示，在“段落”选项中进行设置，如图 4-56 所示，文本段落的格式发生改变，如图 4-57 所示。

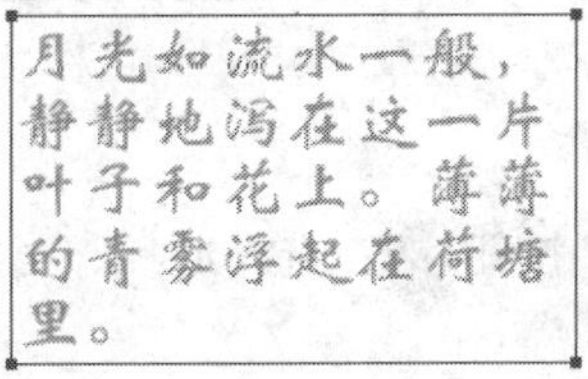

月光如流水一般，
静静地泻在这一片
叶子和花上。薄薄
的青雾浮起在荷塘
里。

图 4-55

段落
格式:
间距: 28.0 像素 3.0 点
边距: 15.0 像素 15.0 像素
行为: 多行
方向:

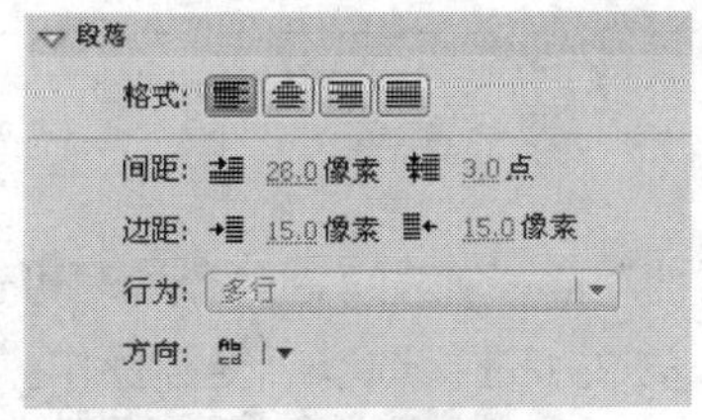

图 4-56

月光如流水
一般，静静地泻
在这一片叶子和
花上。薄薄的青
雾浮起在荷塘
里。

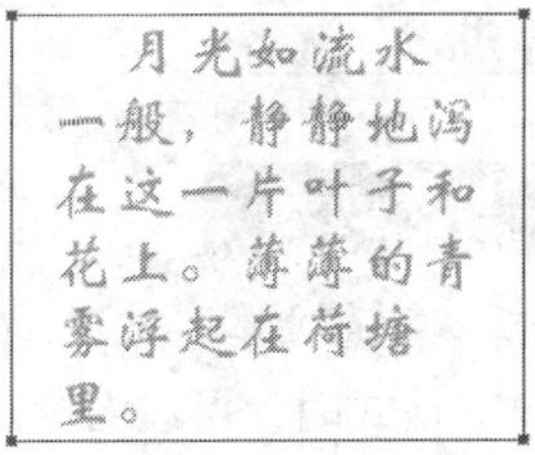

图 4-57

3. 字体呈现方法

Flash CS4 中有 5 种不同的字体呈现选项，如图 4-58 所示。通过设置可以得到不同的样式。

消除锯齿: 动画消除锯齿
使用设备字体
位图文本 [无消除锯齿]
动画消除锯齿
可读性消除锯齿
自定义消除锯齿

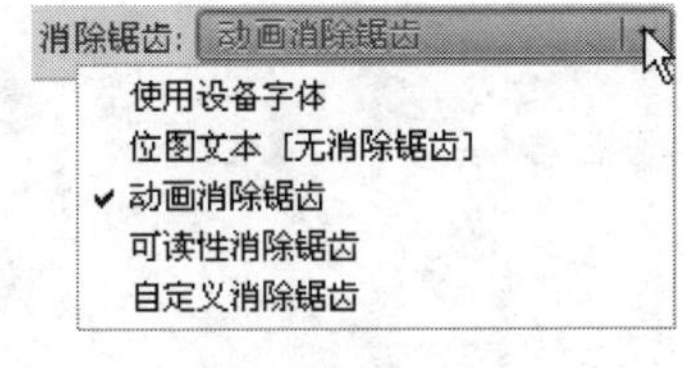

图 4-58

“使用设备字体”：此选项生成一个较小的 SWF 文件，此选项使用最终用户计算机上当前安装的字体来呈现文本。

“位图文本[无消除锯齿]”：此选项生成明显的文本边缘，没有消除锯齿。因为此选项生成的 SWF 文件中包含字体轮廓，所以生成一个较大的 SWF 文件。

“动画消除锯齿”：此选项生成可顺畅进行动画播放的消除锯齿文本。因为在文本动画播放时没有应用对齐和消除锯齿，所以在某些情况下，文本动画还可以更快地播放。在使用带有许多字母的大字体或缩放字体时，可能看不到性能上的提高。因为此选项生成的 SWF 文件中包含字体轮廓，所以生成一个较大的 SWF 文件。

“可读性消除锯齿”：此选项使用高级消除锯齿引擎。此选项提供了品质最高的文本，具有最易读的文本。因为此选项生成的文件中包含字体轮廓，以及特定的消除锯齿信息，所以生成最大的 SWF 文件。

“自定义消除锯齿”：此选项与“可读性消除锯齿”选项相同，但是可以直观地操作消除锯齿参数，以生成特定外观。此选项在为新字体或不常见的字体生成最佳的外观方面非常有用。

4. 设置文本超链接

“链接”选项：可以在选项的文本框中直接输入网址，使当前文字成为超级链接文字。

“目标”选项：可以设置超级链接的打开方式，共有 4 种方式可以选择。

“_blank”：链接页面在新开的浏览器中打开。

“_parent”：链接页面在父框架中打开。

“_self”：链接页面在当前框架中打开。

“_top”：链接页面在默认的顶部框架中打开。

选中文字，如图 4-59 所示，选择文本工具“属性”面板，在“链接”选项的文本框中输入链接的网址，如图 4-60 所示，在“目标”选项中设置好打开方式，设置完成后文字的下方出现下划线，表示已经链接，如图 4-61 所示。

点击进入我的首页

图 4-59

图 4-60

点击进入我的首页

图 4-61

> **提示**：文本只有在水平方向排列时，超链接功能才可用。当文本为垂直方向排列时，超链接则不可用。

4.1.4 静态文本

选择“静态文本”选项，“属性”面板如图 4-62 所示。“可选”按钮 ：选择此项，当文件输出为 SWF 格式时，可以对影片中的文字进行选取、复制操作。

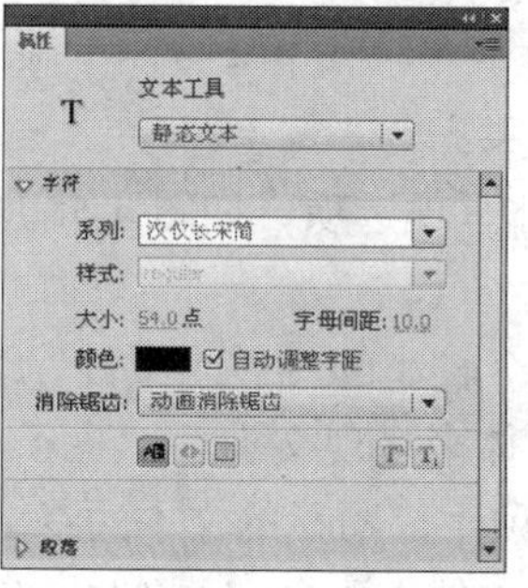

图 4-62

4.1.5 动态文本

选择“动态文本”选项，“属性”面板如图 4-63 所示。动态文本可以作为对象来应用。

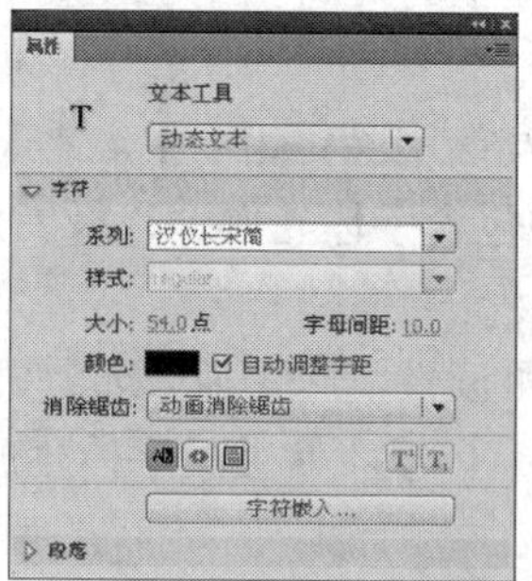

图 4-63

“将文本呈现为 HTML”选项 ：文本支持 HTML 标签特有的字体格式、超级链接等超文本格式。

“在文本周围显示边框”选项 ：可以为文本设置白色的背景和黑色的边框。

4.1.6　输入文本

选择“输入文本”选项，“属性”面板如图 4-64 所示。

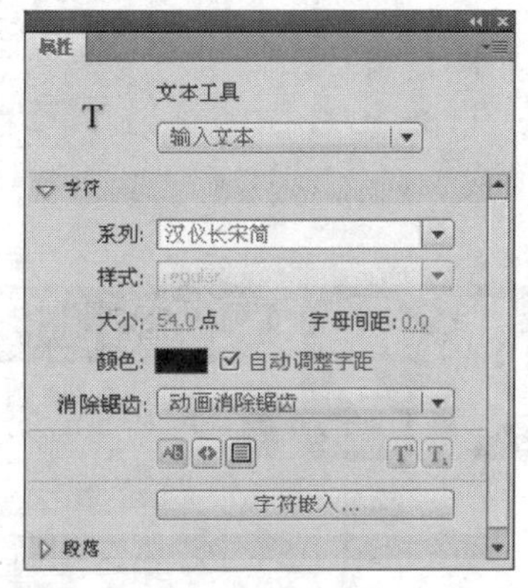

图 4-64

“行为”选项：其中新增加了“密码”选项，选择此选项，当文件输出为 SWF 格式时，影片中的文字将显示为星号****。

“最多字符数”选项：可以设置输入文字的最多数值。默认值为 0，即为不限制。如设置数值，此数值即为输出 SWF 影片时，显示文字的最多数目。

4.1.7　拼写检查

拼写检查功能用于检查文档中的拼写是否有错误。

选择“文本 > 拼写设置”命令，弹出“拼写设置”对话框，如图 4-65 所示。

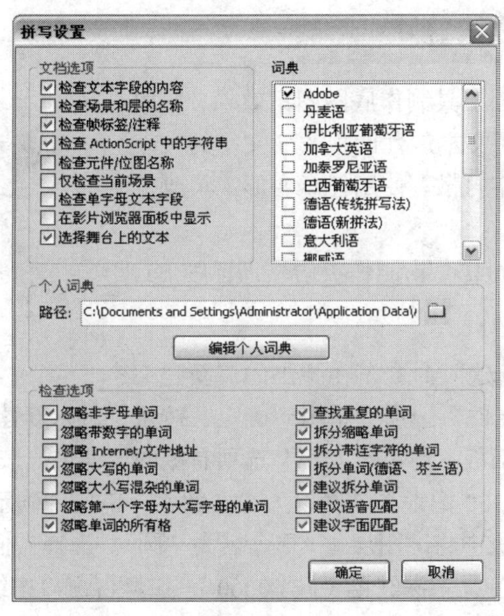

图 4-65

“文档选项”选项组：用于设定检查的范围，可以设定检查文本、场景、层名称、帧标签、注释等。

“词典”选项组：用于设定在检查中使用的内置词典。

“个人词典”选项组：用于创建用户自己添加单词或短语的个人词典。

“检查选项”选项组：用于设定在检查过程中处理特定单词和字符类型所使用的方式。

选择“文本”工具 T，在场景中输入文字，如图 4-66 所示。选择“文本 > 拼写检查”命令，弹出“检查拼写”对话框，在对话框中标示出了拼写错误的单词，如图 4-67 所示。

在对话框中单击“更改”按钮，对检查出的单词进行更改，弹出提示对话框，如图 4-68 所示，单击“确定”按钮，拼写检查完成，如图 4-69 所示。

This is a bouk.

图 4-66

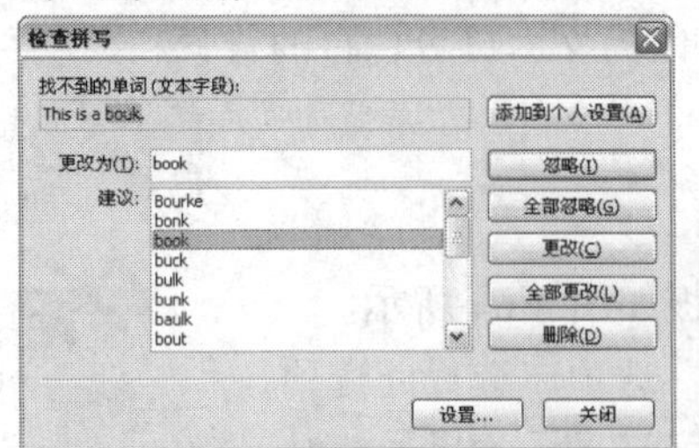

图 4-67

Adobe Flash CS4

拼写检查完成。

确定

图 4-68

This is a book.

图 4-69

4.2 文本的转换

在 Flash CS4 中输入文本后，可以根据设计制作的需要对文本进行编辑，如对文本进行变形处理或为文本填充渐变色。

4.2.1 课堂案例——制作英语培训标牌

案例学习目标：使用椭圆工具制作底图图案效果，使用文本工具输入标题文字，使用文本属性面板改变文字的大小和颜色，使用分离命令将文字打散，使用任意变形工具改变文字的形状，如图 4-70 所示。

图 4-70

效果所在位置：光盘/Ch04/效果/制作英语培训标牌.fla。

1．绘制图形

Step 01 选择“文件 > 新建”命令，在弹出的“新建文档”对话框中选择“Flash 文件”选项，单击“确定”按钮，进入新建文档舞台窗口。按 Ctrl+F3 组合键，弹出文档“属性”面板，单击“大小”选项右侧的“编辑”按钮 编辑... ，在弹出的对话框中将舞台窗口的宽度设为 300 像素，高度设为 220 像素，单击“确定”按钮。

Step 02 在“时间轴”面板中将“图层 1”重命名为“圆”。选择“椭圆”工具，在工具箱中将笔触颜色设为无，填充颜色设为深红色（#CF0000），在舞台窗口中绘制图形，效果如图 4-71 所示。将填充颜色设为红色（#FF1F1F），单击工具箱下方的“对象绘制”按钮，在图形的上方再次绘制图形，效果如图 4-72 所示。

图 4-71

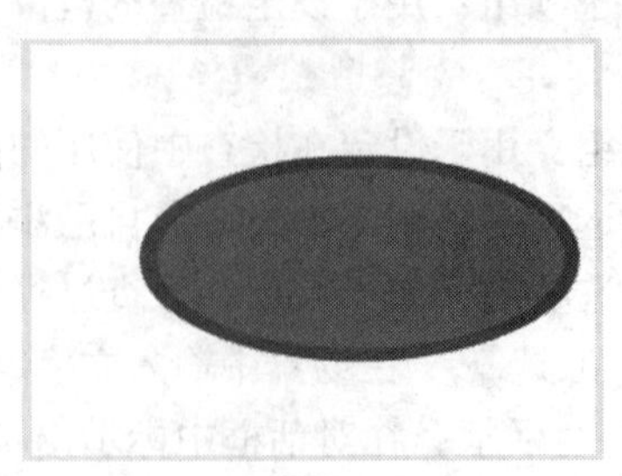

图 4-72

Step 03 选择“选择”工具，移动红色图形到舞台窗口的外侧，按 Ctrl+B 组合键，将其打散，如图 4-73 所示。用鼠标在图形的下方拖曳出一个矩形，如图 4-74 所示。图形的下方被选中，效果如图 4-75 所示，按 Delete 键将其删除，选中剩余的图形，按 Ctrl+G 组合键将其组合，移动图形到深红色图形的上方，效果如图 4-76 所示。

Step 04 选择“文件 > 导入 > 导入到舞台”命令，在弹出的“导入”对话框中选择“Ch03 > 素材 > 制作英语培训标牌 > 人物”文件，单击“打开”按钮，文件被导入到舞台窗口中，移动图形到舞台窗口的左侧，如图 4-77 所示。

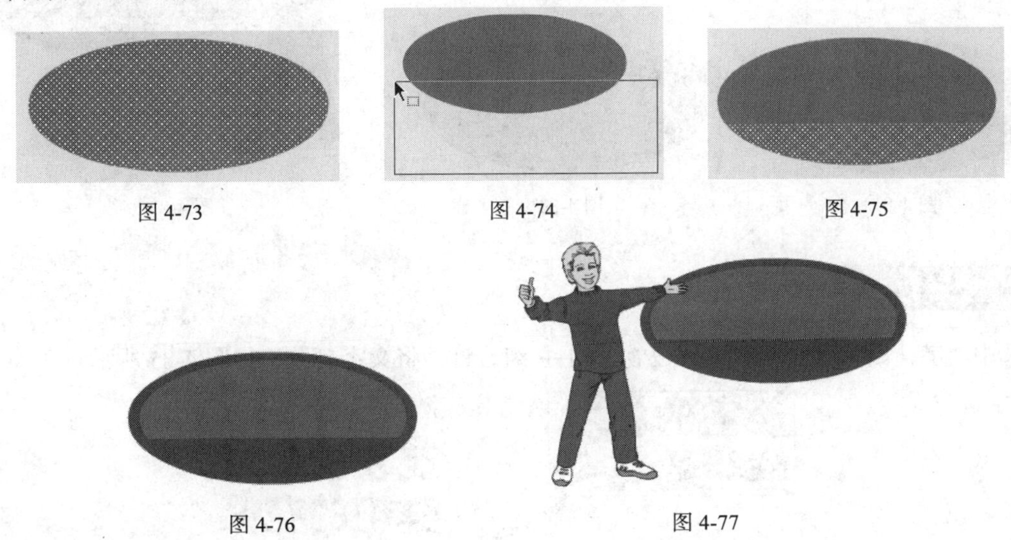

图 4-73　　图 4-74　　图 4-75

图 4-76　　图 4-77

2．变形文字

Step 01 单击“时间轴”面板下方的“新建图层”按钮，创建新图层并将其命名为“文字”。选择“文本”工具，在文本工具“属性”面板中进行设置，在舞台窗口中输入需要的白色文字，如图 4-78 所示。

Step 02 选择“任意变形”工具，选中文字，按两次 Ctrl+B 组合键将文字打散。单击工具箱下方的“封套”按钮，在文字周围出现控制点，调整各个控制手柄将文字变形，效果如图 4-79 所示。

图 4-78　　图 4-79

Step 03 在页面的空白处单击鼠标，取消对文字的编辑，选择“墨水瓶”工具，在工具箱中将笔触颜色设为浅黄色（#FCE1B9），在“属性”面板中将笔触高度设为 1，在文字上单击鼠标，填充边线，效果如图 4-80 所示。

图 4-80

Step 04 选择“文本”工具，在文本工具“属性”面板中进行设置，在舞台窗口中输入需要的白色文字，如图 4-81 所示。选择“任意变形”工具，选中文字，按两次 Ctrl+B 组合键将文字打散。单击工具箱下方的“封套”按钮，在文字周围出现控制点，调整各个控制手柄将文字变形，效果如图 4-82 所示。英语培训标牌制作完成，效果如图 4-83 所示。

图 4-81　　图 4-82　　图 4-83

4.2.2 变形文本

选中文字，如图 4-84 所示，按 2 次 Ctrl+B 组合键，将文字打散，如图 4-85 所示。

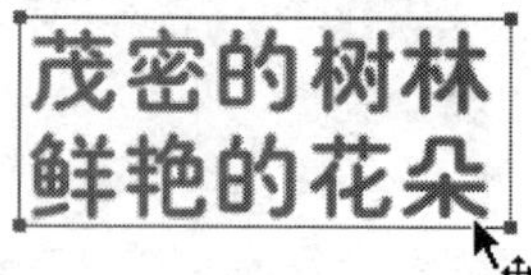

茂密的树林
鲜艳的花朵

图 4-84　　图 4-85

选择“修改 > 变形 > 封套”命令，在文字的周围出现控制点，如图 4-86 所示，拖曳控制点，改变文字的形状，如图 4-87 所示，变形完成后文字效果如图 4-88 所示。

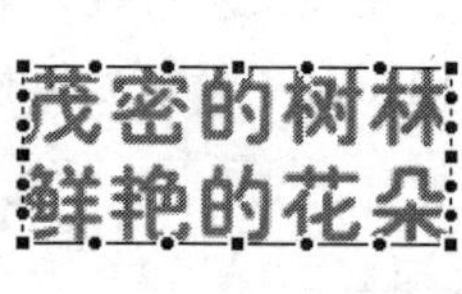

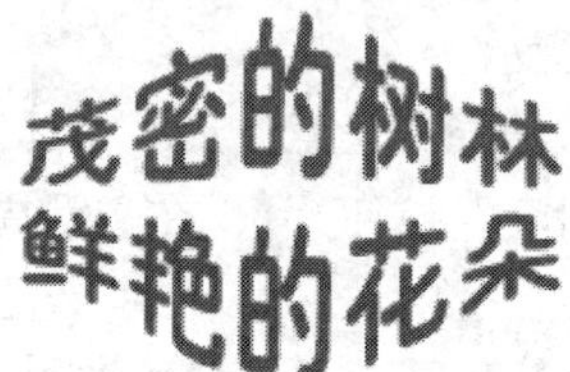

图 4-86　　图 4-87　　图 4-88

4.2.3 填充文本

选中文字，如图 4-89 所示，按两次 Ctrl+B 组合键，将文字打散，如图 4-90 所示。

冬天的太阳　　冬天的太阳

图 4-89　　图 4-90

选择“窗口 > 颜色”命令，弹出“颜色”面板，在“类型”下拉列表中选择“线性”，在颜色设置条上设置渐变颜色，如图 4-91 所示，文字效果如图 4-92 所示。

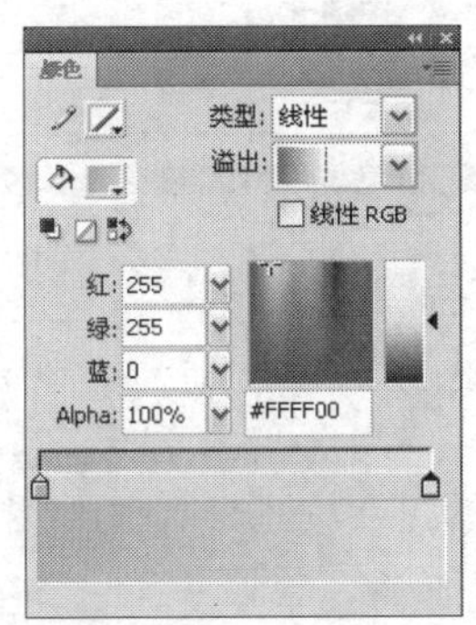

图 4-91

冬天的太阳

图 4-92

选择“墨水瓶”工具，在墨水瓶工具“属性”面板中，设置线条的颜色和笔触高度，如图 4-93 所示，在文字的外边线上单击，为文字添加外边框，如图 4-94 所示。

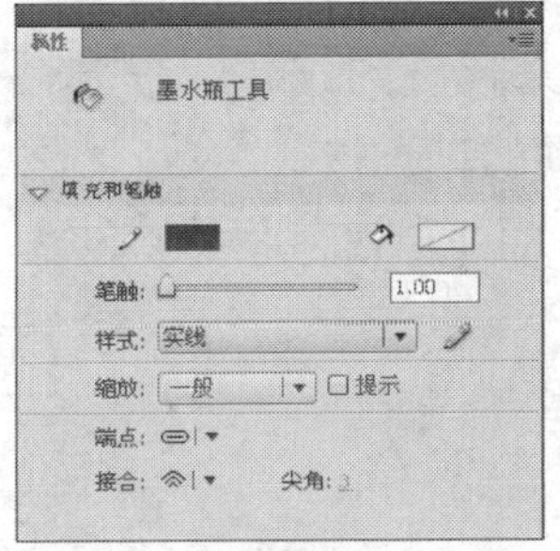

图 4-93

冬天的太阳

图 4-94

4.3 课堂练习——制作变形文字

练习知识要点：使用椭圆工具和颜色面板绘制底图效果，使用文本工具输入文字，使用封套命令对文字进行变形，如图 4-95 所示。

效果所在位置：光盘/Ch04/效果/制作变形文字.fla。

图 4-95

4.4 课后习题——制作卡片文字

习题知识要点：使用文本工具输入文字，使用属性面板设置文字的字体、大小、颜色、行距和字符设置，如图 4-96 所示。

效果所在位置：光盘/Ch04/效果/制作卡片文字.fla。

图 4-96

第5章 外部素材的应用

Flash CS4 可以导入外部的图像和视频素材来增强画面效果。本章将介绍导入外部素材以及设置外部素材属性的方法。读者通过学习能了解并掌握如何应用 Flash CS4 的强大功能来处理和编辑外部素材，使其与内部素材充分结合，从而制作出更加生动的动画作品。

【教学目标】

- 图像素材的应用。
- 视频素材的应用。

5.1 图像素材的应用

Flash 可以导入各种文件格式的矢量图形和位图。

5.1.1 课堂案例——制作城市宣传动画

案例学习目标：使用转换位图为矢量图命令将位图转换为矢量图。

案例知识要点：使用转换位图为矢量图命令将位图转换为矢量图，使用文本工具添加城市名称，如图 5-1 所示。

效果所在位置：光盘/Ch05/效果/制作城市宣传动画. fla。

图 5-1

1．导入图片并转换为矢量图

Step 01 选择“文件 > 新建”命令，在弹出的“新建文档”对话框中选择“Flash 文件”选项，单击“确定”按钮，进入新建文档舞台窗口。调出“库”面板，单击面板下方的“新建元件”按钮，弹出“创建新元件”对话框，在“名称”选项的文本框中输入“巴黎”，在“类型”选项的下拉列表中选择“图形”选项，单击“确定”按钮，新建图形元件“巴黎”，如图 5-2 所示，舞台窗口也随之转换为图形元件的舞台窗口。

Step 02 选择“文件 > 导入 > 导入到舞台”命令，在弹出的“导入”对话框中选择“Ch05 > 素材 > 制作城市宣传动画 > 巴黎”文件，单击“打开”按钮，文件被导入到舞台窗口中，效果如图 5-3 所示。

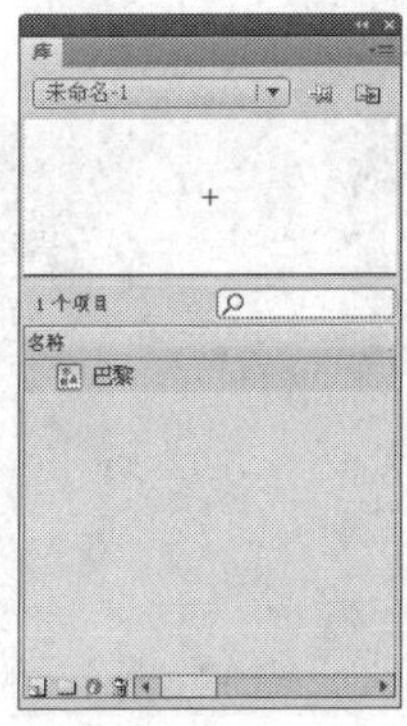

图 5-2

图 5-3

Step 03 选中位图图片，选择“修改 > 位图 > 转换位图为矢量图”命令，弹出“转换位图为矢量图”对话框，在对话框中进行设置，如图 5-4 所示，单击“确定”按钮，位图转换为矢量图，效果如图 5-5 所示。

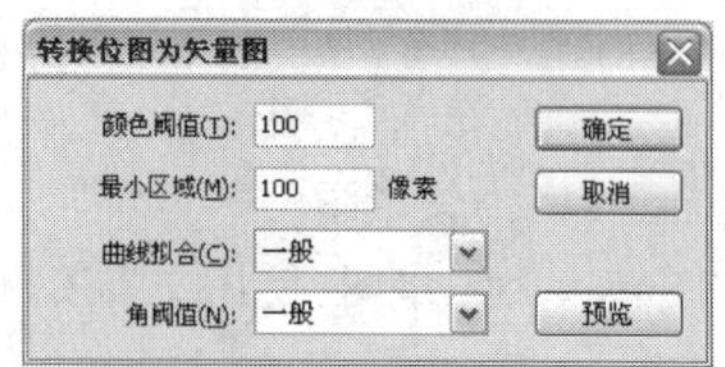

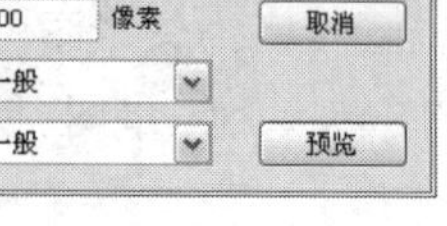

图 5-4

图 5-5

2．绘制黑幕图形

Step 01 单击“时间轴”面板下方的“场景 1”图标，进入“场景 1”的舞台窗口。将“图层 1”重新命名为“巴黎”。将“库”面板中的图形元件“巴黎”拖曳到舞台窗口中，将元件放置在舞台窗口的中心位置。单击“时间轴”面板下方的“新建图层”按钮，创建新图层并将其命名为“黑幕”，如图 5-6 所示。

Step 02 选择“矩形”工具，在工具箱中将笔触颜色设为无，填充色设为黑色，在舞台窗口中绘制一个矩形，选择“选择”工具，选中矩形，在形状“属性”面板中，将“宽度”选项设为 550，“高度”选项设为 40，如图 5-7 所示。按 Ctrl+G 组合键，将矩形进行组合。

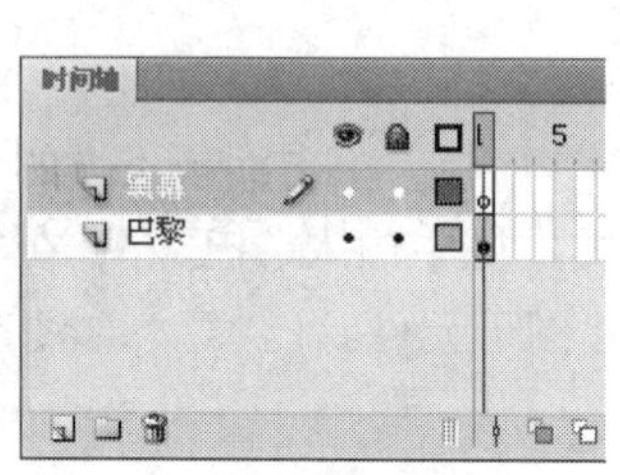

图 5-6

图 5-7

Step 03 将黑色矩形放置在巴黎图形的上方，遮挡住图形的上半部，效果如图 5-8 所示。用鼠标选中黑色矩形不放，按住 Alt 键的同时，用鼠标向旁边拖曳黑色矩形，将其进行复制。将新复制出的黑色矩形放置在巴黎图形的下方，遮挡住图形的下半部，效果如图 5-9 所示。

图 5-8

图 5-9

Step 04 选中“黑幕”图层的第 60 帧，按 F5 键，在该帧上插入普通帧。选中“巴黎”图层的第 60 帧，按 F5 键，在该帧上插入普通帧。选中“巴黎”图层的第 20 帧，按 F6 键，在该帧上插入关键帧，如图 5-10 所示。选中“巴黎”图层的第 1 帧，在舞台窗口中选中巴黎图形，在图形“属性”面板中选择面板下方的“色彩效果”选项组，在“样式”选项的下拉列表中选择“Alpha”，将其值设为 0，如图 5-11 所示。

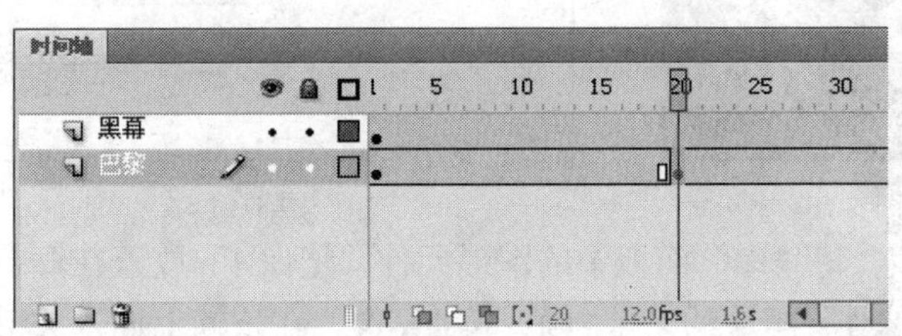

图 5-10

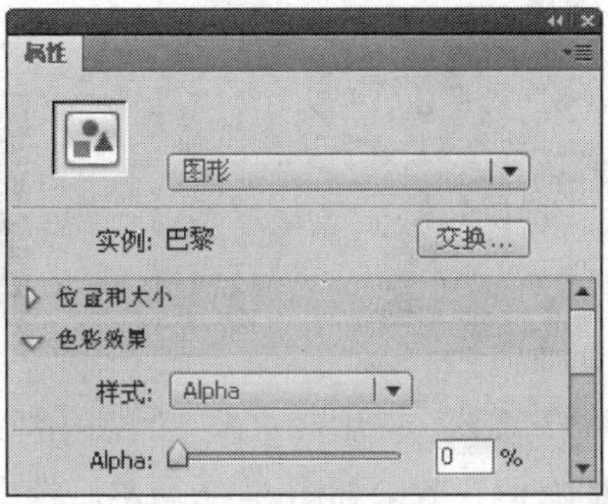

图 5-11

Step 05 用鼠标右键单击“巴黎”图层的第 1 帧，在弹出的菜单中选择“创建传统补间”命令，在第 1 帧到第 20 帧之间创建传统补间动画，如图 5-12 所示。在“库”面板下方单击“新建元件”按钮，弹出“创建新元件”对话框，在“名称”选项的文本框中输入“塑像 1”，在“类型”选项的下拉列表中选择“图形”，单击“确定”按钮，新建图形元件“塑像 1”，舞台窗口也随之转换为图形元件的舞台窗口。

Step 06 选择“文件 > 导入 > 导入到舞台”命令，在弹出的“导入”对话框中选择“Ch05 > 素材 > 制作城市宣传动画 > 塑像 1”文件，单击“打开”按钮，弹出“Adobe Flash CS4”提示对话框，询问是否导入序列中的所有图像，单击“否”按钮，文件被导入到舞台窗口中，效果如图 5-13 所示。

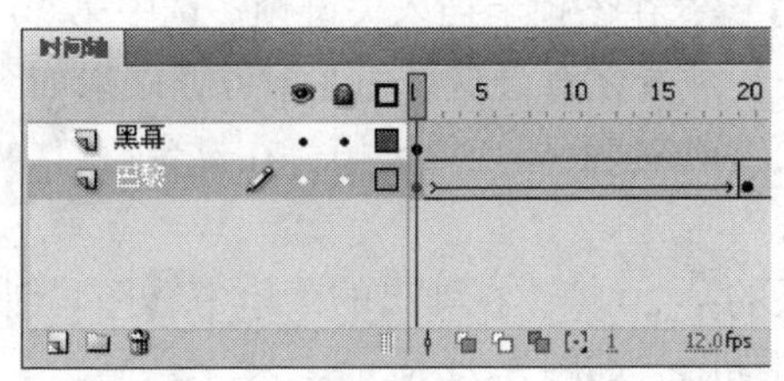

图 5-12

图 5-13

3. 制作文字元件

Step 01 在“库”面板中创建一个新的图形元件“巴黎文字”，如图 5-14 所示，舞台窗口也随之转换为图形元件的舞台窗口。将舞台背景颜色设为黑色。选择“文本”工具，在文本“属性”面板中进行设置，在舞台窗口中输需要的白色文字，效果如图 5-15 所示。

Step 02 单击“时间轴”面板下方的“场景 1”图标，进入“场景 1”的舞台窗口。单击“时间轴”面板下方的“新建图层”按钮，在“巴黎”图层的上方创建新图层并将其命名为“塑像 1”。选中“塑像 1”图层的第 20 帧，按 F6 键，在该帧上插入关键帧，如图 5-16 所示。

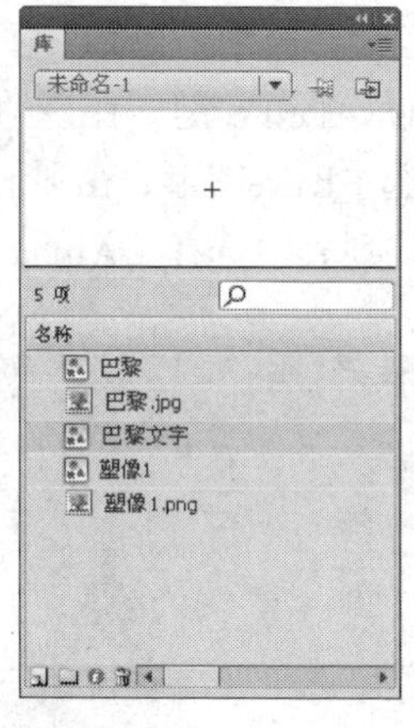

图 5-14

图 5-15

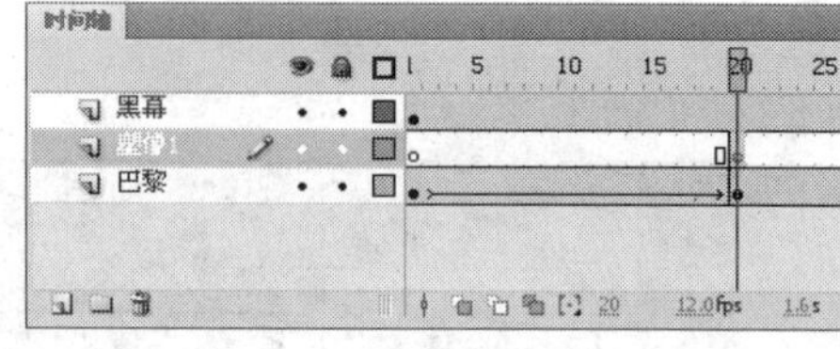

图 5-16

Step 03 选中“塑像 1”图层的第 20 帧，将“库”面板中的图形元件“塑像 1”放置在舞台窗口的右侧，效果如图 5-17 所示。选中“塑像 1”图层的第 37 帧，按 F6 键，在该帧上插入关键帧，将舞台窗口中的塑像 1 向左移动，放置在巴黎图形的右侧，效果如图 5-18 所示。用鼠标右键单击“塑像 1”图层的第 20 帧，在弹出的菜单中选择“创建传统补间”命令，在第 20 帧到第 37 帧之间创建传统补间动画，如图 5-19 所示。

图 5-17

图 5-18

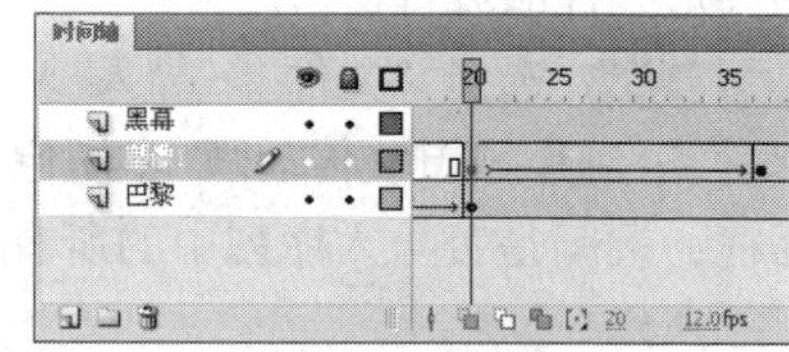

图 5-19

Step 04 单击“时间轴”面板下方的“新建图层”按钮，创建新图层并将其命名为“巴黎文字”。选中“巴黎文字”图层的第 20 帧，按 F6 键，在该帧上插入关键帧。选中第 20 帧，将“库”面板中的元件“巴黎文字”拖曳到舞台窗口中，放置在舞台窗口的左上方，效果如图 5-20 所示。选中“巴黎文字”图层的第 37 帧，按 F6 键，在该帧上插入关键帧，在舞台窗口中将文字向下移动，放置到适当的位置，效果如图 5-21 所示。

Step 05 用鼠标右键单击“巴黎文字”图层的第 20 帧，在弹出的菜单中选择“创建传统补间”命令，在第 20 帧到第 37 帧之间创建传统补间动画，如图 5-22 所示。

图 5-20

图 5-21

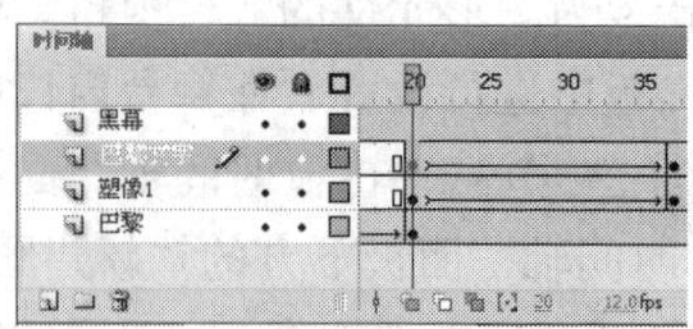

图 5-22

4．导入图片并制作动画效果

Step 01 在“库”面板中新建一个图形元件“意大利”，舞台窗口也随之转换为图形元件的舞台窗口。选择“文件 > 导入 > 导入到舞台”命令，在弹出的“导入”对话框中选择“Ch05 > 素材 > 制作城市宣传动画 > 意大利”文件，单击“打开”按钮，文件被导入到舞台窗口中，效果如图 5-23 所示。

Step 02 选中位图图片，选择“修改 > 位图 > 转换位图为矢量图”命令，弹出“转换位图为矢量图”对话框，在对话框中进行设置，如图 5-24 所示，单击“确定”按钮，位图转换为矢量图，效果如图 5-25 所示。

图 5-23

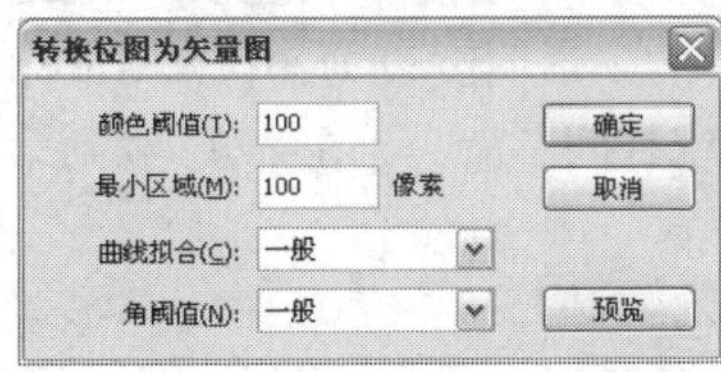

图 5-24

图 5-25

Step 03 在“库”面板中新建一个图形元件“塑像 2”，舞台窗口也随之转换为图形元件的舞台窗口。选择“文件 > 导入 > 导入到舞台”命令，在弹出的“导入”对话框中选择“Ch05 > 素材 > 制作城市宣传动画 > 塑像 2”文件，单击“打开”按钮，文件被导入到舞台窗口中，效果如图 5-26 所示。

Step 04 在“库”面板中新建一个图形元件“意大利文字”，舞台窗口也随之转换为图形元件的舞台窗口，如图 5-27 所示。选择“文本”工具 T，在文本“属性”面板中选择合适的字体并设置文字大小，在舞台窗口中输入需要的白色文字，效果如图 5-28 所示。

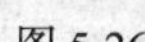

图 5-26

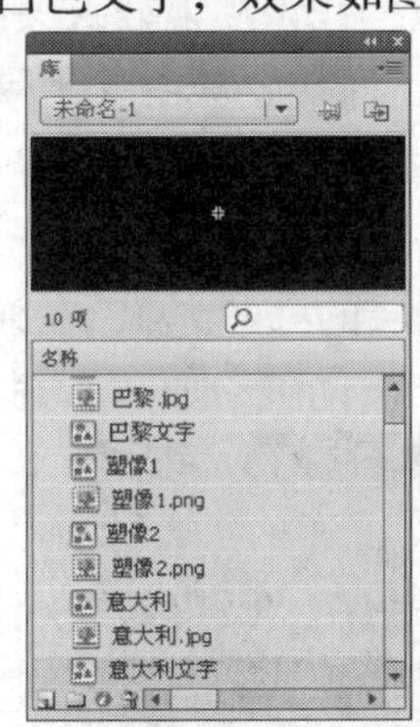

图 5-27

图 5-28

Step 05 单击“时间轴”面板下方的“场景 1”图标，进入“场景 1”的舞台窗口。选中“黑幕”图层的第 100 帧，按 F5 键，在该帧上插入普通帧。单击“时间轴”面板下方的“新建图层”按钮，在“巴黎文字”图层上方创建新图层并将其命名为“意大利”。选中“意大利”图层的第 42 帧，按 F6 键，在该帧上插入关键帧，如图 5-29 所示。

Step 06 选中第 42 帧，将“库”面板中的图形元件“意大利”拖曳到舞台窗口中。在图形“属性”面板中将“意大利”实例的“X”选项设为 275，“Y”选项设为 200，如图 5-30 所示，选中“意大利”图层的第 61 帧，按 F6 键，在该帧上插入关键帧。

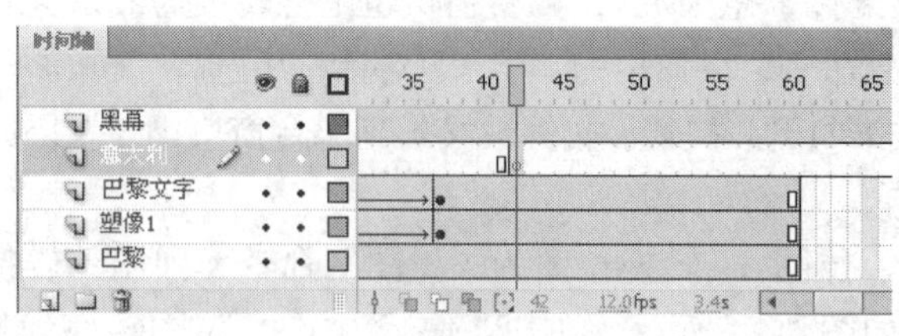

图 5-29

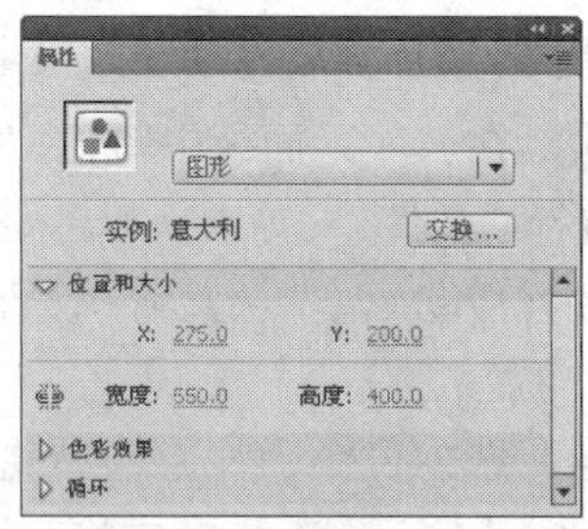

图 5-30

Step 07 选中“意大利”图层的第 42 帧，在舞台窗口中选中意大利图形，在图形“属性”面板中选择面板下方的“色彩效果”选项组，在“样式”选项的下拉列表中选择“Alpha”，将其值设为 0，如图 5-31 所示，将意大利图形的不透明度设为 0%。用鼠标右键单击“意大利”图层的第 42 帧，在弹出的菜单中选择“创建传统补间”命令，在第 42 帧到第 61 帧之间创建传统补间动画，如图 5-32 所示。

图 5-31

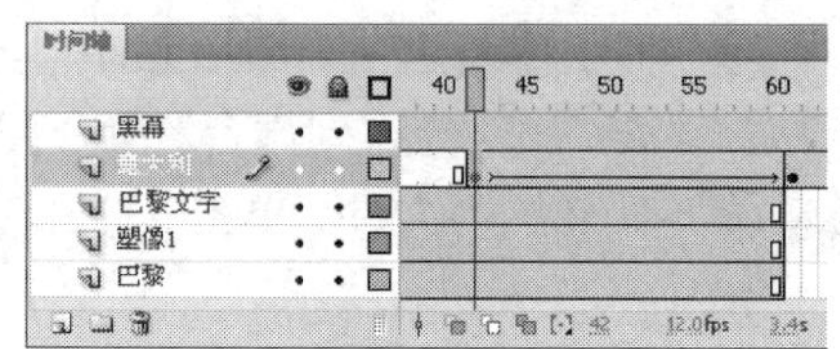

图 5-32

Step 08 单击“时间轴”面板下方的“新建图层”按钮，创建新图层并将其命名为“塑像 2”。选中“塑像 2”图层的第 61 帧，按 F6 键，在该帧上插入关键帧。选中第 61 帧，将“库”面板中的图形元件“塑像 2”拖曳到舞台窗口中，将其放置在意大利图形的右下方，效果如图 5-33 所示。

Step 09 选中“塑像 2”图层的第 77 帧，按 F6 键，在该帧上插入关键帧，将舞台窗口中的塑像 2 向上移动，放置在意大利图形上，效果如图 5-34 所示。

Step 10 用鼠标右键单击“塑像 2”图层的第 61 帧，在弹出的菜单中选择“创建传统补间”命令，在第 61 帧到第 77 帧之间创建传统补间动画，如图 5-35 所示。

图 5-33

图 5-34

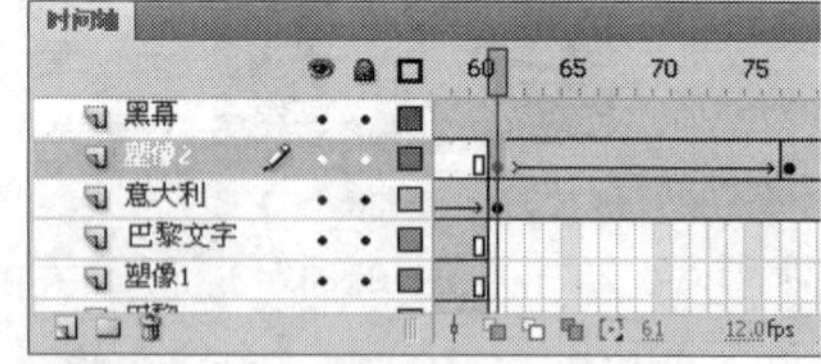

图 5-35

Step 11 单击“时间轴”面板下方的“新建图层”按钮，创建新图层并将其命名为“意大利文字”。选中“意大利文字”图层的第 61 帧，按 F6 键，在该帧上插入关键帧。选中第 61 帧，将“库”面板中的元件“意大利文字”拖曳到舞台窗口中，将其放置在舞台窗口的左上方，效果如图 5-36 所示。选中“意大利文字”图层的第 77 帧，按 F6 键，在该帧上插入关键帧，在舞台窗口中将文字向左移动，放置在意大利图形的左侧，效果如图 5-37 所示。

图 5-36

图 5-37

Step 12 用鼠标右键单击“意大利文字”图层的第 61 帧，在弹出的菜单中选择“创建传统补间”命令，在第 61 帧到第 77 帧之间创建传统补间动画，如图 5-38 所示。城市宣传动画效果制作完成，按 Ctrl+Enter 键即可查看效果，如图 5-39 所示。

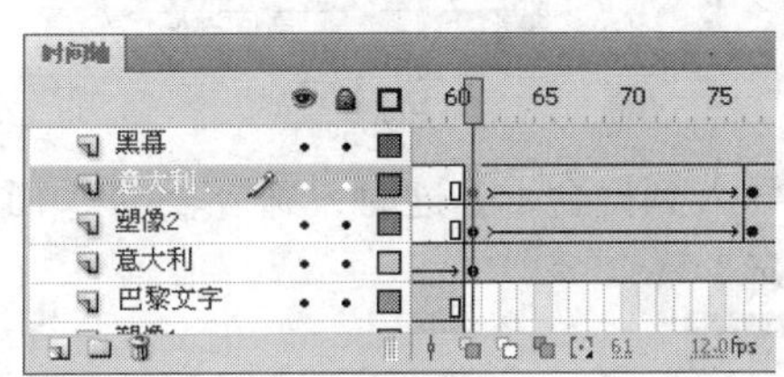

图 5-38

图 5-39

5.1.2　图像素材的格式

Flash CS4 可以导入各种文件格式的矢量图形和位图。矢量格式包括：FreeHand 文件、Adobe Illustrator 文件、EPS 文件或 PDF 文件。位图格式包括：JPG、GIF、PNG、BMP 等格式。

FreeHand 文件：在 Flash 中导入 FreeHand 文件时，可以保留层、文本块、库元件和页面，还可以选择要导入的页面范围。

Illustrator 文件：此文件支持对曲线、线条样式和填充信息的非常精确的转换。

EPS 文件或 PDF 文件：可以导入任何版本的 EPS 文件以及 1.4 版本或更低版本的 PDF 文件。

JPG 格式：一种压缩格式，可以应用不同的压缩比例对文件进行压缩。压缩后，文件质量损失小，文件量大大降低。

GIF 格式：即位图交换格式，是一种 256 色的位图格式，压缩率略低于 JPG 格式。

PNG 格式：能把位图文件压缩到极限以利于网络传输，能保留所有与位图品质有关的信息。PNG 格式支持透明位图。

BMP 格式：在 Windows 环境下使用最为广泛，而且使用时最不容易出问题。但由于文件量较大，一般在网上传输时，不考虑该格式。

5.1.3　导入图像素材

Flash CS4 可以识别多种不同的位图和向量图的文件格式，可以通过导入或粘贴的方法将素材引入到 Flash CS4 中。

1．导入到舞台

（1）导入位图到舞台：当导入位图到舞台上时，舞台上显示出该位图，位图同时被保存在“库”面板中。

选择“文件 > 导入 > 导入到舞台”命令，弹出“导入”对话框，在对话框中选中要导入的位图图片“01”，如图 5-40 所示，单击“打开”按钮，弹出提示对话框，如图 5-41 所示。

图 5-40

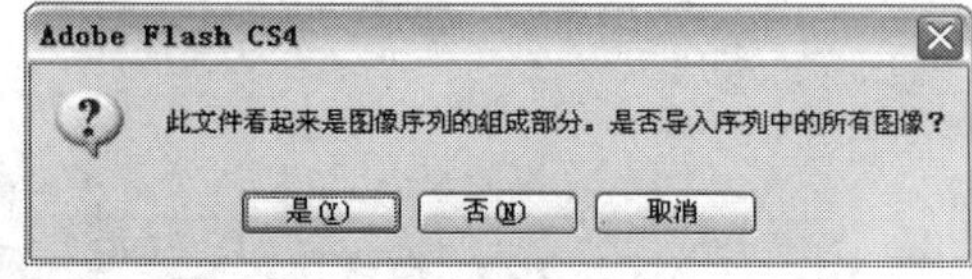

图 5-41

当单击“否”按钮时，选择的位图图片“01”被导入到舞台上，这时，舞台、“库”面板和“时间轴”所显示的效果如图 5-42、图 5-43、图 5-44 所示。

图 5-42

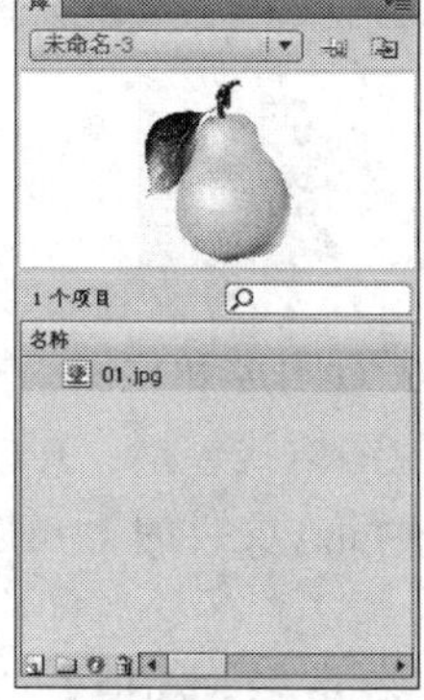

图 5-43

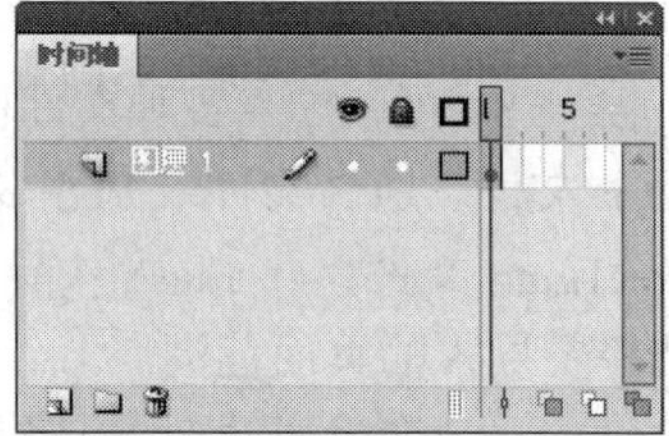

图 5-44

当单击“是”按钮时，位图图片 01、02 全部被导入到舞台上，这时，舞台、“库”面板和“时间轴”所显示的效果如图 5-45、图 5-46、图 5-47 所示。

图 5-45

图 5-46

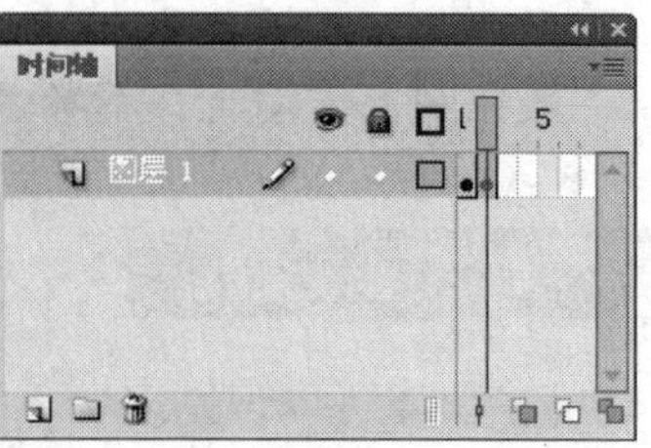

图 5-47

> **提示：** 可以用各种方式将多种位图导入到 Flash CS4 中，并且可以从 Flash CS4 中启动 Fireworks 或其他外部图像编辑器，从而在这些编辑应用程序中修改导入的位图。可以对导入位图应用压缩和消除锯齿功能，以控制位图在 Flash CS4 中的大小和外观，还可以将导入位图作为填充应用到对象中。

（2）导入矢量图到舞台：当导入矢量图到舞台上时，舞台上显示该矢量图，但矢量图并不会被保存到“库”面板中。

选择“文件 > 导入 > 导入到舞台”命令，弹出“导入”对话框，在对话框中选中要导入的矢量图“03”，如图 5-48 所示，单击“打开”按钮，弹出“将‘03.ai’导入到舞台”对话框，如图 5-49 所示，单击“确定”按钮，矢量图被导入到舞台上，如图 5-50 所示。此时，查看“库”面板，并没有保存矢量图“03”，如图 5-51 所示。

图 5-48

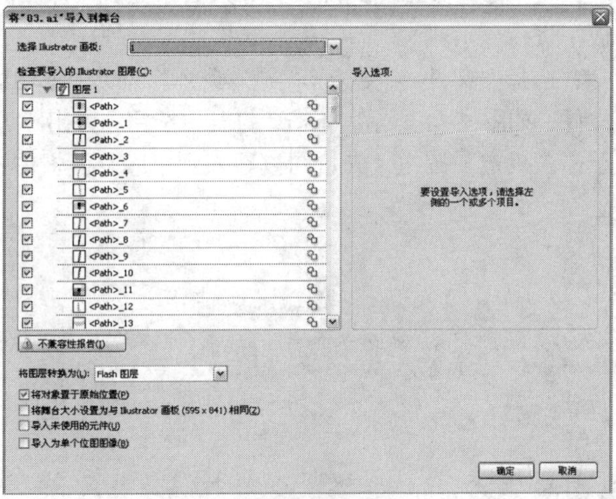

图 5-49

图 5-50

图 5-51

2．导入到库

（1）导入位图到库：当导入位图到“库”面板时，舞台上不显示该位图，只在“库”面板中进行显示。

选择“文件 > 导入 > 导入到库”命令，弹出“导入到库”对话框，在对话框中选中“02”文件，如图 5-52 所示，单击“打开”按钮，位图被导入到“库”面板中，如图 5-53 所示。

图 5-52　　图 5-53

（2）导入矢量图到库：当导入矢量图到“库”面板时，舞台上不显示该矢量图，只在“库”面板中进行显示。

选择“文件 > 导入 > 导入到库”命令，弹出“导入到库”对话框，在对话框中选中“04”文件，如图 5-54 所示，单击“打开”按钮，弹出“将‘04.ai’导入到库”对话框，如图 5-55 所示，单击“确定”按钮，矢量图被导入到“库”面板中，如图 5-56 所示。

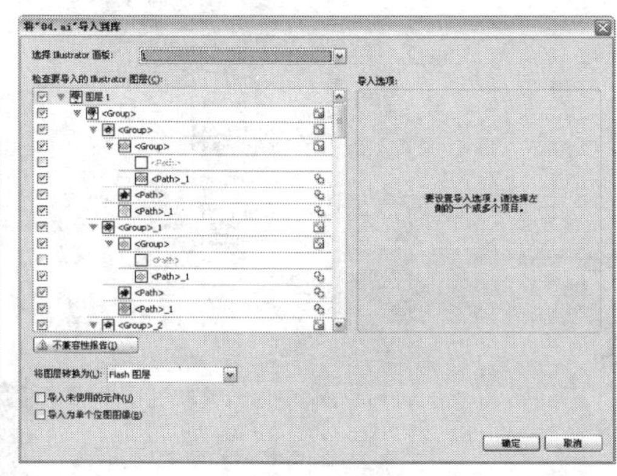

图 5-54　　图 5-55　　图 5-56

3．外部粘贴

可以将其他程序或文档中的位图粘贴到 Flash CS4 的舞台中。方法为：在其他程序或文档中复制图像，选中 Flash CS4 文档，按 Ctrl+V 组合键，将复制的图像进行粘贴，图像出现在 Flash CS4 文档的舞台中。

5.1.4　设置导入位图属性

对于导入的位图，用户可以根据需要消除锯齿从而平滑图像的边缘，或选择压缩选项以减小位图文件的大小，以及格式化文件以便在 Web 上显示。这些变化都需要在“位图属性”对话框中进行设定。

在“库”面板中双击位图图标，如图 5-57 所示，弹出“位图属性”对话框，如图 5-58 所示。

图 5-57

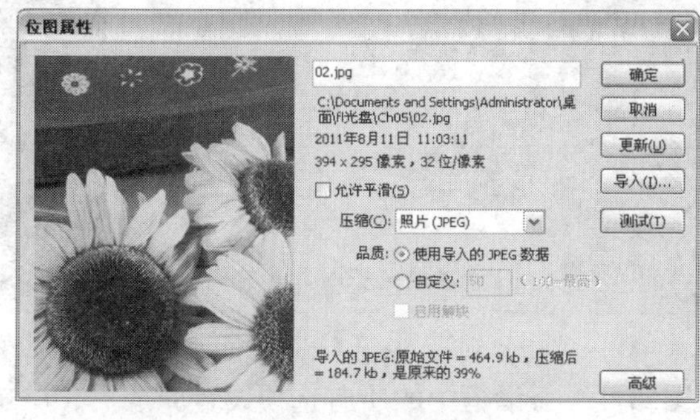
图 5-58

位图浏览区域：对话框的左侧为位图浏览区域，将鼠标放置在此区域，光标变为手形，拖曳鼠标可移动区域中的位图。

位图名称编辑区域：对话框的上方为名称编辑区域，可以在此更换位图的名称。

位图基本情况区域：名称编辑区域下方为基本情况区域，该区域显示了位图的创建日期、文件大小、像素位数以及位图在计算机中的具体位置。

“允许平滑”选项：利用消除锯齿功能平滑位图边缘。

“压缩”选项：设定通过何种方式压缩图像，它包含以下 2 种方式。“照片 (JPEG)”：以 JPEG 格式压缩图像，可以调整图像的压缩比。“无损 (PNG/GIF)”：将使用无损压缩格式压缩图像，这样不会丢失图像中的任何数据。

“品质选项”：设定图片的品质，它包含以下 2 种方式。“使用导入的 JPEG 数据”选项：选择此选项，则位图应用默认的压缩品质。“自定义”选项：在文本框中输入介于 1~100 的一个值，以指定新的压缩品质。数值设置越高，保留的图像完整性越大，但是产生的文件量大小也越大。

“更新”按钮：如果此图片在其他文件中被更改了，单击此按钮进行刷新。

“导入”按钮：可以导入新的位图，替换原有的位图。单击此按钮，弹出“导入位图”对话框，在对话框中选中要进行替换的位图，如图 5-59 所示，单击“打开”按钮，原有位图被替换，如图 5-60 所示。

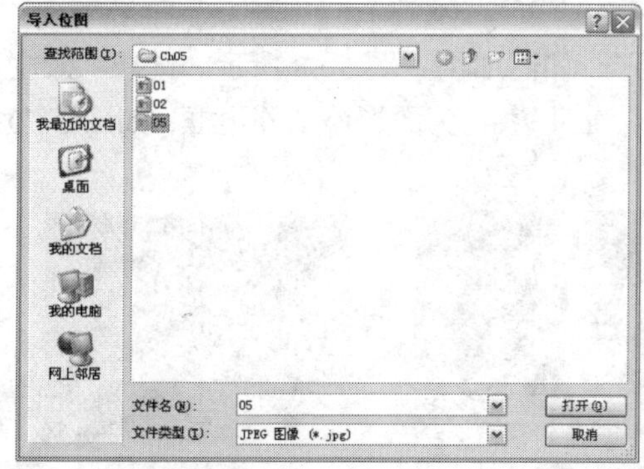
图 5-59

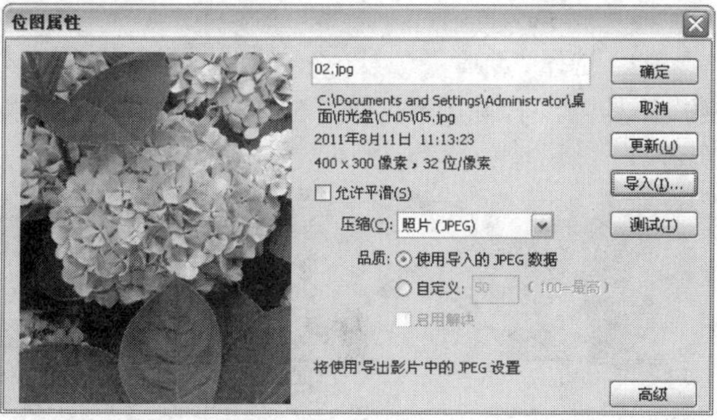
图 5-60

“测试”按钮：单击此按钮可以预览文件压缩后的结果。

在“品质”选项的数值框中输入数值，如图 5-61 所示，单击“测试”按钮，在对话框左侧的位图浏览区域中，可以观察压缩后的位图质量效果，如图 5-62 所示。

图 5-61

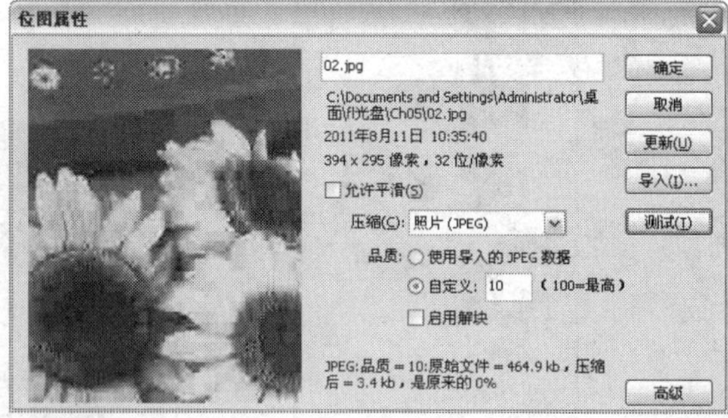

图 5-62

当“位图属性”对话框中的所有选项设置完成后，单击“确定”按钮即可。

5.1.5　将位图转换为图形

使用 Flash CS4 可以将位图分离为可编辑的图形，位图仍然保留它原来的细节。分离位图后，可以使用绘画工具和涂色工具来选择和修改位图的区域。

在舞台中导入位图，选择“刷子”工具，在位图上绘制线条，如图 5-63 所示。松开鼠标后，线条只能在位图下方显示，如图 5-64 所示。

将位图转换为图形的操作步骤如下。

（1）在舞台中导入位图，选中位图，选择“修改 > 分离”命令，将位图打散，如图 5-65 所示。对打散后的位图进行编辑。选择“刷子”工具，在位图上进行绘制，如图 5-66 所示。

图 5-63　　图 5-64

图 5-65

图 5-66

（2）选择“选择”工具，改变图形形状或删减图形，如图 5-67、图 5-68 所示。选择“橡皮擦”工具，擦除图形，如图 5-69 所示。选择“墨水瓶”工具，为图形添加外边框，如图 5-70 所示。

图 5-67　　图 5-68

图 5-69

图 5-70

选择“套索”工具，选中工具箱下方的“魔术棒”按钮，在图形的红色部分单击鼠标，将红色部分选中，如图 5-71 所示，按 Delete 键，删除选中的图形，如图 5-72 所示。

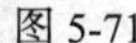

图 5-71　　　　图 5-72

> **提示**：将位图转换为图形后，图形不再链接到“库”面板中的位图组件。也就是说，当修改打散后的图形时不会对“库”面板中相应的位图组件产生影响。

5.1.6　将位图转换为矢量图

选中位图，选择“修改 > 位图 > 转换位图为矢量图”命令，弹出“转换位图为矢量图”对话框，设置数值后，如图 5-73 所示，单击“确定”按钮，位图转换为矢量图，如图 5-74 所示。

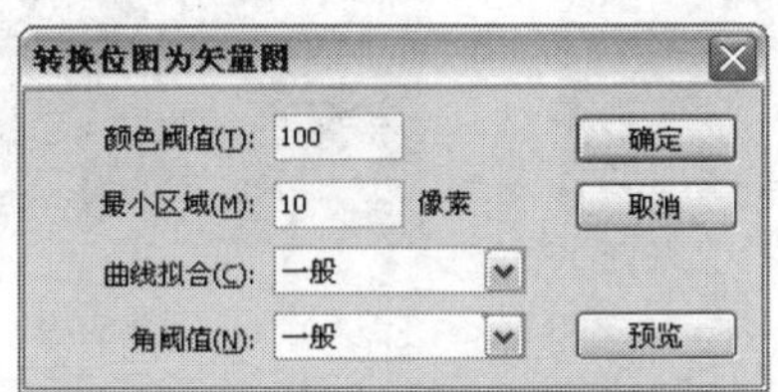

图 5-73

图 5-74

“颜色阈值”选项：设置将位图转化成矢量图形时的色彩细节。数值的输入范围为 0 ~ 500，该值越大，图像越细腻。

“最小区域”选项：设置将位图转化成矢量图形时色块的大小。数值的输入范围为 0 ~ 1000，该值越大，色块越大。

“曲线拟合”选项：设置在转换过程中对色块处理的精细程度。图形转化时边缘越光滑，对原图像细节的失真程度越高。

“角阈值”选项：定义角转化的精细程度。

在“转换位图为矢量图”对话框中，设置不同的数值，所产生的效果也不相同，效果如图 5-75、图 5-76 所示。

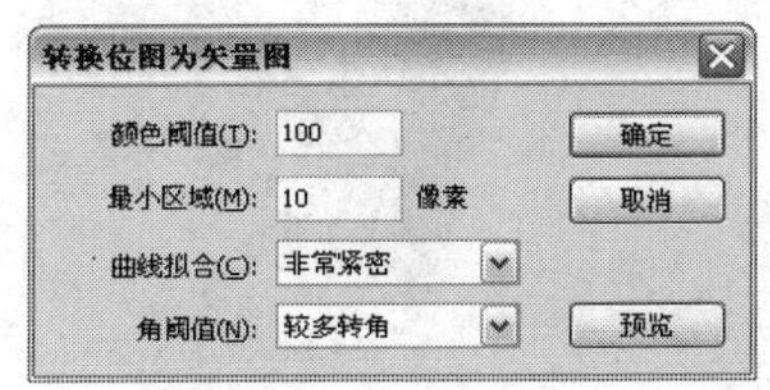

图 5-75

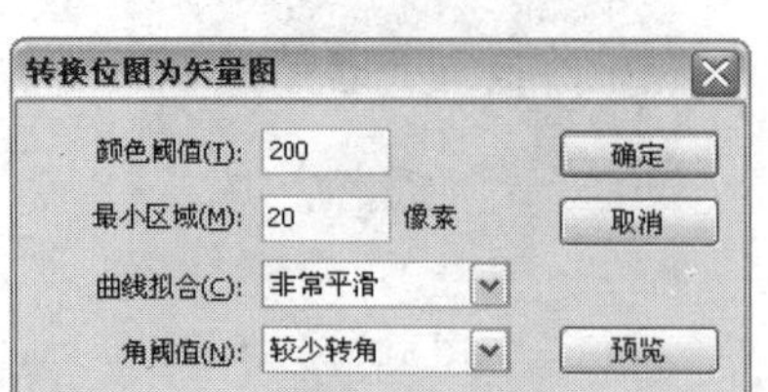

图 5-76

将位图转换为矢量图形后，可以应用“颜料桶”工具为其重新填色。

选择“颜料桶”工具，设置填充色，在图形上单击，如图 5-77 所示。

将位图转换为矢量图形后，还可以用“吸管工具”对图形进行采样，然后将其用作填充。

选择“吸管工具”，光标变为，单击吸取色彩，如图 5-78 所示，吸取后，光标变为，在其他位置上单击，如图 5-79 所示。

图 5-77

图 5-78

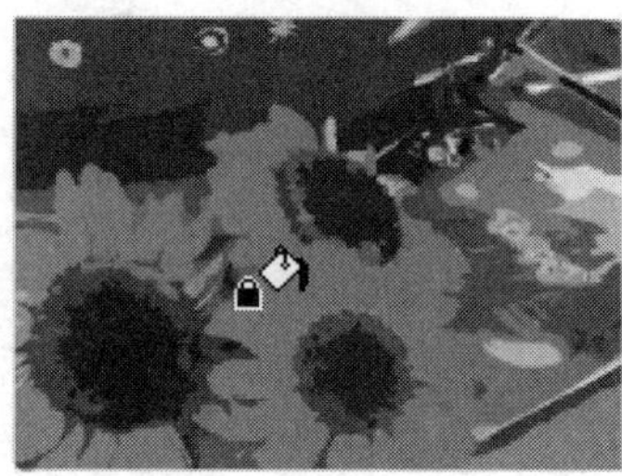

图 5-79

5.2 视频素材的应用

在 Flash CS4 中，可以导入外部的视频素材并将其应用到动画作品中，可以根据需要导入不同格式的视频素材并设置视频素材的属性。

5.2.1 课堂案例——制作婚礼视频

案例学习目标：使用导入视频命令导入视频素材。

案例知识要点：使用任意变形工具调整视频的大小，使用导入视频命令导入视频，如图 5-80 所示。

效果所在位置：光盘/Ch05/效果/制作婚礼视频. fla。

图 5-80

1．导入图片

Step 01 选择“文件 > 新建”命令，在弹出的“新建文档”对话框中选择“Flash 文件”选项，单击“确定”按钮，进入新建文档舞台窗口。按 Ctrl+F3 组合键，弹出文档“属性”面板，单击面板中的“编辑”按钮 编辑... ，在弹出的对话框中将舞台窗口的宽度设为 720，高度设为 470，单击“确定”按钮。

Step 02 选择“文件 > 导入 > 导入到舞台”命令，在弹出的“导入”对话框中选择“Ch05 > 素材 > 制作婚礼视频 > 背景”文件，单击“打开”按钮，文件被导入到舞台窗口中，如图 5-81 所示。将“图层 1”重命名为“背景图”。

Step 03 单击“时间轴”面板下方的“新建图层”按钮 ，创建新图层并将其命名为“视频”。选择“文件 > 导入 > 导入视频”命令，弹出“导入视频”对话框，单击“浏览”按钮，在弹出的“打开”对话框中选择“Ch05 > 素材 > 制作婚礼视频 > 视频”文件，单击“打开”按钮，选中“在 SWF 中嵌入 FLV 并在时间轴中播放”单选项，如图 5-82 所示。

图 5-81

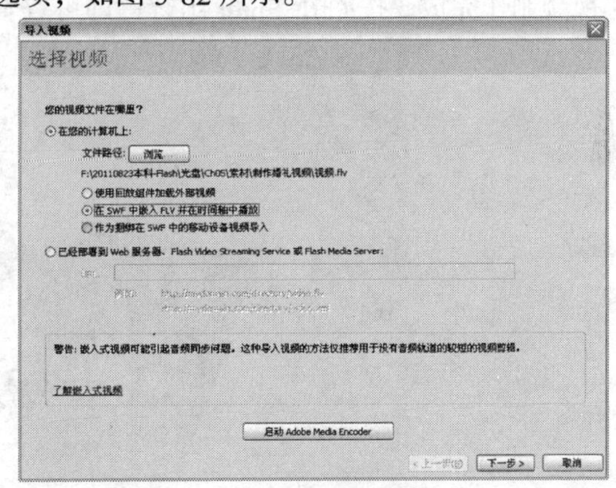

图 5-82

Step 04 单击“下一步”按钮，在弹出的对话框中进行设置，如图 5-83 所示。单击“下一步”按钮，在弹出的对话框中进行设置，如图 5-84 所示。

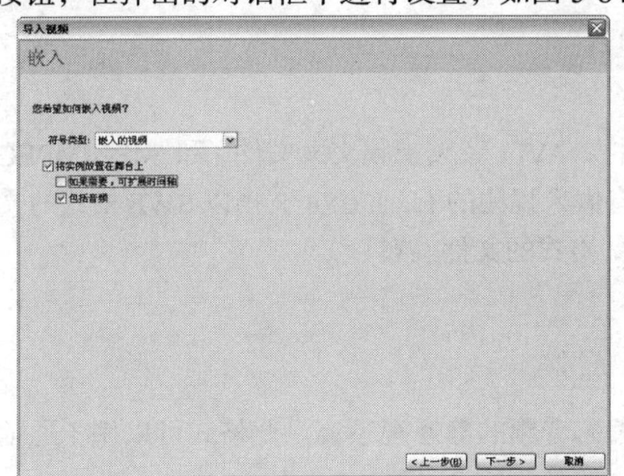

图 5-83

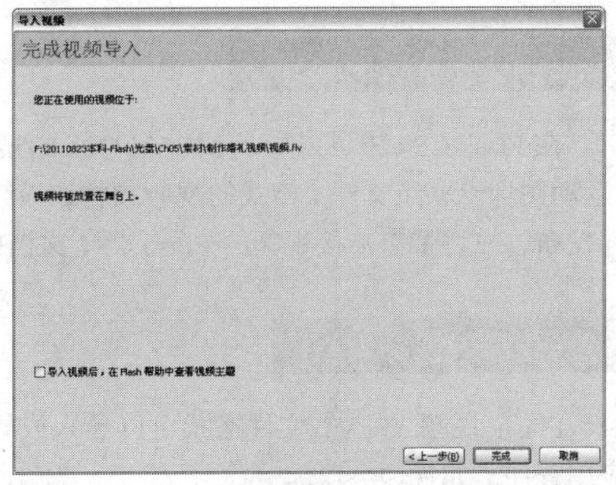

图 5-84

Step 05 单击“完成”按钮，视频文件被导入到舞台窗口中，如图 5-85 所示。分别选择“背景图”和“视频”图层的第 209 帧，按 F5 键，在该帧上插入普通帧，如图 5-86 所示。选择“视频”图层，选择“任意变形”工具 ，在视频周围出现控制手柄，调整视频的大小并旋转其角度，效果如图 5-87 所示。

图 5-85

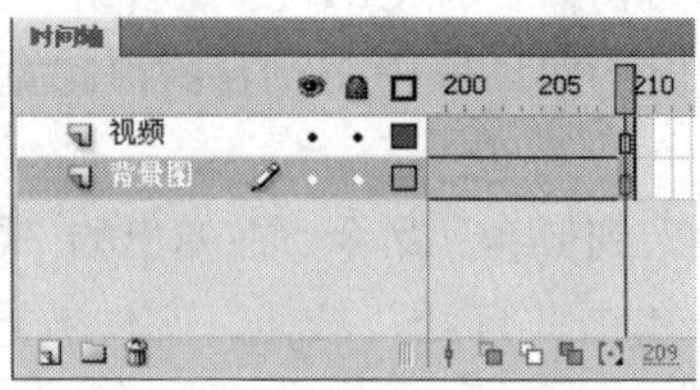

图 5-86

图 5-87

Step 06 单击“时间轴”面板下方的“新建图层”按钮，创建新图层并将其命名为“鲜花”。选择“文件 > 导入 > 导入到舞台”命令，在弹出的“导入”对话框中选择“Ch05 > 素材 > 制作婚礼视频 > 鲜花”文件，单击“打开”按钮，文件被导入到舞台窗口中，效果如图 5-88 所示。婚礼视频制作完成，按 Ctrl+Enter 组合键即可查看效果。

图 5-88

5.2.2 视频素材的格式

在 Flash CS4 中可以导入 MOV（QuickTime 影片）、AVI（音频视频交叉文件）和 MPG/MPEG（运动图像专家组文件）格式的视频素材，最终将带有嵌入视频的 Flash CS4 文档以 SWF 格式的文件发布，或将带有链接视频的 Flash CS4 文档以 MOV 格式的文件发布。

5.2.3 导入视频素材

Flash 视频 (FLV) 文件格式可以导入或导出带编码音频的静态视频流。此格式可以用于通信应用程序，如视频会议。

要导入 FLV 格式的文件，可以选择“文件 > 导入 > 导入到舞台”命令，在弹出的“导入”对话框中选择要导入的 FLV 影片，如图 5-89 所示，单击“打开”按钮，弹出“选择视频”对话框，在对话框中选择“从 SWF 中嵌入 FLV 并在时间轴中播放”选项，如图 5-90 所示，单击“下一步”按钮。

图 5-89

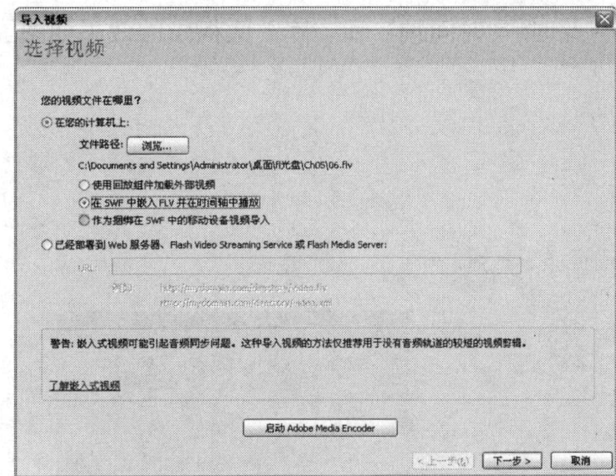

图 5-90

进入“嵌入”对话框，如图 5-91 所示。

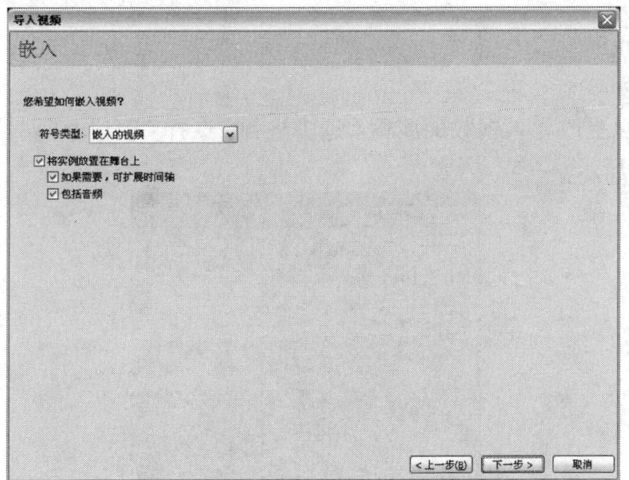

图 5-91

单击“下一步”按钮，弹出“完成视频导入”对话框，如图 5-92 所示，单击“完成”按钮完成视频的编辑，效果如图 5-93 所示。

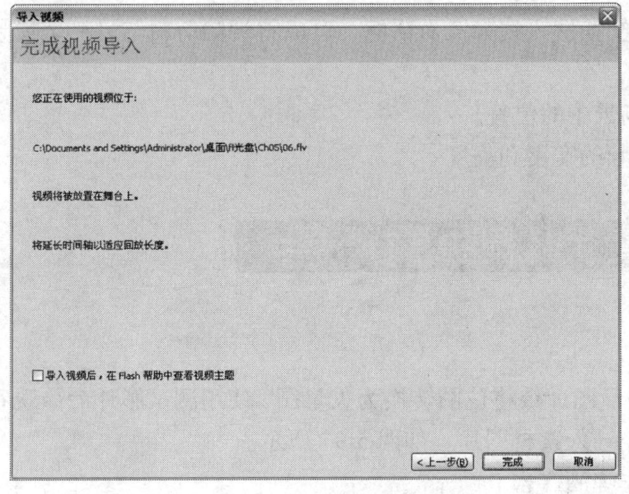

图 5-92

图 5-93

此时，“时间轴”和“库”面板中的效果如图 5-94、图 5-95 所示。

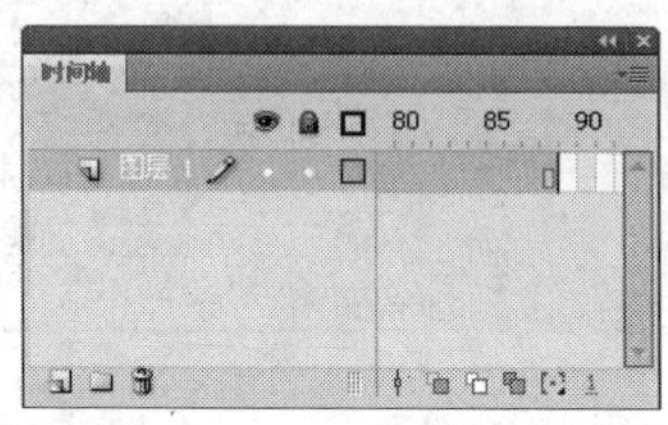

图 5-94

图 5-95

5.2.4 视频的属性

在属性面板中可以更改导入视频的属性。选中视频，选择“窗口 > 属性”命令，弹出视频“属性”面板，如图 5-96 所示。

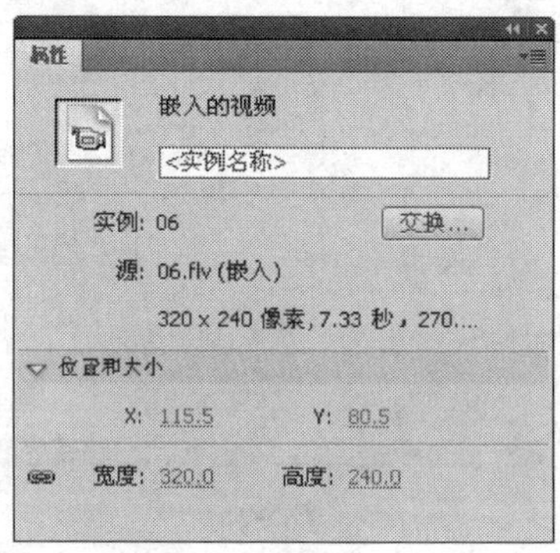

图 5-96

“实例名称”选项：可以设定嵌入视频的名称。

“交换”按钮：单击此按钮，弹出“交换嵌入视频”对话框，可以将视频剪辑与另一个视频剪辑交换。

“X”、“Y”选项：可以设定视频在场景中的位置。

“宽度”、“高度”选项：可以设定视频的宽度和高度。

5.3 课堂练习——制作啤酒广告

练习知识要点：使用将位图转换为矢量图命令将位图转换为矢量图，使用测试影片命令观看制作完成的广告动画，使用导入到舞台命令导入素材图片。如图 5-97 所示。

效果所在位置：光盘/Ch05/效果/制作啤酒广告.fla

图 5-97

5.4 课后习题——制作海洋公园广告

习题知识要点：使用导入视频命令导入视频素材，使用帧命令插入普通帧，延长动画的播放时间，使用任意变形命令改变视频的大小和角度，如图 5-98 所示。

效果所在位置：光盘/Ch05/效果/制作海洋公园广告.fla

图 5-98

第6章 元件和库

在 Flash CS4 中，元件起着举足轻重的作用。通过重复应用元件，可以提高工作效率、减少文件量。本章讲解了元件的创建、编辑、应用，以及库面板的使用方法。读者通过学习要了解并掌握如何应用元件的相互嵌套及重复应用来制作出变化无穷的动画效果。

【教学目标】

- 元件与库面板。
- 实例的创建与应用。

6.1 元件与库面板

元件就是可以被不断重复使用的特殊对象符号。当不同的舞台剧幕上有相同的对象进行表演时，用户可先建立该对象的元件，需要时只需在舞台上创建该元件的实例即可。在 Flash CS4 文档的库面板中可以存储创建的元件以及导入的文件。只要建立 Flash CS4 文档，就可以使用相应的库。

6.1.1　课堂案例——制作快乐行动画

案例学习目标：使用绘图工具绘制图形，使用变形工具调整图形的大小和位置。

案例知识要点：使用椭圆工具绘制云朵图形，使用创建传统补间命令制作动画，使用任意变形工具调整元件的大小，如图 6-1 所示。

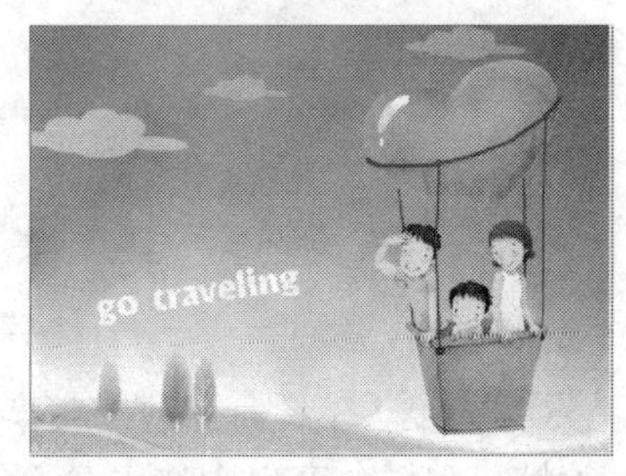

效果所在位置：光盘/Ch06/效果/制作快乐行动画.fla。

go traveling

图 6-1

1．导入并制作元件

Step 01 选择“文件 > 新建”命令，在弹出的“新建文档”对话框中选择“Flash 文件”选项，单击“确定”按钮，进入新建文档舞台窗口。按 Ctrl+F3 组合键，弹出文档“属性”面板，单击“大小”选项右侧的“编辑”按钮 编辑... ，在弹出的对话框中将舞台窗口的宽度设为 478，高度设为 352，背景颜色设为灰色（#CCCCCC），单击“确定”按钮。

Step 02 选择“文件 > 导入 > 导入到库”命令，在弹出的“导入到库”对话框中选择“Ch06 > 素材 > 制作快乐行动画 > 背景、文字”文件，单击“打开”按钮，文件被导入到“库”面板中，如图 6-2 所示。

Step 03 在“库”面板下方单击“新建元件”按钮，弹出“创建新元件”对话框，在“名称”选项的文本框中输入“云朵”，在“类型”下拉列表中选择“图形”选项，单击“确定”按钮，新建图形元件“云朵”，如图 6-3 所示，舞台窗口也随之转换为图形元件的舞台窗口。选择“椭圆”工具，在工具箱中将“笔触颜色”设为无，“填充颜色”设为白色，在舞台窗口中绘制椭圆形，如图 6-4 所示。使用相同的方法绘制多个椭圆形，效果如图 6-5 所示。

库
未命名-1
go traveling
2 项
名称
背景.jpg
文字.swf

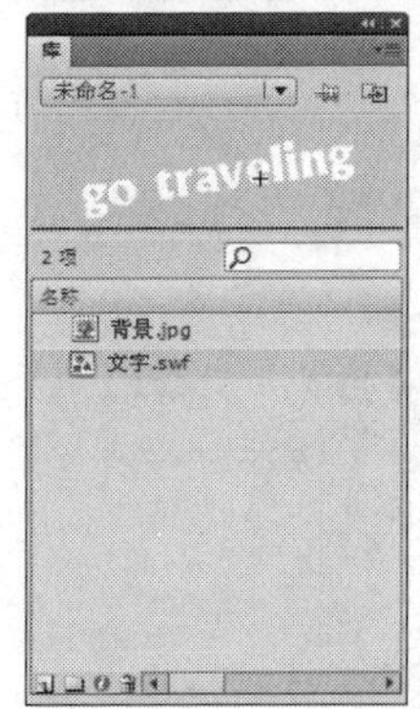

图 6-2

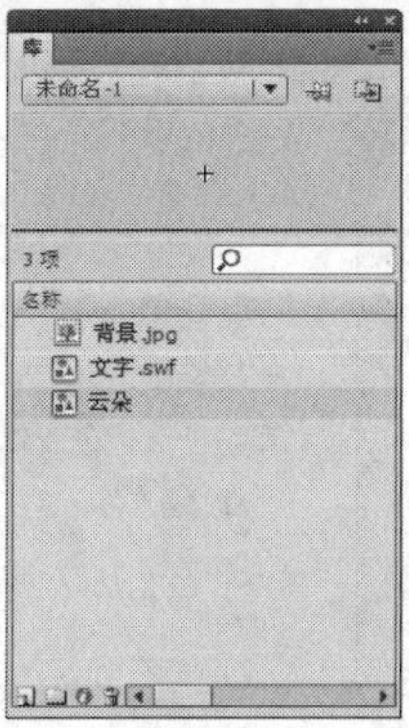

库
未命名-1
3 项
名称
背景.jpg
文字.swf
云朵

图 6-3

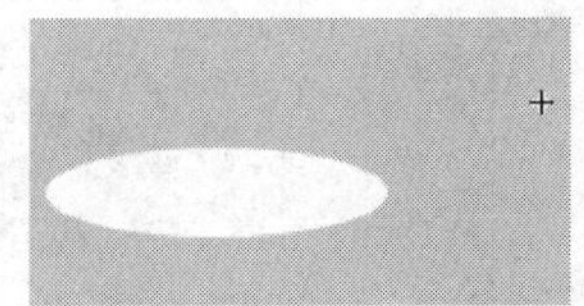

图 6-4

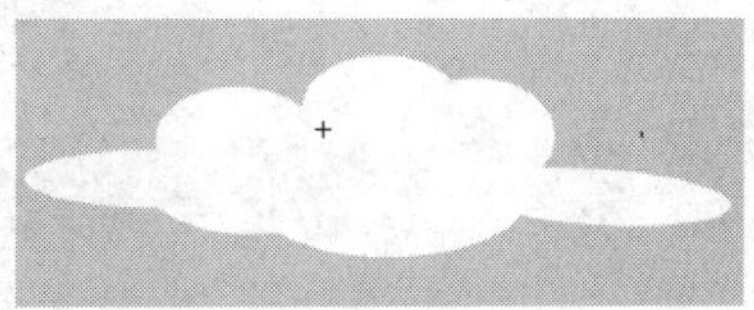

图 6-5

Step 04 在“库”面板下方单击“新建元件”按钮，弹出“创建新元件”对话框，在“名称”选项的文本框中输入“影片云彩”，在“类型”下拉列表中选择“影片剪辑”选项，单击“确定”按钮，新建影片剪辑元件“影片云彩”，如图 6-6 所示，舞台窗口也随之转换为影片剪辑元件的舞台窗口。

Step 05 将“库”面板中的图形元件“云朵”拖曳到舞台窗口的右侧，如图 6-7 所示。在“时间轴”面板中选中“图层 1”的第 25 帧，按 F6 键，插入关键帧，如图 6-8 所示。

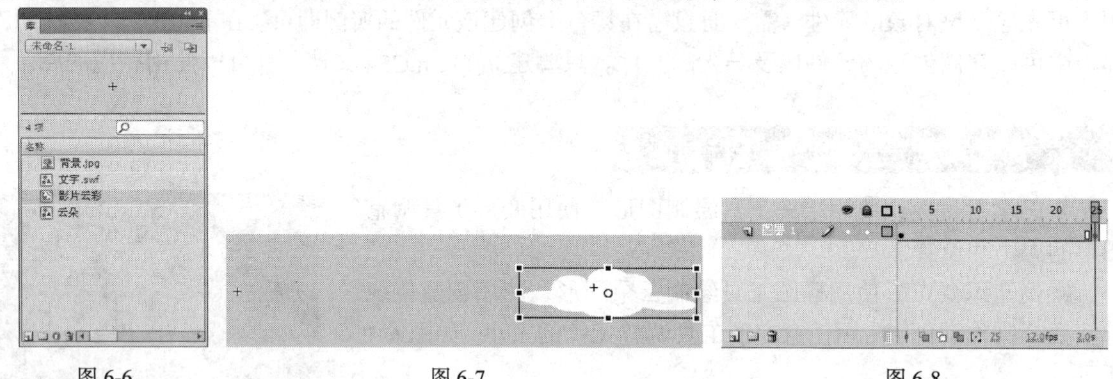

图 6-6　　图 6-7　　图 6-8

Step 06 在舞台窗口中将图形元件向左拖曳到适当的位置，如图 6-9 所示。选中“图层 1”的第 1 帧，在舞台窗口中选中“云朵”，如图 6-10 所示，在图形“属性”面板中选择面板下方的“样式”选项组，在“样式”选项的下拉列表中选择“Alpha”，将其值设为 0，如图 6-11 所示。

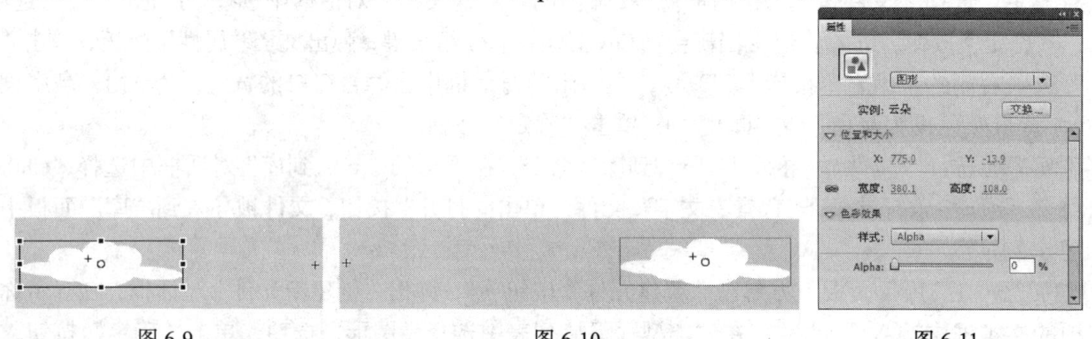

图 6-9　　图 6-10　　图 6-11

Step 07 选中“图层 1”的第 25 帧，在舞台窗口中选中“云朵”实例，如图 6-12 所示，在图形“属性”面板中选择面板下方的“色彩效果”选项组，在“样式”选项的下拉列表中选择“Alpha”，将其值设为 63，如图 6-13 所示。选中“图层 1”的第 1 帧，单击鼠标右键，在弹出的菜单中选择“创建传统补间”命令，如图 6-14 所示。

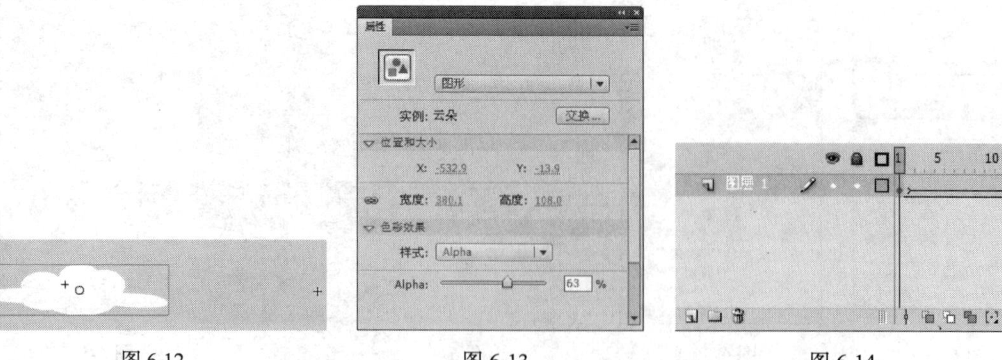

图 6-12　　图 6-13　　图 6-14

Step 08 在“库”面板下方单击“新建元件”按钮，弹出“创建新元件”对话框，在“名称”选项的文本框中输入“文字按钮”，在“类型”下拉列表中选择“按钮”选项，单击“确定”按钮，新建按钮元件“文字按钮”，如图 6-15 所示，舞台窗口也随之转换为按钮元件的舞台窗口。将“库”面板中的图形元件“文字”拖曳到舞台窗口的中心位置，如图 6-16 所示。

图 6-15

图 6-16

Step 09 选中“图层 1”的“指针”帧，按 F6 键，插入关键帧，如图 6-17 所示。在“属性”面板中选择面板下方的“色彩效果”选项组，在“样式”选项的下拉列表中选择“色调”，将“填充颜色”设为黄色（#FFFF00），效果如图 6-18 所示。

图 6-17

图 6-18

2．在场景中编辑元件

Step 01 单击“时间轴”面板下方的“场景 1”图标，进入“场景 1”的舞台窗口。将“图层 1”重新命名为“图片”。将“库”面板中的“背景”图形拖曳到舞台窗口的中心位置，效果如图 6-19 所示。

Step 02 单击“时间轴”面板下方的“新建图层”按钮，创建新图层并将其命名为“动画”，分别将“库”面板中的影片剪辑元件“影片云彩”和按钮元件“文字按钮”拖曳到舞台窗口中，并放置到合适的位置。选择“选择”工具，在舞台窗口中选中“影片云彩”实例，如图 6-20 所示。

图 6-19

图 6-20

Step 03 选择“任意变形”工具，实例周围出现控制点，用鼠标向内侧拖曳右上方的控制点，将实例缩小，如图 6-21 所示，单击舞台窗口中的任意地方取消选中状态。按住 Alt 键的同时，用鼠标向外拖曳“影片云彩”实例，将其复制 2 次并分别改变其大小。选择“选择”工具，按住 Shift 键的同时，选中所有的“影片云彩”实例，效果如图 6-22 所示。快乐行动画效果制作完成，按 Ctrl+Enter 组合键即可查看效果。

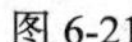
图 6-21

图 6-22

6.1.2 元件的类型

1．图形元件

图形元件一般用于创建静态图像或创建可重复使用的、与主时间轴关联的动画，它有自己的编辑区和时间轴。如果在场景中创建元件的实例，那么实例将受到主场景中时间轴的约束。换句话说，图形元件中的时间轴与其实例在主场景的时间轴同步。另外，在图形元件中可以使用矢量图、图像、声音和动画的元素，但不能为图形元件提供实例名称，也不能在动作脚本中引用图形元件，并且声音在图形元件中失效。

2．按钮元件

按钮元件是创建能激发某种交互行为的按钮。创建按钮元件的关键是设置 4 种不同状态的帧，即“弹起”（鼠标抬起）、“指针经过”（鼠标移入）、“按下”（鼠标按下）、“点击”（鼠标响应区域，在这个区域创建的图形不会出现在画面中）。

3．影片剪辑元件

影片剪辑元件也像图形元件一样有自己的编辑区和时间轴，但又不完全相同。影片剪辑元件的时间轴是独立的，它不受其实例在主场景时间轴（主时间轴）的控制。比如，在场景中创建影片剪辑元件的实例，此时即便场景中只有一帧，在电影片段中也可播放动画。另外，在影片剪辑元件中可以使用矢量图、图像、声音、影片剪辑元件、图形组件、按钮组件等，并且能在动作脚本中引用影片剪辑元件。

6.1.3 创建图形元件

选择“插入 > 新建元件”命令，弹出“创建新元件”对话框，在“名称”选项的文本框中输入元件的名称，选中“图形”选项，如图 6-23 所示。

单击“确定”按钮，创建一个新的图形元件“玫瑰”。图形元件的名称出现在舞台的左上方，舞台切换到了图形元件“草莓”的窗口，窗口中间出现十字“ + ”，代表图形元件的中心定位点，如图 6-24 所示。在“库”面板中显示出图形元件，如图 6-25 所示。

图 6-23

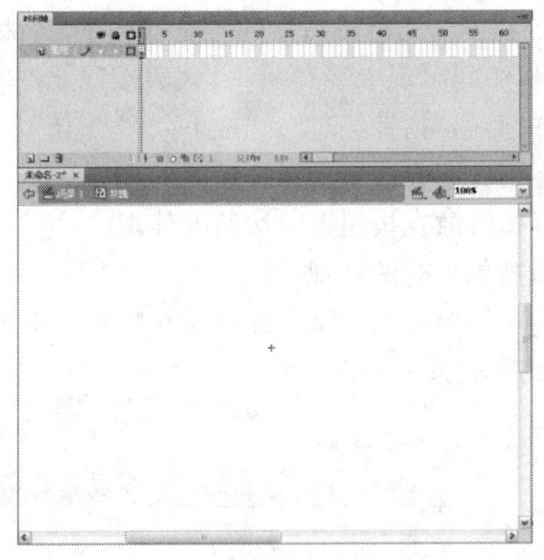

图 6-24

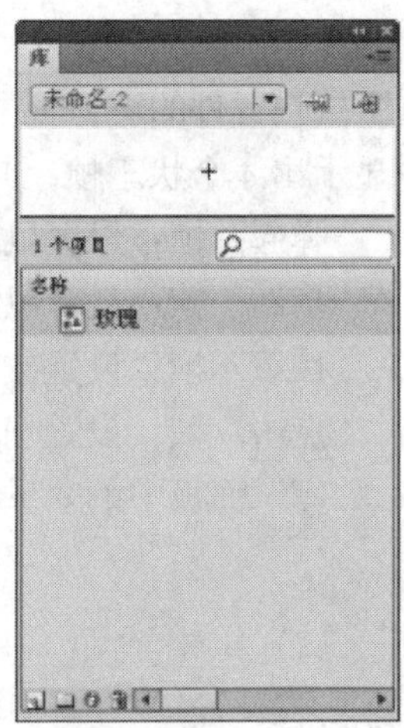

图 6-25

选择“文件 > 导入 > 导入到舞台”命令，弹出“导入”对话框，选择要导入的图形，将其导入到舞台，如图 6-26 所示，完成图形元件的创建。单击舞台左上方的场景名称“场景 1”就可以返回到场景的编辑舞台。

还可以应用“库”面板创建图形元件。单击“库”面板右上方的按钮，在弹出式菜单中选择“新建元件”命令，弹出“创建新元件”对话框，选中“图形”选项，单击“确定”按钮，创建图形元件。也可在“库”面板中创建按钮元件或影片剪辑元件。

图 6-26

6.1.4　创建按钮元件

虽然 Flash CS4 库中提供了一些按钮，但如果需要复杂的按钮，还是需要自己创建。

选择“插入 > 新建元件”命令，弹出“创建新元件”对话框，在“名称”选项的文本框中输入元件名称，选中“按钮”选项，如图 6-27 所示。

单击“确定”按钮，创建一个新的按钮元件。按钮元件的名称出现在舞台的左上方，舞台切换到了按钮元件的窗口，窗口中间出现十字“ + ”，代表按钮元件的中心定位点。在“时间轴”窗口中显示出 4 个状态帧：“弹起”、“指针经过”、“按下”、“点击”，如图 6-28 所示。

“弹起”帧：设置鼠标指针不在按钮上时按钮的外观。

“指针”帧：设置鼠标指针放在按钮上时按钮的外观。

“按下”帧：设置按钮被单击时的外观。

“点击”帧：设置响应鼠标单击的区域，此区域在影片里不可见。

“库”面板中的效果如图 6-29 所示。

图 6-27

图 6-28

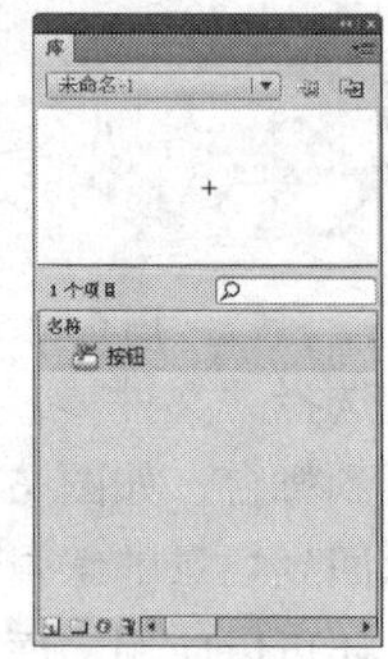

图 6-29

选择“多角星形”工具，在“属性”面板中设置星形的样式。在中心点上绘制出一个五角星形，效果如图 6-30 所示。在“时间轴”面板中选中“指针”帧，按 F6 键，插入关键帧，如图 6-31 所示。

图 6-30

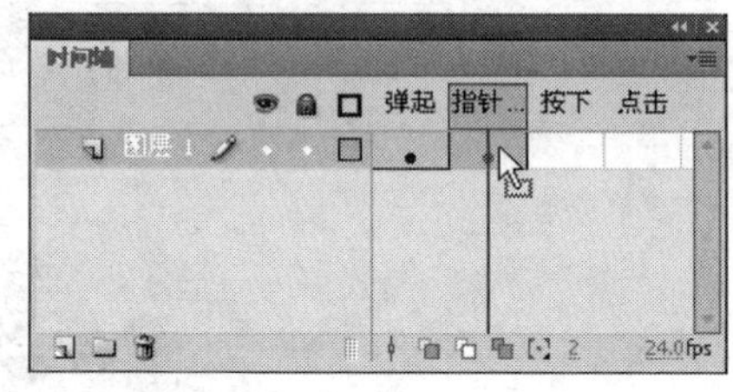

图 6-31

选择“颜料桶”工具，在工具箱中设置填充色，在星形上单击，改变星形的颜色，效果如图 6-32 所示。在“时间轴”面板中选中“按下”帧，按 F6 键，插入关键帧，如图 6-33 所示。

图 6-32

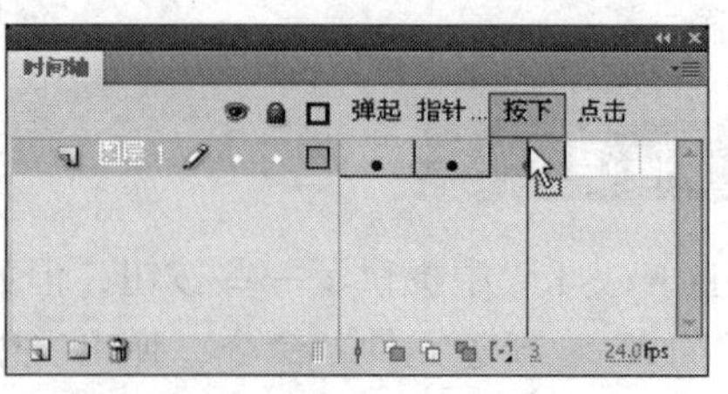

图 6-33

选择“选择”工具，将星形修改为花形，如图 6-34 所示。

图 6-34

用鼠标右键单击“时间轴”面板中的“点击”帧，在弹出的菜单中选择“插入空白关键帧”命令，插入一个没有任何图形的空白关键帧，如图 6-35 所示。选择“椭圆”工具，在中心点上绘制出一个圆形，作为按钮动画应用时鼠标响应的区域，如图 6-36 所示。

图 6-35

图 6-36

按钮元件制作完成，在各关键帧上，舞台中显示的图形如图 6-37 所示。单击舞台左上方的场景名称“场景 1”就可以返回到场景的编辑舞台。

（a）弹起关键帧

（b）指针经过关键帧

（c）按下关键帧

（d）点击关键帧

图 6-37

6.1.5　创建影片剪辑元件

选择“插入 > 新建元件”命令，弹出“创建新元件”对话框，在“名称”选项的文本框中输入“变形动画”，选中“影片剪辑”选项，如图 6-38 所示。

单击“确定”按钮，创建一个新的影片剪辑元件“变形动画”。影片剪辑元件的名称出现在舞台的左上方，舞台切换到了影片剪辑元件“变形动画”的窗口，窗口中间出现十字“ + ”，代表影片剪辑元件的中心定位点，如图 6-39 所示。在“库”面板中显示出影片剪辑元件，如图 6-40 所示。

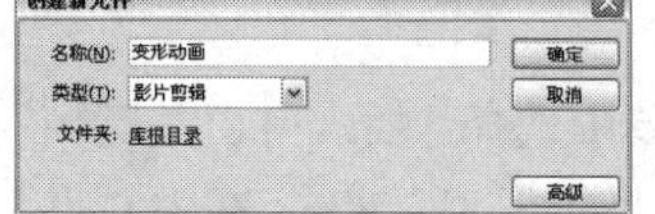

图 6-38

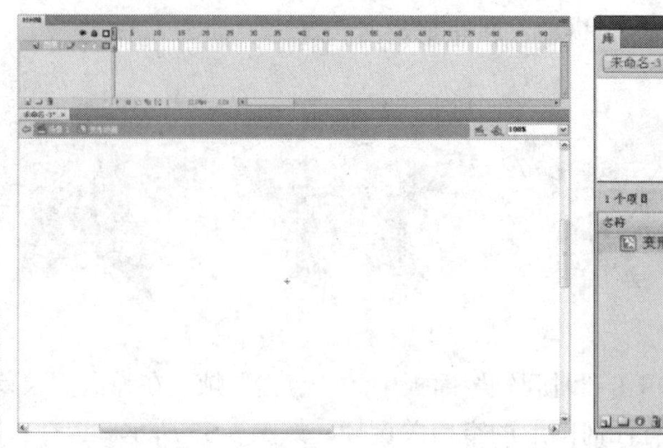

图 6-39

图 6-40

选择“多角星形”工具，在中心点上绘制一个五边形，如图 6-41 所示。在“时间轴”面板中选中第 10 帧，按 F6 键，在该帧上插入关键帧，如图 6-42 所示。

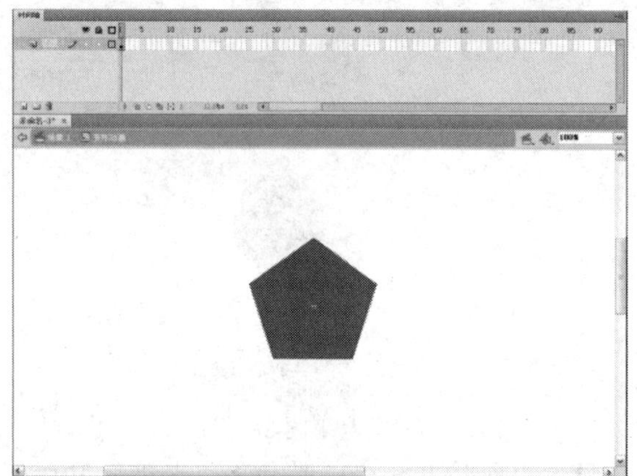

图 6-41

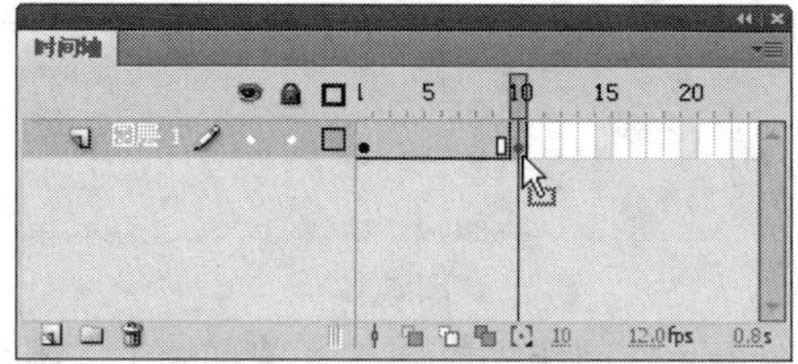

图 6-42

在第 10 帧的舞台中显示出第 1 帧绘制过的图形。选择“选择”工具，修改六边形的形状，如图 6-43 所示。

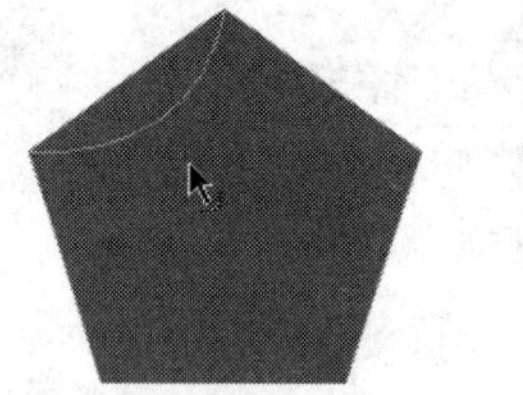

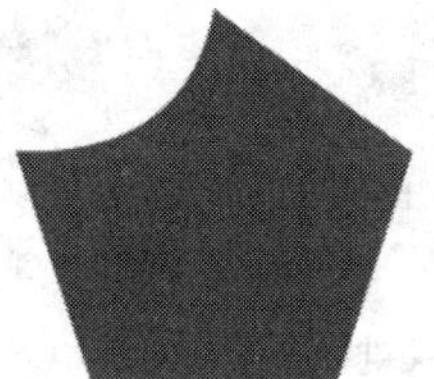

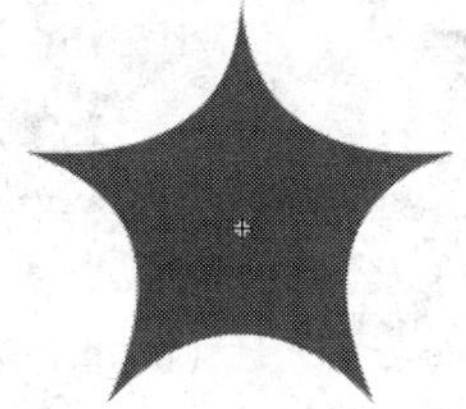

图 6-43

在“时间轴”面板中选中第 1 帧，如图 6-44 所示，单击鼠标右键，在弹出的菜单中选择“创建补间形状”命令，如图 6-45 所示。

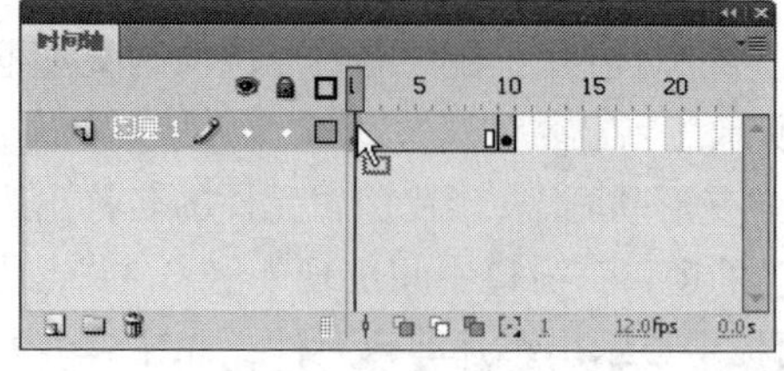

图 6-44

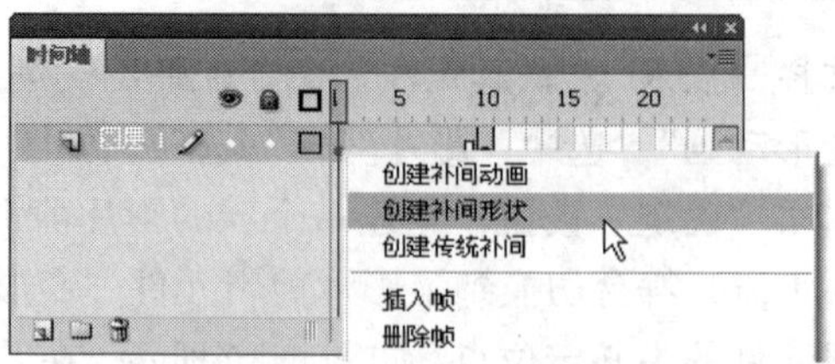

图 6-45

在“时间轴”面板中出现箭头标志线，如图 6-46 所示。

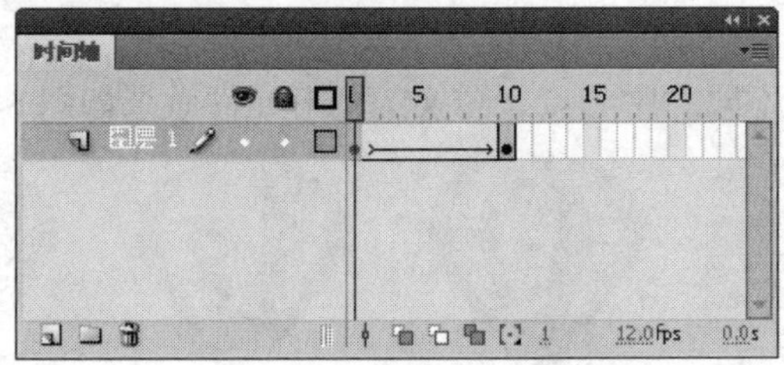

图 6-46

影片剪辑元件制作完成，在不同的关键帧上，舞台中显示出不同的变形图形，如图 6-47 所示。单击舞台左上方的场景名称“场景 1”就可以返回到场景的编辑舞台。

图 6-47

6.1.6　转换元件

1．将图形转换为图形元件

如果在舞台上已经创建好矢量图形并且以后还要再次应用，可将其转换为图形元件。

选中矢量图形，如图 6-48 所示。选择“修改 > 转换为元件”命令，或按 F8 键，弹出“转换为元件”对话框，在“名称”选项的文本框中输入要转换元件的名称，选中“图形”元件，如图 6-49 所示，单击“确定”按钮，矢量图形被转换为图形元件，舞台和“库”面板中的效果如图 6-50、图 6-51 所示。

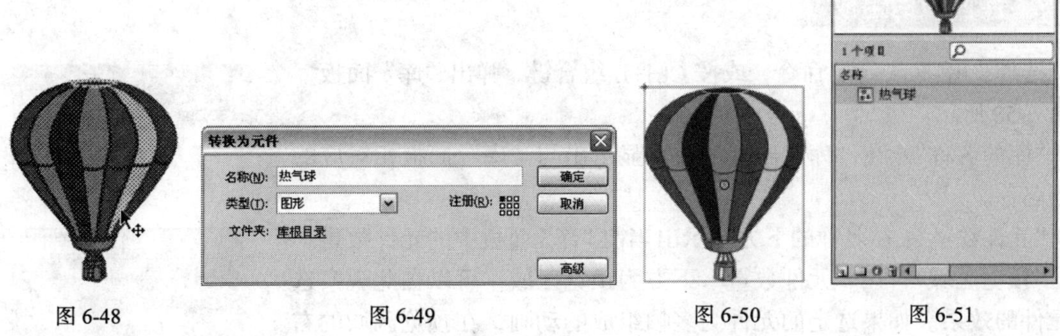

图 6-48　　图 6-49　　图 6-50　　图 6-51

2．设置图形元件的中心点

选中矢量图形，选择“修改 > 转换为元件”命令，弹出“转换为元件”对话框，在对话框的“注册”选项中有 9 个中心定位点，可以用来设置转换元件的中心点。选中右下方的定位点，如图

6-52 所示，单击"确定"按钮，矢量图形转换为图形元件，元件的中心点在其右下方，如图 6-53 所示。

在"注册"选项中设置不同的中心点，转换的图形元件效果如图 6-54 所示。

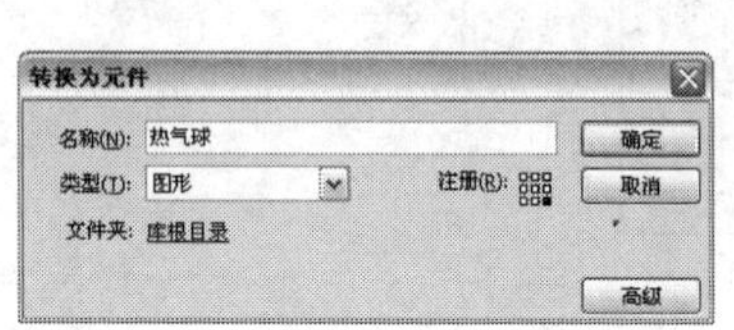

图 6-52

图 6-53

（a）中心点在左上方

（b）中心点在中间

（c）中心点在右侧

图 6-54

3．转换元件

在制作的过程中，可以根据需要将一种类型的元件转换为另一种类型的元件。

选中"库"面板中的图形元件，如图 6-55 所示，单击面板下方的"属性"按钮，弹出"元件属性"对话框，选中"影片剪辑"选项，如图 6-56 所示，单击"确定"按钮，图形元件转化为影片剪辑元件，如图 6-57 所示。

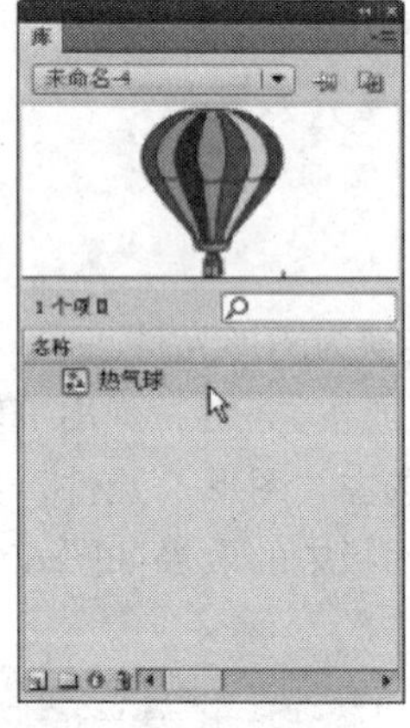

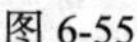

图 6-55

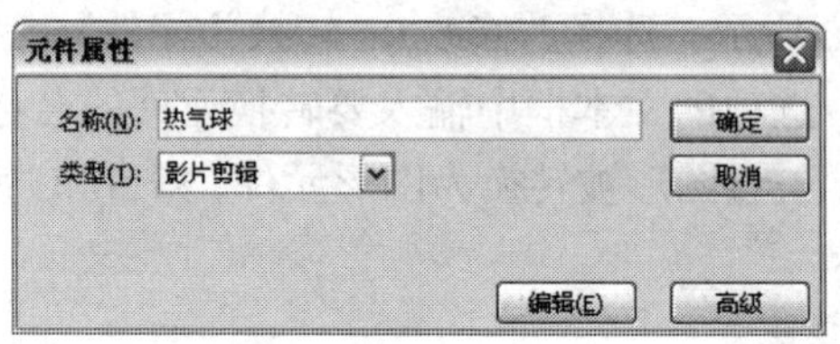

图 6-56

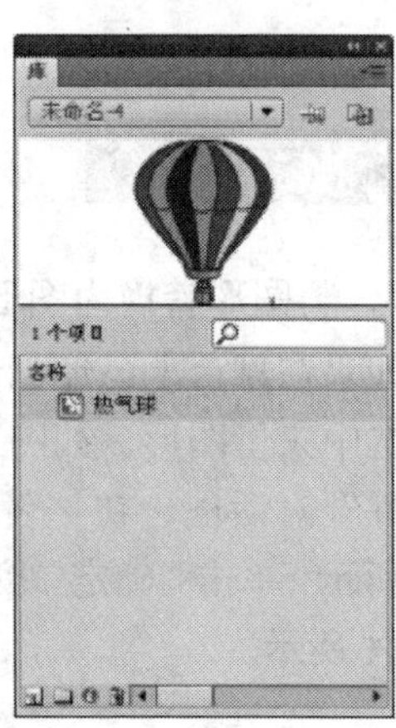

图 6-57

6.1.7 库面板的组成

选择"窗口 > 库"命令，或按 Ctrl+L 组合键，弹出"库"面板，如图 6-58 所示。

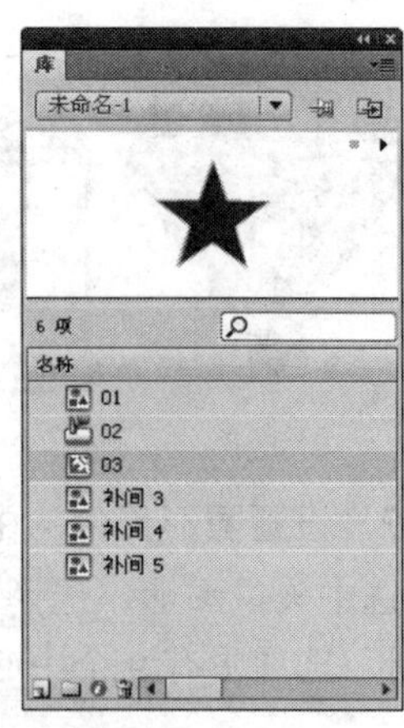

图 6-58

"库的名称"：在"库"面板的上方显示出与"库"面板相对应的文档名称。

"元件数量"：在名称的下方显示出当前"库"面板中的元件数量。

"预览区域"：在"元件数量"下方为预览区域，可以在此观察选定元件的效果。如果选定的元件为多帧组成的动画，在预览区域的右上方显示出两个按钮。

"播放"按钮：单击此按钮，可以在预览区域里播放动画。

"停止"按钮：单击此按钮，停止播放动画。

当"库"面板呈最大宽度显示时，将出现以下一些按钮。

"名称"按钮：单击此按钮，"库"面板中的元件将按名称排序，如图 6-59 所示。

"类型"按钮：单击此按钮，"库"面板中的元件将按类型排序，如图 6-60 所示。

"使用次数"按钮：单击此按钮，"库"面板中的元件将按被引用的次数排序。

"链接"按钮：与"库"面板弹出式菜单中"链接"命令的设置相关联。

"修改日期"按钮：单击此按钮，"库"面板中的元件通过被修改的日期进行排序，如图 6-61 所示。

图 6-59

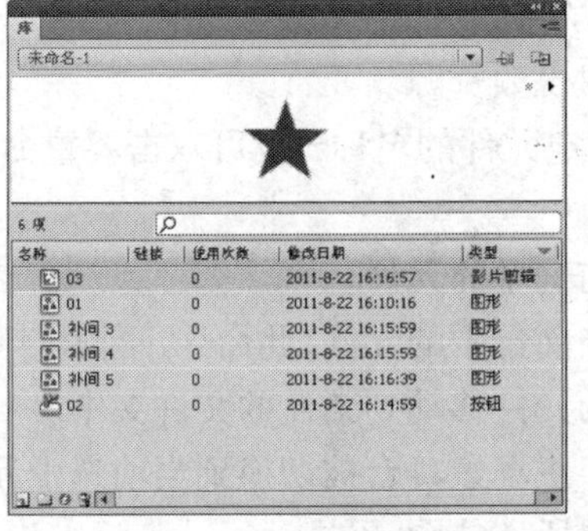

图 6-60

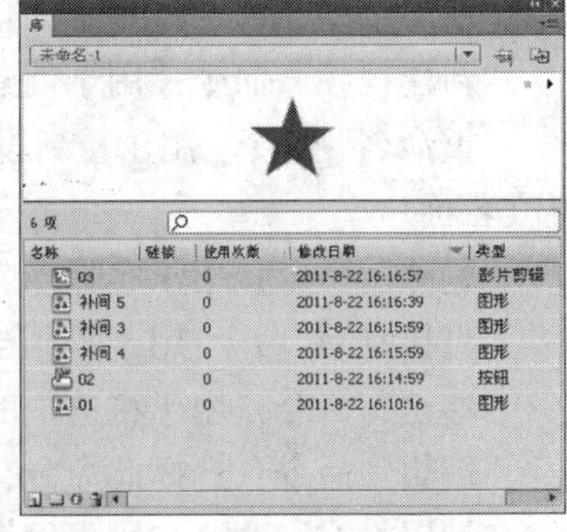

图 6-61

在"库"面板的下方有 4 个按钮。

"新建元件"按钮：用于创建元件。单击此按钮，弹出"创建新元件"对话框，可以通过设置创建新的元件，如图 6-62 所示。

"新建文件夹"按钮：用于创建文件夹。可以分门别类地建立文件夹，将相关的元件调入其中，以方便管理。单击此按钮，在"库"面板中生成新的文件夹，可以设定文件夹的名称，如图 6-63 所示。

"属性"按钮：用于转换元件的类型。单击此按钮，弹出"元件属性"对话框，可以将元件类型相互转换，如图 6-64 所示。

"删除"按钮：用于删除"库"面板中被选中的元件或文件夹。

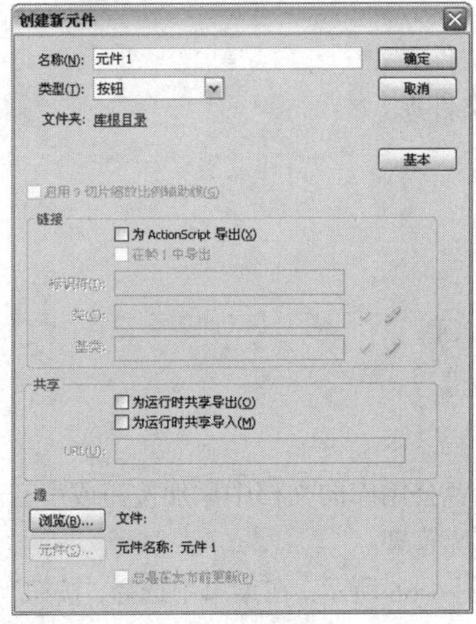

图 6-62

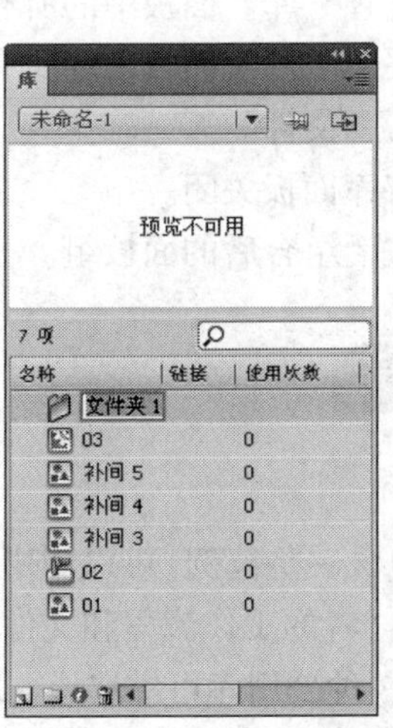

图 6-63

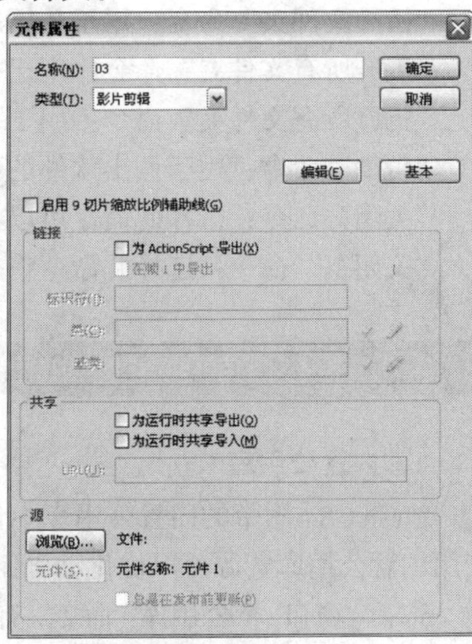

图 6-64

6.1.8 库面板弹出式菜单

单击“库”面板右上方的按钮，出现弹出式菜单，在菜单中提供了实用命令，如图 6-65 所示。

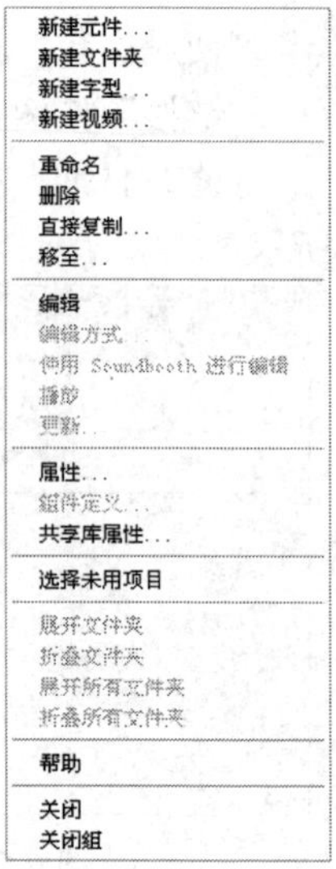

“新建元件”命令：用于创建一个新的元件。

“新建文件夹”命令：用于创建一个新的文件夹。

“新建字型”命令：用于创建字体元件。

“新建视频”命令：用于创建视频资源。

“重命名”命令：用于重新设定元件的名称，也可双击要重命名的元件，再更改名称。

“删除”命令：用于删除当前选中的元件。

“直接复制”命令:用于复制当前选中的元件,此命令不能用于复制文件夹。

“移至”命令：用于将选中的元件移动到新建的文件夹中。

“编辑”命令：选择此命令，主场景舞台被切换到当前选中元件的舞台。

“编辑方式”命令：用于编辑所选位图元件。

“使用 Sounbooth 进行编辑”命令：用于打开 Adobe Sounbooth 软件，对音频进行润饰、音乐自定、添加声音效果等操作。

“播放”命令：用于播放按钮元件或影片剪辑元件中的动画。

“更新”命令：用于更新资源文件。

“属性”命令：用于查看元件的属性或更改元件的名称和类型。

“组件定义”命令：用于介绍组件的类型、数值和描述语句等属性。

“共享库属性”命令：用于设置公用库的链接。

“选择未用项目”命令：用于选出在“库”面板中未经使用的元件。

“展开文件夹”命令：用于打开所选文件夹。

“折叠文件夹”命令：用于关闭所选文件夹。

“展开所有文件夹”命令：用于打开“库”面板中的所有文件夹。

“折叠所有文件夹”命令：用于关闭“库”面板中的所有文件夹。

“帮助”命令：用于调出软件的帮助文件。

“关闭”命令：选择此命令可以将库面板关闭。

“关闭组”命令：选择此命令将关闭组合后的面板组。

新建元件...
新建文件夹
新建字型...
新建视频...
重命名
删除
直接复制...
移至...
编辑
编辑方式...
使用 Soundbooth 进行编辑
播放
更新...
属性...
組件定义...
共享库属性...
选择未用项目
展开文件夹
折叠文件夹
展开所有文件夹
折叠所有文件夹
帮助
关闭
关闭组

图 6-65

6.1.9 内置公用库及外部库的文件

1．内置公用库

Flash CS4 附带的内置公用库中包含一些范例，可以使用内置公用库向文档中添加按钮或声音。使用内置公用库资源可以优化动画制作者的工作流程和文件资源管理。

选择“窗口 > 公用库”命令，有 3 种公用库可供选择，如图 6-66 所示。在菜单中选择“按钮”命令，弹出“库 – BUTTONS”面板，如图 6-67 所示。

在按钮公用库中，“库”面板下方的按钮都为灰色不可用。不能直接修改公用库中的元件，将公用库中的元件调入到舞台中或当前文档的库中即可进行修改。

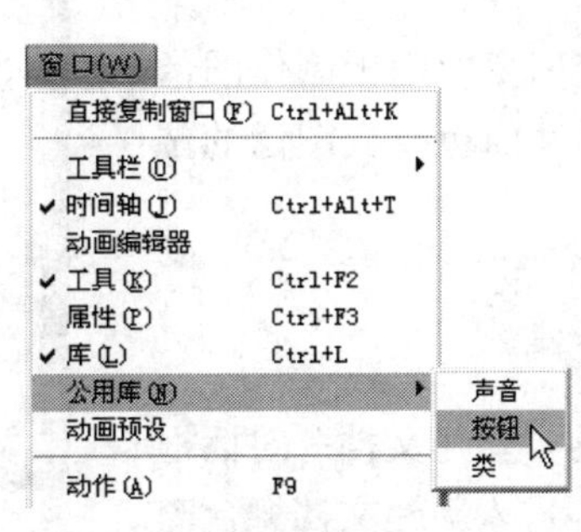

图 6-66

图 6-67

2．内置外部库

可以在当前场景中使用其他 Flash CS4 文档的库信息。

选择“文件 > 导入 > 打开外部库”命令，弹出“作为库打开”对话框，在对话框中选中要使用的文件，如图 6-68 所示，单击“打开”按钮，选中文件的“库”面板被调入到当前的文档中，如图 6-69 所示。

要在当前文档中使用选定文件库中的元件，可将元件拖曳到当前文档的“库”面板或舞台上。

图 6-68

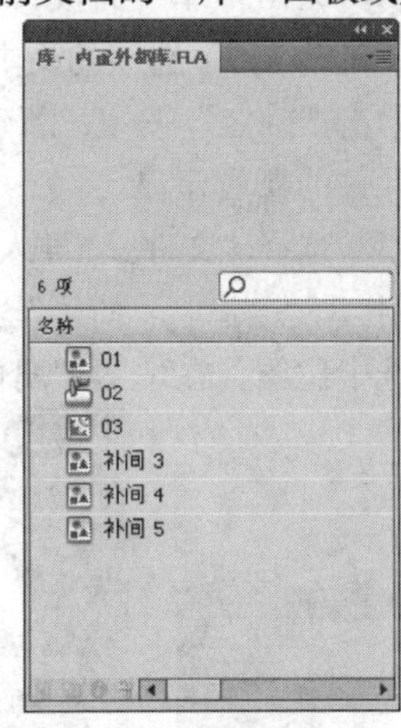

图 6-69

6.2 实例的创建与应用

实例是元件在舞台上的一次具体使用。当修改元件时，该元件的实例也随之被更改。重复使用实例不会增加动画文件的大小，这是使动画文件保持较小体积的一个很好的方法。每一个实例都有区别于其他实例的属性，这可以通过修改该实例属性面板的相关属性来实现。

6.2.1　课堂案例——制作动态菜单

案例学习目标：使用变形工具调整图形的大小，使用库面板创建元件实例。

案例知识要点：使用矩形工具绘制图形，使用变形面板制作图像旋转效果，使用文本工具制作家具名称，使用属性面板改变图像的位置，如图 6-70 所示。

效果所在位置：光盘/Ch06/效果/制作动态菜单.fla。

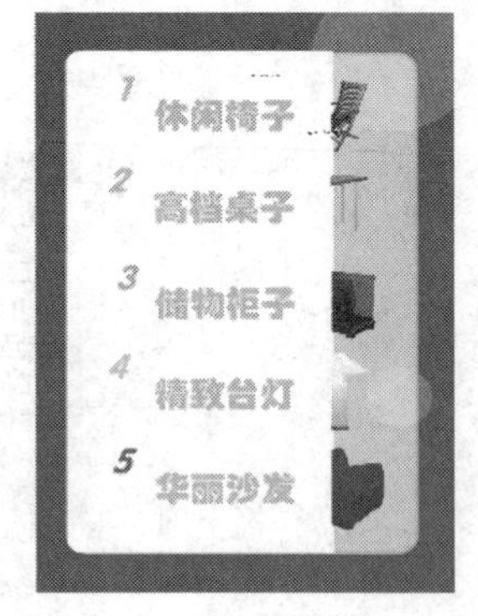

图 6-70

1．制作影片剪辑元件

Step 01 选择“文件 > 新建”命令，在弹出的“新建文档”对话框中选择“Flash 文件”选项，单击“确定”按钮，进入新建文档舞台窗口。按 Ctrl+F3 组合键，弹出文档“属性”面板，单击“大小”选项右侧的“编辑”按钮 编辑... ，弹出“文档属性”对话框，将舞台窗口的宽设为 250，高设为 350，将背景颜色设为灰色（#CCCCCC），单击“确定”按钮，改变舞台窗口的大小。

Step 02 选择“文件 > 导入 > 导入到舞台”命令，在弹出的“导入”对话框中选择“Ch06 > 素材 > 制作动态菜单 > 底图”文件，单击“打开”按钮，文件被导入到舞台窗口中，效果如图 6-71 所示。

Step 03 调出“库”面板，在“库”面板下方单击“新建元件”按钮，弹出“创建新元件”对话框，在“名称”选项的文本框中输入“椅子”，在“类型”选项的下拉列表中选择“影片剪辑”选项，单击“确定”按钮，新建影片剪辑元件“椅子”，如图 6-72 所示，舞台窗口也随之转换为影片剪辑元件的舞台窗口。

Step 04 选择“文件 > 导入 > 导入到舞台”命令，在弹出的“导入”对话框中选择“Ch06 > 素材 > 制作动态菜单 > 椅子”文件，单击“打开”按钮，图片被导入到舞台窗口中，效果如图 6-73 所示。选中位图，在位图“属性”面板中，将“宽度”选项设为“50”，如图 6-74 所示。

图 6-71

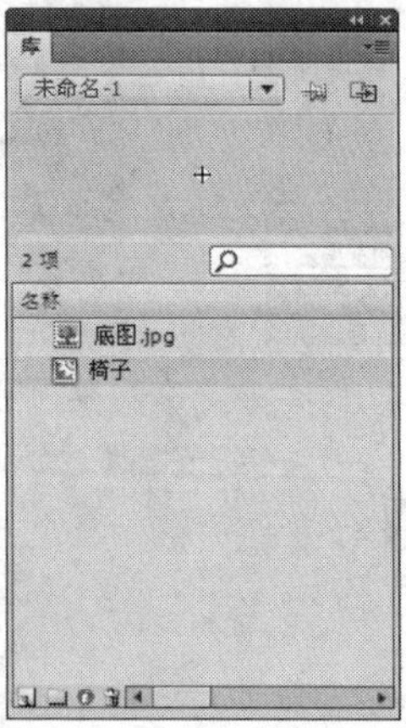

图 6-72

图 6-73

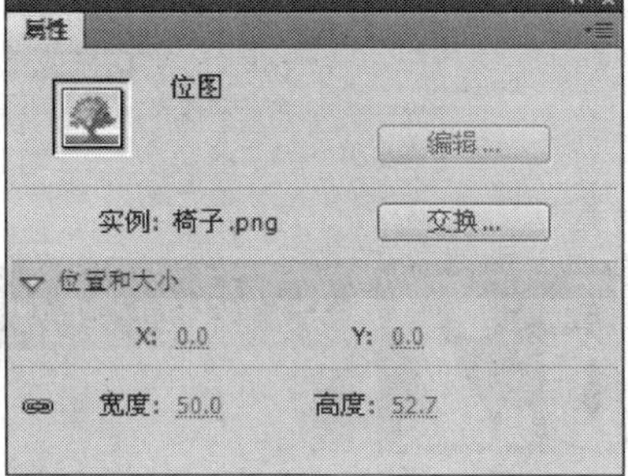

图 6-74

Step 05 用鼠标选中第 10 帧，按 F5 键，在该帧上插入普通帧，选中第 6 帧，按 F6 键，在该帧上插入关键帧，如图 6-75 所示。选中第 6 帧，调出“变形”面板，将“旋转”选项设为-6，如图 6-76 所示，图形的旋转效果，如图 6-77 所示。

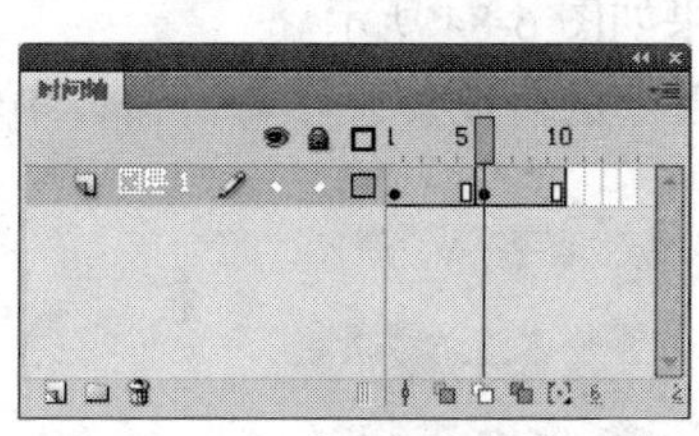

图 6-75

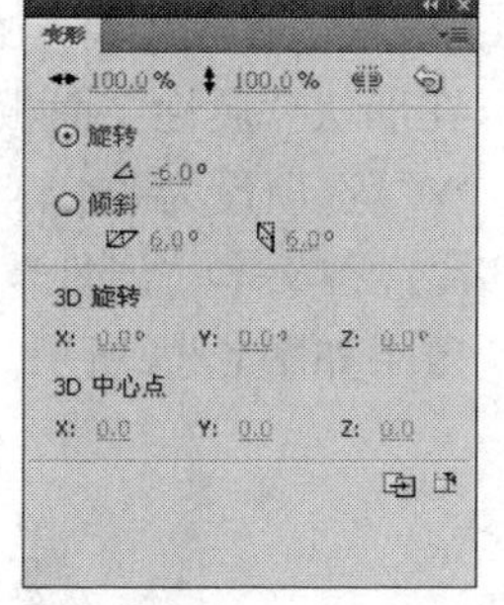

图 6-76

图 6-77

Step 06 在"库"面板下方单击"新建元件"按钮，弹出"创建新元件"对话框，在"名称"选项的文本框中输入"数字 1"，在"类型"下拉列表中选择"影片剪辑"选项，单击"确定"按钮，新建影片剪辑元件"数字 1"，如图 6-78 所示，舞台窗口也随之转换为影片剪辑元件的舞台窗口。

Step 07 选择"文本"工具，在文本"属性"面板中进行设置，在舞台窗口中输入灰色（#B7B7B7）数字"1"，并选取文字，选择"文本 > 样式 > 仿斜体"命令，将数字"1" 转换为斜体，效果如图 6-79 所示。选中第 4 帧，按 F6 键，在该帧上插入关键帧，如图 6-80 所示。选中数字"1"，在文本"属性"面板中选择"字符"选项组将"颜色"改为白色，效果如图 6-81 所示。

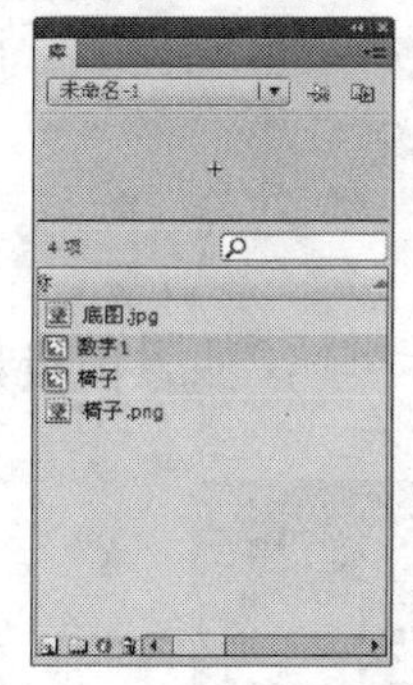

图 6-78

图 6-79

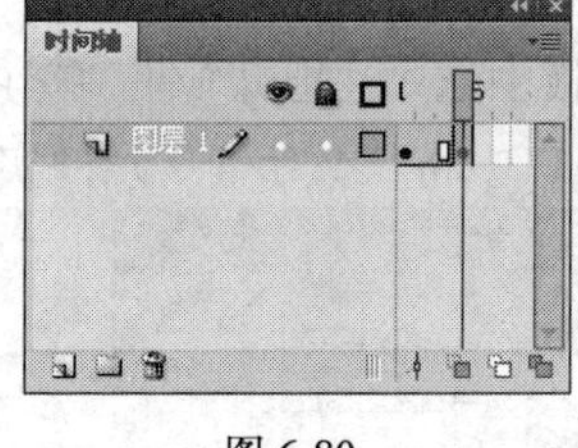

图 6-80

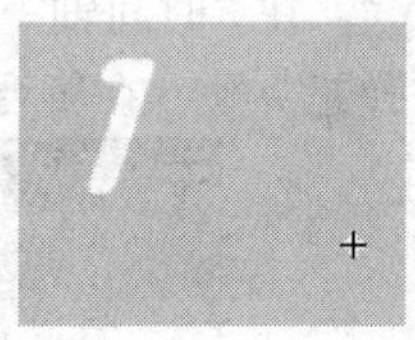

图 6-81

2．制作按钮元件

Step 01 在"库"面板下方单击"新建元件"按钮，弹出"创建新元件"对话框，在"名称"选项的文本框中输入"按钮 1"，在"类型"选项的下拉列表中选择"按钮"选项，新建按钮元件"按钮 1"，如图 6-82 所示，舞台窗口也随之转换为按钮元件的舞台窗口。在"时间轴"面板中将"图层 1"重新命名为"文字介绍"，如图 6-83 所示。

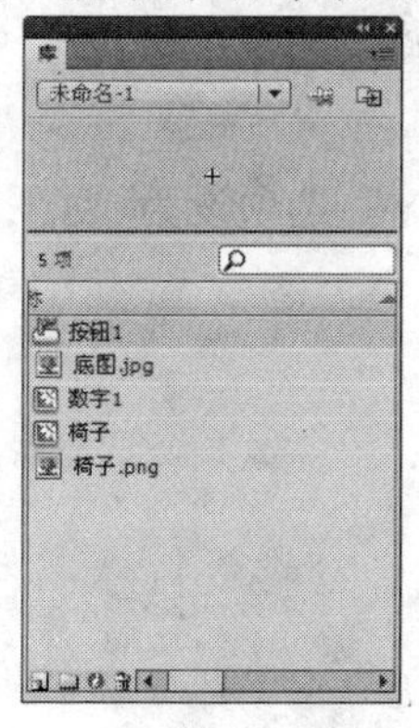

图 6-82

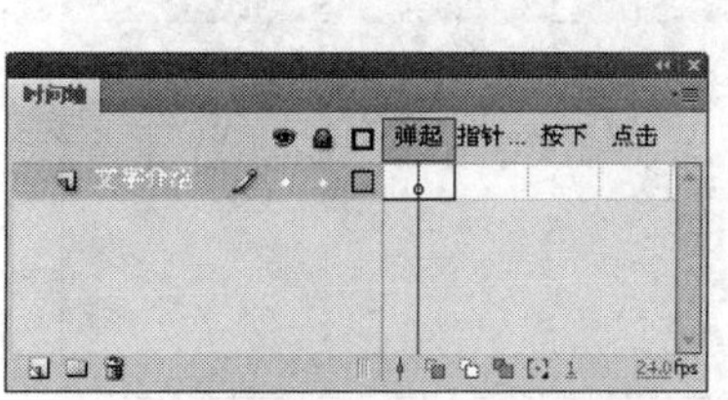

图 6-83

Step 02 选择“矩形”工具，在工具箱中将笔触颜色设为无，填充颜色设为白色。在舞台窗口中绘制一个矩形，选中矩形，在形状“属性”面板中，将“宽度”选项设为 136，“高度”选项设为 54，“X”选项设为-68.5，“Y”选项设为-26.4，效果如图 6-84 所示。

Step 03 选择“文本”工具，在文本“属性”面板中进行设置，在舞台窗口中输入深灰色（#B7B7B7）文字“休闲椅子”，效果如图 6-85 所示。

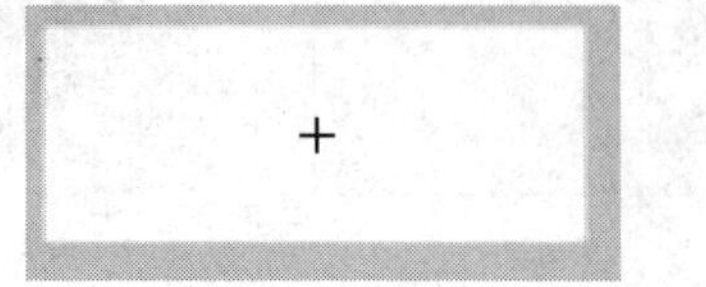

图 6-84

图 6-85

Step 04 在“时间轴”面板中选中“指针”帧，按 F5 键，在该帧上插入普通帧，如图 6-86 所示。单击“时间轴”面板下方的“新建图层”按钮，创建新图层并将其命名为“数字”。将“库”面板中的“数字 1”影片剪辑拖曳到白色矩形的左上角，在“属性”面板中，将“X”选项设为-28.2，“Y”选项设为-2.4，确定数字“1”元件实例所在的位置，如图 6-87 所示。

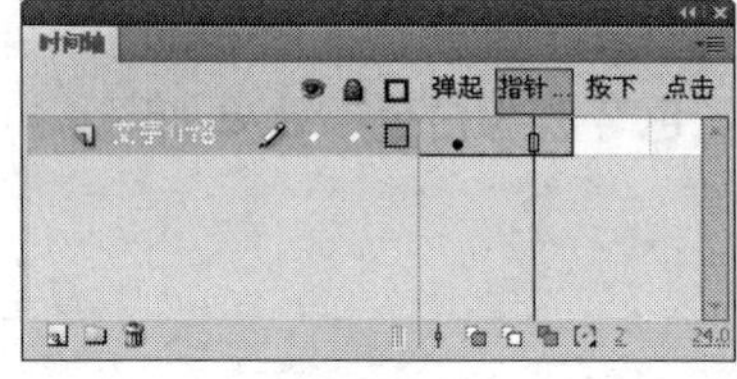

图 6-86

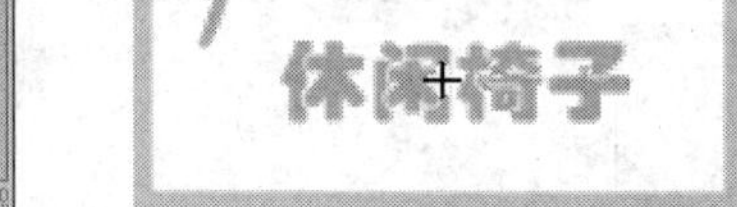

图 6-87

Step 05 在“时间轴”面板中选中“指针”帧，按 F6 键，在该帧上插入关键帧，如图 6-88 所示。选中“弹起”帧，在舞台窗口中将“数字 1”元件实例删除，如图 6-89 所示。

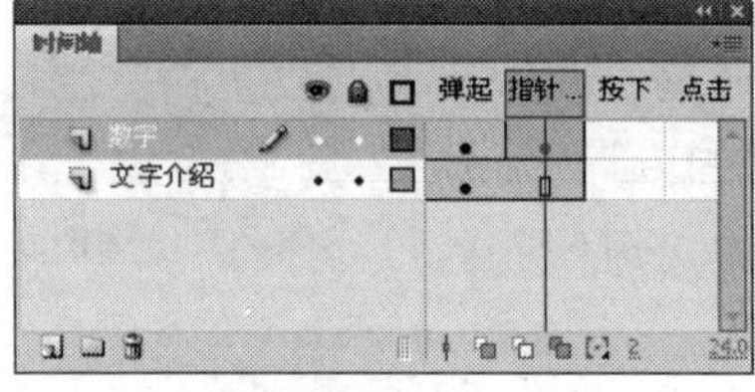

图 6-88

图 6-89

Step 06 双击“库”面板中“数字 1”影片剪辑，舞台窗口也随之转换为影片剪辑元件的舞台窗口。在“时间轴”面板中选择“图层 1”的第 1 帧，单击鼠标右键，在弹出的菜单中选择“复制帧”命令，再双击“库”面板中“按钮 1”，舞台窗口也随之转换为按钮元件的舞台窗口。在“时间轴”面板中选择“数字”图层“弹起”帧，单击鼠标右键，在弹出的菜单中选择“粘贴帧”命令，如图 6-90 所示。

Step 07 在“属性”面板中，将“X”选项设为-63，“Y”选项设为-28.3，确定数字“1”所在的位置，舞台窗口如图 6-91 所示。

图 6-90

图 6-91

Step 08 单击“时间轴”面板下方的“新建图层”按钮，创建新的图层并将其命名为“图片”。选中“弹起”帧，将“库”面板中的位图“06”拖曳到舞台窗口中，并调整大小，在“属性”面板中，将“X”选项设为 48.7，“Y”选项设为-25.9，确定位图“06”所在的位置，效果如图 6-92 所示。选中“图片”图层中的“指针”帧，按 F6 键，在该帧上插入关键帧，如图 6-93 所示。

图 6-92

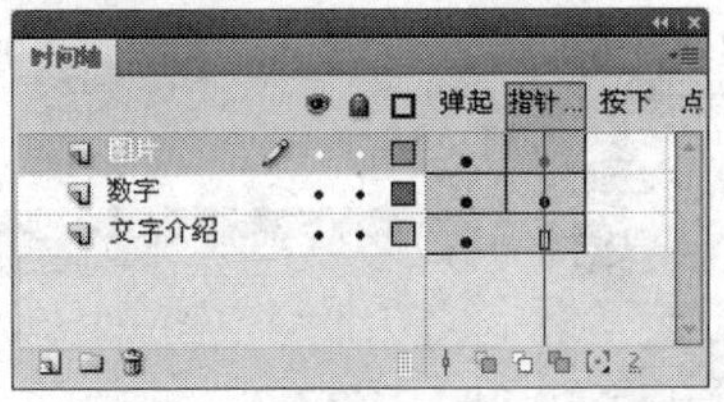

图 6-93

Step 09 在“时间轴”面板上选中“图片”的“指针”帧，在舞台窗口中将位图删除，如图 6-94 所示。将“库”面板中“椅子”影片剪辑拖曳到舞台中，并调整大小，在“属性”面板中，将“X”选项设为 48.7，“Y”选项设为-25.9，确定影片剪辑“椅子”所在的位置，如图 6-95 所示。

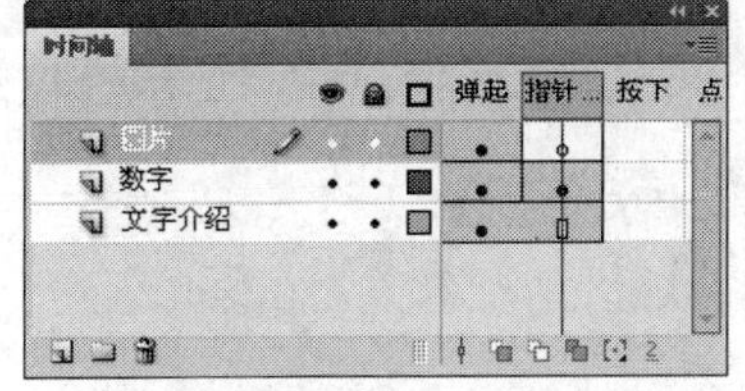

图 6-94

图 6-95

Step 10 在“时间轴”面板中将“图片”图层拖曳到“文字介绍”图层下方，如图 6-96 所示。舞台窗口如图 6-97 所示。“按钮 1”元件制作完成。

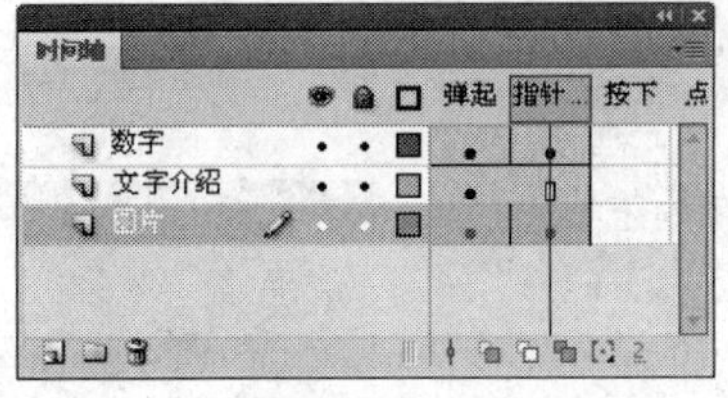

图 6-96

图 6-97

Step 11 用相同的方法导入“桌子、柜子、台灯、沙发”图片，制作元件“按钮 2”、“按钮 3”、“按钮 4”、“按钮 5”，效果如图 6-98、图 6-99、图 6-100、图 6-101 所示。

图 6-98

图 6-99

图 6-100

图 6-101

Step 12 “库”面板中的效果如图 6-102 所示。单击“时间轴”面板下方的“场景 1”图标 场景 1，进入“场景 1”的舞台窗口。选择“矩形”工具，单击工具箱下方的“对象绘制”按钮，将笔触颜色设为无，填充色设为白色，在矩形“属性”面板中，单击“将边角半径控件锁定为一个控件”按钮，其他选项的设置如图 6-103 所示。在位图的左侧绘制圆角矩形，如图 6-104 所示。

Step 13 选中“图层 1”，将“库”面板中的元件“按钮 1”、“按钮 2”、“按钮 3”、“按钮 4”、“按钮 5”分别拖曳到舞台窗口中，从上至下排列，效果如图 6-105 所示。动态菜单效果制作完成，按 Ctrl+Enter 组合键即可查看效果。

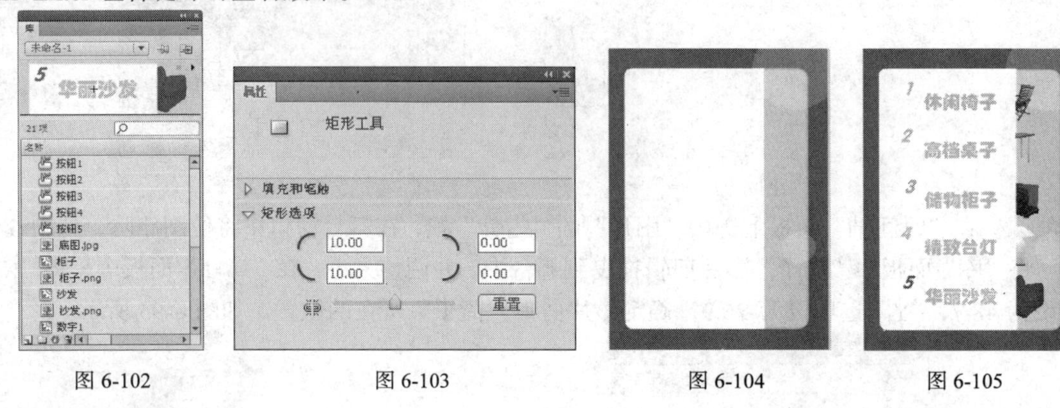

图 6-102　　图 6-103　　图 6-104　　图 6-105

6.2.2 建立实例

1. 建立图形元件的实例

选择“窗口 > 库”命令，弹出“库”面板，在面板中选中图形元件“01”，如图 6-106 所示，将其拖曳到场景中，场景中的图形就是图形元件“01”的实例，如图 6-107 所示。

选中该实例，图形“属性”面板中的效果如图 6-108 所示。

图 6-106

图 6-107

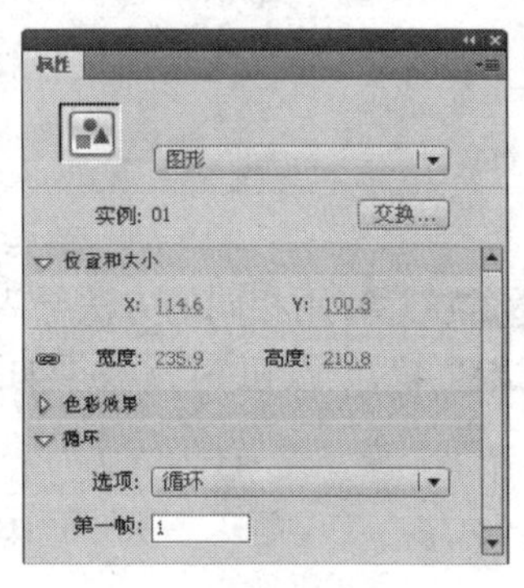

图 6-108

“交换”按钮：用于交换元件。

“X”、“Y”选项：用于设置实例在舞台中的位置。

“宽度”、“高度”选项：用于设置实例的宽度和高度。

“色彩效果”选项组中“样式”选项：用于设置实例的明亮度、色调和透明度。

在“循环”选项组的“选项”中：

“循环”：会按照当前实例占用的帧数来循环包含在该实例内的所有动画序列。

“播放一次”：从指定的帧开始播放动画序列，直到动画结束，然后停止。

"单帧"：显示动画序列的一帧。

"第一帧"选项：用于指定动画从哪一帧开始播放。

2．建立按钮元件的实例

选中"库"面板中的按钮元件"02"，如图 6-109 所示，将其拖曳到场景中，场景中的图形就是按钮元件"02"的实例，如图 6-110 所示。

选中该实例，按钮"属性"面板中的效果如图 6-111 所示。

图 6-109

图 6-110

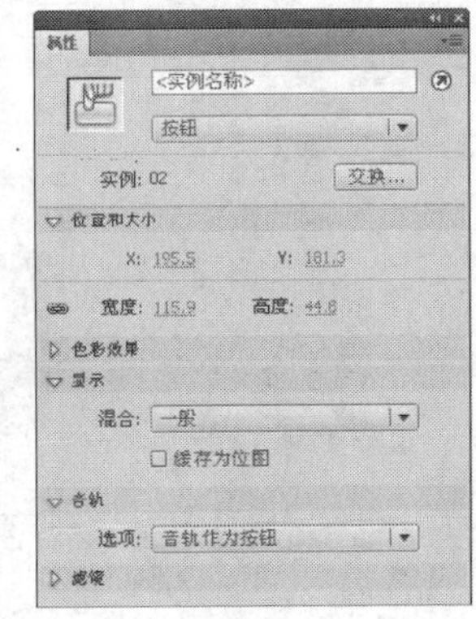

图 6-111

"实例名称"选项：可以在选项的文本框中为实例设置一个新的名称。

在"音轨"选项组中的"选项"中有以下几种。

"音轨作为按钮"：选择此选项，在动画运行中，当按钮元件被按下时画面上的其他对象不再响应鼠标操作。

"音轨作为菜单项"：选择此选项，在动画运行中，当按钮元件被按下时其他对象还会响应鼠标操作。

按钮"属性"面板中的其他选项与图形"属性"面板中的选项作用相同，不再一一讲述。

3．建立影片剪辑元件的实例

选中"库"面板中的影片剪辑元件"03"，如图 6-112 所示，将其拖曳到场景中，场景中的图形就是影片剪辑元件"03"的实例，如图 6-113 所示。

选中该实例，影片剪辑"属性"面板中的效果如图 6-114 所示。

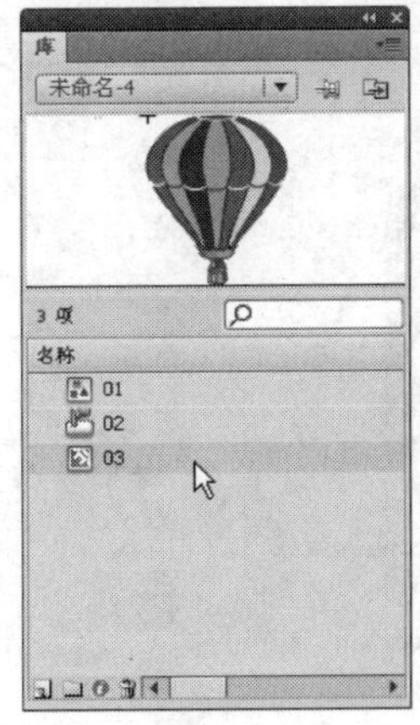

图 6-112

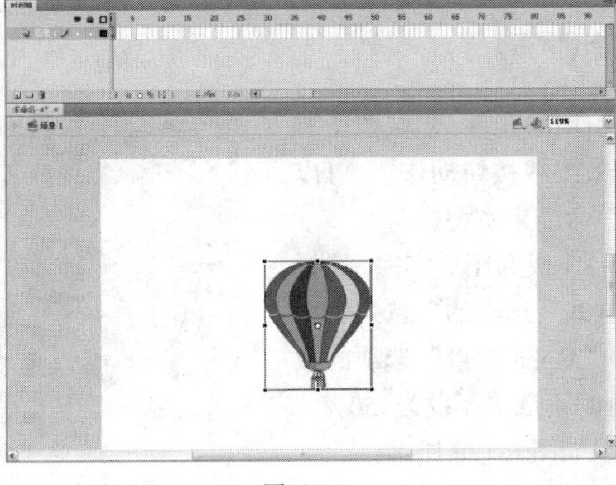

图 6-113

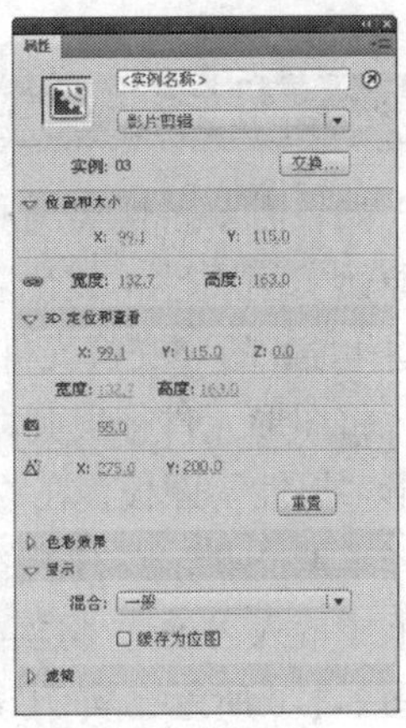

图 6-114

影片剪辑“属性”面板中的选项与图形“属性”面板、按钮“属性”面板中的选项作用相同，不再一一讲述。

6.2.3 转换实例的类型

每个实例最初的类型，都是延续了其对应元件的类型，可以将实例的类型进行转换。

在舞台上选择图形实例，如图 6-115 所示，图形“属性”面板如图 6-116 所示。

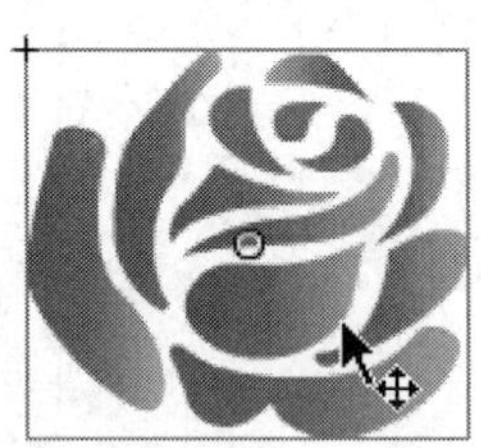

图 6-115

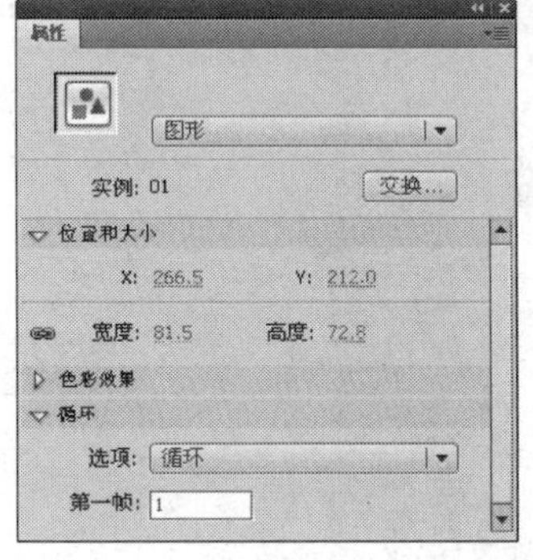

图 6-116

在“属性”面板的左上方，选择“元件行为”选项下拉列表中的“影片剪辑”，如图 6-117 所示，图形“属性”面板转换为影片剪辑“属性”面板，实例类型从图形转换为影片剪辑，如图 6-118 所示。

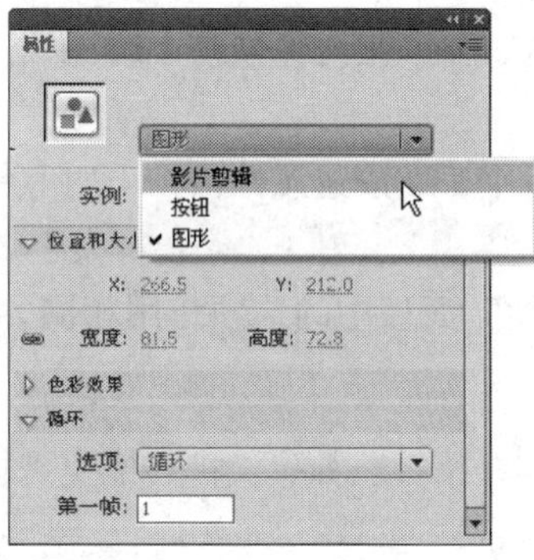

图 6-117

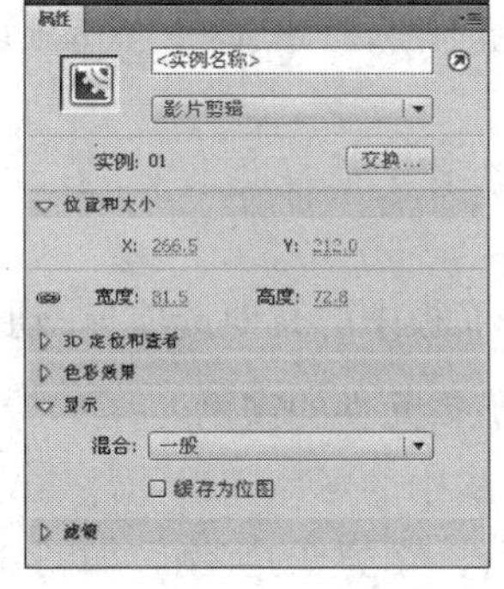

图 6-118

6.2.4 替换实例引用的元件

如果需要替换实例所引用的元件，但保留所有的原始实例属性（如色彩效果或按钮动作），可以通过 Flash 的“交换元件”命令来实现。

将图形元件拖曳到舞台中成为图形实例，选择图形“属性”面板，在“样式”选项的下拉列表中选择“Alpha”，在右侧的“Alpha 数量”选项的数值框中输入 50%，将实例的不透明度设为 50%，如图 6-119 所示，实例效果如图 6-120 所示。

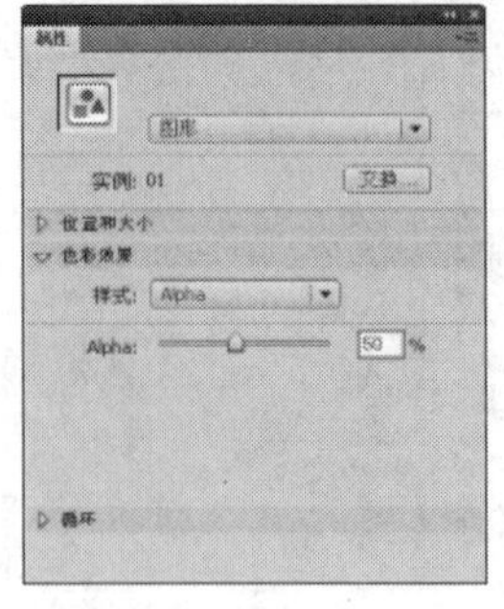

图 6-119

图 6-120

单击图形“属性”面板中的“交换元件”按钮

交换...，弹出“交换元件”对话框，在对话框中选中按钮元件“03”，如图 6-121 所示，单击“确定”按钮，实例的图形发生变化，但不透明度没有改变，如图 6-122 所示。

图形“属性”面板中的效果如图 6-123 所示，元件替换完成。

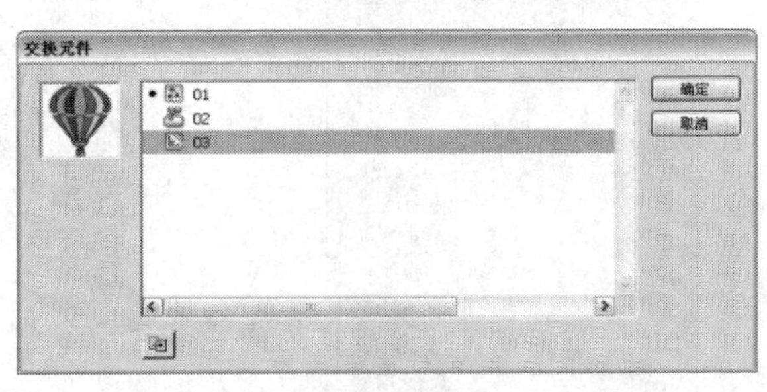

图 6-121

图 6-122

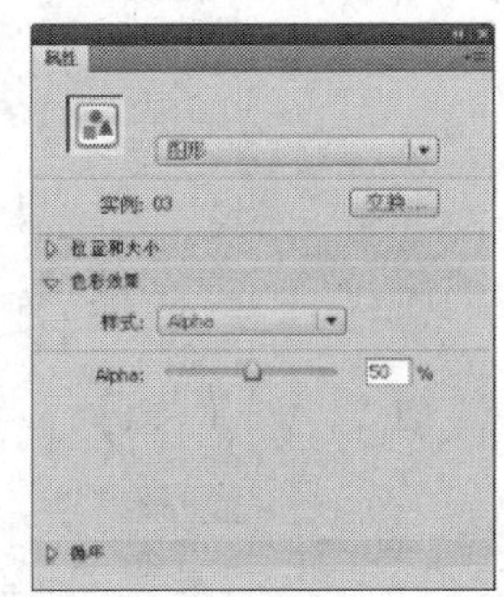

图 6-123

还可以在“交换元件”对话框中单击“复制元件”按钮，如图 6-124 所示，弹出“直接复制元件”对话框，在“元件名称”选项中可以设置复制元件的名称，如图 6-125 所示。

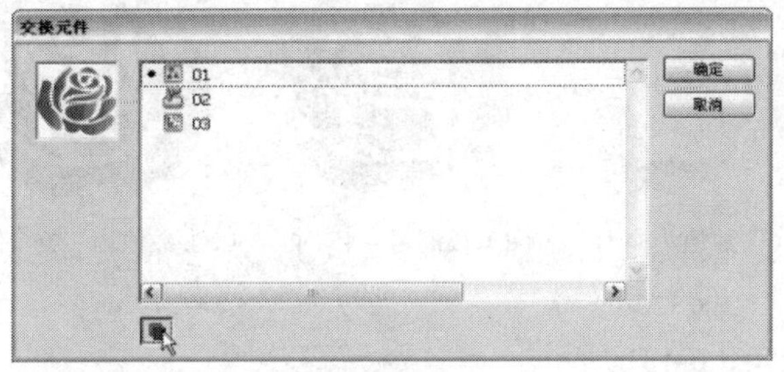

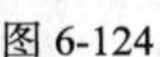

图 6-124

图 6-125

单击“确定”按钮，复制出新的元件“01 副本”，如图 6-126 所示。单击“确定”按钮，元件被新复制的元件替换，图形“属性”面板中的效果如图 6-127 所示。

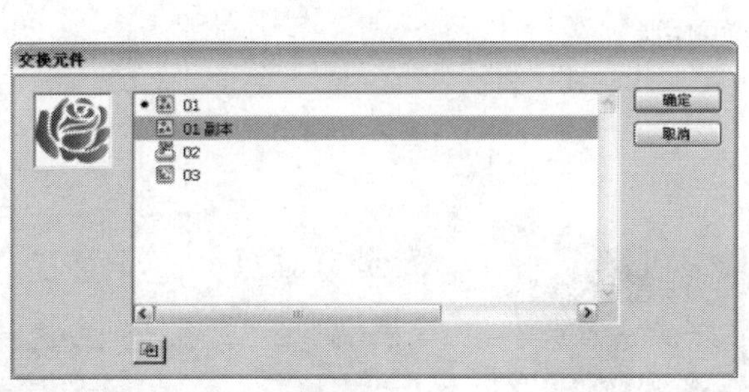

图 6-126

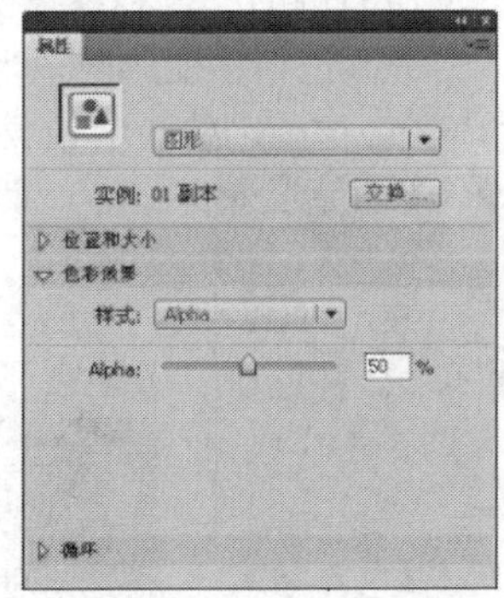

图 6-127

6.2.5 改变实例的颜色和透明效果

在舞台中选中实例，在“属性”面板中选择“样式”选项的下拉列表，如图 6-128 所示。

“无”选项：表示对当前实例不进行任何更改。如果对实例以前做的变化效果不满意，可以选择此选项，取消实例的变化效果，再重新设置新的效果。

“亮度”选项：用于调整实例的明暗对比度。

可以在“亮度数量”选项中直接输入数值，也可以拖曳右侧的滑块来设置数值，如图 6-129 所示。其默认的数值为 0，取值范围为-100~100。当取值大于 0 时，实例变亮；当取值小于 0 时，实例变暗。

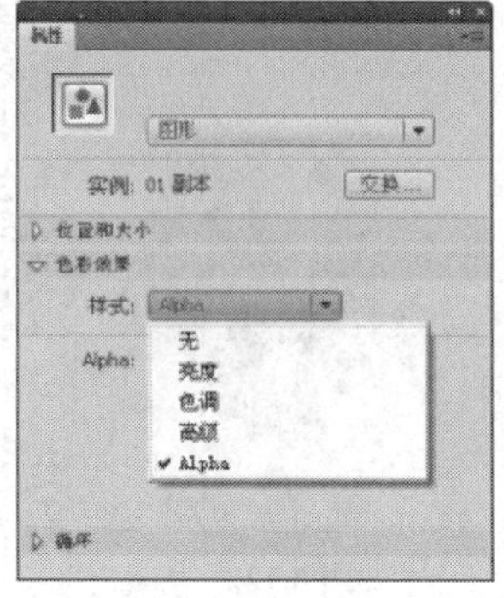

图 6-128

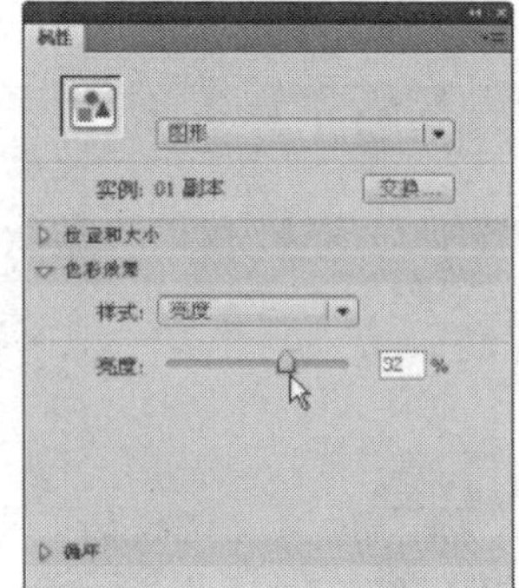

图 6-129

输入不同数值，实例的不同的亮度效果如图 6-130 所示。

（a）数值为 75 时

（b）数值为 45 时

（c）数值为 0 时

（d）数值为 – 45 时

（e）数值为 – 75 时

图 6-130

“色调”选项：用于为实例增加颜色，如图 6-131 所示。

可以单击颜色按钮 ，在弹出的色板中选择要应用的颜色，如图 6-132 所示。应用颜色后实例效果如图 6-133 所示。

在颜色按钮右侧的“色彩数量”选项中设置数值，如图 6-134 所示。数值范围为 0~100。当数值为 0 时，实例颜色将不受影响。当数值为 100 时，实例的颜色将完全被所选颜色取代。也可以在“RGB”选项的数值框中输入数值来设置颜色。

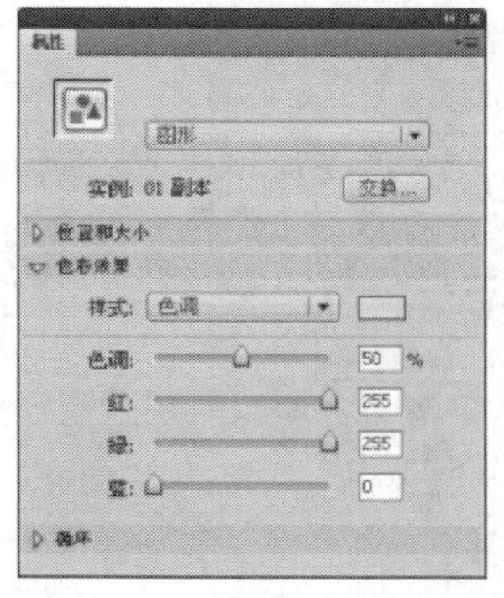

图 6-131

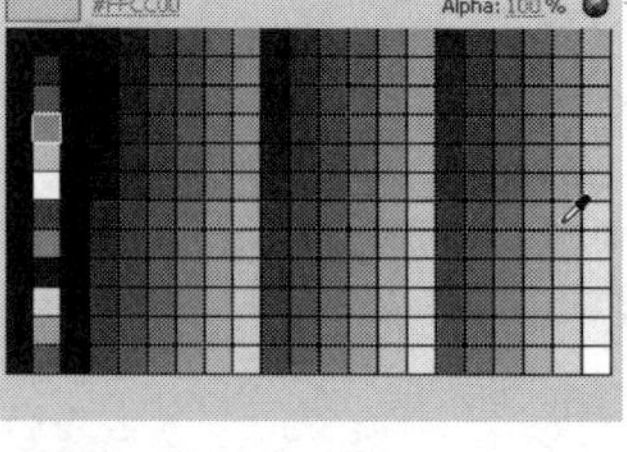

图 6-132

图 6-133

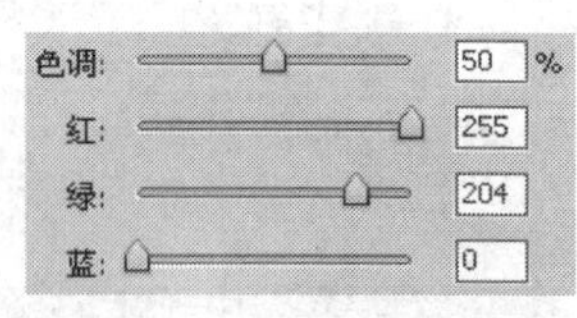

图 6-134

“Alpha”选项：用于设置实例的透明效果，如图 6-135 所示。数值范围为 0~100。数值为 0 时实例不透明，数值为 100 时实例消失。

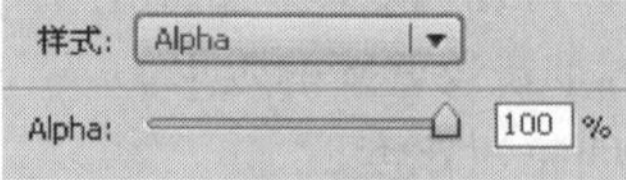

图 6-135

输入不同数值，实例的不透明度效果如图 6-136 所示。

（a）数值为 30 时

（b）数值为 60 时

（c）数值为 90 时

（d）数值为 100 时

图 6-136

“高级”选项：用于设置实例的颜色和透明效果，可以分别调节“红”、“绿”、“蓝”和“Alpha”的值。

在舞台中选中实例，如图 6-137 所示，选择“高级”选项，在“色彩效果”对话框中设置各个选项的数值，如图 6-138 所示，单击“确定”按钮，设置完成，如图 6-139 所示。

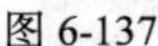
图 6-137

图 6-138

图 6-139

6.2.6　分离实例

选中实例，如图 6-140 所示。选择“修改 > 分离”命令，或按 Ctrl+B 组合键，将实例分离为图形，即填充色和线条的组合，如图 6-141 所示。选择“颜料桶”工具，设置不同的填充颜色，改变图形的填充色，如图 6-142 所示。

图 6-140

图 6-141

图 6-142

6.2.7　元件编辑模式

元件创建完毕后常常需要修改，此时需要进入元件编辑状态，修改完元件后又需要退出元件编辑状态进入主场景编辑动画。

（1）进入组件编辑模式，可以通过以下几种方式。

- 在主场景中双击元件实例进入元件编辑模式。
- 在“库”面板中双击要修改的元件进入元件编辑模式。
- 在主场景中用鼠标右键单击元件实例，在弹出的菜单中选择“编辑”命令进入元件编辑模式。

- 在主场景中选择元件实例后，选择“编辑 > 编辑元件”命令进入元件编辑模式。

（2）退出元件编辑模式，可以通过以下几种方式。

- 单击舞台窗口左上方的场景名称，进入主场景窗口。
- 选择“编辑 > 编辑文档”命令，进入主场景窗口。

6.3 课堂练习——制作转动文字效果

练习知识要点：使用库面板创建图形元件，使用属性面板改变元件的颜色，使用变形面板将元件变形，如图 6-143 所示。

效果所在位置：光盘/Ch06/效果/制作转动文字效果.fla。

图 6-143

6.4 课后习题——制作单选按钮

习题知识要点：使用多角星工具绘制按钮效果，使用文本工具添加文字，使用动作面板设置脚本语言，如图 6-144 所示。

效果所在位置：光盘/Ch06/效果/制作单选按钮.fla。

图 6-144

第7章 基本动画的制作

在 Flash CS4 动画的制作过程中，时间轴和帧起到了关键性的作用。本章将介绍动画中帧和时间轴的使用方法及应用技巧。读者通过学习要了解并掌握如何灵活地应用帧和时间轴，并根据设计需要制作出丰富多彩的动画效果。

【教学目标】

- 帧与时间轴。
- 帧动画。
- 形状补间动画。
- 传统补间动画。
- 色彩变化动画。

7.1 帧与时间轴

要将一幅幅静止的画面按照某种顺序快速地、连续地播放，需要用时间轴和帧来为它们完成时间和顺序的安排。

7.1.1 课堂案例——制作打字效果

案例学习目标：使用逐帧动画制作打字效果。

案例知识要点：使用刷子工具绘制光标图形，使用文本工具添加文字，使用翻转帧命令将帧进行翻转，如图 7-1 所示。

图 7-1

效果所在位置：光盘/Ch07/效果/制作打字效果.fla。

1．导入图形并绘制光标图形

Step 01 选择“文件 > 新建”命令，在弹出的“新建文档”对话框中选择“Flash 文档”选项，单击“确定”按钮，进入新建文档舞台窗口。选择“文件 > 导入 > 导入到库”命令，在弹出的“导入”对话框中选择“Ch07 > 素材 > 制作打字效果 > 背景”文件，单击“打开”按钮，文件被导入到“库”面板中，如图 7-2 所示。

Step 02 在“库”面板下方单击“新建元件”按钮，弹出“创建新元件”对话框，在“名称”选项的文本框中输入“光标”，在“类型”下拉列表中选择“图形”选项，单击“确定”按钮，新建图形元件“光标”，如图 7-3 所示，舞台窗口也随之转换为图形元件的舞台窗口。

Step 03 选择“刷子”工具，在刷子工具“属性”面板中将“平滑度”选项设为 0，在舞台窗口中绘制一道深红色（#9B0000）“光标”，效果如图 7-4 所示。

Step 04 在“库”面板下方单击“新建元件”按钮，弹出“创建新元件”对话框，在“名称”选项的文本框中输入“文字动”，在“类型”下拉列表中选择“影片剪辑”选项，单击“确定”按钮，新建影片剪辑元件“文字动”，如图 7-5 所示，舞台窗口也随之转换为影片剪辑元件的舞台窗口。

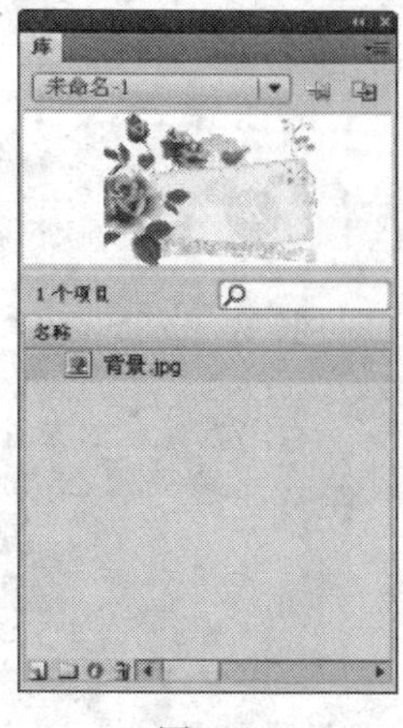

图 7-2

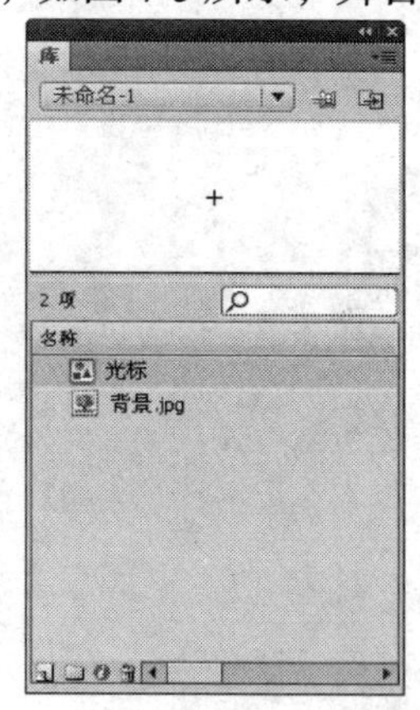

图 7-3

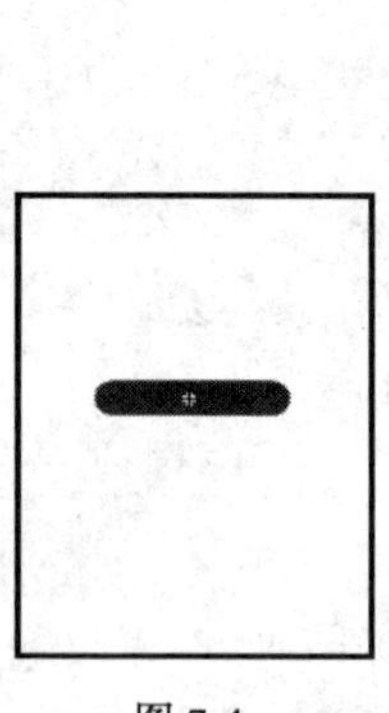

图 7-4

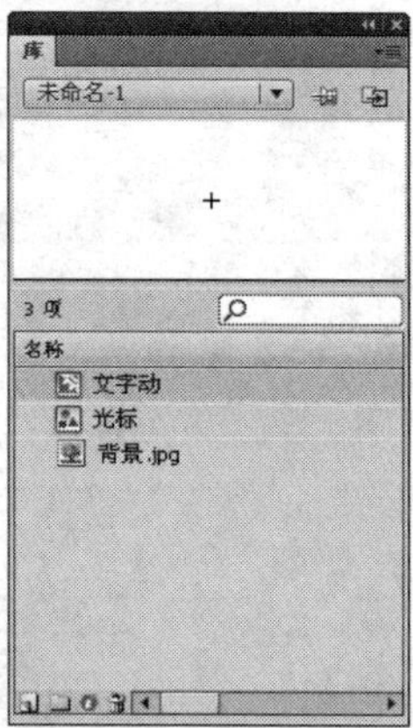

图 7-5

2．添加文字并制作打字效果

Step 01 将“图层 1”重新命名为“文字”，选择“文本”工具 T，在文字“属性”面板中进行设置，在舞台窗口中输入需要的深红色(#9B0000)祝福语文字，效果如图 7-6 所示。在“时间轴”面板中选中第 5 帧，按 F6 键，在该帧上插入关键帧。

Step 02 单击“时间轴”面板下方的“新建图层”按钮，创建新图层并将其命名为“光标”。选中“光标”图层的第 5 帧，按 F6 键，在该帧上插入关键帧，如图 7-7 所示。将“库”面板中的图形元件“光标”拖曳到舞台窗口中，选择“窗口 > 变形”命令，弹出“变形”面板，在面板中设置光标图形的大小，如图 7-8 所示。

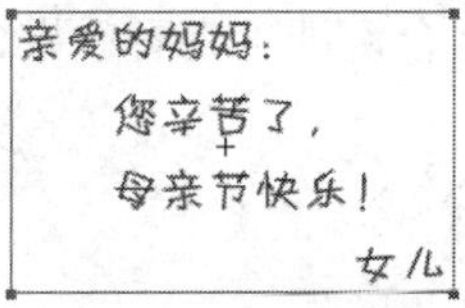

图 7-6

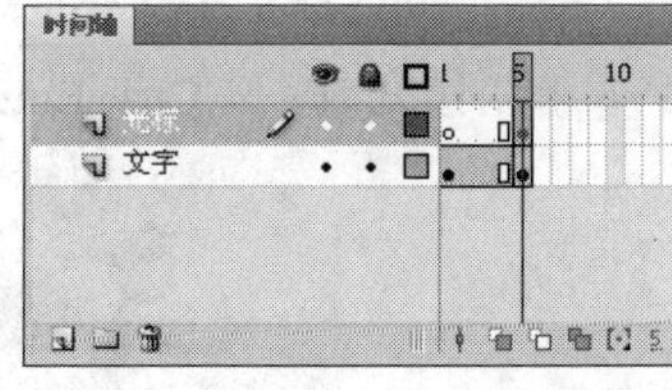

图 7-7

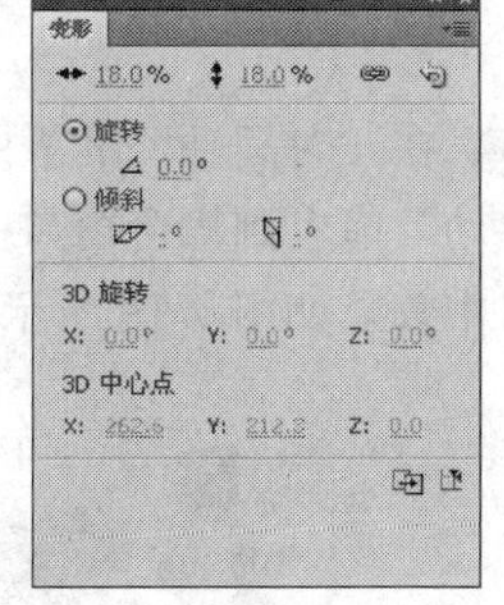

图 7-8

Step 03 将光标移动到祝福语中“儿”字的下方，效果如图 7-9 所示。选中“文字”图层的第 5 帧，选择“文本”工具 T，将光标上方的“儿”字删除，效果如图 7-10 所示。分别选中“文字”图层和“光标”图层的第 9 帧，在选中的帧上插入关键帧，如图 7-11 所示。

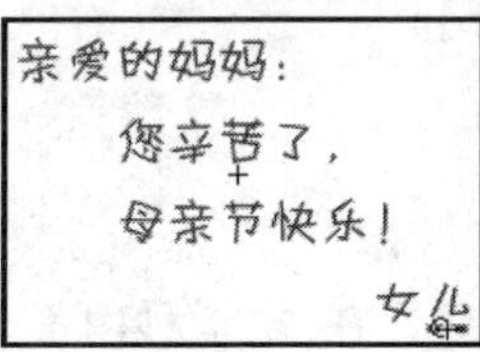

图 7-9

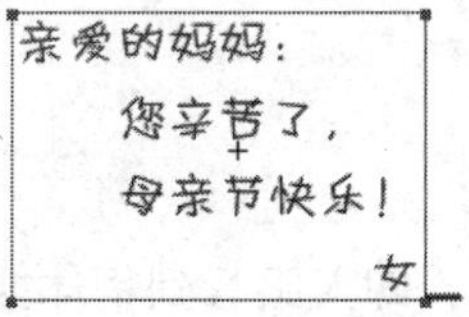

图 7-10

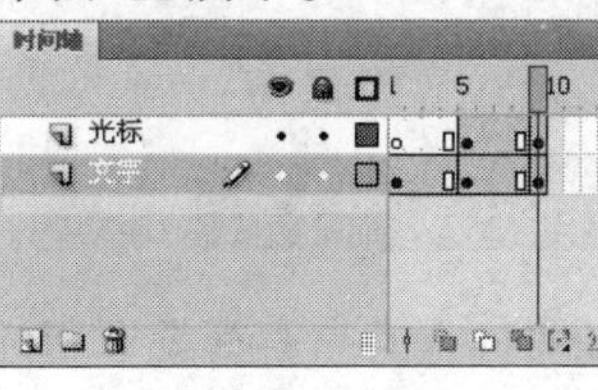

图 7-11

Step 04 选中“光标”图层的第 9 帧，将光标平移到祝福语中“女”字的下方，效果如图 7-12 所示。选中“文字”图层的第 9 帧，将光标上方的“女”字删除，效果如图 7-13 所示。

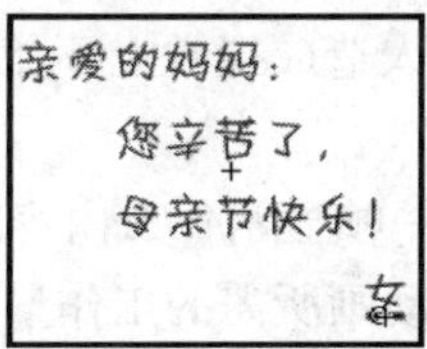

图 7-12

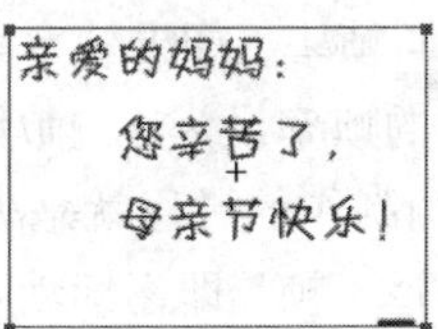

图 7-13

Step 05 用相同的方法，每间隔 4 帧插入一个关键帧，在插入的帧上将光标移动到前一个字的下方，并删除该字，直到删除完所有的字，如图 7-14 所示，舞台窗口中的效果如图 7-15 所示。

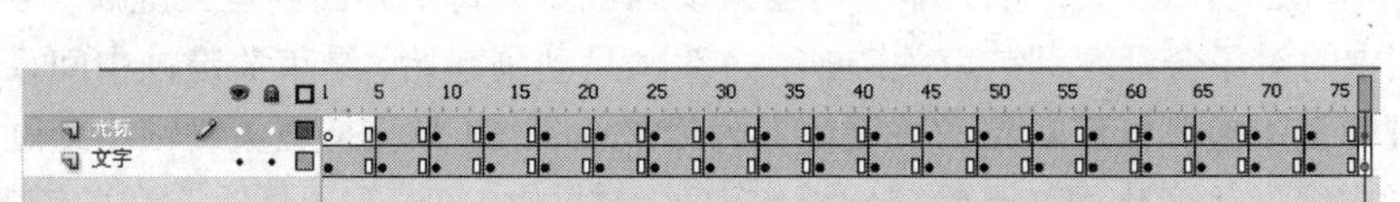

图 7-14

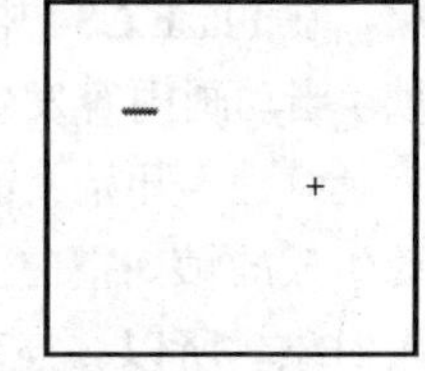
图 7-15

Step 06 按住 Shift 键的同时，单击“文字”图层和“光标”图层的图层名称，选中 2 个图层中的所有帧，选择“修改 > 时间轴 > 翻转帧”命令，对所有帧进行翻转，如图 7-16 所示。单击“时间轴”面板下方的“场景 1”图标 场景 1，进入“场景 1”的舞台窗口，将“图层 1”重新命名为“背景图”。将“库”面板中的图形元件“背景”拖曳到舞台窗口中，效果如图 7-17 所示。

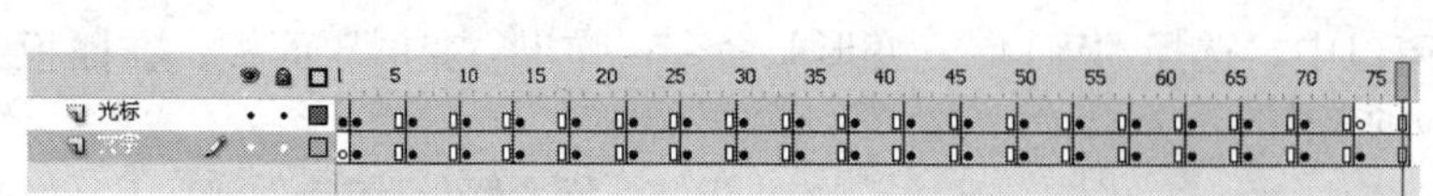

图 7-16

图 7-17

Step 07 在“时间轴”面板中创建新图层并将其命名为“打字”，将“库”面板中的影片剪辑元件“文字动”拖曳到舞台窗口中，按 Ctrl+T 组合键，在“变形”面板中将“旋转”选项设为-5，舞台窗口中效果如图 7-18 所示。打字效果制作完成，按 Ctrl+Enter 组合键即可查看效果，如图 7-19 所示。

图 7-18

图 7-19

7.1.2 动画中帧的概念

医学证明，人类具有视觉暂留的特点，即人眼看到物体或画面后，在 1/24 秒内不会消失。利用这一原理，在一幅画没有消失之前播放下一幅画，就会给人造成流畅的视觉变化效果。所以，动画就是通过连续播放一系列静止画面，给视觉造成连续变化的效果。

在 Flash CS4 中，这一系列单幅的画面就叫帧，它是 Flash CS4 动画中最小时间单位里出现的画面。每秒钟显示的帧数叫帧率，如果帧率太慢就会给人造成视觉上不流畅的感觉。所以，按照人的视觉原理，一般将动画的帧率设为 24 帧/秒。

在 Flash CS4 中，动画制作的过程就是决定动画每一帧显示什么内容的过程。用户可以像传统动画一样自己绘制动画的每一帧，即逐帧动画。但逐帧动画所需的工作量非常大，为此，Flash CS4 还提供了一种简单的动画制作方法，即采用关键帧处理技术的插值动画。插值动画又分为运动动画和变形动画两种。

制作插值动画的关键是绘制动画的起始帧和结束帧，中间帧的效果由 Flash CS4 自动计算得出。为此，在 Flash CS4 中提供了关键帧、过渡帧、空白关键帧的概念。关键帧描绘动画的起始帧和结束帧。当动画内容发生变化时必须插入关键帧，即使是逐帧动画也要为每个画面创建关键帧。关键帧有延续性，开始关键帧中的对象会延续到结束关键帧。过渡帧是动画起始、结束关键帧中间系统自动生成的帧。空白关键帧是不包含任何对象的关键帧。因为 Flash CS4 只支持在关键帧中绘画或插入对象。所以，当动画内容发生变化而又不希望延续前面关键帧的内容时需要插入空白关键帧。

7.1.3　帧的显示形式

在 Flash CS4 动画制作过程中，帧包括下述多种显示形式。

1．空白关键帧

在时间轴中，白色背景带有黑圈的帧为空白关键帧。表示在当前舞台中没有任何内容，如图 7-20 所示。

2．关键帧

在时间轴中，灰色背景带有黑点的帧为关键帧。表示在当前场景中存在一个关键帧，在关键帧相对应的舞台中存在一些内容，如图 7-21 所示。

在时间轴中，存在多个帧。带有黑色圆点的第 1 帧为关键帧，最后 1 帧上面带有黑的矩形框，为普通帧。除了第 1 帧以外，其他帧均为普通帧，如图 7-22 所示。

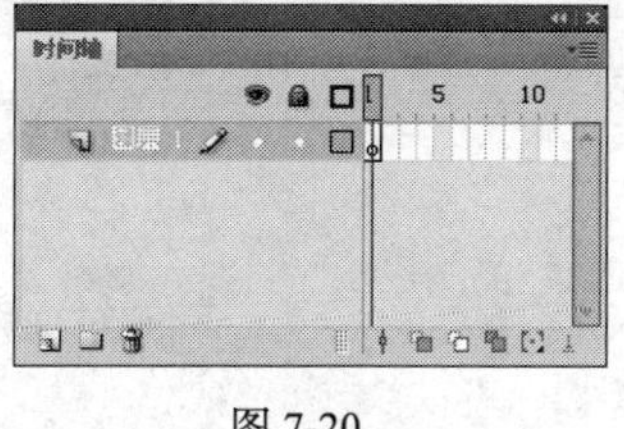

图 7-20

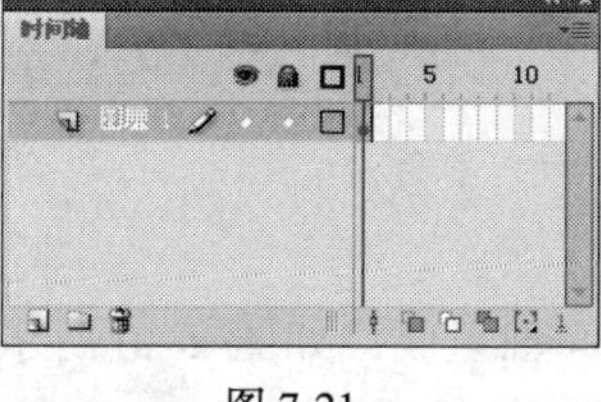

图 7-21

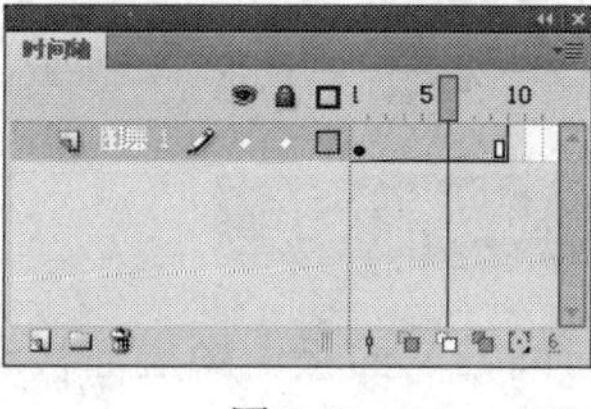

图 7-22

3．传统补间帧

在时间轴中，带有黑色圆点的第 1 帧和最后 1 帧为关键帧，中间蓝色背景带有黑色箭头的帧为补间帧，如图 7-23 所示。

4．形状补间帧

在时间轴中，带有黑色圆点的第 1 帧和最后 1 帧为关键帧，中间绿色背景带有黑色箭头的帧为补间帧，如图 7-24 所示。

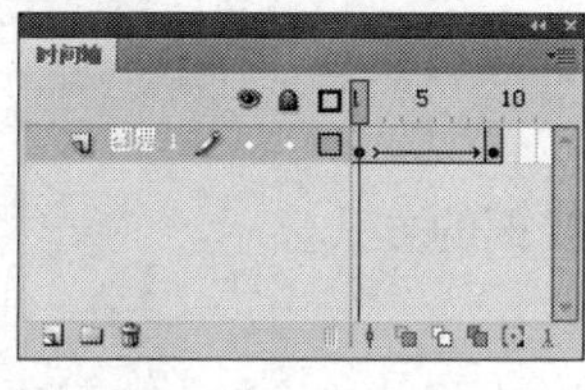

图 7-23

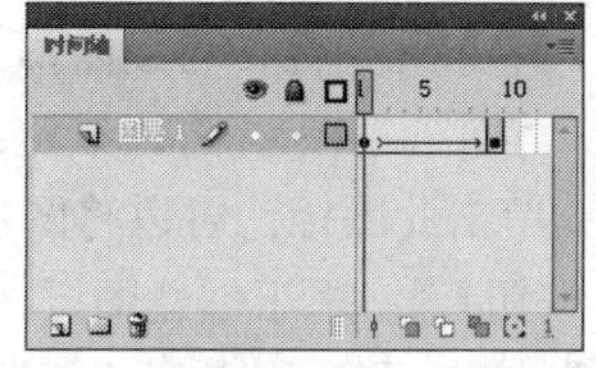

图 7-24

在时间轴中，帧上出现虚线，表示是未完成或中断了的补间动画，虚线表示不能够生成补间帧，如图 7-25 所示。

5．包含动作语句的帧

在时间轴中，第 1 帧上出现一个字母“a”，表示这 1 帧中包含了使用“动作”面板设置的动作语句，如图 7-26 所示。

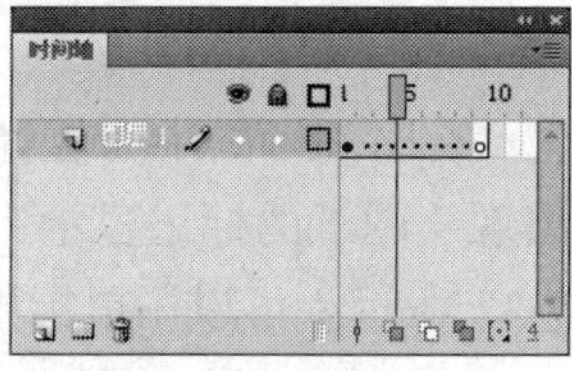

图 7-25

图 7-26

6．帧标签

在时间轴中，第 1 帧上出现一只红旗，表示这一帧的标签类型是名称。红旗右侧的“wo”是帧标签的名称，如图 7-27 所示。

在时间轴中，第 1 帧上出现两条绿色斜杠，表示这一帧的标签类型是注释，如图 7-28 所示。帧注释是对帧的解释，帮助理解该帧在影片中的作用。

在时间轴中，第 1 帧上出现一个金色的锚，表示这一帧的标签类型是锚记，如图 7-29 所示。帧锚记表示该帧是一个定位，方便浏览者在浏览器中快进、快退。

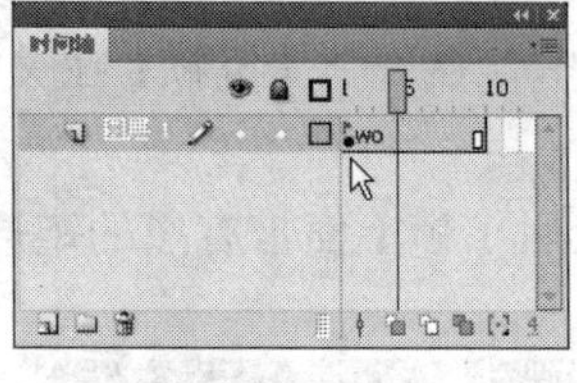
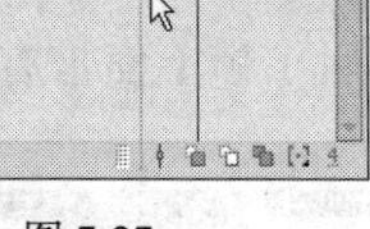

图 7-27

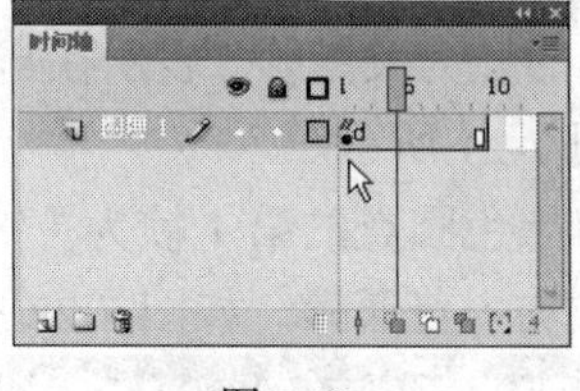

图 7-28

图 7-29

7.1.4 时间轴面板

“时间轴”面板由图层面板和时间轴组成，如图 7-30 所示。

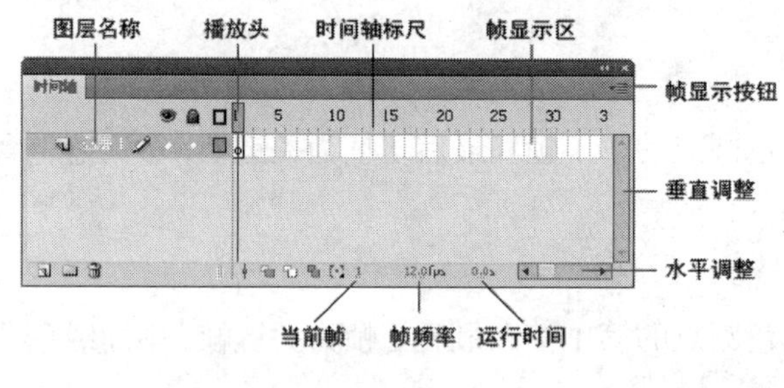

图 7-30

眼睛图标：单击此图标，可以隐藏或显示图层中的内容。

锁状图标：单击此图标，可以锁定或解锁图层。

线框图标：单击此图标，可以将图层中的内容以线框的方式显示。

“新建图层”按钮：用于创建图层。

“新建文件夹”按钮：用于创建图层文件夹。

“删除”按钮：用于删除无用的图层。

7.1.5 绘图纸（洋葱皮）功能

一般情况下，Flash CS4 的舞台只能显示当前帧中的对象。如果希望在舞台上出现多帧对象以帮助当前帧对象的定位和编辑，Flash CS4 提供的绘图纸（洋葱皮）功能可以将其实现。

时间轴面板下方的按钮功能如下。

“帧居中”按钮：单击此按钮，播放头所在帧会显示在时间轴的中间位置。

“绘图纸外观”按钮：单击此按钮，时间轴标尺上出现绘图纸的标记显示，如图 7-31 所示，在标记范围内的帧上的对象将同时显示在舞台中，如图 7-32 所示。可以用鼠标拖曳标记点来增加显示的帧数，如图 7-33 所示。

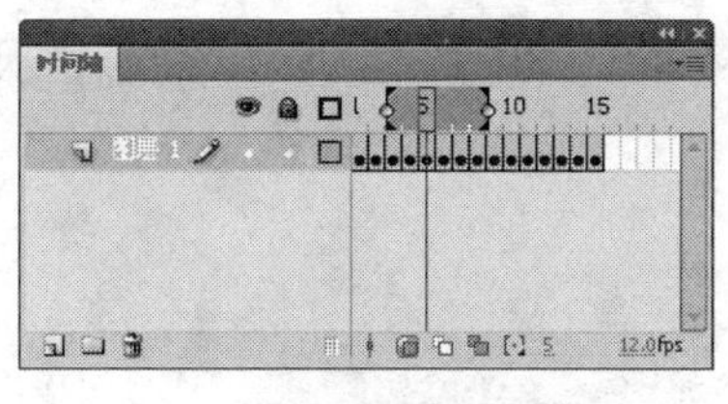

图 7-31

图 7-32

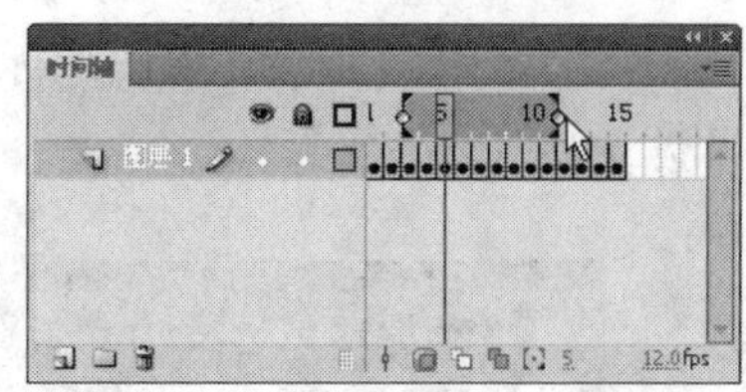

图 7-33

"绘图纸外观轮廓"按钮 ：单击此按钮，时间轴标尺上出现绘图纸的标记显示，如图 7-34 所示，在标记范围内的帧上的对象将以轮廓线的形式同时显示在舞台中，如图 7-35 所示。

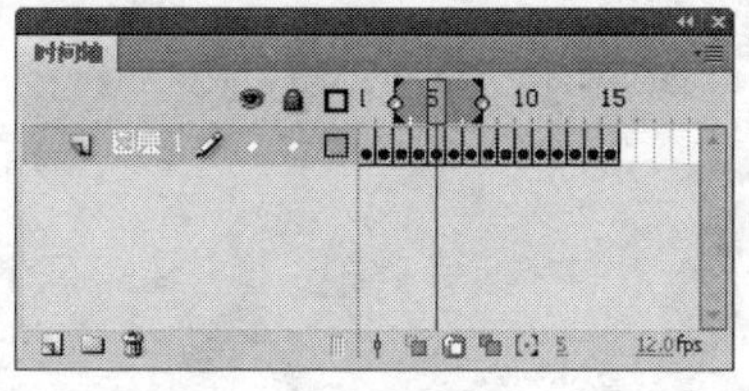

图 7-34

图 7-35

"编辑多个帧"按钮 ：单击此按钮，如图 7-36 所示，绘图纸标记范围内的帧上的对象将同时显示在舞台中，可以同时编辑所有的对象，如图 7-37 所示。

"修改绘图纸标记"按钮 ：单击此按钮，弹出下拉菜单，如图 7-38 所示。

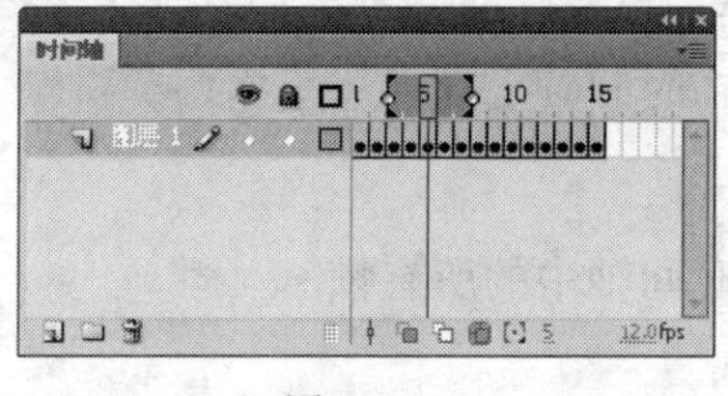

图 7-36

图 7-37

始终显示标记

锚记绘图纸

绘图纸 2

绘图纸 5

所有绘图纸

图 7-38

"始终显示标记"命令：选择此命令，在时间轴标尺上总是显示出绘图纸标记。

"锚记绘图纸"命令：选择此命令，将锁定绘图纸标记的显示范围，移动播放头将不会改变显示范围，如图 7-39 所示。

"绘图纸 2"命令：绘图纸标记显示范围为当前帧的前 2 帧开始，到当前帧的后 2 帧结束，如图 7-40 所示，图形显示效果如图 7-41 所示。

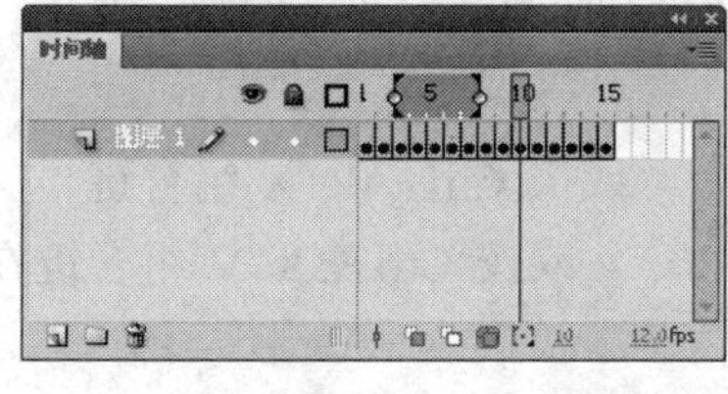

图 7-39

图 7-40

图 7-41

"绘图纸 5"命令：绘图纸标记显示范围为当前帧的前 5 帧开始，到当前帧的后 5 帧结束，如图 7-42 所示，图形显示效果如图 7-43 所示。

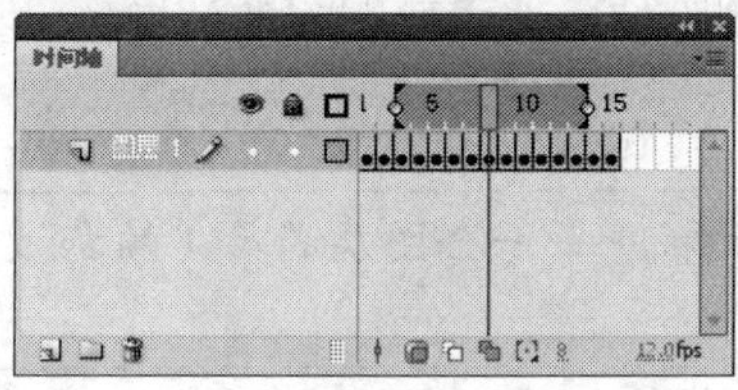

图 7-42

图 7-43

“所有绘图纸”命令：绘图纸标记显示范围为时间轴中的所有帧，如图 7-44 所示，图形显示效果如图 7-45 所示。

图 7-44

图 7-45

7.1.6 在时间轴面板中设置帧

在时间轴面板中，可以对帧进行一系列的操作。

1．插入帧

选择“插入 > 时间轴 > 帧”命令，或按 F5 键，可以在时间轴上插入一个普通帧。

选择“插入 > 时间轴 > 关键帧”命令，或按 F6 键，可以在时间轴上插入一个关键帧。

选择“插入 > 时间轴 > 空白关键帧”命令，可以在时间轴上插入一个空白关键帧。

2．选择帧

选择“编辑 > 时间轴 > 选择所有帧”命令，选中时间轴中的所有帧。

单击要选的帧，帧变为深色。

用鼠标选中要选择的帧，再向前或向后进行拖曳，其间鼠标经过的帧全部被选中。

按住 Ctrl 键的同时，用鼠标单击要选择的帧，可以选择多个不连续的帧。

按住 Shift 键的同时，用鼠标单击要选择的两个帧，这两个帧中间的所有帧都被选中。

3．移动帧

选中一个或多个帧，按住鼠标，移动所选帧到目标位置。在移动过程中，如果按住 Alt 键，会在目标位置上复制出所选的帧。

选中一个或多个帧，选择“编辑 > 时间轴 > 剪切帧”命令，或按 Ctrl+Alt+X 组合键，剪切所选的帧；选中目标位置，选择“编辑 > 时间轴 > 粘贴帧”命令，或按 Ctrl+Alt+V 组合键在目标位置上粘贴所选的帧。

4．删除帧

用鼠标右键单击要删除的帧，在弹出的菜单中选择“清除帧”命令。

选中要删除的普通帧，按 Shift+F5 组合键，删除帧。选中要删除的关键帧，按 Shift+F6 组合键，删除关键帧。

提示： 在 Flash CS4 系统默认状态下，时间轴面板中每一个图层的第 1 帧都被设置为关键帧。后面插入的帧将拥有第 1 帧中的所有内容。

7.2 帧动画

应用帧可以制作帧动画或逐帧动画，利用在不同帧上设置不同的对象来实现动画效果。

7.2.1　课堂案例——制作逐帧动画

案例学习目标：使用时间轴和制作逐帧动画，使用变形工具改变图形大小。

案例知识要点：使用翻转帧命令将太阳图形的关键帧进行翻转，使用柔化填充边缘命令制作太阳效果，使用任意变形工具改变图形的大小，如图 7-46 所示。

效果所在位置：光盘/Ch07/效果/制作逐帧动画.fla。

图 7-46

1. 制作太阳逐帧动画

Step 01　选择“文件 > 新建”命令，在弹出的“新建文档”对话框中选择“Flash 文件”选项，单击“确定”按钮，进入新建文档舞台窗口。

Step 02　调出“库”面板，在“库”面板下方单击“新建元件”按钮，弹出“创建新元件”对话框，在“名称”选项的文本框中输入“太阳动”，在“类型”选项的下拉列表中选择“影片剪辑”，单击“确定”按钮，新建影片剪辑元件“太阳动”，如图 7-47 所示，舞台窗口也随之转换为影片剪辑元件的舞台窗口。

Step 03　将“图层 1”重新命名为“太阳序列图”。选择“文件 > 导入 > 导入到舞台”命令，在弹出的“导入”对话框中选择“Ch07 > 素材 > 制作逐帧动画 > 01 > 01”文件，单击“打开”按钮，弹出“Adobe Flash CS4”提示对话框，询问是否导入序列中的所有图像，单击“是”按钮，图片序列被导入到舞台窗口中，“时间轴”面板中第 1 帧到第 14 帧之间生成关键帧，效果如图 7-48 所示。

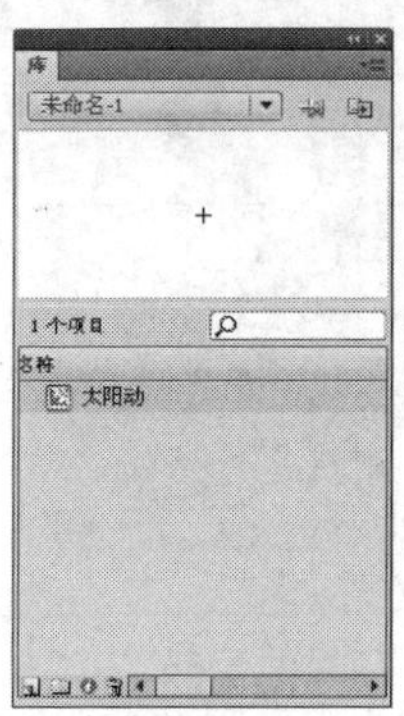

图 7-47

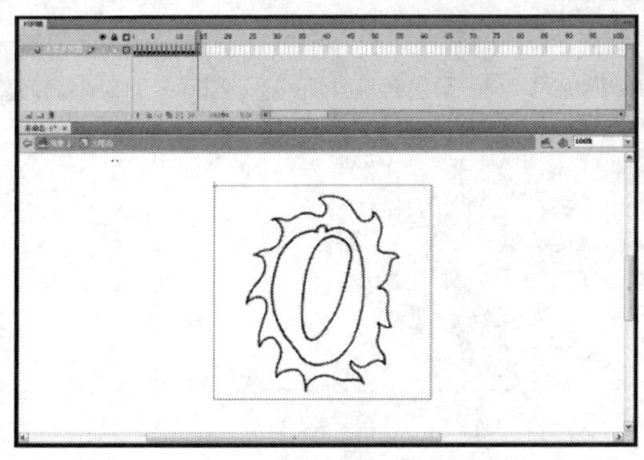

图 7-48

Step 04　单击“库”面板下方的“新建文件夹”按钮，创建一个新的文件夹并将其命名为“太阳图片”，如图 7-49 所示。选中位图图片“01”，按住 Shift 键的同时，单击位图图片“14”，所有的图片被选中，如图 7-50 所示。将选中的图片拖曳到“太阳图片”文件夹中，如图 7-51 所示。

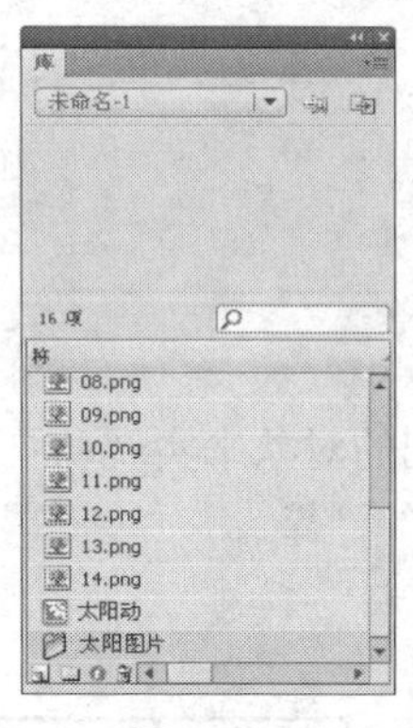

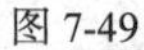
图 7-49

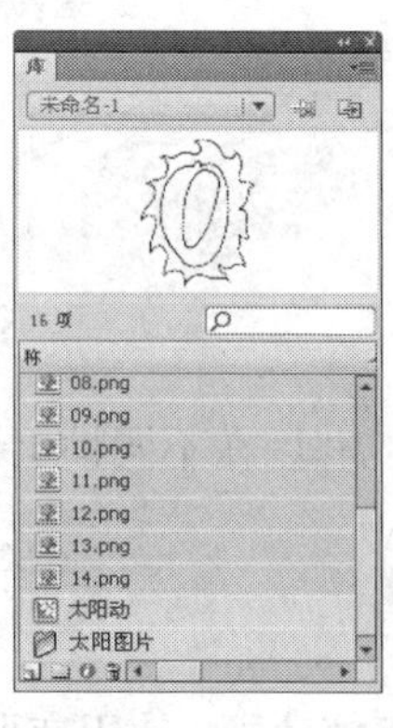

图 7-50

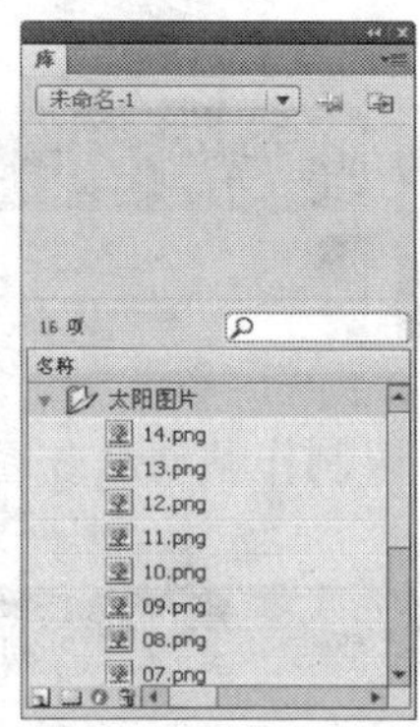

图 7-51

Step 05 选中“太阳序列图”图层中的第 1 帧，按住 Shift 键的同时，单击第 14 帧，将图层中所有的帧选中，如图 7-52 所示，用鼠标右键单击选中的帧，在弹出的菜单中选择“复制帧”命令。再用鼠标右键单击第 15 帧，在弹出的菜单中选择“粘贴帧”命令，将复制过的帧从第 15 帧开始向后粘贴，这时图层中共有 28 帧，如图 7-53 所示。

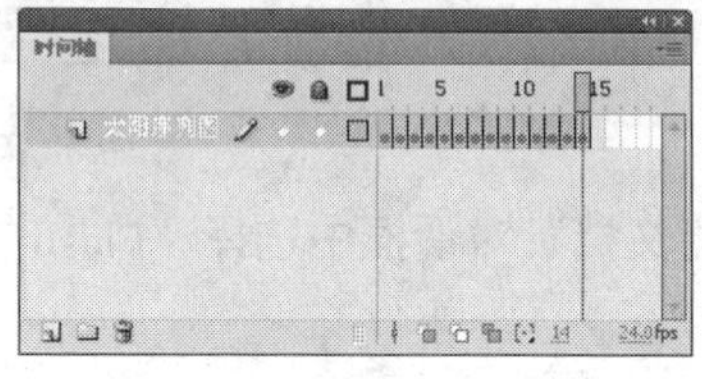
图 7-52

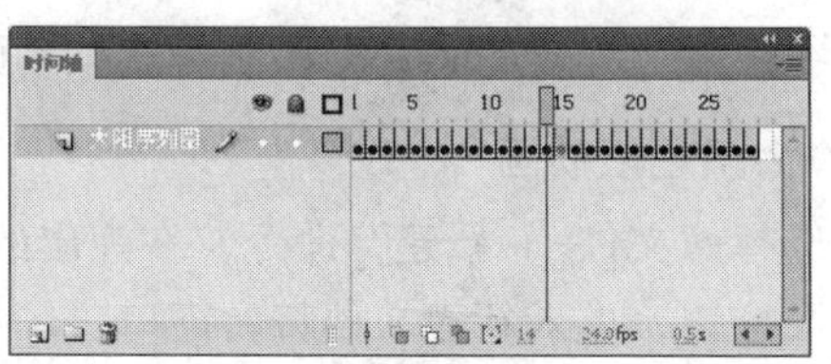
图 7-53

Step 06 选中第 15 帧到第 28 帧，用鼠标右键单击选中的帧，在弹出的菜单中选择“翻转帧”命令，将选中的帧进行水平翻转，如图 7-54 所示。用鼠标右键单击第 29 帧，在弹出的菜单中选择“插入空白关键帧”命令，在第 29 帧上插入一个空白的关键帧。选择“文件 > 导入 > 导入到舞台”命令，在弹出的“导入”对话框中选择“Ch07 > 素材 > 制作逐帧动画 > 02 > 15”文件，单击“打开”按钮，弹出“Adobe Flash CS4”提示对话框，询问是否导入序列中的所有图像，单击“是”按钮，图片序列被导入到舞台窗口中，效果如图 7-55 所示。在“库”面板中，将新导入的位图拖曳到“太阳图片”文件夹中。

图 7-54

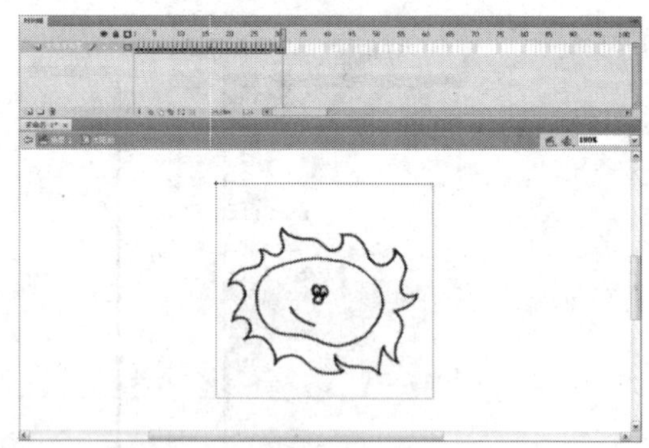
图 7-55

Step 07 单击“时间轴”面板下方的“新建图层”按钮，创建新图层并将其命名为“太阳背景色”。选择“椭圆”工具，选择“窗口 > 颜色”命令，弹出“颜色”面板，将笔触颜色设为无，填充色设为红色（#FF3300），将“Alpha”选项设为 50%， 如图 7-56 所示，在舞台窗口中绘制出一个椭圆形，如图 7-57 所示。

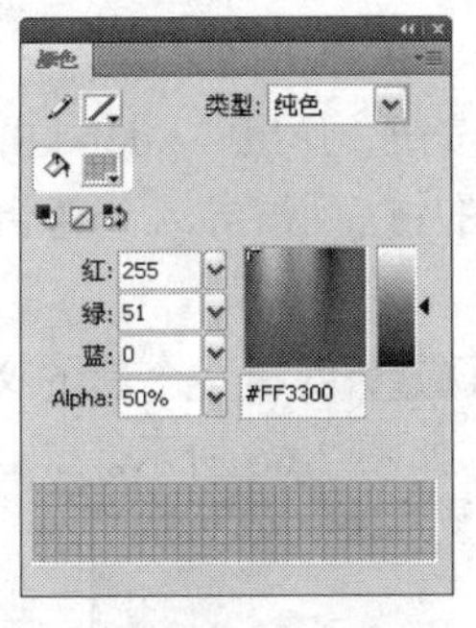

图 7-56

图 7-57

Step 08 选中图形，选择“修改 > 形状 > 柔化填充边缘”命令，在弹出的对话框中进行设置，如图 7-58 所示，单击“确定”按钮，图形的边缘被柔化，如图 7-59 所示。在“时间轴”面板中，将“太阳背景色”图层拖曳到“太阳序列图”图层的下方。在舞台窗口中，将椭圆形移动到太阳的下方，如图 7-60 所示。

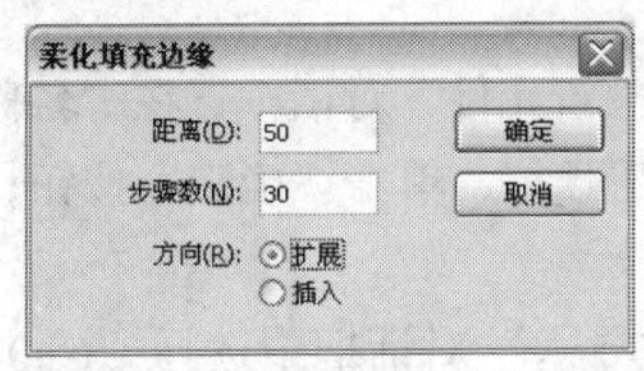

图 7-58

图 7-59

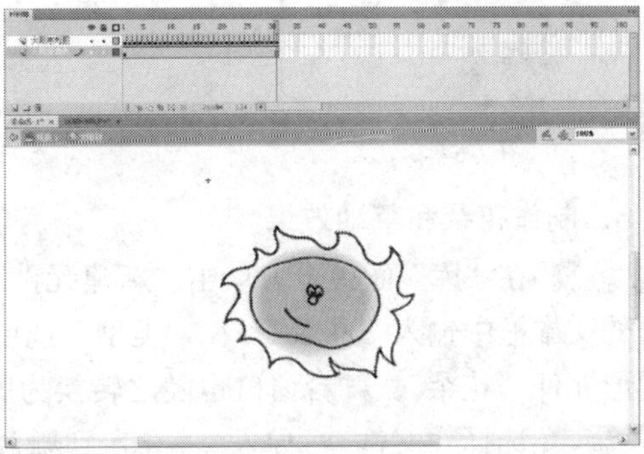

图 7-60

Step 09 单击“时间轴”面板下方的“新建图层”按钮，创建新图层并将其命名为“动作脚本”。将“动作脚本”图层拖曳到所有图层的上方。选中图层的第 31 帧，按 F6 键，在选中的帧上插入关键帧，如图 7-61 所示。

Step 10 选择“窗口 > 动作”命令，弹出“动作”面板，在面板的左上方将脚本语言版本设置为“Action Script 1.0 & 2.0”，在面板中单击“将新项目添加到脚本中”按钮，在弹出的菜单中依次选择“全局函数 > 时间轴控制 > stop”命令，在“脚本窗口”中显示出选择的脚本语言，如图 7-62 所示。设置好动作脚本后，关闭“动作”面板。在“动作脚本”图层的第 31 帧上显示出一个标记“a”，如图 7-63 所示。

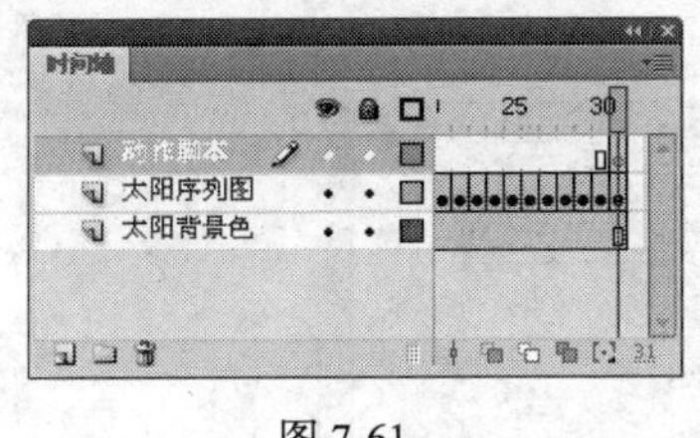

图 7-61

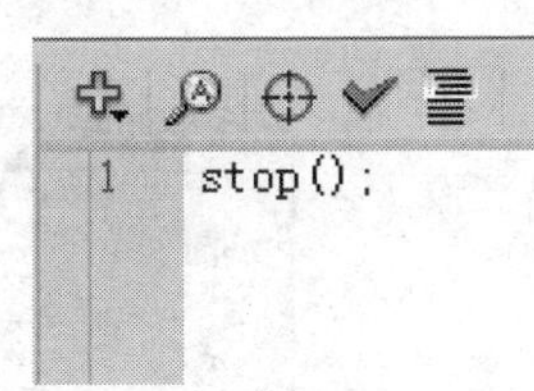

图 7-62

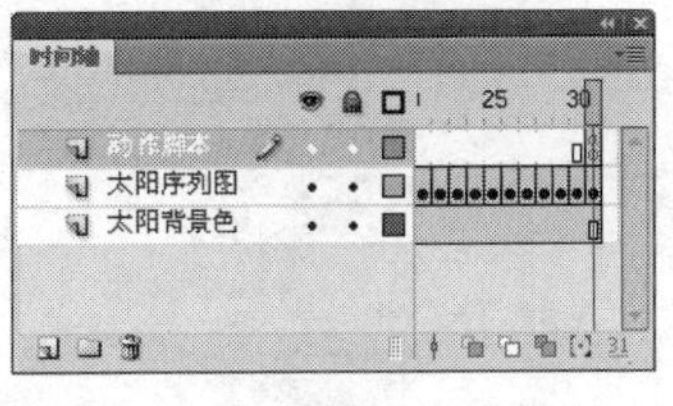

图 7-63

2. 制作人动效果

Step 01 在“库”面板下方单击“新建元件”按钮，弹出“创建新元件”对话框，在“名称”选项的文本框中输入“人动”，在“类型”选项的下拉列表中选择“影片剪辑”，单击“确定”按钮，新建影片剪辑元件“人动”，如图 7-64 所示，舞台窗口也随之转换为影片剪辑元件的舞台窗口。

Step 02 选择“文件 > 导入 > 导入到舞台”命令，在弹出的“导入”对话框中选择“Ch07 > 素材> 制作逐帧动画 > 03 > 01”文件，单击“打开”按钮，弹出“Adobe Flash CS4”提示对话框，询问是否导入序列中的所有图像，单击“是”按钮，图片序列被导入到舞台窗口中，效果如图 7-65 所示。

Step 03 单击“库”面板下方的“新建文件夹”按钮，创建一个新的文件夹并将其命名为“人物图片”，将新导入的所有人物图片拖曳到文件夹中，如图 7-66 所示。

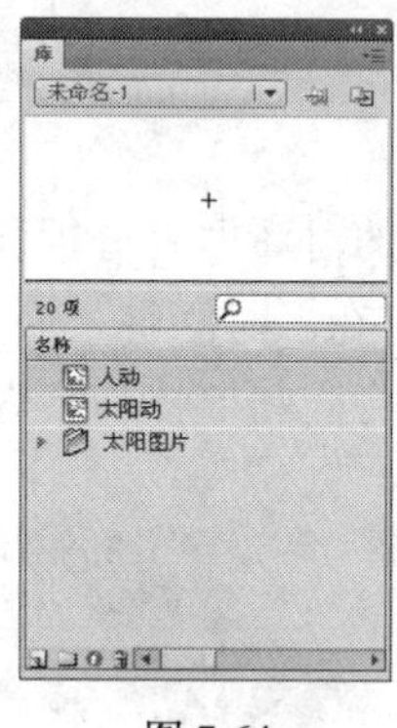

图 7-64

图 7-65

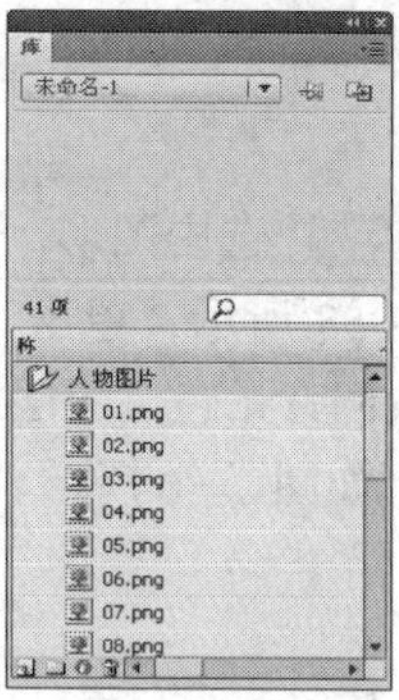

图 7-66

3．制作花朵和草地效果

Step 01 在“库”面板下方单击“新建元件”按钮，弹出“创建新元件”对话框，在“名称”选项的文本框中输入“花朵”，在“类型”选项的下拉列表中选择“图形”，单击“确定”按钮，新建图形元件“花朵”，舞台窗口也随之转换为图形元件的舞台窗口。

Step 02 选择“文件 > 导入 > 导入到舞台”命令，在弹出的“导入”对话框中选择“Ch07 > 素材 > 制作逐帧动画 > 04”文件，单击“打开”按钮，将图片导入到舞台窗口中。在“库”面板中创建一个新的影片剪辑元件“花朵动”，如图 7-67 所示，舞台窗口也随之转换为影片剪辑元件的舞台窗口。

Step 03 将“库”面板中的图形元件“花朵”拖曳到舞台窗口中，选中花朵图形，在图形“属性”面板中，将“X”、“Y”选项分别设置为 161、22，改变花朵图形的位置。在“时间轴”面板中选中“图层 1”的第 130 帧，按 F6 键，在该帧上插入关键帧，如图 7-68 所示。

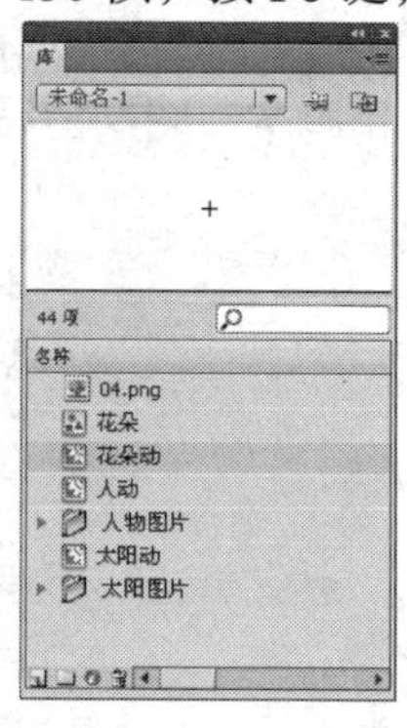

图 7-67

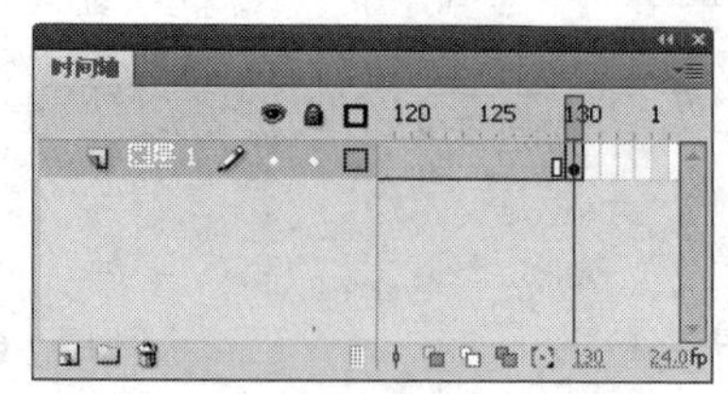

图 7-68

Step 04 在舞台窗口中选中花朵图形，在图形“属性”面板中，将“X”、“Y”选项分别设置为 -610、22，改变花朵图形的位置。

Step 05 用鼠标右键单击“图层 1”的第 1 帧，在弹出的菜单中选择“创建传统补间”命令，在第 1 帧到第 130 帧之间设置传统动作补间动画，如图 7-69 所示。在“库”面板中创建一个新的图形元件“草地”，舞台窗口也随之转换为图形元件的舞台窗口。选择“文件 > 导入 > 导入到舞台”命令，在弹出的“导入”对话框中选择“Ch07 > 素材 > 制作逐帧动画 > 05”文件，单击“打开”按钮，图片被导入到舞台窗口中。

Step 06 在“库”面板中创建一个新的影片剪辑元件“草地动”，舞台窗口也随之转换为影片剪辑元件的舞台窗口。将“库”面板中的图形元件“草地”拖曳到舞台窗口中，选中草地图形，在图形“属性”面板中，将“X”、“Y”选项分别设置为 571.5、-33.45，改变草地图形的位置。在“时间轴”面板中选中“图层 1”的第 105 帧，按 F6 键，在该帧上插入关键帧，如图 7-70 所示。

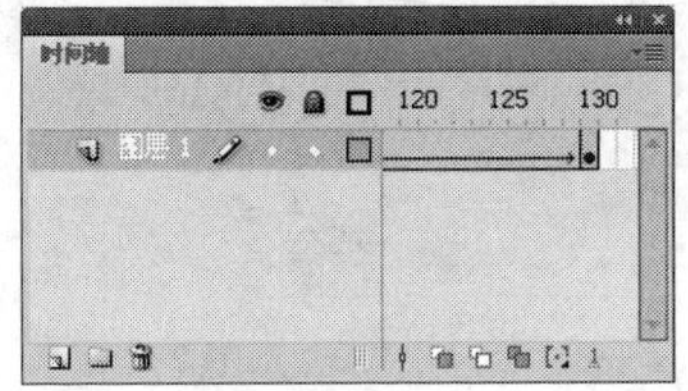

图 7-69

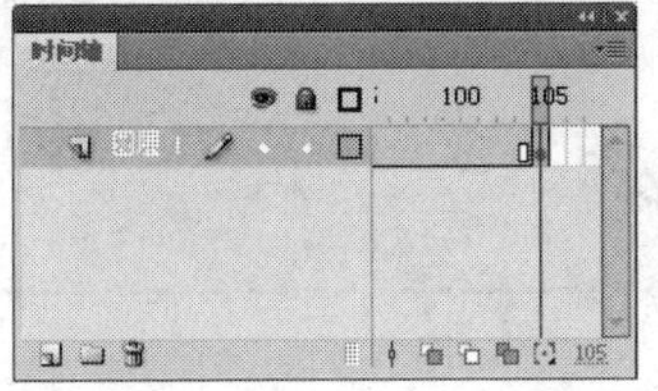

图 7-70

Step 07 在舞台窗口中选中草地图形，在图形“属性”面板中，将“X”、“Y”选项分别设置为 43.5、-33.5，改变草地图形的位置。用鼠标右键单击“图层 1”的第 1 帧，在弹出的菜单中选择“创建传统补间”命令，在第 1 帧到第 105 帧之间设置传统动作补间动画，如图 7-71 所示。单击“时间轴”面板下方的“场景 1”图标 场景 1，进入“场景 1”的舞台窗口。将“库”面板中的影片剪辑元件“太阳动”拖曳到舞台窗口中，并将“图层 1”重新命名为“太阳”。选中“太阳”图层的第 38 帧，按 F6 键，在该帧上插入关键帧，如图 7-72 所示。

图 7-71

图 7-72

Step 08 选中“太阳”图层的第 32 帧，按 F6 键，在该帧上插入关键帧。用鼠标右键单击第 32 帧，在弹出的菜单中选择“创建传统补间”命令，在第 32 帧到第 38 帧之间创建传统动作补间动画，如图 7-73 所示。选中第 38 帧，用“任意变形”工具 缩小太阳并将其移动到舞台窗口的左上方，如图 7-74 所示。

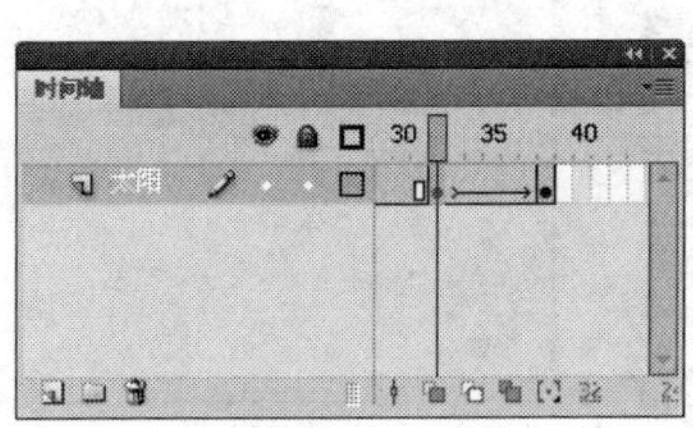

图 7-73

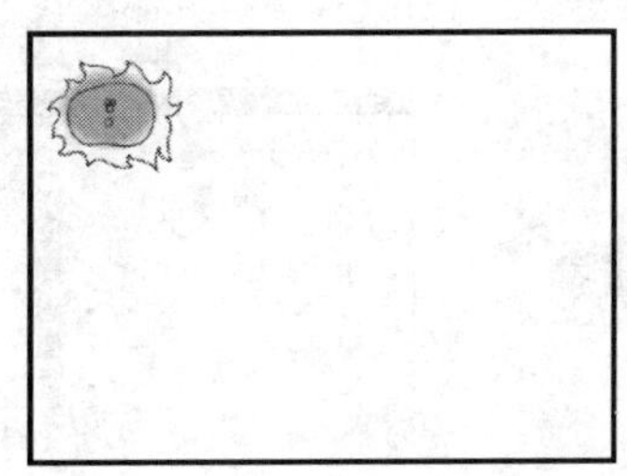
图 7-74

Step 09 新建图层并将其命名为“草地”。选中“草地”图层的第 38 帧，按 F6 键，在该帧上插入关键帧。将“库”面板中的影片剪辑元件“草地动”拖曳到舞台窗口中，将草地图形移动到舞台窗口的下方，图形的左边线与舞台窗口的左边线对齐，如图 7-75 所示。再新建图层并将其命名为“人”。选中“人”图层的第 38 帧，按 F6 键，在该帧上插入关键帧。将“库”面板中的影片剪辑元件“人动”拖曳到舞台窗口中，如图 7-76 所示。

图 7-75

图 7-76

Step 10 新建图层并将其命名为“花朵”。选中“花朵”图层的第 38 帧，按 F6 键，在该帧上插入关键帧，如图 7-77 所示。将“库”面板中的影片剪辑元件“花朵动”拖曳到舞台窗口中，将“花朵动”元件放置到舞台窗口外侧的草地上，并再复制一个“花朵动”元件，如图 7-78 所示。

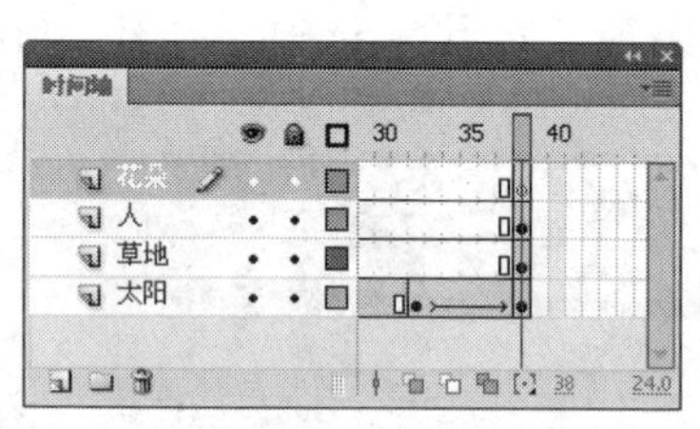

图 7-77

图 7-78

Step 11 新建图层并将其命名为“动作脚本”。选中“动作脚本”图层的第 38 帧，按 F6 键，在该帧上插入关键帧。选择“窗口 > 动作”命令，弹出“动作”面板，在面板的左上方将脚本语言版本设置为“Action Script 1.0 & 2.0”，在面板中单击“将新项目添加到脚本中”按钮，在弹出的菜单中依次选择“全局函数 > 时间轴控制 > stop”命令，在“脚本窗口”中显示出选择的脚本语言，如图 7-79 所示。设置好动作脚本后，关闭“动作”面板。在“动作脚本”图层的第 38 帧上显示出一个标记“a”，如图 7-80 所示。逐帧动画效果制作完成，按 Ctrl+Enter 组合键即可查看效果，如图 7-81 所示。

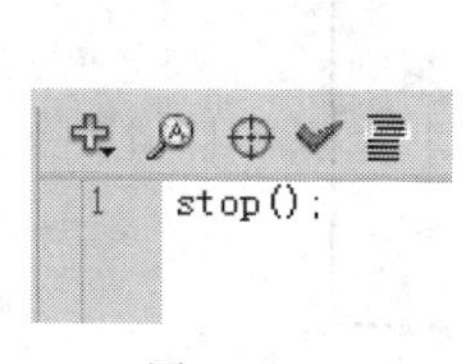

图 7-79

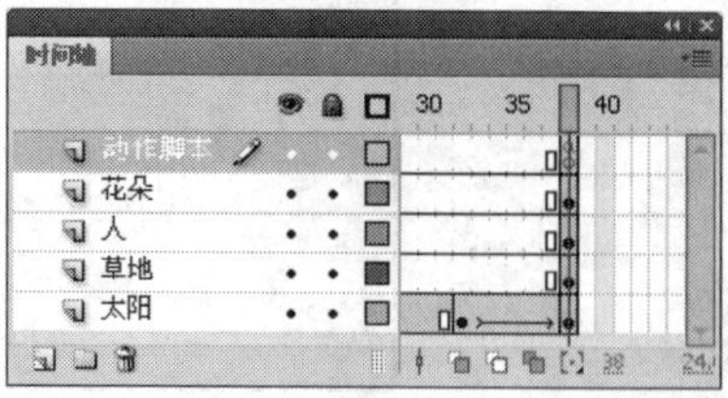

图 7-80

图 7-81

7.2.2　帧动画

新建空白文档，选择“矩形”工具，在第 1 帧的舞台中分别绘制矩形，并设置不同的颜色，如图 7-82 所示。在时间轴面板中单击第 5 帧，选择“插入 > 时间轴 > 关键帧”命令，插入一个关键帧，如图 7-83 所示。

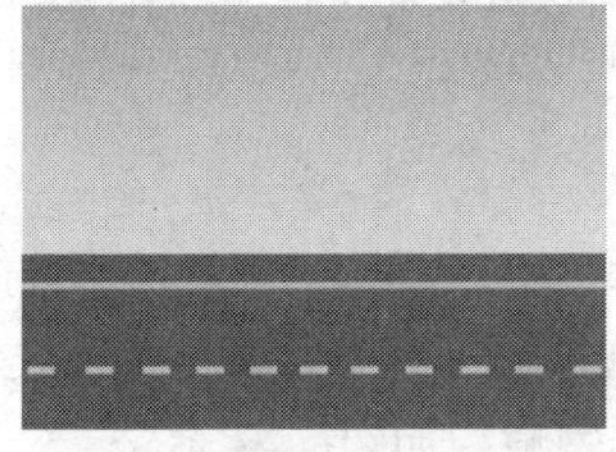
图 7-82

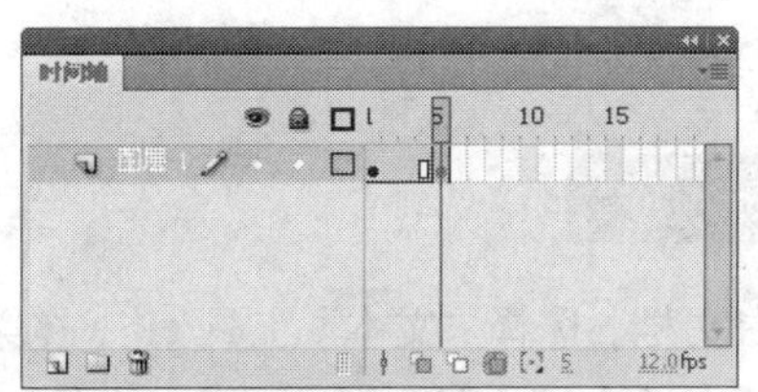

图 7-83

选择“文件 > 导入 > 导入到舞台”命令，弹出“导入”对话框，在对话框中选择图片，单击“打开”按钮，文件被导入到舞台中，将其移动到舞台的右下方，如图 7-84 所示。用鼠标右键单击时间轴面板中的第 9 帧，在弹出的菜单中选择“插入关键帧”命令，在第 9 帧上插入关键帧，如图 7-85 所示。

图 7-84

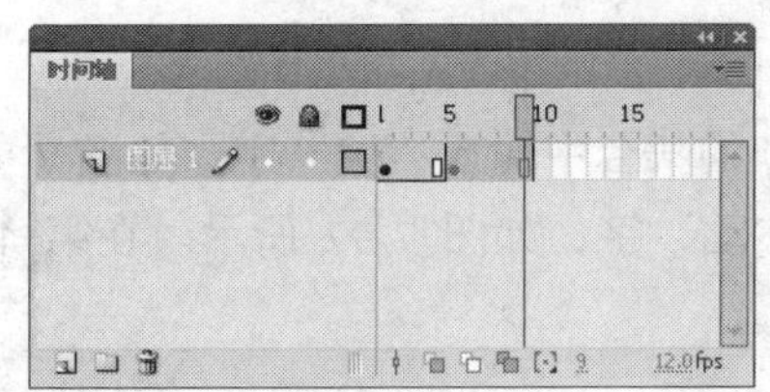

图 7-85

在第 9 帧对应的舞台中，将汽车移动到舞台的中间，如图 7-86 所示。在时间轴面板中，选中第 12 帧，如图 7-87 所示。

图 7-86

图 7-87

按 F6 键，在第 12 帧上插入关键帧，如图 7-88 所示。在第 12 帧对应的舞台中，将汽车移动到舞台的左侧，如图 7-89 所示。

图 7-88

图 7-89

按 Enter 键，让播放头进行播放，即可观看制作效果。在不同的关键帧上动画显示的效果如图 7-90、图 7-91、图 7-92、图 7-93 所示。

图 7-90　　图 7-91　　图 7-92　　图 7-93

7.2.3 逐帧动画

新建空白文档，选择“文本”工具 T，在第 1 帧的舞台中输入文字“逐”字，如图 7-94 所示。在时间轴面板中选中第 2 帧，按 F6 键，在第 2 帧上插入关键帧，如图 7-95 所示。

图 7-94

图 7-95

在第 2 帧的舞台中输入“帧”字，如图 7-96 所示。用相同的方法在第 3 帧上插入关键帧，在舞台中输入“动”字，如图 7-97 所示。在第 4 帧上插入关键帧，在舞台中输入“画” 字，如图 7-98 所示。

图 7-96

逐帧动

图 7-97

逐帧动画

图 7-98

按 Enter 键，让播放头进行播放，即可观看制作效果。

还可以通过从外部导入图片组来实现逐帧动画的效果。

选择“文件 > 导入 > 导入到舞台”命令，弹出“导入”对话框，在对话框中选中素材文件，如图 7-99 所示，单击“打开”按钮，弹出提示对话框，询问是否将图像序列中的所有图像导入，如图 7-100 所示。

图 7-99

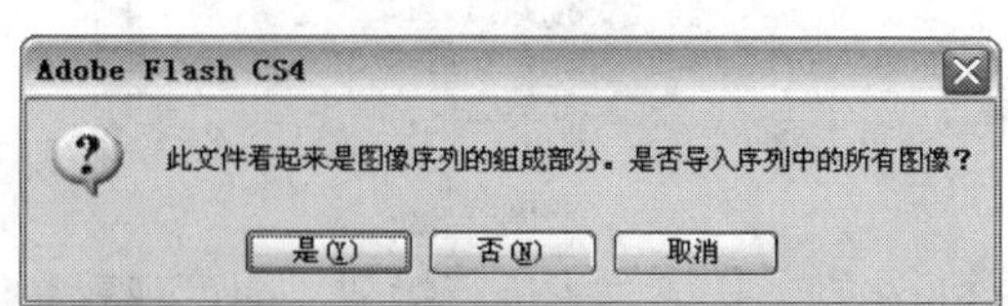

图 7-100

单击“是”按钮，将图像序列导入到舞台中，如图 7-101 所示。按 Enter 键，让播放头进行播放，即可观看制作效果，如图 7-102 所示。

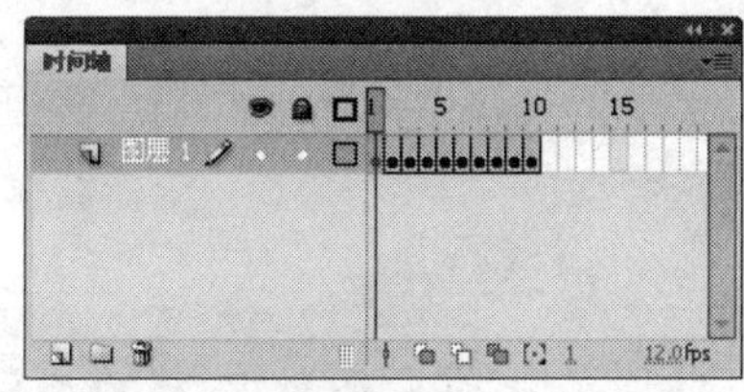

图 7-101

图 7-102

7.3 形状补间动画

形状补间动画是使图形形状发生变化的动画，形状补间动画所处理的对象必须是舞台上的图形。

7.3.1 课堂案例——制作精美戒指广告

案例学习目标：使用创建补间形状命令制作形状动画。

案例知识要点：使用创建补间形状命令制作形状动画，使用颜色面板和矩形工具制作戒指高光效果，如图 7-103 所示。

效果所在位置：光盘/Ch07/效果/制作精美戒指广告.fla。

图 7-103

1. 导入图片并绘制飘带图形

Step 01 选择“文件 > 新建”命令，在弹出的“新建文档”对话框中选择“Flash 文件”选项，单击“确定”按钮，进入新建文档舞台窗口。按 Ctrl+F3 组合键，弹出文档“属性”面板，单击面板中的“编辑”按钮 编辑... ，弹出“文档属性”对话框，将舞台窗口的宽设为 600，高设为 250，单击“确定”按钮，改变舞台窗口的大小。

Step 02 选择“文件 > 导入 > 导入到库”命令，在弹出的“导入到库”对话框中选择“Ch07 > 素材 > 制作精美戒指广告 > 背景、背景字、戒指”文件，单击“打开”按钮，文件被导入到“库”面板中，将“元件 2”重命名为“背景字”，“元件 3”重命名为“戒指”，如图 7-104 所示。

Step 03 将“库”面板中的位图“背景”拖曳到舞台窗口中，如图 7-105 所示。将“图层 1”重新命名为“背景”。单击“时间轴”面板下方的“新建图层”按钮，创建新图层并将其命名为“背景字”，将“库”面板中的位图“背景字”拖曳到舞台窗口中，选择“任意变形”工具，在舞台窗口中调整实例的大小，效果如图 7-106 所示。

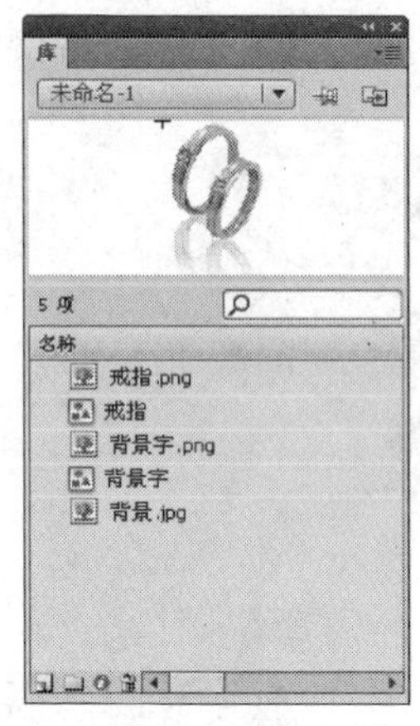

图 7-104

图 7-105

图 7-106

Step 04 单击“时间轴”面板下方的“新建图层”按钮，创建新图层并将其命名为“飘带”。选择“钢笔”工具，在工具箱中将笔触颜色设为白色。在背景的左侧用鼠标单击，创建第 1 个锚点，如图 7-107 所示，在背景的上方再次单击鼠标，创建第 2 个锚点，将鼠标按住不放并向右拖曳到适当的位置，将直线转换为曲线，效果如图 7-108 所示。

图 7-107

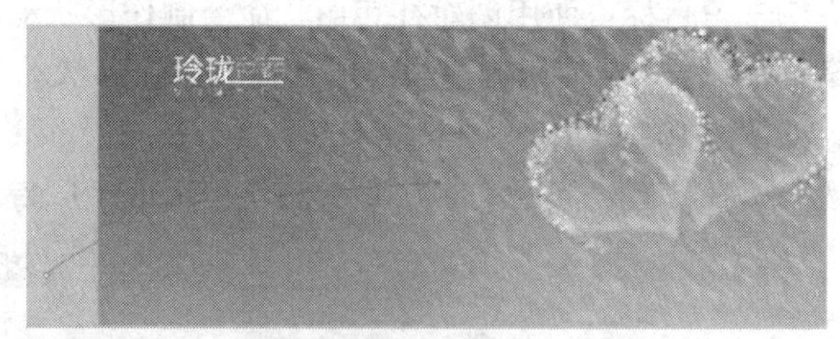

图 7-108

Step 05 用相同的方法，应用“钢笔”工具绘制出飘带的外边线，取消选取状态，效果如图 7-109 所示。选择“选择”工具，选择“窗口 > 颜色”命令，弹出“颜色”面板，选中“填充颜色”选项，将填充颜色设为白色，将“Alpha”选项设为 35%，如图 7-110 所示。

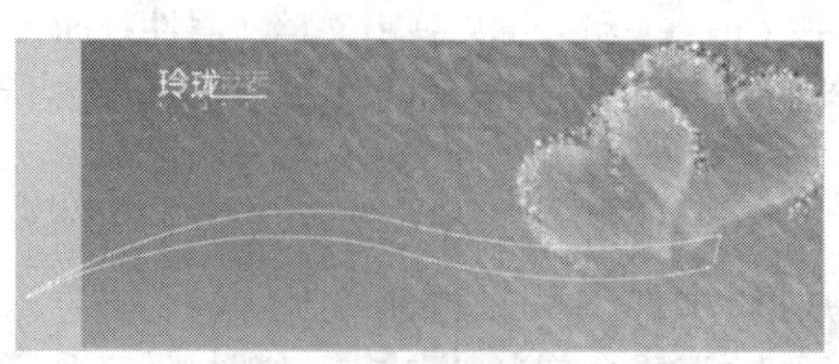

图 7-109

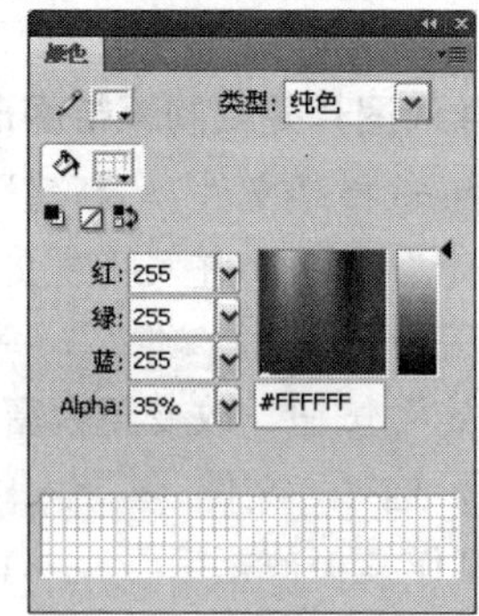

图 7-110

Step 06 选择“颜料桶”工具，在飘带外边线的内部单击鼠标，填充透明色，效果如图 7-111 所示。选择“选择”工具，在飘带的外边线上双击鼠标，选中所有的边线，按 Delete 键删除边线，效果如图 7-112 所示。

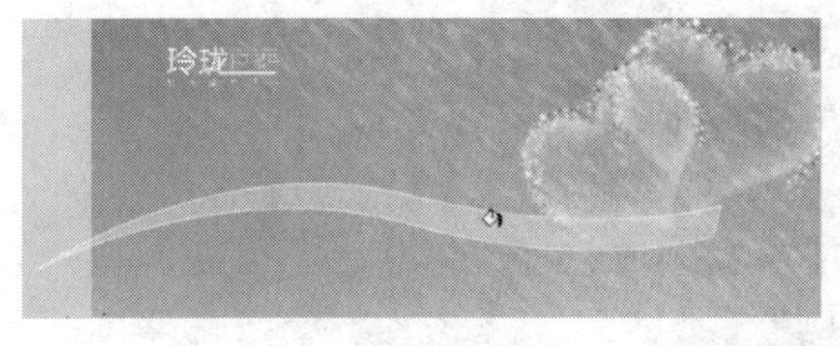

图 7-111　　　　图 7-112

2．复制飘带并制作动画效果

Step 01 选中飘带，用鼠标右键单击飘带，在弹出的菜单中选择“复制”命令，将其进行复制。调出“库”面板，在“库”面板下方单击“新建元件”按钮，弹出“创建新元件”对话框，在“名称”选项的文本框中输入“飘带动”，在“类型”下拉列表中选择“影片剪辑”，单击“确定”按钮，新建影片剪辑元件“飘带动”，舞台窗口也随之转换为影片剪辑元件的舞台窗口。为便于观看，将背景颜色设为灰色。用鼠标右键单击舞台窗口，在弹出的菜单中选择“粘贴”命令，将复制过的飘带粘贴到舞台窗口中。选中飘带图形，调出“变形”面板，将“缩放宽度”和“缩放高度”选项分别设为 122，飘带效果如图 7-113 所示。

Step 02 在“时间轴”面板中分别选中“图层 1”的第 18 帧和第 50 帧，按 F6 键，在选中的帧上插入关键帧。选中第 18 帧，选择“任意变形”工具，在工具箱下方选中“封套”按钮。此时，飘带图形的周围出现控制点，效果如图 7-114 所示。

图 7-113

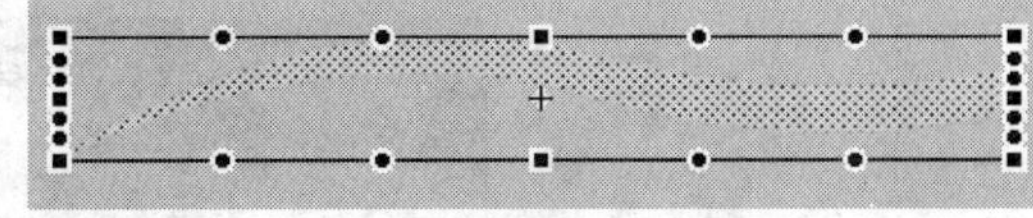

图 7-114

Step 03 拖曳控制点来改变飘带的弧度，效果如图 7-115 所示。选择“选择”工具，在飘带图形的外部单击鼠标，取消对飘带图形的选取，效果如图 7-116 所示。

Step 04 分别在第 1 帧和第 18 帧上单击鼠标右键，在弹出的菜单中选择“创建形状补间”命令，生成形状补间动画，如图 7-117 所示。

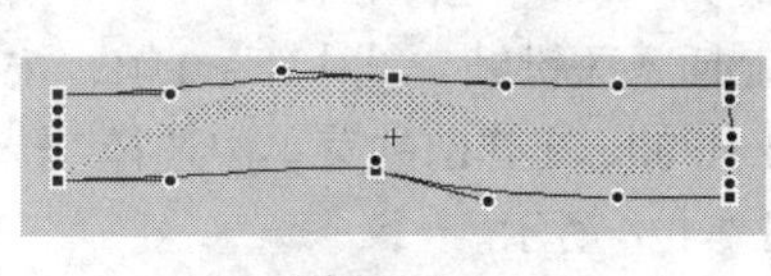

图 7-115

图 7-116

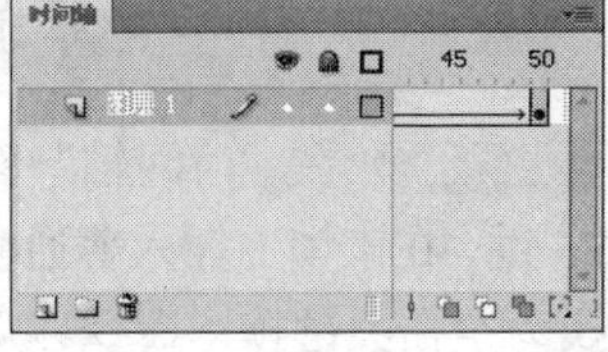

图 7-117

3．制作高光动画

Step 01 在“库”面板中新建一个影片剪辑元件“高光动”，窗口也随之转换为影片剪辑元件的舞台窗口。将“图层 1”重新命名为“戒指”。将“库”面板中的位图“戒指”拖曳到舞台窗口中，效果如图 7-118 所示。

Step 02 单击“时间轴”面板下方的“新建图层”按钮，创建新图层并将其命名为“高光”。选择“铅笔”工具，在工具箱中将笔触颜色设为红色，在工具箱下方选中“平滑”模式。沿着戒指的表面绘制一个闭合的月牙状边框，如图 7-119 所示。选择“选择”工具，修改边框的平滑度。删除“戒指”图层，效果如图 7-120 所示。

图 7-118

图 7-119

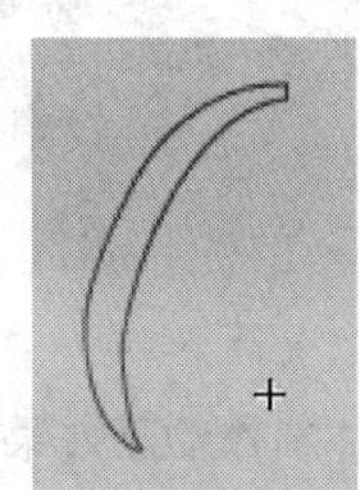

图 7-120

Step 03 选择“颜料桶”工具，在工具箱中将填充颜色设为白色，在边框的内部单击鼠标，将边框内部填充为白色。选择“选择”工具，用鼠标双击红色的边框，将边框全选，按 Delete 键删除边框，效果如图 7-121 所示。

Step 04 选择“颜色”面板，在“类型”选项的下拉列表中选择“线性”，在色带上单击鼠标，创建一个新的控制点。将第 1 个控制点设为白色，其“Alpha”选项设为 0%；将第 2 个控制点设为白色并放置在色带的中间；将第 3 个控制点设为白色，其“Alpha”选项设为 0%，如图 7-122 所示。设置出透明到白，再到透明的渐变色。选择“颜料桶”工具，在月牙图形中从右上方向左下方拖曳渐变色，编辑状态如图 7-123 所示，松开鼠标，渐变色显示在月牙图形的上半部，效果如图 7-124 所示。

图 7-121

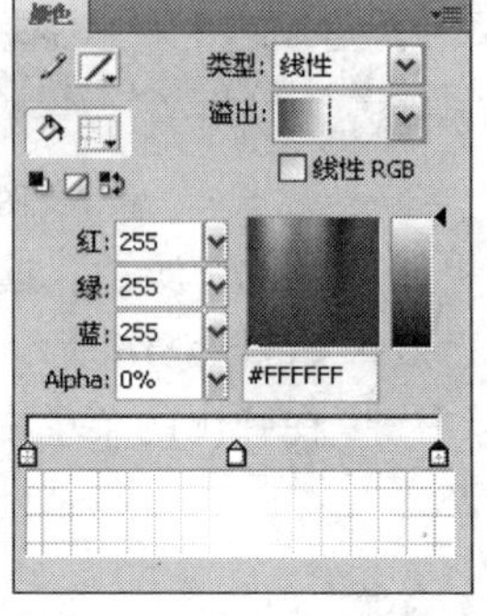

图 7-122

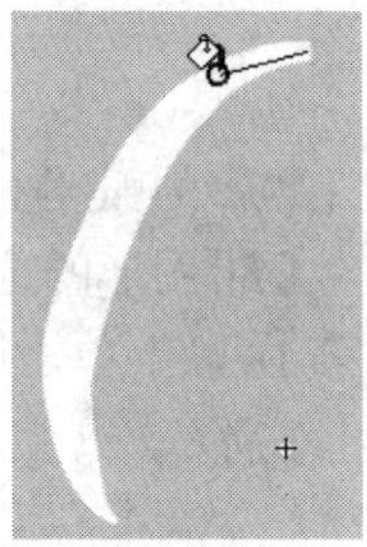

图 7-123

图 7-124

Step 05 在“时间轴”面板中选中第 50 帧，按 F6 键，在该帧上插入关键帧。选中第 60 帧，按 F5 键，在该帧上插入普通帧，如图 7-125 所示。用鼠标右键单击第 50 帧，在弹出的菜单中选择“转换为空白关键帧”命令，从第 51 帧开始转换为空白关键帧，如图 7-126 所示。

Step 06 选中第 50 帧，选择“渐变变形”工具，在舞台窗口中单击渐变色，出现控制点和控制线，如图 7-127 所示。

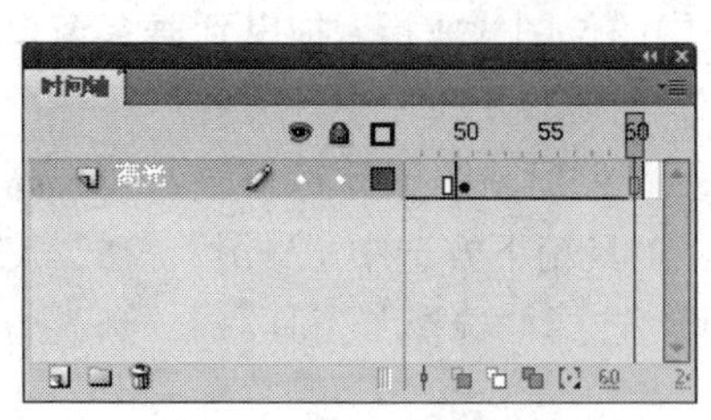

图 7-125

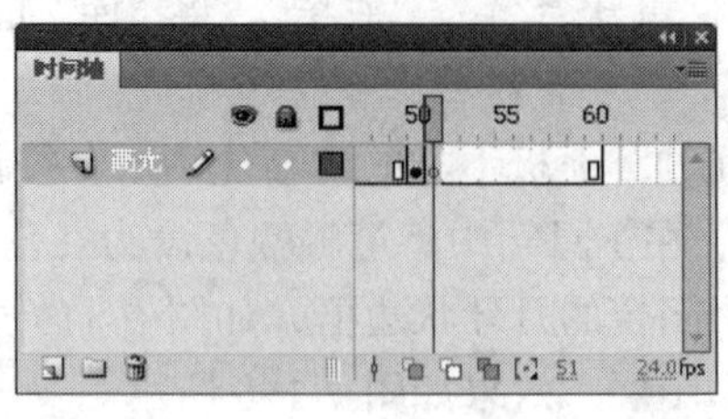

图 7-126

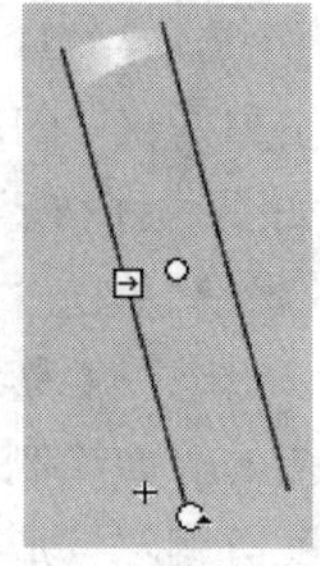

图 7-127

Step 07 将鼠标放在外侧圆形的控制点上，光标变为环绕形箭头，向右上方拖曳控制点，改变渐变色的位置及倾斜度；将鼠标放在中心控制点的上方，光标变为十字形箭头，拖曳中心控制点；将渐变色向下拖曳，直到渐变色显示在图形的下半部，效果如图 7-128 所示。

Step 08 选择“选择”工具，在“时间轴”面板中选中图层的第 1 帧单击鼠标右键，在弹出的菜单中选择“创建形状补间”命令，创建形状补间动画，如图 7-129 所示。

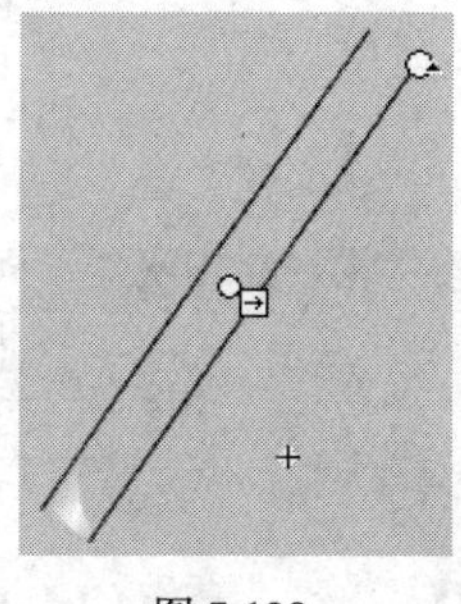

图 7-128

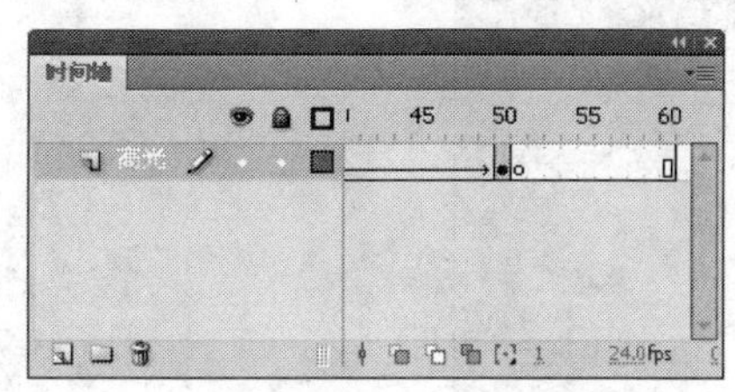

图 7-129

4．制作星星动画

Step 01 在“库”面板中新建图形元件“星星”，舞台窗口也随之转换为图形元件的舞台窗口，选择“矩形”工具，在工具箱中将笔触颜色设为无，填充色设为白色，在舞台窗口中绘制出矩形。选择“选择”工具，选中矩形，在形状“属性”面板中将“宽度”选项设为 1.2，“高度”选项设为 36，矩形效果如图 7-130 所示。

Step 02 在“颜色”面板中设置同制作高光效果一样的线性渐变色，选择“颜料桶”工具，按住 Shift 键，从矩形的上方向下方拖曳渐变色，编辑状态如图 7-131 所示，松开鼠标，效果如图 7-122 所示。选择“选择”工具，选中矩形，按 Ctrl+G 组合键将其进行组合。

图 7-130

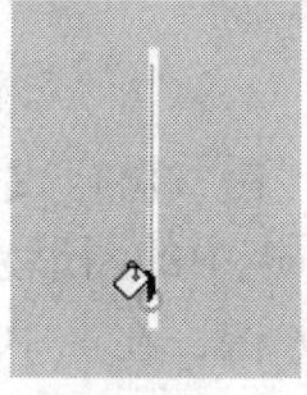

图 7-131

图 7-132

Step 03 调出“变形”面板，单击面板下方的“重制选区和变形”按钮，将“旋转”选项设为 45，如图 7-133 所示，效果如图 7-134 所示。

Step 04 用相同的方法，再复制并旋转 2 次矩形，效果如图 7-135 所示。在“库”面板中新建一个影片剪辑元件“星星动”，舞台窗口也随之转换为影片剪辑元件的舞台窗口。

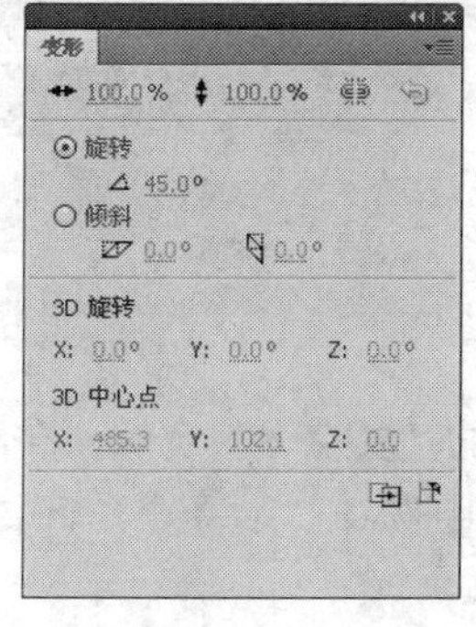

图 7-133

图 7-134

图 7-135

Step 05 将“库”面板中的图形元件“星星”拖曳到舞台窗口中，在“时间轴”面板中分别选中第 13 帧和第 25 帧，按 F6 键，在选中的帧上插入关键帧。选中第 1 帧，在舞台窗口中选中“星星”实例，在图形“属性”面板中选择“色彩效果”选项组，在“样式”选项的下拉列表中选择“Alpha”，将其值设为 0，如图 7-136 所示，“星星”实例变为透明，效果如图 7-137 所示。用相同的方法将第 25 帧中的“星星”实例设置为透明。用鼠标右键单击第 1 帧和第 13 帧，在弹出的菜单中选择“创建传统补间”命令，创建传统动作补间动画，如图 7-138 所示。

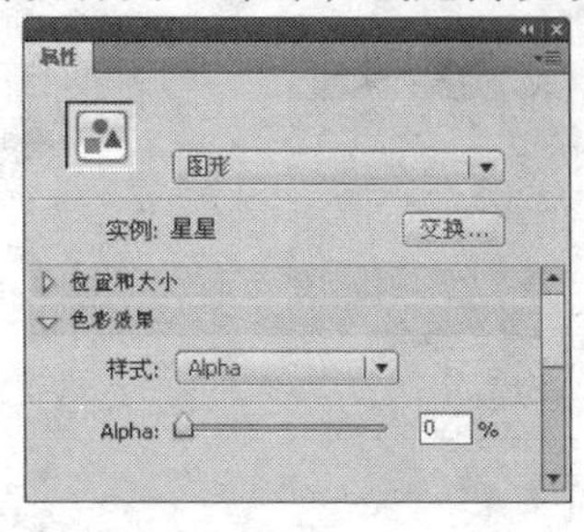

图 7-136

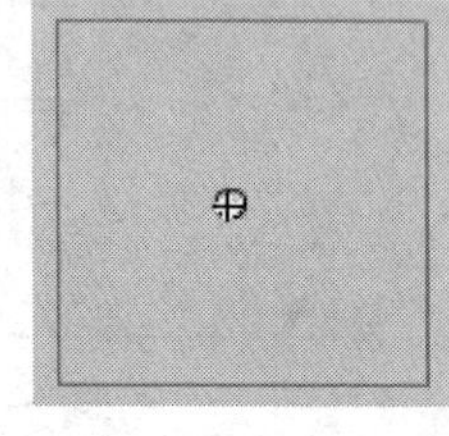

图 7-137

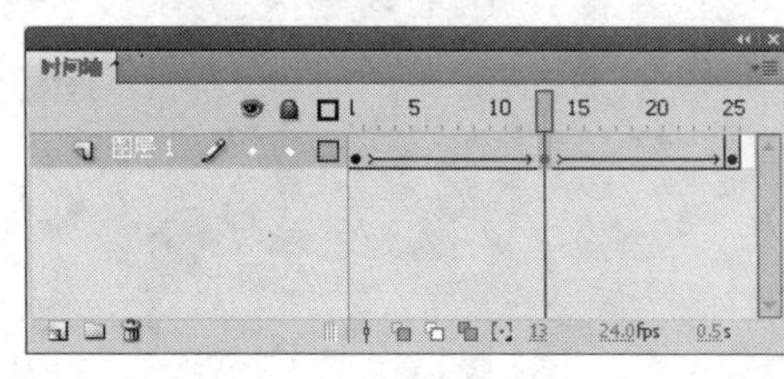

图 7-138

5．制作文字动画

Step 01 在“库”面板中新建一个图形元件“文字 1”，舞台窗口也随之转换为图形元件的舞台窗口。选择“文本”工具 T，在文本“属性”面板中进行设置，在舞台窗口中输入需要的白色文字并选取文字，选择“文本 > 样式 > 仿斜体”命令，将文字转换为斜体，效果如图 7-139 所示。

Step 02 新建一个图形元件“文字 2”，舞台窗口也随之转换为图形元件“文字 2”的舞台窗口。用与元件“文字 1”中相同的文字设置在舞台窗口中输入需要的文字，效果如图 7-140 所示。

精致生活 完美体现

图 7-139

悠然品味 彰显个性

图 7-140

Step 03 新建一个影片剪辑元件“字动”，舞台窗口也随之转换为影片剪辑元件的舞台窗口。将“图层 1”重新命名为“文字 1”。将“库”面板中的图形元件“文字 1”拖曳到舞台窗口中。在“时间轴”面板中选中第 20 帧和第 32 帧，按 F6 键，在选中的帧上插入关键帧。在“时间轴”面板中创建新图层并将其命名为“文字 2”。选中“文字 2”图层的第 32 帧，按 F6 键，在该帧上插入关键帧，如图 7-141 所示。

Step 04 选中“文字 2”图层的第 32 帧，将“库”面板中的元件“文字 2”拖曳到舞台窗口中，并与“文字 1”图层中的文字相互重叠，效果如图 7-142 所示。选中“文字 2”图层的第 54 帧和第 71 帧，按 F6 键，在选中的帧上插入关键帧，如图 7-143 所示。

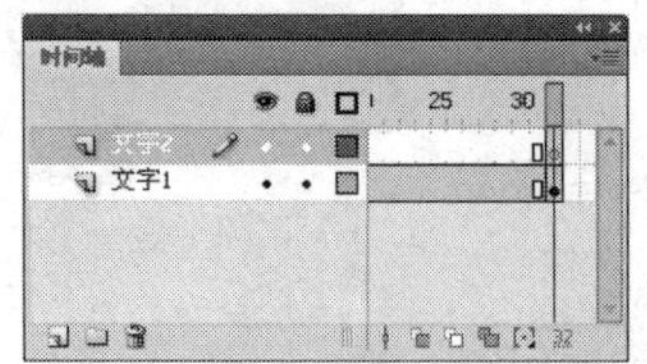

图 7-141

图 7-142

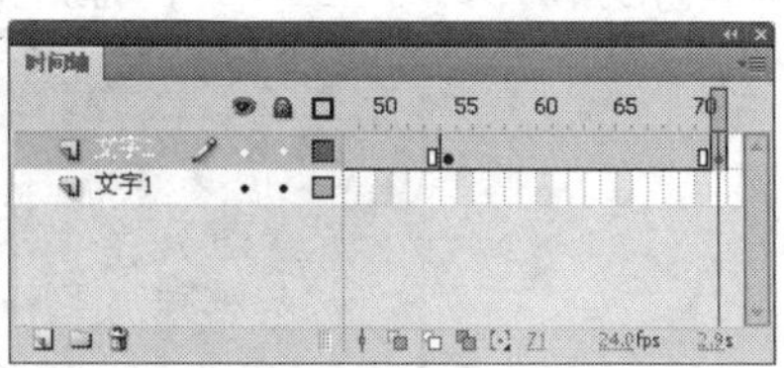

图 7-143

Step 05 选中“文字 1”图层的第 1 帧，选中舞台窗口中的“文字 1”实例，在图形“属性”面板中选择“色彩效果”选项组，在“样式”选项的下拉列表中选择“Alpha”，将其值设为 0，“文字 1”实例变为透明，如图 7-144 所示。

Step 06 选中“文字 1”图层的第 32 帧，在舞台窗口中选中“文字 1”实例，用相同的方法将“文字 1”实例设置为透明。选中“文字 2”图层的第 32 帧，将舞台窗口中的“文字 2”实例设置为透明。用鼠标右键分别单击“文字 1”图层中的第 1 帧和第 20 帧、“文字 2”图层中的第 32 帧和第 54 帧，在弹出的菜单中选择“创建传统补间”命令，生成动作补间动画，如图 7-145 所示。

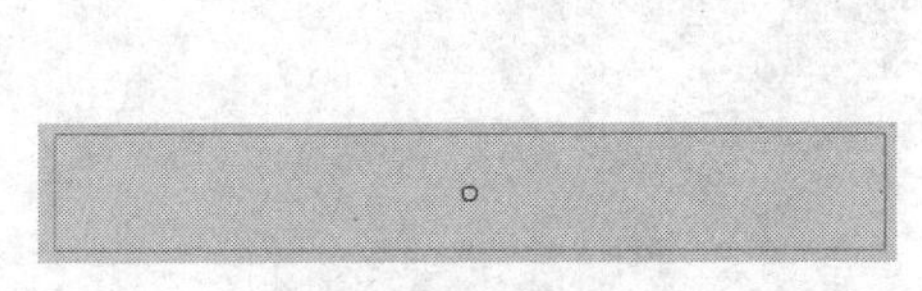

图 7-144

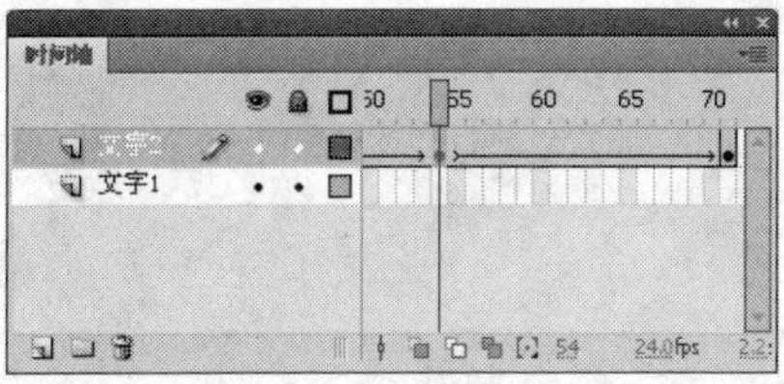

图 7-145

6．在场景中确定元件的位置

Step 01 单击“时间轴”面板下方的“场景 1”图标，进入“场景 1”的舞台窗口。选中“飘带”图层，将“库”面板中的影片剪辑元件“飘带动”拖曳到舞台窗口中，放置在原有飘带的上方，效果如图 7-146 所示。

Step 02 在“时间轴”面板中创建新图层并将其命名为“戒指”。将“库”面板中的位图“戒指”拖曳到舞台窗口中，将其放置在底图的右侧，效果如图 7-147 所示。

Step 03 在“时间轴”面板中创建新图层并将其命名为“高光”。将“库”面板中的影片剪辑元件“高光动”拖曳到舞台窗口中，将其放置在戒指上，效果如图 7-148 所示。创建新图层并将其命名为“星星”。

图 7-146

图 7-147

图 7-148

Step 04 将“库”面板中的影片剪辑元件“星星动”拖曳到舞台窗口中，将其放置在戒指的钻石上，调出“变形”面板，在面板中进行设置，如图 7-149 所示，“星星动”实例扩大，效果如图 7-150 所示。按住 Alt 键，用鼠标将“星星动”实例向另一个戒指上拖曳，将实例进行复制，效果如图 7-151 所示。

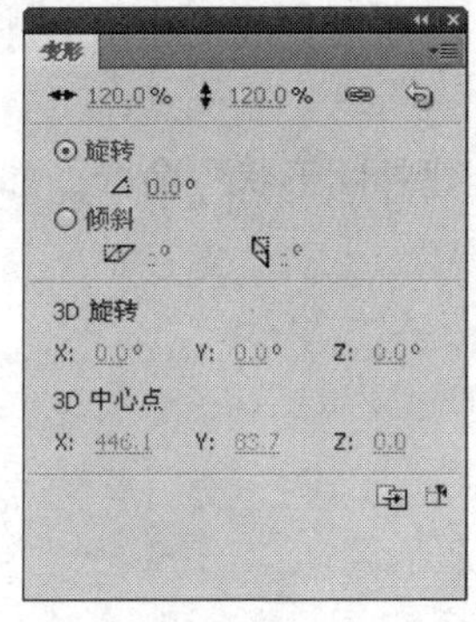

图 7-149

图 7-150

图 7-151

Step 05 单击“时间轴”面板下方的“新建图层”按钮，创建新图层并将其命名为“文字”。将“库”面板中的影片剪辑元件“字动”拖曳到舞台窗口中，将其放置在底图的左侧，效果如图7-152 所示（由于影片剪辑元件“文字动”中的第 1 帧为透明文字，所以此时只能显示出实例的选中框）。时尚戒指广告效果制作完成，按 Ctrl+Enter 组合键即可查看效果，效果如图 7-153 所示。

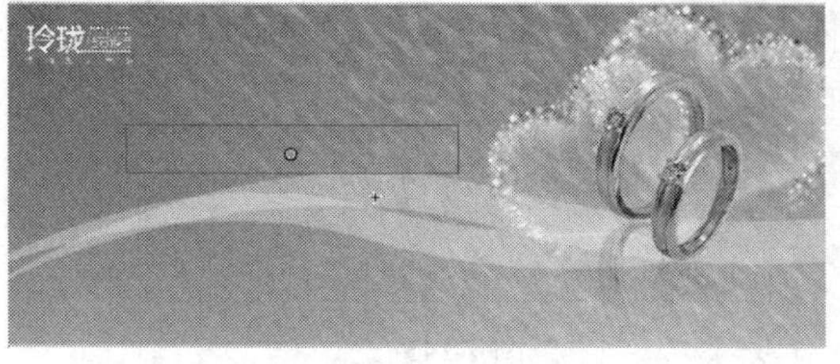

图 7-152

图 7-153

7.3.2 简单形状补间动画

如果舞台上的对象是组件实例、多个图形的组合、文字、导入的素材对象，必须先分离或取消组合，将其打散成图形，才能制作形状补间动画。利用这种动画，也可以实现上述对象的大小、位置、旋转、颜色及透明度等变化。

选择“文件 > 导入 > 导入到舞台”命令，将“02”文件导入到舞台的第 1 帧中。多次按 Ctrl+B 组合键，将图形打散，如图 7-154 所示。

用鼠标右键单击时间轴面板中的第 10 帧，在弹出的菜单中选择“插入空白关键帧”命令，如图 7-155 所示，在第 10 帧上插入一个空白关键帧，如图 7-156 所示。

图 7-154

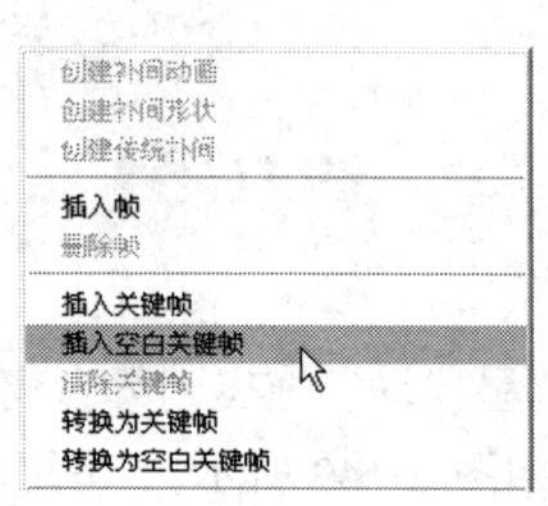

图 7-155

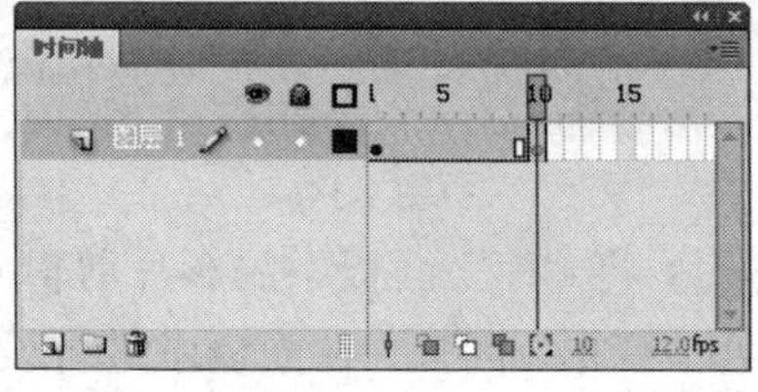

图 7-156

选中第 10 帧，选择“文件 > 导入 > 导入到库”命令，将“03”文件导入到库中。将“库”面板中的图形元件“03”拖曳到舞台窗口中，多次按 Ctrl+B 组合键，将图形打散，如图 7-157 所示。

用鼠标右键单击时间轴面板中的第 1 帧，在弹出的菜单中选择“创建补间形状”命令，如图 7-158 所示。

图 7-157

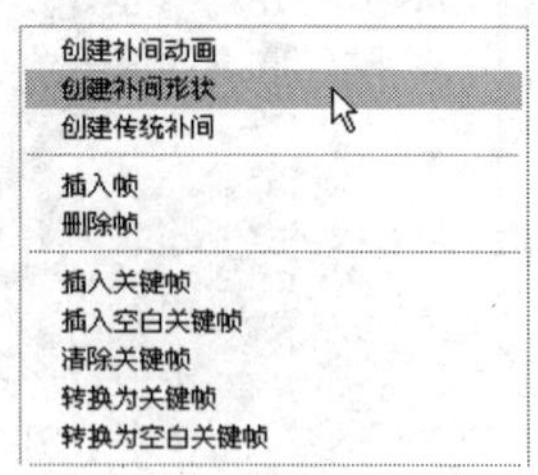

图 7-158

设为“形状”后，面板中出现如下 2 个新的选项。

“缓动”选项：用于设定变形动画从开始到结束时的变形速度，其取值范围为 0~100。当选择正数时，变形速度呈减速度，即开始时速度快，然后逐渐速度减慢；当选择负数时，变形速度呈加速度，即开始时速度慢，然后逐渐速度加快。

“混合”选项：提供了“分布式”和“角形”2 个选项。选择“分布式”选项可以使变形的中间形状趋于平滑。“角形”选项则创建包含角度和直线的中间形状。

设置完成后，在“时间轴”面板中，第 1 帧到第 10 帧之间出现绿色的背景和黑色的箭头，表示生成形状补间动画，如图 7-159 所示。按 Enter 键，让播放头进行播放，即可观看制作效果。

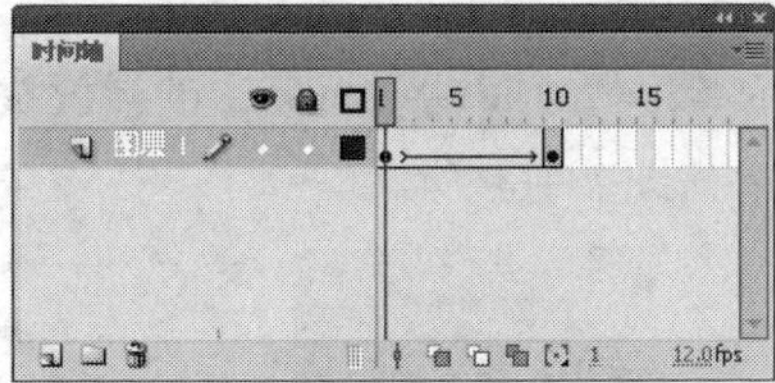

图 7-159

在变形过程中每一帧上的图形都发生不同的变化，如图 7-160 所示。

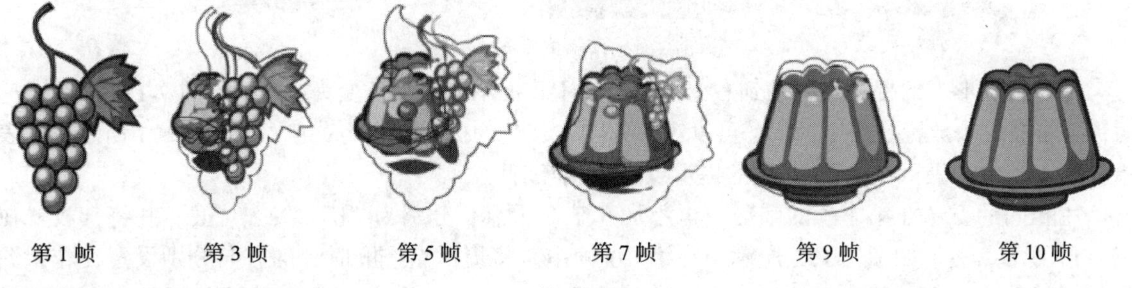

第 1 帧　　第 3 帧　　第 5 帧　　第 7 帧　　第 9 帧　　第 10 帧

图 7-160

7.3.3　应用变形提示

使用变形提示，可以让原图形上的某一点变换到目标图形的某一点上。应用变形提示可以制作出各种复杂的变形效果。

选择“矩形”工具，在第 1 帧的舞台中绘制出一个正方形，如图 7-161 所示。用鼠标右键单击时间轴面板中的第 10 帧，在弹出的菜单中选择“插入空白关键帧”命令，如图 7-162 所示，在第 10 帧上插入一个空白关键帧，如图 7-163 所示。

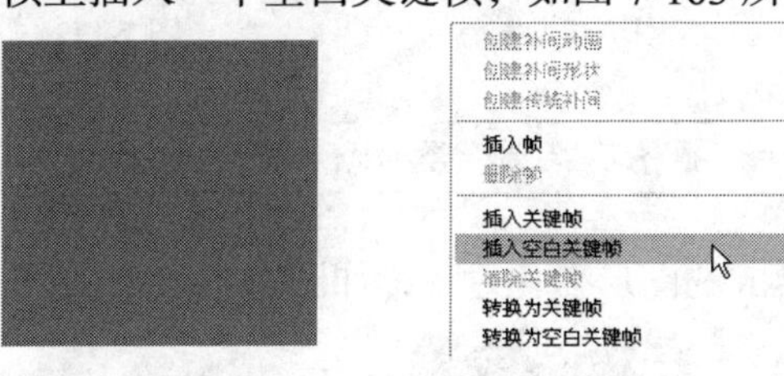

图 7-161　　图 7-162

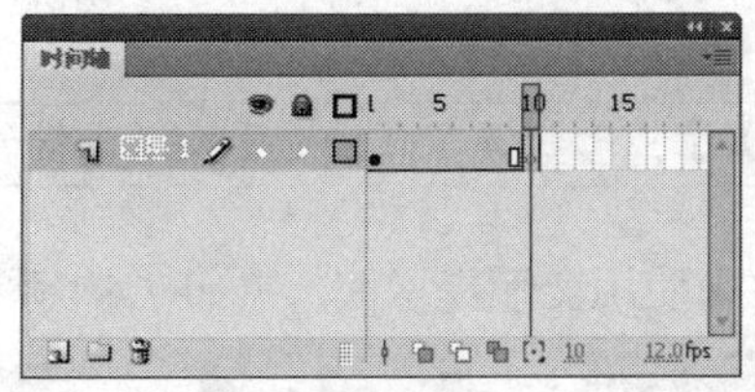

图 7-163

在第 10 帧的舞台中绘制出一个花朵图形，如图 7-164 所示。在时间轴面板中选中第 1 帧，用鼠标右键单击时间轴面板中的第 1 帧，在弹出的菜单中选择“创建补间形状”命令，如图 7-165 所示。在“时间轴”面板中，第 1 帧到第 10 帧之间出现绿色的背景和黑色的箭头，表示生成形状补间动画，如图 7-166 所示。

图 7-164

创建补间动画
创建补间形状
创建传统补间
插入帧
删除帧
插入关键帧
插入空白关键帧
清除关键帧
转换为关键帧
转换为空白关键帧

图 7-165

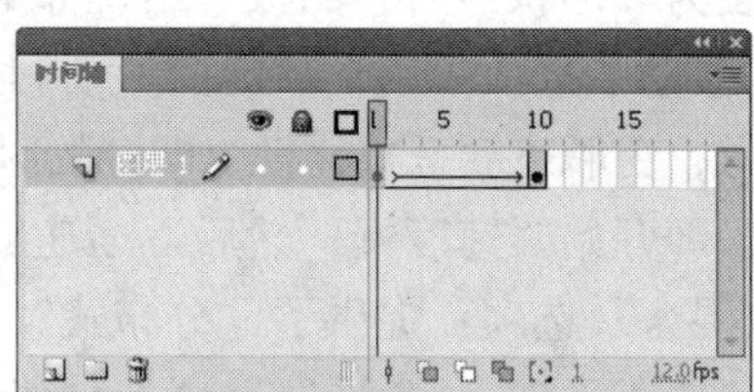

图 7-166

将“时间轴”面板中的播放头放在第 1 帧上，选择“修改 > 形状 > 添加形状提示”命令，或按 Ctrl+Shift+H 组合键，在圆形的中间出现红色的提示点“a”，如图 7-167 所示。将提示点移动到正方形左上方，如图 7-168 所示。将“时间轴”面板中的播放头放在第 10 帧上，第 10 帧的花朵图形上也出现红色的提示点“a”，如图 7-169 所示。

图 7-167

图 7-168

图 7-169

将花朵图形上的提示点移动到右上方的边线上，提示点从红色变为绿色，如图 7-170 所示。这时，再将播放头放置在第 1 帧上，可以观察到刚才红色的提示点变为黄色，如图 7-171 所示，这表示在第 1 帧中的提示点和第 10 帧的提示点已经相互对应。

用相同的方法在第 1 帧的圆形中再添加 3 个提示点，分别为“b”、“c”、“d”，并将其放置在正方形的角点上，如图 7-172 所示。在第 10 帧中，将提示点按顺时针的方向分别设置在花朵图形的边线上，如图 7-173 所示。完成提示点的设置，按 Enter 键，让播放头进行播放，即可观看制作效果。

图 7-170

图 7-171

图 7-172

图 7-173

提示：形状提示点一定要按顺时针的方向添加，顺序不能错，否则无法实现效果。

在未使用变形提示前，Flash CS4 系统自动生成的图形变化过程，如图 7-174 所示。

第 1 帧

第 3 帧

第 5 帧

第 7 帧

第 10 帧

图 7-174

在使用变形提示后，在提示点的作用下生成的图形变化过程，如图 7-175 所示。

第 1 帧　第 3 帧　第 5 帧　第 7 帧　第 10 帧

图 7-175

7.4 传统补间动画和色彩变化动画

传统补间动画所处理的对象必须是舞台上的组件实例、多个图形的组合、文字、导入的素材对象。利用这种动画，可以实现上述对象的大小、位置、旋转、颜色及透明度等变化效果。

色彩变化动画是指对象没有动作和形状上的变化，只是在颜色上产生了变化。

7.4.1 课堂案例——制作流动的文字

案例学习目标：使用属性面板设置元件的透明度。

案例知识要点：使用文本工具添加文字效果，使用创建传统补间命令制作动画效果，使用变形面板改变文字的大小，如图 7-176 所示。

图 7-176

效果所在位置：光盘/Ch07/效果/制作流动的文字.fla。

1. 导入图片并添加文字

Step 01 选择“文件 > 新建”命令，在弹出的“新建文档”对话框中选择“Flash 文件”选项，单击“确定”按钮，进入新建文档舞台窗口。按 Ctrl+F3 组合键，弹出文档“属性”面板，单击“大小”选项后面的按钮，在弹出的对话框中将舞台窗口的宽度设为 400，高度设为 550。

Step 02 选择“文件 > 导入 > 导入到舞台”命令，在弹出的“导入”对话框中选择“Ch07 > 素材 > 制作流动的文字 > 背景”文件，单击“打开”按钮，文件被导入到舞台窗口中，效果如图 7-177 所示。

Step 03 新建图形元件“文字”，便于观看将背景色设为黑色。选择“文本”工具 T，在文字“属性”面板中进行设置，在舞台窗口中输入需要的白色数字，舞台中的效果如图 7-178 所示。

图 7-177

图 7-178

2. 制作文字动画效果

Step 01 新建影片剪辑元件“文字动”，将“库”面板中的图形元件“文字”拖曳到舞台窗口中。选择“窗口 > 变形”命令，弹出“变形”面板，在面板中进行设置，如图 7-179 所示，在图形“属性”面板中将“X”和“Y”选项分别设为-120、-353，舞台中的效果如图 7-180 所示。

Step 02 分别选中第 17 帧、第 36 帧、第 40 帧，按 F6 键，在选中的帧上插入关键帧，如图 7-181 所示。分别选中第 17 帧、第 36 帧的文字图形，在图形“属性”面板中将“X”和“Y”选项分别设为-120、-77。选中第 40 帧的文字图形，在图形“属性”面板中将“X”和“Y”选项分别设为-120、198，在“样式”选项的下拉列表中选择“Alpha”，将其值设为 0%。

Step 03 用鼠标右键分别单击第 1 帧、第 36 帧，在弹出的菜单中选择“创建传统补间”命令，生成动作补间动画，如图 7-182 所示。

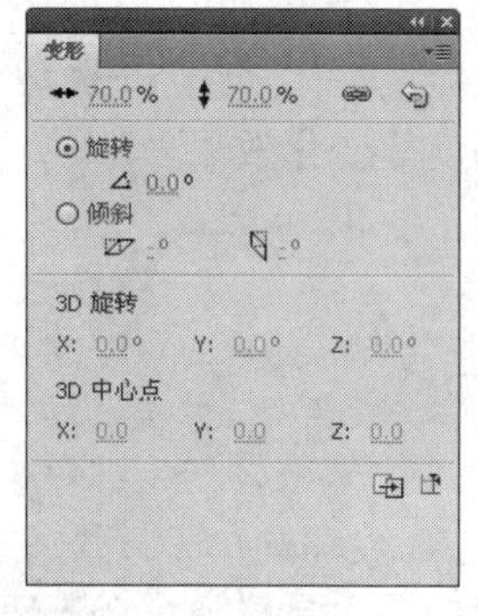

图 7-179

图 7-180

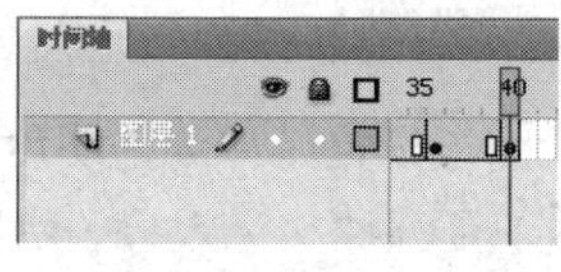

图 7-181

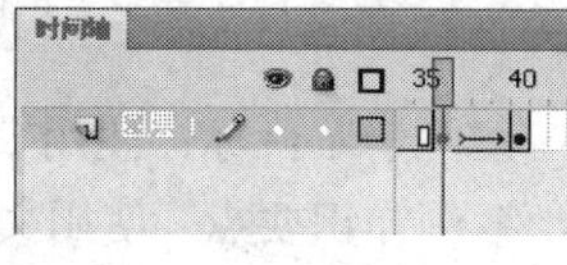

图 7-182

Step 04 创建“图层 2”，选中“图层 2”的第 1 帧，将“库”面板中的图形元件“文字”拖曳到舞台窗口中，在“变形”面板中将“宽”选项设为 80，“长”选项也随之转换为 80，并在图形“属性”面板中将“X”和“Y”选项分别设为 145、-411，舞台中的效果如图 7-183 所示。

Step 05 分别选中“图层 2”的第 17 帧、第 38 帧、第 43 帧，在选中的帧上插入关键帧，如图 7-11 所示。分别选中第 17 帧、第 38 帧的文字图形，在图形“属性”面板中将“X”和“Y”选项分别设为 145、-7。选中第 43 帧的文字图形，在图形“属性”面板中将“X”和“Y”选项分别设为 145、257，在“样式”选项的下拉列表中选择“Alpha”，将其值设为 0%。

Step 06 用鼠标右键分别单击“图层 2”的第 1 帧、第 38 帧，在弹出的菜单中选择“创建传统补间”命令，生成动作补间动画，如图 7-185 所示。

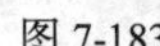

图 7-183

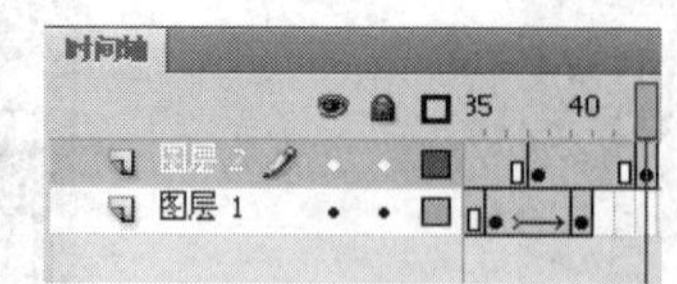

图 7-184

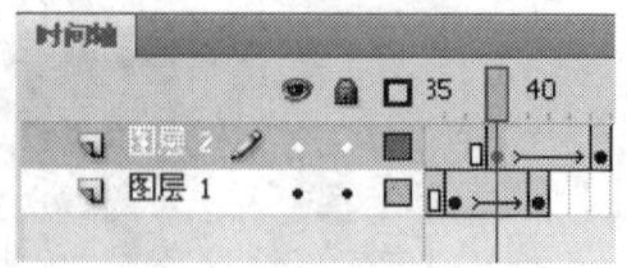

图 7-185

Step 07 新建“图层 3”，选中“图层 3”的第 7 帧，在该帧上插入关键帧，将“库”面板中的图形元件“文字”拖曳到舞台窗口中，在“变形”面板中将“宽”选项设为 30，“长”选项也随之转换为 30，并在图形“属性”面板中将“X”和“Y”选项分别设为-47、-270，舞台中的效果如图 7-186 所示。

Step 08 分别选中“图层 3”的第 20 帧、第 35 帧、第 43 帧，在选中的帧上插入关键帧，如图 7-187 所示。分别选中第 20 帧、第 35 帧的文字图形，在图形“属性”面板中将“X”和“Y”选项分别设为-47、-41。选中第 43 帧的文字图形，在图形“属性”面板中将“X”和“Y”选项分别设为-47、349，在“样式”选项的下拉列表中选择“Alpha”，将其值设为 0%。

Step 09 用鼠标右键分别单击“图层 3”的第 7 帧、第 35 帧，在弹出的菜单中选择“创建传统补间”命令，生成动作补间动画，如图 7-188 所示。

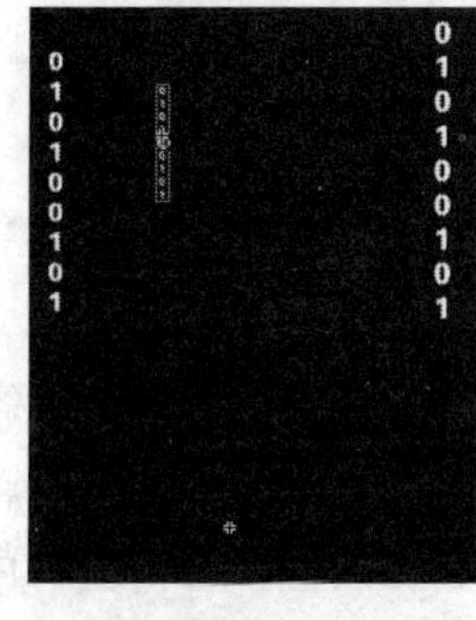

图 7-186

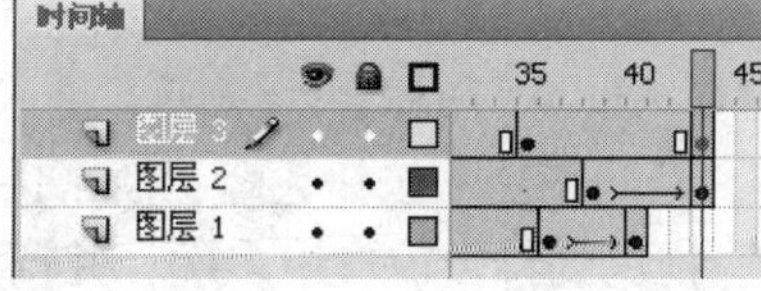

图 7-187

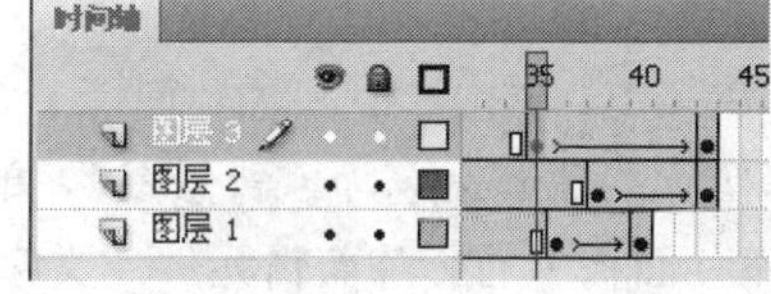

图 7-188

Step 10 新建“图层 4”。选中“图层 4”的第 10 帧，在该帧上插入关键帧。将“库”面板中的图形元件“文字”拖曳到舞台窗口中，在“变形”面板中将“宽”选项设为 120，“长”选项也随之转换为 120，并在图形“属性”面板中将“X”和“Y”选项分别设为 75、-450，舞台中的效果如图 7-189 所示。

Step 11 分别选中“图层 4”的第 31 帧、第 43 帧、第 46 帧，在选中的帧上插入关键帧，如图 7-190 所示。分别选中第 31 帧、第 43 帧的文字图形，在图形“属性”面板中将“X”和“Y”选项分别设为 75、-113。选中第 46 帧的文字图形，在图形“属性”面板中将“X”和“Y”选项分别设为 75、192，在“样式”选项的下拉列表中选择“Alpha”，将其值设为 0%。

Step 12 用鼠标右键分别单击“图层 4”的第 10 帧、第 43 帧，在弹出的菜单中选择“创建传统补间”命令，生成动作补间动画，如图 7-191 所示。

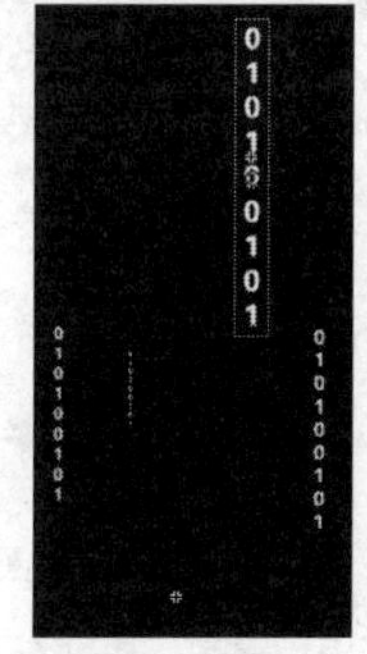

图 7-189

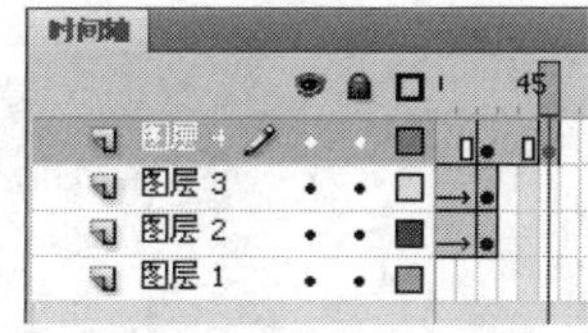

图 7-190

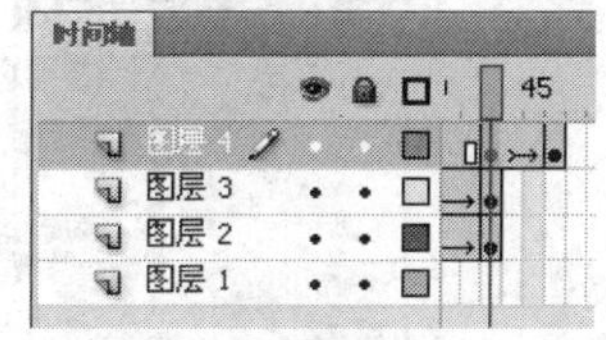

图 7-191

Step 13 新建“图层 5”。选中“图层 5”的第 14 帧，在该帧上插入关键帧。将“库”面板中的图形元件“文字”拖曳到舞台窗口中，在“变形”面板中将“宽”选项设为 40，“长”选项也随之转换为 40，并在图形“属性”面板中将“X”和“Y”选项分别设为 205、-169，舞台中的效果如图 7-192 所示。

Step 14 分别选中“图层 5”的第 27 帧、37 帧、第 41 帧，在选中的帧上插入关键帧，如图 7-193 所示。分别选中第 27 帧、第 37 帧的文字图形，在图形“属性”面板中将“X”和“Y”选项分别设为 205、7。选中第 46 帧的文字图形，在图形“属性”面板中将“X”和“Y”选项分别设为 205、377，在“样式”选项的下拉列表中选择“Alpha”，将其值设为 0%。

Step 15 用鼠标右键分别单击“图层 5”的第 14 帧、第 37 帧，在弹出的菜单中选择“创建传统补间”命令，生成动作补间动画，如图 7-194 所示。

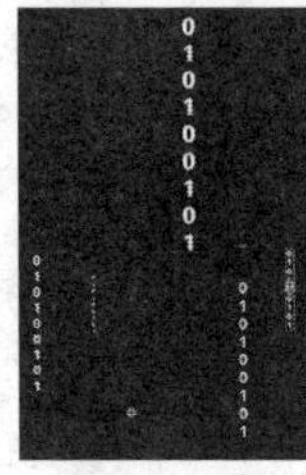

图 7-192

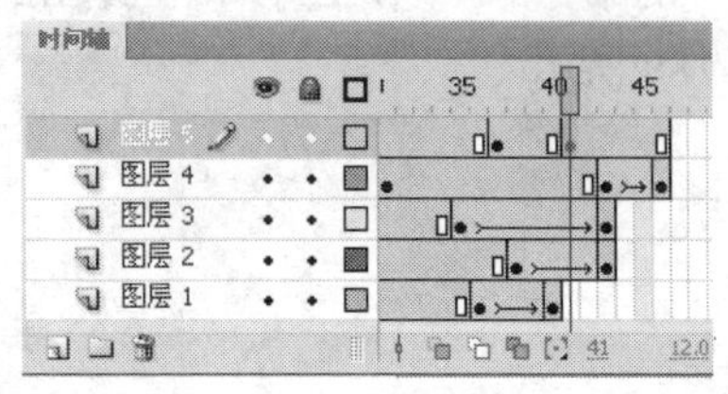

图 7-193

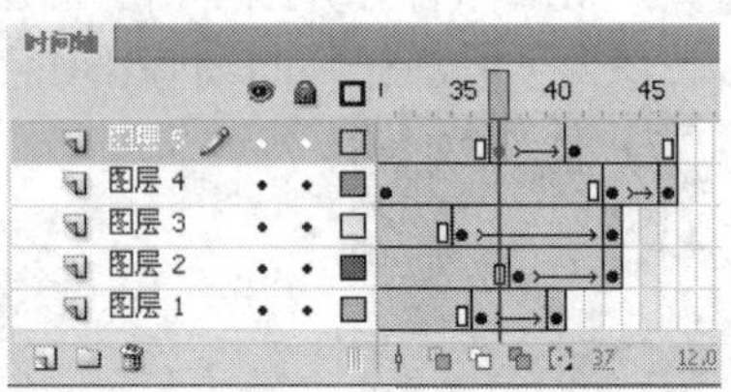

图 7-194

Step 16 单击“时间轴”面板下方的“场景 1”图标 场景 1，进入“场景 1”的舞台窗口，将“图层 1”重新命名为“背景图”。单击“新建图层”按钮 ，新建图层并将其命名为“文字”。将“库”面板中的影片剪辑元件“文字动”拖曳到舞台窗口中多次，并调整大小和位置，舞台窗口中的效果如图 7-195 所示。流动的文字效果制作完成，按 Ctrl+Enter 组合键即可查看效果，如图 7-196 所示。

图 7-195

图 7-196

7.4.2 传统补间动画

新建空白文档，选择“文件 > 导入 > 导入到库”命令，将“04”文件导入到“库”面板中，如图 7-197 所示，将元件拖曳到舞台的左下方，如图 7-198 所示。

图 7-197

图 7-198

用鼠标右键单击“时间轴”面板中的第 10 帧，在弹出的菜单中选择“插入关键帧”命令，在第 10 帧上插入一个关键帧，如图 7-199 所示。将元件拖曳到舞台的右上方，如图 7-200 所示。

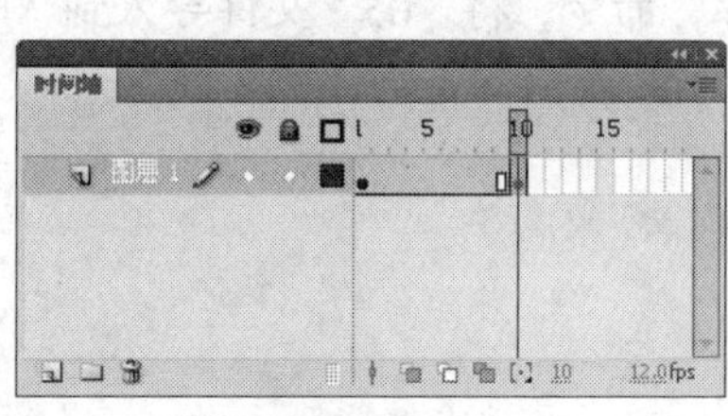

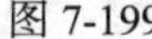
图 7-199

图 7-200

在“时间轴”面板中用鼠标右键单击时间轴面板中的第 1 帧，在弹出的菜单中选择“创建传统补间”命令。

设为“动画”后，“属性”面板中出现如下多个新的选项。

“缓动”选项：用于设定传统补间动画从开始到结束时的运动速度，其取值范围为 0~100。当选择正数时，运动速度呈减速度，即开始时速度快，然后逐渐速度减慢；当选择负数时，运动速度呈加速度，即开始时速度慢，然后逐渐速度加快。

“缩放”选项：勾选此选项，对象在动画过程中可以改变比例。

“旋转”选项：用于设置对象在运动过程中的旋转样式和次数。其中包含 4 种样式：“无”表示在运动过程中不允许对象旋转；“自动”表示对象按快捷的路径进行旋转变化；“顺时针”表示对象在运动过程中按顺时针的方向进行旋转，可以在右边的“旋转数”选项中设置旋转的次数；“逆时针”表示对象在运动过程中按逆时针的方向进行旋转，可以在右边的“旋转数”选项中设置旋转的次数。

“调整到路径”选项：勾选此选项，对象在运动引导动画过程中，可以根据引导路径的曲线改变变化的方向。

“同步”选项：勾选此选项，如果对象是一个包含动画效果的图形组件实例，其动画和主时间轴同步。

“对齐”选项：勾选此选项，如果使用运动引导动画，则根据对象的中心点将其吸附到运动路径上。

在“时间轴”面板中，第 1 帧到第 10 帧之间出现蓝色的背景和黑色的箭头，表示生成传统补间动画，如图 7-201 所示。完成传统补间动画的制作，按 Enter 键，让播放头进行播放，即可观看制作效果。

如果想观察制作的传统补间动画中每 1 帧产生的不同效果，可以单击“时间轴”面板下方的“绘图纸外观”按钮，并将标记点的起始点设为第 1 帧，终止点设为第 10 帧。舞台中显示出在不同的帧中，元件位置的变化效果，如图 7-202 所示。

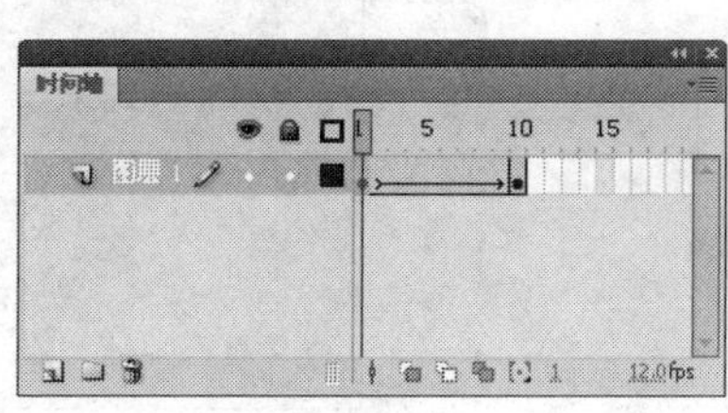

图 7-201

图 7-202

还可以在对象的运动过程中改变其大小、透明度等，下面将进行介绍。

新建空白文档，选择“文件 > 导入 > 导入到库”命令，将“05”文件导入到“库”面板中，如图 7-203 所示，将元件拖曳到舞台的中心，如图 7-204 所示。

图 7-203

图 7-204

用鼠标右键单击“时间轴”面板中的第 10 帧，在弹出的菜单中选择“插入关键帧”命令，在第 10 帧上插入一个关键帧，如图 7-205 所示。选择“任意变形”工具，在舞台中单击图形，出现变形控制点，如图 7-206 所示。

将鼠标放在左侧的控制点上，光标变为双箭头 ↔，按住鼠标不放，选中控制点向右拖曳，将图形水平翻转，如图 7-207 所示。

图 7-205

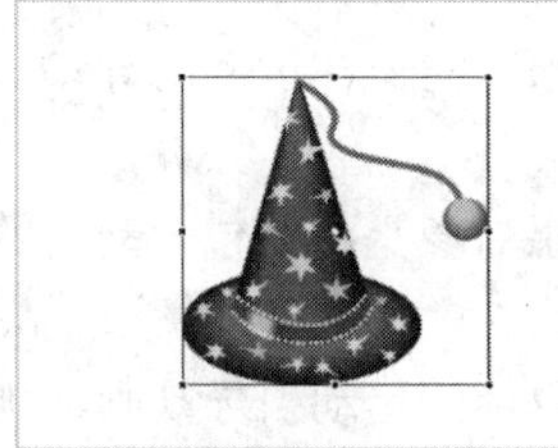

图 7-206

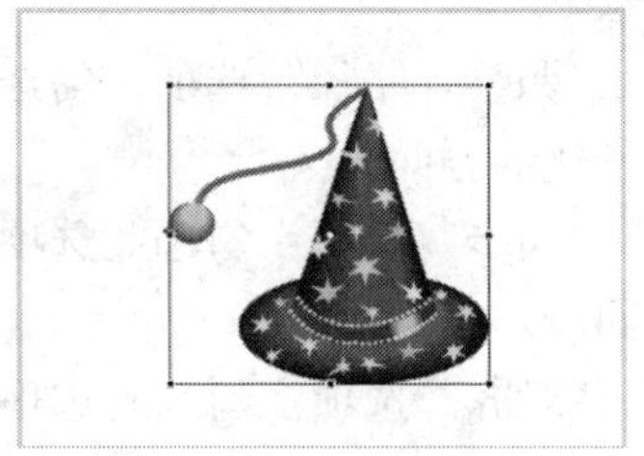

图 7-207

按 Ctrl+T 组合键，弹出“变形”面板，将“缩放宽度”和“缩放高度”选项均设置为 70%，其他选项为默认值，如图 7-208 所示。按 Enter 键，确定操作，如图 7-209 所示。

选择“选择”工具，选中图形，选择“窗口 > 属性”命令，弹出图形“属性”面板，在“样式”选项的下拉列表中选择“Alpha”，并将其值设为 14，如图 7-210 所示。

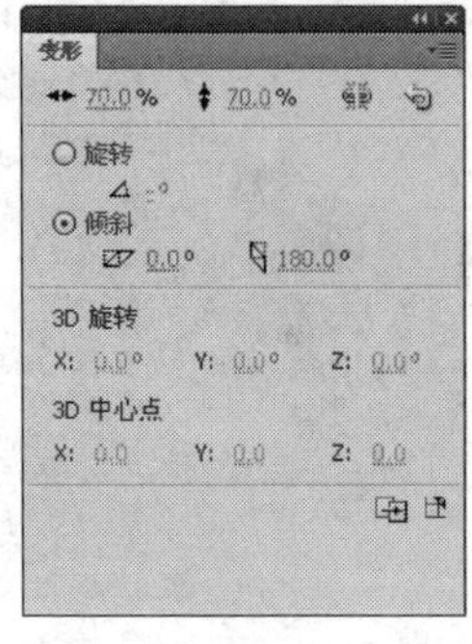

图 7-208

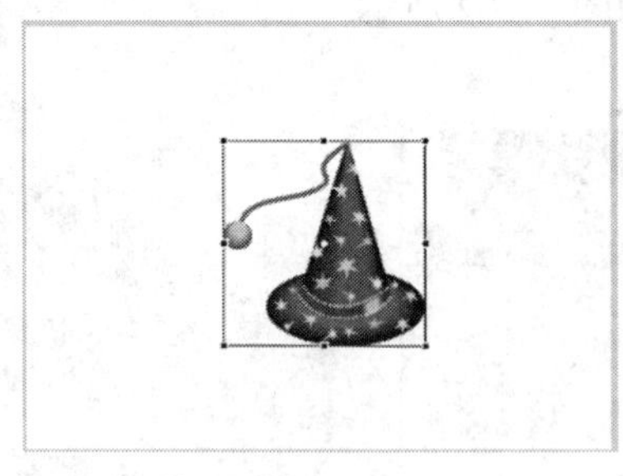

图 7-209

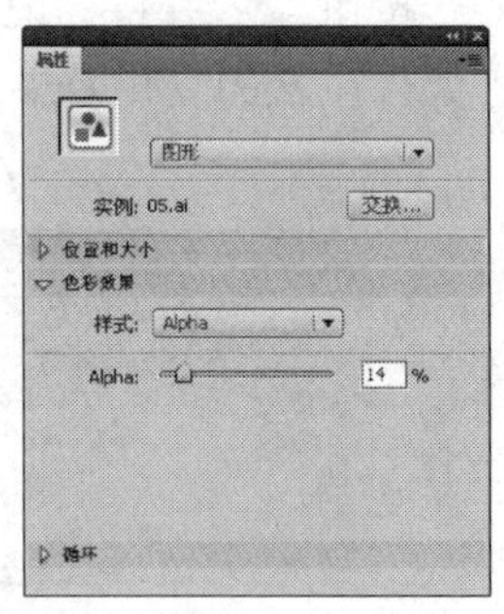

图 7-210

舞台中图形的不透明度被改变，如图 7-211 所示。在“时间轴”面板中，用鼠标右键单击第 1 帧，在弹出的菜单中选择“创建传统补间”命令，第 1 帧到第 10 帧之间生成传统补间动画，如图 7-212 所示。按 Enter 键，让播放头进行播放，即可观看制作效果。

图 7-211

图 7-212

在不同的关键帧中，铃铛图形的动作变化效果如图 7-213 所示。

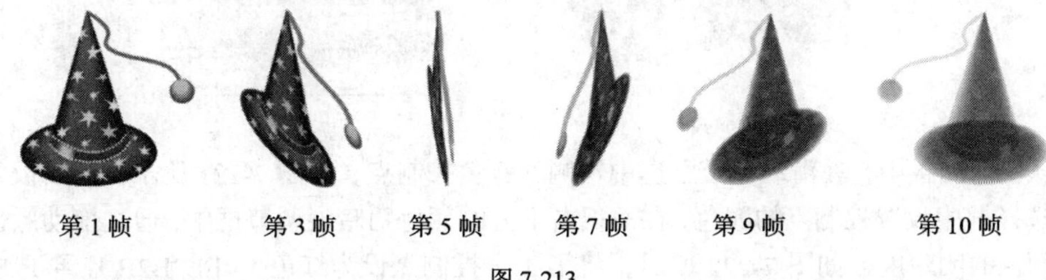

第 1 帧　第 3 帧　第 5 帧　第 7 帧　第 9 帧　第 10 帧

图 7-213

7.4.3 色彩变化动画

新建空白文档，选择“文件 > 导入 > 导入到舞台”命令，将“06”文件导入到舞台中，选中图形，按 Ctrl+B 组合键，将图形打散，如图 7-214 所示。

在“时间轴”面板中选择第 10 帧，按 F6 键，在第 10 帧上插入关键帧，如图 7-215 所示。第 10 帧中也显示出第 1 帧中的玫瑰花。

将图形全部选中，单击工具箱下方的“填充色”按钮，在弹出的色彩框中选择黄色（#FFCC00），这时，图形的颜色发生变化，被修改为黄色，如图 7-216 所示。在“时间轴”面板中，用鼠标右键单击第 1 帧，在弹出的菜单中选择“创建补间形状”命令，第 1 帧到第 10 帧之间生成色彩变化动画，如图 7-217 所示。

图 7-214

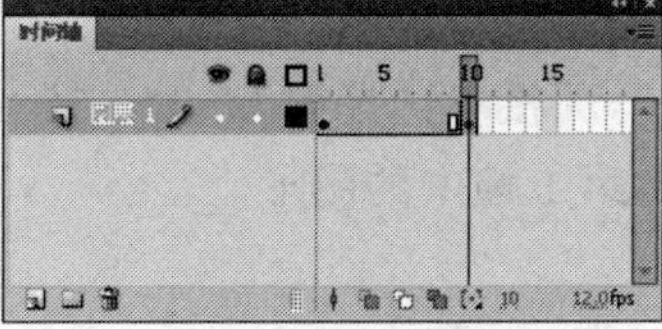

图 7-215

图 7-216

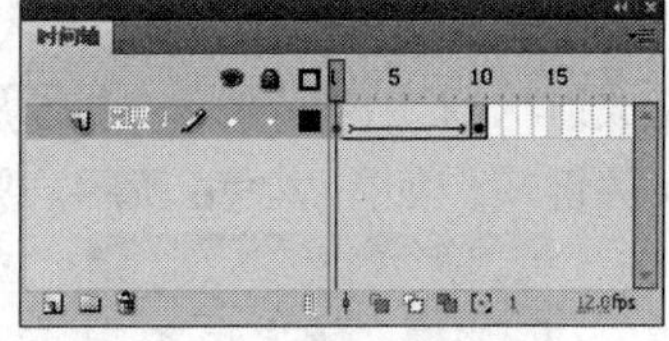

图 7-217

在不同的关键帧中，玫瑰花的颜色变化效果如图 7-218 所示。

第 1 帧

第 3 帧

第 5 帧

第 7 帧

第 10 帧

图 7-218

还可以应用渐变色彩来制作色彩变化动画，下面将进行介绍。

新建空白文档，选择“文件 > 导入 > 导入到舞台”命令，将“07”文件导入到舞台中，选中图形，按 Ctrl+B 组合键，将图形打散，如图 7-219 所示。

选择“窗口 > 颜色”命令，弹出“颜色”面板，在“填充样式”选项的下拉列表中选择“放射状”，如图 7-220 所示。

图 7-219

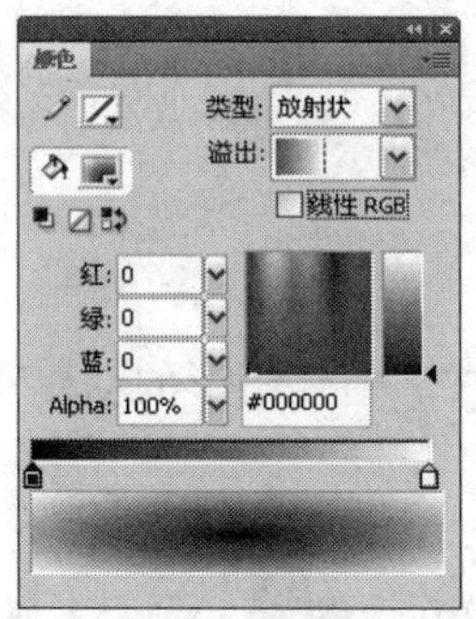

图 7-220

在“颜色”面板中，在滑动色带上选中左侧的颜色控制点，如图 7-221 所示。在面板中间正方形的颜色选择框中设置控制点的颜色，在面板右下方的颜色明暗度调节框中，通过拖动黑色三角形◀来设置颜色的明暗度，如图 7-222 所示，将第 1 个控制点设为红色（#EE2B2B）。再选中右侧的颜色控制点，在颜色选择框和明暗度调节框中设置颜色，如图 7-223 所示，将第 2 个控制点设为黄色（#FDFD35）。

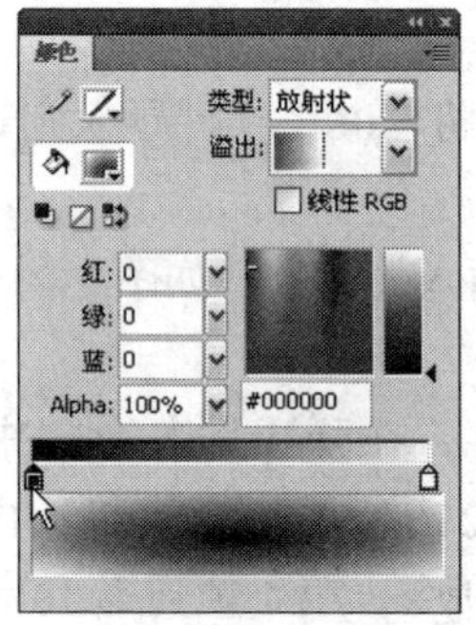

图 7-221

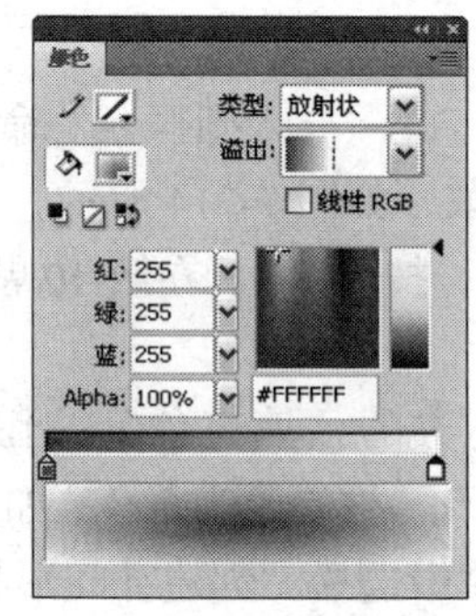

图 7-222

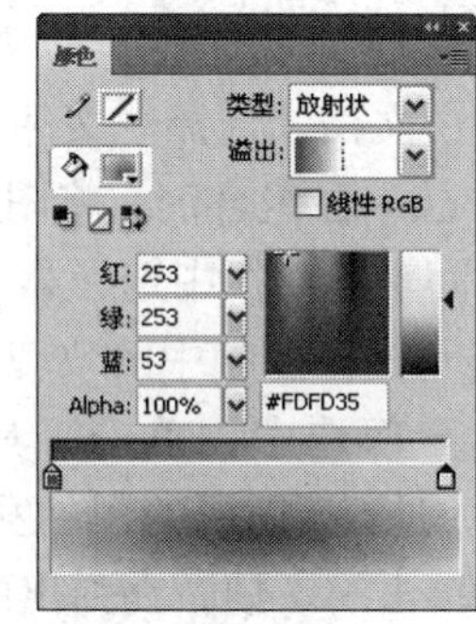

图 7-223

将第 2 个控制点向左拖曳，如图 7-224 所示。选择“颜料桶”工具，在图形中单击鼠标，填充放射状渐变色，如图 7-225 所示。在“时间轴”面板中选择第 10 帧，按 F6 键，在第 10 帧上插入关键帧，如图 7-226 所示。第 10 帧中也显示出第 1 帧中的图形。

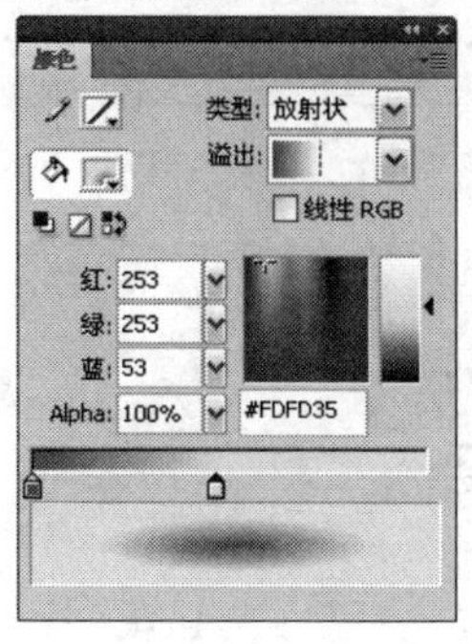

图 7-224

图 7-225

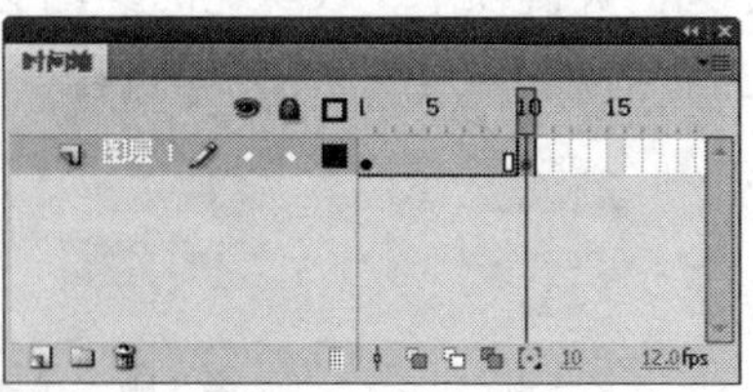

图 7-226

选择“颜料桶”工具，在图形中单击鼠标，填充放射状渐变色，如图 7-227 所示。在“时间轴”面板中，用鼠标右键单击第 1 帧，在弹出的菜单中选择“创建补间形状”命令，第 1 帧到第 10 帧之间生成色彩变化动画，如图 7-228 所示。

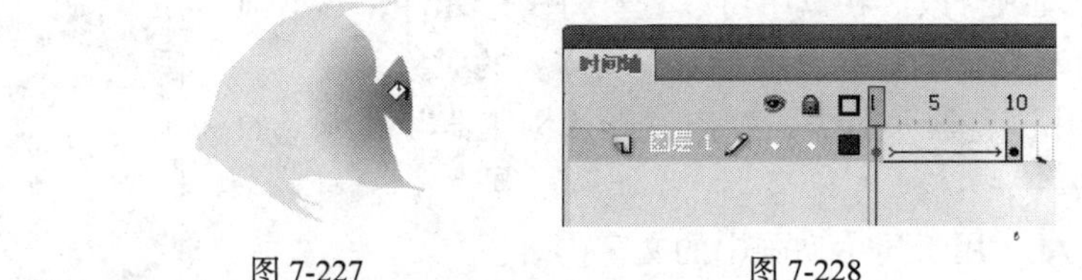

图 7-227　　　　图 7-228

在不同的关键帧中，图形颜色变化效果如图 7-229 所示。

图 7-229

7.4.4　测试动画

在制作完成动画后，要对其进行测试。可以通过多种方法来测试动画。

1．应用控制器面板

选择“窗口 > 工具栏 > 控制器”命令，弹出“控制器”面板，如图 7-230 所示。

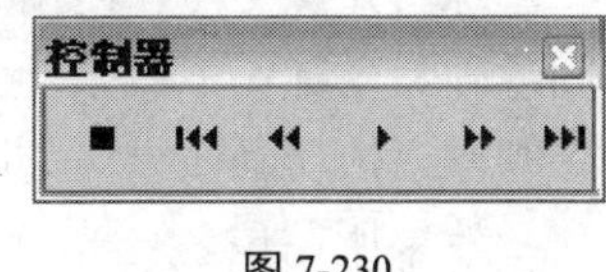

图 7-230

“停止”按钮：用于停止播放动画。“转到第一帧”按钮：用于将动画返回到第 1 帧并停止播放。“后退一帧”按钮：用于将动画逐帧向后播放。“播放”按钮：用于播放动画。“前进一帧”按钮：用于将动画逐帧向前播放。“转到最后一帧”按钮：用于将动画跳转到最后 1 帧并停止播放。

2．应用播放命令

选择“控制 > 播放”命令，或按 Enter 键，可以对当前舞台中的动画进行浏览。在“时间轴”面板中，可以看见播放头在运动，随着播放头的运动，舞台中显示出播放头所经过的帧上的内容。

3．应用测试影片命令

选择“控制 > 测试影片”命令，或按 Ctrl+Enter 组合键，可以进入动画测试窗口，对动画作品的多个场景进行连续的测试。

4．应用测试场景命令

选择“控制 > 测试场景”命令，或按 Ctrl+Alt+Enter 组合键，可以进入动画测试窗口，测试当前舞台窗口中显示的场景或元件中的动画。

提示： 如果需要循环播放动画，可以选择“控制 > 循环播放”命令，再应用“播放”按钮或其他测试命令即可。

7.4.5 “影片浏览器”面板的功能

“影片浏览器”面板，可以将 Flash CS4 文件组成树型关系图，方便用户进行动画分析、管理或修改。在其中可以查看每一个元件，熟悉帧与帧之间的关系，查看动作脚本等，也可快速查找需要的对象。

选择“窗口 > 影片浏览器”命令，弹出“影片浏览器”面板，如图 7-231 所示。

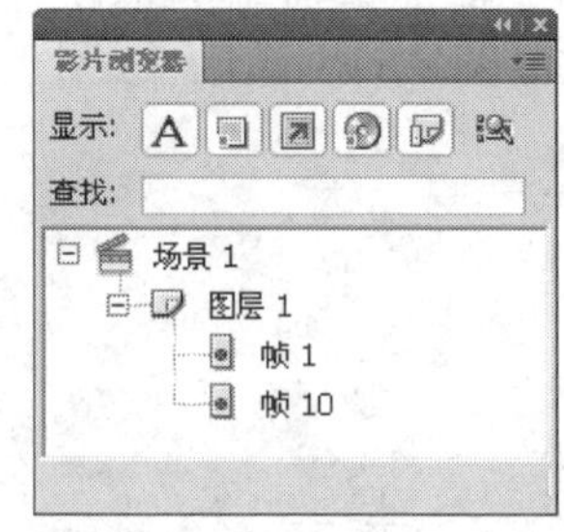

图 7-231

“显示文本”按钮：用于显示动画中的文字内容。

“显示按钮、影片剪辑和图形”按钮：用于显示动画中的按钮、影片剪辑和图形。

“显示动作脚本”按钮：用于显示动画中的脚本。

“显示视频、声音和位图”按钮：用于显示动画中的视频、声音和位图。

“显示帧和图层”按钮：用于显示动画中的关键帧和图层。

“自定义要显示的项目”按钮：单击此按钮，弹出“影片管理器设置”对话框，在对话框中可以自定义在“影片浏览器”面板中显示的内容。

“查找”选项：可以在此选项的文本框中输入要查找的内容，这样可以快速地找到需要的对象。

7.5 课堂练习——制作 LOADING 下载条

练习知识要点：使用矩形工具、任意变形工具、形状补间动画命令制作下载条动画效果，使用文本工具和插入帧命令制作逐帧动画效果，如图 7-232 所示。

效果所在位置：光盘/Ch07/效果/制作 LOADING 下载条.fla。

图 7-232

7.6 课后习题——制作变色标志

习题知识要点：使用改变帧数命令制作标志图形的变色效果，使用对齐面板排列图形，如图 7-233 所示。

效果所在位置：光盘/Ch07/效果/制作变色标志.fla。

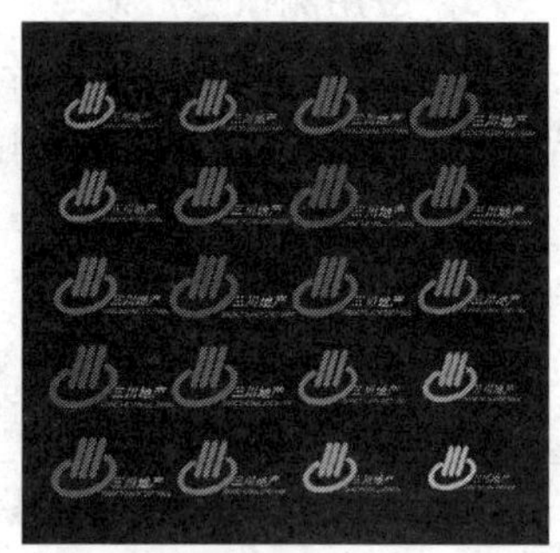
图 7-233

第8章 层与高级动画

层在 Flash CS4 中有着举足轻重的作用。只有掌握层的概念和熟练应用不同性质的层，才有可能真正成为 Flash 的高手。本章详细介绍层的应用技巧和使用不同性质的层来制作高级动画。读者通过学习要了解并掌握层的强大功能，并能充分利用层来为自己的动画设计作品增光添彩。

【教学目标】

- 层、引导层与运动引导层的动画。
- 遮罩层与遮罩的动画制作。
- 分散到图层。
- 时间轴特效与场景动画。

8.1 层、引导层与运动引导层的动画

图层类似于叠在一起的透明纸，下面图层中的内容可以通过上面图层中不包含内容的区域透过来。除普通图层，还有一种特殊类型的图层——引导层。在引导层中，可以像其他层一样绘制各种图形和引入元件等，但最终发布时引导层中的对象不会显示出来。

8.1.1 课堂案例——制作落花效果

案例学习目标：使用引导层命令制作落花效果。

案例知识要点：使用铅笔工具绘制线条，使用引导层命令将普通层转换为引导层，如图 8-1 所示。

图 8-1

效果所在位置：光盘/Ch08/效果/制作落花效果.fla。

Step 01 选择“文件 > 新建”命令，在弹出的“新建文档”对话框中选择“Flash 文件”选项，单击“确定”按钮，进入新建文档舞台窗口。调出“库”面板，选择“文件 > 导入 > 导入到库”命令，在弹出的“导入到库”对话框中选择“Ch08 > 素材 > 制作落花效果 > 底图”文件，单击“打开”按钮，将图片导入到“库”面板中，如图 8-2 所示，将图片拖曳到舞台窗口中，在位图“属性”面板中，将“X”、“Y”选项的数值设为 0，使图片在舞台窗口的正中位置，效果如图 8-3 所示，将“图层 1”重新命名为“底图”。

图 8-2

图 8-3

Step 02 在“库”面板下方单击“新建元件”按钮，弹出“创建新元件”对话框，在“名称”选项的文本框中输入“花瓣”，在“类型”下拉列表中选择“图形”选项，单击“确定”按钮，新建一个图形元件“花瓣”，舞台窗口也随之转换为图形元件的舞台窗口。选择“文件 > 导入 > 导入到舞台”命令，在弹出的“导入”对话框中选择“Ch08 > 素材 > 制作落花效果 > 花瓣”文件，单击“打开”按钮，图片被导入到舞台窗口中，效果如图 8-4 所示。

Step 03 在“库”面板下方单击“新建元件”按钮，弹出“创建新元件”对话框，在“名称”选项的文本框中输入“花瓣动 1”，在“类型”下拉列表中选择“影片剪辑”选项，单击“确定”按钮，新建一个影片剪辑元件“花瓣动 1”，舞台窗口也随之转换为影片剪辑元件的舞台窗口。单

击“时间轴”面板下方的“新建图层”按钮，创建“图层 2”。

Step 04 选择“铅笔”工具，在工具箱中将笔触颜色设为黑色，选中工具箱下方“选项”选项组中的平滑选项，在引导层上绘制出一条曲线，效果如图 8-5 所示。选中“图层 2”的第 55 帧，按 F5 键插入普通帧，如图 8-6 所示。选中“图层 1”的第 1 帧，将“库”面板中的图形元件“花瓣”拖曳到舞台窗口中，放在曲线上方的端点上，效果如图 8-7 所示。

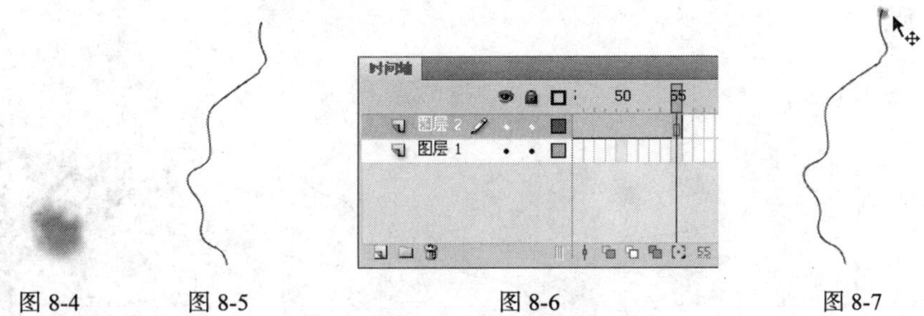

图 8-4　　图 8-5　　图 8-6　　图 8-7

Step 05 选中“图层 1”的第 55 帧，按 F6 键插入关键帧，如图 8-8 所示。用选择工具将第 55 帧中的花瓣移动到曲线下方的端点上，效果如图 8-9 所示。

Step 06 用鼠标右键单击“图层 1”中的第 1 帧，在弹出的菜单中选择“创建传统补间”命令，在第 1 帧和第 55 帧之间生成动作补间动画，用鼠标右键单击“图层 2”，在弹出的菜单中选择“引导层”命令，选中“图层 1”将其向“图层 2”拖曳，将“图层 2”转换为引导层，如图 8-10 所示。

Step 07 创建新的影片剪辑元件“花瓣动 2”，新建“图层 2”，选择“铅笔”工具，在“图层 2”上绘制出一条曲线，效果如图 8-11 所示。

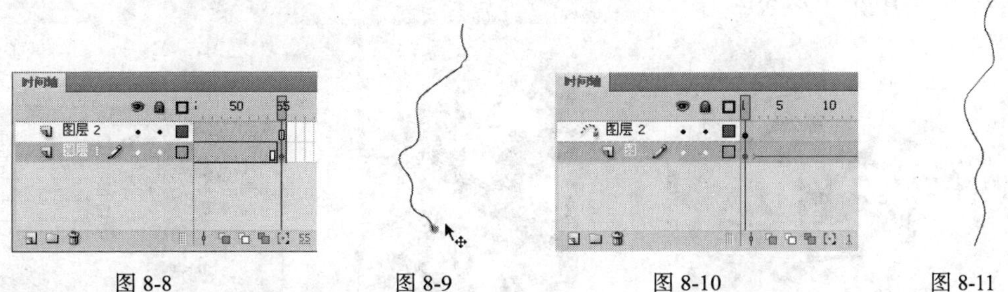

图 8-8　　图 8-9　　图 8-10　　图 8-11

Step 08 选中“图层 2”的第 65 帧，按 F5 键插入普通帧。选中“图层 1”的第 1 帧，将“库”面板中的图形元件“花瓣”拖曳到舞台窗口中，放在曲线上方的端点上，效果如图 8-12 所示。选中“图层 1”的第 65 帧，按 F6 键插入关键帧。用选择工具将第 65 帧中的花瓣移动到曲线下方的端点上，效果如图 8-13 所示。用鼠标右键单击“图层 1”中的第 1 帧，在弹出的菜单中选择“创建传统补间”命令，在第 1 帧和第 65 帧之间生成动作补间动画。用鼠标右键单击“图层 2”，在弹出的菜单中选择“引导层”命令，选中“图层 1”将其向“图层 2”拖曳，将“图层 2”转换为引导层。

Step 09 创建新的影片剪辑元件“花瓣动 3”，新建“图层 2”，选择“铅笔”工具，在“图层 2”上绘制出一条曲线，效果如图 8-14 所示。选中“图层 2”的第 85 帧，按 F5 键插入普通帧。选中“图层 1”的第 1 帧，将“库”面板中的图形元件“花瓣”拖曳到舞台窗口中，放在曲线上方的端点上，效果如图 8-15 所示。选中“图层 1”的第 85 帧，按 F6 键插入关键帧。用选择工具将第 85 帧中的花瓣移动到曲线下方的端点上，效果如图 8-16 所示。

Step 10 用鼠标右键单击“图层 1”中的第 1 帧，在弹出的菜单中选择“创建传统补间”命令，在第 1 帧和第 85 帧之间生成动作补间动画。用鼠标右键单击“图层 2”，在弹出的菜单中选择“引导层”命令，选中“图层 1”将其向“图层 2”拖曳，将“图层 2”转换为引导层。

Step 11 单击“时间轴”面板上方的“场景 1”图标，进入“场景 1”的舞台窗口。单击“时间轴”面板下方的“新建图层”按钮，创建新图层并将其命名为“花朵 1”。选中图层“花朵 1”，将“库”面板中的影片剪辑元件“花瓣动 1”拖曳到舞台窗口中，放置在其他花瓣的旁边，效果如图 8-17 所示。

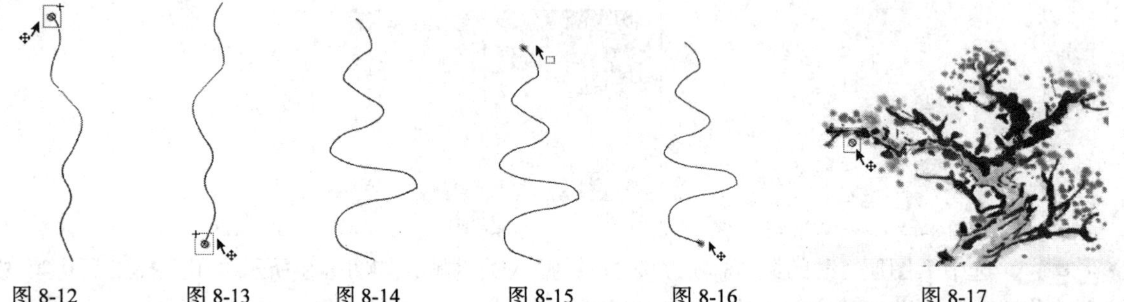

图 8-12　图 8-13　图 8-14　图 8-15　图 8-16　图 8-17

Step 12 将“库”面板中的影片剪辑元件“花瓣动 2”拖曳到舞台窗口中，放置在其他花瓣的旁边，效果如图 8-18 所示。将影片剪辑元件“花瓣动 3”也拖曳到舞台窗口中，效果如图 8-19 所示。

Step 13 选中“底图”图层的第 85 帧，按 F5 键，在该帧上插入普通帧。选中“花朵 1”图层的第 85 帧，按 F5 键，在该帧上插入普通帧，单击“时间轴”面板下方的“新建图层”按钮，创建新图层并将其命名为“花朵 2”。选中图层“花朵 2”的第 15 帧，按键盘上的 F6 键，在该帧上插入关键帧，如图 8-20 所示。

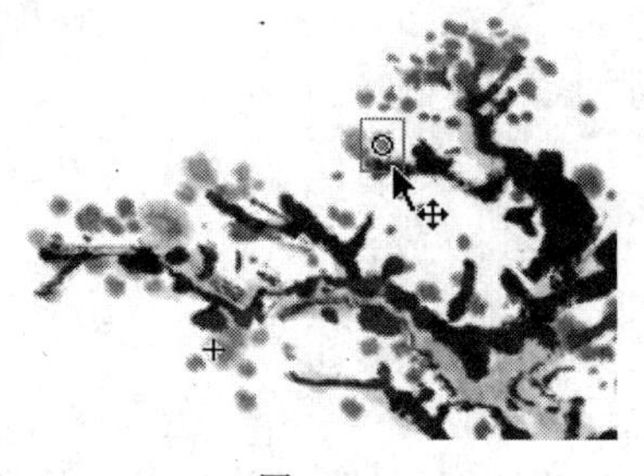

图 8-18

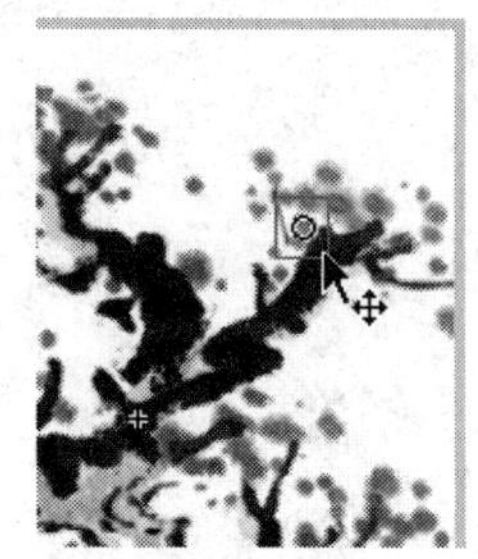

图 8-19

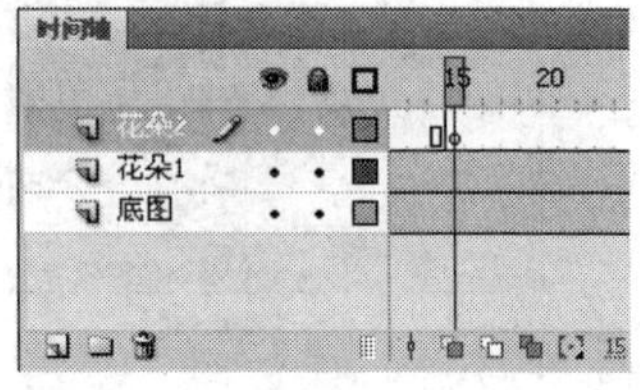

图 8-20

Step 14 选中第 15 帧，将“库”面板中的影片剪辑元件“花瓣动 1”拖曳到舞台窗口中，放置在其他花瓣的旁边，效果如图 8-21 所示。将影片剪辑元件“花瓣动 3”拖曳到舞台窗口中，效果如图 8-22 所示。落花效果制作完成，如图 8-23 所示，按键盘上的 Ctrl+Enter 组合键即可查看效果。

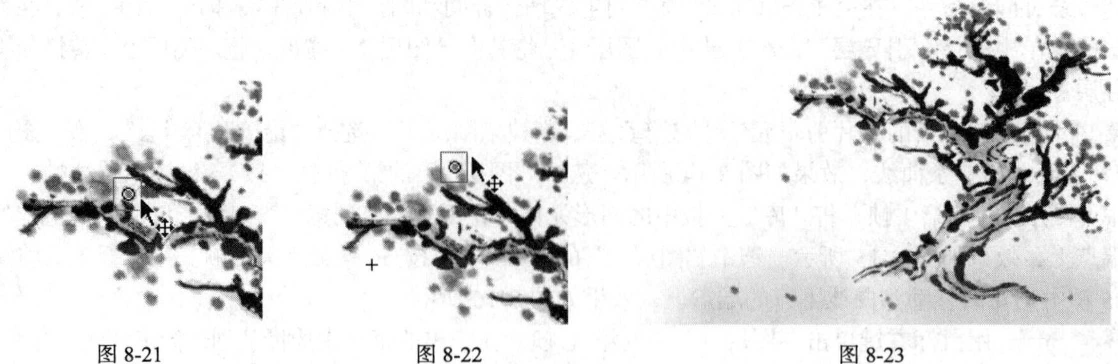

图 8-21　图 8-22　图 8-23

8.1.2　层的设置

1. 层的弹出式菜单

“显示全部”命令：用于显示所有的隐藏图层和图层文件夹。

“锁定其他图层”命令：用于锁定除当前图层以外的所有图层。

“隐藏其他图层”命令：用于隐藏除当前图层以外的所有图层。

“新建图层”命令：用于在当前图层上创建一个新的图层。

“删除图层”命令：用于删除当前图层。

“引导层”命令：用于将当前图层转换为引导层。

“添加传统运动引导层”命令：用于将当前图层转换为运动引导层。

“遮罩层”命令：用于将当前图层转换为遮罩层。

“显示遮罩”命令：用于在舞台窗口中显示遮罩效果。

“插入文件夹”命令：用于在当前图层上创建一个新的层文件夹。

“删除文件夹”命令：用于删除当前的层文件夹。

“展开文件夹”命令：用于展开当前的层文件夹，显示出其包含的图层。

“折叠文件夹”命令：用于折叠当前的层文件夹。

“展开所有文件夹”命令：用于展开“时间轴”面板中所有的层文件夹，显示出所包含的图层。

“折叠所有文件夹”命令：用于折叠“时间轴”面板中所有的层文件夹。

“属性”命令：用于设置图层的属性，选择此命令，将弹出“图层属性”对话框。

“名称”选项：用于设置图层的名称。

“显示”选项：勾选此选项，将显示该图层，否则将隐藏图层。

“锁定”选项：勾选此选项，将锁定该图层，否则将解锁。

“类型”选项：用于设置图层的类型。

“轮廓颜色”选项：用于设置对象呈轮廓显示时，轮廓线所使用的颜色。

“图层高度”选项：用于设置图层在“时间轴”面板中显示的高度。

2. 创建图层

为了分门别类地组织动画内容，需要创建普通图层。 选择“插入 > 时间轴 > 图层”命令，创建一个新的图层，或在“时间轴”面板下方单击“新建图层”按钮 ，创建一个新的图层。

提示：系统默认状态下，新创建的图层按“图层 1”、“图层 2”……的顺序进行命名，也可以根据需要自行设定图层的名称。

3. 选取图层

选取图层就是将图层变为当前图层，用户可以在当前层上放置对象、添加文本和图形以及进行编辑。要使图层成为当前图层的方法很简单，在“时间轴”面板中选中该图层即可。当前图层会在“时间轴”面板中以深色显示，铅笔图标 表示可以对该图层进行编辑，如图 8-24 所示。

按住 Ctrl 键的同时，用鼠标在要选择的图层上单击，可以一次选择多个图层，如图 8-25 所示。按住 Shift 键的同时，用鼠标单击两个图层，在这两个图层中间的其他图层也会被同时选中，如图 8-26 所示。

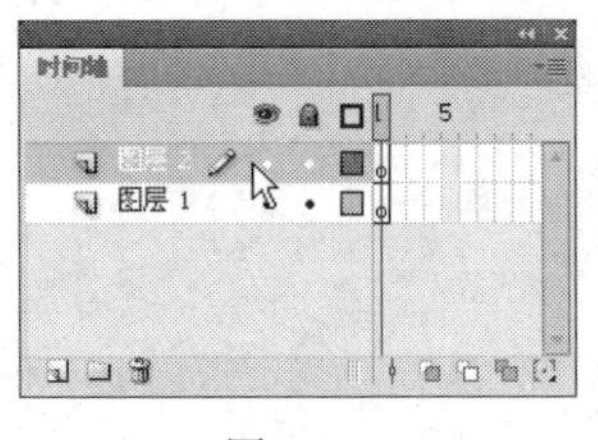
图 8-24

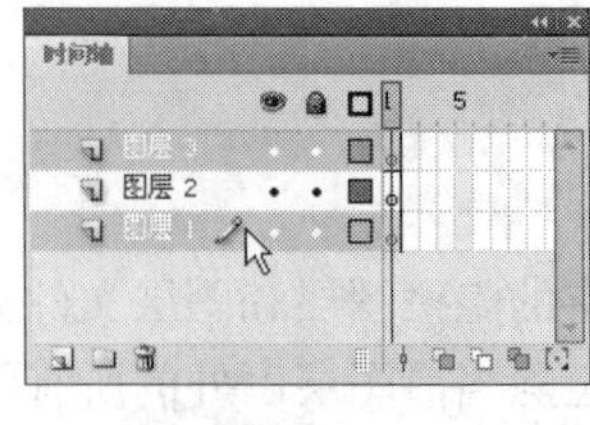
图 8-25

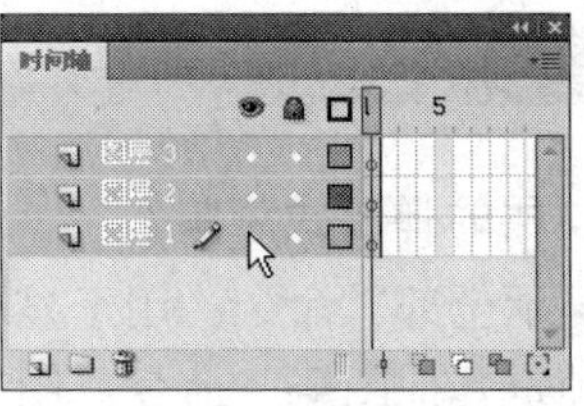
图 8-26

4．排列图层

可以根据需要，在“时间轴”面板中为图层重新排列顺序。

在“时间轴”面板中选中“图层 3”，如图 8-27 所示，按住鼠标不放，将“图层 3”向下拖曳，这时会出现一条实线，如图 8-28 所示，将实线拖曳到“图层 1”的下方，松开鼠标，则“图层 3”移动到“图层 1”的下方，如图 8-29 所示。

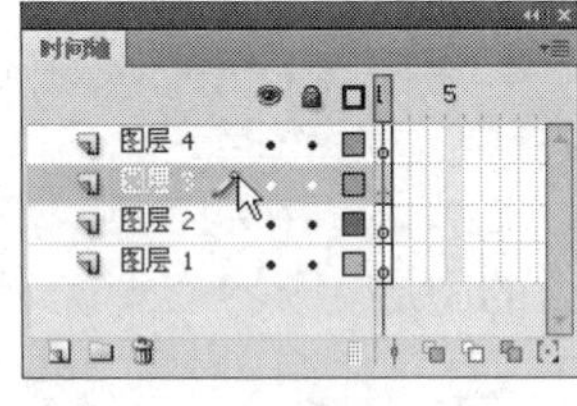
图 8-27

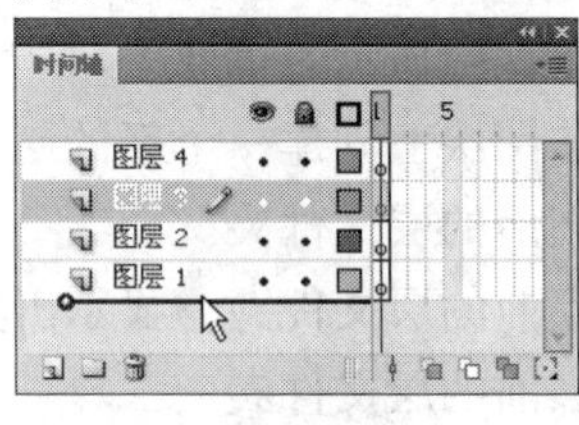
图 8-28

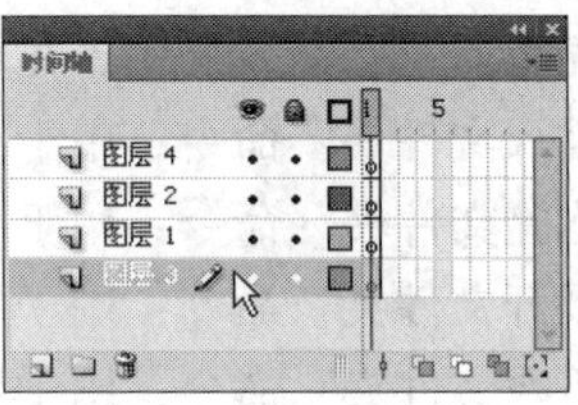
图 8-29

5．复制、粘贴图层

可以根据需要，将图层中的所有对象复制并粘贴到其他图层或场景中。

在“时间轴”面板中单击要复制的图层，如图 8-30 所示，选择“编辑 > 时间轴 > 复制帧”命令，进行复制。在“时间轴”面板下方单击“新建图层”按钮，创建一个新的图层，选中新的图层，如图 8-31 所示，选择“编辑 > 时间轴 > 粘贴帧”命令，在新建的图层中粘贴复制过的内容，如图 8-32 所示。

图 8-30

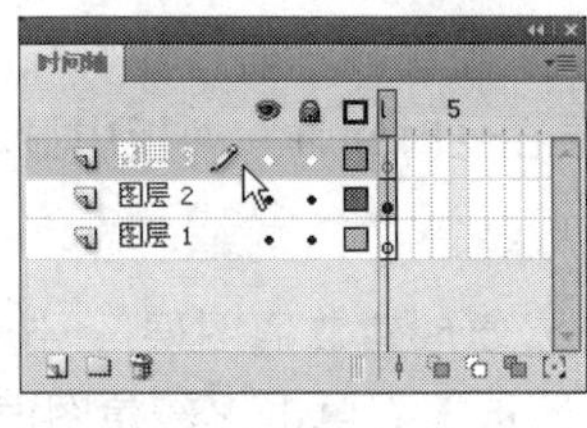
图 8-31

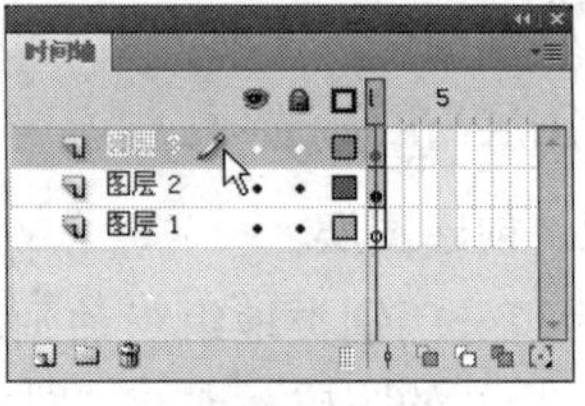
图 8-32

6．删除图层

如果某个图层不再需要，可以将其进行删除。删除图层有以下两种方法：在“时间轴”面板中选中要删除的图层，在面板下方单击“删除”按钮，即可删除选中图层，如图 8-33 所示：还可在“时间轴”面板中选中要删除的图层，按住鼠标不放，将其向下拖曳，这时会出现实线，将实线拖曳到“删除”按钮上进行删除，如图 8-34 所示。

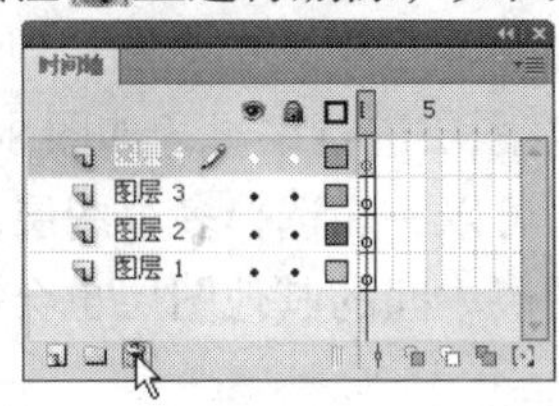
图 8-33

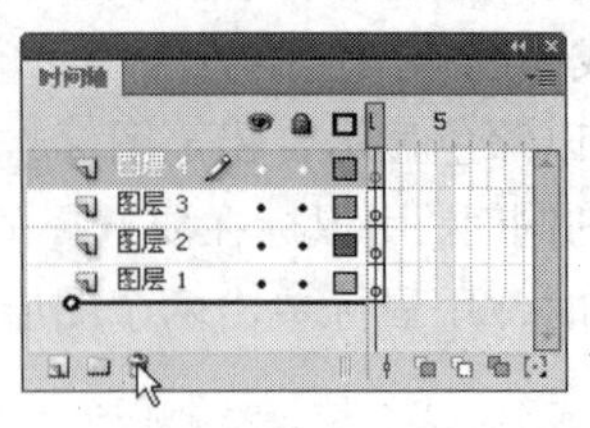
图 8-34

7．隐藏、锁定图层和图层的线框显示模式

（1）隐藏图层：动画经常是多个图层叠加在一起的效果，为了便于观察某个图层中对象的效果，可以把其他的图层先隐藏起来。

在“时间轴”面板中单击“显示或隐藏所有图层”按钮下方的小黑圆点，那么小黑圆点所在的图层就被隐藏，在该图层上显示出一个叉号图标，如图 8-35 所示。此时图层将不能被编辑。

在“时间轴”面板中单击“显示或隐藏所有图层”按钮，面板中的所有图层将被同时隐藏，如图 8-36 所示。再单击一下此按钮，即可解除隐藏。

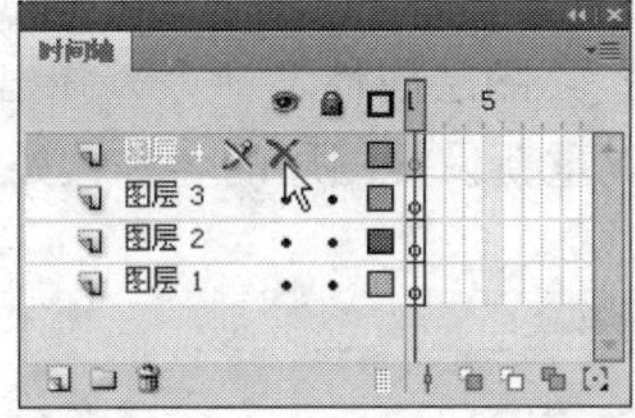

图 8-35

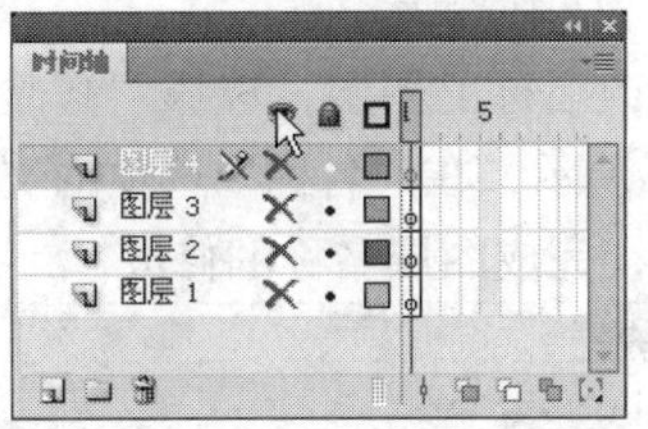

图 8-36

（2）锁定图层：如果某个图层上的内容已符合要求，则可以锁定该图层，以避免内容被意外地更改。

在“时间轴”面板中单击“锁定或解除锁定所有图层”按钮下方的小黑圆点，那么小黑圆点所在的图层就被锁定，在该图层上显示出一个锁状图标，如图 8-37 所示。此时图层将不能被编辑。

在“时间轴”面板中单击“锁定或解除锁定所有图层”按钮，面板中的所有图层将被同时锁定，如图 8-38 所示。再单击一下此按钮，即可解除锁定。

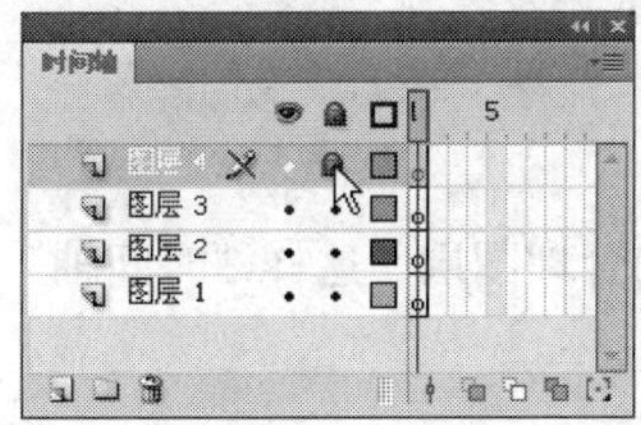

图 8-37

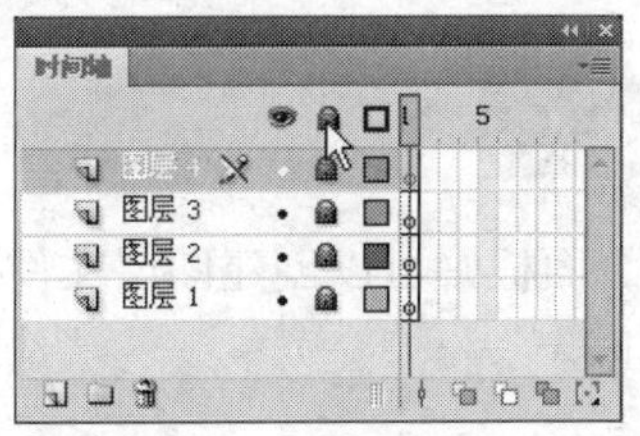

图 8-38

（3）图层的线框显示模式：为了便于观察图层中的对象，可以将对象以线框的模式进行显示。

在“时间轴”面板中单击“将所有图层显示为轮廓”按钮下方的实色正方形，那么实色正方形所在图层中的对象就呈线框模式显示，在该图层上实色正方形变为线框图标，如图 8-39 所示。此时并不影响编辑图层。

在“时间轴”面板中单击“将所有图层显示为轮廓”按钮，面板中的所有图层将被同时以线框模式显示，如图 8-40 所示。再单击此按钮，即可回到普通模式。

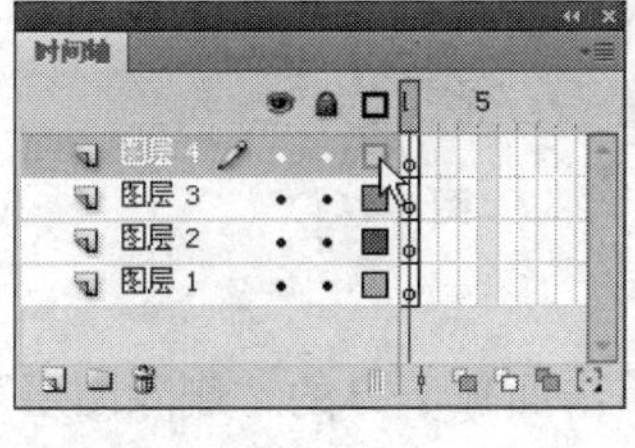

图 8-39

图 8-40

8．重命名图层

可以根据需要更改图层的名称，更改图层名称有以下两种方法。

● 双击“时间轴”面板中的图层名称，名称变为可编辑状态，如图 8-41 所示，输入要更改的图层名称，如图 8-42 所示，在图层旁边单击鼠标，完成图层名称的修改，如图 8-43 所示。

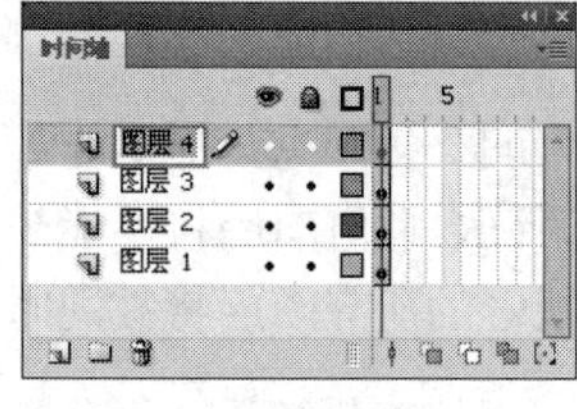

图 8-41

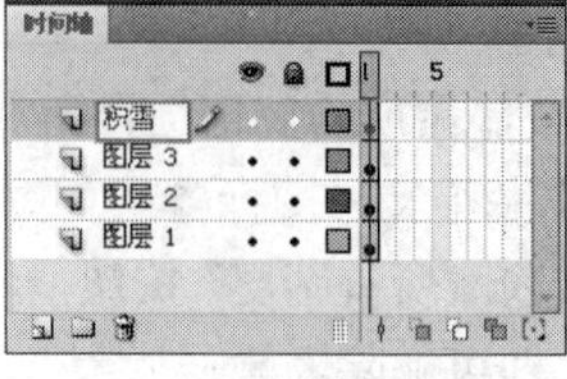

图 8-42

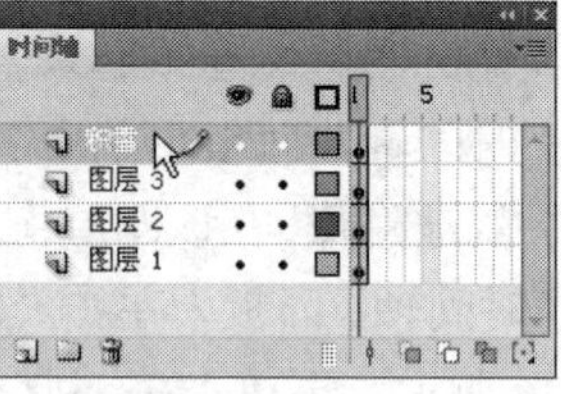

图 8-43

● 选中要修改名称的图层，选择“修改 > 时间轴 > 图层属性”命令，弹出“图层属性”对话框，如图 8-44 所示，在“名称”选项的文本框中可以重新设置图层的名称，如图 8-45 所示，单击“确定”按钮，完成图层名称的修改。

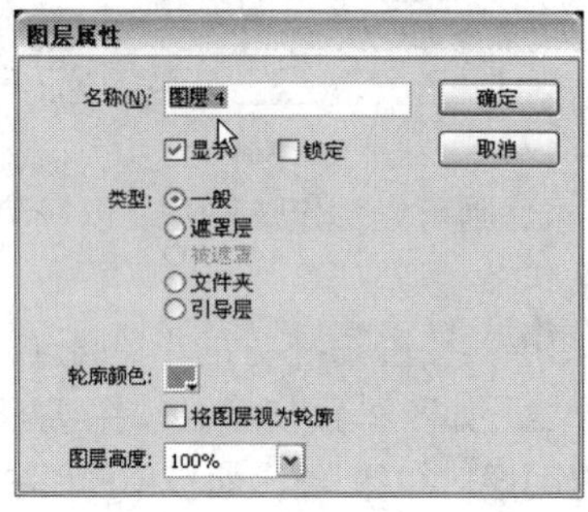

图 8-44

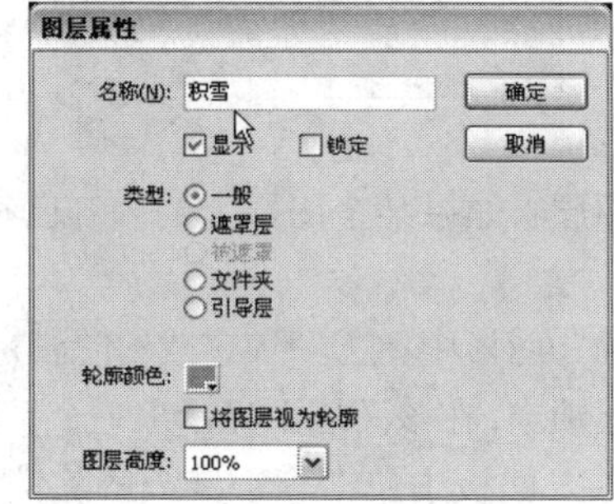

图 8-45

8.1.3 图层文件夹

在“时间轴”面板中可以创建图层文件夹来组织和管理图层，这样“时间轴”面板中图层的层次结构将非常清晰。

1．创建图层文件夹

选择“插入 > 时间轴 > 图层文件夹”命令，在“时间轴”面板中创建图层文件夹，如图 8-46 所示。还可单击“时间轴”面板下方的“新建图层文件夹”按钮，在“时间轴”面板中创建图层文件夹，如图 8-47 所示。

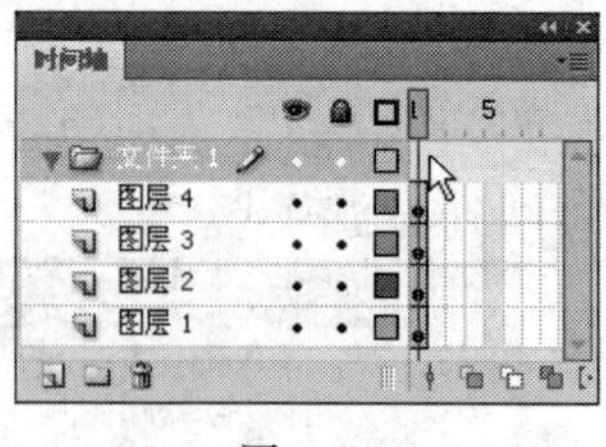

图 8-46

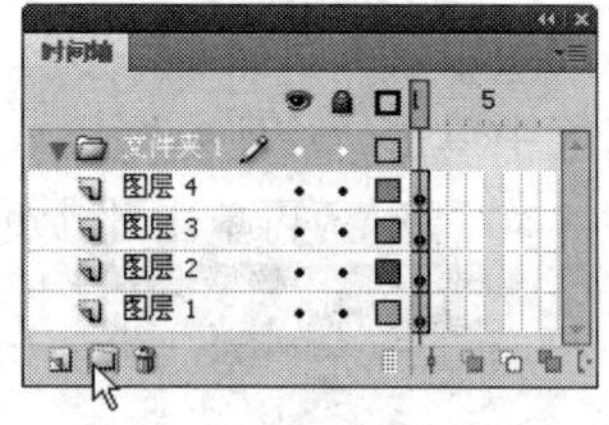

图 8-47

2．删除图层文件夹

在“时间轴”面板中选中要删除的图层文件夹，单击面板下方的“删除图层”按钮，即可删除图层文件夹，如图 8-48 所示。还可在“时间轴”面板中选中要删除的图层文件夹，按住鼠标不放，将其向下拖曳，这时会出现实线，将实线拖曳到“删除图层”按钮上进行删除，如图 8-49 所示。

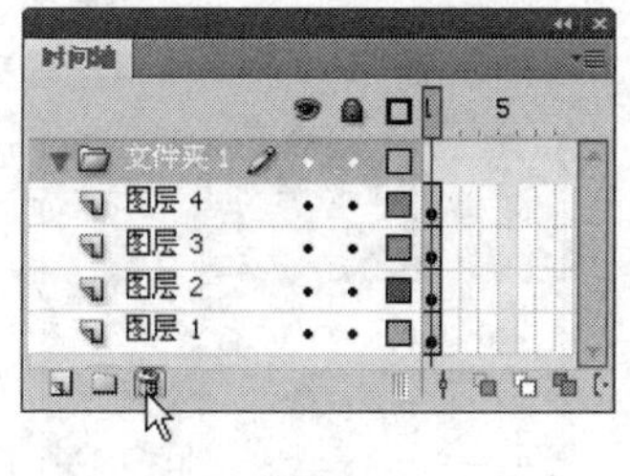

图 8-48

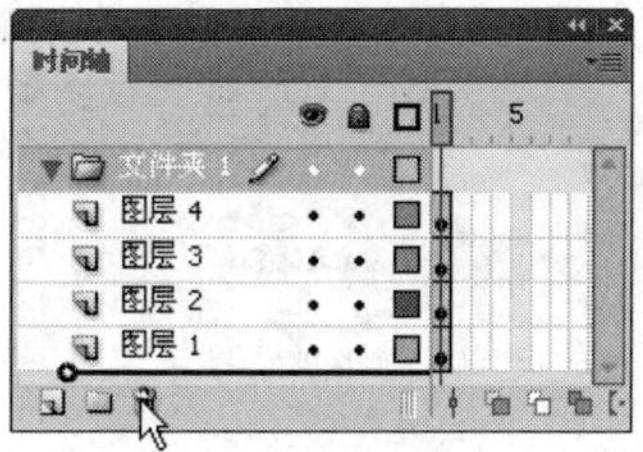

图 8-49

8.1.4　普通引导层

普通引导层主要用于为其他图层提供辅助绘图和绘图定位，引导层中的图形在播放影片时是不会显示的。

1. 创建普通引导层

鼠标右键单击“时间轴”面板中的某个图层，在弹出的菜单中选择“引导层”命令，如图 8-50 所示，该图层转换为普通引导层，此时，图层前面的图标变为 ，如图 8-51 所示。

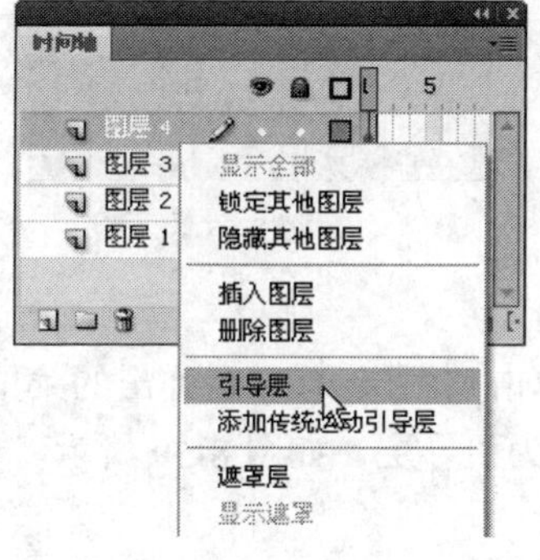

图 8-50

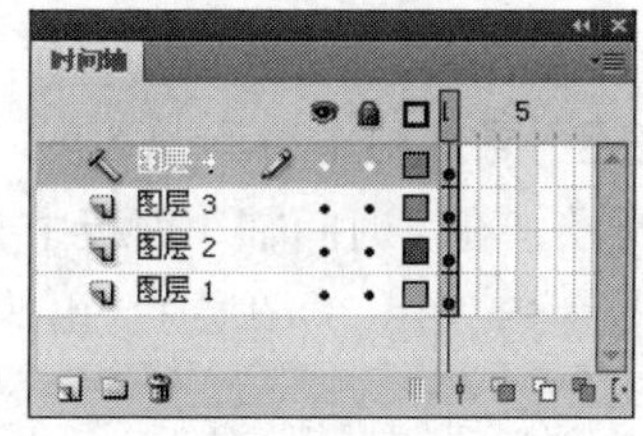

图 8-51

还可在“时间轴”面板中选中要转换的图层，选择“修改 > 时间轴 > 图层属性”命令，弹出“图层属性”对话框，在“类型”选项组中选择“引导层”单选项，如图 8-52 所示，单击“确定”按钮，选中的图层转换为普通引导层，此时，图层前面的图标变为 ，如图 8-53 所示。

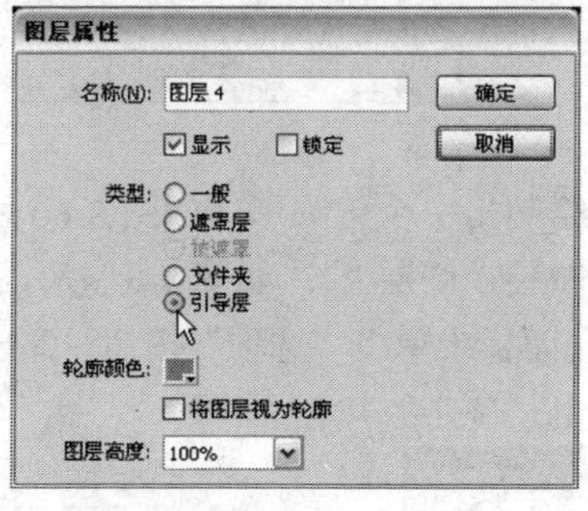

图 8-52

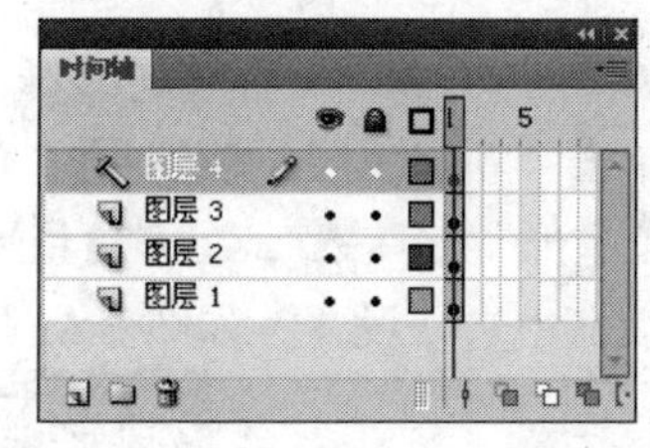

图 8-53

2. 将普通引导层转换为普通图层

如果要播放影片时显示引导层上的对象，还可将引导层转换为普通图层。

鼠标右键单击“时间轴”面板中的引导层，在弹出的菜单中选择“引导层”命令，如图 8-54 所示，引导层转换为普通图层，此时，图层前面的图标变为 ，如图 8-55 所示。

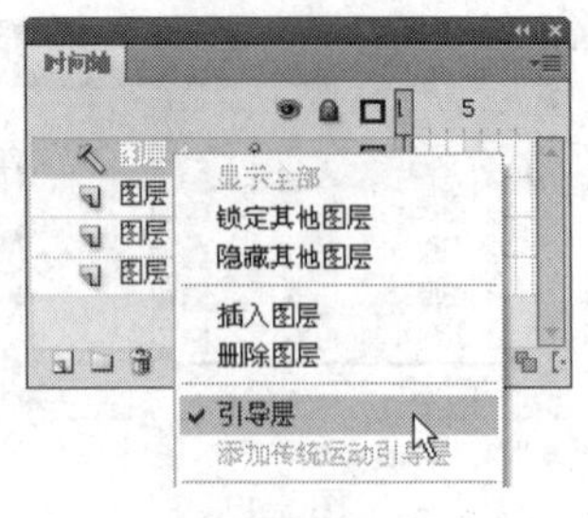

图 8-54

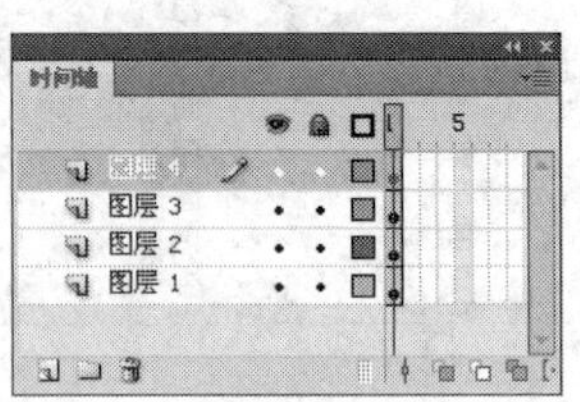

图 8-55

还可在“时间轴”面板中选中引导层，选择“修改 > 时间轴 > 图层属性”命令，弹出“图层属性”对话框，在“类型”选项组中选择“一般”单选项，如图 8-56 所示，单击“确定”按钮，选中的引导层转换为普通图层，此时，图层前面的图标变为 ，如图 8-57 所示。

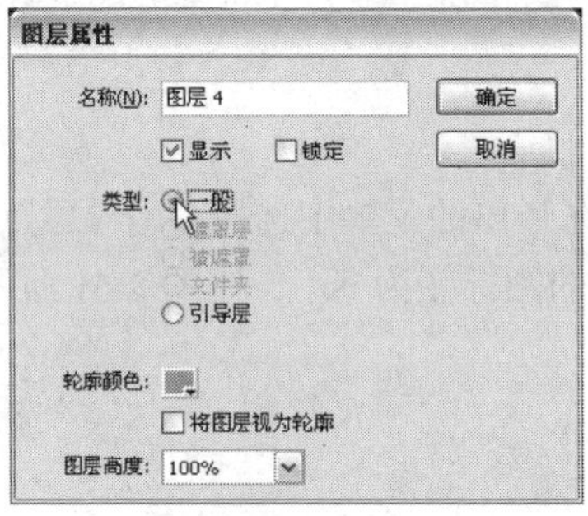

图 8-56

图 8-57

3．应用普通引导层制作动画

新建空白文档，在“时间轴”面板中，鼠标右键单击“图层 1”，在弹出的菜单中选择“引导层”命令，如图 8-58 所示。“图层 1”由普通图层转换为引导层，如图 8-59 所示。

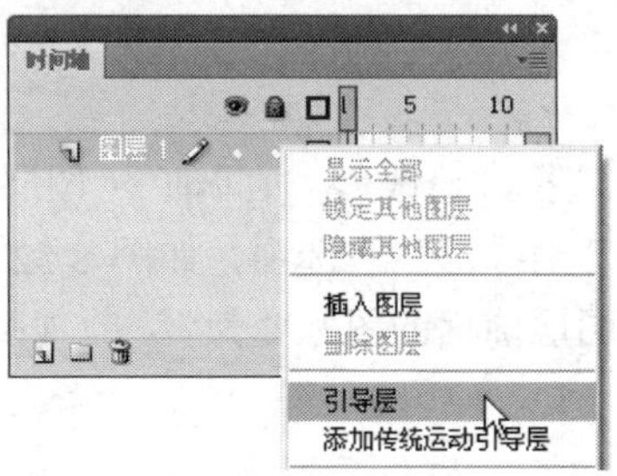

图 8-58

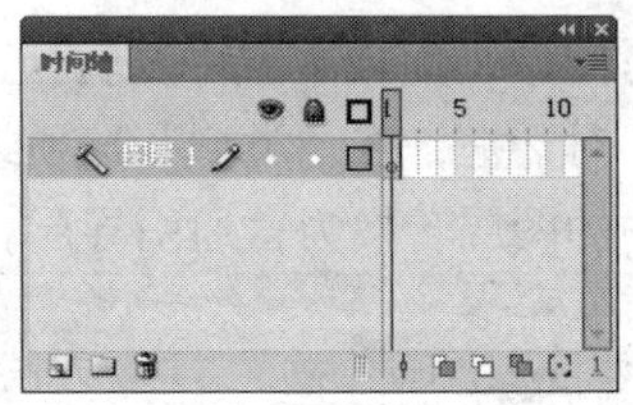

图 8-59

选择“椭圆”工具 ，在引导层的舞台窗口中绘制出一个正圆形，如图 8-60 所示。在“时间轴”面板下方单击“新建图层”按钮 ，创建新的图层“图层 2”，如图 8-61 所示。

选择“多角星形”工具 ，在多角星形“属性”面板中单击“选项”按钮，弹出“工具设置”对话框，在对话框中进行设置，如图 8-62 所示，单击“确定”按钮。

图 8-60

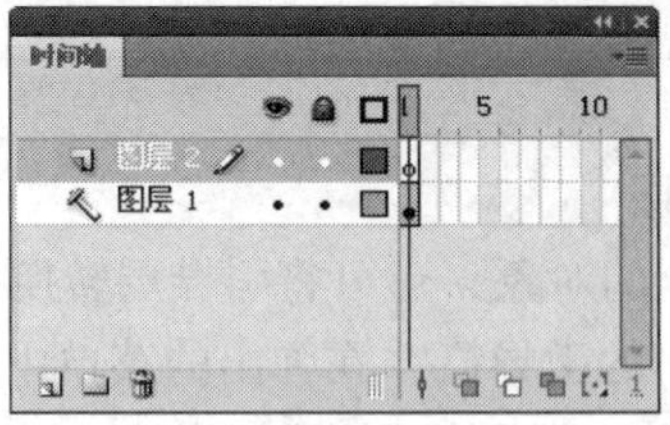

图 8-61

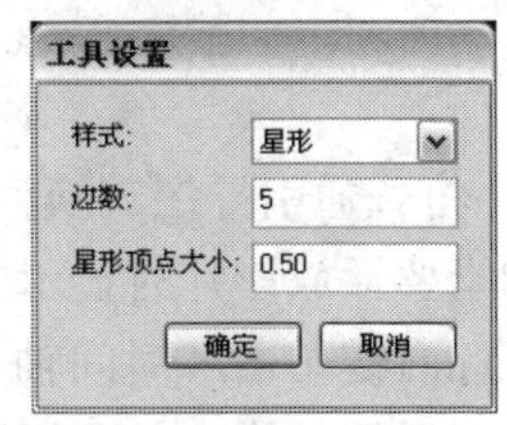

图 8-62

选中“图层 2”，在正圆形的上方绘制出一个星形图形，如图 8-63 所示。选择“选择”工具，按住 Alt 键的同时，用鼠标将星形图形向右侧拖曳，释放鼠标，星形图形被复制，如图 8-64 所示。

用相同的方法，再复制出多个星形图形，并将它们绕着正圆形的外边线进行排列，如图 8-65 所示。图形绘制完成，按 Ctrl+Enter 组合键，测试图形效果，如图 8-66 所示，引导层中的正圆形没有被显示。

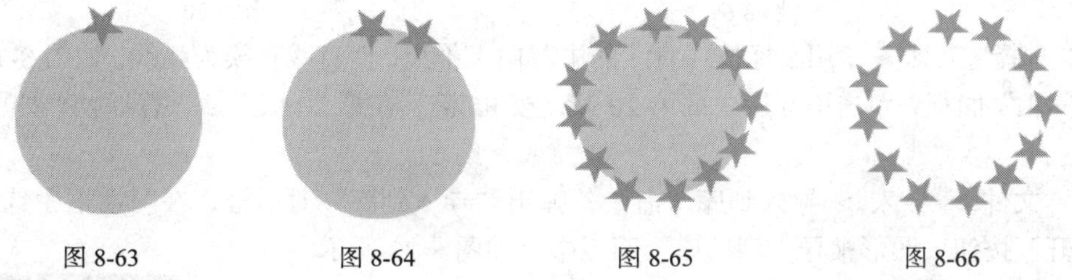

图 8-63　　图 8-64　　图 8-65　　图 8-66

8.1.5 运动引导层

运动引导层的作用是设置对象运动路径的导向，使与之相链接的被引导层中的对象沿着路径运动，运动引导层上的路径在播放动画时不显示。在引导层上还可创建多个运动轨迹，以引导被引导层上的多个对象沿不同的路径运动。要创建按照任意轨迹运动的动画就需要添加运动引导层，但创建运动引导层动画时要求是传统补间，形状补间动画不可用。

1. 创建运动引导层

选中要添加运动引导层的图层，单击鼠标右键，在弹出的菜单中选择“添加传统运动引导层”命令，如图 8-67 所示，为图层添加运动引导层。此时，引导层前面出现图标，如图 8-68 所示。

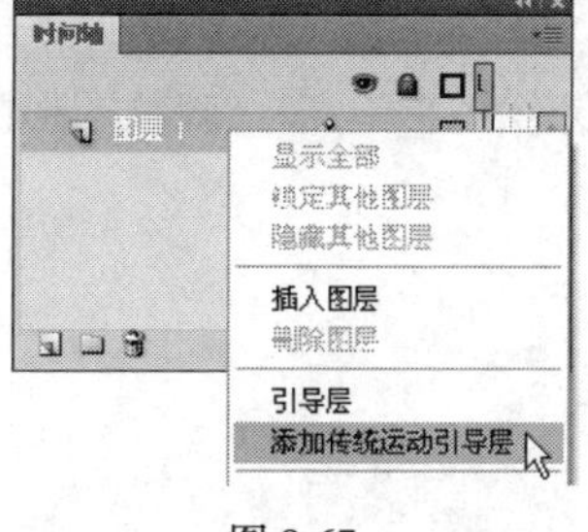

图 8-67

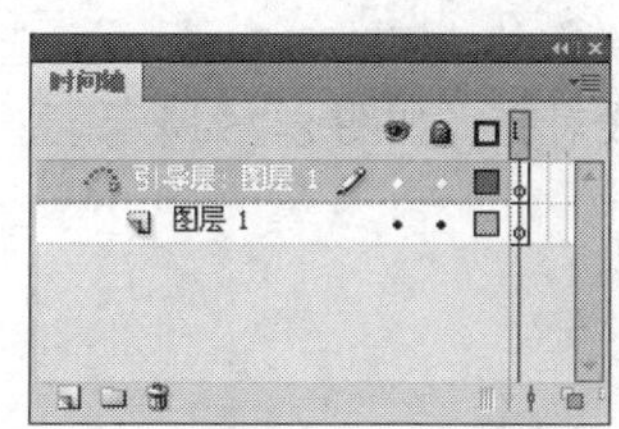

图 8-68

提示：一个引导层可以引导多个图层上的对象按运动路径运动。如果要将多个图层变成某一个运动引导层的被引导层，只需在“时间轴”面板上将要变成被引导层的图层用鼠标拖曳至引导层下方即可。

2. 将运动引导层转换为普通图层

将运动引导层转换为普通图层的方法与普通引导层转换的方法一样，这里不再赘述。

3. 应用运动引导层制作动画

新建空白文档，选中“图层 1”，单击鼠标右键，在弹出的菜单中选择“添加传统运动引导层”命令，为图层添加运动引导层，为“图层 1”添加运动引导层，如图 8-69 所示。选择“线条”工具，在引导层的舞台窗口中绘制一条平行直线，如图 8-70 所示。

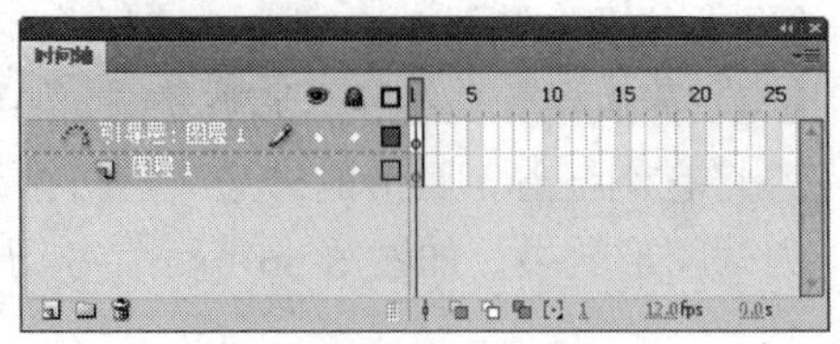

图 8-69

图 8-70

选择“选择”工具，用鼠标按住直线的中部向上拖曳，使直线转换为弧线，如图 8-71 所示。选择“时间轴”面板，单击引导层中的第 20 帧，按 F5 键，在第 20 帧上插入普通帧，如图 8-72 所示。

选择“文件 > 导入 > 导入到库”命令，弹出“导入到库”对话框，在对话框中选择素材，单击“打开”按钮，图形被导入到“库”面板中，如图 8-73 所示。

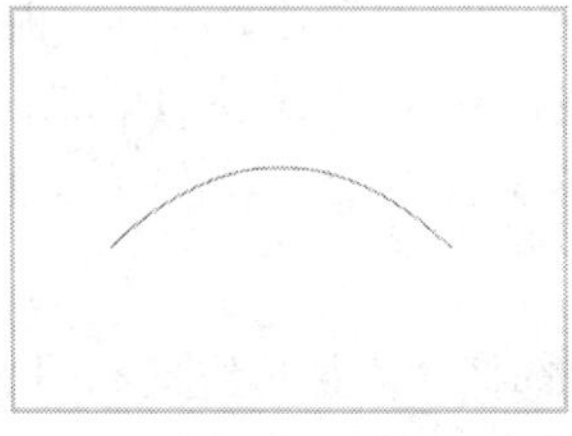

图 8-71

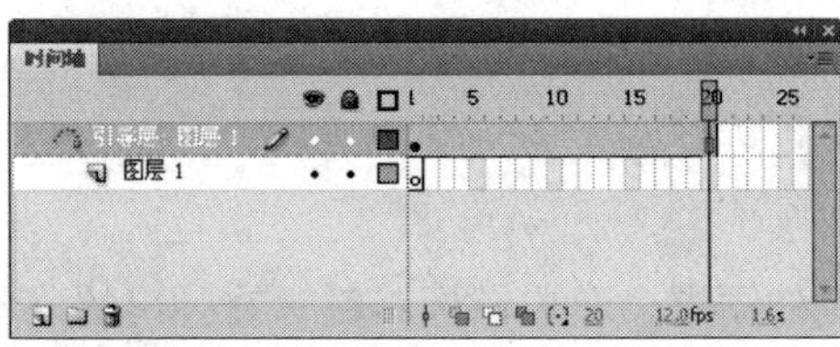

图 8-72

图 8-73

在“时间轴”面板中选中“图层 1”，单击第 1 帧，将“库”面板中的图形拖曳到舞台窗口中，放置在弧线的左端点上，如图 8-74 所示。选择“任意变形”工具，调整图形的倾斜度，并将图形的中心点和弧线对齐，如图 8-75 所示。

图 8-74

图 8-75

选择“时间轴”面板，单击“图层 1”中的第 20 帧，按 F6 键，在第 20 帧上插入关键帧，如图 8-76 所示。将舞台窗口中的图形拖曳到弧线的右端点，并改变其倾斜度，如图 8-77 所示。

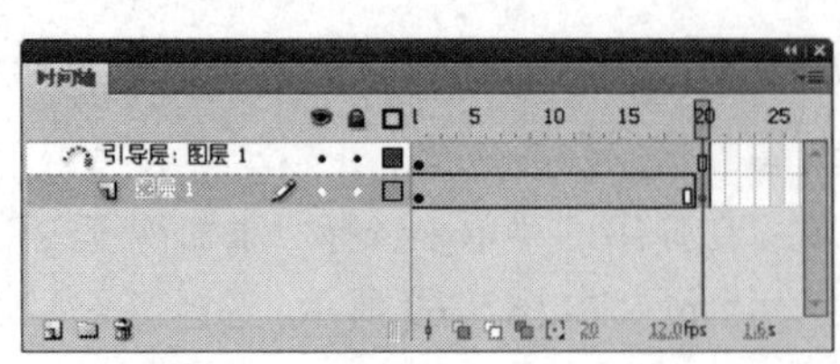

图 8-76

图 8-77

选中“图层 1”中的第 1 帧，单击鼠标右键，在弹出的菜单中选择“创建传统补间”命令，在“图层 1”中，第 1 帧到第 20 帧之间生成动作补间动画，如图 8-78 所示。运动引导层动画制作完成。

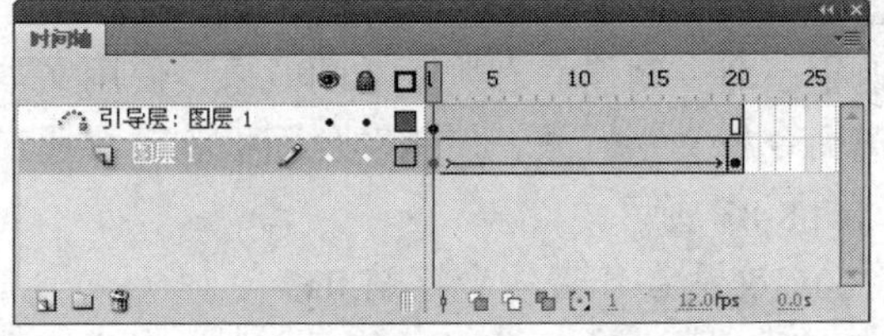

图 8-78

在不同的帧中，动画显示的效果如图 8-79 所示。按 Ctrl + Enter 组合键测试动画效果，在动画中弧线将不被显示。

第 1 帧　　第 8 帧　　第 11 帧　　第 15 帧　　第 20 帧

图 8-79

8.1.6　分散到图层

新建空白文档，选择“文本”工具 T，在“图层 1”的舞台窗口中输入文字“自然风光”，如图 8-80 所示。选中文字，按 Ctrl+B 组合键，将文字打散，如图 8-81 所示。选择“修改 > 时间轴 > 分散到图层”命令，将“图层 1”中的文字分散到不同的图层中并按文字设定图层名，如图 8-82 所示。

自然风光

图 8-80

自然风光

图 8-81

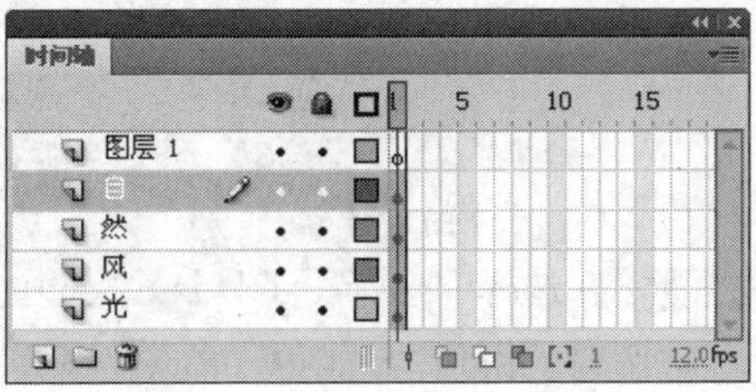

时间轴
图层 1
自
然
风
光

图 8-82

> **提示：** 文字分散到不同的图层中后，“图层 1”中没有任何对象。

8.2 遮罩层与遮罩的动画制作

遮罩层就像一块不透明的板，如果要看到它下面的图像，只能在板上挖“洞”，而遮罩层中有对象的地方就可看成是“洞”，通过这个“洞”，被遮罩层中的对象显示出来。

8.2.1 课堂案例——制作音乐会招贴

案例学习目标：使用遮罩层命令制作静态遮罩动画效果。

案例知识要点：使用遮罩层命令制作静态遮罩动画效果，使用文本工具输入广告语，使用分离命令将文字打散，使用颜色面板和颜料桶工具为文字添加渐变效果，如图 8-83 所示。

效果所在位置：光盘/Ch08/效果/制作音乐会招贴.fla。

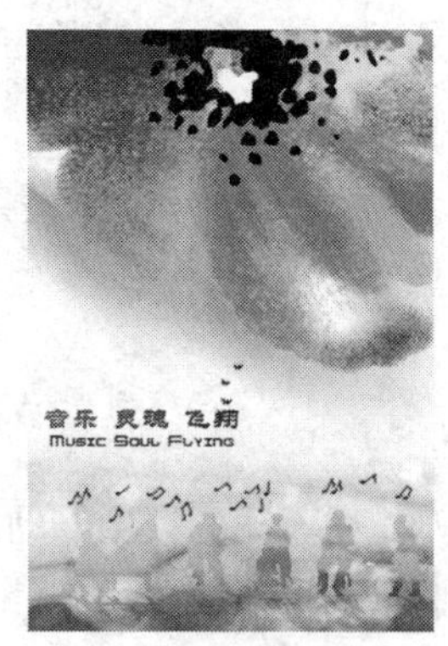

图 8-83

Step 01 选择“文件 > 新建”命令，在弹出的“新建文档”对话框中选择“Flash 文件”选项，单击“确定”按钮，进入新建文档舞台窗口。按 Ctrl+F3 组合键，弹出文档“属性”面板，单击“大小”选项后面的按钮，在弹出的对话框中将舞台窗口的宽度设为 353 像素，高度设为 500 像素，单击“确定”按钮。

Step 02 选择“文件 > 导入 > 导入到舞台”命令，在弹出的“导入”对话框中选择“Ch08 > 素材 > 制作音乐会招贴 > 背景”文件，单击“打开”按钮，文件被导入到舞台窗口中并调整其位置，效果如图 8-84 所示。将“图层 1”重命名为“底图”。

Step 03 单击“时间轴”面板下方的“新建图层”按钮，创建新图层并将其命名为“文字”。选择“文本”工具，在文本“属性”面板中进行设置，如图 8-85 所示，在舞台窗口中的适当位置输入黑色文字，效果如图 8-86 所示。

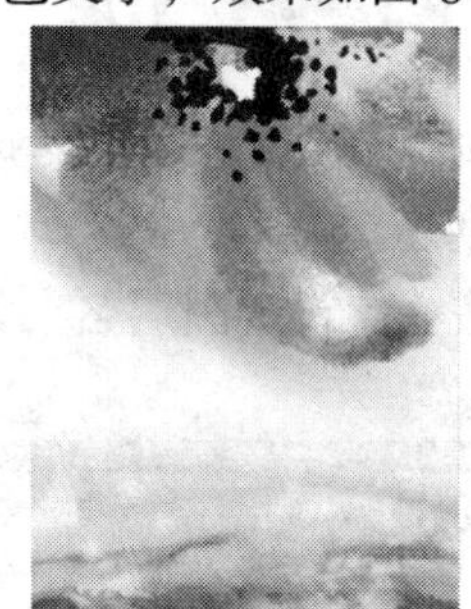

图 8-84

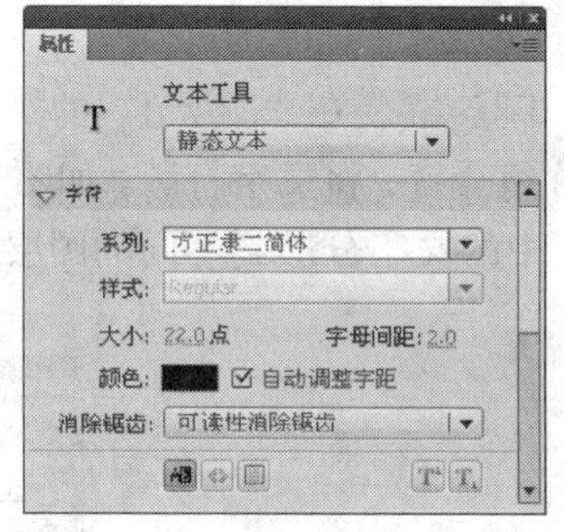

图 8-85

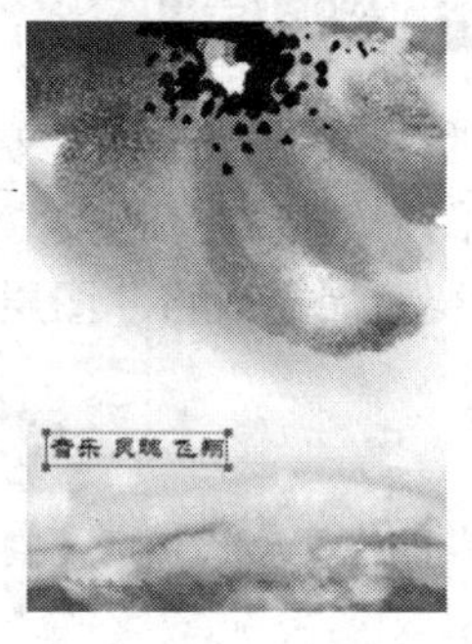

图 8-86

Step 04 选择“选择”工具，选中文字，连续按两次 Ctrl+B 组合键，将文字打散，如图 8-87 所示。选择“窗口 > 颜色”命令，弹出“颜色”面板，在“颜色”面板“类型”下拉列表中选择“线性”选项，并在色带上将左边的颜色块设为蓝色（#0C67D6），将右边的颜色块设为黑色（#021124），如图 8-88 所示。选择“颜料桶”工具，在文字上单击，文字被填充渐变效果，如图 8-89 所示。

音乐 灵魂 飞翔

图 8-87

图 8-88

音乐 灵魂 飞翔

图 8-89

Step 05 选择“文本”工具T，在文本“属性”面板中进行设置，在渐变文字的下方输入黑色的英文，如图 8-90 所示，效果如图 8-91 所示。

图 8-90

图 8-91

Step 06 单击“时间轴”面板下方的“新建图层”按钮，创建新图层并将其命名为“图片”。选择“文件 > 导入 > 导入到舞台”命令，在弹出的“导入”对话框中选择“Ch08 > 素材 > 制作音乐会招贴 > 图”文件，单击“打开”按钮，文件被导入到舞台窗口中并调整其位置，效果如图 8-92 所示。

Step 07 在“时间轴”面板中创建新图层并将其命名为“人物”，选择“文件 > 导入 > 导入到库”命令，在弹出的“导入到库”对话框中选择“Ch08 > 素材 > 制作音乐会招贴 > 人物”文件，单击“打开”按钮，弹出对话框，单击“确定”按钮。将“库”面板中的图形“人物”拖曳到舞台窗口中，多次按 Ctrl+B 组合键，将其打散，效果如图 8-93 所示。

图 8-92

图 8-93

Step 07 在“时间轴”面板中选择“人物”图层，用鼠标右键单击图层，在弹出的菜单中选择“遮罩层”命令，“人物”图层转换为遮罩层，“图片”图层自动转换为被遮罩层。“时间轴”面板如图 8-94 所示。

Step 08 单击“时间轴”面板下方的“新建图层”按钮，创建新图层并将其命名为“符号”。选择“文件 > 导入 > 导入到舞台”命令，在弹出的“导入”对话框中选择“Ch08 > 素材 > 制作音乐会招贴 > 符号”文件，单击“打开”按钮，文件被导入到舞台窗口中并调整其位置，如图 8-95 所示。音乐会招贴制作完成，效果如图 8-96 所示。

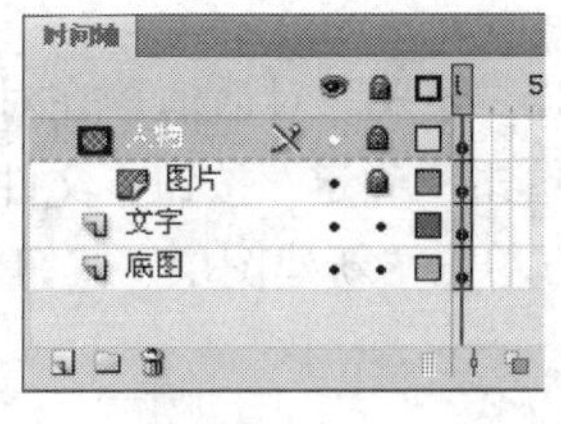

图 8-94

图 8-95

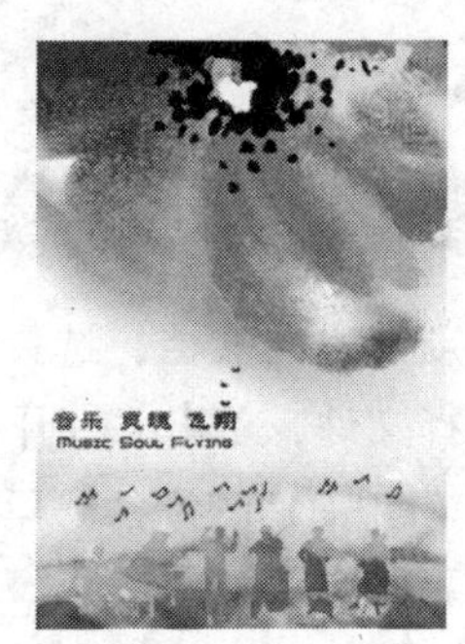

图 8-96

8.2.2 遮罩层

1. 创建遮罩层

要创建遮罩动画首先要创建遮罩层。在“时间轴”面板中，用鼠标右键单击要转换遮罩层的图层，在弹出的菜单中选择“遮罩层”命令，如图 8-97 所示。选中的图层转换为遮罩层，其下方的图层自动转换为被遮罩层，并且它们都自动被锁定，如图 8-98 所示。

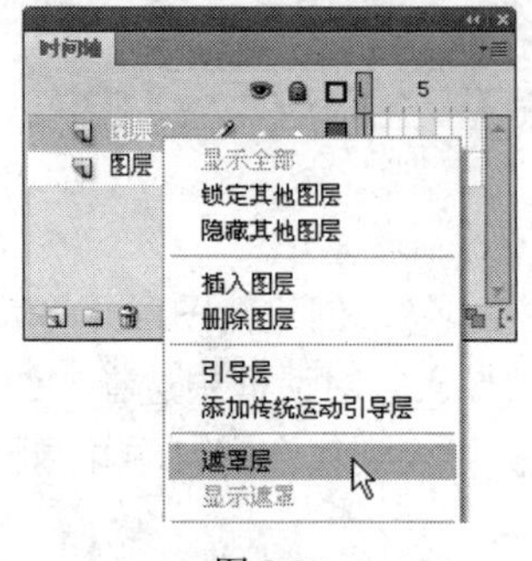

图 8-97

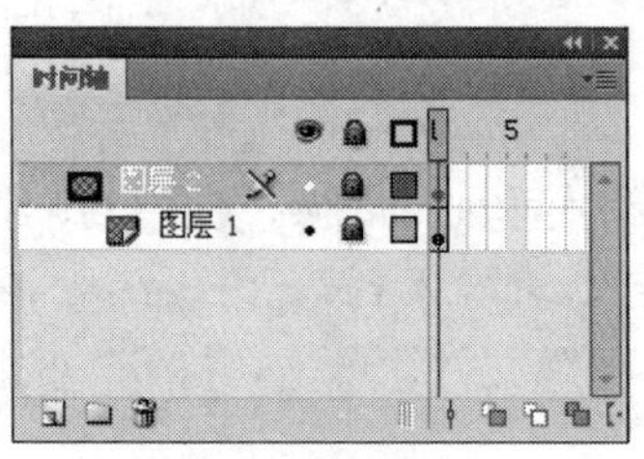

图 8-98

> **提示：** 如果想解除遮罩，只需单击“时间轴”面板上遮罩层或被遮罩层上的图标将其解锁。遮罩层中的对象可以是图形、文字、元件的实例等，但不显示位图、渐变色、透明色和线条。一个遮罩层可以作为多个图层的遮罩层，如果要将一个普通图层变为某个遮罩层的被遮罩层，只需将此图层拖曳至遮罩层下方。

2. 将遮罩层转换为普通图层

在“时间轴”面板中，用鼠标右键单击要转换的遮罩层，在弹出的菜单中选择“遮罩层”命令，如图 8-99 所示，遮罩层转换为普通图层，如图 8-100 所示。

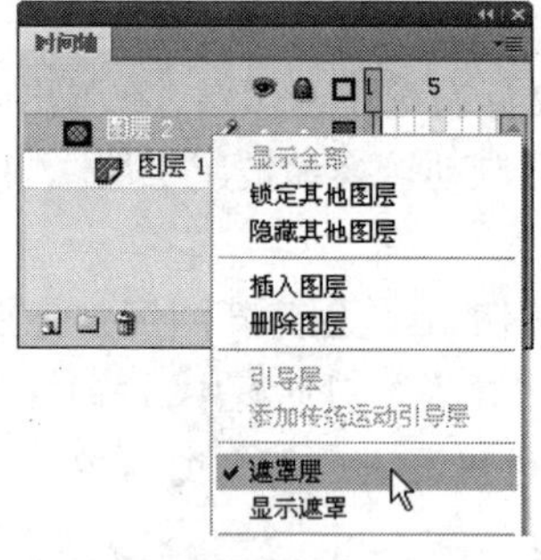

图 8-99

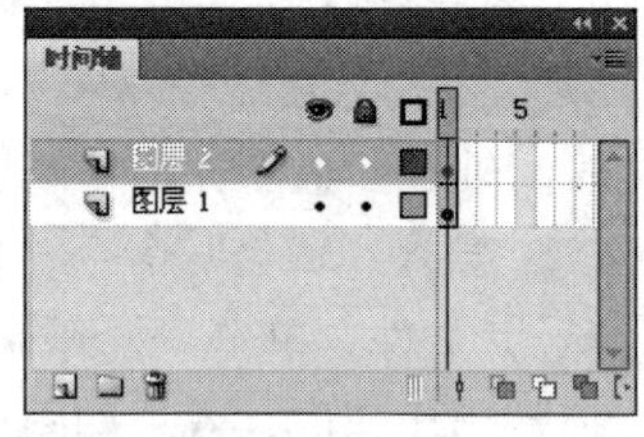

图 8-100

8.2.3 静态遮罩动画

新建空白文档，选择“文件 > 导入 > 导入到舞台”命令，弹出“导入”对话框，在对话框中选择文件，单击“打开”按钮，弹出对话框，所有选项为默认值，单击“确定”按钮，文件被导入到“图层 1”的舞台窗口中，如图 8-101 所示。在“时间轴”面板下方单击“新建图层”按钮，创建新的图层“图层 2”，如图 8-102 所示。

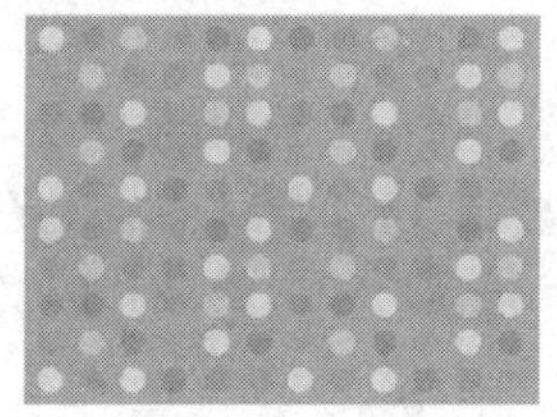

图 8-101

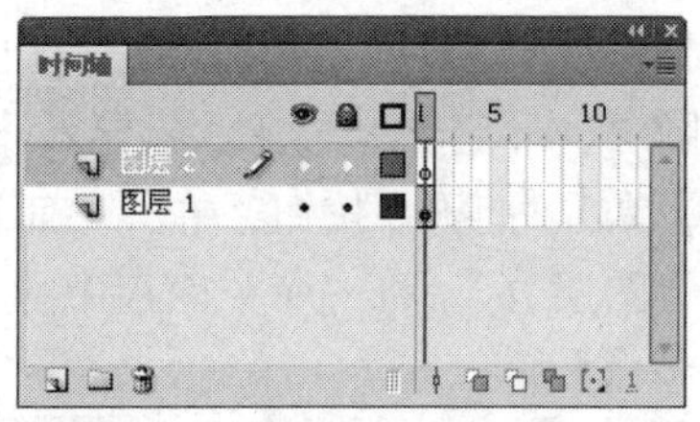

图 8-102

选择“文件 > 导入 > 导入到舞台”命令，在弹出的“导入”对话框中选择文件，将其导入到“图层 2”的舞台窗口中，如图 8-103 所示。反复按 Ctrl+B 组合键，将图形打散。

在“时间轴”面板中，用鼠标右键单击“图层 2”，在弹出的菜单中选择“遮罩层”命令，如图 8-104 所示。

图 8-103

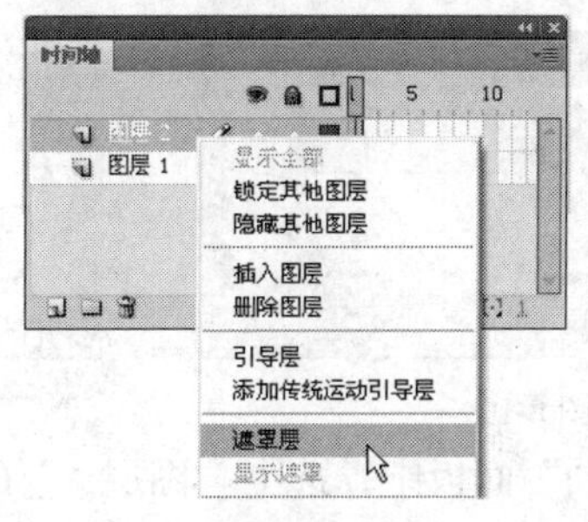

图 8-104

“图层 2”转换为遮罩层，“图层 1”转换为被遮罩层，两个图层被自动锁定，如图 8-105 所示。舞台窗口中图形的遮罩效果如图 8-106 所示。

图 8-105

图 8-106

8.2.4　动态遮罩动画

（1）新建空白文档，在“时间轴”面板下方单击“新建图层”按钮，创建新的图层“图层 2”，如图 8-107 所示。选择“文件 > 导入 > 导入到舞台”命令，弹出“导入”对话框，在对话框中选择图片，单击“打开”按钮，文件被导入到“图层 2”的舞台窗口中，按 Ctrl+B 组合键，将图形打散，如图 8-108 所示。

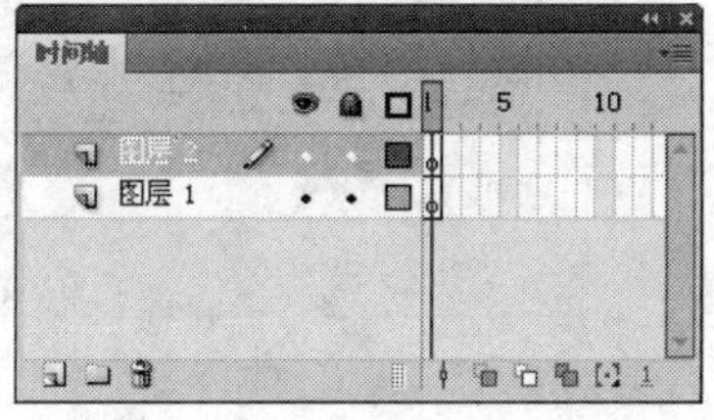

图 8-107

图 8-108

（2）在“时间轴”面板中，用鼠标单击第 15 帧，按 F5 键，在第 15 帧上插入普通帧，如图 8-109 所示。选中“图层 1”，选择“文件 > 导入 > 导入到库”令，弹出“导入到库”对话框，在对话框中选择图片，单击“打开”按钮，单击“确定”按钮，文件被导入到库面板中，如图 8-110 所示。

（3）选中“图层 1”，将“库”面板中的“01”拖曳到舞台窗口中，将图片放置在鱼缸图形的左半部，如图 8-111 所示。

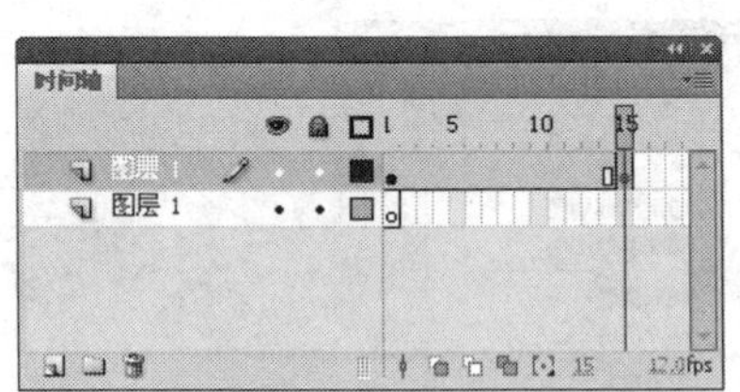
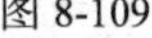

图 8-109

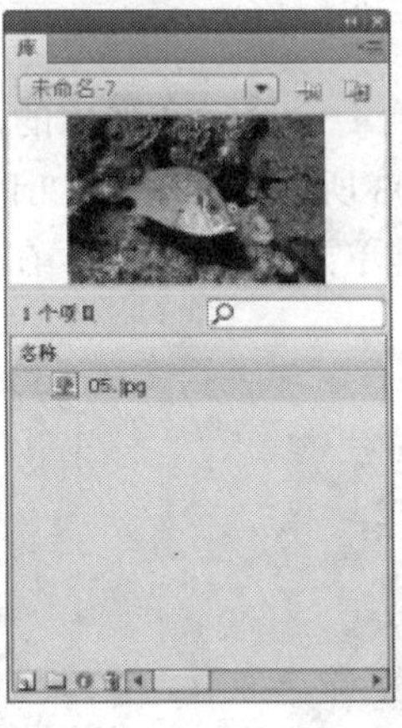

图 8-110

图 8-111

在“时间轴”面板中，选中“图层 1”的第 15 帧，按 F6 键，在第 15 帧上插入关键帧，如图 8-112 所示。将第 20 帧中的图片移动到鱼缸图形的右半部，如图 8-113 所示。

用鼠标右键单击“图层 1”的第 1 帧，在弹出的菜单中选择“创建传统补间”命令，“图层 1”的第 1 帧到第 15 帧之间生成动作补间动画，如图 8-114 所示。

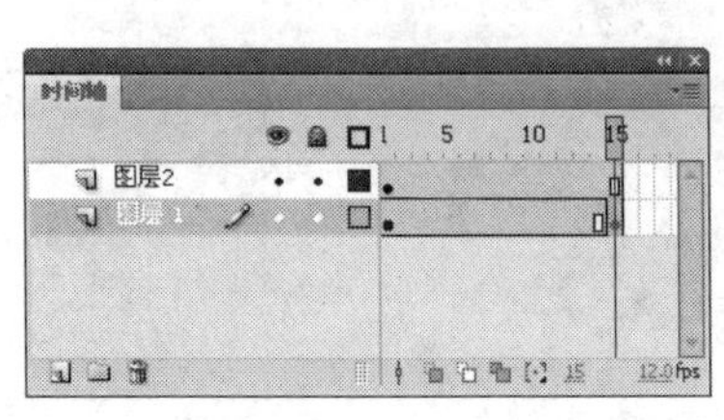

图 8-112

图 8-113

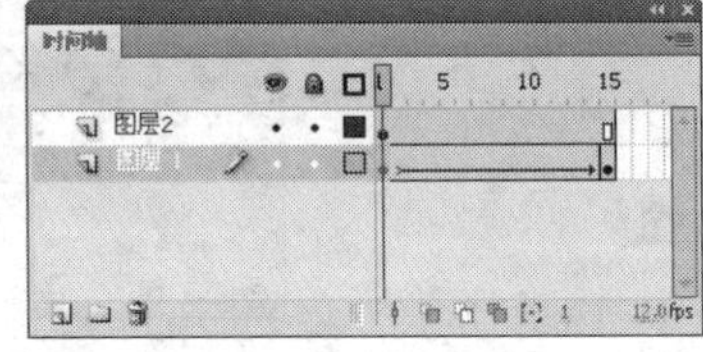

图 8-114

在“时间轴”面板中，用鼠标右键单击“图层 2”的名称，在弹出的菜单中选择“遮罩层”命令，如图 8-115 所示，“图层 2”转换为遮罩层，“图层 1”转换为被遮罩层，如图 8-116 所示，动态遮罩动画制作完成。按 Ctrl+Enter 组合键，测试动画效果。

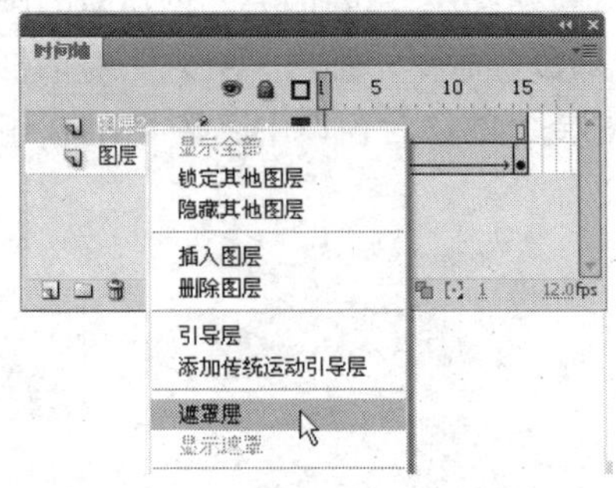

图 8-115

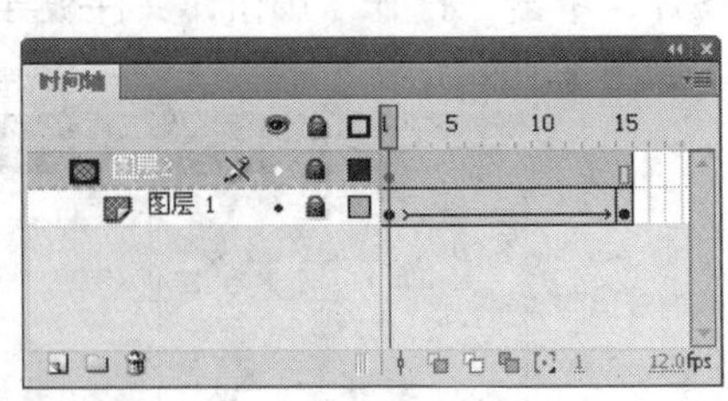

图 8-116

在不同的帧中，动画显示的效果如图 8-117 所示。

第 1 帧

第 5 帧

第 10 帧

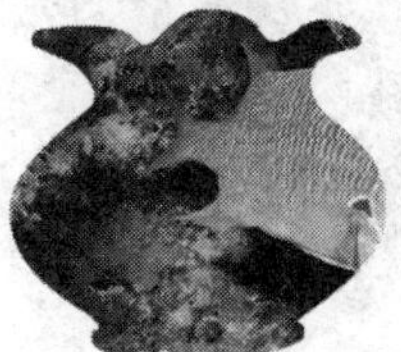
第 15 帧

图 8-117

8.3 课堂练习——制作情人节贺卡

练习知识要点：使用颜色面板设置字母的透明度效果，使用分散到图层命令制作动画效果，使用钢笔工具绘制心形图形，如图 8-118 所示。

效果所在位置：光盘/Ch08/效果/制作情人节贺卡.fla。

图 8-118

8.4 课后习题——制作神秘的星空效果

习题知识要点：使用任意变形工具和变形面板改变星星的大小，使用复制命令复制多个星星效果，如图 8-76 所示。

效果所在位置：光盘/Ch08/效果/制作神秘的星空效果.fla。

图 8-119

第9章 声音素材的编辑

在 Flash CS4 中可以导入外部的声音素材作为动画的背景乐或音效。本章将主要介绍声音素材的多种格式，以及导入声音和编辑声音的方法。读者通过学习要了解并掌握导入声音和编辑声音的方法，从而使制作的动画更加生动。

【教学目标】

- 声音的导入。
- 声音的编辑。

9.1 声音的导入与编辑

在 Flash CS4 中导入声音素材后，可以将其直接应用到动画作品中，还可通过声音编辑器对声音素材进行编辑，然后再进行应用。

9.1.1　课堂案例——制作圣诞节音乐贺卡

案例学习目标：使用添加关键帧和创建补间动画命令制作动画效果，使用导入命令导入声音素材并对其进行编辑。

案例知识要点：使用任意变形工具将图形旋转，使用创建补间动画命令制作动作效果，使用动作面板添加脚本语言，如图 9-1 所示。

图 9-1

效果所在位置：光盘/Ch09/效果/制作圣诞节音乐贺卡.fla。

1．制作圣诞老人动画效果

Step 01 选择"文件 > 新建"命令，在弹出的"新建文档"对话框中选择"Flash 文件"选项，单击"确定"按钮，进入新建文档舞台窗口。按 Ctrl+F3 组合键，弹出文档"属性"面板，单击"大小"选项右侧的"编辑"按钮 编辑... ，在弹出的对话框中将舞台窗口的宽度设为 500，高度设为 350，单击"确定"按钮。

Step 02 选择"文件 > 导入 > 导入到库"命令，在弹出的"导入到库"对话框中选择"Ch09 > 素材 > 制作圣诞节音乐贺卡 > 背景、礼物 1、礼物 2、礼物 3、圣诞老人、圣诞树、文字、背景音乐"文件，单击"打开"按钮，弹出提示对话框，单击"确定"按钮，图片被导入到"库"面板中，分别将"库"面板中的"元件 1、元件 3、元件 4、元件 7、元件 8"图形元件命令为"背景、礼物 1、礼物 2、圣诞树、文字"，如图 9-2 所示。

Step 03 在"库"面板下方单击"新建元件"按钮，新建图形元件"圣诞老人动"。将"库"面板中的图形元件"圣诞老人"拖曳到舞台窗口中，如图 9-3 所示。按两次 Ctrl+B 组合键，将其打散，效果如图 9-4 所示。

图 9-2

图 9-3

图 9-4

Step 04 选中“图层 1”的第 6 帧，按 F5 键，在该帧上插入普通帧。选中“图层 1”的第 4 帧，按 F6 键，在该帧上插入关键帧，选择“任意变形”工具，在舞台窗口中选中圣诞老人的手，将中心点移到如图 9-5 所示的位置。将其旋转到合适的角度，效果如图 9-6 所示。

图 9-5　　图 9-6

2. 制作礼物降落动画效果

Step 01 单击“时间轴”面板下方的“场景 1”图标，进入“场景 1”的舞台窗口。将“图层 1”重新命名为“背景”。将“库”面板中的图形元件“背景”拖曳到舞台窗口中，效果如图 9-7 所示。

Step 02 选中“背景”的第 42 帧，按 F5 键，在该帧上插入普通帧。单击“时间轴”面板下方的“新建图层”按钮，创建新图层并将其命名为“圣诞树”。将“库”面板中的图形元件“圣诞树”拖曳到舞台窗口中适当的位置，效果如图 9-8 所示。

图 9-7

图 9-8

Step 03 选中“圣诞树”图层的第 15 帧，在该帧上插入关键帧。选择“任意变形”工具，按住 Shift 键的同时，将其等比缩小，并拖曳到适当的位置，效果如图 9-9 所示。

Step 04 选中“圣诞树”图层的第 4 帧，在该帧上插入关键帧。用鼠标右键单击“圣诞树”图层的第 4 帧，在弹出的菜单中选择“创建传统补间”命令，生成动作补间动画，如图 9-10 所示。

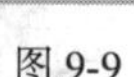

图 9-9

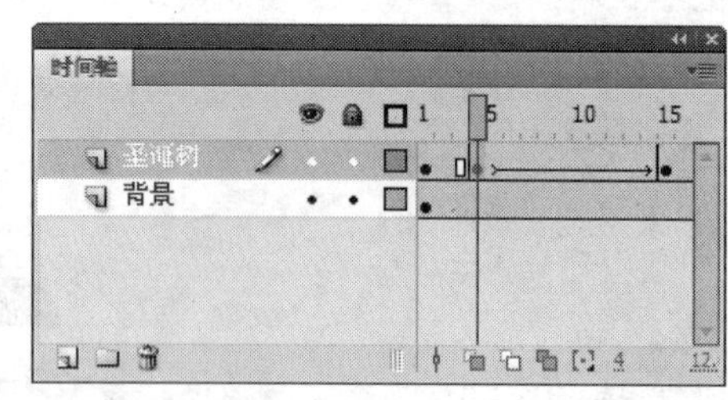

图 9-10

Step 05 单击“时间轴”面板下方的“新建图层”按钮，创建新图层并将其命名为“圣诞老人”。选中“圣诞老人”图层的第 15 帧，在该帧上插入关键帧。将“库”面板中的图形元件“圣诞老人动”拖曳到舞台窗口中，效果如图 9-11 所示。

Step 06 在“时间轴”面板中创建新图层并将其命名为“礼物 1”。选中“礼物 1”图层的第 20 帧，在该帧上插入关键帧。将“库”面板中的图形元件“礼物 1”拖曳到舞台窗口中，选择“任意变形”工具，按住 Shift 键的同时，将其等比缩小，效果如图 9-12 所示。

图 9-11

图 9-12

Step 07 选中“礼物 1”图层的第 23 帧，在该帧上插入关键帧。选中“礼物 1”图层的第 20 帧，在舞台窗口中选中“礼物 1”实例，按住 Shift 键的同时，将其竖直向上拖曳到舞台窗口外，效果如图 9-13 所示。用鼠标右键单击“礼物 1”图层的第 20 帧，在弹出的菜单中选择“创建传统补间”命令，生成动作补间动画，如图 9-14 所示。

图 9-13

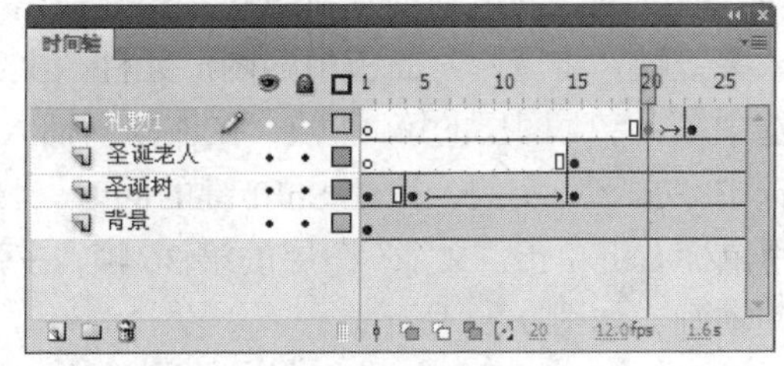

图 9-14

Step 08 在“时间轴”面板中创建新图层并将其命名为“礼物 2”。选中“礼物 2”图层的第 24 帧，在该帧上插入关键帧。将“库”面板中的图形元件“礼物 2”拖曳到舞台窗口中，选择“任意变形”工具，按住 Shift 键的同时，将其等比缩小，效果如图 9-15 所示。

Step 09 选中“礼物 2”图层的第 27 帧，在该帧上插入关键帧。选中“礼物 2”图层的第 24 帧，在舞台窗口中选中“礼物 2”实例，按住 Shift 键的同时，将其竖直向上拖曳到舞台窗口外，效果如图 9-16 所示。用鼠标右键单击“礼物 2”图层的第 24 帧，在弹出的菜单中选择“创建补间动画”命令，生成动作补间动画，如图 9-17 所示。

图 9-15

图 9-16

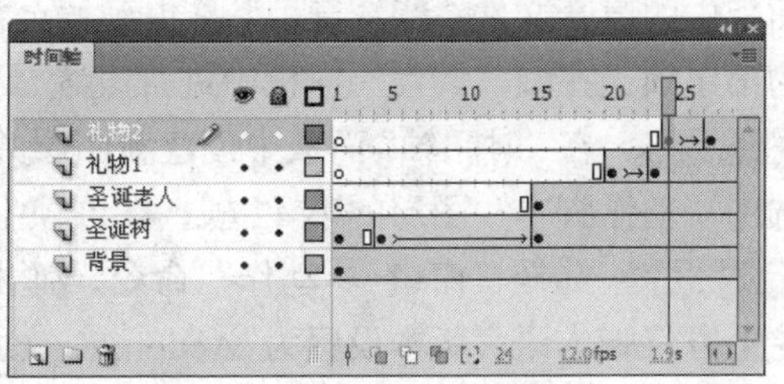

图 9-17

Step 10 在“时间轴”面板中创建新图层并将其命名为“礼物 3”。选中“礼物 3”图层的第 32 帧，在该帧上插入关键帧。将“库”面板中的图形元件“礼物 3”拖曳到舞台窗口中，选择“任意变形”工具，按住 Shift 键的同时，将其等比缩小，效果如图 9-18 所示。

Step 11 选中“礼物 3”图层的第 35 帧，在该帧上插入关键帧。选中“礼物 3”图层的第 32 帧，在舞台窗口中选中“礼物 3”实例，按住 Shift 键的同时，将其竖直向上拖曳到舞台窗口外，效果如图 9-19 所示。用鼠标右键单击“礼物 3”图层的第 32 帧，在弹出的菜单中选择“创建传统补间”命令，生成动作补间动画，如图 9-20 所示。

图 9-18

图 9-19

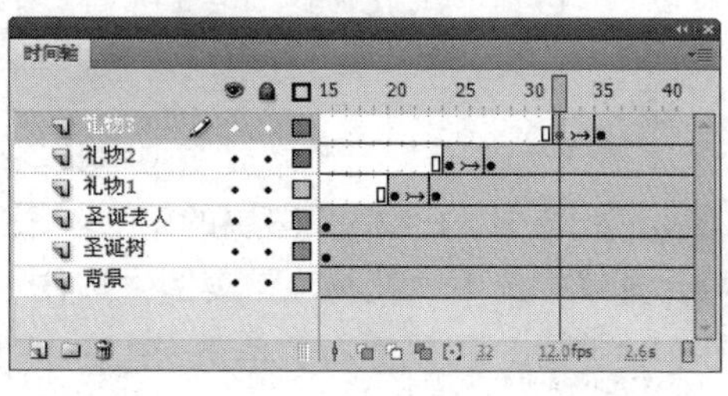

图 9-20

3．制作文字降落动画并添加声音

Step 01 在“时间轴”面板中创建新图层并将其命名为“文字”。选中“文字”图层的第 36 帧，在该帧上插入关键帧。将“库”面板中的图形元件“文字”拖曳到舞台窗口中，如图 9-21 所示。

Step 02 选中“文字”图层的第 42 帧，在该帧上插入关键帧。选中“文字”图层的第 36 帧，在舞台窗口中选中“文字”实例，按住 Shift 键的同时，将其竖直向上拖曳到舞台窗口外，效果如图 9-22 所示。用鼠标右键单击“文字”图层的第 36 帧，在弹出的菜单中选择“创建补间动画”命令，生成动作补间动画，如图 9-23 所示。

图 9-21

图 9-22

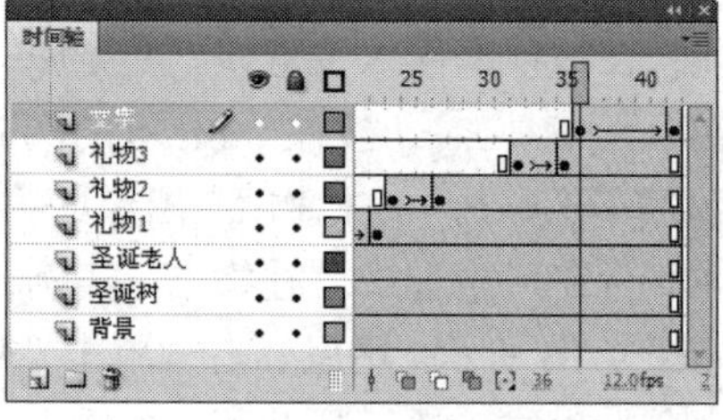

图 9-23

Step 03 在“时间轴”面板中创建新图层并将其命名为“声音”。将“库”面板中的声音文件“背景音乐”拖曳到舞台窗口中。选中“声音”图层的第 1 帧，在帧“属性”面板中进行设置，如图 9-24 所示。

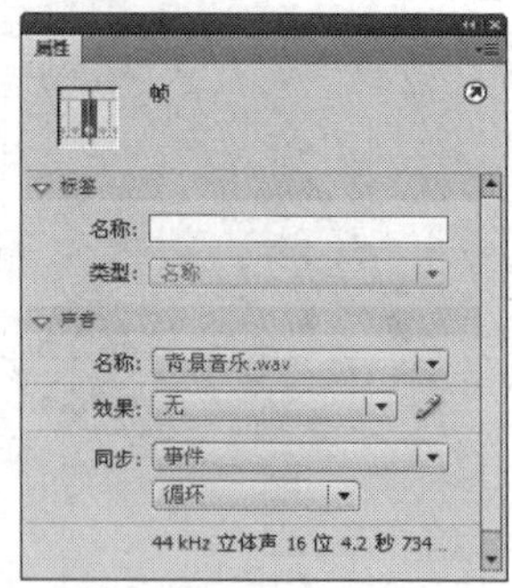

图 9-24

Step 04 在“时间轴”面板中创建新图层并将其命名为“动作脚本”。选中“动作脚本”图层的第 42 帧，在该帧上插入关键帧。

Step 05 选择“窗口 > 动作”命令，弹出“动作”面板，在面板的左上方将脚本语言版本设置为“ActionScript 1.0&2.0”，在面板中单击“将新项目添加到脚本中”按钮，在弹出的菜单中选择“全局函数 > 时

间轴控制 ＞stop”命令，如图 9-25 所示，在“脚本窗口”中显示出选择的脚本语言，如图 9-26 所示。设置好动作脚本后，关闭“动作”面板。在“动作脚本”图层的第 41 帧上显示出一个标记“a”，如图 9-27 所示。圣诞节音乐贺卡制作完成，按 Ctrl+Enter 组合键即可查看效果，如图 9-28 所示。

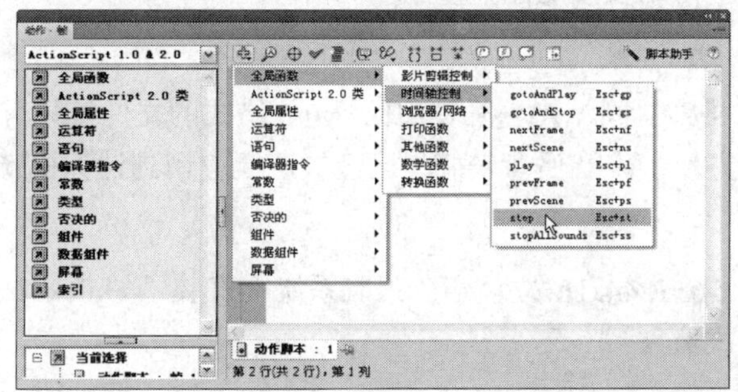

图 9-25

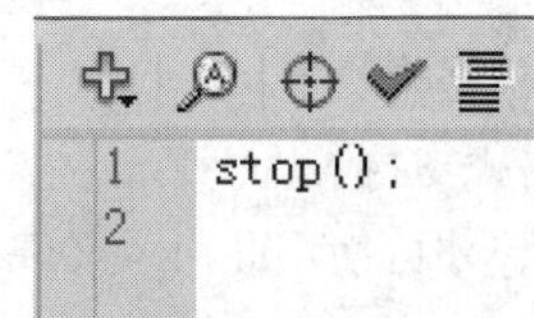

图 9-26

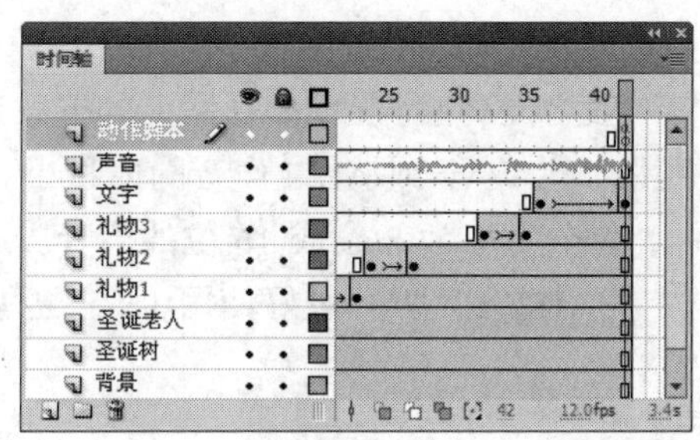

图 9-27

图 9-28

9.1.2　音频的基本知识

1．取样率

取样率是指在进行数字录音时，单位时间内对模拟的音频信号进行提取样本的次数。取样率越高，声音质量越好。Flash CS4 经常使用 44kHz、22kHz 或 11kHz 的取样率对声音进行取样。例如，使用 22kHz 取样率取样的声音，每秒钟要对声音进行 22000 次分析，并记录每两次分析之间的差值。

2．位分辨率

位分辨率是指描述每个音频取样点的比特位数。例如，8 位的声音取样表示 2 的 8 次方或 256 级。用户可以将较高位分辨率的声音转换为较低位分辨率的声音。

3．压缩率

压缩率是指文件压缩前后大小的比率，用于描述数字声音的压缩效率。

9.1.3　声音素材的格式

Flash CS4 提供了许多使用声音的方式。它可以使声音独立于时间轴连续播放，或使动画和一个音轨同步播放。可以向按钮添加声音，使按钮具有更强的互动性，还可以通过声音淡入淡出产生更优美的声音效果。下面介绍可导入 Flash CS4 中的常见的声音文件格式。

1．WAV 格式

WAV 格式可以直接保存对声音波形的取样数据，数据没有经过压缩，所以音质较好，但 WAV 格式的声音文件通常文件量比较大，会占用较多的磁盘空间。

2．MP3 格式

MP3 格式是一种压缩的声音文件格式。同 WAV 格式相比，MP3 格式的文件量只有 WAV 格式的十分之一。其优点为体积小、传输方便、声音质量较好，已经被广泛应用到计算机音乐中。

3．AIFF 格式

AIFF 格式支持 MAC 平台，支持 16 位 44kHz 立体声。只有系统上安装了 QuickTime 4 或更高版本的软件，才可使用此声音文件格式。

4．AU 格式

AU 格式是一种压缩声音文件格式，只支持 8 位的声音，是 Internet 上常用的声音文件格式。只有系统上安装了 QuickTime 4 或更高版本的软件，才可使用此声音文件格式。

声音文件要占用大量的磁盘空间和内存，所以，一般为提高 Flash 作品在网上的下载速度，常使用 MP3 声音文件格式，因为它的声音资料经过了压缩，比 WAV 或 AIFF 声音的体积小。在 Flash CS4 中只能导入采样比率为 11kHz、22kHz 或 44kHz，位分辨率为 8 位或 16 位的声音。通常，为了 Flash 作品在网上有较满意的下载速度而使用 WAV 或 AIFF 文件时，最好使用 16 位 22 kHz 单声道格式。

9.1.4 导入声音素材并添加声音

Flash CS4 在库中保存声音以及位图和组件。与图形组件一样，只需要一个声音文件的副本就可在文档中以各种方式使用这个声音文件。

（1）为动画添加声音，选择“文件 > 打开”命令，弹出“打开”对话框，选择动画文件，单击“打开”按钮，将文件打开，如图 9-29 所示。选择“文件 > 导入 > 导入到库”命令，在“导入”对话框中选中声音文件，单击“打开”按钮，将声音文件导入到“库”面板中，如图 9-30 所示。

（2）单击“时间轴”面板下方的“新建图层”按钮，创建新的图层“图层 3”作为放置声音文件的图层，如图 9-31 所示。

图 9-29

图 9-30

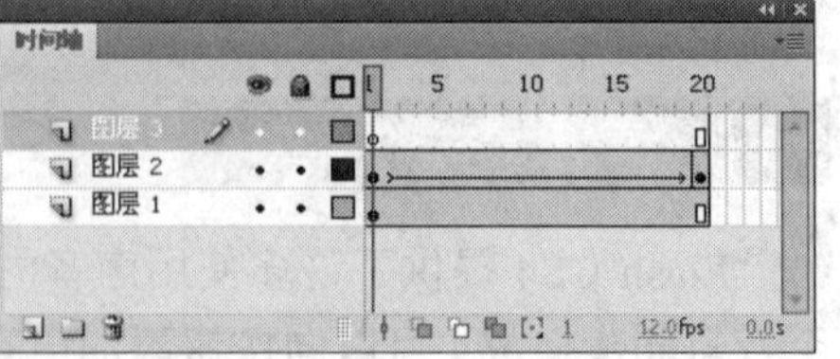

图 9-31

（3）在“库”面板中选中声音文件，按住鼠标不放，将其拖曳到舞台窗口中，如图 9-32 所示。释放鼠标，在“图层 3”中出现声音文件的波形，如图 9-33 所示。声音添加完成，按 Ctrl+Enter 组合键，测试添加效果。

图 9-32

图 9-33

提示：一般情况下，将每个声音放在一个独立的层上，每个层都作为一个独立的声音通道。当播放动画文件时，所有层上的声音将混合在一起。

9.1.5　属性面板

在“时间轴”面板中选中声音文件所在图层的第 1 帧，按 Ctrl+F3 组合键，弹出帧“属性”面板，如图 9-34 所示。

“名称”选项：可以在此选项的下拉列表中选择“库”面板中的声音文件。

“效果”选项：可以在此选项的下拉列表中选择声音播放的效果，如图 9-35 所示。

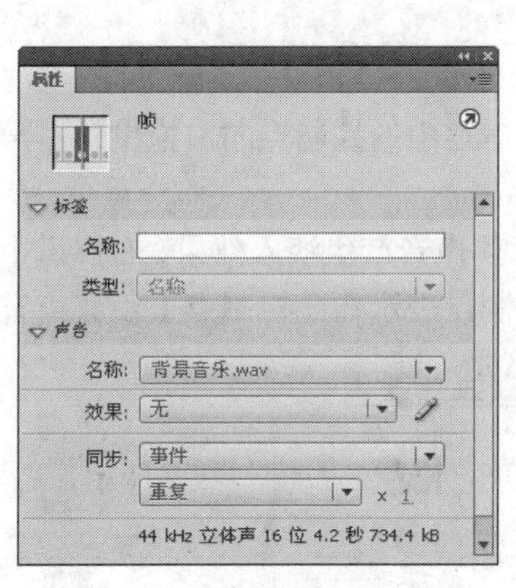

图 9-34

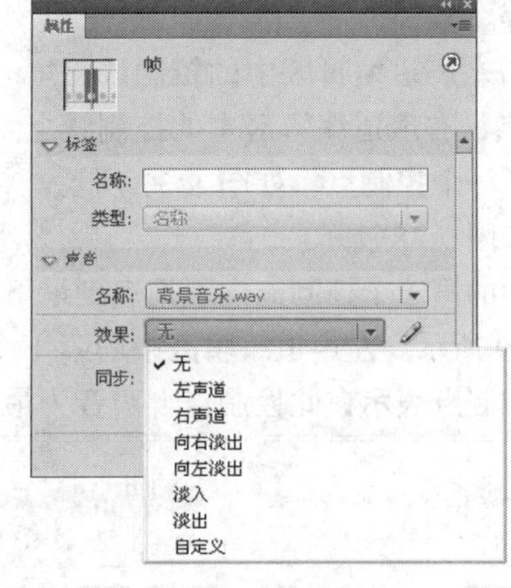

图 9-35

“无”选项：不对声音文件应用效果。选择此选项后可以删除以前应用于声音的特效。

“左声道”选项：只在左声道播放声音。

“右声道”选项：只在右声道播放声音。

“向右淡出”选项：声音从左声道渐变到右声道。

“向左淡出”选项：声音从右声道渐变到左声道。

“淡入”选项：在声音的持续时间内逐渐增加其音量。

“淡出”选项：在声音的持续时间内逐渐减小其音量。

“自定义”选项：弹出“编辑封套”对话框，通过自定义声音的淡入和淡出点，创建自已的声音效果。

“同步”选项：用于选择何时播放声音。

提示：在 Flash 中有两种类型的声音：事件声音和音频流。事件声音必须完全下载后才能开始播放，除非明确停止，它将一直连续播放。音频流在前几帧下载了足够的资料后就开始播放，音频流可以和时间轴同步，以便在 Web 站点上播放。

“重复”选项：用于指定声音循环的次数。可以在选项后的数值框中设置循环次数。

“循环”选项：用于循环播放声音。一般情况下，不循环播放音频流。如果将音频流设为循环播放，帧就会添加到文件中，文件的大小就会根据声音循环播放的次数而倍增。

9.1.6 声音编辑器

单击“属性”面板中的“编辑声音封套”按钮，弹出“编辑封套”对话框，如图 9-36 所示。

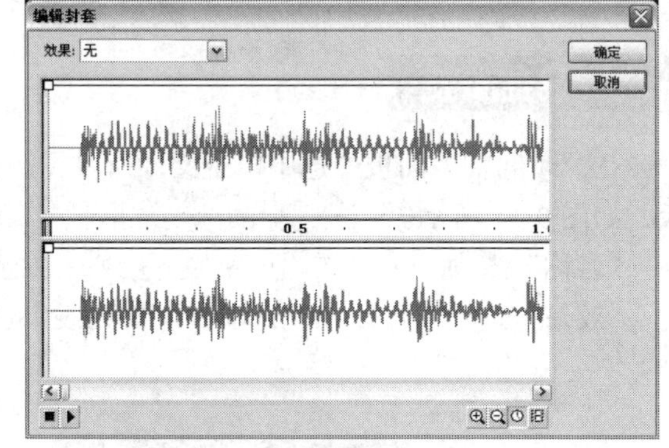

图 9-36

对话框中分为上下两个编辑区，上方代表左声道波形编辑区，下方代表右声道波形编辑区。在每个编辑区的上方都有一条左侧带有小方块的控制线，可以通过控制线调节声音的大小、淡入淡出等。

用鼠标单击左声道编辑区中的控制线，增加了一个控制点，右声道编辑区中的控制线上也相应地增加了一个控制点，如图 9-37 所示。将左声道中的控制点向右拖曳，右声道中的控制点也随之移动，如图 9-38 所示。

将左声道中的第 1 个控制点向下拖曳到最下方，使声音产生淡入效果，右声道中的控制点将不变化，如图 9-39 所示。左声道编辑区中的第 1 个控制点表示在此控制点上没有声音；左声道编辑区中的第 2 个控制点表示在此控制点上声音为最大音量。

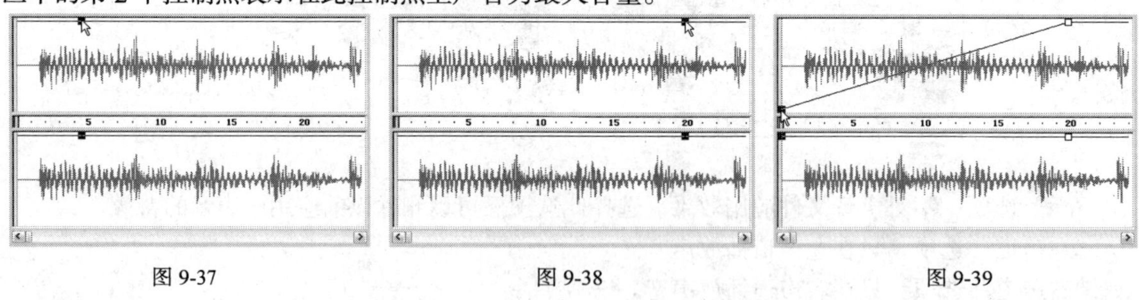

图 9-37　　图 9-38　　图 9-39

提示：在控制线上最多可以设置 8 个控制点。当控制点在编辑区的最上方时表示此时声音的音量为最大。当控制点在编辑区的最下方时表示此时无音量。

在不增加控制点的情况下，将左声道编辑区中的第 1 个控制点向下移动，那么整条控制线也随之向下移动，左声道中声音的音量将整体降低，如图 9-40 所示。

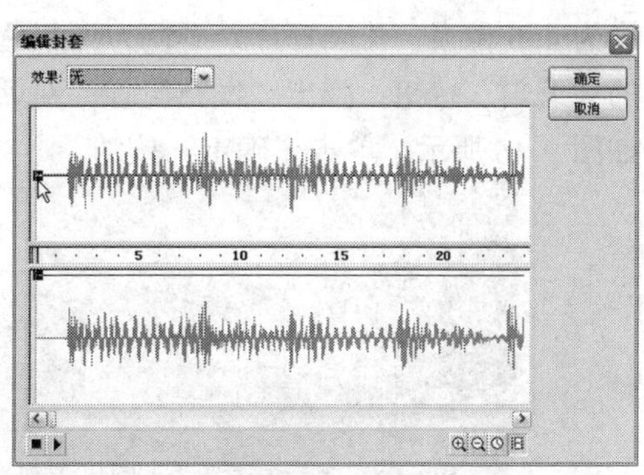

图 9-40

在“编辑封套”对话框左下方有 2 个按钮■▶。

“停止声音”按钮■：停止当前播放的声音。

“播放声音”按钮▶：对“编辑封套”对话框中设置的声音文件进行播放。

在“编辑封套”对话框右下方有 4 个按钮。

“放大”按钮：对声道编辑区中的波形进行放大显示，如图 9-41 所示。

“缩小”按钮：对声道编辑区中的波形进行缩小显示，如图 9-42 所示。

“秒”按钮：以秒为单位设置声道编辑区中的声音，如图 9-43 所示。

“帧”按钮：以帧为单位设置声道编辑区中的声音，如图 9-44 所示。

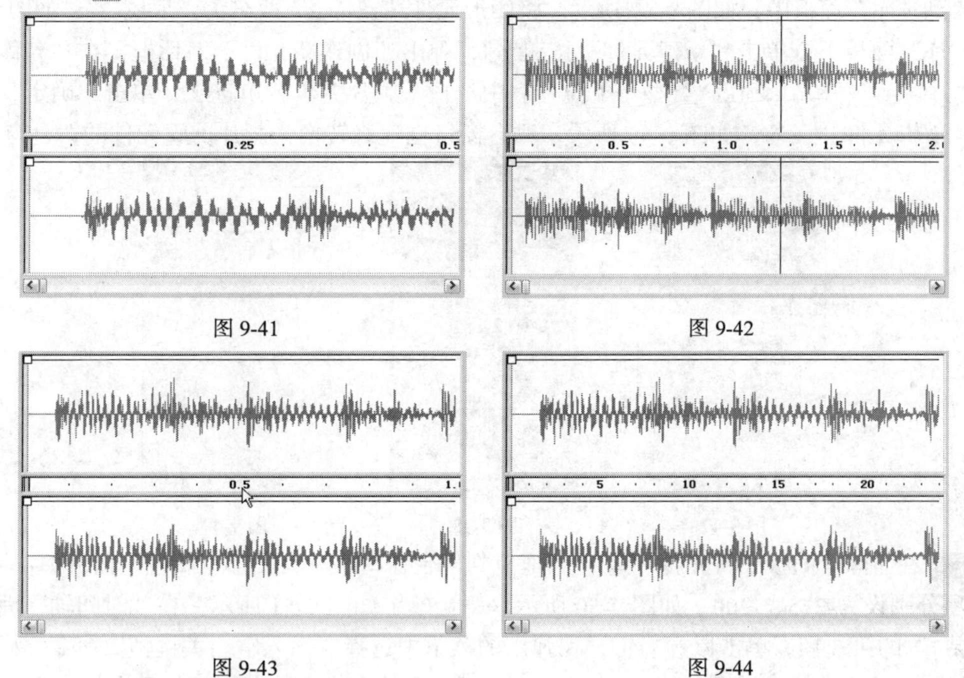

图 9-41　图 9-42

图 9-43　图 9-44

9.1.7　课堂案例——制作射击游戏

案例学习目标：为瞄准镜添加音效，使用浮动面板制作动画。

案例知识要点：使用关键帧制作小鸟飞翔效果，使用脚本语言制作瞄准镜跟随鼠标效果和提示信息效果，如图 9-45 所示。

效果所在位置：光盘/Ch09/效果/制作射击游戏.fla。

1．制作小鸟动画

Step 01 选择“文件 > 新建”命令，在弹出的“新建文档”对话框中选择“Flash 文件”选项，单击“确定”按钮，进入新建文档舞台窗口。按 Ctrl+F3 组合键，弹出文档“属性”面板，单击“大小”选项右侧的“编辑”按钮 编辑... ，在弹出的对话框中将舞台窗口的宽度设为 650 像素，高度设为 400 像素，并设置背景颜色为深灰色（#999999），单击“确定”按钮。单击“配置文件”右侧的“编辑”按钮，弹出“发布设置”对话框，选择“版本”选项下拉列表中的“Flash Player 8”，如图 9-46 所示，单击“确定”按钮。

图 9-45

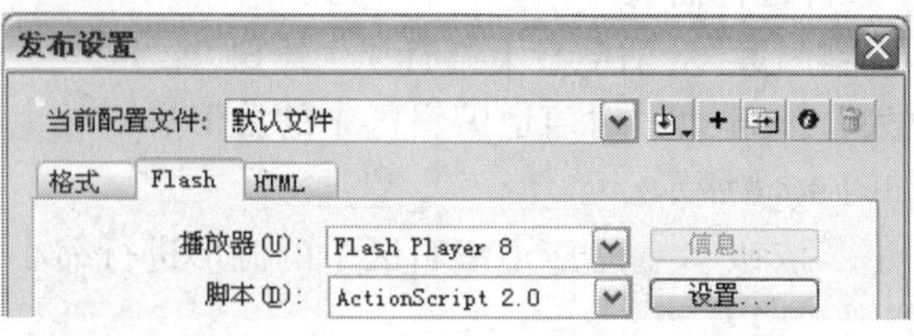

图 9-46

Step 02 选择“文件 > 导入 > 导入到库”命令，在弹出的“导入到库”对话框中选择“Ch9 > 素材 > 制作射击游戏 > 底图-1、底图-2、鸟 1、鸟 2、声音”文件，单击“打开”按钮，文件分别被导入到“库”面板中，如图 9-47 所示。将图形元件“元件 2”改名为“底图-2”，如图 9-48 所示。在“库”面板下方单击“新建元件”按钮，弹出“创建新元件”对话框，在“名称”选项的文本框中输入“飞鸟”，在“类型”下拉列表中选择“影片剪辑”单选项，单击“确定”按钮，新建影片剪辑元件“飞鸟，如图 9-49 所示，舞台窗口也随之转换为影片剪辑元件的舞台窗口。

图 9-47

图 9-48

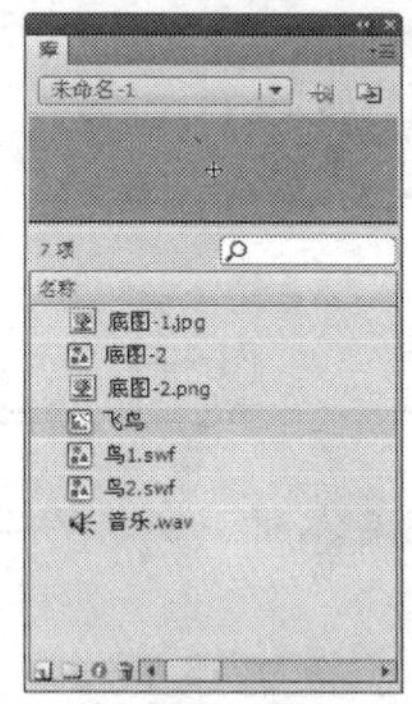

图 9-49

Step 03 在“库”面板中将元件“鸟 1”，拖曳到舞台窗口中，在图形“属性”面板中，将“X”、“Y”选项分别设为-275、-200，如图 9-50 所示，舞台效果如图 9-51 所示。在“时间轴”面板中选中“图层 1”的第 3 帧，单击鼠标右键，在弹出的菜单中选择“插入空白关键帧”命令，插入空白帧，如图 9-52 所示。在“库”面板中将元件“鸟 2”，拖曳到与“鸟 1”元件重合的位置。

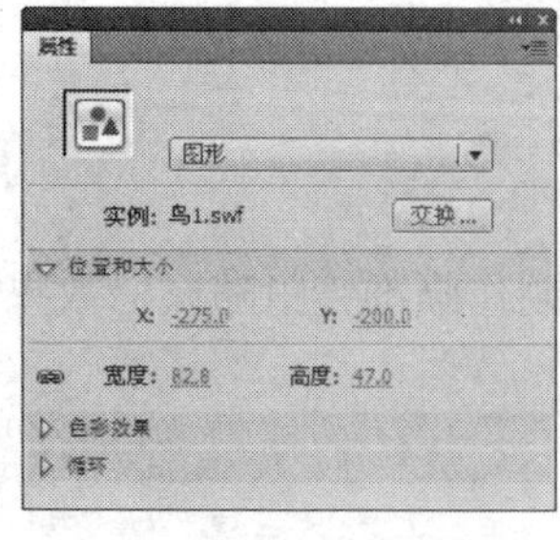

图 9-50

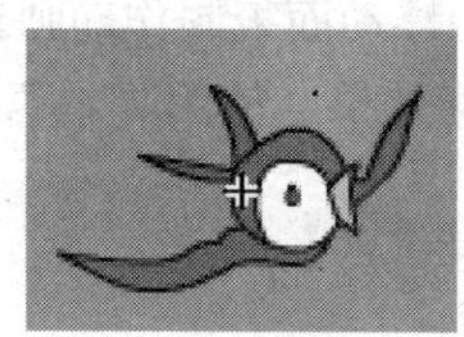

图 9-51

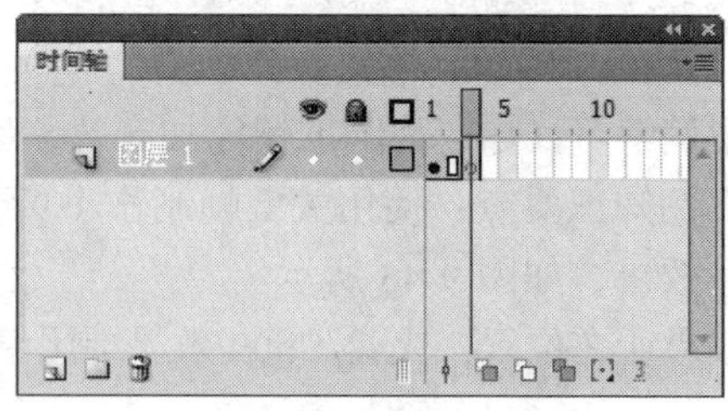

图 9-52

Step 04 在“库”面板下方单击“新建元件”按钮，弹出“创建新元件”对话框，在“名称”选项的文本框中输入“瞄准镜”，在“类型”下位列表中选择“影片剪辑”选项，单击“确定”按钮，新建影片剪辑元件“瞄准镜”，如图 9-53 所示，舞台窗口也随之转换为影片剪辑元件的舞台窗口。按 Ctrl+R 组合键，在弹出的“导入”对话框中选择“Ch9 >素材 > 制作射击游戏 > 瞄准镜”文件，单击“打开”按钮，图形被导入到舞台窗口中，将其拖曳到中心位置，效果如图 9-54 所示。

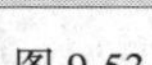
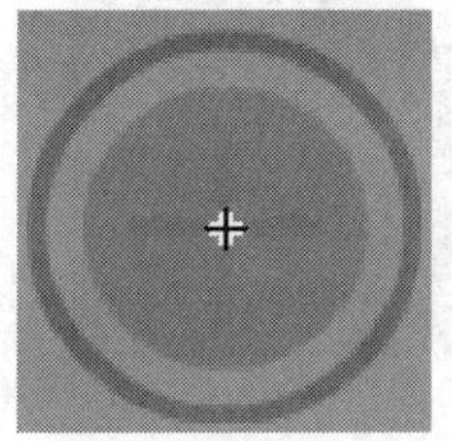

图 9-53　　图 9-54

2．制作动画效果

Step 01　单击“时间轴”面板下方的“场景 1”图标 场景 1，进入“场景 1”的舞台窗口，分别将“库”面板中的位图“底图-1”和“底图-2”拖曳到舞台窗口中，效果如图 9-55 所示。再次分别将“库”面板中影片剪辑“飞鸟”和“瞄准镜”拖曳到舞台窗口中适当的位置，舞台窗口中的效果如图 9-56 所示。

图 9-55　　图 9-56

Step 02　选择“文本”工具 T，在舞台窗口的标牌上拖曳一个文本框，选中文本框，在文本“属性”面板中，将“文本类型”设为“文本动态”，在文本“属性”面板中将“宽”选项设为 152.1，“高”选项设为 44，如图 9-57 所示，舞台窗口中效果如图 9-58 所示。

Step 03　在文本“属性”面板中选择“字符”选项组，单击“在文本周围显示边框”按钮，文本框变为透明，效果如图 9-59 所示。在文本“属性”面板中选择“选项”下拉列表中的“变量”选项，在文本框中输入“info”，其他选项的设置如图 9-60 所示。

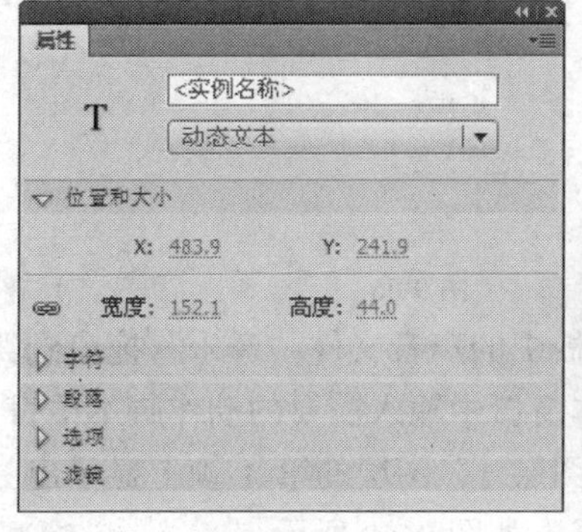

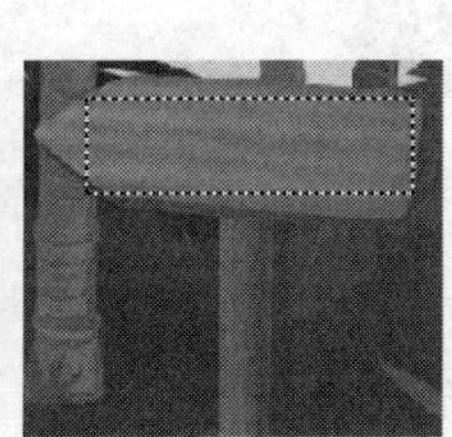
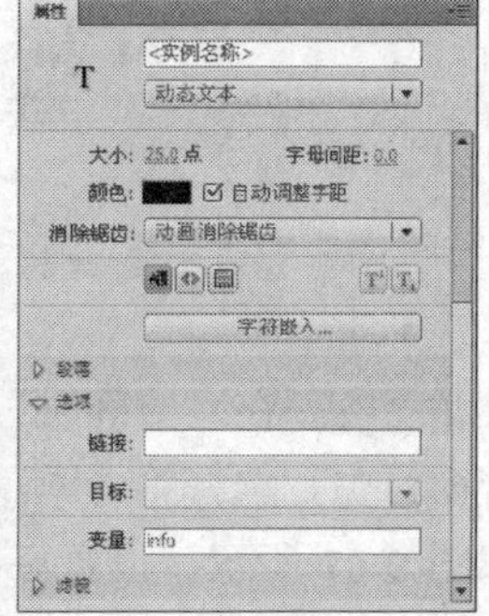

图 9-57　　图 9-58　　图 9-59　　图 9-60

Step 04　在舞台窗口中选中“飞鸟”实例，在影片剪辑“属性”面板中，在“实例名称”文本框中输入“bird”，如图 9-61 所示。选择“窗口 > 动作”命令，弹出“动作”面板，在面板中输入需要的脚本语言，如图 9-62 所示，设置好动作脚本后，关闭“动作”面板。

图 9-61

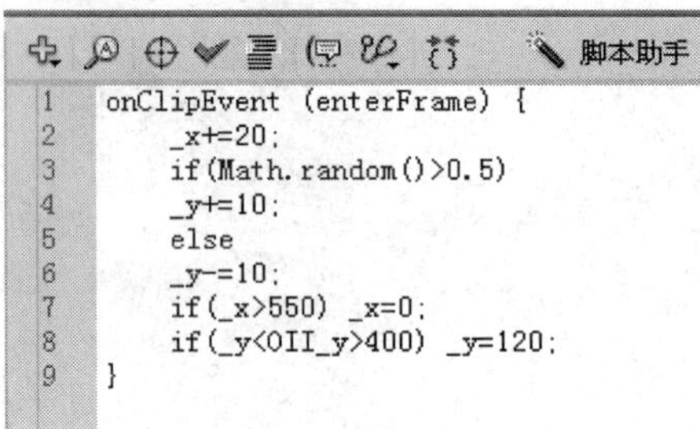

图 9-62

Step 05 在舞台窗口中选中“瞄准镜”实例，在影片剪辑“属性”面板中，在“实例名称”文本框中输入“gun”，如图 9-63 所示。选择“窗口 > 动作”命令，弹出“动作”面板，在脚本窗口中输入需要的脚本语言，如图 9-64 所示，设置好动作脚本后，关闭“动作”面板。

图 9-63

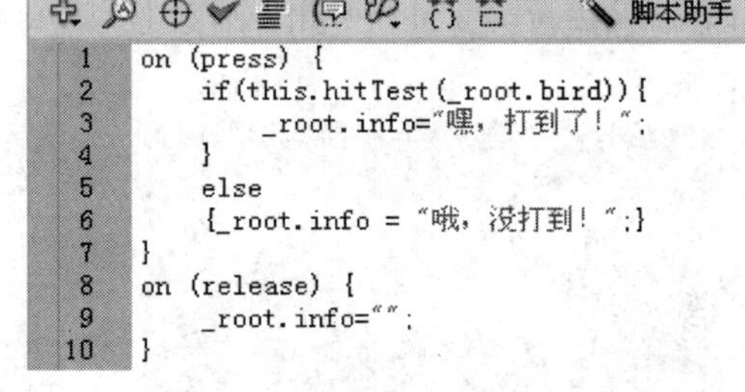

图 9-64

Step 06 在“库”面板中，选中声音文件“音乐”，单击鼠标右键，在弹出的菜单中选择“链接”命令，弹出“链接属性”面板，勾选“为 ActionScript 导出”复选框，在“标识符”文本框中输入“pa”，如图 9-65 所示，单击“确定”按钮。在舞台窗口中选中“瞄准镜”实例，调出“动作”面板，再次在脚本窗口中添加播放声音的动作脚本语言，如图 9-66 所示。设置好动作脚本后，关闭“动作”面板。

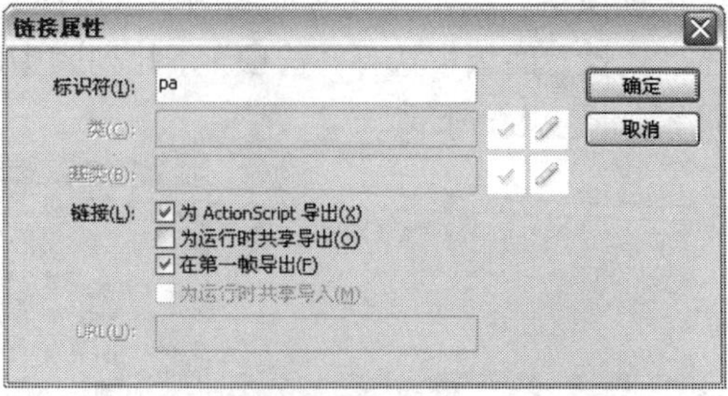

图 9-65

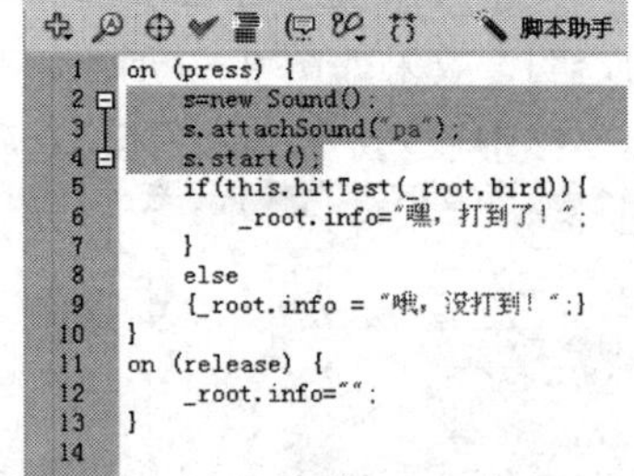

图 9-66

Step 07 在“时间轴”面板中，选中“图层 1”，将“库”面板中的声音文件“音乐”拖曳到舞台窗口中。选择第 1 帧，按 F9 键，弹出“动作”面板，在脚本窗口中输入需要的动作脚本语言，如图 9-67 所示，设置好动作脚本后，关闭“动作”面板。在“图层 1”图层的第 1 帧上显示出一个标记“a”，如图 9-68 所示。按 Ctrl+Enter 组合键即可查看效果，如图 9-69 所示。

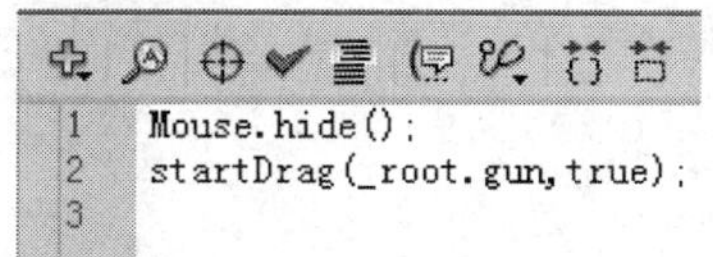

图 9-67

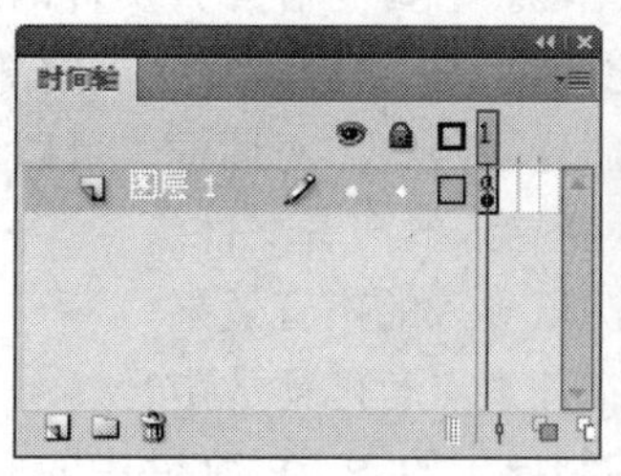

图 9-68

图 9-69

9.1.8　压缩声音素材

由于网络速度的限制，制作动画时必须考虑其文件的大小。而带有声音的动画由于声音本身也要占空间，往往制作出的动画文件体积较大，它在网上的传输就要受到影响。为了解决这个问题，Flash CS4 提供了声音压缩功能，让动画制作者根据需要决定声音压缩率，以达到用户所需的动画文件量大小。

如果动画制作采用较高的声音压缩和较低的声音采样率，那么得到的声音文件会非常小，但这就要牺牲声音的听觉效果。一旦动画要在网上发布，首先考虑的是传输速度，要将压缩率放到首位，但同时也要考虑动画的听觉效果。所以并不是压缩率越大越好，要根据需要反复试验，找出合适的压缩率，以实现最大的效果速度比。

设置声音的压缩有两种方法。

- 为单个声音选择压缩设置。鼠标右键单击“库”面板中要压缩的声音文件，在弹出的菜单中选择“属性”选项，弹出“声音属性”对话框，根据需要设定“压缩”选项即可，如图 9-70 所示。
- 为事件声音或音频流选择全局压缩设置。选择“文件 > 发布设置”命令，在弹出的“发布设置”对话框中为事件声音或音频流选择全局压缩设置，这些全局设置就会应用于单个事件声音或所有的音频流，如图 9-71 所示。

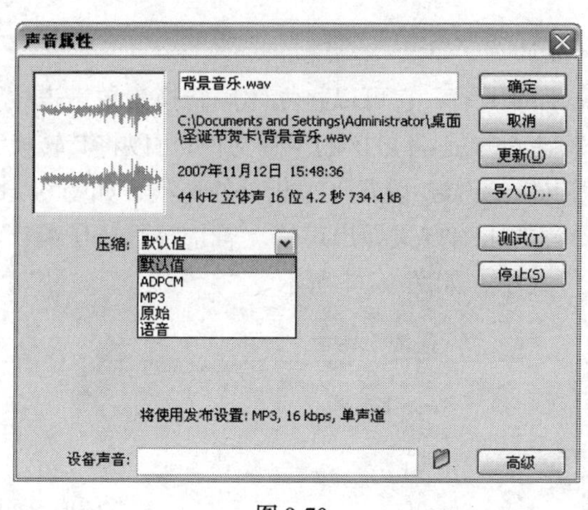

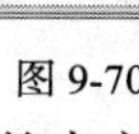

图 9-70

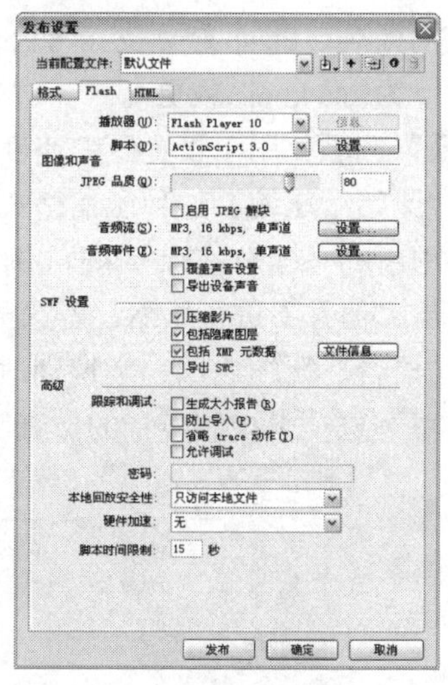

图 9-71

鼠标双击“库”面板中的声音文件，弹出“声音属性”对话框，如图 9-70 所示。在对话框右侧有多个按钮。

“更新”按钮：声音文件导入以后，Flash CS4 会在影片文件内部创建该声音的副本，如果外部的声音文件被修改编辑过，可以单击此按钮，来更新影片文件内部的声音副本。

“导入”按钮：单击此按钮，弹出“导入声音”对话框，可以导入新的声音文件代替原有的声音文件，并将原有声音的所有实例改为新导入的声音文件。

“测试”按钮：单击此按钮，可以测试导入的声音效果。

“停止”按钮：单击此按钮，可以在任意点暂停播放声音。

对话框下方的“压缩”选项可以控制导出的 SWF 文件中的声音品质和大小。“压缩”选项中各选项的功能如下。

（1）“默认值”压缩：选择此选项，使用默认的设置压缩声音。当导出 SWF 文件时，使用“发布设置”对话框中的全局压缩设置。

（2）“ADPCM”压缩：用于设置 8 位或 16 位声音资料的压缩设置。这种压缩方式适用于简短的声音事件中，如按钮声音。

提示： 如果一个声音的录制是 22 kHz 单声道，即使把取样速度改为 44 kHz，音质改为立体声，Flash 仍然按照 22 kHz 单声道输出声音。

（3）“MP3”压缩：用 MP3 压缩格式导出声音。一般情况下，当导出像乐曲这样较长的音频流时，使用此选项。这种压缩方式可以使文件量减为原有文件大小的十分之一。此压缩方式最好用于非循环声音。若选择 MP3 压缩，还需要设置下述相关的选项，如图 9-72 所示。

图 9-72

“预处理”选项：勾选此复选框可以将立体声转换为单声道。使用这种方法可将声音的文件量减少一半。单声道声音不受此选项影响。（此选项在“比特率”选项小于或等于 16kbps 时为不可用）

“比特率”选项：用于设置导出的声音文件中每秒播放的位数。其数值越大，声音的容量和质量也相应的提高。Flash CS4 支持 8 kbps ~ 160 kbps CBR（恒定比特率）。要获得最佳的声音效果需将比特率设为 16 kbps 或更高。

“品质”选项：用于设置压缩速度和声音品质。

（4）“原始”压缩：这种压缩格式不是真正的压缩，它可以将立体声转换为单声道，并允许导出声音时用新的采样率进行再采样。例如，原来导入的是 44 kHz 的声音文件，可以将其转换为 11 kHz 的文件导出，但并不进行压缩。若选择原始压缩，还需要设置下述相关的选项，如图 9-73 所示。

（5）“语音”压缩：用一个特别适合于语音的压缩方式导出声音。若选择语音压缩，还需要设置“采样率”选项来控制声音的保真度和文件大小，如图 9-74 所示。

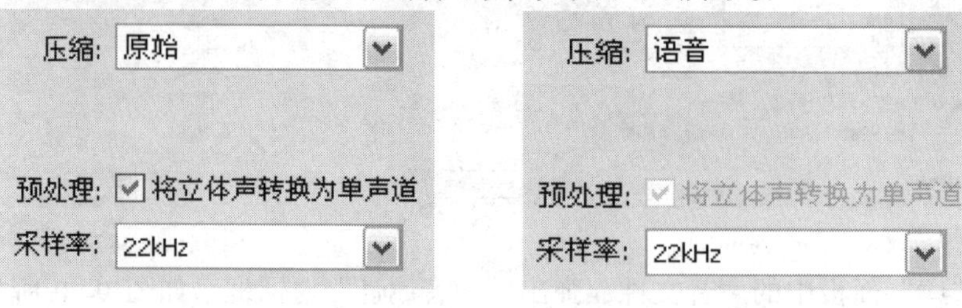

图 9-73　　图 9-74

9.2 课堂练习——制作学字母发音

练习知识要点：使用颜色面板、椭圆工具、对齐面板来完成效果的制作，如图 9-75 所示。

效果所在位置：光盘/Ch09/效果/制作学字母发音.fla。

图 9-75

9.3 课后习题——制作鼠标控制声道

习题知识要点：使用椭圆工具绘制彩色圈和喇叭图，使用动作面板设置脚本语言，使用铅笔工具绘制耳机连线，如图 9-76 所示。

效果所在位置：光盘/Ch09/效果/制作鼠标控制声道.fla。

图 9-76

第10章 动作脚本的应用

在 Flash CS4 中，如果要实现一些复杂多变的动画效果就要涉及动作脚本，可以通过输入不同的动作脚本来实现高难度的动画效果。本章将介绍动作脚本的基本术语和使用方法。读者通过学习要了解并掌握应用不同的动作脚本来实现千变万化的动画效果。

【教学目标】

- 动作面板的使用。
- 动作脚本的使用。

10.1 动作面板与动作脚本的使用

动作脚本可以将变量、函数、属性和方法组成一个整体，控制对象产生各种动画效果。动作面板可以用于组织动作脚本，可以从动作列表中选择语句，也可自行编辑语句。

10.1.1　课堂案例——制作移动的菜单

案例学习目标：使用浮动面板为图形添加脚本语言。

案例知识要点：使用矩形工具和颜色面板绘制矩形效果，使用线条工具绘制装饰线条效果，使用动作面板设置脚本语言，如图 10-1 所示。

效果所在位置：光盘/Ch10/效果/制作移动的菜单.fla。

图 10-1

1．导入图片

Step 01 选择"文件 > 新建"命令，在弹出的"新建文档"对话框中选择"Flash 文件"选项，单击"确定"按钮，进入新建文档舞台窗口。按 Ctrl+F3 组合键，弹出文档"属性"面板，单击面板中的"编辑"按钮 编辑... ，弹出"文档属性"对话框，将舞台窗口的宽设为 620，高设为 428，将背景色设为黑色，单击"确定"按钮，改变舞台窗口的大小。在"属性"面板中，单击"配置文件"选项右侧的按钮，弹出"发布设置"对话框，选择"播放器"选项下拉列表中的"Flash Player 8"，如图 10-2 所示。

Step 02 调出"库"面板，选择"文件 > 导入 > 导入到库"命令，在弹出的"导入到库"对话框中选择"Ch10 > 素材 > 制作移动的菜单 > 01、02、03、04、05、06"文件，单击"打开"按钮，文件被导入到"库"面板中，如图 10-3 所示。

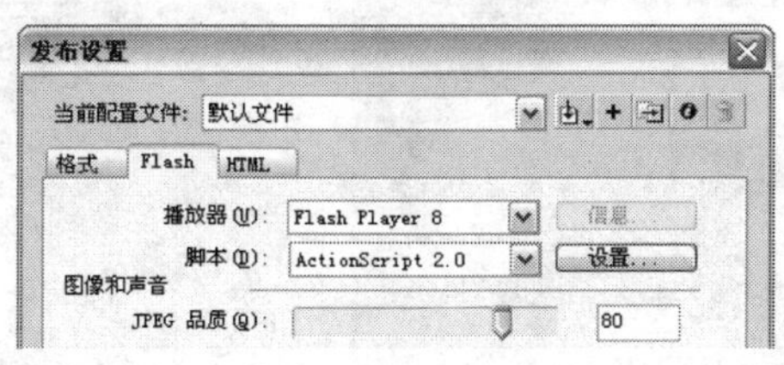

图 10-2

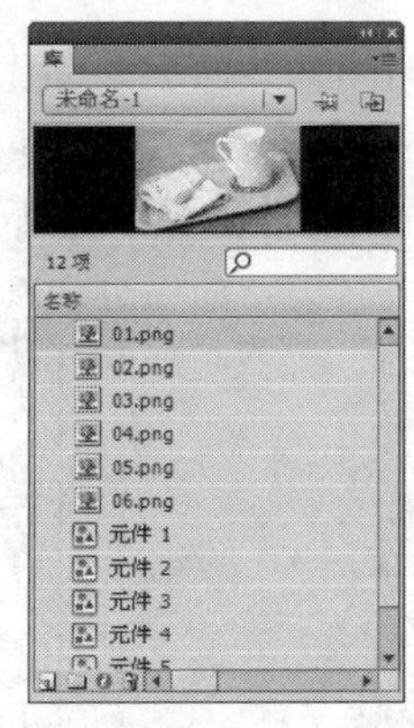

图 10-3

Step 03 在"库"面板下方单击"新建元件"按钮，弹出"创建新元件"对话框，在"名称"选项的文本框中输入"照片"，在"类型"选项的下拉列表中选择"影片剪辑"选项，单击"确定"按钮，新建影片剪辑元件"照片"，舞台窗口也随之转换为影片剪辑元件的舞台窗口。将"图层 1"重新命名为"图片 1"。将"库"面板中的位图"01"拖曳到舞台窗口中，效果如图 10-4 所示。

Step 04 选中位图，在位图“属性”面板中将“X”和“Y”选项分别设为 0。单击“时间轴”面板下方的“新建图层”按钮，创建新图层并将其命名为“图片 2”。选中“图片 2”图层的第 2 帧，按 F6 键，在该帧上插入关键帧，如图 10-5 所示。

图 10-4

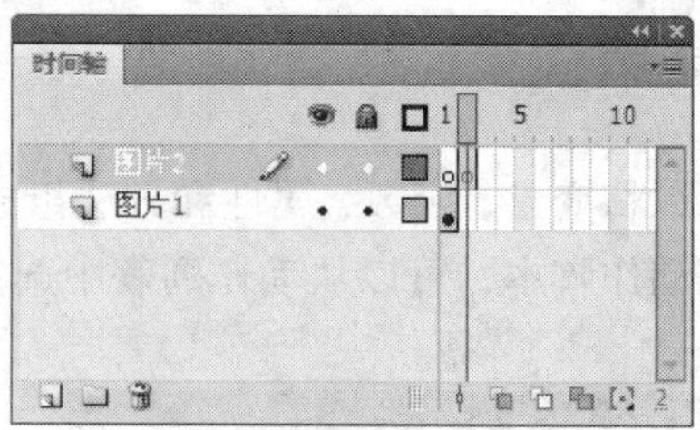

图 10-5

Step 05 将“库”面板中的位图“02”拖曳到舞台窗口中，并在位图“属性”面板中将“X”和“Y”选项分别设为 0，位图效果如图 10-6 所示。单击“时间轴”面板下方的“新建图层”按钮，创建新图层并将其命名为“图片 3”。选中“图片 3”图层的第 3 帧，按 F6 键，在该帧上插入关键帧。将“库”面板中的位图“03”拖曳到舞台窗口中，并在位图“属性”面板中将“X”和“Y”选项分别设为 0，位图效果如图 10-7 所示。

图 10-6

图 10-7

Step 06 单击“时间轴”面板下方的“新建图层”按钮，创建新图层并将其命名为“图片 4”。选中“图片 4”图层的第 4 帧，按 F6 键，在该帧上插入关键帧。将“库”面板中的位图“04”拖曳到舞台窗口中，并在位图“属性”面板中将“X”和“Y”选项分别设为 0，位图效果如图 10-8 所示。

Step 07 在“时间轴”面板中创建新图层并将其命名为“图片 5”。选中“图片 5”图层的第 5 帧，按 F6 键，在该帧上插入关键帧。将“库”面板中的位图“05”拖曳到舞台窗口中，并在位图“属性”面板中将“X”和“Y”选项分别设为 0，位图效果如图 10-9 所示。在“时间轴”面板中创建新图层并将其命名为“动作脚本”，如图 10-10 所示。

图 10-8

图 10-9

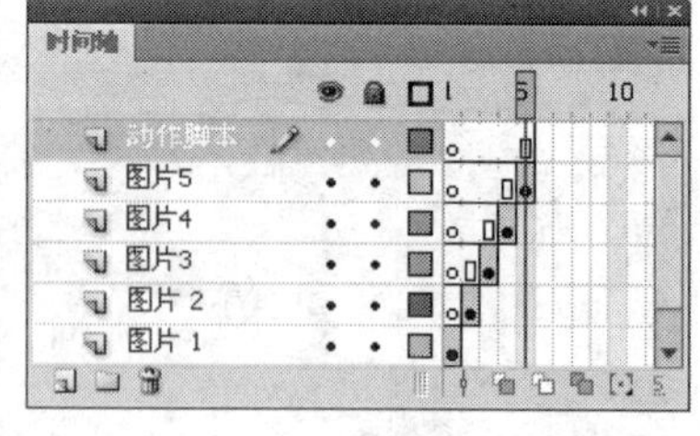

图 10-10

Step 08 选中“动作脚本”图层的第 1 帧，选择“窗口 > 动作”命令，弹出“动作”面板（其快捷键为 F9）。在面板中单击“将新项目添加到脚本中”按钮，在弹出的菜单中选择“全局函数 > 时间轴控制 > stop”命令，如图 10-11 所示，在“脚本窗口”中显示出选择的脚本语言，如图 10-12 所示。

Step 09 用鼠标右键单击第 1 帧，在弹出的菜单中选择“复制帧”命令。用鼠标右键分别单击第 2 帧、第 3 帧、第 4 帧、第 5 帧，在弹出的菜单中选择“粘贴帧”命令，将复制过的帧粘贴到选中的帧中，如图 10-13 所示。

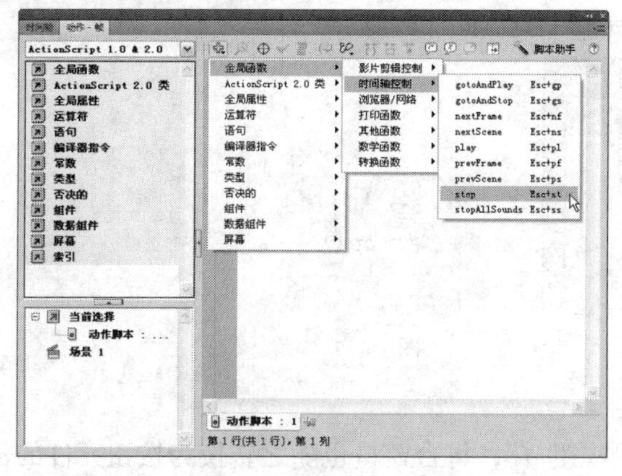

图 10-11

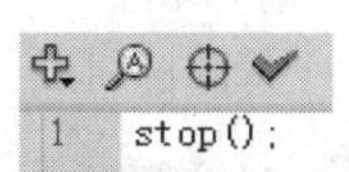

图 10-12

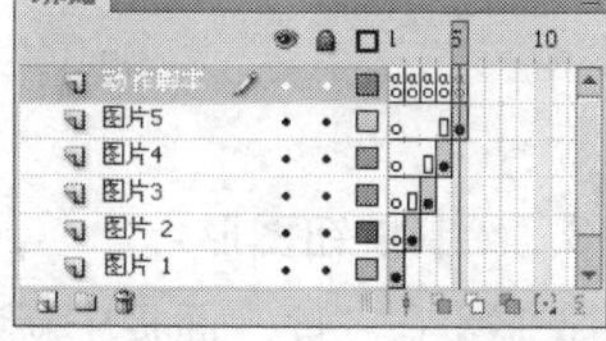

图 10-13

2．绘制色块图形

Step 01 在“库”面板中新建图形元件“色块”，舞台窗口也随之转换为图形元件的舞台窗口。选择“矩形”工具，在工具箱中将笔触颜色设为无，填充色设为粉红色（#FFCDFF）。在舞台窗口中绘制出一个矩形，选择“选择”工具，选中矩形，在形状“属性”面板中单击铁链形状图标，将其更改为解锁状态，将“宽”选项设为 556，“高”选项设为 360，将“X”和“Y”选项分别设为 0。矩形色块效果如图 10-14 所示。

Step 02 在“库”面板中新建一个影片剪辑元件“渐显”，舞台窗口也随之转换为影片剪辑元件的舞台窗口。将“图层 1”重新命名为“图片”。将“库”面板中的影片剪辑元件“照片”拖曳到舞台窗口中，在影片剪辑“属性”面板中，将“X”和“Y”选项分别设为 0，在“实例名称”选项的文本框中输入“zhaopian”，如图 10-15 所示。选中“图片”图层的第 10 帧，按 F5 键，在该帧上插入普通帧。

图 10-14

图 10-15

Step 03 在“时间轴”面板中创建新图层并将其命名为“色块”。将“库”面板中的图形元件“色块”拖曳到舞台窗口中，选中“色块”实例，在图形“属性”面板中将“X”和“Y”选项分别设为 0。选中“色块”图层的第 10 帧，按 F6 键，在该帧上插入关键帧，如图 10-16 所示。选中第 10 帧，选中舞台窗口中的“色块”实例，在图形“属性”面板中选择“色彩效果”选项组，在“样式”选项的下拉列表中选择“Alpha”，将其值设为 0。

Step 04 用鼠标右键单击“色块”图层的第 1 帧，在弹出的菜单中选择“创建传统补间”命令，创建传统动作补间动画。在“时间轴”面板中创建新图层并将其命名为“动作脚本”。选中“动作脚本”图层的第 10 帧，按 F6 键，在该帧上插入关键帧。

Step 05 在“动作”面板中单击“将新项目添加到脚本中”按钮，在弹出的菜单中选择“全局函数 > 时间轴控制 > stop”命令，在“脚本窗口”中显示出选择的脚本语言，如图 10-17 所示。设置好动作脚本后，在“动作脚本”图层的第 10 帧上显示出一个标记“a”。

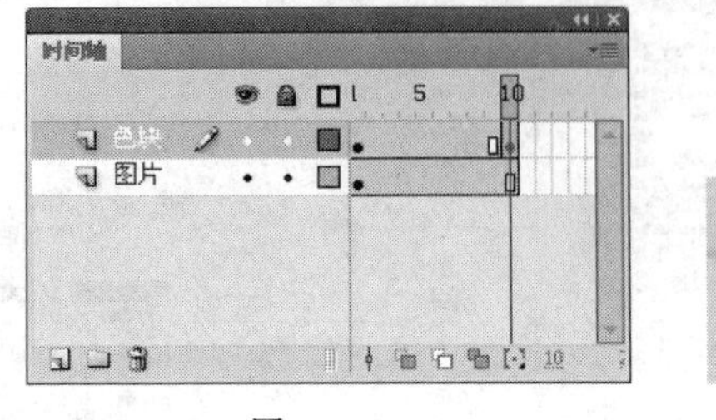

图 10-16

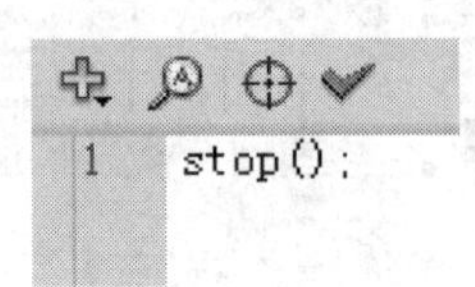

图 10-17

3．绘制按钮图形

Step 01 在“库”面板中新建一个按钮元件“按钮 1”，舞台窗口也随之转换为按钮元件的舞台窗口。选择“窗口 > 颜色”命令，弹出“颜色”面板，选中“填充颜色”按钮，将填充颜色设为粉色（#FF98CC），如图 10-18 所示。

Step 02 选择“矩形”工具，在工具箱中将笔触颜色设为无，填充色为刚才设置好的粉色。按住 Shift 键的同时，在舞台窗口中绘制一个正方形图形。选择“选择”工具，选中正方形图形，在形状“属性”面板中将“宽”和“高”选项分别设为 46.5，“X”和“Y”选项分别设为 0，图形效果如图 10-19 所示。

Step 03 选择“文本”工具，在文本“属性”面板中进行设置，在舞台窗口中输入需要的白色数字，效果如图 10-20 所示。

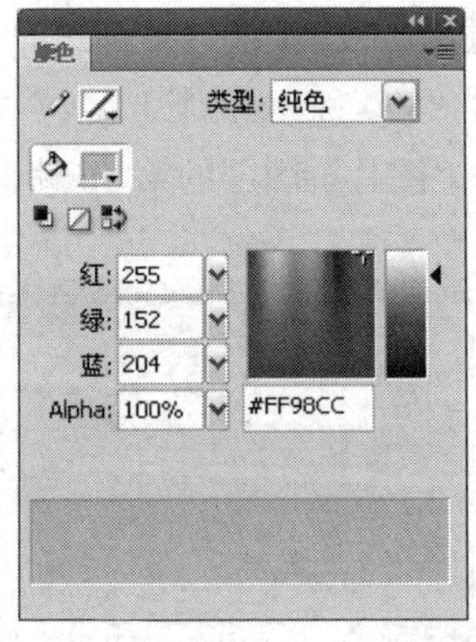

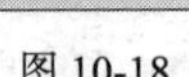

图 10-18

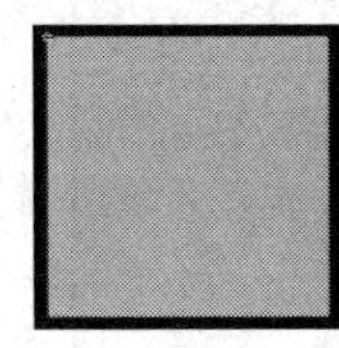

图 10-19

图 10-20

Step 04 用鼠标右键单击“库”面板中的按钮元件“按钮 1”，在弹出的菜单中选择“直接复制”命令，弹出“直接复制元件”对话框，在“名称”选项的文本框中重新输入“按钮 2”，如图 10-21 所示，单击“确定”按钮，复制出新的按钮元件“按钮 2”。双击“库”面板中的元件“按钮 2”，舞台窗口转换为元件“按钮 2”的舞台窗口。选择“文本”工具，将数字“1”更改为“2”，效果如图 10-22 所示。

Step 05 用相同的方法复制出按钮元件“按钮 3”、“按钮 4”、“按钮 5”，并将按钮中的数字更改为同按钮名称上的数字相同（“按钮 3”中的数字为“3”；“按钮 4”中的数字为“4”；“按钮 5”中的数字为“5”），如图 10-23 所示。

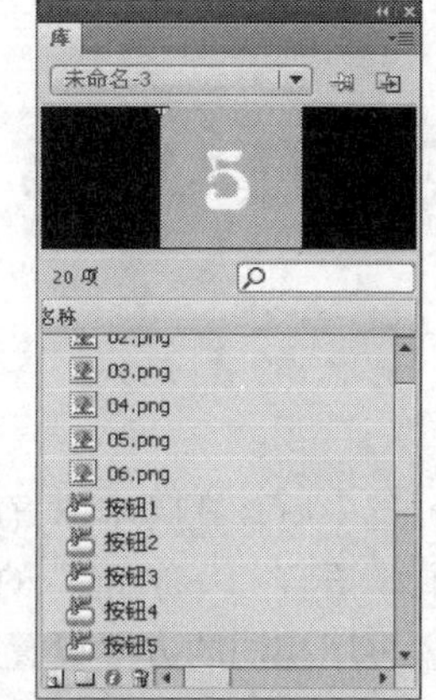

图 10-21　　图 10-22　　图 10-23

Step 06 在“库”面板中新建一个影片剪辑元件“菜单”，舞台窗口也随之转换为影片剪辑元件的舞台窗口。将“图层 1”重新命名为“底图”。在“颜色”面板中选中“填充颜色”按钮，将填充颜色设为白色，将“Alpha”选项设为 50。

Step 07 选择“矩形”工具，在工具箱中将笔触颜色设为无，填充色为刚才设置好的半透明白色。在舞台窗口中绘制一个矩形，选择“选择”工具，选中矩形，在形状“属性”面板中将“宽”和“高”选项分别设为 74、360，“X”和“Y”选项分别设为 0，图形效果如图 10-24 所示。

Step 08 在“时间轴”面板中创建新图层并将其命名为“按钮”。将“库”面板中的按钮元件“按钮 1”、“按钮 2”、“按钮 3”、“按钮 4”、“按钮 5”拖曳到舞台窗口中，将所有按钮竖直排放，效果如图 10-25 所示。选中所有按钮，调出“对齐”面板，单击“水平中齐”按钮和“垂直居中分布”按钮，将选中的按钮进行对齐，效果如图 10-26 所示。

Step 09 在舞台窗口中选中“按钮 1”实例，在“动作”面板中单击“将新项目添加到脚本中”按钮，在弹出的菜单中选择“全局函数 > 影片剪辑控制 > on”命令，在“脚本窗口”中显示出选择的脚本语言，在下拉列表中选择“release”，如图 10-27 所示。

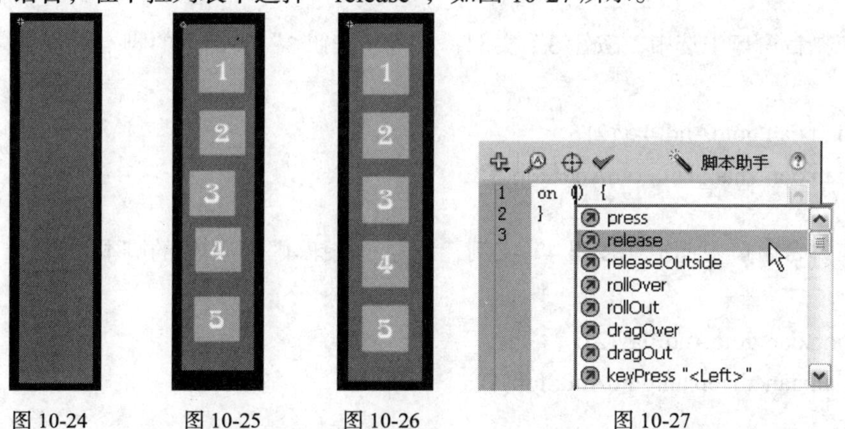

图 10-24　　图 10-25　　图 10-26　　图 10-27

Step 10 将鼠标光标放置在第 1 行脚本语言的最后，按 Enter 键，光标显示到第 2 行，如图 10-28 所示。单击“将新项目添加到脚本中”按钮，在弹出的菜单中选择“全局属性 > 标识符 > _parent”命令。在“脚本窗口”中显示出选择的脚本语言，如图 10-29 所示，将光标放置在脚本语言“_parent”的后面，按 Delete 键，在脚本语言后面加一个点，这时，弹出下拉列表，选择“gotoAndPlay”，如图 10-30 所示。

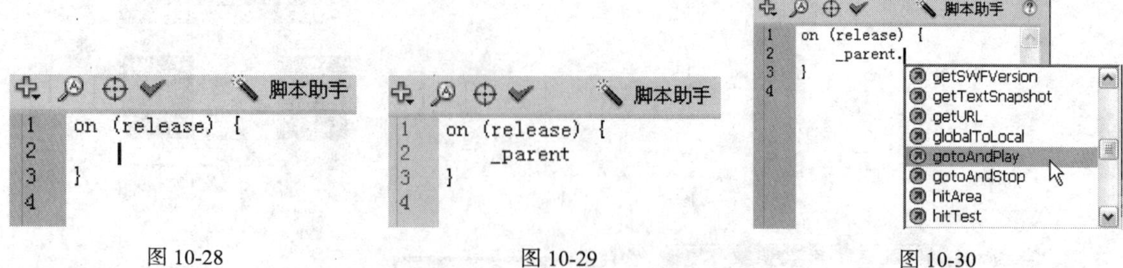

图 10-28　　图 10-29　　图 10-30

Step 11 选中后，在脚本语言的后面有半个括号，输入数字“2”，再输入半个括号，如图 10-31 所示，在脚本语言“_parent.”的后面输入字母“jianxian.”，如图 10-32 所示。

Step 12 再用相同的方法设置第 2 行脚本语言，“脚本窗口”中显示的效果如图 10-33 所示。

```
on (release) {
    _parent.gotoAndPlay(2)
}
```

图 10-31

```
on (release) {
    _parent.jianxian.gotoAndPlay(2)
}
```

图 10-32

```
on (release) {
    _parent.jianxian.gotoAndPlay(2)
    _parent.jianxian.zhaopian.gotoAndStop(1)
}
```

图 10-33

Step 13 在舞台窗口中选中“按钮 2”实例，用相同的方法设置“按钮 2”实例上的脚本语言：

```
on (release) {
    _parent.jianxian.gotoAndPlay(2)
    _parent.jianxian.zhaopian.gotoAndStop(2)
}
```

Step 14 在舞台窗口中选中“按钮 3”实例，设置“按钮 3”实例上的脚本语言：

```
on (release) {
    _parent.jianxian.gotoAndPlay(2)
    _parent.jianxian.zhaopian.gotoAndStop(3)
}
```

Step 15 在舞台窗口中选中“按钮 4”实例，设置“按钮 4”实例上的脚本语言：

```
on (release) {
    _parent.jianxian.gotoAndPlay(2)
    _parent.jianxian.zhaopian.gotoAndStop(4)
}
```

Step 16 在舞台窗口中选中“按钮 5”实例，设置“按钮 5”实例上的脚本语言：

```
on (release) {
    _parent.jianxian.gotoAndPlay(2)
    _parent.jianxian.zhaopian.gotoAndStop(5)
}
```

Step 17 在“时间轴”面板中创建新图层并将其命名为“装饰”。选择“线条”工具，在工具箱中将笔触颜色设为白色，在“按钮 1”实例的左上方绘制一个十字，效果如图 10-34 所示。用相同的方法，在“按钮 1”实例的周围绘制十字，效果如图 10-35 所示。在每个按钮实例的周围绘制十字，效果如图 10-36 所示。

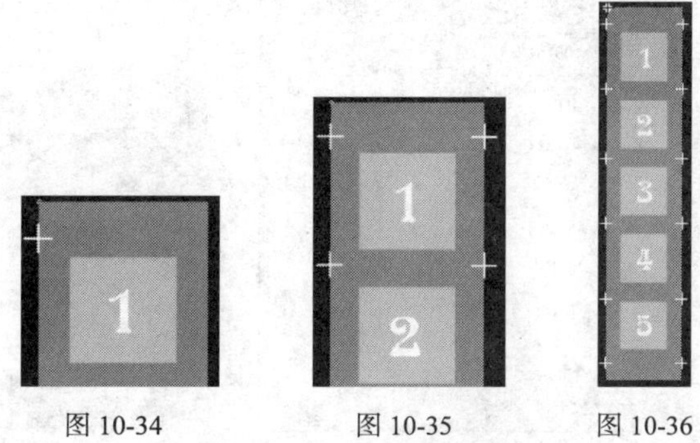

图 10-34　　图 10-35　　图 10-36

4．制作动画效果

Step 01 单击“时间轴”面板下方的“场景 1”图标，进入“场景 1”的舞台窗口。将“图层 1”重新命名为“渐显”。将“库”面板中的影片剪辑元件“渐显”拖曳到舞台窗口中，选中“渐显”实例，选择影片剪辑“属性”面板，在“实例名称”选项的文本框中输入“jianxian”，将“X”选项设为 32，“Y”选项设为 56，如图 10-37 所示。将实例放置在舞台窗口的下方，效果如图 10-38 所示。

图 10-37

图 10-38

Step 02 在“时间轴”面板中创建新图层并将其命名为“菜单”。将“库”面板中的影片剪辑元件“菜单”拖曳到舞台窗口中，放置在“渐显”实例的左侧，效果如图 10-39 所示。

Step 03 选中“菜单”实例，选择影片剪辑“属性”面板，在“实例名称”选项的文本框中输入“caidan”。在“时间轴”面板中创建新图层并将其命名为“边框”。将“库”面板中的图形元件“元件 6”拖曳到舞台窗口中。将“X”和“Y”选项分别设为 0，将图片放置在中心位置，效果如图 10-40 所示。

图 10-39

图 10-40

Step 04 在“时间轴”面板中创建新图层并将其命名为“动作脚本”。选择“动作”面板，在“脚本窗口”中设置脚本语言，如图 10-41 所示。移动的菜单效果制作完成，按 Ctrl+Enter 组合键即可查看效果，用鼠标单击菜单中的数字 1，效果如图 10-42 所示。

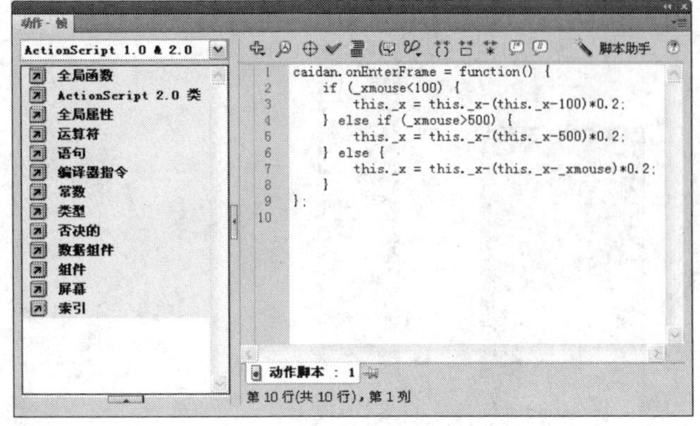

图 10-41

图 10-42

10.1.2 动作脚本中的术语

Flash CS4 既可以制作出生动的矢量动画，又可以利用脚本编写语言对动画进行编程，从而实现多种特殊效果。Flash CS4 使用了动作脚本 3.0，其功能性更为强大，而且还可以延用以前版本的 1.0 或 2.0 动作脚本。脚本可以由单一的动作组成，如设置动画播放、停止的语言，也可以由复杂的动作组成，如设置先计算条件再执行动作。

动作脚本使用自己的术语，下面介绍常用的术语。

（1） Actions（动作）：用于控制影片播放的语句。例如，gotoAndPlay（转到指定帧并播放）动作将会播放动画的指定帧。

（2） Arguments（参数）：用于向函数传递值的占位符。例如：

```
Function display(text1,text2) {
displayText=text1+"my baby"+ text2
}
```

（3） Classes（类）：用于定义新的对象类型。若要定义类，必须在外部脚本文件中使用 Class 关键字，而不是在“动作”面板编写的脚本中使用此关键字。

（4） Constants（常量）：不变的元素。例如，常数 Key.TAB 的含义始终不变，它代表“Tab”键。

（5） Constructors（构造函数）：用于定义一个类的属性和方法。根据定义，构造函数是类定义中与类同名的函数。例如，以下代码定义一个 Circle 类并实现一个构造函数。

```
// 文件 Circle.as
class Circle {
  private var radius:Number
  private var circumference:Number
// 构造函数
  function Circle(radius:Number) {
    circumference = 2 * Math.PI * radius;
```

```
    }
}
```

（6） Data types（数据类型）：用于描述变量或动作脚本元素可以包含的信息种类，包括字符串、数字、布尔值、对象、影片剪辑等。

（7） Events（事件）：在动画播放时发生的动作。例如，单击按钮事件、按下键盘事件、动画进入下一帧事件等。

（8）Expressions（表达式）：具有确定值的数据类型的任意合法组合，由运算符和操作数组成。例如，在表达式 x＋2 中，x 和 2 是操作数，而 + 是运算符。

（9） Functions（函数）：可重复使用的代码块，它可以接受参数并能返回结果。

（10） Handler（事件处理函数）：用来处理事件发生，管理如 mouseDown 或 load 等事件的特殊动作。

（11） Identifiers（标识符）：用于标识一个变量、属性、对象、函数或方法。标识符的第一个字母必须是字母、下划线或者美元符号（$），随后的字符必须是字母、数字、下划线或者美元符号。

（12） Instances（实例）：一个类初始化的对象。每一个类的实例都包含这个类中的所有属性和方法。

（13） Instance Names（实例名称）：脚本中用于表示影片剪辑实例和按钮实例的唯一名称，可以应用“属性”面板为舞台上的实例指定实例名称。

例如，库中的主元件可以名为 counter，而 SWF 文件中该元件的两个实例可以使用实例名称 scorePlayer1_mc 和 scorePlayer2_mc。下面的代码用实例名称设置每个影片剪辑实例中名为 score 的变量。

```
_root.scorePlayer1_mc.score += 1;
_root.scorePlayer2_mc.score -= 1;
```

（14） Keywords（关键字）：具有特殊意义的保留字。例如，var 是用于声明本地变量的关键字。不能使用关键字作为标识符，例如，var 不是合法的变量名。

（15） Methods（方法）：与类关联的函数。例如，getBytesLoaded( ) 是与 MovieClip 类关联的内置方法。也可以为基于内置类的对象或为基于创建类的对象，创建充当方法的函数，例如，在以下代码中，clear( ) 成为先前定义的 controller 对象的方法。

```
function reset( ){
    this.x_pos = 0;
    this.x_pos = 0;
}
controller.clear = reset;
controller.clear( );
```

（16） Objects（对象）：一些属性的集合。每一个对象都有自己的名称，并且都是特定类的实例。

（17） Operators（运算符）：通过一个或多个值计算新值。例如，加法(+) 运算符可以将两个或更多个值相加到一起，从而产生一个新值。运算符处理的值称为操作数。

（18） Target Paths（目标路径）：动画文件中，影片剪辑实例名称、变量和对象的分层结构地址。可以在“属性”面板中为影片剪辑对象命名。主时间轴的名称在默认状态下为_root。可以使用目标路径控制影片剪辑对象的动作或者得到和设置某一个变量的值。

例如，下面的语句是指向影片剪辑 stereoControl 内的变量 volume 的目标路径。

```
_root.stereoControl.volume
```

（19） Properties（属性）：用于定义对象的特性。例如，_visible 是定义影片剪辑是否可见的属性，所有影片剪辑都有此属性。

（20） Variables（变量）：用于存放任何一种数据类型的标识符，可以定义、改变和更新变量，也可在脚本中引用变量的值。

例如，在下面的示例中，等号左侧的标识符是变量。

```
var x = 5;
var name = "Lolo";
var c_color = new Color(mcinstanceName);
```

10.1.3 动作面板的使用

在动作面板中既可以选择 ActionScript3.0 的脚本语言，也可以应用 ActionScript 1.0&2.0 的脚本语言。选择“窗口 > 动作”命令，弹出“动作”面板，对话框的左上方为“动作工具箱”，左下方为“对象窗口”，右上方为功能按钮，右下方为“脚本窗口”，如图 10-43 所示。

图 10-43

“动作工具箱”中显示了包含语句、函数、操作符等各种类别的文件夹。单击文件夹即可显示出动作语句，双击动作语句可以将其添加到“脚本窗口”中，如图 10-44 所示。也可单击对话框右上方的“将新项目添加到脚本中”按钮，在其弹出菜单中选择动作语句添加到“脚本窗口”中，如图 10-45 所示，还可以在“脚本窗口”中直接编写动作语句。

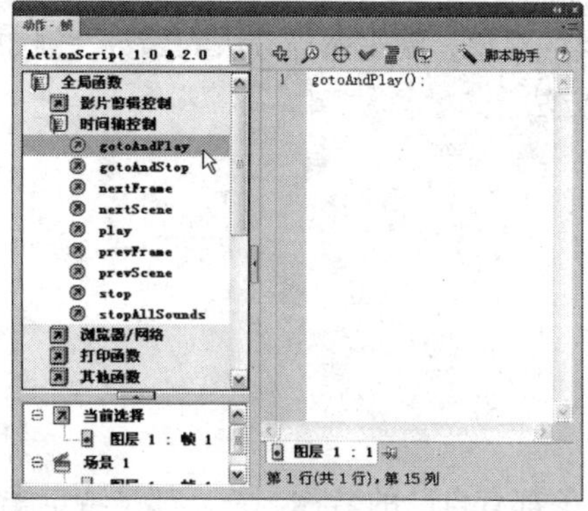

图 10-44

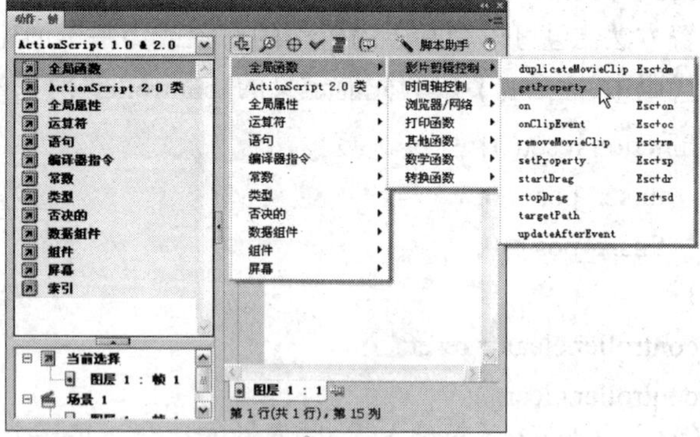

图 10-45

在面板右上方有多个功能按钮，分别为“将新项目添加到脚本中”按钮、“查找”按钮、“插入目标路径”按钮、“语法检查”按钮、“自动套用格式”按钮、“显示代码提示”按钮、“调试选项”按钮、“折叠成对大括号”按钮、“折叠所选”按钮、“展开全部”按钮、“应用块注释”按钮、“应用行注释”按钮、“删除注释”按钮和“显示/隐藏工具箱”按钮，如图 10-46 所示。

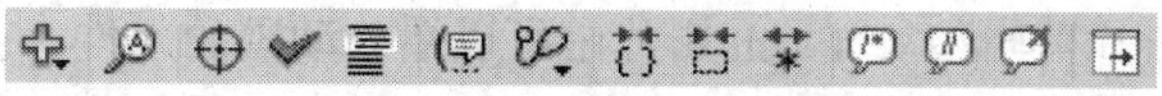

图 10-46

如果当前选择的是帧，那么在“动作”面板中设置的是该帧的动作语句；如果当前选择的是一个对象，那么在“动作”面板中设置的是该对象的动作语句。

可以在“首选参数”对话框中设置“动作”面板的默认编辑模式。选择“编辑 > 首选参数”命令，弹出“首选参数”对话框，在对话框中选择“ActionScript”选项卡，如图 10-47 所示。在“语法颜色”选项组中不同的颜色用于表示不同的动作脚本语句，这样可以减少脚本中的语法错误。

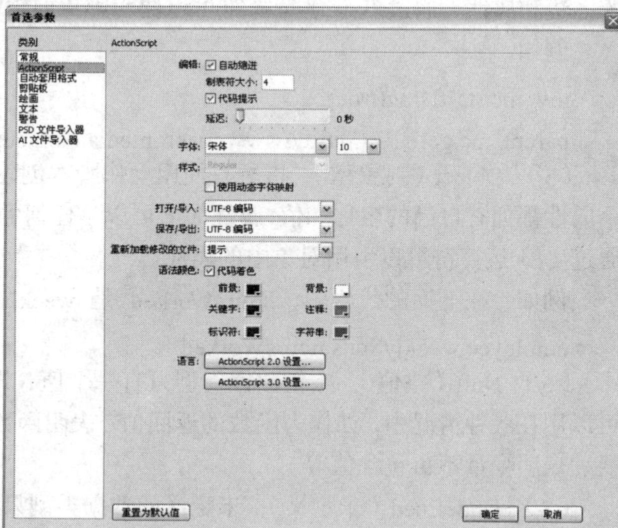

图 10-47

10.1.4　数据类型

数据类型描述了动作脚本的变量或元素可以包含信息的种类。动作脚本有两种数据类型：原始数据类型和引用数据类型。原始数据类型是指 String（字符串）、Number（数字）和 Boolean（布尔值），它们拥有固定类型的值，因此可以包含它们所代表元素的实际值。引用数据类型是指影片剪辑和对象，它们值的类型是不固定的，因此它们包含对该元素实际值的引用。

下面将介绍各种数据类型。

（1） String（字符串）：字符串是诸如字母、数字和标点符号等字符的序列。字符串必须用一对双引号标记。字符串被当作字符而不是变量进行处理。

例如，在下面的语句中，"L7" 是一个字符串。

```
favoriteBand = "L7";
```

（2） Number（数字型）：指数字的算术值，要进行正确数学运算的值必须是数字数据类型。可以使用算术运算符加（+）、减（-）、乘（*）、除（/）、求模（%）、递增（++）和递减（--）来处理数字，也可使用内置的 Math 对象的方法处理数字。

例如，使用 sqrt()（平方根）方法返回数字 100 的平方根：

```
Math.sqrt(100);
```

（3） Boolean（布尔型）：值为 true 或 false 的变量被称为布尔型变量。动作脚本也会在需要时将值 true 和 false 转换为 1 和 0。在确定“是/否”的情况下，布尔型变量是非常有用的。布尔型变量在进行比较以控制脚本流的动作脚本语句中经常与逻辑运算符一起使用。

例如，在下面的脚本中，如果变量 password 为 true，则会播放该 SWF 文件。

```
onClipEvent (enterFrame) {
    if (userName == true && password == true){
        play( );
    }
}
```

（4） Movie Clip（影片剪辑型）：Flash 影片中可以播放动画的元件。它们是唯一引用图形元素的数据类型。Flash 中的每个影片剪辑都是一个 Movie Clip 对象，它们拥有 Movie Clip 对象中定义的方法和属性。通过点（.）运算符可以调用影片剪辑内部的属性和方法。

例如，

```
my_mc.startDrag(true);
parent_mc.getURL("http://www.macromedia.com/support/" + product);
```

（5） Object（对象型）：指所有使用动作脚本创建的基于对象的代码。对象是属性的集合，每个属性都拥有自己的名称和值，属性的值可以是任何的 Flash 数据类型，甚至可以是对象数据类型。通过（.）运算符可以引用对象中的属性。

例如，在下面的代码中，hoursWorked 是 weeklyStats 的属性，而后者是 employee 的属性。

```
employee.weeklyStats.hoursWorked
```

（6） Null（空值）：空值数据类型只有一个值，即 null。这意味着没有值，即缺少数据。null 可以用在各种情况中，如作为函数的返回值、表明函数没有可以返回的值、表明变量还没有接收到值、表明变量不再包含值等。

（7） Undefined（未定义）：未定义的数据类型只有一个值，即 undefined，用于尚未分配值的变量。如果一个函数引用了未在其他地方定义的变量，那么 Flash 将返回未定义数据类型。

10.1.5 语法规则

动作脚本拥有自己的一套语法规则和标点符号。下面介绍相关内容。

（1） 点运算符：在动作脚本中，点（.）用于表示与对象或影片剪辑相关联的属性或方法，也可用于标识影片剪辑或变量的目标路径。点（.）运算符表达式是以影片或对象的名称开始，中间为点（.）运算符，最后是要指定的元素。

例如，_x 影片剪辑属性指示影片剪辑在舞台上的 x 轴位置。表达式 ballMC._x 引用影片剪辑实例 ballMC 的 _x 属性。

又例如，ubmit 是 form 影片剪辑中设置的变量，此影片剪辑嵌在影片剪辑 shoppingCart 之中。表达式 shoppingCart.form.submit = true 将实例 form 的 submit 变量设置为 true。

无论是表达对象的方法还是影片剪辑的方法，均遵循同样的模式。例如，ball_mc 影片剪辑实例的 play( ) 方法在 ball_mc 的时间轴中移动播放头，如下面的语句所示。

```
ball_mc.play( );
```

点语法还使用两个特殊别名：_root 和 _parent。别名 _root 是指主时间轴。可以使用 _root 别名创建一个绝对目标路径。例如，下面的语句调用主时间轴上影片剪辑 functions 中的函数 buildGameBoard( )：

```
_root.functions.buildGameBoard( );
```

可以使用别名 _parent 引用当前对象嵌入到的影片剪辑，也可使用 _parent 创建相对目标路径。例如，如果影片剪辑 dog_mc 嵌入影片剪辑 animal_mc 的内部，则实例 dog_mc 的如下语句会指示 animal_mc 停止。

```
_parent.stop( );
```

（2） 界定符：

大括号：动作脚本中的语句可被大括号包括起来组成语句块，例如：

```
// 事件处理函数
on (release) {
  myDate = new Date( );
  currentMonth = myDate.getMonth( );
}

on(release)
{
  myDate = new Date( );
  currentMonth = myDate.getMonth( );
}
```

分号：动作脚本中的语句可以由一个分号结尾。如果在结尾处省略分号，Flash 仍然可以成功编译脚本，例如：

```
var column = passedDate.getDay( );
var row      = 0;
```

圆括号：在定义函数时，任何参数定义都必须放在一对圆括号内，例如：

```
function myFunction (name, age, reader){
}
```

调用函数时，需要被传递的参数也必须放在一对圆括号内，例如：

```
myFunction ("Steve", 10, true);
```

可以使用圆括号改变动作脚本的优先顺序或增强程序的易读性。

（3） 区分大小写：在区分大小写的编程语言中，仅大小写不同的变量名（book 和 Book）被视为互不相同。Action Script 2.0 中标识符区分大小写，例如，下面两条动作语句是不同的。

```
cat.hilite = true;
CAT.hilite = true;
```

对于关键字、类名、变量、方法名等，要严格区分大小写。如果关键字大小写出现错误，在编写程序时就会有错误信息提示。如果采用了彩色语法模式，那么正确的关键字将以深蓝色显示。

（4） 注释：在“动作”面板中，使用注释语句可以在一个帧或者按钮的脚本中添加说明，有利于增加程序的易读性。注释语句以双斜线 // 开始，斜线显示为灰色，注释内容可以不考虑长度和语法，注释语句不会影响 Flash 动画输出时的文件量，例如：

```
on (release) {
  // 创建新的 Date 对象
  myDate = new Date( );
  currentMonth = myDate.getMonth( );
  // 将月份数转换为月份名称
  monthName = calcMonth(currentMonth);
  year = myDate.getFullYear( );
```

```
    currentDate = myDate.getDate( );
}
```

（5） 关键字：动作脚本保留一些单词用于该语言总的特定用途，因此不能将它们用作变量、函数或标签的名称。如果在编写程序的过程中使用了关键字，动作编辑框中的关键字会以蓝色显示。为了避免冲突，在命名时可以展开动作工具箱中的 Index 域，检查是否使用了已定义的名字。

（6） 常量：常量中的值永远不会改变。所有的常量可以在“动作”面板的工具箱和动作脚本字典中找到。

例如，常数 BACKSPACE、ENTER、QUOTE、RETURN、SPACE 和 TAB 是 Key 对象的属性，指代键盘的按键。若要测试是否按下了 Enter 键，可以使用下面的语句。

```
if(Key.getCode( ) == Key.ENTER) {
    alert = "Are you ready to play?";
    controlMC.gotoAndStop(5);
}
```

10.1.6 变量

变量是包含信息的容器。容器本身不会改变，但内容可以更改。当第一次定义变量时，最好为变量定义一个已知值，这就是初始化变量，通常在 SWF 文件的第 1 帧中完成。每一个影片剪辑对象都有自己的变量，而且不同的影片剪辑对象中的变量相互独立并互不影响。

变量中可以存储的常见信息类型包括 URL、用户名、数字运算的结果、事件发生的次数等。

为变量命名必须遵循以下规则。

（1）变量名在其作用范围内必须是唯一的。

（2）变量名不能是关键字或布尔值（true 或 false）。

（3）变量名必须以字母或下划线开始，由字母、数字、下划线组成，其间不能包含空格，且变量名没有大小写的区别。

变量的范围是指变量在其中已知并且可以引用的区域，它包含 3 种类型，具体如下。

（1） 本地变量：在声明它们的函数体（由大括号决定）内可用。本地变量的使用范围只限于它的代码块，会在该代码块结束时到期，其余的本地变量会在脚本结束时到期。若要声明本地变量，可以在函数体内部使用 var 语句。

（2） 时间轴变量：可用于时间轴上的任意脚本。要声明时间轴变量，应在时间轴的所有帧上都初始化这些变量。应先初始化变量，然后尝试在脚本中访问它。

（3） 全局变量：对于文档中的每个时间轴和范围均可见。如果要创建全局变量，可以在变量名称前使用_global 标识符，不使用 var 语法。

10.1.7 函数

函数是用来对常量、变量等进行某种运算的方法，如产生随机数、进行数值运算、获取对象属性等。函数是一个动作脚本代码块，它可以在影片中的任何位置上重新使用。如果将值作为参数传递给函数，则函数将对这些值进行操作。函数也可以返回值。

调用函数可以用一行代码来代替一个可执行的代码块。函数可以执行多个动作，并为它们传递可选项。函数必须要有唯一的名称，以便在代码行中可以知道访问的是哪一个函数。

Flash CS4 具有内置的函数，可以访问特定的信息或执行特定的任务。例如，获得 Flash 播放器的版本号。属于对象的函数叫方法，不属于对象的函数叫顶级函数，可以在“动作”面板的“函数”类别中找到。

每个函数都具备自己的特性，而且某些函数需要传递特定的值。如果传递的参数多于函数的需要，多余的值将被忽略。如果传递的参数少于函数的需要，空的参数会被指定为 undefined 数据类型，这在导出脚本时，可能会导致出现错误。如果要调用函数，该函数必须在播放头到达的帧中。

动作脚本提供了自定义函数的方法，可以自行定义参数，并返回结果。当在主时间轴上或影片剪辑时间轴的关键帧中添加函数时，即是在定义函数。所有的函数都有目标路径。所有的函数需要在名称后跟一对括号( )，但括号中是否有参数是可选的。一旦定义了函数，就可以从任何一个时间轴中调用它，包括加载的 SWF 文件的时间轴。

10.1.8 表达式和运算符

表达式是由常量、变量、函数和运算符按照运算法则组成的计算式。运算符是可以提供对数值、字符串、逻辑值进行运算的关系符号。运算符有很多种类，包括数值运算符、字符串运算符、比较运算符、逻辑运算符、位运算符、赋值运算符等。

（1） 算术运算符及表达式：算术表达式是数值进行运算的表达式，它由数值、以数值为结果的函数、算术运算符组成，运算结果是数值或逻辑值。

在 Flash CS4 中可以使用的算术运算符如下。

+、-、* 、/ 执行加、减、乘、除运算。

=、<> 比较两个数值是否相等、不相等。

< 、<= 、>、>= 比较运算符前面的数值是否小于、小于等于、大于、大于等于后面的数值。

（2） 字符串表达式：字符串表达式是对字符串进行运算的表达式，它由字符串、以字符串为结果的函数、字符串运算符组成，运算结果是字符串或逻辑值。

在 Flash CS4 中可以参与字符串表达式的运算符如下。

& 连接运算符两边的字符串。

Eq 、Ne 判断运算符两边的字符串是否相等或不相等。

Lt 、Le 、Qt 、Qe 判断运算符左边字符串的 ASII 码是否小于、小于等于、大于、大于等于右边字符串的 ASII 码。

（3） 逻辑表达式：逻辑表达式是对正确、错误结果进行判断的表达式，它由逻辑值、以逻辑值为结果的函数、以逻辑值为结果的算术或字符串表达式和逻辑运算符组成，运算结果是逻辑值。

（4） 位运算符：位运算符用于处理浮点数，运算时先将操作数转化为 32 位的二进制数，然后对每个操作数分别按位进行运算，运算后再将二进制的结果按照 Flash 的数值类型返回运算结果。

动作脚本的位运算符包括：&（位与）、/（位或）、^（位异或）、~（位非）、<<（左移位）、>>（右移位）、>>>（填 0 右移位）等。

（5） 赋值运算符：赋值运算符的作用是为变量、数组元素或对象的属性赋值。

10.1.9 课堂案例——制作计算器

图 10-48

案例学习目标：使用动作面板为图形添加脚本语言。

案例知识要点：使用文本工具、矩形工具、动作面板来完成效果的制作，如图 10-48 所示。

效果所在位置：光盘/Ch10/效果/制作计算器.fla。

Step 01 选择“文件 > 新建”菜单命令，在弹出的“新建文档”对话框中选择“Flash 文件”选项，单击“确定”按钮，进入新建文档舞台窗口。按 Ctrl+F3 组合键，弹出文档“属性”面板，单击“大小”选项右侧的“编辑”按钮 编辑... ，在弹出的对话框中将舞台窗口的宽度设为 400，高度设为 400。

Step 02 选择“文件 > 导入 > 导入到库”命令，在弹出的“导入到库”对话框中选择“Ch10 > 制作计算器 > 素材 > 按钮 1、按钮 2、苹果”文件，单击“打开”按钮，文件被导入到“库”面板中，如图 10-49 所示。

Step 03 在“库”面板下方单击“新建元件”按钮，弹出“创建新元件”对话框，在“名称”选项的文本框中输入“按钮底 1”，在“类型”下拉列表中选择“图形”选项，单击“确定”按钮，新建图形元件“按钮底 1”，如图 10-50 所示，舞台窗口也随之转换为图形元件的舞台窗口。将“库”面板中的位图“按钮 1”拖曳到舞台窗口中。

Step 04 单击“新建元件”按钮，新建图形元件“按钮底 2”。将“库”面板中的位图“按钮 2”拖曳到舞台窗口中，效果如图 10-51 所示。

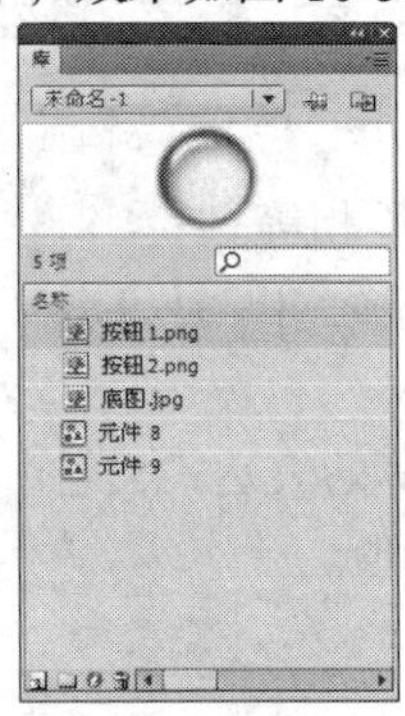

图 10-49

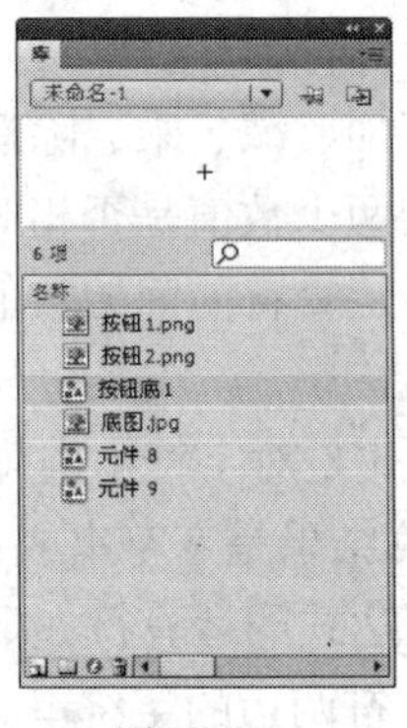

图 10-50

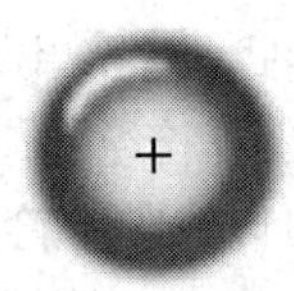

图 10-51

Step 05 单击“新建元件”按钮，新建按钮元件“0”。将“库”面板中的图形元件“按钮底 1”拖曳到舞台窗口中间，效果如图 10-52 所示。单击“时间轴”面板下方的“插入图层”按钮，新建“图层 2”。选中“图层 2”的第 2 帧，按 F6 键，在该帧上插入关键帧。将“库”面板中的图形元件“按钮底 2”拖曳到舞台窗口中，与“按钮底 1”实例位置重合，效果如图 10-53 所示。选中“图层 2”的第 4 帧，按 F5 键，在该帧上插入普通帧。

Step 06 选中“图层 2”的第 3 帧，在该帧上插入关键帧，在舞台窗口中选中“按钮底 2”实例，按键盘上方向键中的向右键和向下键各 1 次，将图片向右下方移动，效果如图 10-54 所示。

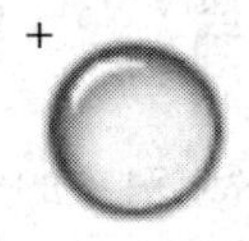

图 10-52

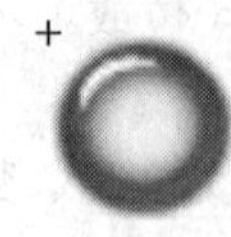

图 10-53

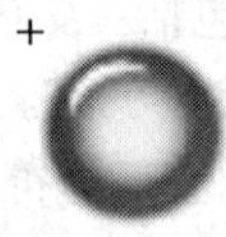

图 10-54

Step 07 单击“新建图层”按钮，新建“图层 3”。选择“文本”工具T，在文字“属性”面板中进行设置，在舞台窗口中输入大小为 22，字体为“黑体”的粉红色（#FF33CC）数字“0”，并将其放置到合适的位置，效果如图 10-55 所示。

Step 08 选中“图层 3”的第 3 帧，在该帧上插入关键帧。在舞台窗口中选中数字“0”实例，按键盘上方向键中的向右键和向下键各 1 次，将图片向右下方移动，效果如图 10-56 所示。

Step 09 用 Step05 到 Step08 的方法制作计算器上其他的按钮，如图 10-57 所示。

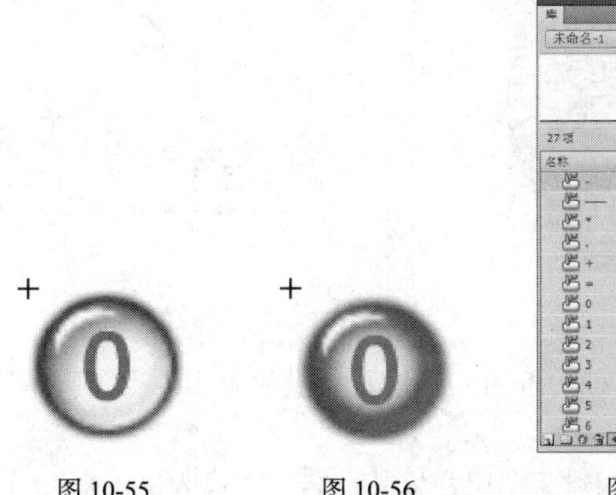

图 10-55　　图 10-56　　图 10-57

Step 10 单击“时间轴”面板下方的“场景 1”图标，进入“场景 1”的舞台窗口。将“图层 1”重新命名为“苹果”。将“库”面板中的位图“苹果”拖曳到舞台窗口中，效果如图 10-58 所示。

Step 11 在“时间轴”面板中创建新图层并将其命名为“显示屏幕”。选择“矩形”工具，在“属性”面板中将笔触颜色设为无，填充色设为粉红色（#FF99CC），将“矩形选项”数值设为 6，如图 10-59 所示，在舞台窗口中绘制一个矩形。选中矩形，在“属性”面板中将“宽”选项设为 140，“高”选项设为 30，舞台窗口中的效果如图 10-60 所示。

Step 12 按住 Alt 键的同时，拖动矩形，将其复制。在工具箱中将填充色设为灰色（#666666），复制出来的矩形也随之改变为灰色。分别选中两个矩形，按 Ctrl+G 组合键进行组合，并放置到合适的位置，效果如图 10-61 所示。

图 10-58

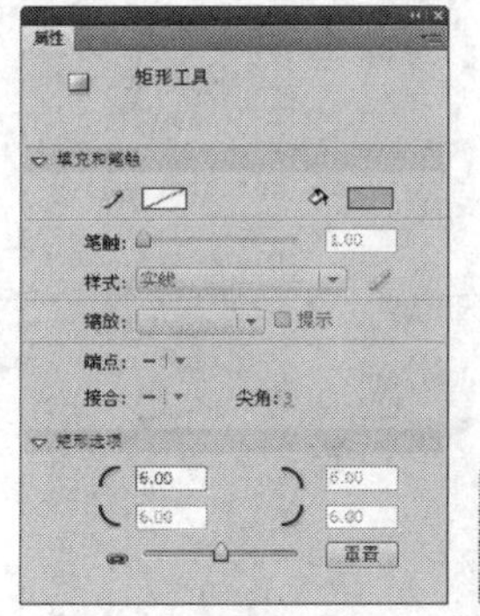

图 10-59

图 10-60

图 10-61

Step 13 在“时间轴”面板中创建新图层并将其命名为“按钮”。分别将“库”面板中的所有按钮元件拖曳到舞台窗口中，并按次序排列，效果如图 10-62 所示。

Step 14 选中“M+”实例，选择“窗口 > 动作”命令，弹出“动作”面板，在“动作”面板中设置脚本语言。

```
on (release) {
    memory = memory+Number(xianshi);
}
```

“脚本窗口”中显示的效果如图 10-63 所示。设置好动作脚本后，关闭“动作”面板。

M+
MRC
C
CE
1
2
3
/
4
5
6
*
7
8
9
-
0
.
=
+

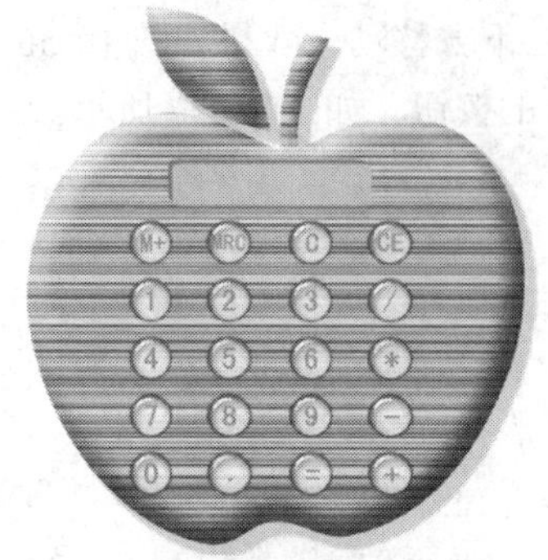

图 10-62

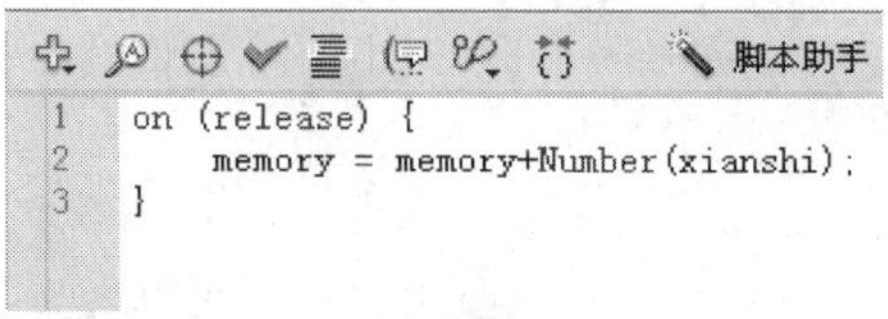
脚本助手
on (release) {
memory = memory+Number(xianshi);
}

图 10-63

Step 15 用 Step14 的方法对其他的按钮实例设置相应的脚本语言（脚本语言的具体设置可以参考光盘中的实例原文件）。

Step 16 在“时间轴”面板中创建新图层并将其命名为“输入文本框”。选择“文本”工具 T，调出文本工具“属性”面板，选中“文本类型”选项下拉列表中的“输入文本”，在舞台窗口中绘制一个文本框。选中文本框，调出文本工具“属性”面板，将“宽”选项设为 135，“高”选项设为 30，在“变量”选项文本框中输入“xianshi”，在舞台窗口中将文本框拖曳到矩形上，效果如图 10-64 所示。

Step 17 选中“输入文本框”图层的第 1 帧，调出“动作”面板，在“动作”面板中设置脚本语言（脚本语言的具体设置可以参考光盘中的实例原文件），“脚本窗口”中显示的效果如图 10-65 所示。计算器制作完成，按 Ctrl+Enter 组合键即可查看效果。

M+
MRC
C
CE

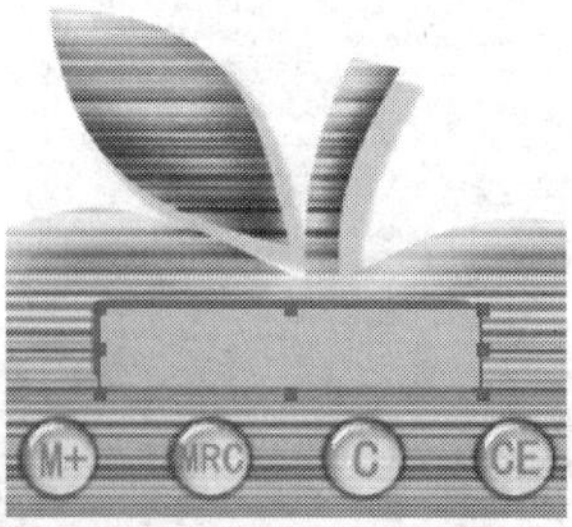

图 10-64

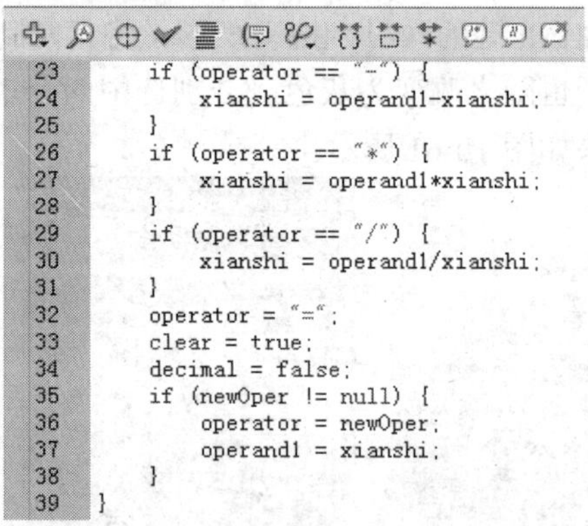
if (operator == "-") {
xianshi = operand1-xianshi;
}
if (operator == "*") {
xianshi = operand1*xianshi;
}
if (operator == "/") {
xianshi = operand1/xianshi;
}
operator = "=";
clear = true;
decimal = false;
if (newOper != null) {
operator = newOper;
operand1 = xianshi;
}
}

图 10-65

10.2 课堂练习——制作化学课件

练习知识要点：使用文本工具、矩形工具、动作面板来完成效果的制作，如图 10-66 所示。

效果所在位置：光盘/Ch10/效果/制作化学课件.fla。

图 10-66

10.3 课后习题——制作滚动条

习题知识要点：使用多角星形工具绘制滚动条按钮图形，使用遮罩命令将文字遮罩，使用动作面板设置脚本语言，如图 10-67 所示。

效果所在位置：光盘/Ch10/效果/制作滚动条.fla。

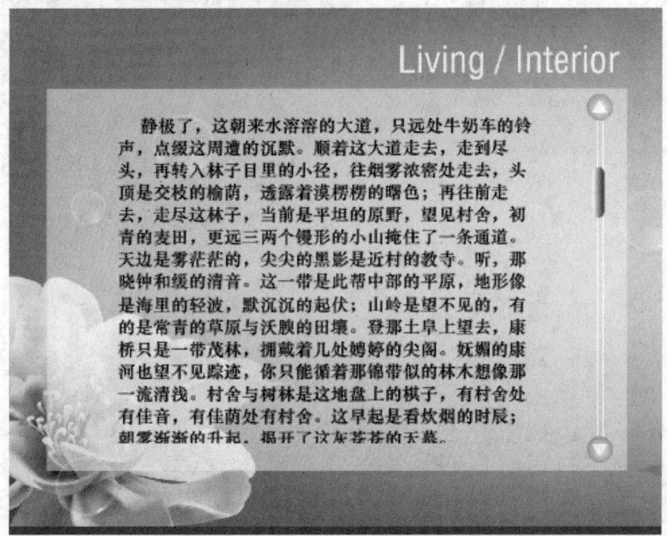

图 10-67

第11章 交互式动画的制作

Flash 动画具有交互性，可以通过对按钮的控制来更改动画的播放形式。本章将介绍控制动画播放、声音改变、按钮状态变化的方法。读者通过学习要了解并掌握如何实现动画的交互功能，从而实现人机交互的操作方式。

【教学目标】

- 播放和停止动画。
- 控制声音。
- 按钮事件及交互按钮。
- 添加使用命令。

播放和停止动画

Flash 动画交互性就是用户通过菜单、按钮、键盘和文字输入等方式，来控制动画的播放。交互是为了用户与计算机之间产生互动性，使计算机对互相的指示作出相应的反映。交互式动画就是动画在播放时支持事件响应和交互功能的一种动画，动画在播放时不是从头播到尾，而是可以接受用户控制。

11.1.1　课堂案例——制作浪漫婚纱相册

案例学习目标：使用脚本语言设置动画的播放效果。

案例知识要点：使用多角星形工具绘制浏览按钮，使用动作面板添加脚本语言，使用遮罩命令制作照片遮罩效果，如图 11-1 所示。

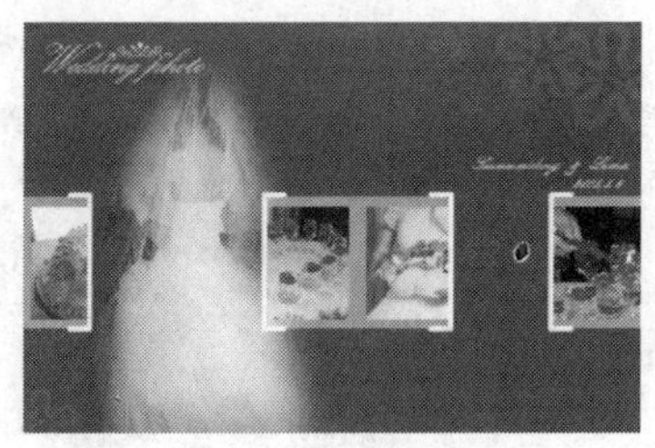

图 11-1

效果所在位置：光盘/Ch11/效果/制作浪漫婚纱相册.fla。

1．导入图片

Step 01 选择“文件 > 新建”命令，在弹出的“新建文档”对话框中选择“Flash 文件”选项，单击“确定”按钮，进入新建文档舞台窗口。按 Ctrl+F3 组合键，弹出文档“属性”面板，单击“大小”选项右侧的“编辑”按钮 编辑... ，弹出“文档属性”对话框，将舞台窗口的宽设为 600，高设为 400，将“背景颜色”设为灰色（#999999），单击“确定”按钮，改变舞台窗口的大小。

Step 02 在“属性”面板中，单击“配置文件”选项右侧的按钮，弹出“发布设置”对话框，选中“播放器”选项下拉列表中的“Flash Player 8”，如图 11-2 所示，单击“确定”按钮。

Step 03 选择“文件 > 导入 > 导入到库”命令，在弹出的“导入到库”对话框中选择“Ch11 > 素材 > 制作浪漫婚纱相册 > 背景图、照片 1、照片 2、照片 3、照片 4、照片 5、照片 6”文件，单击“打开”按钮，文件被导入到“库”面板中，如图 11-3 所示。

Step 04 在“库”面板下方单击“新建元件”按钮，弹出“创建新元件”对话框，在“名称”选项的文本框中输入“照片”，在“类型”下拉列表中选择“图形”，单击“确定”按钮，新建图形元件“照片”，如图 11-4 所示，舞台窗口也随之转换为图形元件的舞台窗口。

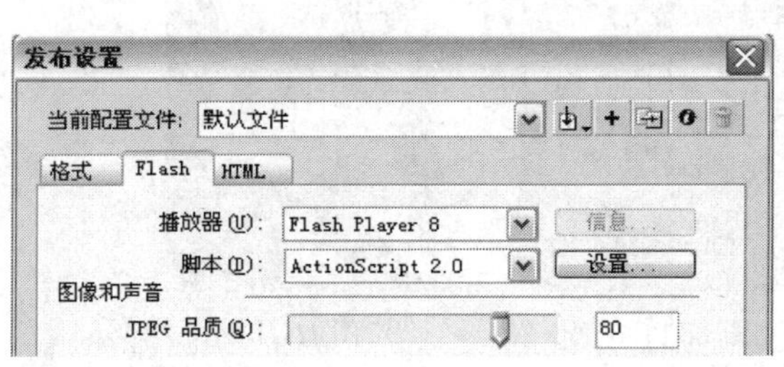

图 11-2

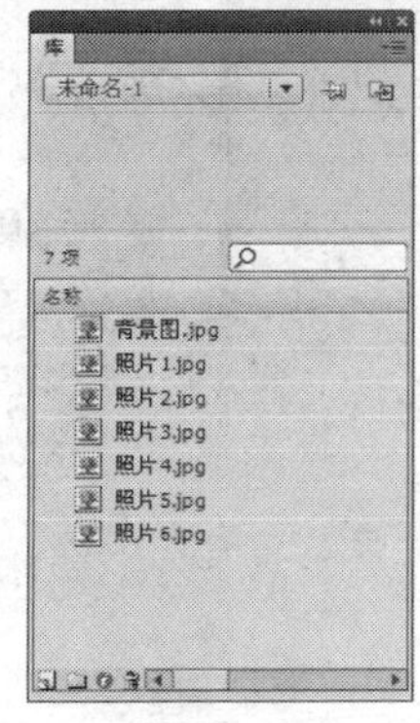

图 11-3

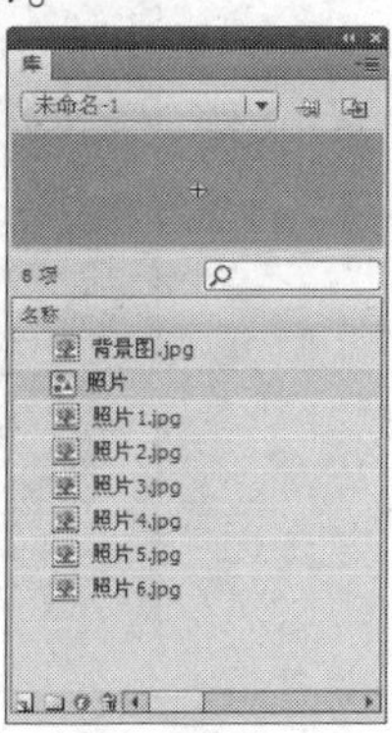

图 11-4

Step 05 分别将“库”面板中的位图“照片 1”、“照片 2”、“照片 3”、“照片 4”、“照片 5”、“照片 6”拖曳到舞台窗口中，放置到同一高度并调整图片的大小，调出位图“属性”面板，将所有照片的“Y”选项值设为 – 60，“X”选项保持不变，如图 11-5 所示。

Step 06 选中所有照片，选择“修改 > 对齐 > 按宽度均匀分布”命令，效果如图 11-6 所示。

图 11-5

图 11-6

Step 07 选择“窗口 > 颜色”命令，弹出“颜色”面板，将填充色设为灰白色（#FFFFFF），“Alpha”选项设为 50%，如图 11-7 所示。选择“矩形”工具，在工具箱中将笔触颜色设为无，在舞台窗口中绘制一个矩形，并将其放置到合适的位置，效果如图 11-8 所示。

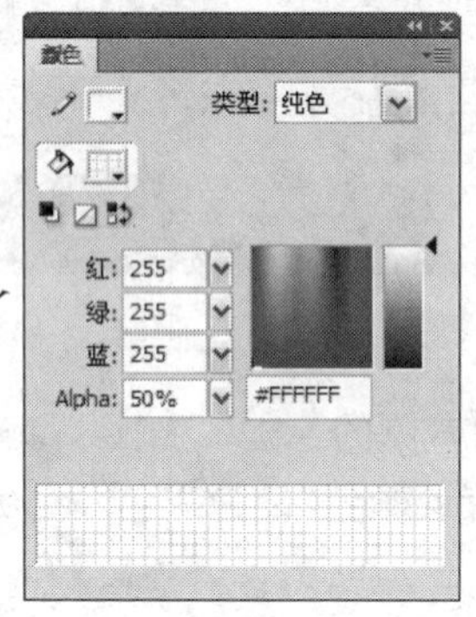

图 11-7

图 11-8

2．绘制按钮图形并添加脚本语言

Step 01 单击“新建元件”按钮，新建按钮元件“按钮”，效果如图 11-9 所示。选择“多角星形”工具，调出多角星形“属性”面板，将笔触颜色设为无，填充色设为白色，在“工具设置”选项组中单击“选项”按钮，在弹出的“工具设置”对话框中进行设置，如图 11-10 所示，单击“确定”按钮，在舞台窗口中绘制一个三角星形，效果如图 11-11 所示。

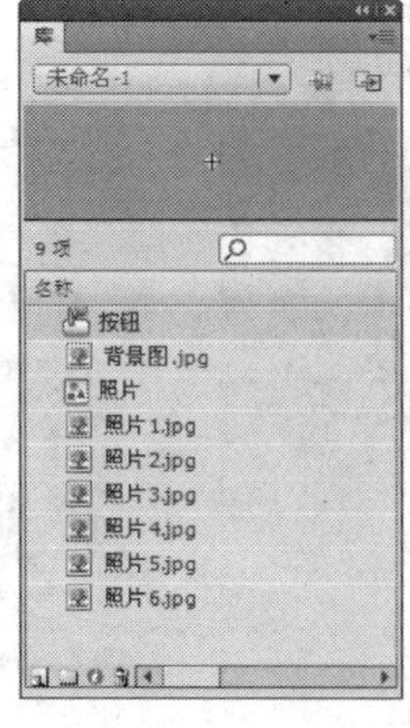

图 11-9

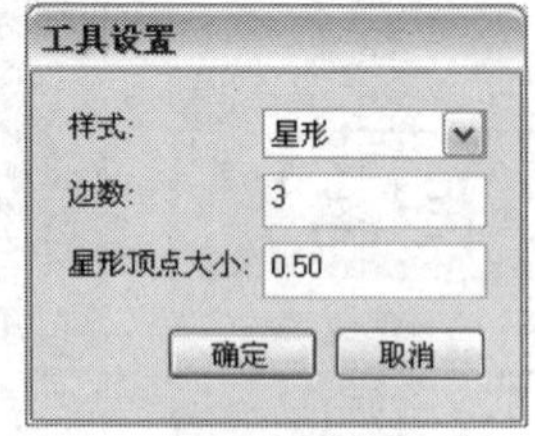

图 11-10

图 11-11

Step 02 选择“选择”工具，分别拖曳星形左下方和右上方的两个角将其变为直线，如图 11-12

所示。再次选中星形左侧的角向右拖曳到适当的位置，效果如图 11-13 所示。选择“任意变形”工具，改变星形的形状，效果如图 11-14 所示。

图 11-12

图 11-13

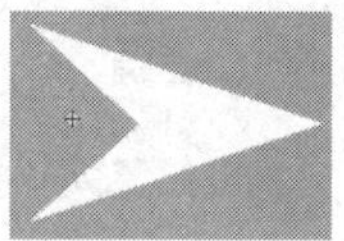
图 11-14

Step 03 单击“时间轴”面板下方的“场景 1”图标，进入“场景 1”的舞台窗口。将“图层 1”重新命名为“背景图”。将“库”面板中的位图“01”拖曳到舞台窗口中，效果如图 11-15 所示。选中“背景图”图层的第 250 帧，按 F5 键，在该帧上插入普通帧，如图 11-16 所示。

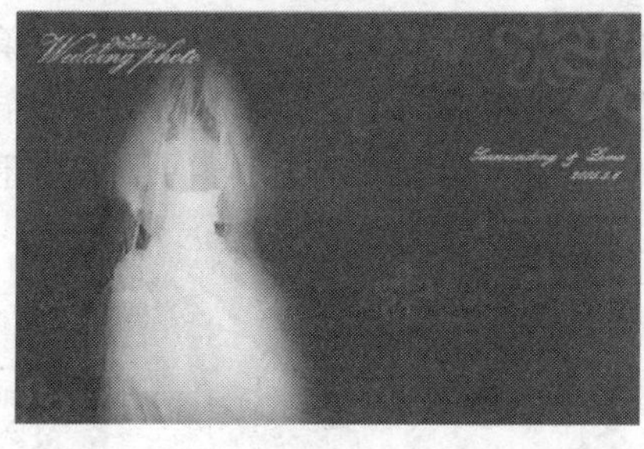
图 11-15

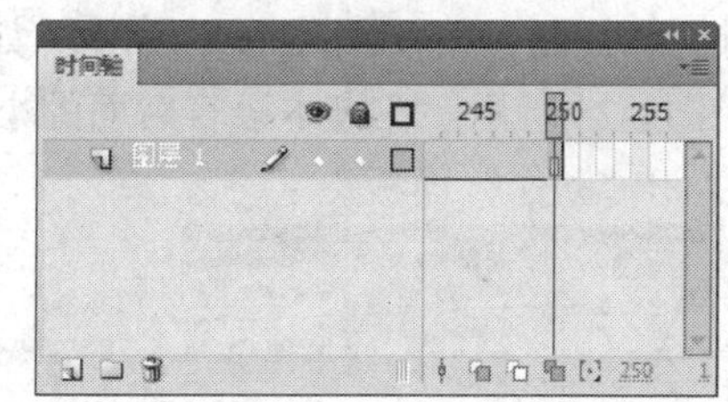

图 11-16

Step 04 单击“时间轴”面板下方的“新建图层”按钮，创建新图层并将其命名为“按钮”。选中“按钮”图层的第 2 帧，按 F6 键，在该帧上插入关键帧。选中“按钮”图层的第 1 帧，将“库”面板中的按钮元件“按钮”拖曳到舞台窗口的右下方，如图 11-17 所示。选择“文本”工具，在文本“属性”面板中进行设置，在舞台窗口中输入需要的白色文字，将文字放置到合适的位置，效果如图 11-18 所示。

Step 05 选中“按钮”图层的第 1 帧，选择“窗口 > 动作”命令，弹出“动作”面板。在面板中单击“将新项目添加到脚本中”按钮，在弹出的菜单中选择“全局函数 > 时间轴控制 > stop”命令，如图 11-19 所示，在“脚本窗口”中显示出选择的脚本语言，如图 11-20 所示。设置好动作脚本后，关闭“动作”面板。在“按钮”图层的第 1 帧上显示出一个标记“a”。

图 11-17

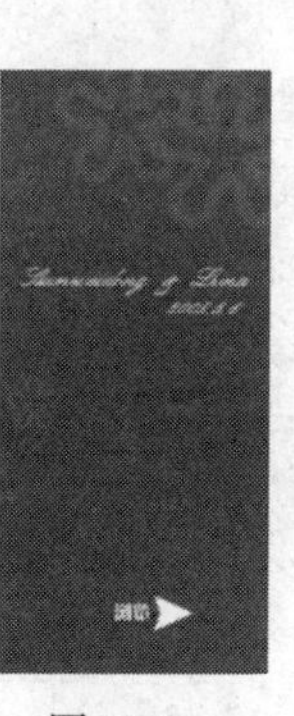
图 11-18

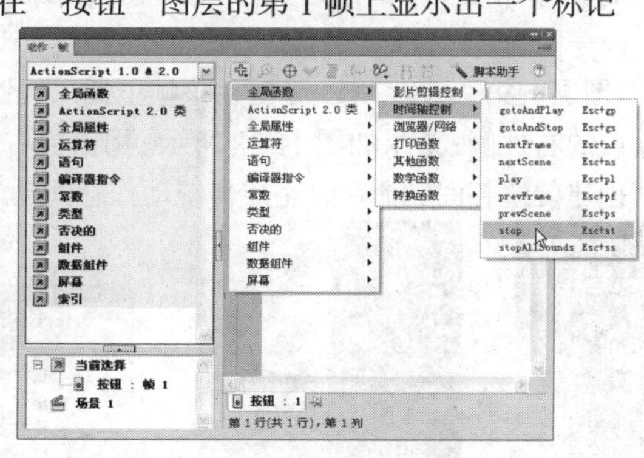

图 11-19

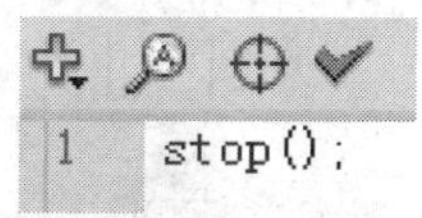

图 11-20

Step 06 选中“按钮”图层的第 1 帧，在舞台窗口中选中“按钮”实例，在“动作”面板中单击“将新项目添加到脚本中”按钮，在弹出的菜单中选择“全局函数 > 影片剪辑控制 > on”命令，如图 11-21 所示，在“脚本窗口”中显示出选择的脚本语言，在下拉列表中选择“release”，如图 11-22 所示。将鼠标光标放置在第 1 行脚本语言的最后，按 Enter 键，光标显示到第 2 行，如图 11-23 所示。

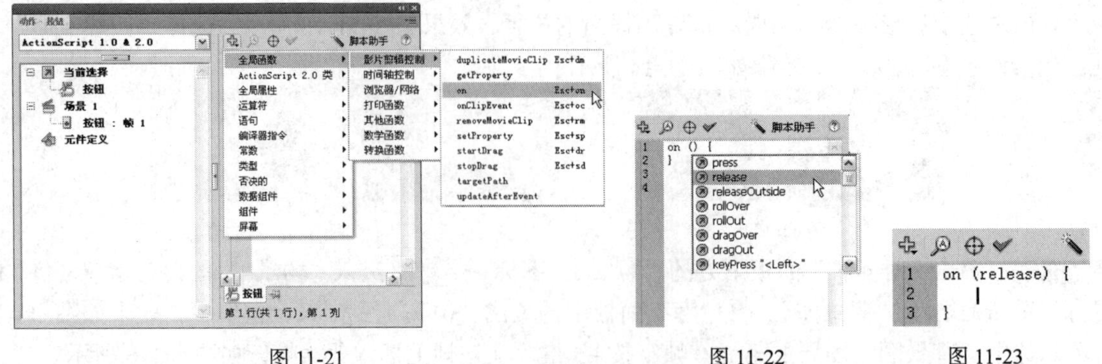

图 11-21　　图 11-22　　图 11-23

Step 07 在“动作”面板中单击“将新项目添加到脚本中”按钮，在弹出的菜单中选择“全局函数 > 时间轴控制 > gotoAndPlay”命令，如图 11-24 所示，在“脚本窗口”中显示出选择的脚本语言，如图 11-25 所示。在脚本语言后面的小括号中输入数字“2”，如图 11-26 所示。设置好动作脚本后，关闭“动作”面板。

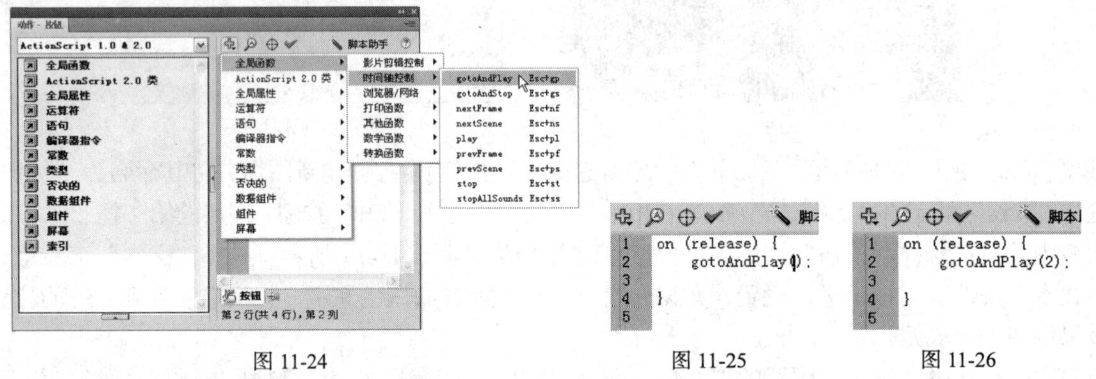

图 11-24　　图 11-25　　图 11-26

3．制作浏览照片效果

Step 01 在“时间轴”面板中创建新图层并将其命名为“照片”。选中“照片”图层的第 2 帧，在该帧上插入关键帧。将“库”面板中的图形元件“照片”拖曳到舞台窗口的左外侧，效果如图 11-27 所示。

Step 02 选中“照片”图层的第 250 帧，按 F6 键在该帧上插入关键帧。按住 Shift 键，将“照片”实例水平拖曳到舞台窗口的右外侧，效果如图 11-28 所示。用鼠标右键单击“照片”图层的第 2 帧，在弹出的菜单中选择“创建传统补间”命令，生成传统动作补间动画，如图 11-29 所示。

图 11-27　　图 11-28　　图 11-29

Step 03 在“时间轴”面板中创建新图层并将其命名为“遮罩”。选中“遮罩”图层的第 2 帧，在该帧上插入关键帧。选择“矩形”工具，调出矩形工具“属性”面板，将笔触颜色设为白色，将填充色设为灰色（#999999），在舞台窗口中绘制一个矩形，选择“选择”工具，选中矩形，在形状“属性”面板中，选择“填充和笔触”选项组，将“笔触”选项设为 5，选择“任意变形”工具 ，将其调整为与“照片”实例等高，并放置到合适的位置，效果如图 11-30 所示。

Step 04 选中矩形，按住 Shift+Alt 组合键，将矩形水平拖曳并复制 2 次，放置到合适的位置，效果如图 11-31 所示。

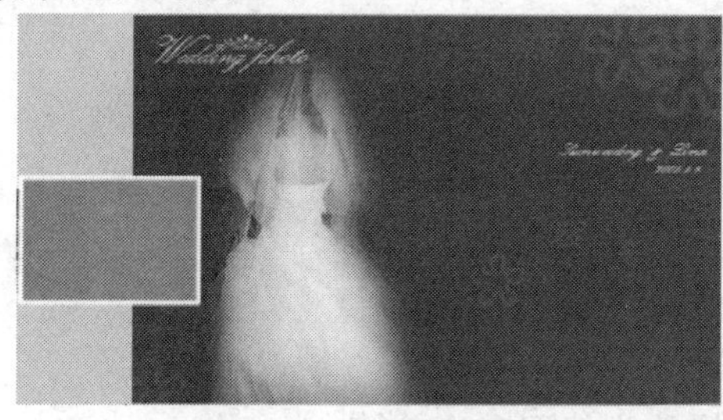

图 11-30

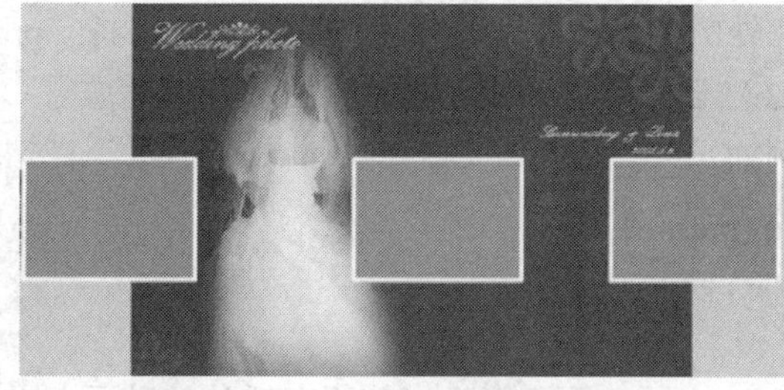

图 11-31

Step 05 用鼠标右键单击“遮罩”图层的图层名称，在弹出的菜单中选择“遮罩层”命令，将“遮罩”图层转换为遮罩层，如图 11-32 所示。将“遮罩”图层解除锁定。在“时间轴”面板中创建新图层并将其命名为“白框”。选择“线条”工具 ，按住 Shift 键，在舞台窗口中垂直绘制一条直线，效果如图 11-33 所示。用相同的方法在直线的两端绘制两条水平直线，效果如图 11-34 所示。

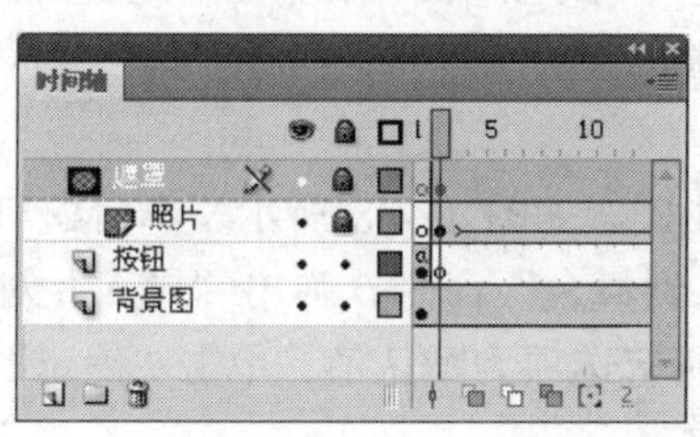

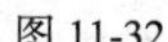

图 11-32

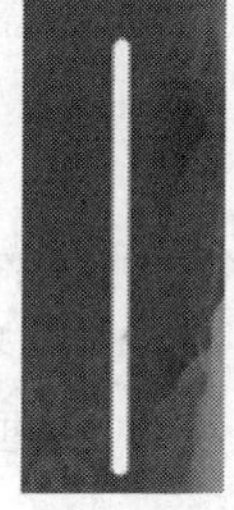

图 11-33

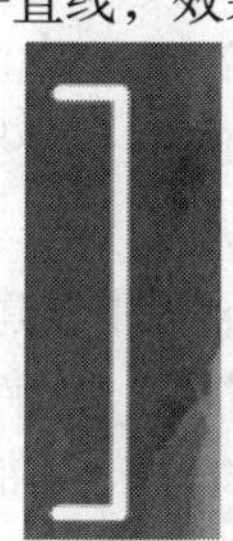

图 11-34

Step 06 选择“选择”工具 ，用圈选的方法将直线同时选取，按 Ctrl+G 组合键将其组合，效果如图 11-35 所示。

Step 07 选中组合线段，按住 Shift+Alt 组合键，将其拖曳并复制 3 次。选中任意两个白框，选择“修改 > 变形 > 水平翻转”命令，将其水平翻转。将白框分别放置到与舞台窗口中的矩形边框重合的位置，效果如图 11-36 所示。锁定“遮罩”图层，浪漫婚纱相册效果制作完成，按 Ctrl+Enter 组合键即可查看效果，如图 11-37 所示。

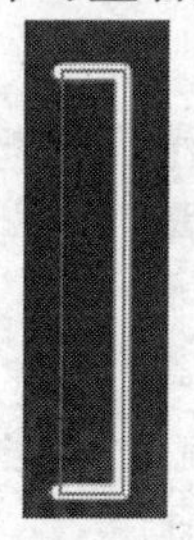

图 11-35

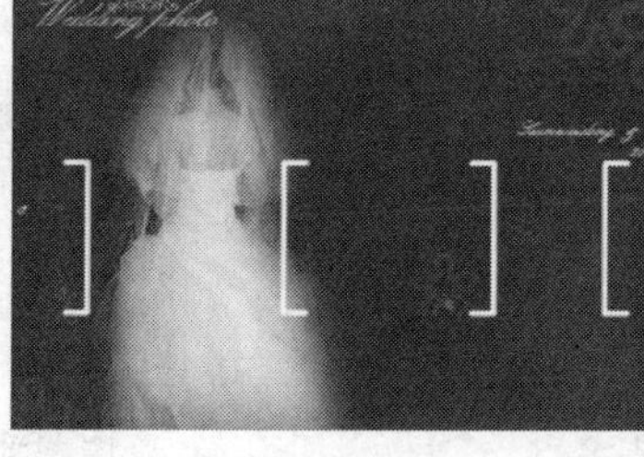

图 11-36

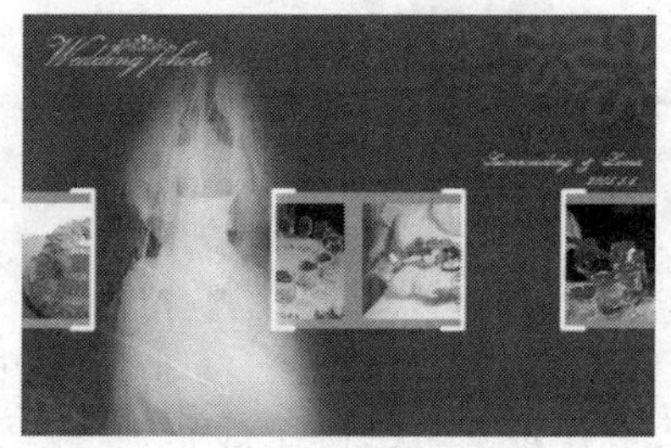

图 11-37

11.1.2　播放和停止动画

控制动画的播放和停止所使用的动作脚本如下。

（1）on：事件处理函数，指定触发动作的鼠标事件或按键事件。

例如：

```
on (press) {
}
```

此处的“press”代表发生的事件，可以将“press”替换为任意一种对象事件。

（2） play：用于使动画从当前帧开始播放。

例如：

```
on (press) {
play();
}
```

（3） stop：用于停止当前正在播放的动画，并使播放头停留在当前帧。

例如：

```
on (press) {
stop();
}
```

（1）新建空白文档，按 Ctrl+F3 键，弹出文档“属性”面板，单击“配置文件”右侧的“编辑”按钮 编辑...，弹出“发布设置”对话框，选择“播放器”选项下拉列表中的“Flash Player 8”，单击“确定”按钮。

（2）在“库”面板中新建一个图形元件“01”，如图 11-38 所示，舞台窗口也随之转换为图形元件的舞台窗口。选择“文件 > 导入 > 导入到舞台”命令，弹出“导入”对话框，在对话框中选择文件，单击“打开”按钮，弹出对话框，所有选项为默认值，单击“确定”按钮，文件被导入到舞台窗口中，效果如图 11-39 所示。

（3）单击“时间轴”面板下方的“场景 1”图标 场景 1，进入“场景 1”的舞台窗口。选择“铅笔”工具，在工具箱中将笔触颜色设为“黑色”，选中工具箱下方的“铅笔模式”选项组中的“平滑”选项，在窗口中绘制一条曲线，效果如图 11-40 所示。

用鼠标右键在“图层 1”上单击，在弹出的菜单中选择“引导层”命令，如图 11-41 所示。

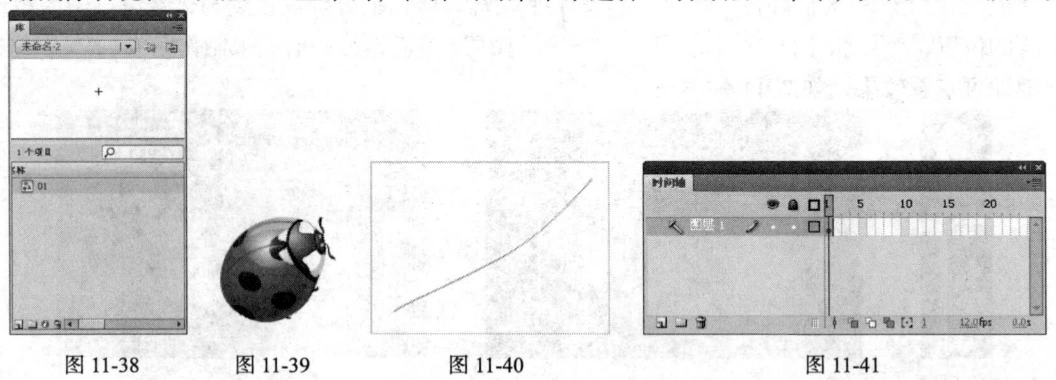

图 11-38　图 11-39　图 11-40　图 11-41

（4）选中“图层 1”的第 60 帧，按 F5 键，插入帧，如图 11-42 所示。单击“时间轴”面板下方的“新建图层”按钮，新建“图层 2”，选中“图层 2”的第 1 帧，将“库”面板中的图形元件“01”拖曳到舞台窗口中，调整其大小并放在曲线的下端，效果如图 11-43 所示。选中“图层 2”的第 60 帧，按 F6 键插入关键帧，如图 11-44 所示。用选择工具将第 60 帧中的图形移动到曲线的上端，效果如图 11-45 所示。

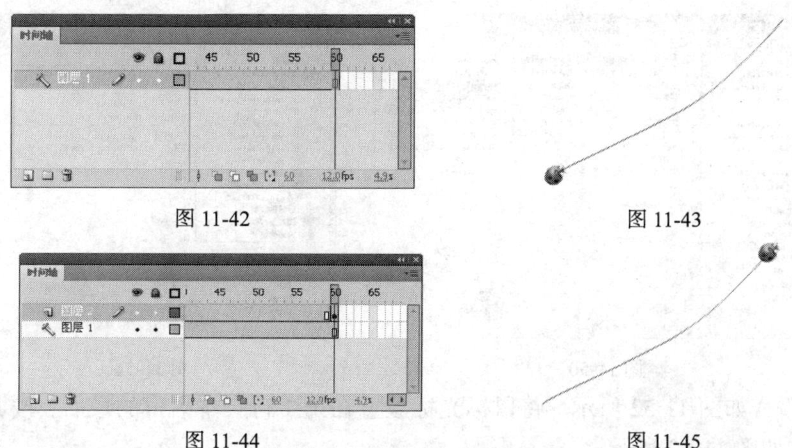

图 11-42　　图 11-43

图 11-44　　图 11-45

（5）用鼠标右键单击“图层 2”的第 1 帧，在弹出的菜单中选择“创建传统补间”命令，创建传统补间动画，并将“图层 2”向“图层 1”拖曳，将其转换为被引导层，效果如图 11-46 所示。

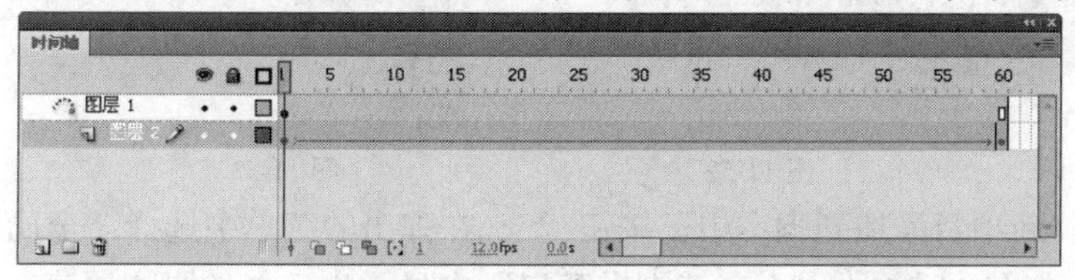

图 11-46

（6）在“库”面板中新建一个按钮元件“02”，舞台窗口也随之转换为按钮元件的舞台窗口。选择“文件 > 导入 > 导入到舞台”命令，弹出“导入”对话框，在对话框中选中要导入的文件，单击“打开”按钮，弹出对话框，所有选项为默认值，单击“确定”按钮，文件被导入到舞台窗口中，如图 11-47 所示。

（7）在“库”面板中新建一个按钮元件“03”，舞台窗口也随之转换为按钮元件的舞台窗口。选择“文件 > 导入 > 导入到舞台”命令，弹出“导入”对话框，在对话框中选中要导入的文件，单击“打开”按钮，弹出对话框，所有选项为默认值，单击“确定”按钮，文件被导入到舞台窗口中，如图 11-48 所示。

（8）单击“时间轴”面板下方的“场景 1”图标 场景 1，进入“场景 1”的舞台窗口。单击“时间轴”面板下方的“新建图层”按钮，在引导层的上方创建新图层“图层 3”。将“库”面板中的按钮元件“02”、“03”拖曳到舞台窗口中，效果如图 11-49 所示。

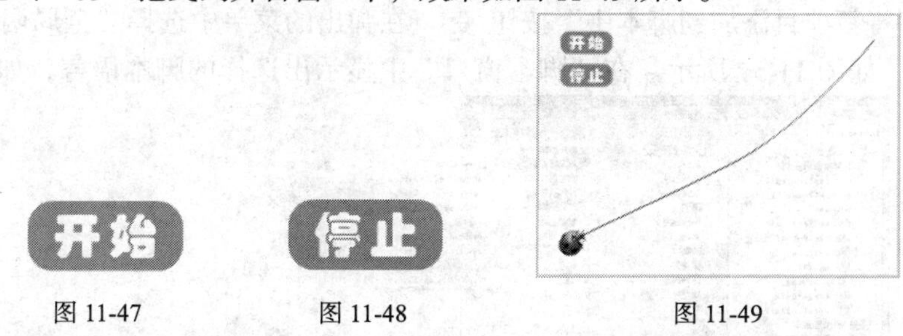

图 11-47　　图 11-48　　图 11-49

（9）在舞台窗口中选中“开始”按钮，选择“窗口 > 动作”命令，弹出“动作”面板，单击“将新项目添加到脚本中”按钮，在弹出的菜单中选择“全局函数 > 影片剪辑控制 > on”命令，如图 11-50 所示。在“脚本窗口”中显示出选择的脚本语言，在下拉列表中选择“press”命令，如图 11-51 所示。

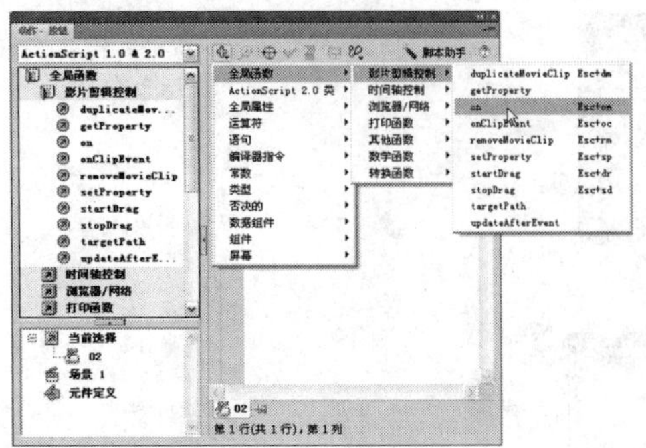

图 11-50

图 11-51

（10）脚本语言如图 11-52 所示。将鼠标光标放置在第 1 行脚本语言的最后，按 Enter 键，光标显示到第 2 行，如图 11-53 所示。

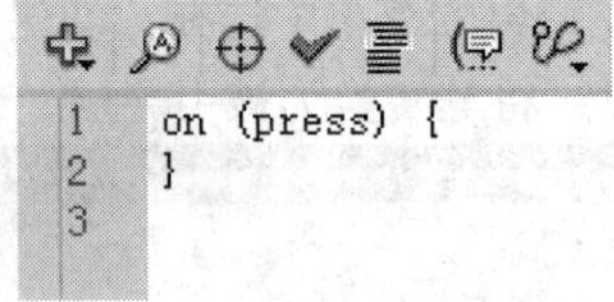

图 11-52

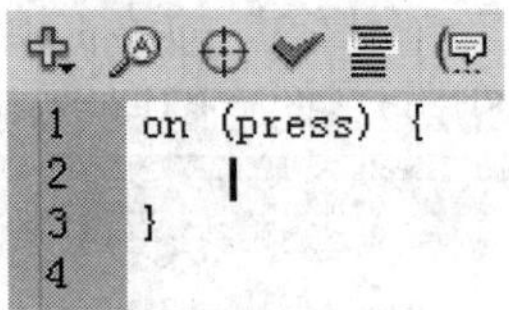

图 11-53

（11）单击“将新项目添加到脚本中”按钮 ，在弹出的菜单中选择“全局函数 > 时间轴控制 > play”命令，如图 11-54 所示。在“脚本窗口”中显示出选择的脚本语言，如图 11-55 所示。

（12）在舞台窗口中选中按钮“停止”实例，用相同的方法在“动作”面板中设置脚本语言，如图 11-56 所示。

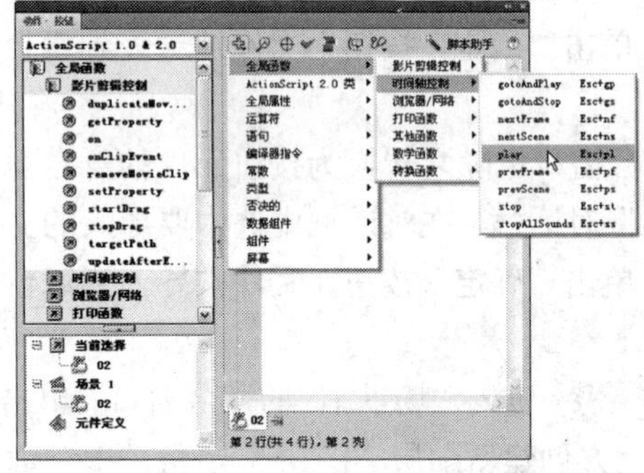

图 11-54

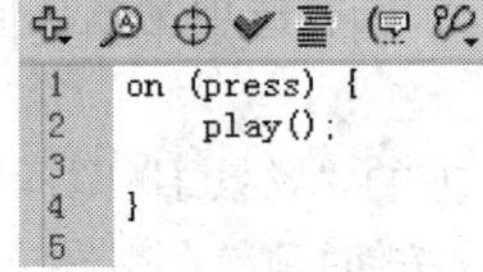

图 11-55

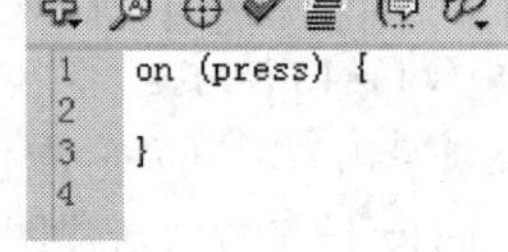

图 11-56

（13）单击“将新项目添加到脚本中”按钮 ，在弹出的菜单中选择“全局函数 > 时间轴控制 > stop”命令，如图 11-57 所示。在“脚本窗口”中显示出选择的脚本语言，如图 11-58 所示。

图 11-57

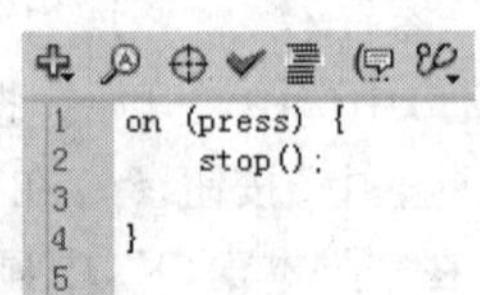

图 11-58

（14）按 Ctrl+Enter 组合键，查看动画效果。当单击停止按钮时，动画停止在正在播放的帧上，效果如图 11-59 所示。单击播放按钮后，动画将继续播放。

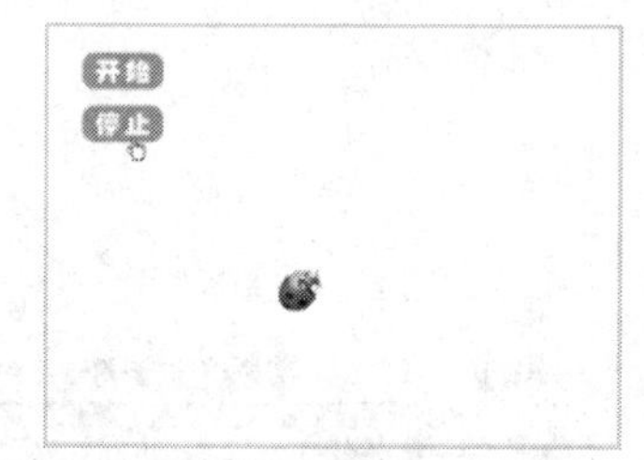

图 11-59

11.2 控制声音、按钮事件及交互按钮

在制作 Flash 动画时，可以为其添加音乐和音效。可以通过对动作脚本的设置，实现在播放动画时随意的调节声音的大小，按照需要更改播放曲目等。按钮是交互动画的常用控制方式，可以利用按钮来控制和影响动画的播放，实现页面的链接、场景的跳转等功能。

11.2.1 课堂案例——控制声音开关及音量

案例学习目标：使用脚本语言设置声音开关及音量。

案例知识要点：使用矩形工具绘制控制条图形，使用变形面板改变图形的大小，使用动作面板设置脚本语言，效果如图 11-60 所示。

效果所在位置：光盘/Ch11/效果/控制声音开关及音量.fla。

图 11-60

1．导入图片并绘制控制条图形

Step 01 选择“文件 > 新建”命令，在弹出的“新建文档”对话框中选择“Flash 文件”选项，单击“确定”按钮，进入新建文档舞台窗口。按 Ctrl+F3 组合键，弹出文档“属性”面板，单击“大小”选项右侧的“编辑”按钮 编辑... ，弹出“文档属性”对话框，将舞台窗口的宽设为 550，高设为 400，单击“确定”按钮，改变舞台窗口的大小。

Step 02 单击“配置文件”选项右侧的“编辑”按钮 编辑... ，弹出“发布设置”对话框，选中“版本”选项下拉列表中的“Flash Player 7”，如图 11-61 所示，单击“确定”按钮。

Step 03 选择“文件 > 导入 > 导入到库”命令，在弹出的“导入到库”对话框中选择“Ch11 > 素材 > 控制声音开关及音量 > 按钮、背景、背景音乐、喇叭 1、喇叭 2、泡泡”文件，单击“打开”按钮，弹出提示对话框，单击“确定”按钮，文件被导入到“库”面板中。

Step 04 用鼠标右键单击“库”面板中的图形元件“按钮”，在弹出的菜单中选择“类型 > 影片剪辑”命令，将其转变为影片剪辑元件，效果如图 11-62 所示。

Step 05 在“库”面板中新建影片剪辑元件“控制条”，舞台窗口也随之转换为影片剪辑元件的舞台窗口。选择“矩形”工具，在工具箱中将笔触颜色设为灰色（#999999），填充色设为白色，在舞台窗口中绘制一个矩形。选中矩形，调出形状“属性”面板，分别将“宽度”、“高度”选项设为 150、5，舞台窗口中的效果如图 11-63 所示。

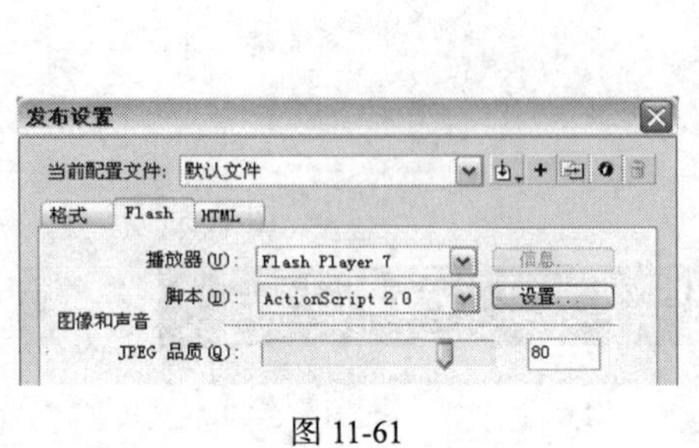

图 11-61

图 11-62

图 11-63

2．制作出泡泡动画效果

Step 01 单击“新建元件”按钮，新建影片剪辑元件“泡泡动”。将“库”面板中的图形元件“泡泡”拖曳到舞台窗口中并调整大小，调出图形“属性”面板，分别将“X”、“Y”选项设为－3.8、－179.8，舞台窗口中的效果如图 11-64 所示。

Step 02 选中“图层 1”的第 20 帧，按 F6 键，在该帧上插入关键帧，在舞台窗口中选中“元件 2”实例，调出图形“属性”面板，分别将“X”、“Y”选项设为 107、－669.5，选择面板下方的“色彩效果”选项组，在“样式”选项的下拉列表中选择“Alpha”，将其值设为 0，舞台窗口中的效果如图 11-65 所示。

Step 03 选中“图层 1”的第 1 帧，在舞台窗口中选中“泡泡”实例。选择“窗口 > 变形”命令，弹出“变形”面板，单击“约束”按钮，将“宽度”和“高度”的缩放比例分别设为 30。

Step 04 用鼠标右键单击“图层 1”的第 1 帧，在弹出的菜单中选择“创建传统补间”命令，生成传统动作补间动画，如图 11-66 所示。

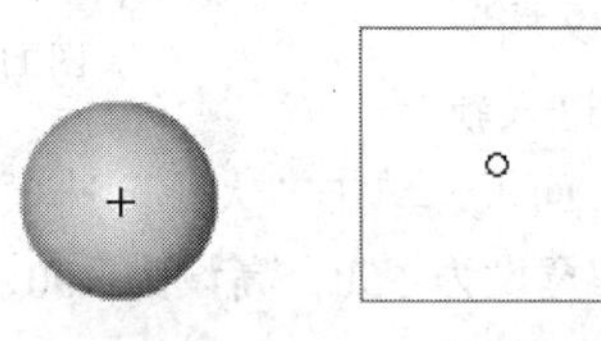

图 11-64　　图 11-65

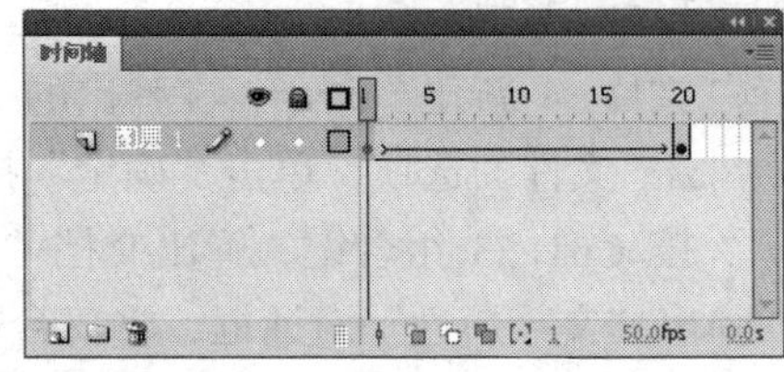

图 11-66

3．制作声音变大变小

Step 01 单击“新建元件”按钮，新建影片剪辑元件“声音 1”。将“图层 1”重新命名为“喇叭”。将“库”面板中的图形元件“元件 3”拖曳到舞台窗口中。在“时间轴”面板中创建新图层并将其命名为“泡泡动”。将“库”面板中的影片剪辑元件“泡泡动”向舞台窗口中拖曳 3 次并调整大小，效果如图 11-67 所示。将“泡泡动”图层拖曳到“喇叭”图层的下方。

Step 02 单击“新建元件”按钮，新建影片剪辑元件“声音 2”。将“库”面板中的图形元件“元件 4”拖曳到舞台窗口中，效果如图 11-68 所示。

Step 03 单击“新建元件”按钮，新建影片剪辑元件“开关声音”。将“库”面板中的影片剪辑元件“声音 1”拖曳到舞台窗口中，调出影片剪辑“属性”面板，在“实例名称”选项的文本框中输入“stop_con”，分别将“X”、“Y”选项设为 0，舞台窗口中的效果如图 11-69 所示。

Step 04 选中“图层 1”的第 2 帧，按 F7 键，在该帧上插入空白关键帧。将“库”面板中的影片剪辑元件“声音 2”拖曳到舞台窗口中，调出影片剪辑“属性”面板，在“实例名称”选项的文本框中输入“play_con”，分别将“X”、“Y”选项设为 0，舞台窗口中的效果如图 11-70 所示。

图 11-67

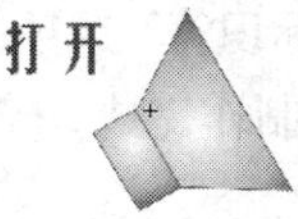

打开

图 11-68

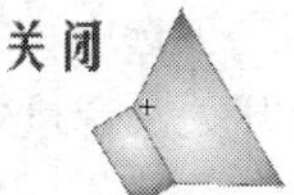

图 11-69

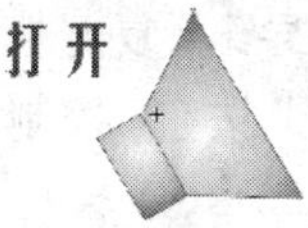

打开

图 11-70

Step 05 在“时间轴”面板中创建新图层并将其命名为“动作脚本”。选中“动作脚本”图层的第 2 帧，在该帧上插入关键帧。选中“动作脚本”图层的第 1 帧，选择“窗口 > 动作”命令，弹出“动作”面板，在“动作”面板中设置脚本语言（脚本语言的具体设置可以参考光盘中的实例原文件），“脚本窗口”中显示的效果如图 11-71 所示。在“动作脚本”图层的第 1 帧上显示出一个标记“a”。

Step 06 选中“动作脚本”图层的第 2 帧，在“动作”面板中设置脚本语言，“脚本窗口”中显示的效果如图 11-72 所示。设置好动作脚本后，关闭“动作”面板。在“动作脚本”图层的第 2 帧上显示出一个标记“a”。

```
stop_con.onPress = function() {
    _root.mysound.stop("one");
    gotoAndStop(2);
};
stop();
```

图 11-71

```
play_con.onPress = function() {
    _root.mysound.start();
    gotoAndStop(1);
};
stop();
```

图 11-72

Step 07 单击“时间轴”面板下方的“场景 1”图标 场景 1，进入“场景 1”的舞台窗口。将“图层 1”重新命名为“背景”。将“库”面板中的位图“01”拖曳到舞台窗口中适当的位置，效果如图 11-73 所示。

Step 08 在“时间轴”面板中创建新图层并将其命名为“声音开关”。将“库”面板中的影片剪辑元件“开关声音”拖曳到舞台窗口中并调整大小，效果如图 11-74 所示。

Step 09 在“时间轴”面板中创建新图层并将其命名为“控制条”。将“库”面板中的影片剪辑元件“控制条”拖曳到舞台窗口中，效果如图 11-75 所示。调出影片剪辑“属性”面板，在“实例名称”选项的文本框中输入“bar_sound”。

Step 10 在“时间轴”面板中创建新图层并将其命名为“按钮”。将“库”面板中的影片剪辑元件“按钮”拖曳到舞台窗口中的控制条上并调整大小，效果如图 11-76 所示。调出影片剪辑“属性”面板，在“实例名称”选项的文本框中输入“bar_con2”。

图 11-73

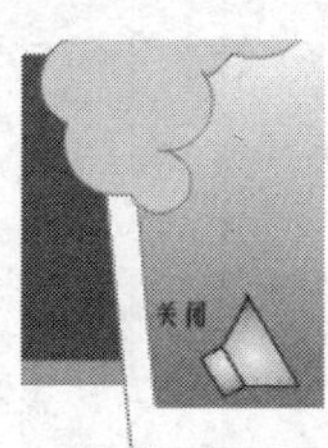

图 11-74

图 11-75

图 11-76

Step 11 在“时间轴”面板中创建新图层并将其命名为“动作脚本”。调出“动作”面板，在“动作”面板中设置脚本语言，“脚本窗口”中显示的效果如图 11-77 所示。设置好动作脚本后，关闭“动作”面板。在“动作脚本”图层的第 1 帧上显示出一个标记“a”。

Step 12 用鼠标右键单击“库”面板中的声音文件“06.mp3”，在弹出的菜单中选择“属性”命令，弹出“声音属性”对话框，单击对话框下方的“高级”按钮，勾选“为 ActionScript 导出”复选框，“在帧 1 中导出”复选框也随之被选中，在“标识符”选项的文本框中输入“one”，如图 11-78 所示，单击“确定”按钮。控制声音开关及音量效果制作完成，按 Ctrl+Enter 组合键即可查看效果。

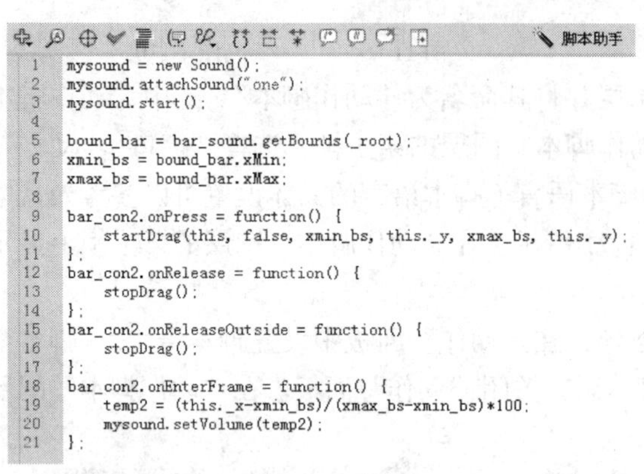

```
mysound = new Sound();
mysound.attachSound("one");
mysound.start();

bound_bar = bar_sound.getBounds(_root);
xmin_bs = bound_bar.xMin;
xmax_bs = bound_bar.xMax;

bar_con2.onPress = function() {
    startDrag(this, false, xmin_bs, this._y, xmax_bs, this._y);
};
bar_con2.onRelease = function() {
    stopDrag();
};
bar_con2.onReleaseOutside = function() {
    stopDrag();
};
bar_con2.onEnterFrame = function() {
    temp2 = (this._x-xmin_bs)/(xmax_bs-xmin_bs)*100;
    mysound.setVolume(temp2);
};
```

图 11-77

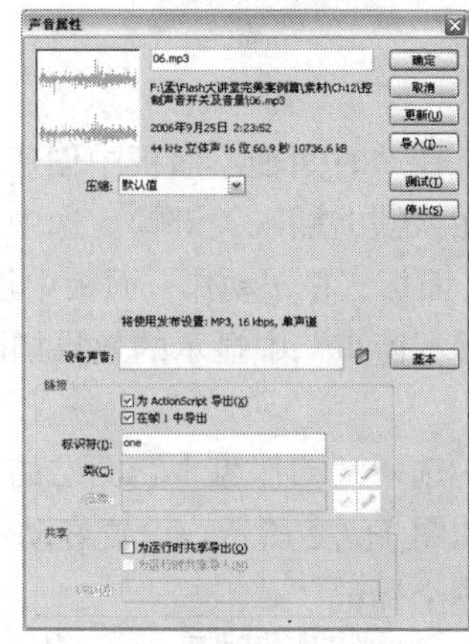

图 11-78

11.2.2 控制声音

（1）新建空白文档。选择“文件 > 导入 > 导入到库”命令，在弹出的“导入到库”对话框中选择“背景音乐”声音文件，单击“打开”按钮，声音文件被导入到“库”面板中，如图 11-79 所示。

（2）用鼠标右键单击“库”面板中的声音文件，在弹出的菜单中选择“属性”选项，弹出“声音属性”对话框，单击“高级”按钮，展开对话框，选中“为 ActionScript 导出”复选框和“在帧 1 中导出”复选框，如图 11-80 所示，单击“确定”按钮。

（3）选择“窗口 > 公用库 > 按钮”命令，弹出公用库中的按钮“库”面板（此面板是系统所提供的），选中按钮“库”面板中的“playback flat”文件夹中的按钮元件“flat blue play” 和 “flat blue stop”，如图 11-81 所示，将其拖曳到舞台窗口中，效果如图 11-82 所示。

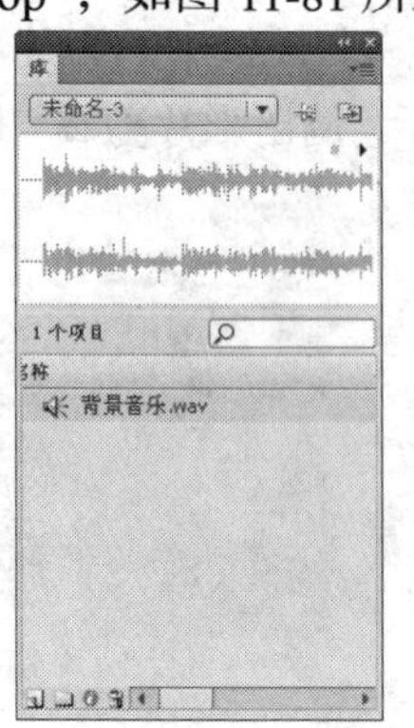

图 11-79

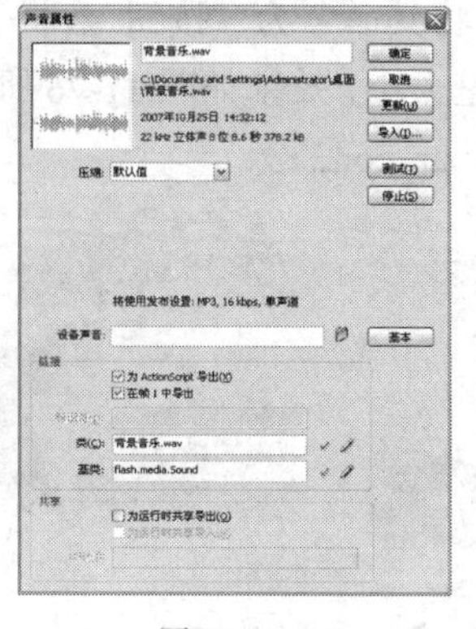

图 11-80

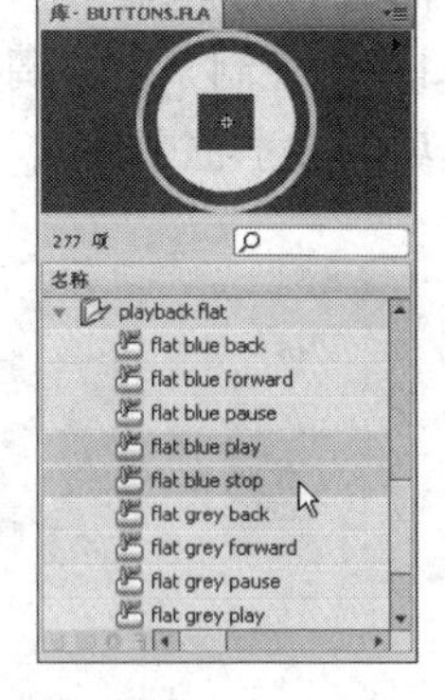

图 11-81

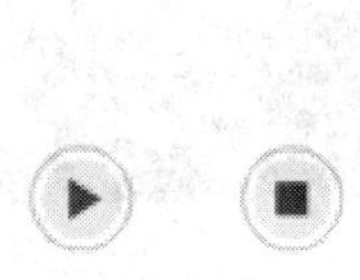

图 11-82

（4）选中按钮“库”面板中的“classic buttons > Knobs & Faders”文件夹中的按钮元件“fader-gain”，如图 11-83 所示，将其拖曳到舞台窗口中，效果如图 11-84 所示。

（5）在舞台窗口中选中“flat blue play”按钮实例，在按钮“属性”面板中，将“实例名称”

选项设为 bofang，如图 11-85 所示。在舞台窗口中选中“flat blue pause”按钮实例，在按钮“属性”面板中，将“实例名称”选项设为 tingzhi，如图 11-86 所示。

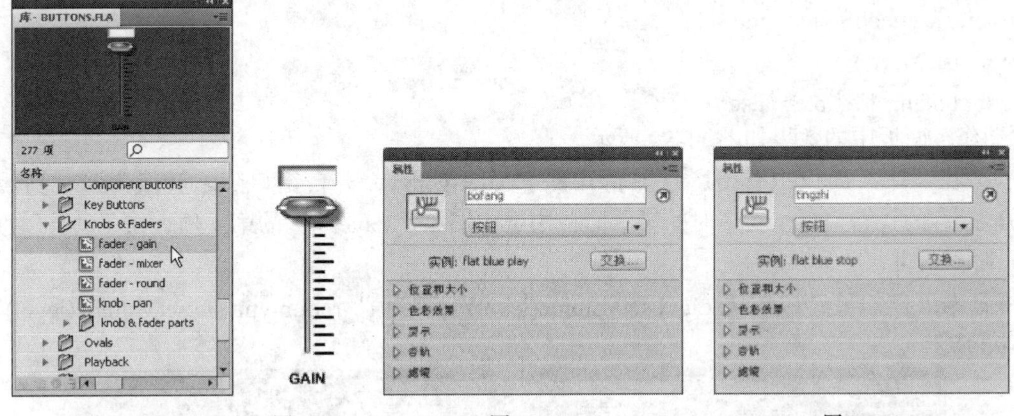

图 11-83　　图 11-84　　图 11-85　　图 11-86

（6）选中“flat blue play”按钮实例，选择“窗口 > 动作”命令，弹出“动作”面板，在面板的左上方将脚本语言设置为 ActionScript1.0&2.0 版本，在“脚本窗口”中设置脚本语言。

```
on (press) {
mymusic.start();
_root.bofang._visible=false
_root.ting._visible=true
}
```

“动作”面板中的效果如图 11-87 所示。

选中“flat blue pause”按钮实例，在“动作”面板的“脚本窗口”中设置脚本语言。

```
on (press) {
mymusic.stop();
_root.ting._visible=false
_root.bofang._visible=true
}
```

“动作”面板中的效果如图 11-88 所示。

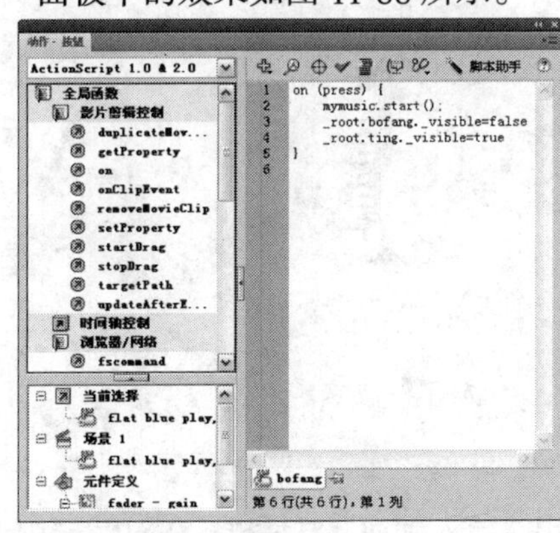

图 11-87　　图 11-88

在“时间轴”面板中选中“图层 1”的第 1 帧，在“动作”面板的“脚本窗口”中设置脚本语言。

```
mymusic = new Sound();
mymusic.attachSound("music");
mymusic.start();
_root.bofang._visible=false
```

“动作”面板中的效果如图 11-89 所示。

（7）在“库”面板中双击影片剪辑元件“fader-gain”，舞台窗口随之转换为影片剪辑元件“fader-gain”的舞台窗口。在“时间轴”面板中选中图层“Layer 4”的第 1 帧，在“动作”面板中显示出脚本语言。

将脚本语言的最后一句“sound.setVolume(level)”改为“_root.mymusic.setVolume(level)”，如图 11-90 所示。

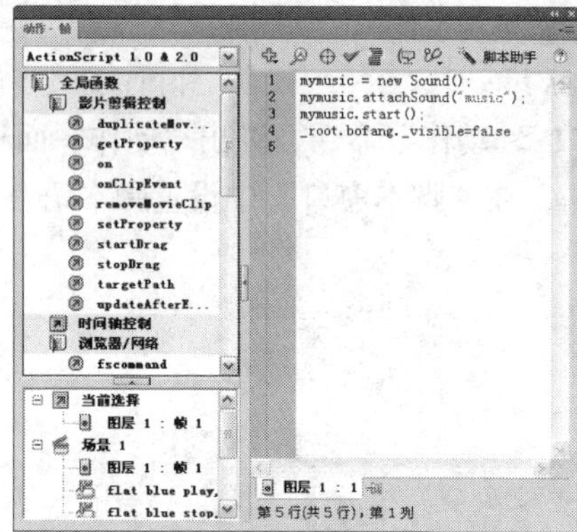

图 11-89

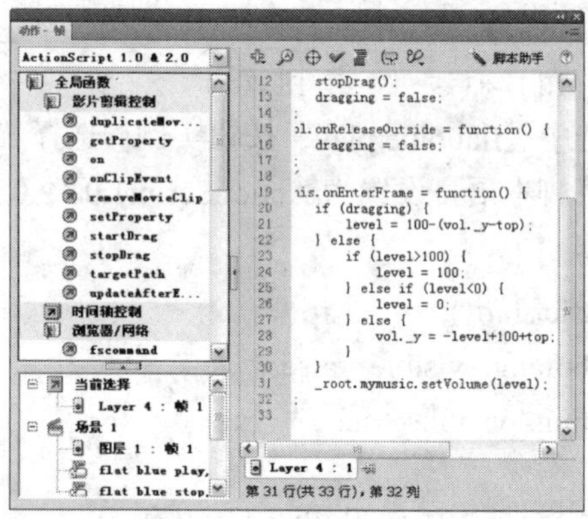

图 11-90

（8）单击“时间轴”面板下方的“场景 1”图标 场景 1，进入“场景 1”的舞台窗口。将舞台窗口中的“flat blue play”按钮实例放置在“flat blue pause”按钮实例的上方，将“flat blue pause”按钮实例覆盖，效果如图 11-91 所示。

（9）选中“flat blue play”按钮实例，选择“修改 > 排列 > 下移一层”命令，将“flat blue play”按钮实例移动到“flat blue pause”按钮实例的下方，效果如图 11-92 所示。按 Ctrl+Enter 组合键即可查看动画效果。

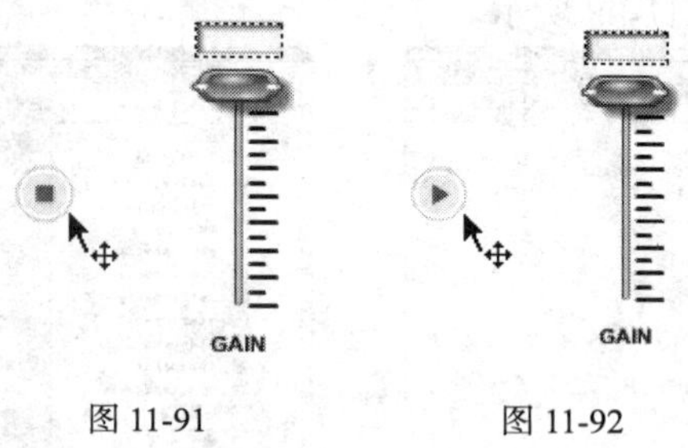

图 11-91　　图 11-92

11.2.3 按钮事件

选择“文件 > 导入件 > 导入到库”命令，弹出“导入到库”对话框，在对话框中选择文件，单击“打开”按钮，弹出对话框，所有选项为默认值，单击“确定”按钮，文件被导入到库中，效果如图 11-93 所示。将“库”面板中的按钮元件拖曳到舞台窗口中，如图 11-94 所示。

图 11-93

图 11-94

选中按钮元件，选择“窗口 >动作”命令，弹出“动作”面板，在面板的左上方将脚本语言版本设置为“ActionScript 1.0&2.0”，在面板中单击“将新项目添加到脚本中”按钮，在弹出的菜单中选择“全局函数 > 影片剪辑控制 > on”命令，如图 11-95 所示。在“脚本窗口”中显示出选择的脚本语言，在下拉列表中列出了多种按钮事件，如图 11-96 所示。

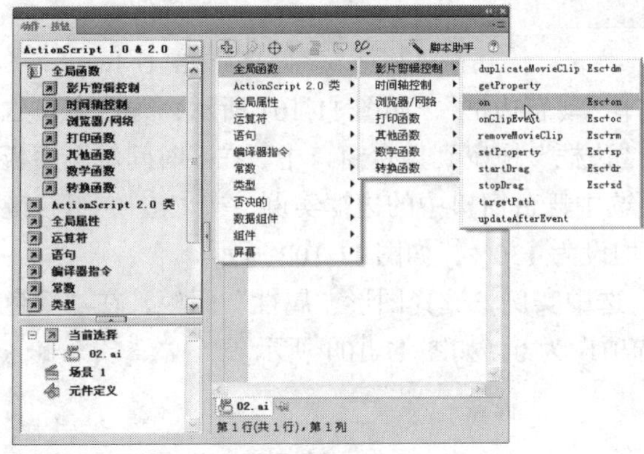

图 11-95

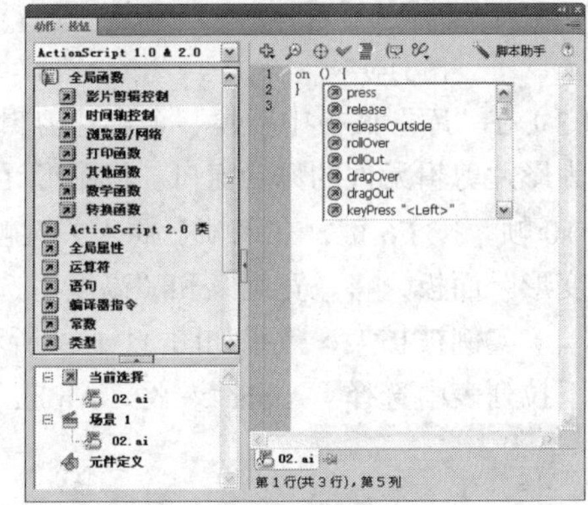

图 11-96

“press”（按下）：按钮被鼠标按下的事件。

“release”（弹起）：按钮被按下后，弹起时的动作，即鼠标按键被释放时的事件。

“releaseOutside”（在按钮外放开）：将按钮按下后，移动鼠标的光标到按钮外面，然后再释放鼠标的事件。

“rollOver”（指针经过）：鼠标光标经过目标按钮上的事件。

“rollOut”（指针离开）：鼠标光标进入目标按钮，然后再离开的事件。

“dragOver”（拖曳指向）：第 1 步，用鼠标选中按钮，并按住鼠标不放；第 2 步，继续按住鼠标并拖曳鼠标指针到按钮的外面；第 3 步，将鼠标指针再拖回到按钮上。

“dragOut”（拖曳离开）：鼠标单击按钮后，按住鼠标不放，然后拖离按钮的事件。

“keyPress”（键盘按下）：当按下键盘时事件发生。在下拉列表中系统设置了多个键盘按键名称，可以根据需要进行选择。

11.2.4　制作交互按钮

（1）新建空白文档，在“库”面板中新建一个按钮元件，舞台窗口也随之转换为按钮元件的舞台窗口。选择“多角星形”工具，单击多角星形工具“属性”面板中的“选项”按钮，弹出“工具设置”对话框，在“样式”选项的下拉列表中选择“星形”，将“边数”选项设为 5，其他选项为默认值，如图 11-97 所示，单击“确定”按钮。在多角星形工具“属性”面板中将笔触颜色设为橙色，填充颜色设为蓝色，将“笔触高度”选项设为 8，其他为默认值，如图 11-98 所示。

（2）在舞台窗口中绘制出一个五角星，效果如图 11-99 所示。选择“选择”工具，鼠标双击边框，将边框全选，按 Ctrl+C 组合键，将选中的边框进行复制。在“库”面板中新建一个图形元件“边框”，舞台窗口也随之转换为图形元件的舞台窗口。选择“编辑 > 粘贴到当前位置”命令，将复制过的边框进行粘贴，效果如图 11-100 所示。

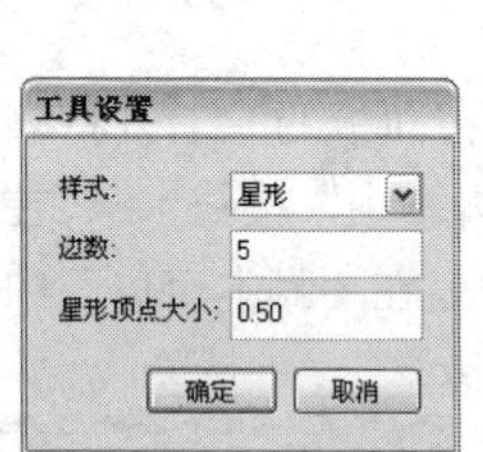

图 11-97

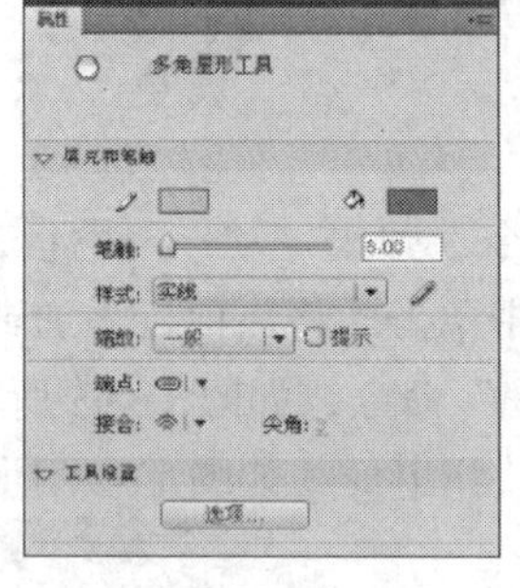

图 11-98

图 11-99

图 11-100

（3）在“库”面板中新建一个影片剪辑元件“动态边框”，如图 11-101 所示，舞台窗口也随之转换为影片剪辑元件的舞台窗口。将图形元件“边框”拖曳到舞台窗口中，在“时间轴”面板中选中第 10 帧，按 F6 键，在该帧上插入关键帧。选中舞台窗口中的边框实例，按 Ctrl+T 组合键，弹出“变形”面板，将“宽度”和“高度”选项均设为 130%，如图 11-102 所示。

（4）实例被扩大，效果如图 11-103 所示。选中实例，选择图形“属性”面板，在“颜色”选项的下拉列表中选择“Alpha”，将“Alpha”选项设为 0，如图 11-104 所示。

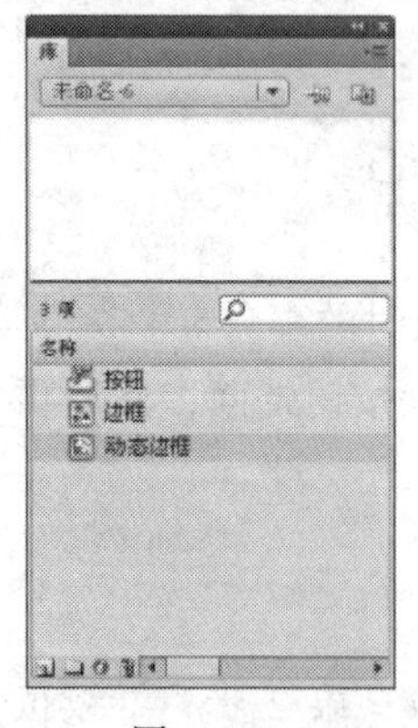

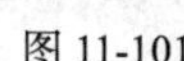

图 11-101

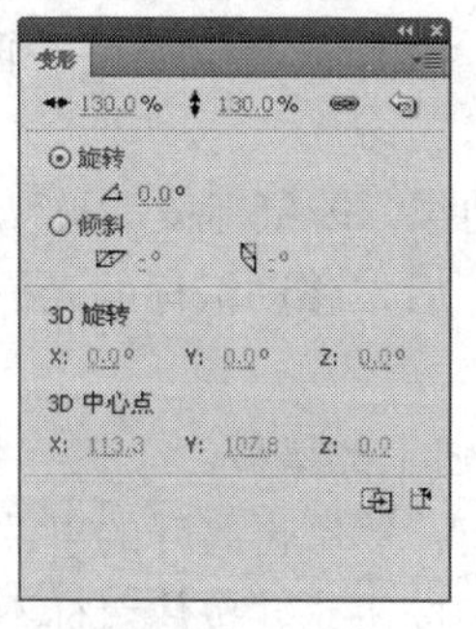

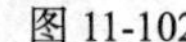

图 11-102

图 11-103

图 11-104

（5）鼠标右键单击第 1 帧，在弹出的菜单中选择“创建传统补间”命令，在第 1 帧～第 10 帧之间创建传统补间，如图 11-105 所示。双击“库”面板中的按钮元件，舞台窗口转换为按钮元件的舞台窗口。在“时间轴”面板中分别选中“指针经过”帧和“按下”帧，按 F6 键，在选中的帧上插入关键帧，如图 11-106 所示。

（6）选中“指针经过”帧，将“库”面板中的影片剪辑元件“动态边框”拖曳到舞台窗口中，放置的位置和舞台窗口中原有的星形图形重合，效果如图 11-107 所示。选中“按下”帧，选中舞台窗口中的星形图形，在“变形”面板中，将“宽度”和“高度”选项分别设为 80%，效果如图 11-108 所示。

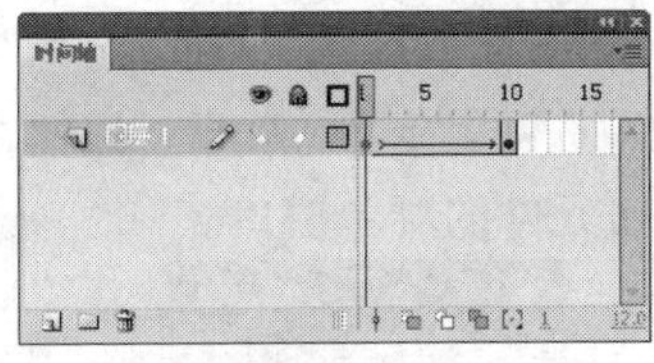
图 11-105

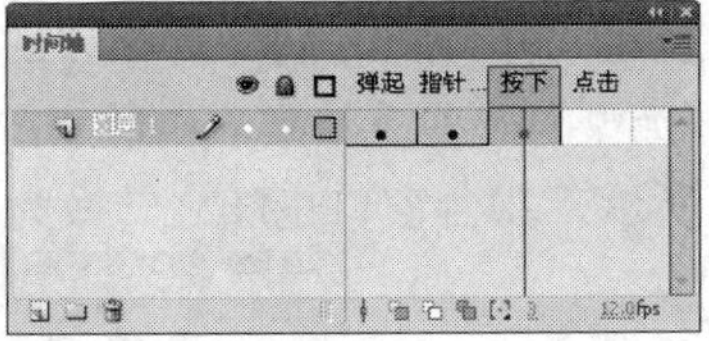

图 11-106

图 11-107

图 11-108

（7）单击“时间轴”面板下方的“场景 1”图标 场景 1，进入“场景 1”的舞台窗口。将“库”面板中的按钮元件拖曳到舞台窗口中。交互按钮制作完成，按 Ctrl+Enter 组合键即可查看效果。按钮在不同状态时的效果如图 11-109 所示。

按钮的“弹起”状态

按钮的“指针经过”状态

按钮的“按下”状态

图 11-109

11.3 添加使用命令

可以通过添加使用命令来对制作出的动画作品进行密码保护。

11.3.1　课堂案例——制作会员登录界面

案例学习目标：使用绘图工具、颜色面板和浮动面板制作动画效果。

案例知识要点：使用颜色面板和矩形工具绘制按钮效果，使用文本工具添加输入文本框，使用动作面板为按钮元件添加脚本语言，如图 11-110 所示。

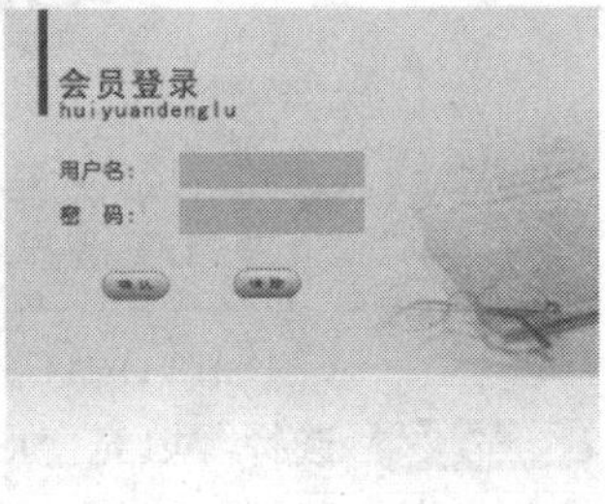

效果所在位置：光盘/Ch11/效果/制作会员登录界面.fla。

图 11-110

1. 导入图片制作按钮元件

Step 01 选择“文件 > 新建”命令，在弹出的“新建文档”对话框中选择“Flash 文件”选项，单击“确定”按钮，进入新建文档舞台窗口。按 Ctrl+F3 组合键，弹出文档“属性”面板，单击“大小”选项右侧的“编辑”按钮 编辑...，在弹出的“文档属性”对话框中将舞台窗口的宽设为 400，高设为 300，单击“确定”按钮。改变舞台窗口的大小。单击“配置文件”右侧的“编辑”按钮 编辑...，弹出“发布设置”对话框，选择“播放器”选项下拉列表中的“Flash Player 7”，如图 11-111 所示，单击“确定”按钮。

Step 02 选择“文件 > 导入 > 导入到库”命令，在弹出的“导入到库”对话框中选择“Ch11 > 素材 >制作会员登录界面> 01、02”文件，单击“打开”按钮，文件被导入到“库”面板中，如图 11-112 所示。

Step 03 在“库”面板下方单击“新建元件”按钮，弹出“创建新元件”对话框，在“名称”选项的文本框中输入“确定”，选择“类型”选项下拉列表中的“按钮”选项，单击“确定”按钮，新建按钮元件“确定”，如图 11-113 所示，舞台窗口也随之转换为按钮元件的舞台窗口。

图 11-111

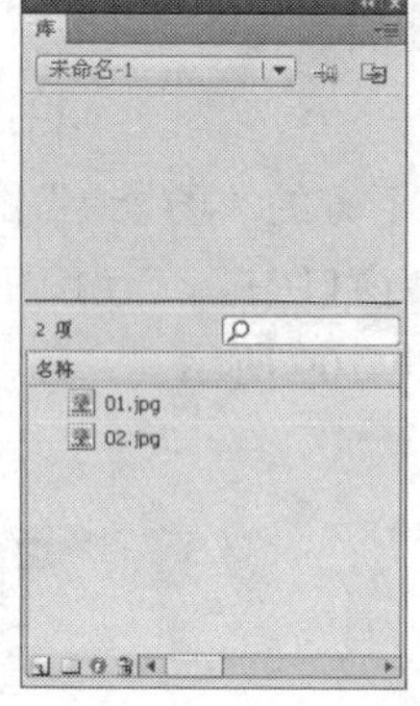

图 11-112

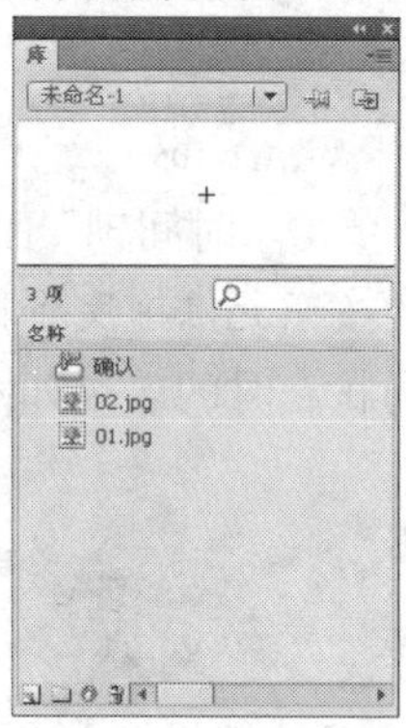

图 11-113

Step 04 选择“矩形”工具，在矩形“属性”面板中将“矩形边角半径”选项设为 20，“笔触高度”选项设为 1，调出“颜色”面板，将“笔触颜色”选项设为绿色（#1A970B），“Alpha”选项设为 50，如图 11-114 所示。

Step 05 切换至“填充”选项，在“类型”选项的下拉列表中选择“放射状”，选中色带上左侧的控制点，将其设为嫩绿色（#F0FA00），选中色带上右侧的控制点，将其设为深绿色（#69AE06），如图 11-115 所示。在舞台窗口中绘制出圆角矩形，效果如图 11-116 所示。

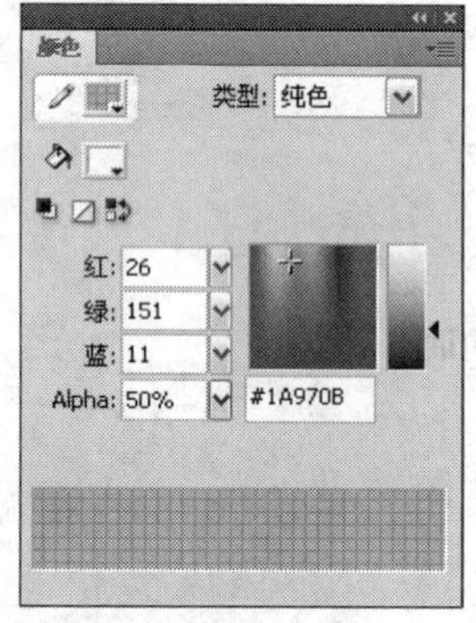

图 11-114

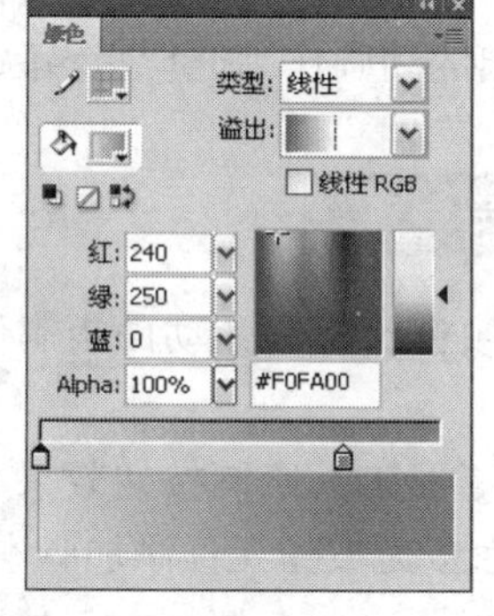

图 11-115

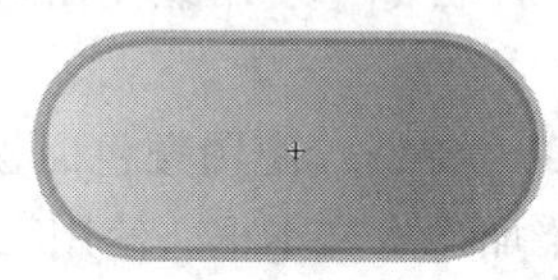

图 11-116

Step 06 选择“填充变形”工具，在渐变图形上单击，如图 11-117 所示。将鼠标放置在旋转控制点上，鼠标光标变为，拖曳旋转控制点来改变渐变区域的角度，如图 11-118 所示。鼠标光标变为↔，向图形中间拖曳方形控制点，渐变区域缩小，如图 11-119 所示，效果如图 11-120 所示。

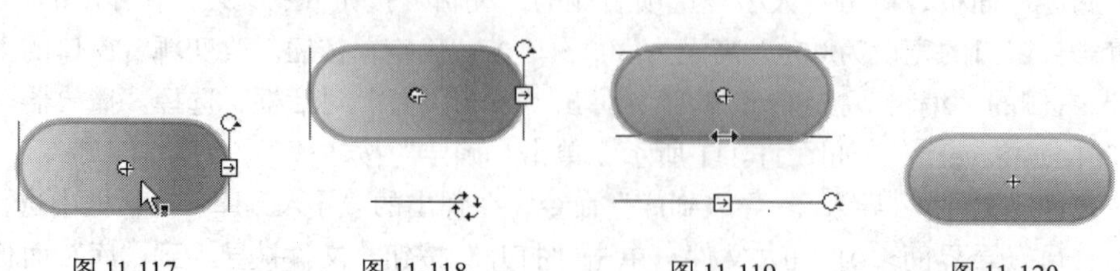

图 11-117　图 11-118　图 11-119　图 11-120

Step 07 选择“文本”工具，在文本“属性”面板中进行设置，在舞台窗口中输入白色文字

“登录”，选择“文本 > 样式 > 仿粗体”命令将文字转变为粗体，并放置到矩形内，效果如图 11-121 所示。

Step 08 选中“图层 1”的“指针”帧，按 F6 键，在该帧上插入关键帧。在舞台窗口中选择绿色的渐变图形。调出“颜色”面板，在“类型”选项下拉列表中选中“纯色”，将颜色设为绿色（#69AE06）。选中文字，将文字颜色设为黄色（#E8F500），效果如图 11-122 所示，用相同的方法制作按钮元件“清除”、“返回”，如图 11-123 所示。

图 11-121　　图 11-122　　图 11-123

2. 制作登录原始页面

Step 01 单击“时间轴”面板下方的“场景 1”图标 场景 1，进入“场景 1”的舞台窗口。将“图层 1”重新命名为“底色图”。分别将“库”面板中的位图“01”和按钮元件“确定”、“清除”拖曳到舞台窗口中，并放置到合适的位置，效果如图 11-124 所示。

Step 02 选中“确定”实例，选择“窗口 > 动作”命令，弹出“动作”面板，在动作面板中设置脚本语言（脚本语言的具体设置可以参考光盘中的实例原文件），“脚本窗口”中显示的效果如图 11-125 所示。

Step 03 选中“清除”实例，在“动作”面板中设置脚本语言，“脚本窗口”中显示的效果如图 11-126 所示。设置好动作脚本后，关闭“动作”面板。

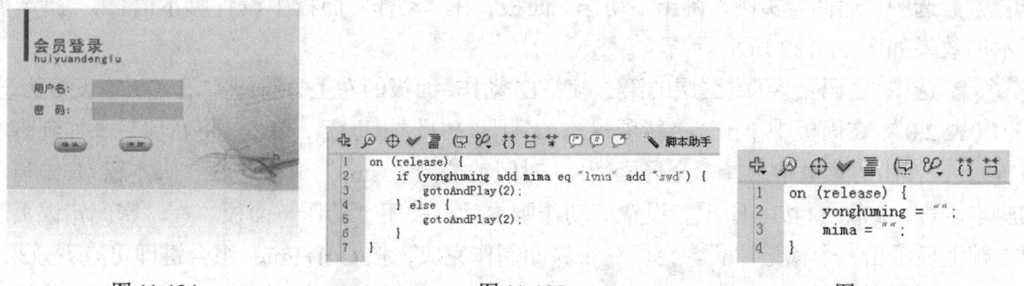

图 11-124　　图 11-125　　图 11-126

Step 04 单击“时间轴”面板下方的“新建图层”按钮，创建新图层并将其命名为“输入文本框”。选择“文本”工具 T，调出文本“属性”面板，选中“文本类型”选项下拉列表中的“输入文本”，在舞台窗口中绘制两个文本框，效果如图 11-127 所示。

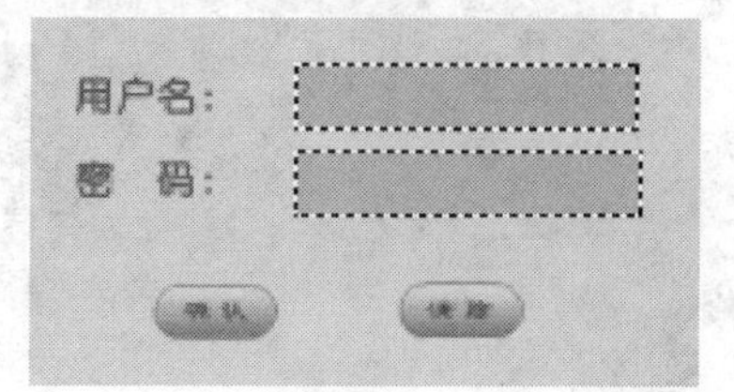

图 11-127

Step 05 选中“用户名”后面的文本框，调出输入文本“属性”面板，将“宽度”、“高度”选项分别设为 92、17.3，将文本颜色设为黑色，选中“行为”选项下拉列表中的“单行”，在

“变量”选项的文本框中输入“yonghuming”，如图 11-128 所示。

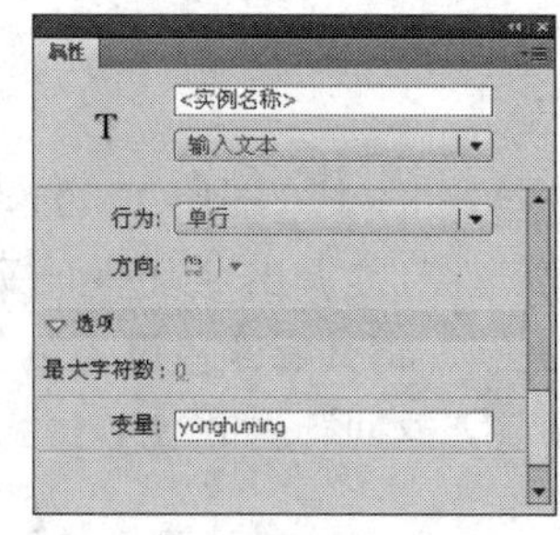

图 11-128

Step 06 选中“密码”后面的文本框，调出输入文本“属性”面板，将“宽度”、“高度”选项分别设为 124、16.1，将文本颜色设为黑色，选中“行为”选项下拉列表中的“密码”，在“变量”选项的文本框中输入“mima”，如图 11-129 所示。

Step 07 选中“输入文本框”图层的第 1 帧，调出“动作”面板，在面板的左上方将脚本语言版本设置为“Action Script 1.0 & 2.0”，在面板中单击“将新项目添加到脚本中”按钮，在弹出的菜单中选择“全局函数 > 时间轴控制 > stop”命令，如图 11-130 所示，在“脚本窗口”中显示出选择的脚本语言，设置好动作脚本后，关闭“动作”面板。在“输入文本”图层的第 1 帧上显示出一个标记“a”。

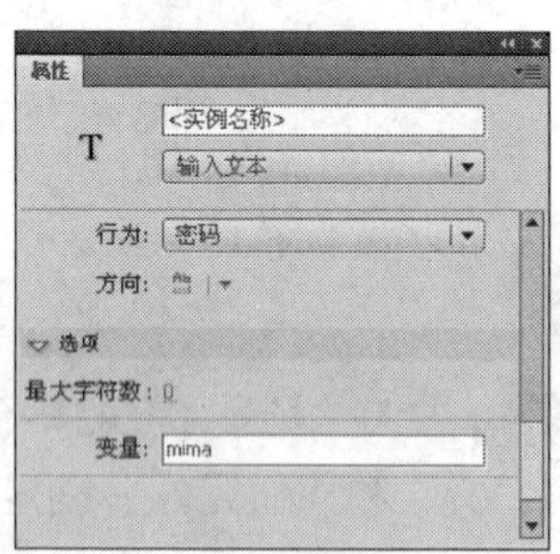

图 11-129

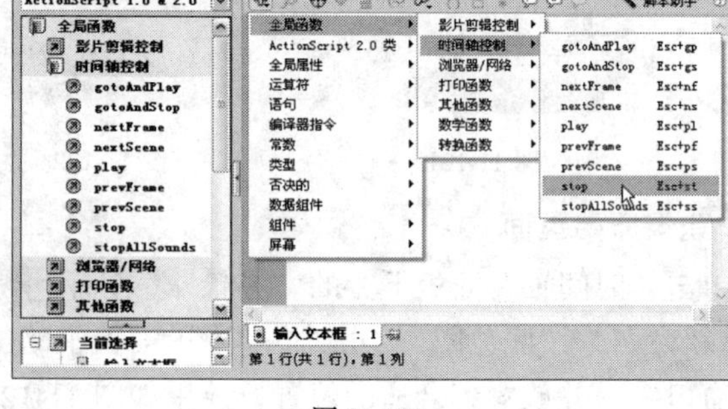

图 11-130

3．制作密码错误页面

Step 01 在“时间轴”面板中创建新图层并将其命名为“密码错误页”。选中“密码错误页”图层的第 2 帧，在该帧上插入关键帧。分别将“库”面板中的位图“02”和按钮元件“返回”拖曳到舞台窗口中，效果如图 11-131 所示。

Step 02 选中“返回”实例，调出“动作”面板，在“动作”面板中设置脚本语言，“脚本窗口”中显示的效果如图 11-132 所示。

Step 03 选中“密码错误页”图层的第 2 帧，在“动作”面板的左上方将脚本语言版本设置为“Action Script 1.0 & 2.0”，在面板中单击“将新项目添加到脚本中”按钮，单击“将新项目添加到脚本中”按钮，在弹出的菜单中选择“全局函数 > 时间轴控制 > stop”命令，在“脚本窗口”中显示出选择的脚本语言，如图 11-133 所示。设置好动作脚本后，关闭“动作”面板。在“密码错误页”图层的第 2 帧上显示出一个标记“a”。会员登录界面制作完成，按 Ctrl+Enter 组合键即可查看效果。

图 11-131

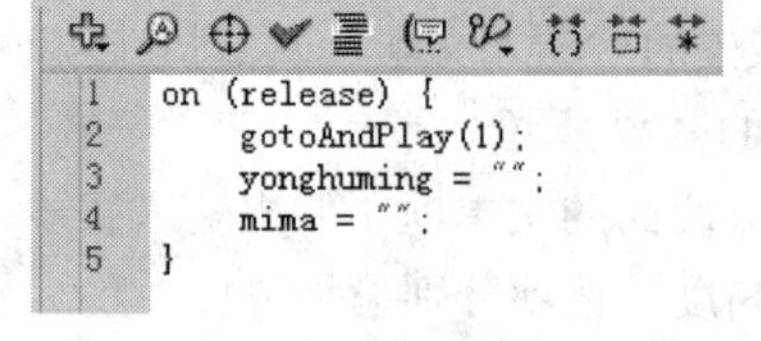

图 11-132

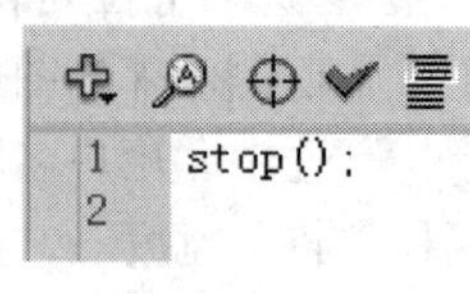

图 11-133

11.3.2　添加使用命令

（1）新建空白文档。选择“文件 > 导入 > 导入到库”命令，将文件导入到“库”面板中，如图 11-134 所示。选择“文件 > 导入 > 导入到舞台”命令，弹出“导入”对话框，在对话框中选择文件，单击“打开”按钮，弹出对话框，所有选项为默认值，单击“确定”按钮，文件被导入到舞台中，效果如图 11-135 所示。

（2）选择“文本”工具，选择文本工具“属性”面板，在“文本类型”选项的下拉列表中选中“动态文本”，其余选项设置如图 11-136 所示。用鼠标在舞台窗口中拖曳出文本框，输入文字“请输入密码”，效果如图 11-137 所示。选择文本工具“属性”面板，在“实例名称”选项的文本框中输入“info”，如图 11-138 所示。

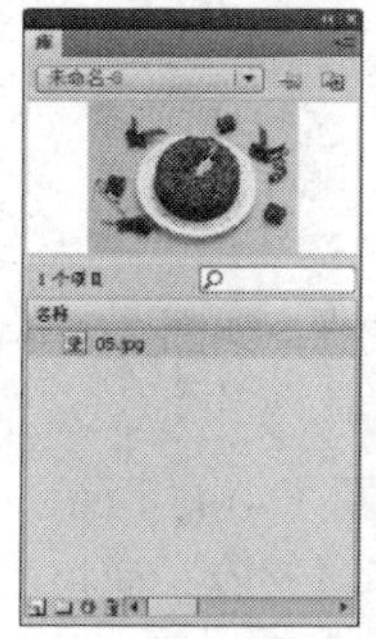
图 11-134

图 11-135

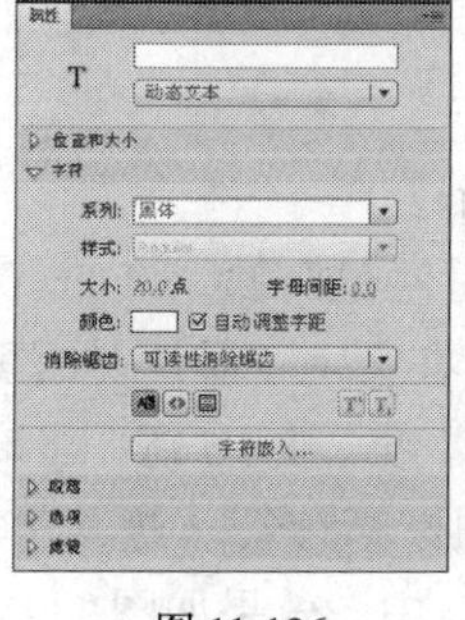
图 11-136

图 11-137

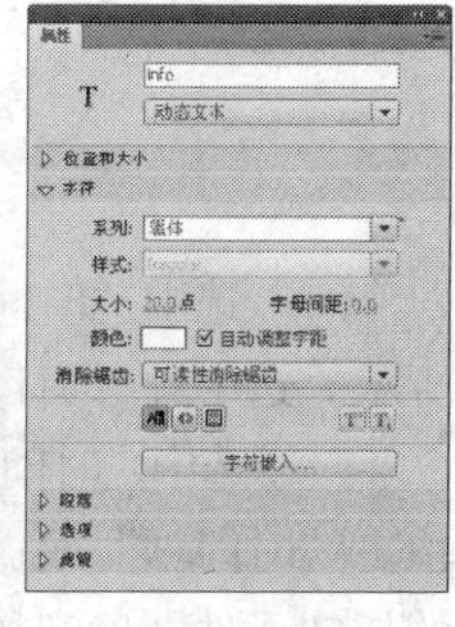
图 11-138

（3）单击舞台窗口的任意地方，取消对动态文本的选择。再次选择“文本”工具，选择文本工具“属性”面板，在“文本类型”选项的下拉列表中选中“输入文本”，其他选项值不变，在文字“请输入密码”的下方拖曳出一个文本框，效果如图 11-139 所示。

（4）选择“选择”工具，选中刚拖曳出的文本框，选择文本工具“属性”面板，在“实例名称”选项的文本框中输入“secret”，选中“在文本周围显示边框”按钮，将文本颜色设为黑色，将“行为”设为“密码”，如图 11-140 所示。

（5）在“库”面板下方单击“新建元件”按钮，弹出“创建新元件”对话框，在“名称”选项的文本框中输入“确定按钮”，选择“按钮”单选项，单击“确定”按钮，新建一个按钮元件“确定按钮”，舞台窗口也随之转换为按钮元件的舞台窗口。选择“矩形”工具在舞台窗口中绘制一个圆角矩形，如图 11-141 所示。

图 11-139

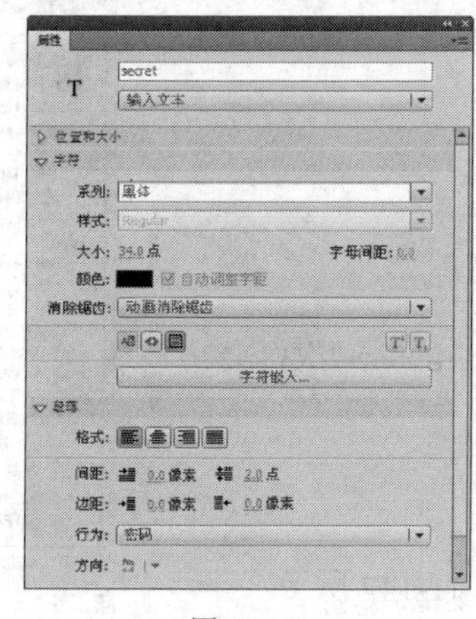
图 11-140

图 11-141

（6）选择“文本”工具 T，在文字“属性”面板中进行设置，如图 11-142 所示，输入文字“确定”如图 11-143 所示。

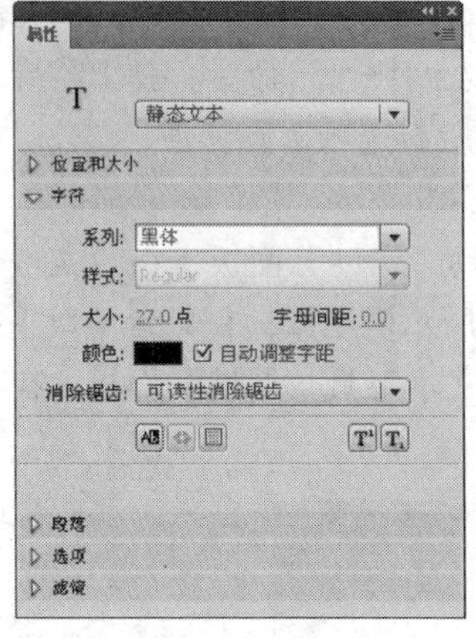

图 11-142

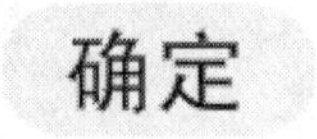

确定

图 11-143

（7）选中“时间轴”面板中的“指针经过”帧，按 F6 键，在该帧上插入关键帧，如图 11-144 所示。选中舞台窗口中的文字“确定”，在文字“属性”面板中将文本颜色设为红色。

（8）选中“时间轴”面板中的“按下”帧，按 F5 键，在该帧上插入普通帧，如图 11-145 所示。单击“时间轴”面板下方的“场景 1”图标 场景 1，进入“场景 1”的舞台窗口。将“库”面板中的按钮元件“确定按钮”拖曳到舞台窗口中，效果如图 11-146 所示。

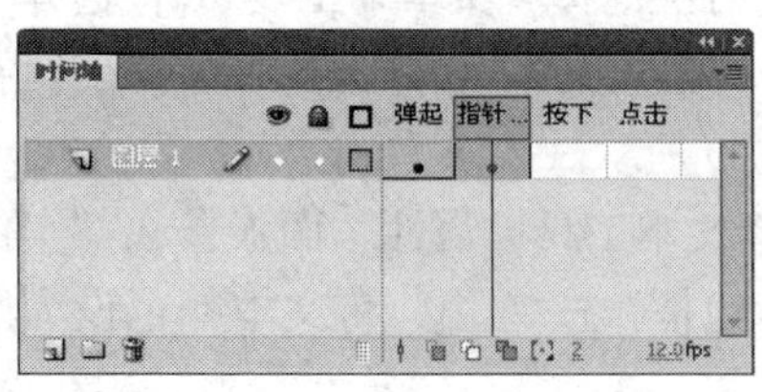

图 11-144

图 11-145

图 11-146

（9）选中按钮实例，选择“窗口 > 动作”命令，弹出“动作”面板（其快捷键为 F9 键），在面板的左上方将脚本语言版本设置为“ActionScript 1.0&2.0”，在“脚本窗口”中设置脚本语言。其中"123456"表示输入的正确密码信息。

```
on (release) {
if(secret.text=="123456")
{gotoAndPlay(2);}
else
{secret.text="";
times=times-1;
info.text="密码错误！还有"+times+"次机会";
}
if(times==0) gotoAndStop(3);
}
```

“动作”面板中的效果如图 11-147 所示。

图 11-147

（10）鼠标右键单击“时间轴”面板中的第 2 帧，在弹出的菜单中选择“插入空白关键帧”命令，如图 11-148 所示。将“库”面板中的位图“05”拖曳到第 2 帧所对应的舞台窗口中，效果如图 11-149 所示。

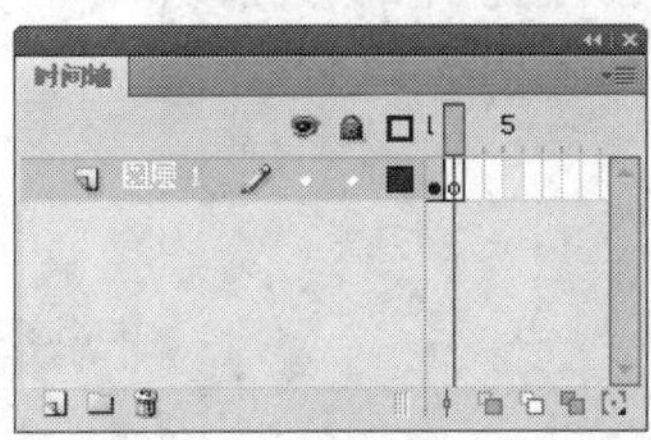

图 11-148

图 11-149

（11）用鼠标右键单击“时间轴”面板中的第 3 帧，在弹出的菜单中选择“插入空白关键帧”命令，如图 11-150 所示。选择“文本”工具 T，在文字“属性”面板中进行设置，如图 11-151 所示，在舞台中输入文字，如图 11-152 所示。

图 11-150

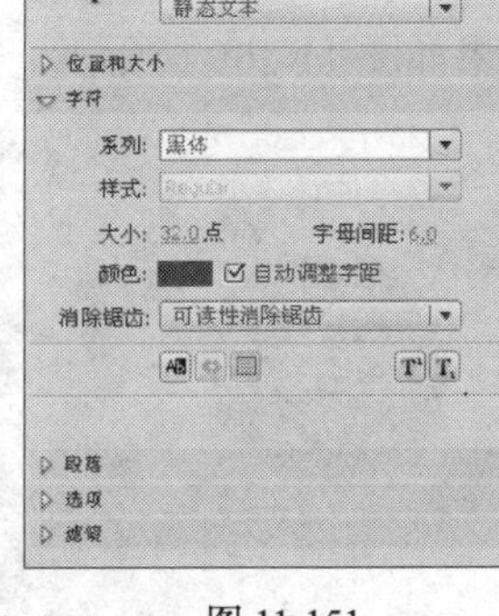

图 11-151

你已经没有机会了！

图 11-152

（12）选中“时间轴”面板中的第 1 帧，选择“动作”面板，在“脚本窗口”中设置脚本语言。其中“5”代表允许重新输入密码的次数。

```
stop( );
var times=5;
```

“动作”面板中的效果如图 11-153 所示。

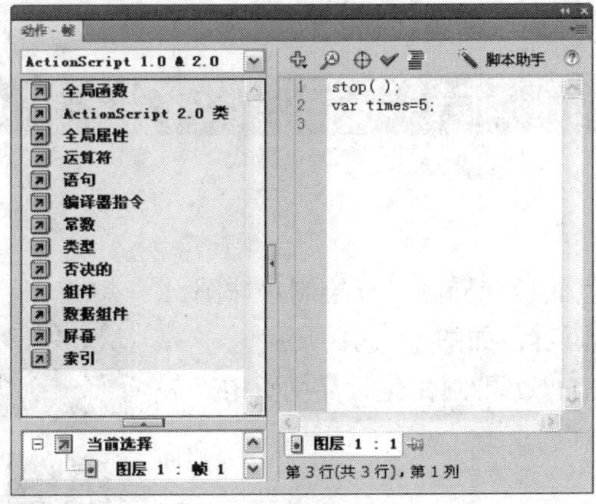

图 11-153

（13）选中“时间轴”面板中的第 2 帧，在“脚本窗口”中设置脚本语言，效果如图 11-154 所示。选中“时间轴”面板中的第 3 帧，在“脚本窗口”中设置脚本语言，效果如图 11-155 所示。“时间轴”面板中的效果如图 11-156 所示。

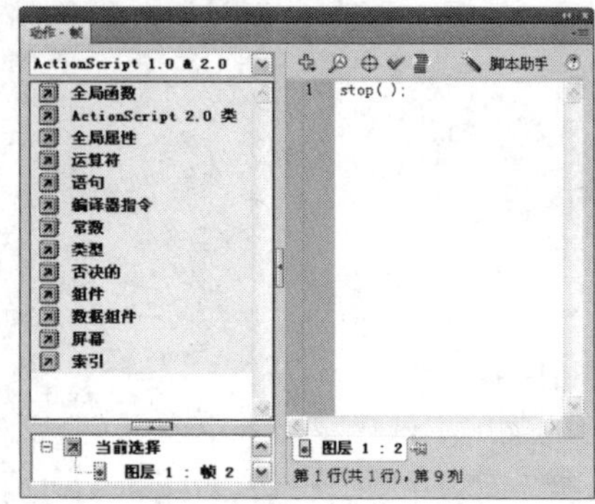

图 11-154

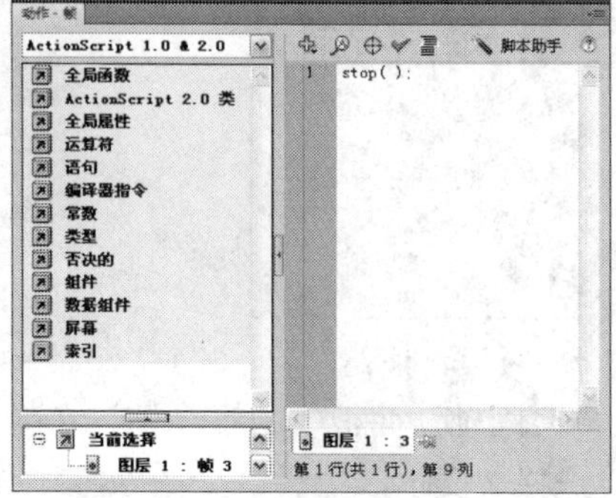

图 11-155

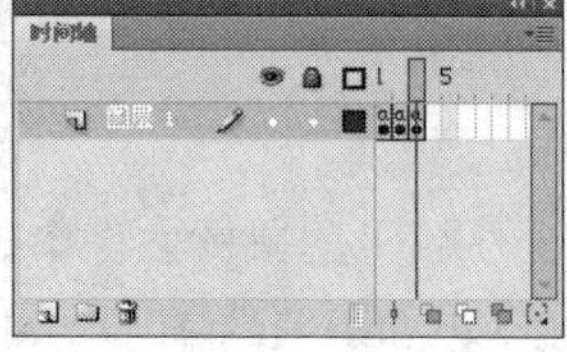

图 11-156

（14）按 Ctrl+Enter 组合键，查看动画效果。可以在动画开始界面的密码框中输入密码，单击“确定”按钮，效果如图 11-157 所示。当密码输入正确时，可以看到图像，效果如图 11-158 所示。当密码输入错误时，会出现提醒语句，效果如图 11-159 所示。

图 11-157

图 11-158

图 11-159

此动画设定 5 次重新输入密码的机会，当 5 次都输入错误时，会出现提示语句，表示已经不能再重新输入密码，效果如图 11-160 所示。

你已经没有机会了！

图 11-160

11.4 课堂练习——制作化妆品网页

练习知识要点：使用颜色面板和椭圆工具绘制水珠图形，使用动作面板添加脚本语言，如图 11-161 所示。

效果所在位置：光盘/Ch11/效果/制作化妆品网页.fla。

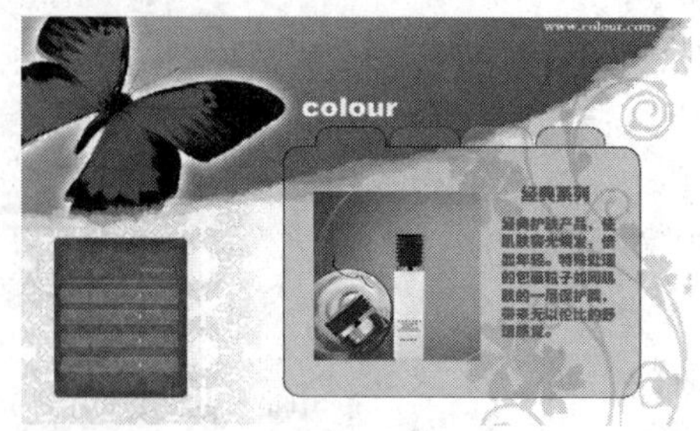

图 11-161

11.5 课后习题——制作好朋友相册

习题知识要点：使用变形面板改变元件的大小并旋转角度，使用属性面板改变图形的位置，使用动作面板为按钮添加脚本语言，如图 11-162 所示。

效果所在位置：光盘/Ch11/效果/制作好朋友相册.fla。

图 11-162

第12章 组件与行为

在 Flash CS4 中，系统预先设定了组件、行为、幻灯片、模板等功能来协助用户制作动画，从而提高制作效率。本章将分别介绍组件、行为、幻灯片、模板的分类及使用方法。读者通过学习要了解并掌握如何应用系统的自带功能高效地的完成动画的制作。

【教学目标】

- 组件与行为。
- 幻灯片。
- 模板。

12.1 组件与行为

组件是一些复杂的带有可以定义参数的影片剪辑符号。组件的目的在于让开发人员重用和共享代码，封装复杂功能，这样在没有“动作脚本”时也能使用和自定义这些功能。除了应用自定义的动作脚本，还可以应用行为控制文档中的影片剪辑和图形实例。行为是程序员预先编写好的动作脚本，用户可以根据自身需要来灵活运用脚本代码。

12.1.1　课堂案例——制作历史课件

案例学习目标：使用组件制作课件。

案例知识要点：使用库面板制作按钮元件，使用 Button 组件和 CheckBox 组件添加问题，使用动作面板设置脚本语言，如图 12-1 所示。

效果所在位置：光盘/Ch12/效果/制作历史课件.fla。

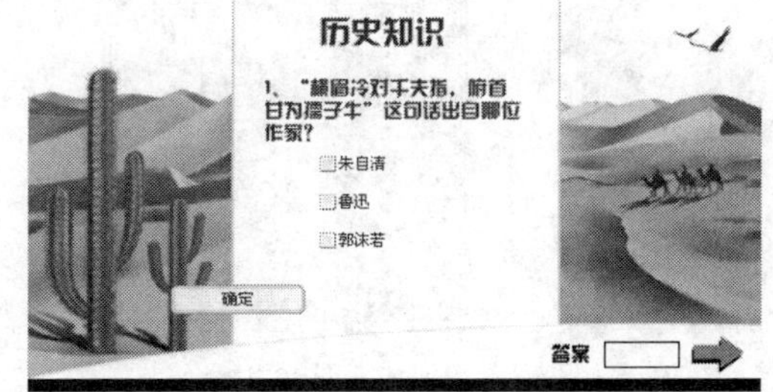

图 12-1

1．导入素材

Step 01 选择“文件 > 新建”命令，在弹出的“新建文档”对话框中选择“Flash 文件”选项，单击“确定”按钮，进入新建文档舞台窗口。按 Ctrl+F3 组合键，弹出文档“属性”面板，单击“大小”选项右侧的“编辑”按钮 编辑... ，弹出“文档属性”对话框，将“高”选项设为 300 像素，其他选项为默认设置，单击“确定”按钮。单击“配置文件”右侧的“编辑”按钮 编辑... ，弹出“发布设置”对话框，选择“播放器”选项下拉列表中的“Flash Player 8”，单击“确定”按钮。

Step 02 将“图层 1”重新命名为“背景图层”。选择“文件 > 导入 > 导入到舞台”命令，在弹出的“导入”对话框中选择“Ch12 > 素材 > 制作历史课件 > 底图”文件，单击“打开”按钮，文件被导入到舞台窗口中，在位图“属性”面板中进行设置，将图片放置在舞台窗口的中心位置，效果如图 12-2 所示。在“时间轴”面板中选中第 3 帧，按 F5 键，在该帧上插入普通帧。效果如图 12-3 所示。

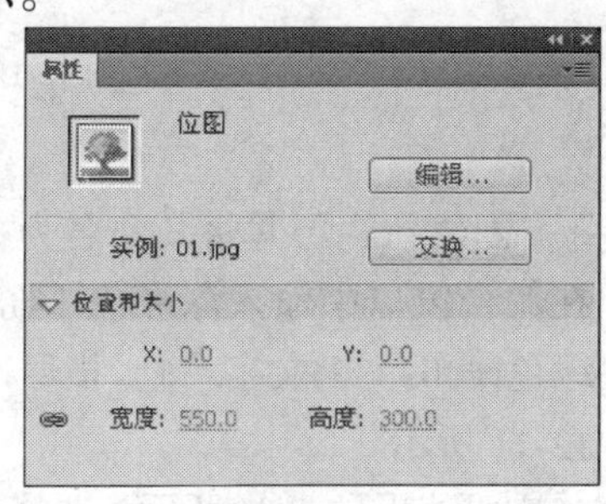

图 12-2

图 12-3

Step 03 调出“库”面板，在“库”面板下方单击“新建元件”按钮，弹出“创建新元件”对话框，在“名称”选项的文本框中输入“箭头”，在“类型”选项下拉列表中选择“按钮”选项，单击“确定”按钮，新建一个按钮元件“箭头”，如图 12-4 所示，舞台窗口也随之转换为按钮元件的舞台窗口。选择“文件 > 导入 > 导入到舞台”命令，在弹出的“导入”对话框中选择“Ch12 > 素材 > 制作历史课件 > 箭头”文件，单击“打开”按钮，图片被导入到舞台窗口中，效果如图 12-5 所示。

Step 04 单击“时间轴”面板下方的“场景 1”图标 场景 1，进入“场景 1”的舞台窗口。单击“时间轴”面板下方的“新建图层”按钮，创建新图层并将其命名为“箭头按钮”。将“库”面板中的按钮元件“箭头”拖曳到舞台窗口中，放置在底图的右下角，效果如图 12-6 所示。

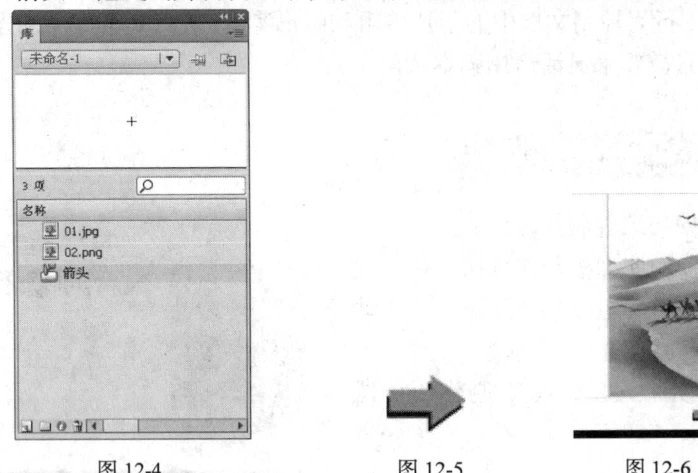

图 12-4　　图 12-5　　图 12-6

Step 05 在“时间轴”面板中分别选中“箭头按钮”图层的第 2 帧和第 3 帧，按 F6 键，在选中的帧上插入关键帧，如图 12-7 所示。

Step 06 选中第 1 帧，选中舞台窗口中的箭头实例，选择“窗口 > 动作”命令，弹出“动作”面板。在“脚本窗口”中输入脚本语言，如图 12-8 所示。

Step 07 选中第 2 帧，选中舞台窗口中的箭头实例，在“动作”面板的“脚本窗口”中输入脚本语言，效果如图 12-9 所示。选中第 3 帧，选中舞台窗口中的箭头实例，在“动作”面板的“脚本窗口”中输入脚本语言，效果如图 12-10 所示。

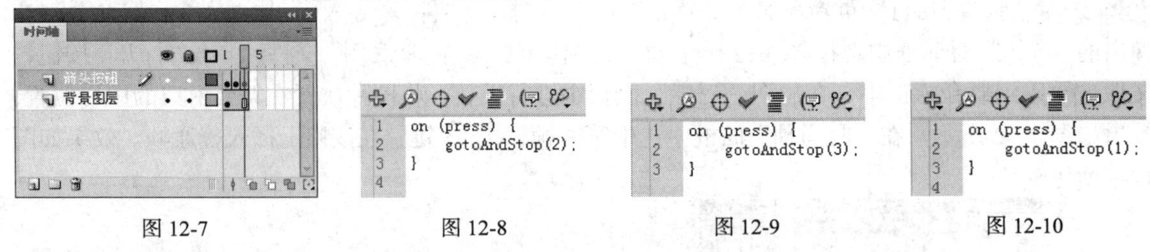

图 12-7　　图 12-8　　图 12-9　　图 12-10

2．添加问题

Step 01 单击“时间轴”面板下方的“新建图层”按钮，创建新图层并将其命名为“问题”。选择“文本”工具 T，在文本“属性”面板中进行设置，在舞台窗口中输入深绿色（#013E05）文字“历史知识”，将文字放置在白色的底图上，再输入墨绿色(#003333)文字“1、横眉冷对千夫指，俯首甘为孺子牛。这句话出自哪位作家？”，效果如图 12-11 所示。

Step 02 输入黑色文字“答案”，并将其放置在底图的下方，效果如图 12-12 所示。选择“文本”工具 T，选择文本“属性”面板，在“文本类型”选项的下拉列表中选择“动态文本”，如图 12-13 所示。

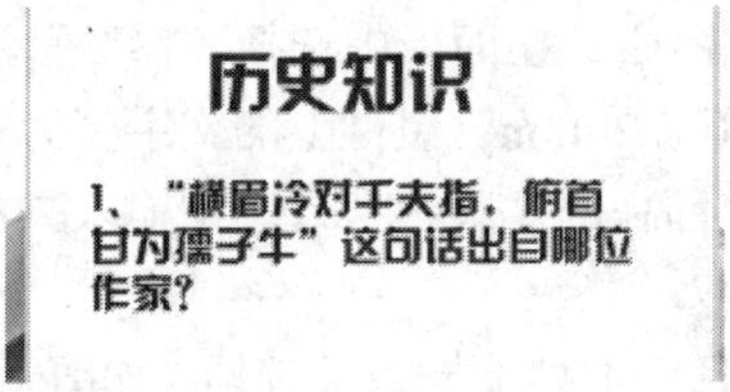

图 12-11

图 12-12

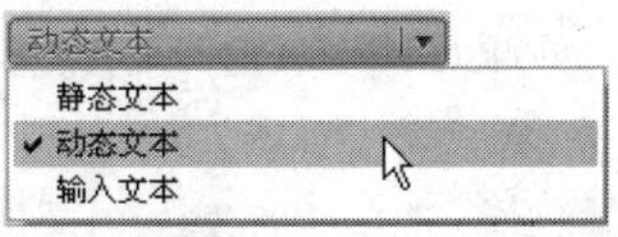

图 12-13

Step 03 在舞台窗口中文字“答案”的右侧拖曳出动态文本框，效果如图 12-14 所示。选中动态文本框，在动态文本“属性”面板中选中“在文本周围显示边框”按钮，在“变量”选项的文本框中输入“answer”，如图 12-15 所示。舞台中的动态文本框效果如图 12-16 所示。

图 12-14

图 12-15

图 12-16

Step 04 选中“问题”图层的第 2 帧和第 3 帧，按 F6 键，在选中的帧上插入关键帧。选中第 2 帧，将舞台窗口中的文字更改为文字“2.“相煎太急”这句成语出自哪位历史人物？”效果如图 12-17 所示。选中第 3 帧，将舞台窗口中的文字更改为文字“3.“四面楚歌”这句成语中说的历史人物是谁？”效果如图 12-18 所示。

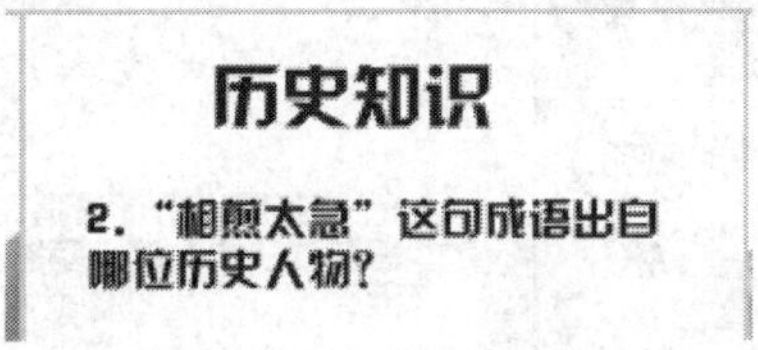

图 12-17

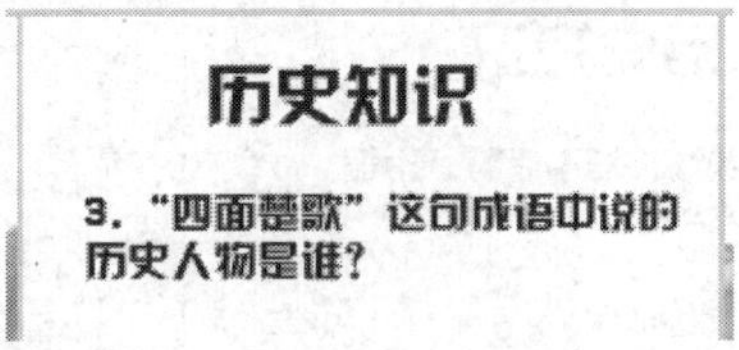

图 12-18

3. 添加答案

Step 01 单击“时间轴”面板下方的“新建图层”按钮，创建新图层并重命名为“答案”，如图 12-19 所示。选择“窗口 > 组件”命令，弹出“组件”面板，选中“User Interface”组中的“Button”组件，将“Button”组件拖曳到舞台窗口中，放置在底图的左侧，效果如图 12-20 所示。

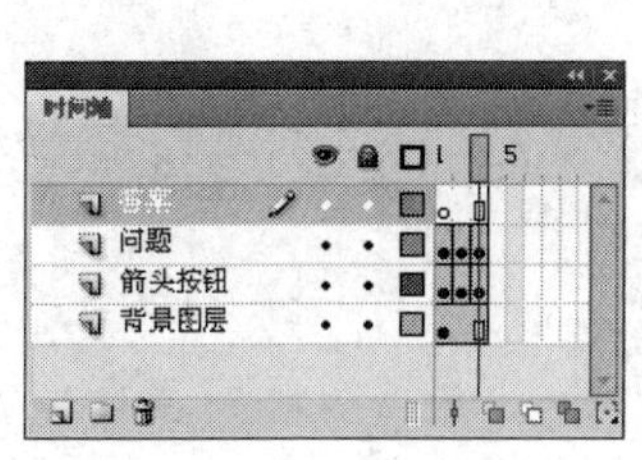

图 12-19

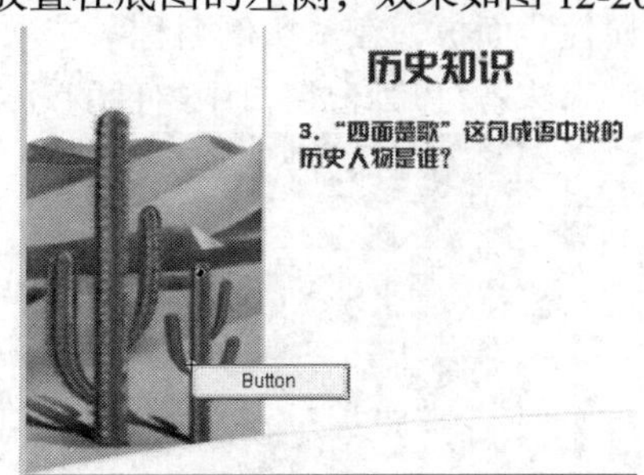

图 12-20

Step 02 选中“Button”组件，选择“窗口 > 组件检查器”命令，在面板中选择“参数”选项卡，在“label”选项的文本框中输入“确定”，如图 12-21 所示。“Button”组件上的文字变为“确定”，效果如图 12-22 所示。选中“Button”组件，在“动作”面板的“脚本窗口”中输入脚本语言，如图 12-23 所示。

Step 03 选中“答案”图层的第 2 帧和第 3 帧，按 F6 键，在选中的帧上插入关键帧，如图 12-24 所示。选中“答案”图层的第 1 帧，在“组件”面板中，选中“User Interface”组中的“CheckBox”组件 ☒。

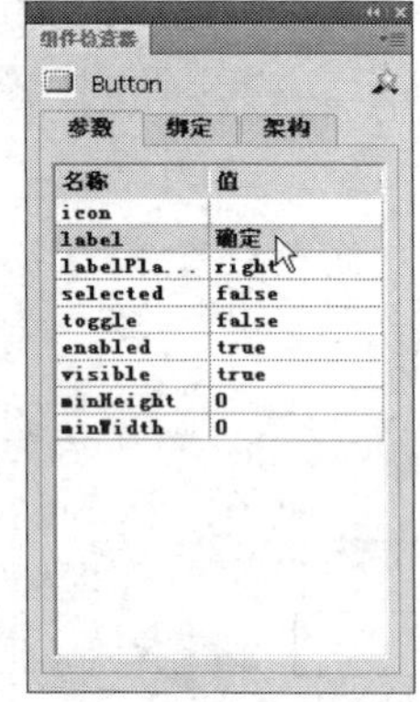

图 12-21

图 12-22

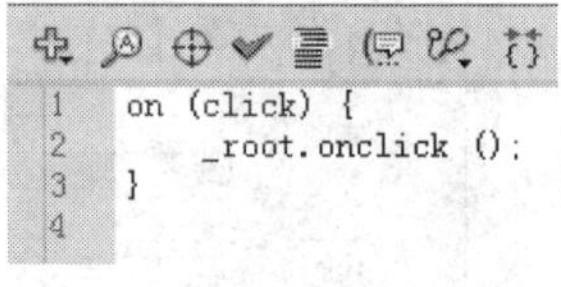

图 12-23

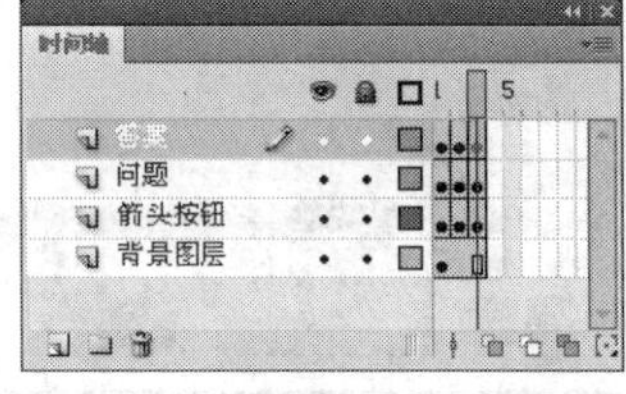

图 12-24

Step 04 将“CheckBox”组件拖曳到舞台窗口中，放置在问题文字的下方，效果如图 12-25 所示。选中“CheckBox”组件，选择组件“属性”面板，在“实例名称”选项的文本框中输入“zhuziqing”，如图 12-26 所示。在“组件检查器”面板中选择“参数”选项卡，在“label”选项的文本框中输入“朱自清”，“CheckBox”组件上的文字变为“朱自清”，效果如图 12-27 所示。

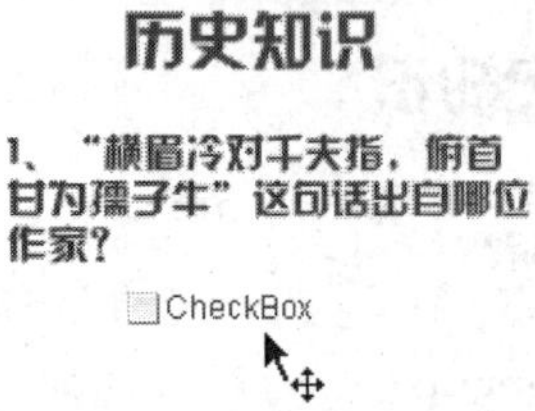

图 12-25

图 12-26

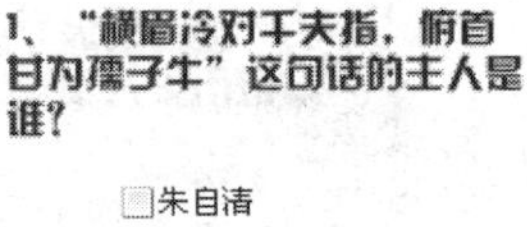

图 12-27

Step 05 用相同的方法再拖曳到舞台中 1 个“CheckBox”组件，选择“属性”面板，在“实例名称”选项的文本框中输入“luxun”，如图 12-28 所示。在“组件检查器”面板中选择“参数”选项卡，在“label”选项的文本框中输入“鲁迅”，如图 12-29 所示。再拖曳到舞台中 1 个“CheckBox”组件，选择“属性”面板，在“实例名称”选项的文本框中输入“guomoruo”，在“label”选项的文本框中输入“郭沫若”，舞台窗口中组件的效果如图 12-30 所示。

图 12-28

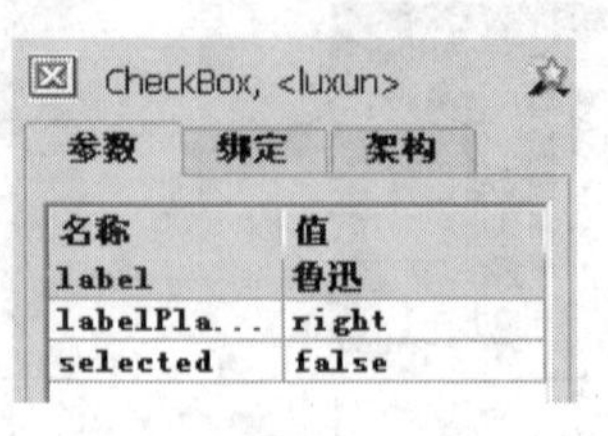

图 12-29

图 12-30

Step 06 在舞台窗口中选中组件“朱自清”，在“动作”面板的“脚本窗口”中输入脚本语言，如图 12-31 所示。在舞台窗口中选中组件“鲁迅”，在“动作”面板的“脚本窗口”中输入脚本语言，如图 12-32 所示。在舞台窗口中选中组件“郭沫若”，在“动作”面板的“脚本窗口”中输入脚本语言，如图 12-33 所示。

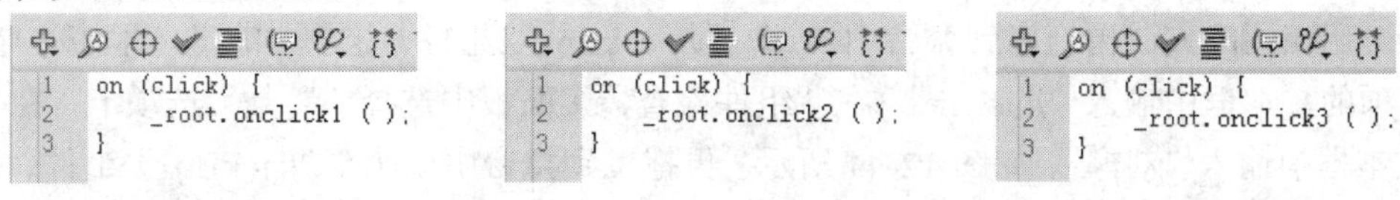

图 12-31　　图 12-32　　图 12-33

Step 07 选中“答案”图层的第 2 帧，将“组件检查器”面板中的“CheckBox”组件拖曳到舞台窗口中。选择组件“属性”面板，在“实例名称”选项的文本框中输入“caozhi”，如图 12-34 所示，在“组件检查器”面板中选择“参数”选项卡，在“label”选项的文本框中输入“曹植”，如图 12-35 所示，“CheckBox”组件上的文字变为“曹植”，效果如图 12-36 所示。

图 12-34

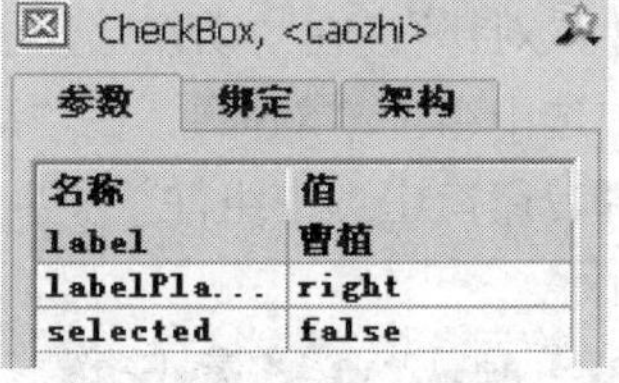

图 12-35

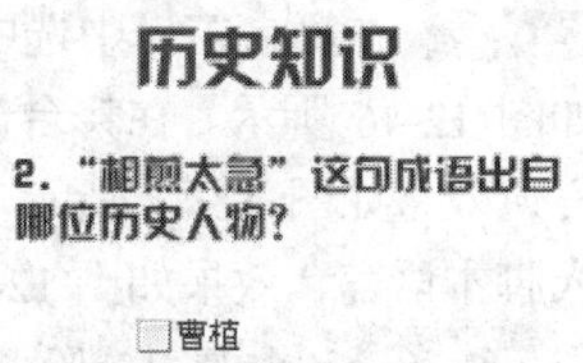

图 12-36

Step 08 用相同的方法再拖曳到舞台中 1 个“CheckBox”组件，选择组件“属性”面板，在“实例名称”选项的文本框中输入“linxiangru”，在“组件检查器”面板中选择“参数”选项卡，在“label”选项的文本框中输入“蔺相如”，如图 12-37 所示。再拖曳到舞台中 1 个“CheckBox”组件，选择组件“属性”面板，在“实例名称”选项的文本框中输入“caocao”，在“组件检查器”面板中选择“参数”选项卡，在“label”选项的文本框中输入“曹操”，舞台窗口中组件的效果如图 12-38 所示。

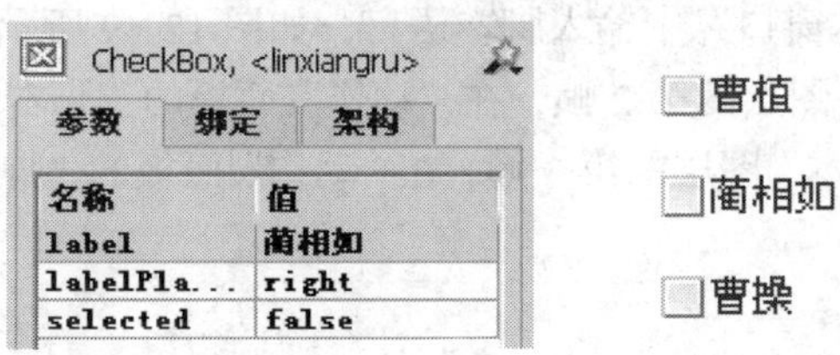

图 12-37　　图 12-38

Step 09 在舞台窗口中选中组件“曹植”，在“动作”面板的“脚本窗口”中输入脚本语言，效果如图 12-39 所示。在舞台窗口中选中组件“蔺相如”，在“动作”面板的“脚本窗口”中输入脚本语言，效果如图 12-40 所示。在舞台窗口中选中组件“曹操”，在“动作”面板的“脚本窗口”中输入脚本语言，效果如图 12-41 所示。

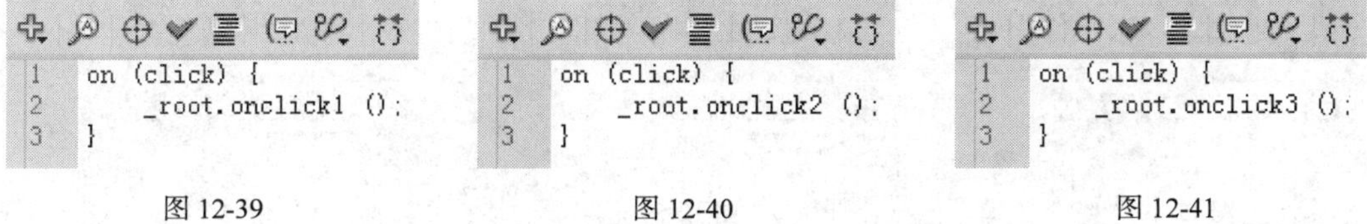

图 12-39　　图 12-40　　图 12-41

Step 10 选中“答案”图层的第 3 帧，将“组件检查器”面板中的“CheckBox”组件拖曳到舞台窗口中。选择组件“属性”面板，在“实例名称”选项的文本框中输入“liubang”，在“组件检查器”面板中选择“参数”选项卡，在“label”选项的文本框中输入“刘邦”，效果如图 12-42 所示，“CheckBox”组件上的文字变为“刘邦”，效果如图 12-43 所示。

Step 11 用相同的方法再拖曳到舞台中 1 个“CheckBox”组件，选择“属性”面板，在“实例名称”选项的文本框中输入“liuchan”，在“组件检查器”面板中选择“参数”选项卡，在“label”选项的文本框中输入“刘禅”，如图 12-44 所示。再拖曳到舞台中 1 个“CheckBox”组件，选择“属性”面板，在“实例名称”选项的文本框中输入“xiangyu”，在“label”选项的文本框中输入“项羽”，舞台窗口中组件的效果如图 12-45 所示。

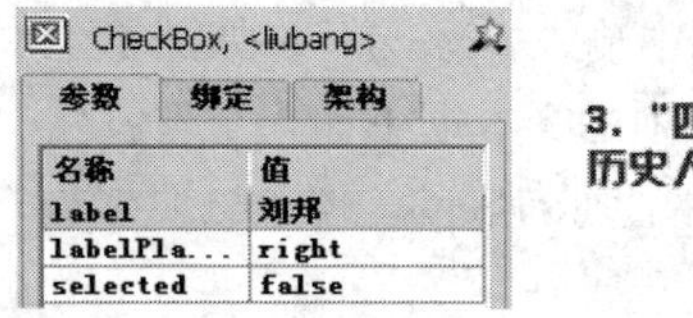

图 12-42

3. “四面楚歌”这句成语中说的历史人物是谁?

刘邦

图 12-43

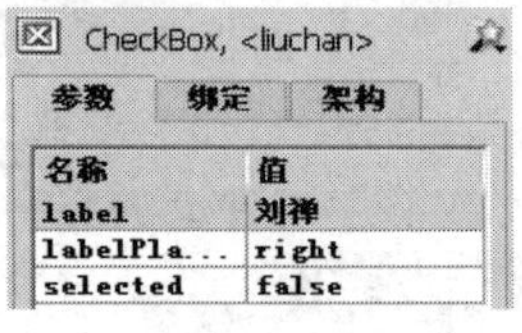

图 12-44

刘邦

刘禅

项羽

图 12-45

Step 12 在舞台窗口中选中组件“刘邦”，在“动作”面板的“脚本窗口”中输入脚本语言，效果如图 12-46 所示。在舞台窗口中选中组件“刘禅”，在“动作”面板的“脚本窗口”中输入脚本语言，效果如图 12-47 所示。在舞台窗口中选中组件“项羽”，在“动作”面板的“脚本窗口”中输入脚本语言，效果如图 12-48 所示。

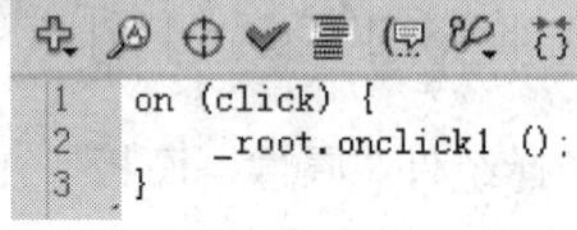

图 12-46

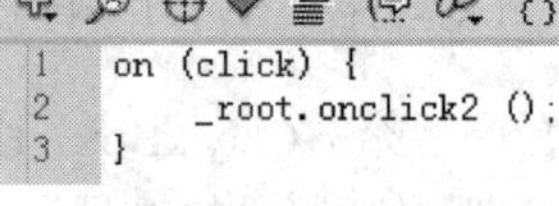

图 12-47

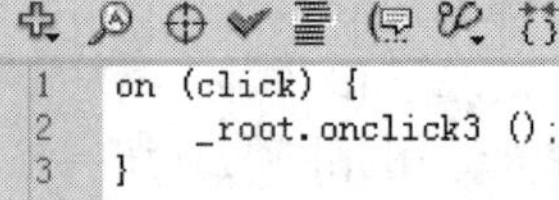

图 12-48

4．添加脚本语言

Step 01 单击“时间轴”面板下方的“新建图层”按钮，创建新图层并将其命名为“动作脚本”。选中第 2 帧和第 3 帧，按 F6 键，在选中的帧上插入关键帧。选中“动作脚本”图层的第 1 帧，在“动作”面板的“脚本窗口”中输入脚本语言，如图 12-49 所示。

Step 02 选中“动作脚本”图层的第 2 帧，在“动作”面板的“脚本窗口”中输入脚本语言，如图 12-50 所示。选中“动作脚本”图层的第 3 帧，在“动作”面板的“脚本窗口”中输入脚本语言，如图 12-51 所示。

```
stop();

function onclick () {
    if (luxun.selected == true) {
        answer = "正确";
    } else {
        answer = "错误";
    }
}
function onclick1 () {
    luxun.selected = false;
    guomoruo.selected = false;
    answer = "";
}
function onclick2 () {
    zhuziqing.selected = false;
    guomoruo.selected = false;
    answer = "";
}
function onclick3 () {
    zhuziqing.selected = false;
    luxun.selected = false;
    answer = "";
}
```

图 12-49

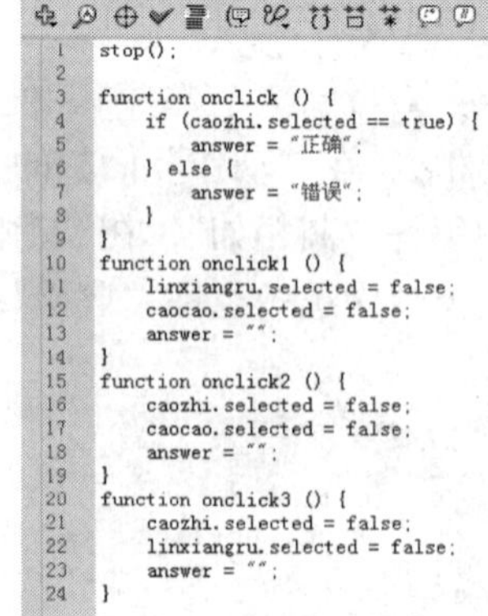

图 12-50

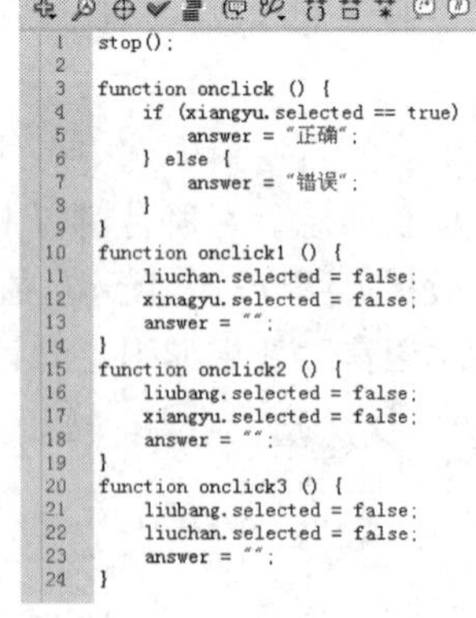

图 12-51

Step 03 “时间轴”面板和舞台窗口中的效果如图 12-52、图 12-53 所示。历史课件制作完成，按 Ctrl+Enter 组合键即可查看效果。

图 12-52

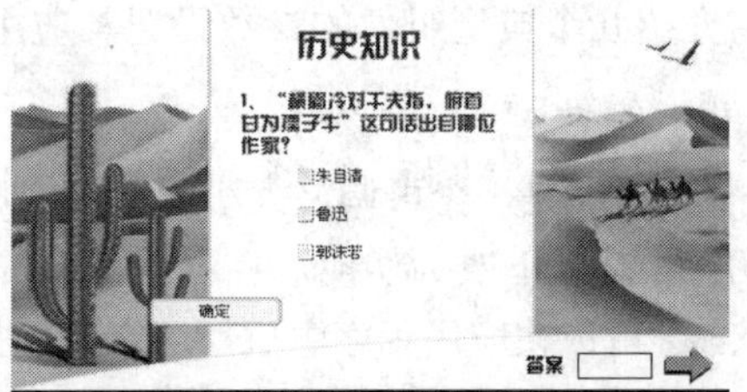

图 12-53

12.1.2 设置组件

选择“窗口 > 组件”命令，弹出“组件”面板，如图 12-54 所示。组件包含 2 个类别：用户界面组件（User Interface）和控制视频播放组件（Video）。

可以在“组件”面板中双击要使用的组件，如图 12-55 所示，组件显示在舞台窗口中，如图 12-56 所示。

还可以在“组件”面板中选中要使用的组件，将其直接拖曳到舞台窗口中，如图 12-57 和图 12-58 所示。

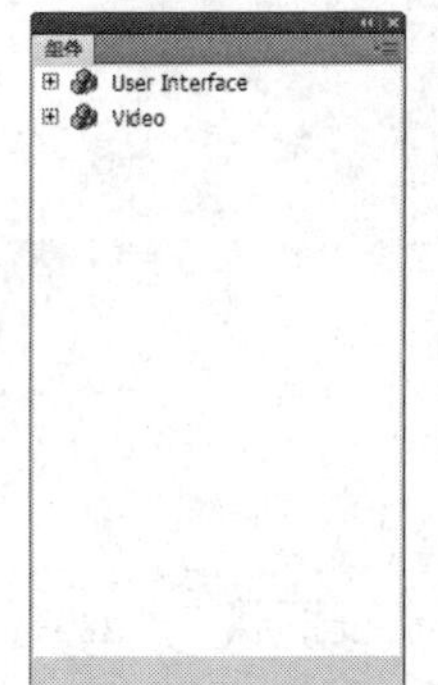

图 12-54

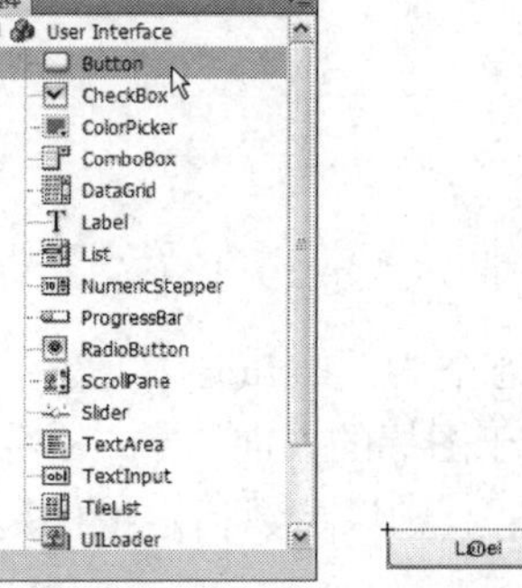

图 12-55

图 12-56

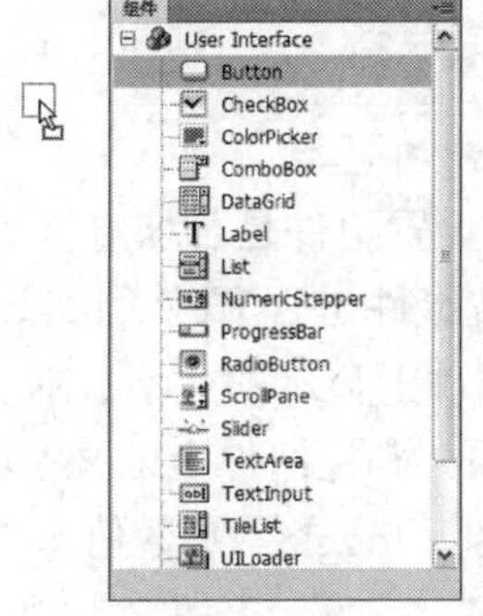

图 12-57

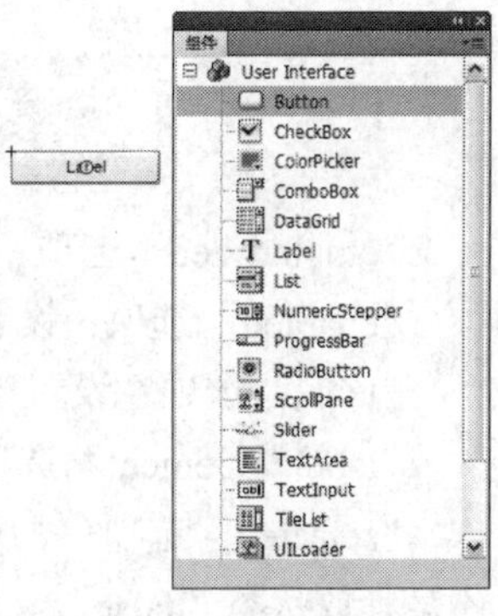

图 12-58

在“组件”面板中，将 ComboBox 组件拖曳到舞台窗口中，如图 12-59 所示，按 Ctrl+F3 组合键，弹出“属性”面板，在面板右下方单击“组件检查器面板”按钮，弹出“组件检查器”面板，如图 12-60 所示。

可以在参数值上单击，在数值框中输入数值，如图 12-61 所示，也可在其下拉列表中选择相应的选项，如图 12-62 所示。还可以选择“窗口 > 组件检查器”命令，弹出“组件检查器”面板，在面板中设置组件的参数。

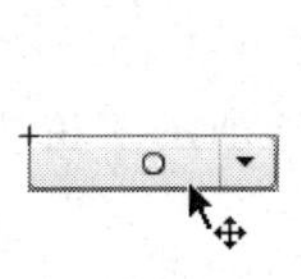

图 12-59

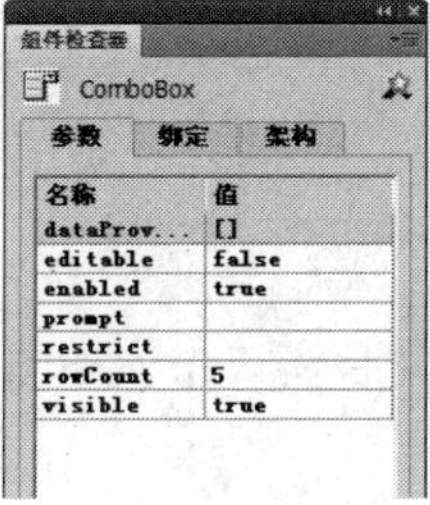

图 12-60

图 12-61

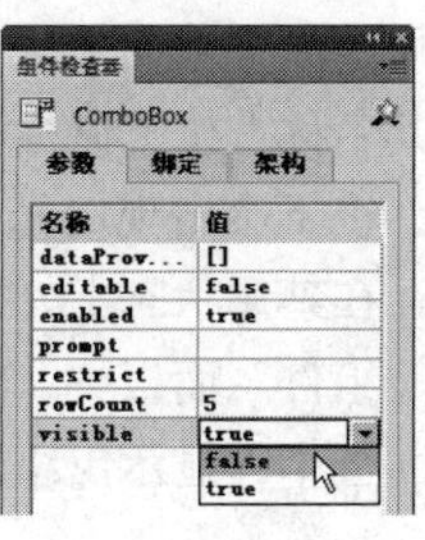

图 12-62

12.1.3 组件分类与应用

下面将介绍几个典型组件的参数设置与应用。

1. Button 组件

Button 组件是一个可调整大小的矩形用户界面按钮，可以给按钮添加一个自定义图标，也可以将按钮的行为从按下改为切换。在单击切换按钮后，它将保持按下状态，直到再次单击时才会返回到弹起状态。可以在应用程序中启用或者禁用按钮。在禁用状态下，按钮不接受鼠标或键盘输入。

在“组件”面板中，将 Button 组件拖曳到舞台窗口中，如图 12-63 所示。在“组件检查器”面板中，显示出组件的参数，如图 12-64 所示。

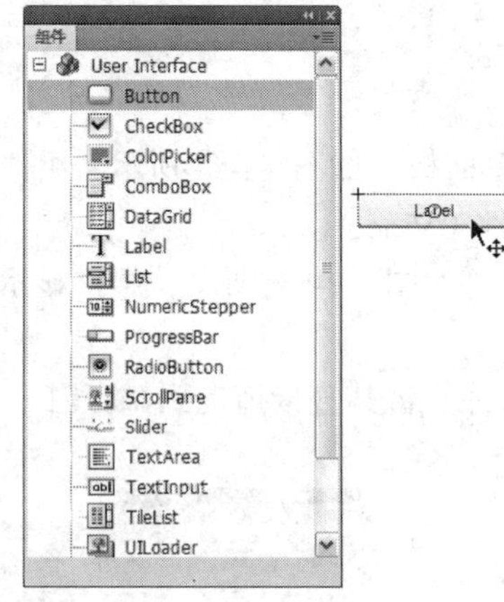

图 12-63

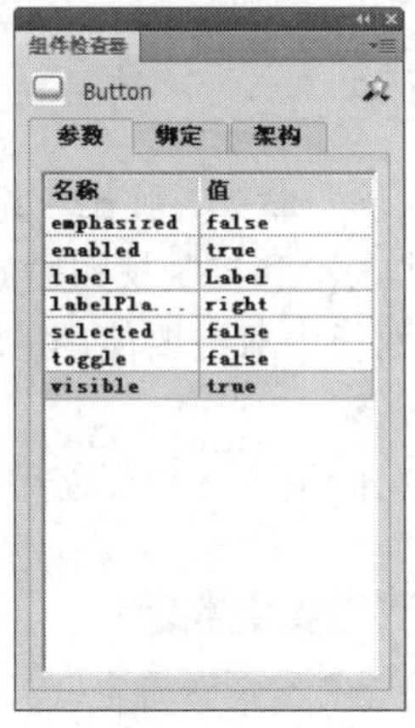

图 12-64

“emphasized”选项：设置组件是否加重显示。

“enabled”选项：设置组件是否为激活状态。

“label”选项：设置组件上显示的文字，默认状态下为“Button”。

“labelPlacement”选项：确定组件上的文字相对于图标的方向。

“selected”选项：如果“toggle”参数值为“true”，则该参数指定组件是处于按下状态“true”还是释放状态“false”。

“toggle”选项：将组件转变为切换开关。如果参数值为“true”，那么按钮在按下后保持按下状态，直到再次按下时才返回到弹起状态；如果参数值为“false”，那么按钮的行为与普通按钮相同。

“visible”选项：设置组件的可见性。

2. CheckBox 组件

复选框是一个可以选中或取消选中的方框。可以在应用程序中启用或者禁用复选框。如果复选框已启用，用户单击它或者它的名称，复选框会出现对号标记显示为选中状态。如果用户在复选框或其名称上按下鼠标后，将鼠标指针移动到复选框或其名称的边界区域之外，那么复选框没有被选中，也不会出现对号标记。如果复选框被禁用，它会显示其禁用状态，而不响应用户的交互操作。在禁用状态下，按钮不接受鼠标或键盘输入。

在“组件”面板中，将 CheckBox 组件拖曳到舞台窗口中，如图 12-65 所示。在 “组件检查器”面板中，显示出组件的参数，如图 12-66 所示。

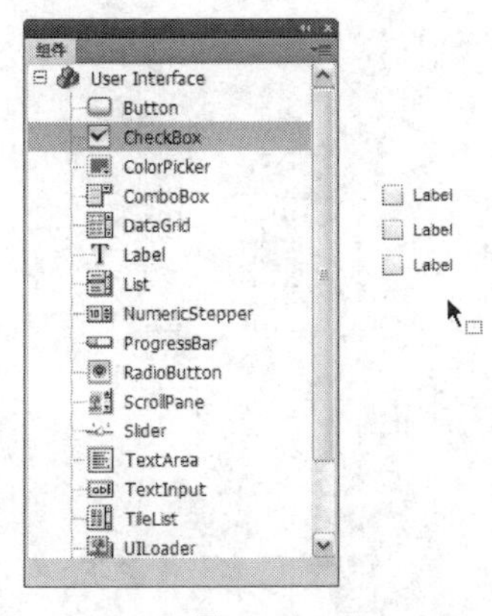

图 12-65

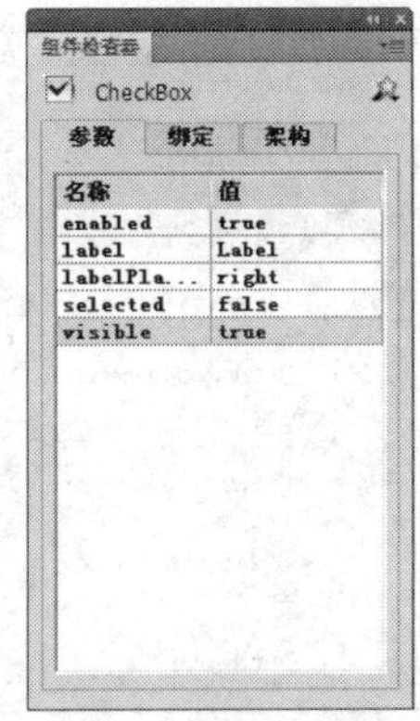

图 12-66

"enabled"选项：设置组件是否为激活状态。

"label"选项：设置组件的名称，默认状态下为"CheckBox"。

"labelPlacement"选项：设置名称相对于组件的位置，默认状态下，名称在组件的右侧。

"selected"选项：将组件的初始值设为选中"true"或取消选中"false"。

"visible"选项：设置组件的可见性。

下面将介绍 CheckBox 组件☑的应用方法。

将 CheckBox 组件☑拖曳到舞台窗口中，选择"属性"面板，在"label"选项的文本框中输入"一年级一班"，如图 12-67 所示，组件的名称也随之改变，如图 12-68 所示。

用相同的方法再制作两个组件，如图 12-69 所示。按 Ctrl+Enter 组合键，测试影片，可以随意的勾选多个复选框，如图 12-70 所示。在"labelPlacement"选项中可以选择名称相对于复选框的位置，如果选择"left"，那么名称在复选框的左侧，如图 12-71 所示。如果将"一年级一班"组件的"selected"选项设定为"true"，那么"一年级一班"复选框的初始状态为被选中，如图 12-72 所示。

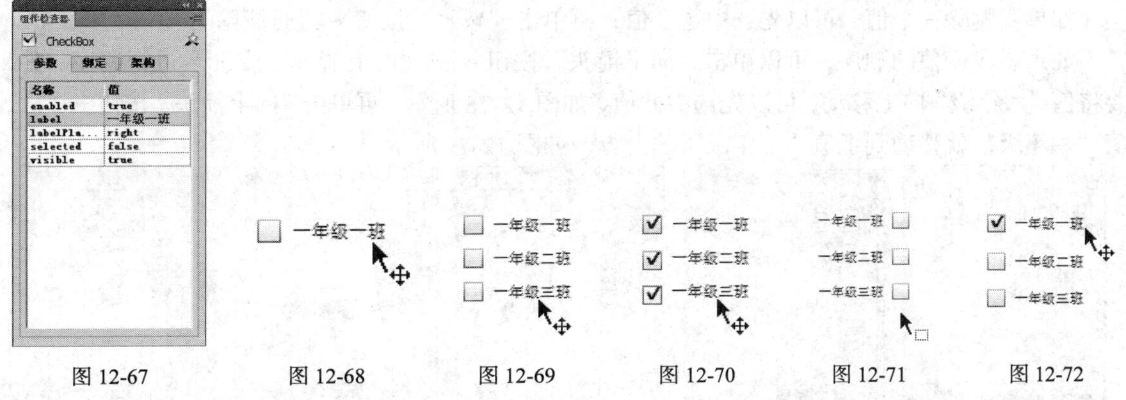

图 12-67　　图 12-68　　图 12-69　　图 12-70　　图 12-71　　图 12-72

3．ComboBox 组件

ComboBox 组件可以向 Flash 影片中添加可滚动的单选下拉列表。组合框可以是静态的，也可以是可编辑的。使用静态组合框，用户可以从下拉列表中做出一项选择。使用可编辑的组合框，用户可以在列表顶部的文本框中直接输入文本，也可以从下拉列表中选择一项。如果下拉列表超出文档底部，该列表将会向上打开，而不是向下。

在"组件"面板中，将 ComboBox 组件拖曳到舞台窗口中，如图 12-73 所示。在"组件检查器"面板中，显示出组件的参数，如图 12-74 所示。

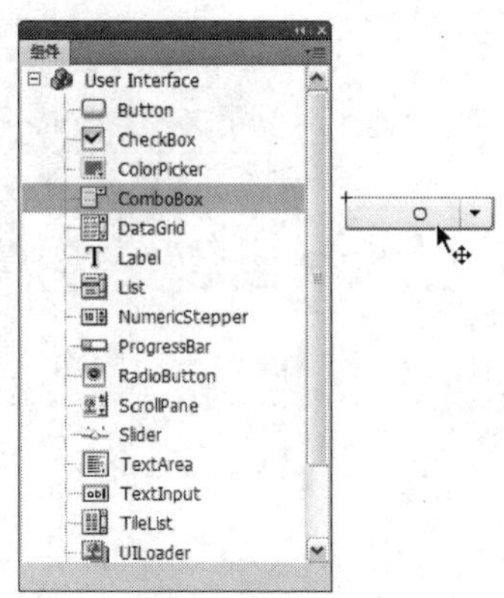

图 12-73

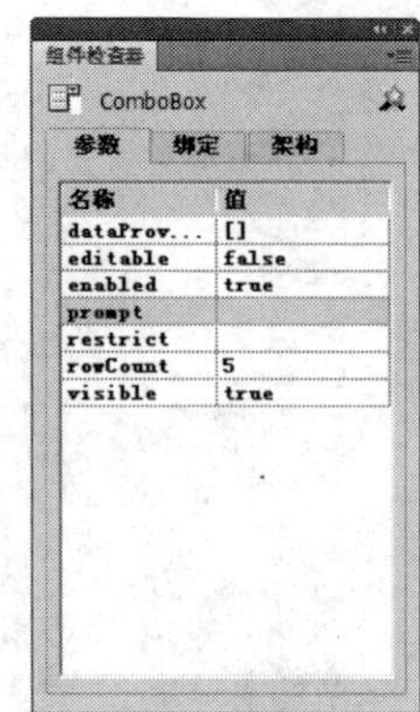

图 12-74

“dataProvider”选项：设置下拉列表中显示的内容。

“editable”选项：设置组件为可编辑的“true”还是静态的“false”。

“enabled”选项：设置组件是否为激活状态。

“prompt”选项：设置组件的初始显示内容。

“restrict”选项：设置限定的范围。

“rowCount”选项：设置在组件下拉列表中不使用滚动条的话，一次最多可显示的项目数。

“visible”选项：设置组件的可见性。

下面将介绍 ComboBox 组件的应用方法。

将 ComboBox 组件拖曳到舞台窗口中，选择“组件检查器”面板，单击“dataProvider”选项，右侧出现“放大镜”按钮，单击按钮，弹出“值”对话框，如图 12-75 所示，在对话框中单击“加号”按钮，单击“值”，输入第一个要显示的值文字“一年级”，如图 12-76 所示。

用相同的方法设置多个值，如图 12-77 所示。

如果要删除一个值，可以先选中这个值，再单击“减号”按钮进行删除。

如果要改变值的顺序，可以单击“向下箭头”按钮或“向上箭头”按钮进行调序。如果要将值“六年级”向上移动，可以先选中此值，如图 12-78 所示，再单击“向上箭头”按钮 3 次，值“六年级”就移动到了值“三年级”的上方，如图 12-79 所示。

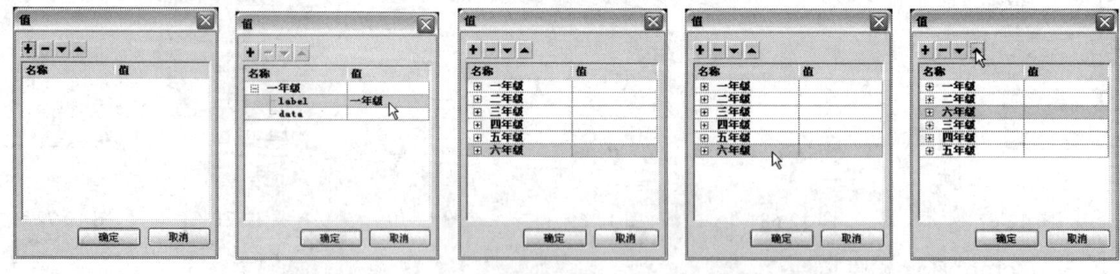

图 12-75　　图 12-76　　图 12-77　　图 12-78　　图 12-79

设置好值后，单击“确定”按钮，“组件检查器”面板的显示如图 12-80 所示。

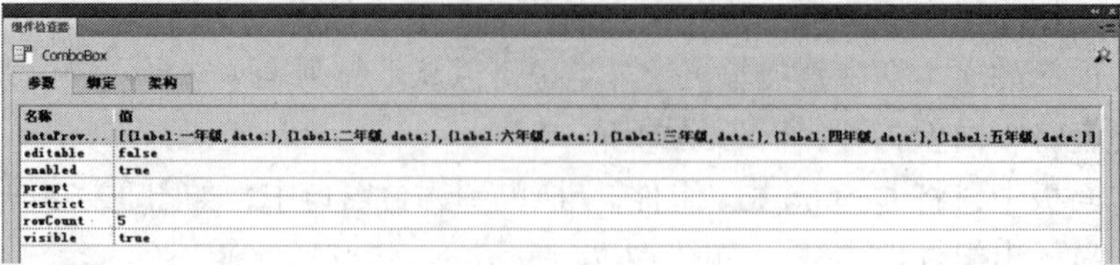

图 12-80

按 Ctrl+Enter 组合键，测试影片，显示下拉列表，下拉列表中的选项为刚才设置好的值，可以拖曳滚动条来查看选项，如图 12-81 所示。

如果在组件“属性”面板中将“rowCount”选项的数值设置为 9，如图 12-82 所示，表示下拉列表不使用滚动条，一次最多可显示的项目数为 9。按 Ctrl+Enter 组合键，测试影片，显示出的下拉列表没有滚动条，列表中的全部选项为可见，如图 12-83 所示。

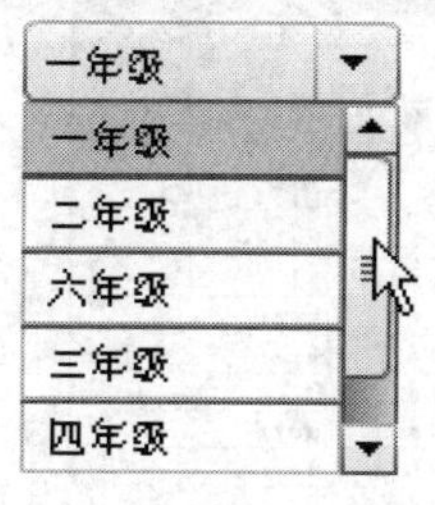

图 12-81

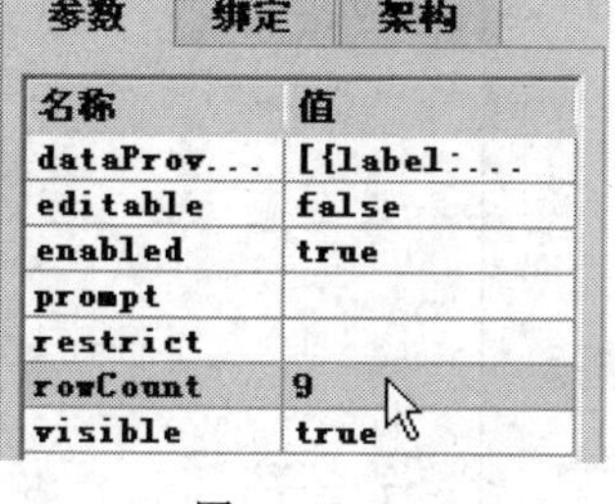

图 12-82

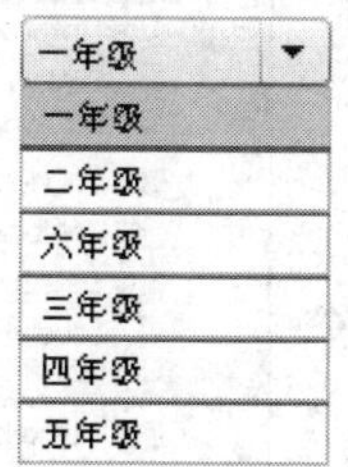

图 12-83

4．Label 组件 T

一个标签组件就是一行文本。可以指定一个标签采用 HTML 格式，也可以控制标签的对齐和大小。Label 组件没有边框，不能具有焦点，并且不广播任何事件。

每个 Label 实例的实时预览反映了创作时在“属性”面板中或在“组件检查器”面板中对参数所做的更改。标签没有边框，因此，查看它的实时预览的唯一方法就是设置其文本参数。如果文本太长，并且选择设置“autoSize”参数，那么实时预览将不支持“autoSize”参数，而且不能调整标签边框大小。

在“组件”面板中，将 Label 组件 T 拖曳到舞台窗口中，如图 12-84 所示。在“组件检查器”面板中，显示出组件的参数，如图 12-85 所示。

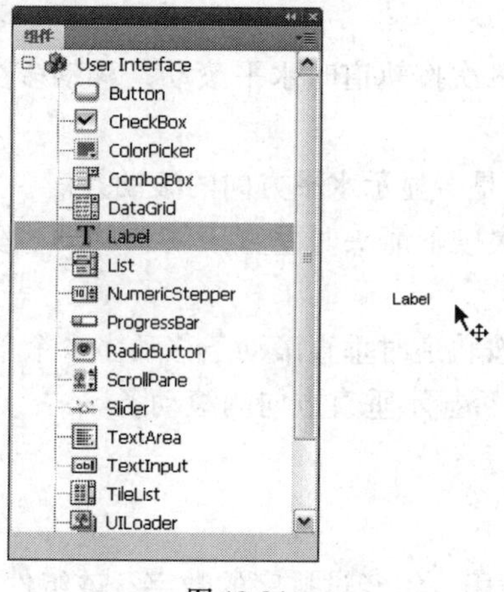

图 12-84

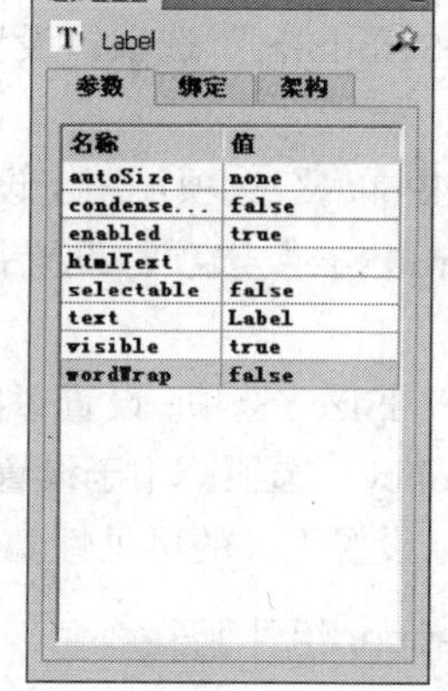

图 12-85

“autoSize”选项：设置组件中文本相对的对齐方向。

“enabled”选项：设置组件是否为激活状态。

“htmlText”选项：设置文本是否采用 HTML 格式。

“selectable”选项：设置文本的可选性。

“text”选项：设置组件显示出的文本。

“visible”选项：设置组件的可见性。

“wordWrap”选项：设置文本是否自动换行。

5. List 组件

List 组件是一个可滚动的单选或多选列表框，它同 ComboBox 组件有相似的功能和用法。

在“组件”面板中，将 List 组件拖曳到舞台窗口中，如图 12-86 所示。在“组件检查器”面板中，显示出组件的参数，如图 12-87 所示。

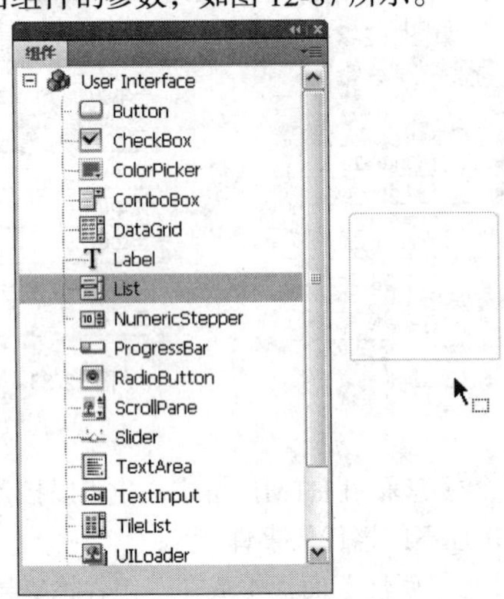

图 12-86

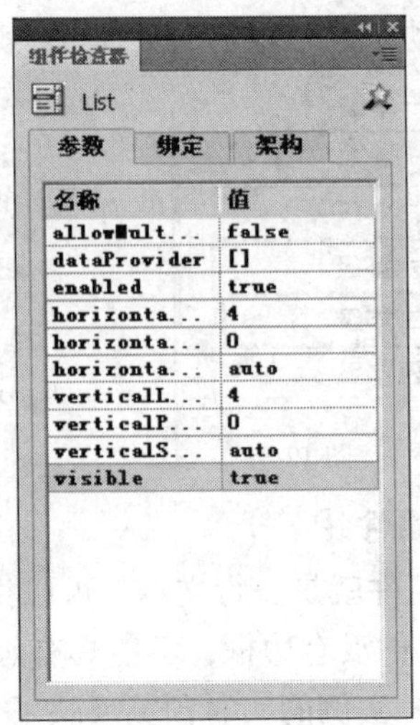

图 12-87

“allowMultipleSelection”选项：用于设置在列表框中是否可以同时选择多个选项。

“dataProvider”选项：设置列表框中显示的内容。

“enabled”选项：设置组件是否为激活状态。

“horizontalLineScrollSize”选项：设置每次按下箭头时水平滚动条移动多少个单位，其默认值为 4。

“horizontalPageScrollSize”选项：设置每次按轨道时水平滚动条移动多少个单位，其默认值为 0。

“horizontalScrollPolicy”选项：用于设置是否显示水平方向的滚动条。

“verticalLineScrollSize”选项：设置每次按下箭头时垂直滚动条移动多少个单位，其默认值为 4。

“verticalPageScrollSize”选项：设置每次按轨道时垂直滚动条移动多少个单位，其默认值为 0。

“verticalScrollPolicy”选项：用于设置是否显示垂直方向的滚动条。

“visible”选项：设置组件的可见性。

6. NumericStepper 组件

NumericStepper 组件允许用户逐个使用一组经过排序的数字。该组件由显示在上下箭头按钮旁边的数字组成。用户按下这些按钮时，数字将逐渐增大或减小。如果用户单击其中任一箭头按钮，数字将根据“stepSize”参数的值增大或减小，直到用户释放鼠标按钮或达到最大/最小值为止。NumericStepper 组件只处理数值数据。

在“组件”面板中，将 NumericStepper 组件拖曳到舞台窗口中，如图 12-88 所示。在“组件检查器”面板中，显示出组件的参数，如图 12-89 所示。

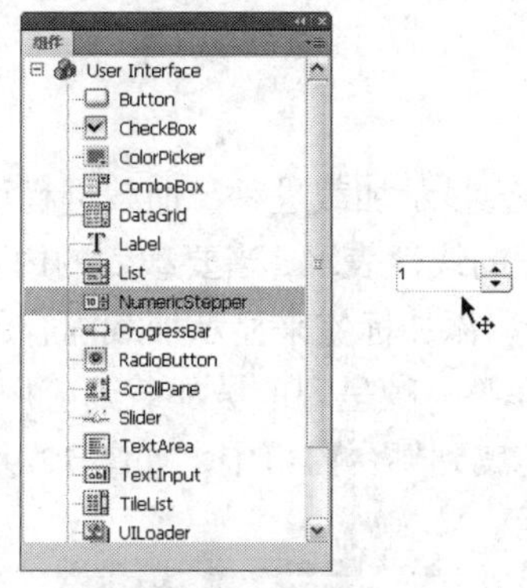

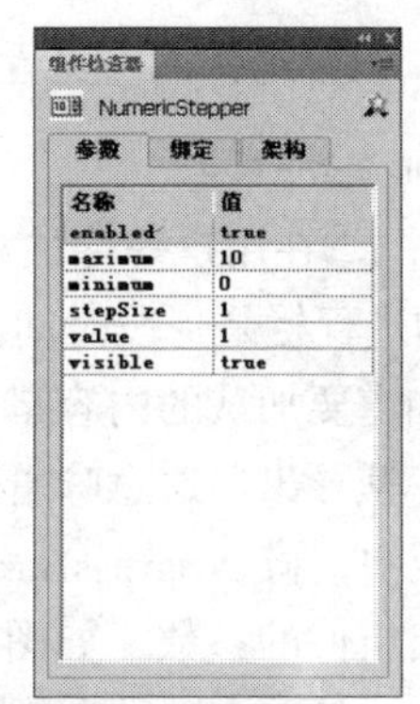

图 12-88　　　　　　　　　　　　图 12-89

“enabled” 选项：设置组件是否为激活状态。

“maximum”选项：设置数值范围的最大值。

“minimum”选项：设置数值范围的最小值。

“stepSize”选项：设置每一次操作数值变动的大小。

“value”选项：设置在初始状态下，组件中显示的数值。数值只能设置为“stepSize”中的数值或数值的整数倍数。

“visible”选项：设置组件的可见性。

7. RadioButton 组件

RadioButton 组件是单选按钮，使用该组件可以强制用户只能选择一组选项中的一项。RadioButton 组件必须用于至少有两个 RadioButton 实例的组。在任何选定的时刻，都只有一个组成员被选中。选择组中的一个单选按钮，将取消选择组内当前选定的单选按钮。

在“组件”面板中，将 RadioButton 组件拖曳到舞台窗口中，如图 12-90 所示。在“组件检查器”面板中，显示出组件的参数，如图 12-91 所示。

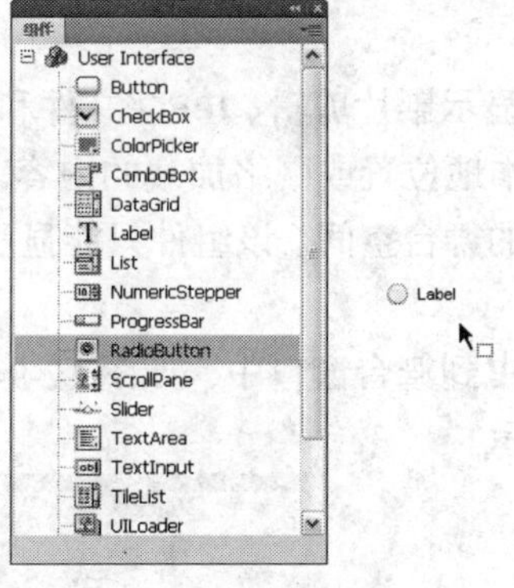

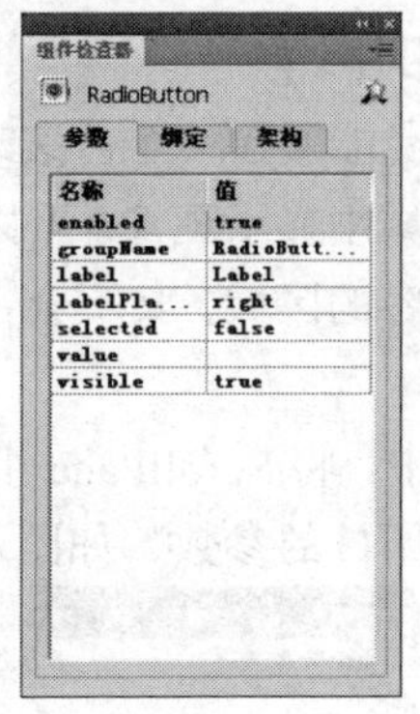

图 12-90　　　　　　　　　　　　图 12-91

“enabled”选项：设置组件是否为激活状态。

“groupName”选项：单选按钮的组名称，默认状态下为“RadioButtonGroup”。

“label”选项：设置单选按钮的名称，默认状态下为“Label”。

“labelPlacement”选项：设置名称相对于单选按钮的位置，默认状态下，名称在单选按钮的右侧。

“selected”选项：设置单选按钮初始状态下，是处于选中状态“true”还是未选中状态“false”。

“value”选项：设置在初始状态下，组件中显示的数值。

"visible"选项：设置组件的可见性。

8．ProgressBar 组件

ProgressBar 组件在用户等待加载内容时，会显示加载进程。加载进程可以是确定的也可以是不确定的。确定的进程栏是一段时间内任务进程的线性表示，当要载入的内容量已知时使用。不确定的进程栏在不知道要加载的内容量时使用。可以添加标签来显示加载内容的进程。默认情况下，组件被设置为在第一帧导出。这意味着这些组件在第一帧呈现前被加载到应用程序中。

在"组件"面板中，将 ProgressBar 组件拖曳到舞台窗口中，如图 12-92 所示。在组件"属性"面板中，显示出组件的参数，如图 12-93 所示。

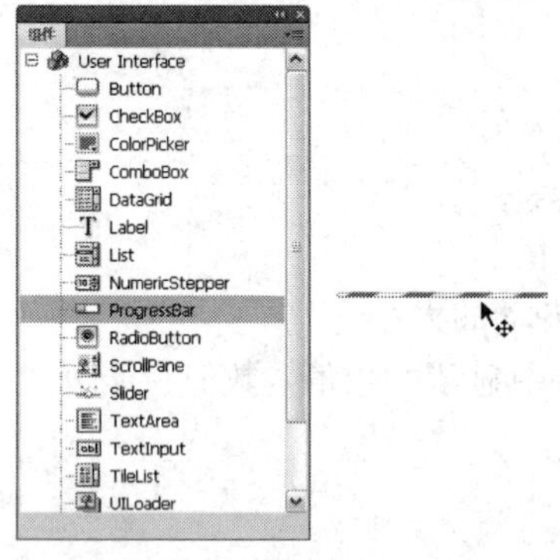

图 12-92

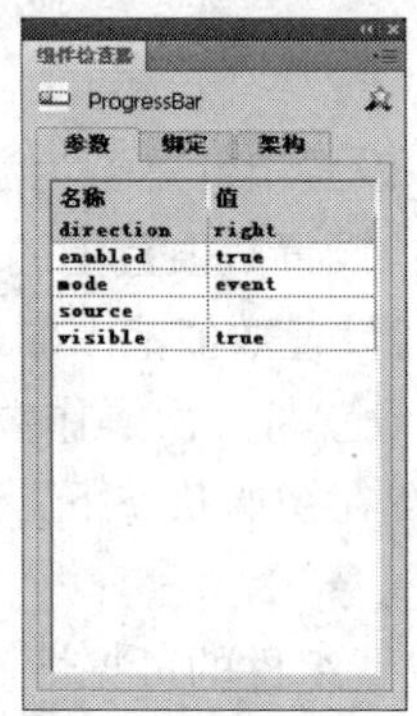

图 12-93

"direction"选项：设置加载进度条的方向。

"enabled"选项：设置组件是否为激活状态。

"mode"选项：进度栏运行的模式。此值可以是下列之一：事件、轮询或手动。默认值为事件。

"source"选项：一个要转换为对象的字符串，它表示源的实例名。

"visible" 选项：设置组件的可见性。

9．ScrollPane 组件

ScrollPane 组件能够在一个可滚动区域中显示影片剪辑、JPEG 文件和 SWF 文件。可以让滚动条在一个有限的区域中显示图像。可以显示从本地位置或网络加载的内容。ScrollPane 组件既可以显示含有大量内容的区域，又不会占用大量的舞台空间。该组件只能显示影片剪辑，不能应用于文字。

在"组件"面板中，将 ScrollPane 组件拖曳到舞台窗口中，如图 12-94 所示。在"组件检查器"面板中，显示出组件的参数，如图 12-95 所示。

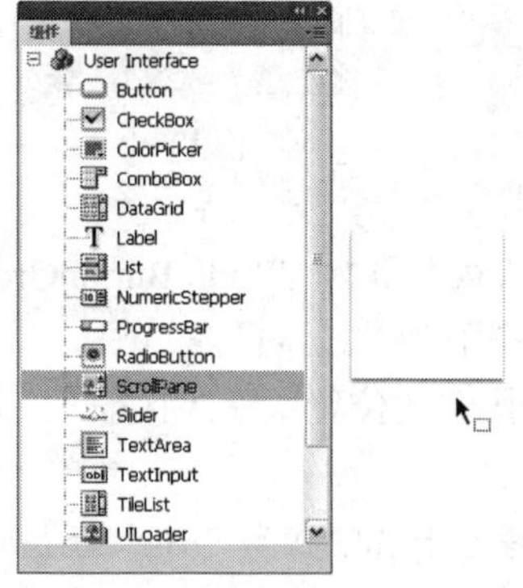

图 12-94

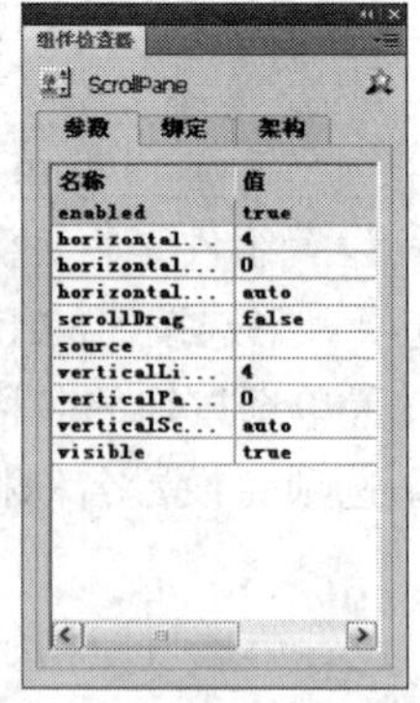

图 12-95

“enabled”选项：设置组件是否为激活状态。

“horizontalLineScrollSize”选项：设置每次按下箭头时水平滚动条移动多少个单位，其默认值为 4。

“horizontalPageScrollSize”选项：设置每次按轨道时水平滚动条移动多少个单位，其默认值为 0。

“horizontalScrollSizePolicy”选项：设置是否显示水平滚动条。

选择“auto”时，可以根据电影剪辑与滚动窗口的相对大小来决定是否显示水平滚动条。在电影剪辑水平尺寸超出滚动窗口的宽度时会自动出现滚动条；选择“on”时，无论电影剪辑与滚动窗口的大小如何都显示水平滚动条；选择“off”时，无论电影剪辑与滚动窗口的大小如何都不显示水平滚动条。

“scrollDrag”选项：设置是否允许用户使用鼠标拖曳滚动窗口中的对象。选择“true”时，用户可以不通过滚动条而使用鼠标直接拖曳窗口中的对象。

“source”选项：一个要转换为对象的字符串，它表示源的实例名。

“verticalLineScrollSize”选项：设置每次按下箭头时垂直滚动条移动多少个单位，其默认值为 4。

“verticalPageScrollSize”选项：设置每次按轨道时垂直滚动条移动多少个单位，其默认值为 0。

“verticalScrollSizePolicy”选项：设置是否显示垂直滚动条，其用法与“horizontalScrollSizePolicy”相同。

“viseble”选项：设置组件的可见性。

10．TextArea 组件

TextArea 组件是动作脚本 TextField 对象的多行组件。需要多行文本字段时，可以使用 TextArea 组件。TextArea 组件也可以采用 HTML 格式。

在“组件”面板中，将 TextArea 组件拖曳到舞台窗口中，如图 12-96 所示。在“组件检查器”面板中，显示出组件的参数，如图 12-97 所示。

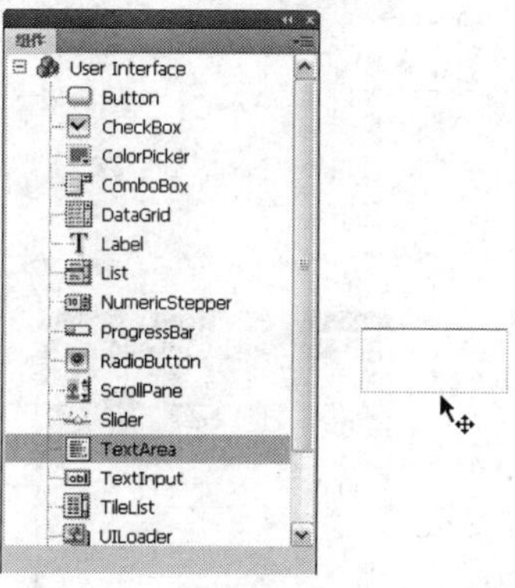

图 12-96

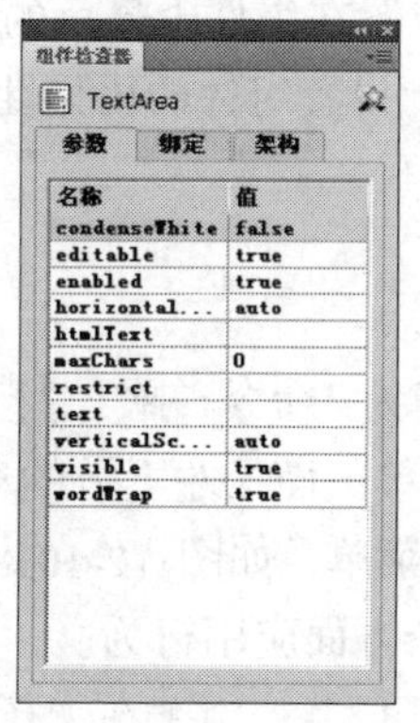

图 12-97

“condenseWhite”选项：用于设置是否从包含 HTML 文本的 TextArea 组件中删除多余的空白。

“editable”选项：设置组件是否可编辑，“true”为可编辑；“false”为不可编辑。

“enabled”选项：设置组件是否为激活状态。

“horizontalScrollPolicy”选项：设置是否显示水平滚动条。

“htmlText”选项：设置文本是否采用 HTML 格式。

“restrict”选项：设置限定的范围。

“text”选项：设置在组件中显示的文本。

“verticalScrollPolicy”选项：设置是否显示垂直滚动条。

“visible”选项：设置组件的可见性。

“wordWrap”选项：设置文本是否自动换行。

11．TextInput 组件

TextInput 组件是动作脚本 TextField 对象的单行组件，需要单行文本字段时，可以使用 TextInput 组件。TextInput 组件也可以采用 HTML 格式，或作为掩饰文本的密码字段。

在“组件”面板中，将 TextInput 组件拖曳到舞台窗口中，如图 12-98 所示。在“组件检查器”面板中，显示出组件的参数，如图 12-99 所示。

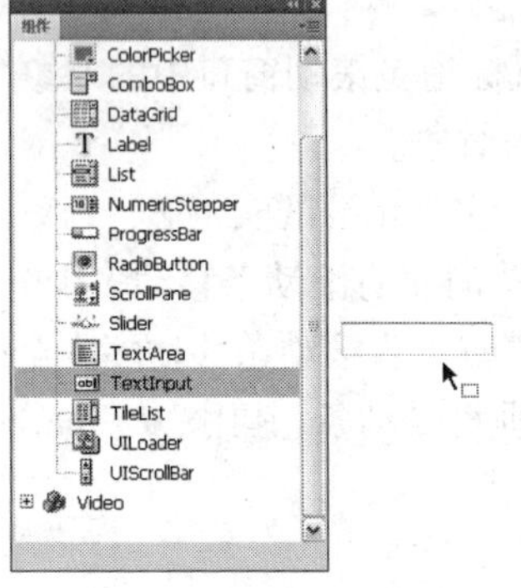

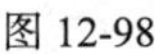

图 12-98

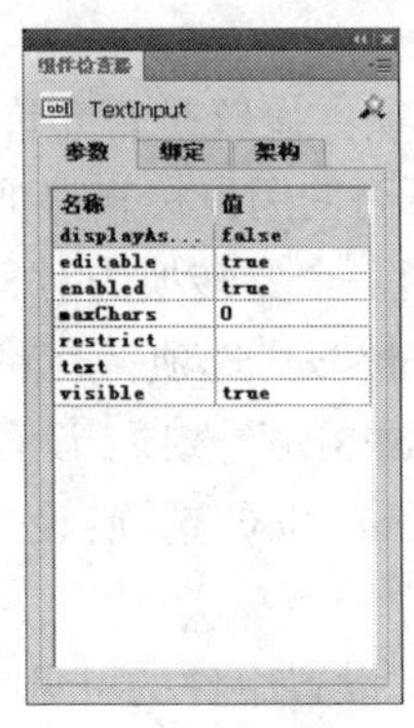

图 12-99

“displayAsPassword”选项：设置是否作为密码显示。

“editable”选项：设置组件是否可编辑，“true”为可编辑，“false”为不可编辑。

“enabled”选项：设置组件是否为激活状态。

“restrict”选项：设置限定的范围。

“text”选项：设置在组件中显示的文本。

“visible”选项：设置组件的可见性。

12.1.4 行为

选择“窗口 >行为”命令，弹出“行为”面板，如图 12-100 所示。单击面板左上方的“添加行为”按钮，弹出下拉菜单，如图 12-101 所示。可以从菜单中显示的 6 个方面应用行为。

“添加行为”按钮：用于在“行为”面板中添加行为。

“删除行为”按钮：用于将“行为”面板中选定的行为进行删除。

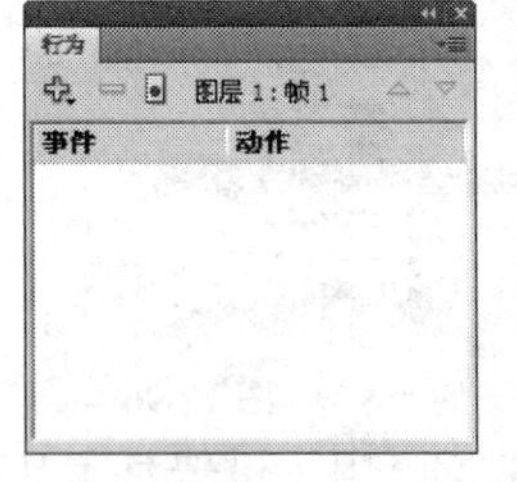

图 12-100

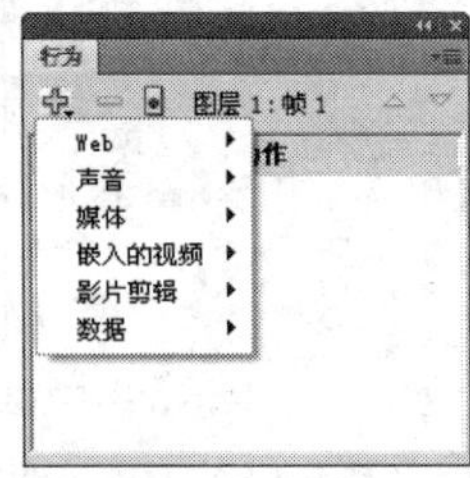

图 12-101

在“行为”面板下方的“图层 1：帧 1”表示的是当前所在图层和当前所在帧。

在“库”面板中创建一个按钮元件，将其拖曳到舞台窗口中，如图 12-102 所示。选中按钮元件，单击“行为”面板中的“添加行为”按钮，在弹出的菜单中选择“Web > 转到 Web 页”命令，如图 12-103 所示。弹出“转到 URL”对话框，如图 12-104 所示。

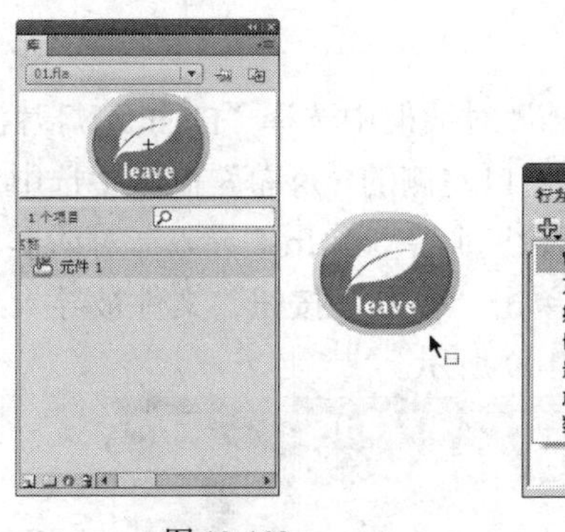

图 12-102

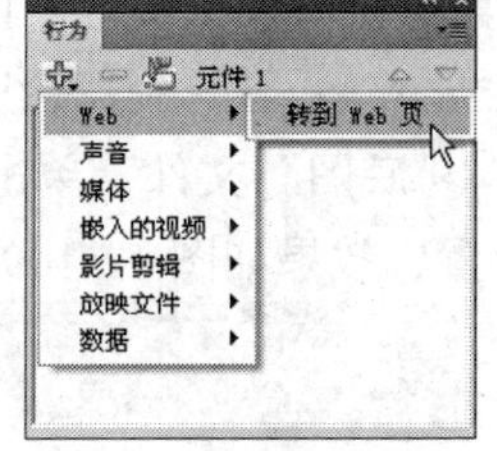

图 12-103

图 12-104

“URL”选项：可以设置要链接的 URL 地址。

“打开方式”选项：“self”在同一窗口中打开链接；“parent”在父窗口中打开链接；“blank”在一个新窗口中打开链接；“top”在最上层窗口中打开链接。

设置完成后单击“确定”按钮，动作脚本被添加到“行为”面板中，如图 12-105 所示。单击按钮的触发事件“释放时”，右侧出现黑色三角形按钮，单击三角形按钮，在弹出的菜单中可以设置按钮的其他触发事件，如图 12-106 所示。

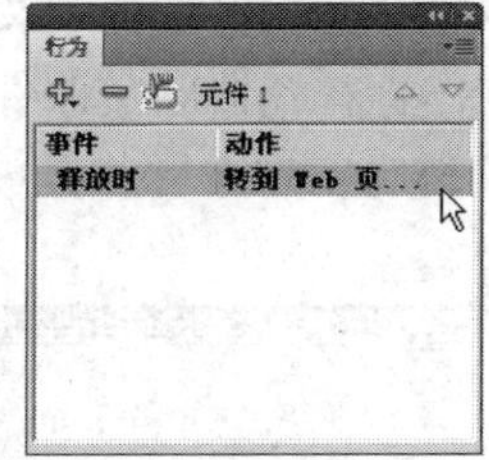

图 12-105

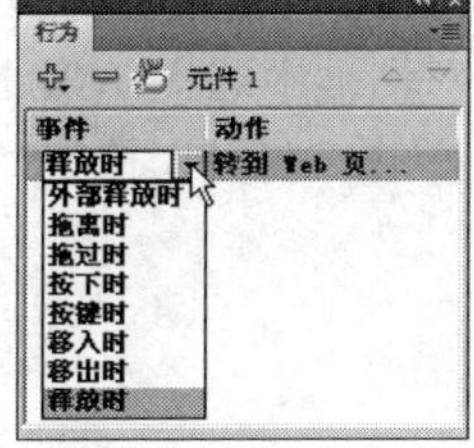

图 12-106

当运行按钮动画时，单击按钮，则打开网页浏览器，自动链接到刚才输入的 URL 地址。

12.2 幻灯片

Flash CS4 幻灯片演示文稿使用幻灯屏幕作为默认屏幕类型，适用于表现顺序内容，如幻灯片或多媒体演示文稿。

12.2.1 课堂案例——制作青花瓷器欣赏课件

案例学习目标：使用插入幻灯片命令制作幻灯片效果，使用行为面板设置幻灯片的转场效果。

案例知识要点：使用文本工具添加说明文字，使用幻灯片制作图片切换效果，使用行为面板为幻灯片添加淡入/淡出和遮帘效果，使用按钮元件控制幻灯片的播放，如图 12-107 所示。

效果所在位置：光盘/Ch12/效果/制作青花瓷器欣赏课件.fla。

图 12-107

1. 导入元件

Step 01 选择“文件 > 新建”命令，在弹出的“新建文档”对话框中选择“Flash 幻灯片演示文稿”选项，单击“确定”按钮进入幻灯片舞台窗口。在舞台窗口左侧的“屏幕”面板中选中“演示文稿”，如图 12-108 所示。选择“文件 > 导入 > 导入到舞台”命令，弹出“导入”对话框，选择“Ch12 > 素材 > 制作青花瓷器欣赏课件 > 底图”文件，单击“打开”按钮，文件被导入到舞台窗口中，将图片设置在舞台窗口的正中位置，效果如图 12-109 所示。

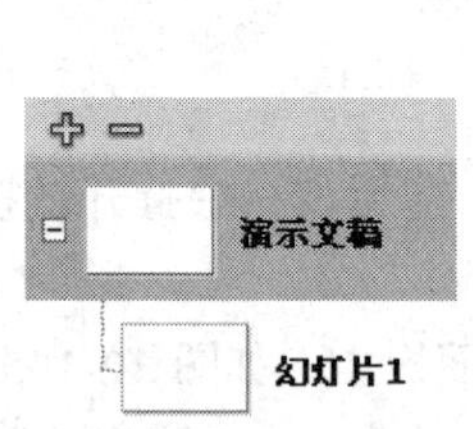

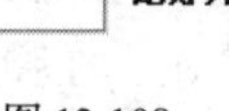

图 12-108

图 12-109

Step 02 在“屏幕”面板中选中“幻灯片 1”，如图 12-110 所示。选择“文件 > 导入 > 导入到舞台”命令，在弹出的对话框中选择“Ch12 > 素材 > 制作青花瓷器欣赏课件 > 瓷器 1、上边框、水墨条、文字”文件，单击“打开”按钮，文件被导入到舞台窗口中并将其放置在合适位置，效果如图 12-111 所示。

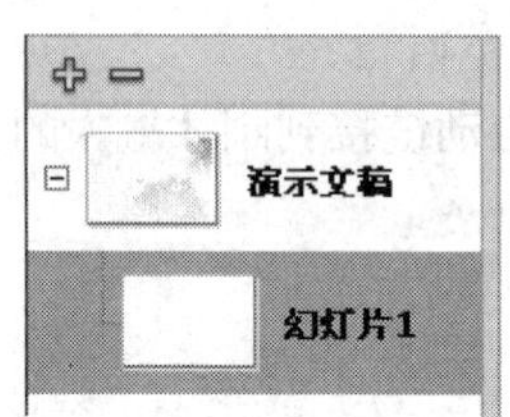

图 12-110

图 12-111

Step 03 在“屏幕”面板中右键单击“幻灯片 1”，在弹出的快捷菜单中选择“插入屏幕”命令，插入屏幕“幻灯片 2”，如图 12-112 所示。

Step 04 选择“库”面板中的“水墨条”图片，拖曳到舞台窗口中的右上方，选择“任意变形”工具，将其旋转到适当的角度，效果如图 12-113 所示。选择“文本”工具 T，在“属性”面板中进行设置，在舞台窗口中输入需要的白色文字“青花瓷”，效果如图 12-114 所示。

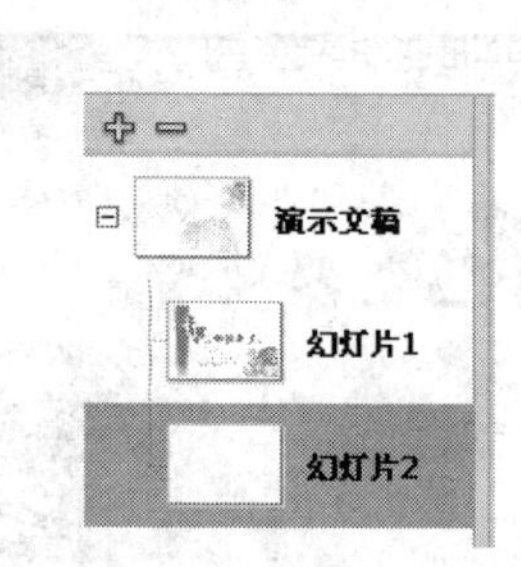

图 12-112

图 12-113

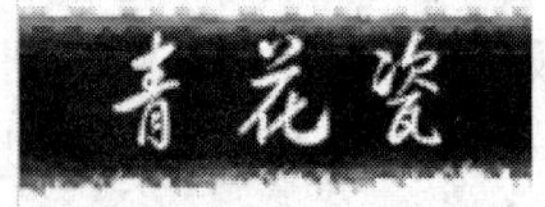

图 12-114

Step 05 在"屏幕"面板中右键单击"幻灯片 2"，在弹出的快捷菜单中选择"插入嵌套屏幕"命令，插入屏幕"幻灯片 3"，如图 12-115 所示。选择"文件 > 导入 > 导入到舞台"命令，在弹出的对话框中选择"Ch12 > 素材 > 制作青花瓷器欣赏课件 > 青花瓷 1"文件，单击"打开"按钮，文件被导入到舞台窗口中，将图片移动到舞台窗口的正中位置，效果如图 12-116 所示。

Step 06 选择"文本"工具 T，在"属性"面板中进行设置，在舞台窗口中输入需要的黑色文字，效果如图 12-117 所示。

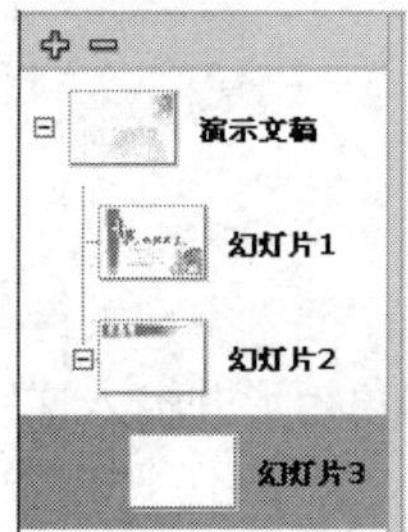

图 12-115

图 12-116

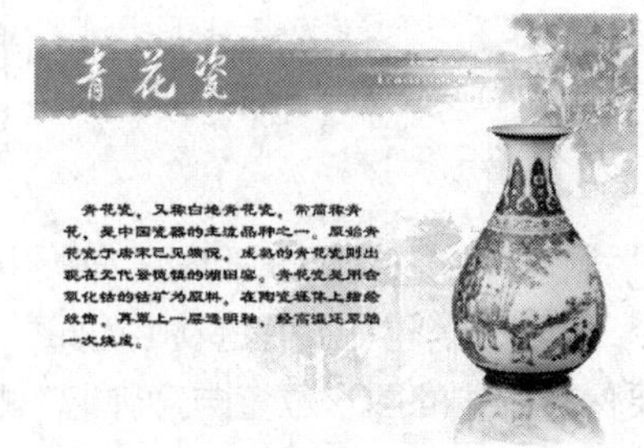

图 12-117

Step 07 在"屏幕"面板中右键单击"幻灯片 3"，在弹出的快捷菜单中选择"插入屏幕"命令，插入屏幕"幻灯片 4"。在"幻灯片 4"的舞台窗口中导入"青花瓷 2"图片，并在舞台窗口中输入需要的黑色文字。在文本工具"属性"面板中进行设置，效果如图 12-118 所示。

Step 08 在"屏幕"面板中右键单击"幻灯片 4"，在弹出的快捷菜单中选择"插入屏幕"命令，插入屏幕"幻灯片 5"。在"幻灯片 5"的舞台窗口中导入"青花瓷 3"图片，并在舞台窗口中输入需要的黑色文字。在文本工具"属性"面板中进行设置，效果如图 12-119 所示。

图 12-118

青花瓷

图 12-119

Step 09 在"屏幕"面板中右键单击"幻灯片 5"，在弹出的快捷菜单中选择"插入屏幕"命令，插入屏幕"幻灯片 6"。在"幻灯片 6"的舞台窗口中导入"青花瓷 4"图片，并在舞台窗口中输入需要的黑色文字。在文本工具"属性"面板中进行设置，效果如图 12-120 所示。

Step 10 在"屏幕"面板中右键单击"幻灯片 6"，在弹出的快捷菜单中选择"插入屏幕"命令，插入屏幕"幻灯片 7"。在"幻灯片 7"的舞台窗口中导入"青花瓷 5"图片，并在舞台窗口中输入需要的黑色文字。在文本工具"属性"面板中进行设置，效果如图 12-121 所示。

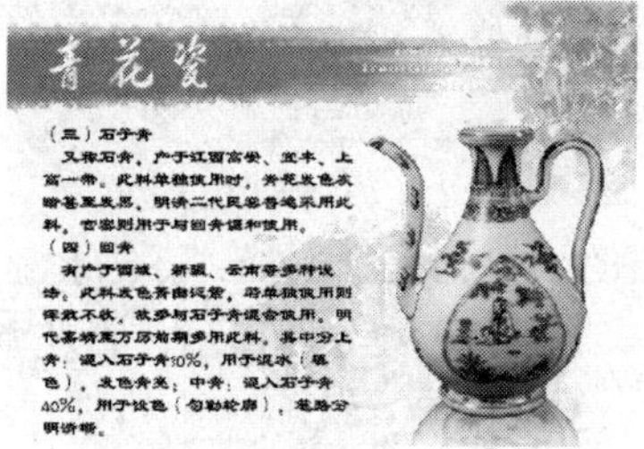

图 12-120

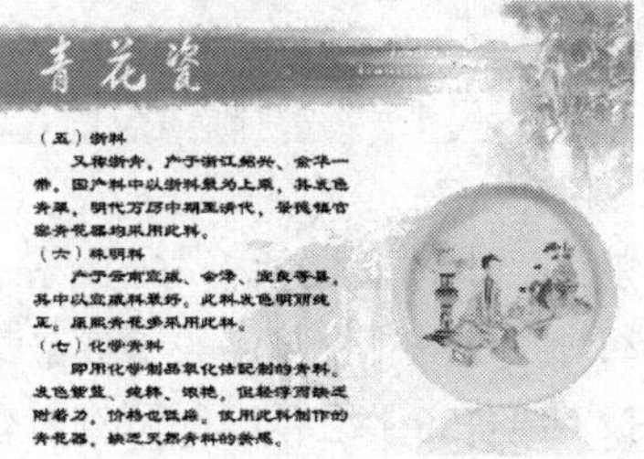

图 12-121

2．制作按钮元件

Step 01 在“库”面板中新建按钮元件“元件 1”，进入按钮元件的舞台窗口。选中“时间轴”面板中的“弹起”帧，选择“矩形”工具，在工具箱中将“笔触颜色”设为黑色，“笔触高度”设为 1，“填充颜色”设为白色，将“矩形边角半径”均设为 3。在舞台窗口中绘制一个圆角矩形，如图 12-122 所示。选择“文本”工具，在圆角矩形框中输入黑色文字“帮助”，效果如图 12-123 所示。

图 12-122　　图 12-123

Step 02 右键单击“时间轴”面板中的“指针”帧，在弹出的快捷菜单中选择“插入空白关键帧”命令，插入一个空白的关键帧，如图 12-124 所示。用相同的方法再次绘制圆角矩形并输入文字，并要保持制作的图形位置与“弹起”帧中的图形位置相同，如图 12-125 所示。

Step 03 在“屏幕”面板中选中“幻灯片 1”，将“库”面板中的按钮元件“元件 1”拖曳到舞台窗口的左下方，如图 12-126 所示。

图 12-124

按键盘中方向键的“左”、“右”两键来控制观看课件

图 12-125

图 12-126

Step 04 在“屏幕”面板中选中“幻灯片 1”，选择“窗口 > 行为”命令，弹出“行为”面板。单击面板中的“添加行为”按钮，在弹出的快捷菜单中选择“屏幕 > 过渡”命令，在弹出的“转变”对话框左侧的样式列表中选择“淡入/淡出”，其他选项的设置如图 12-127 所示，单击“确定”按钮，“行为”面板中加载上事件，如图 12-128 所示。

Step 05 在“屏幕”面板中选中“幻灯片 2”，在“行为”面板上单击“添加行为”按钮，在弹出的菜单中选择“屏幕 > 过渡”命令，弹出“转变”对话框，在对话框左侧的样式列表中选择“遮帘”，在“方向”选项组中选中“水平”单选项，其他选项的设置如图 12-129 所示，单击“确定”按钮，“行为”面板中加载上事件。

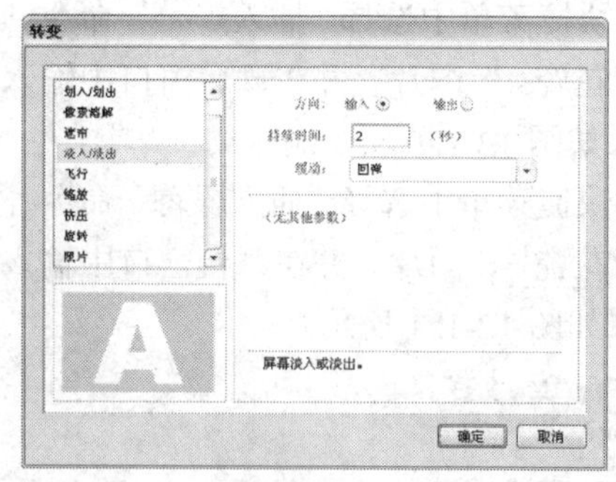

图 12-127

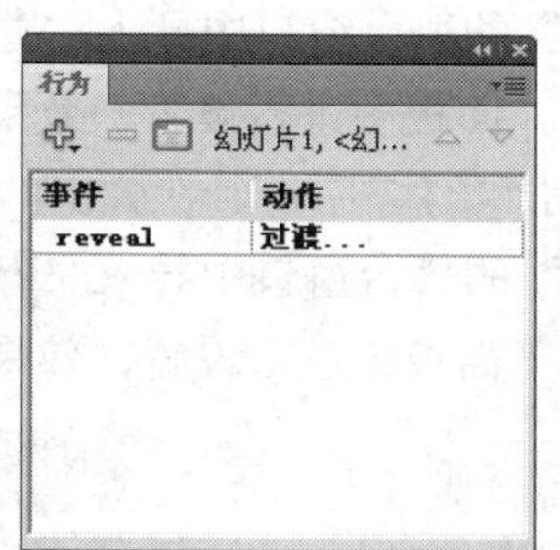

图 12-128

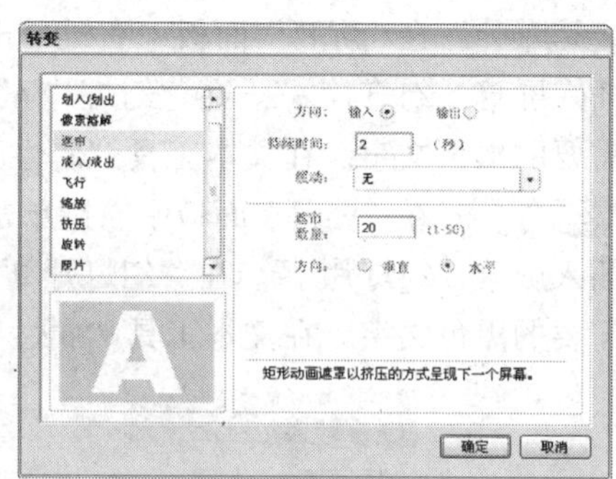

图 12-129

Step 06 单击“事件”选项下方的“reveal”，在弹出的下拉列表中选择“revealChild”（选择此选项，则“幻灯片 2”中所包含的子屏幕都应用这种样式），如图 12-130 所示，青花瓷器欣赏课件制作完成，按 Ctrl+Enter 组合键即可查看效果，如图 12-131 所示。

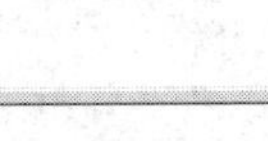

图 12-130

图 12-131

12.2.2 了解结构和层次

幻灯片屏幕可以创建包含顺序内容的 Flash 文档（如幻灯片）。默认行为使用户可以使用箭头键在幻灯片屏幕之间导航。顺序屏幕可以互相覆盖，因此在观看下一张幻灯片时，上一张幻灯片将保持可见。屏幕可以在隐藏后继续播放。如果要自动管理每个屏幕的可见性，可以使用幻灯片屏幕。

1．创建幻灯片

选择“文件 > 新建”命令，在弹出的“新建文档”对话框中选择“Flash 幻灯片演示文稿”选项，如图 12-132 所示。

Flash CS4 幻灯片演示文稿的默认工作界面如图 12-133 所示。时间轴呈折叠状态。工作界面的左侧是一个显示幻灯片文稿结构的面板。在面板的默认状态下包含一个最高层屏幕（默认名称为“演示文稿”）和一个子屏幕（默认名称为“幻灯片 1”）。

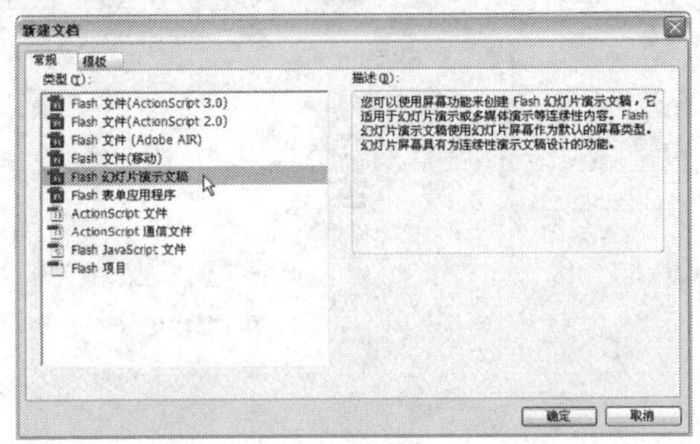

图 12-132

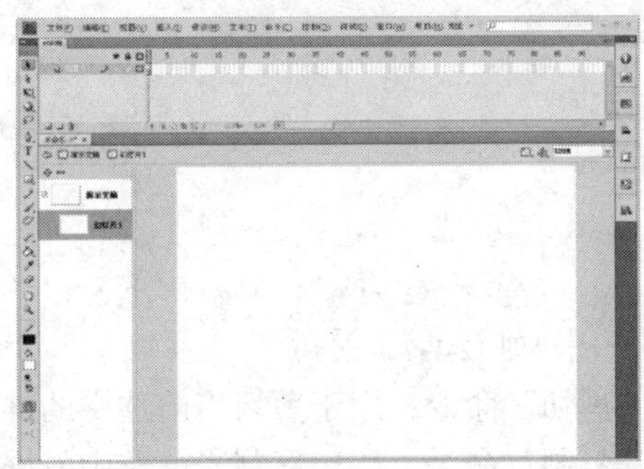

图 12-133

最高层屏幕是向文档中添加所有内容的容器，它包含所有其他的屏幕。可以将内容放置在顶层屏幕中，但不能删除或移动它。在顶层屏幕下面添加的都是子屏幕，子屏幕中还可以再嵌套子屏幕。包含一个子屏幕的屏幕是父屏幕。子屏幕继承了父屏幕中的显示内容和行为，并且可以在动作脚本中应用目标路径从一个屏幕向另一个屏幕传递消息。屏幕并不出现在“库”面板中，所以不能创建屏幕的实例。

2．设置幻灯片

鼠标右键单击屏幕名称，弹出的菜单如图 12-134 所示。

“插入屏幕”命令：用于插入新的屏幕。用鼠标右键单击“幻灯片 1”，在弹出的菜单中选择“插入屏幕”命令，如图 12-135 所示，插入“幻灯片 2”。“幻灯片 2”与“幻灯片 1”位于相同的级别，都是最高层屏幕“演示文稿”的子屏幕，而最高层屏幕“演示文稿”为“幻灯片 2”与“幻灯片 1”的父屏幕，如图 12-136 所示。

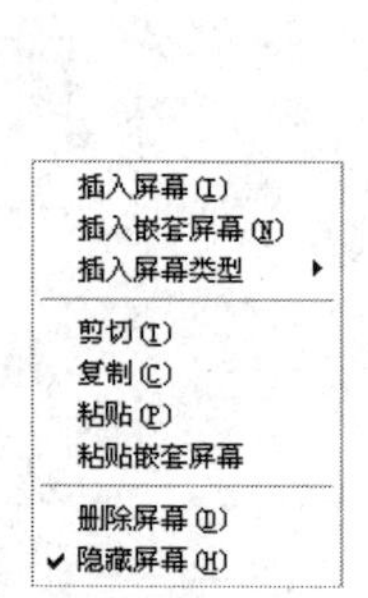

图 12-134

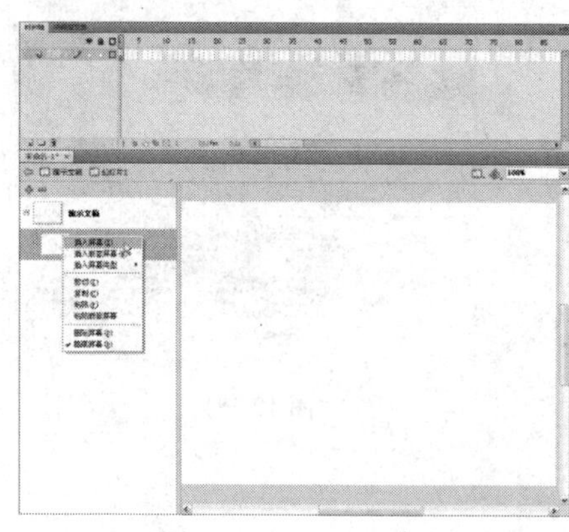

图 12-135

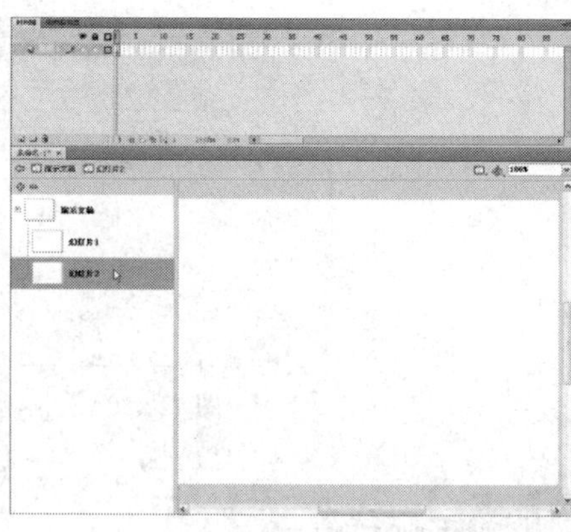

图 12-136

“插入嵌套屏幕”命令：用于插入新的嵌套屏幕。鼠标右键单击“幻灯片 2”，在弹出的菜单中选择“插入嵌套屏幕”命令，如图 12-137 所示，插入“幻灯片 3”。“幻灯片 3”与“幻灯片 2”位于不同的级别。“幻灯片 3”是“幻灯片 2”的子屏幕，而“幻灯片 2”是“幻灯片 3”的父屏幕，如图 12-138 所示。

“插入屏幕类型”命令：用于选择插入屏幕的类型，其中包含 3 种类型，如图 12-139 所示。“幻灯片”命令插入一个新的幻灯片屏幕，“表单”命令插入一个新的表单，“保存的模板”命令插入保存的模板。

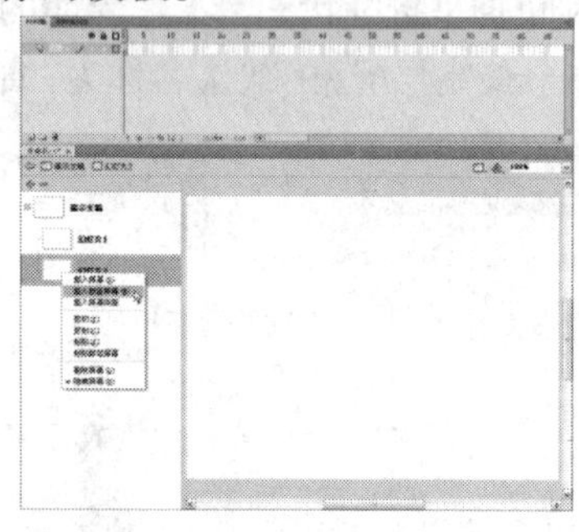

图 12-137

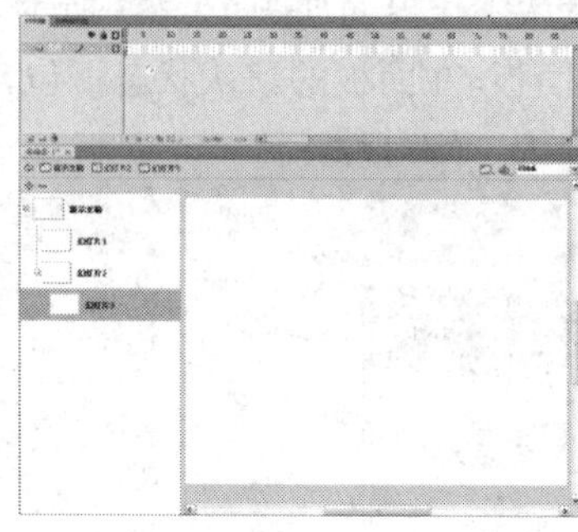

图 12-138

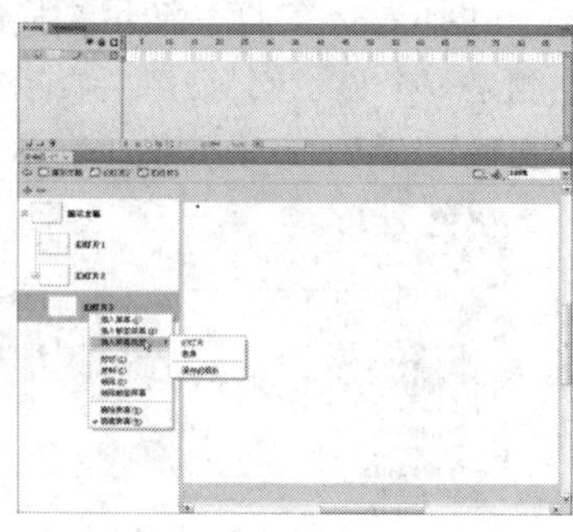

图 12-139

“剪切”命令：用于剪切当前选中的屏幕。

“复制”命令：用于复制当前选中的屏幕。

“粘贴”命令：将复制好的屏幕进行粘贴，粘贴好的屏幕是原来屏幕的兄弟屏幕。

例如，复制“幻灯片 1”，选择“粘贴”命令，显示出“幻灯片 1_ 副本”，它与“幻灯片 1”之间为同一级别，兄弟屏幕的关系，如图 12-140 所示。

“粘贴嵌套屏幕”命令：将复制好的屏幕进行粘贴，粘贴好的屏幕是原来屏幕的子屏幕。

例如，复制“幻灯片 1”，选择“粘贴嵌套屏幕”命令，显示出“幻灯片 1_ 副本”，它与“幻灯片 1”之间为不同级别，它是“幻灯片 1”的子屏幕，如图 12-141 所示。

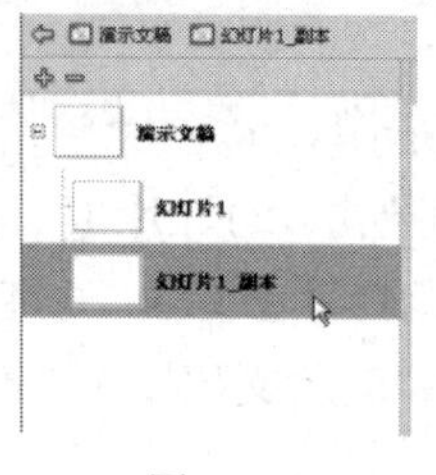

图 12-140

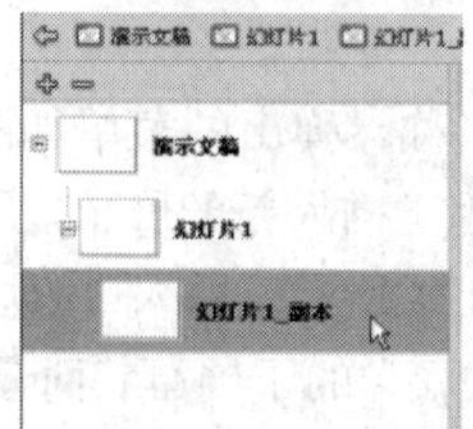

图 12-141

"删除屏幕"命令：删除当前选中的屏幕。

"隐藏屏幕"命令：隐藏当前选中屏幕上的所有图形。

3．幻灯片属性面板

选中幻灯片屏幕，按 Ctrl+F7 组合键，弹出"组件检查器"面板，如图 12-142 所示。

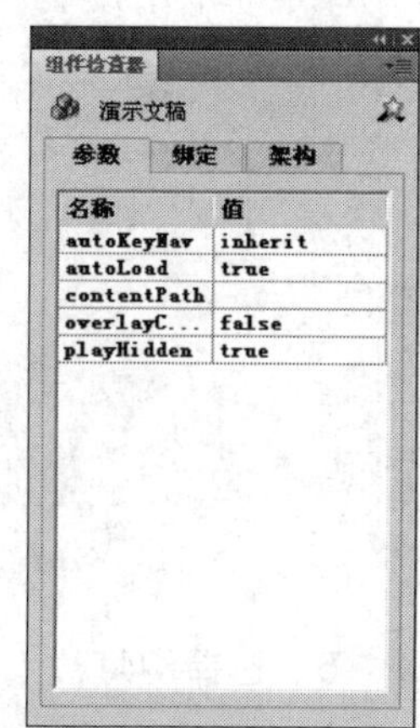

图 12-142

"autoKeyNav"：设置幻灯片是否使用默认的键盘操作来控制跳转到下一张或上一张幻灯片。选择"true"时，按键盘上方向键中的"向右键"或空格键，将跳转到下一张幻灯片；按键盘上方向键中的"向左键"，将跳转到上一张幻灯片。选择"false"时，将不使用默认的键盘操作。"inherit"是系统默认的状态，选择此选项将继承父屏幕中的设置。

"autoLoad"：选择"true"时，设置为自动加载内容，选择"false"时，直到 Loader.load（ ）方法被调用后指定内容才能被加载。

"contentPath"：Loader.load（ ）方法被调用时被加载文件的绝对或相对路径。在加载内容时，相对路径必须指向 SWF 文件，URL 必须定位于当前 SWF 文件存放位置的同一个子目录中。

"overlayChildren"：设置在回放时，子屏幕是否在父屏幕上相互覆盖。选择"true"时，子屏幕将相互覆盖，选择"false"时，出现一个子屏幕时，前一个子屏幕将消失。

"playHidden"：设置幻灯片在显示之后，处于隐藏状态时是否继续播放。选择"true"时，幻灯片将继续播放，选择"false"时，幻灯片将停止播放，再次显示时会从第 1 帧重新开始播放。

4．移动幻灯片

用户可以移动幻灯片屏幕来改变它们的相对位置或层次关系。

选中"幻灯片 1"，按住鼠标不放，将其向"幻灯片 2"下方拖曳，在出现一条带圆点的长线段的地方释放鼠标，如图 12-143 所示，"幻灯片 1"移动到"幻灯片 2"的下方，在演示时，先播放"幻灯片 2"，然后播放"幻灯片 1"。虽然改变了播放顺序，但二者之间的级别关系并未改变，如图 12-144 所示。

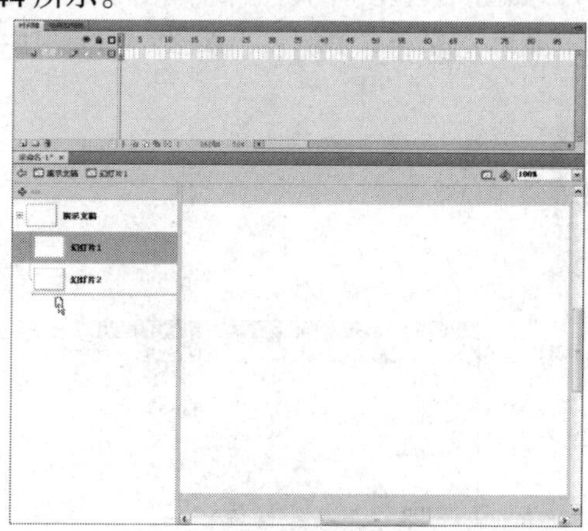

图 12-143

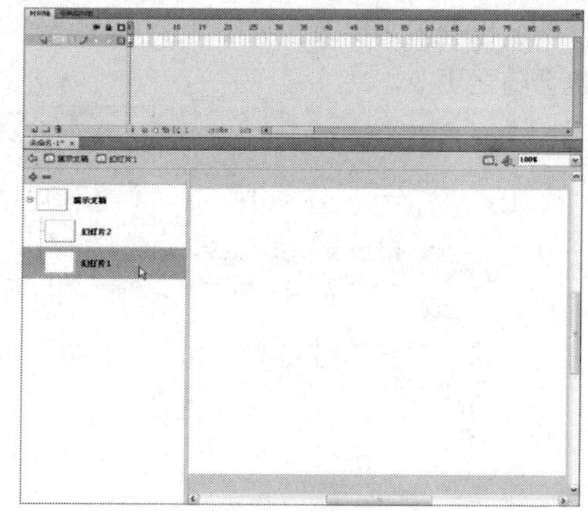

图 12-144

选中"幻灯片 1"，按住鼠标不放，将其向"幻灯片 2"下方拖曳，在出现一条带圆点的短线段的地方释放鼠标，如图 12-145 所示，"幻灯片 1"移动到"幻灯片 2"的下方，"幻灯片 1"转换为"幻灯片 2"的子屏幕，如图 12-146 所示。

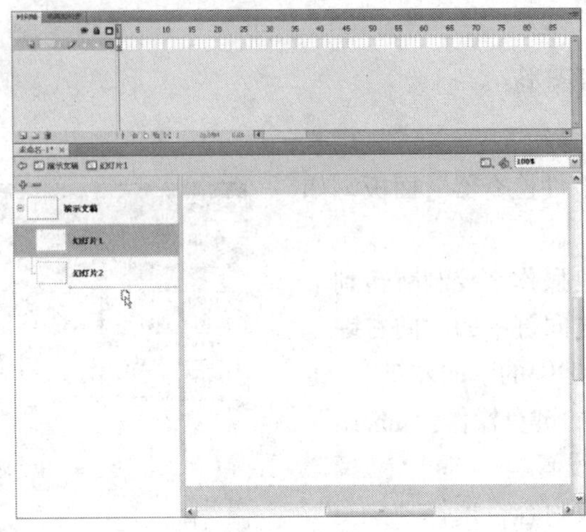

图 12-145

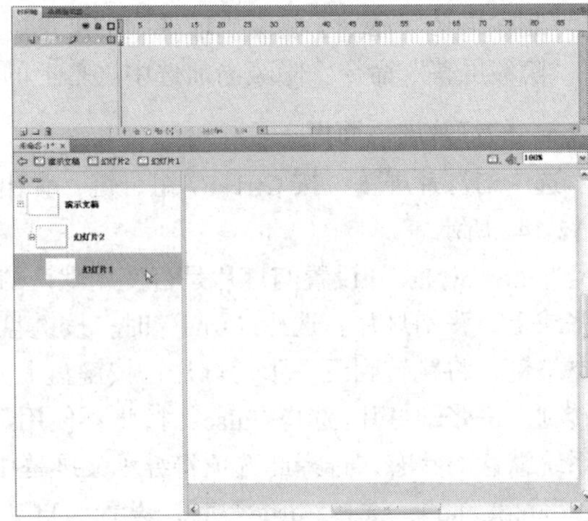

图 12-146

5. 选择幻灯片

用户可以在结构面板中直接单击要选择的屏幕，也可以选择“视图 > 转到”命令，在弹出的子菜单中选择要跳转到的屏幕，如图 12-147 所示。

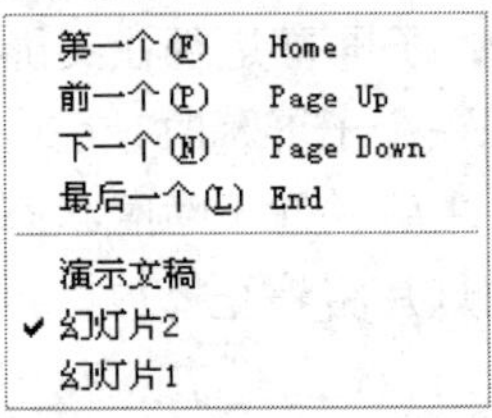

图 12-147

6. 重命名幻灯片

可以重新命名屏幕，包括顶层的屏幕，屏幕名在一个文档中是唯一的，不能有两个屏幕使用同样的名字。

鼠标双击结构面板中的屏幕名，键入新的屏幕名，如图 12-148 所示。如果改变了默认的屏幕名，实例名也会随之更改，如图 12-149 所示。同样，如果先改变了实例名，那么结构面板中的屏幕名也会随之更改。

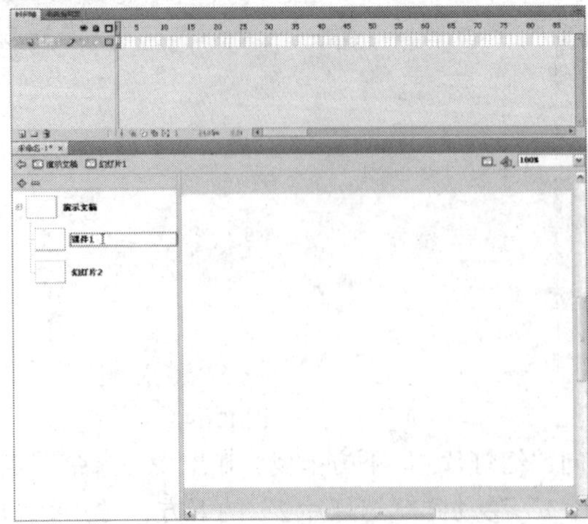

图 12-148

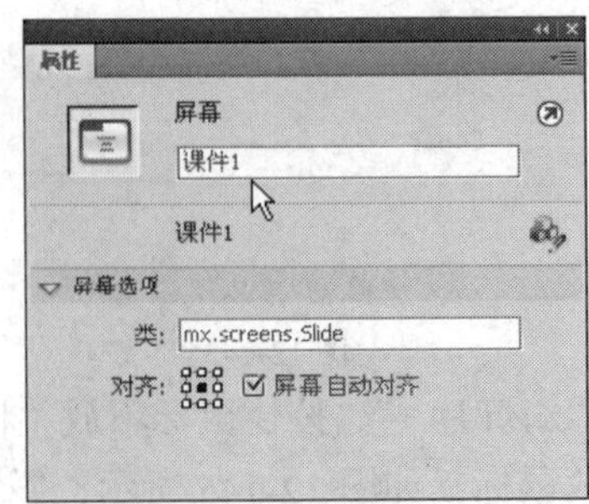

图 12-149

提示：屏幕名中不能包含空格。

12.2.3　添加转变样式

在屏幕与屏幕之间直接转换时，会显得有些生硬，可以为屏幕添加转变样式，使屏幕产生淡入淡出、划入、飞翔、旋转等效果。

选择要添加样式的屏幕，选择“窗口 > 行为”命令，弹出“行为”面板。单击“添加行为”按钮，选择“屏幕 > 过渡”命令，如图 12-150 所示，弹出“转变”对话框，如图 12-151 所示。拖曳对话框左侧的滚动条，选择要添加的样式，在右侧设置相应的选项值，单击“确定”按钮，在“行为”面板中出现设置好的样式，如图 12-152 所示。

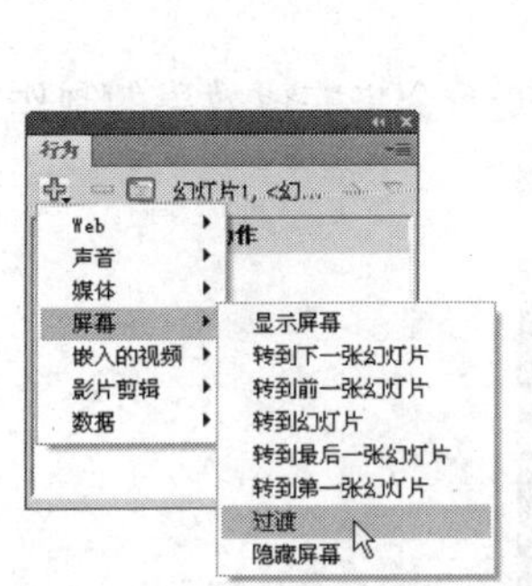

图 12-150

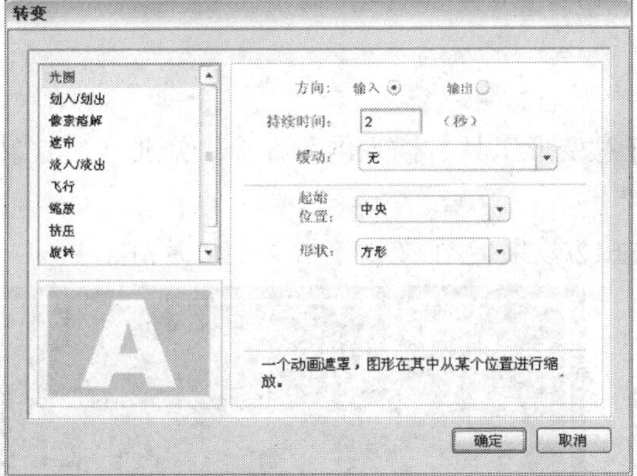

图 12-151

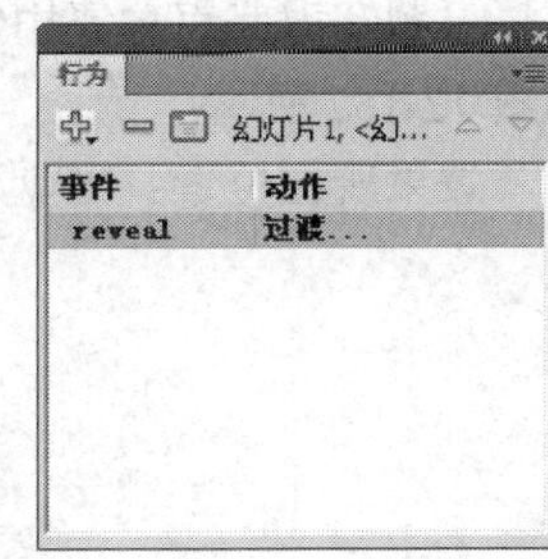

图 12-152

在“行为”面板中再制作相同的事件，单击“reveal”，如图 12-153 所示，在下拉列表中选择事件 move，如图 12-154 所示，完成效果如图 12-155 所示。

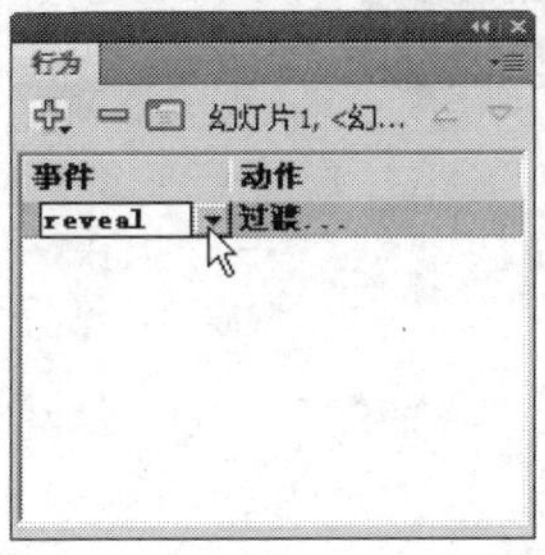

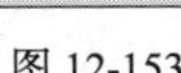
图 12-153

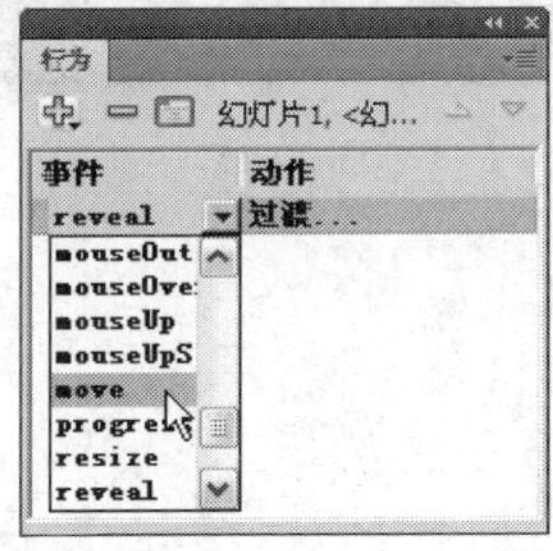

图 12-154

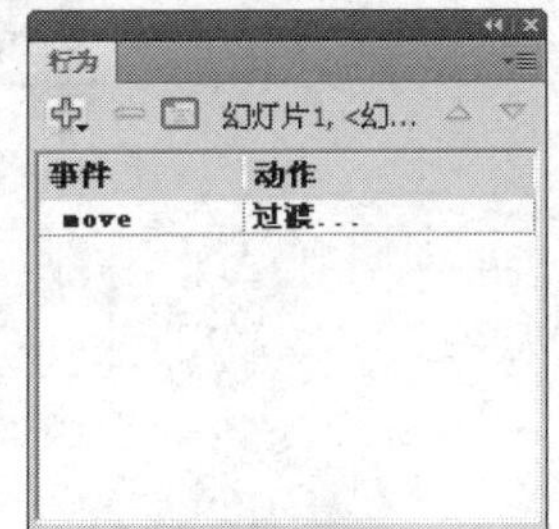

图 12-155

12.3 课堂练习——制作百科知识问答

练习知识要点：使用动作面板、组件面板、文本工具来完成效果的制作，如图 12-156 所示。

效果所在位置：光盘/Ch12/效果/制作百科知识问答. fla。

图 12-156

12.4 课后习题——制作文物签赏会幻灯片

习题知识要点：使用任意变形工具、插入屏幕命令、矩形工具、转变命令来完成效果的制作，如图 12-157 所示。

效果所在位置：光盘/Ch12/效果/制作文物签赏会幻灯片. fla。

图 12-157

第13章 作品的测试、优化、输出和发布

制作 Flash 动画时可以测试作品是否到达预期的效果，还可将作品进行优化，以保证最好的网络播放效果。制作完成的 Flash 作品可以对其进行输出或发布，制作成脱离 Flash CS4 环境的其他文件格式。本章将介绍对动画作品进行测试和优化的益处及技巧，还有输出和发布作品的方法和格式。读者通过学习要了解并掌握测试、优化、输出、发布作品的方法和技巧，以便制作出高质量的动画作品。

【教学目标】

- 影片的测试与优化。
- 影片的输出与发布。

13.1 影片的测试与优化

在动画的设计过程中，经常要测试当前编辑的动画，以便了解作品是否达到预期效果。如果动画要在网络环境中播放，还要考虑动画作品文件的大小，要在保证动画作品效果的同时，优化动画文件，保证其最好的网络播放效果。

13.1.1 影片测试窗口

选择“控制 > 测试影片”命令，进入影片测试窗口。测试窗口上方的菜单栏如图 13-1 所示。在菜单栏中最常用的是“视图”菜单和“控制”菜单。单击“视图”菜单，弹出其下拉子菜单，如图 13-2 所示。

未命名-1.swf
文件(F) 视图(V) 控制(C) 调试(D)

图 13-1

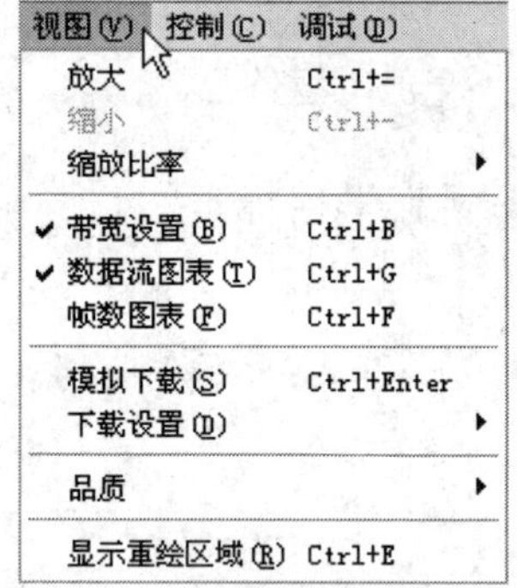

图 13-2

“放大”命令：可以将测试区中的影片放大显示。

“缩小”命令：可以将放大后的影片缩小显示。

“缩放比率”命令：可以将测试区中的影片按照百分比或完全显示的方式进行显示。

“带宽设置”命令：可以显示出带宽特性窗口，用来观察数据流的情况。

“数据流图表”命令：可以用条形图的形式模拟下载方式，显示每一帧数据量的大小，如图 13-3 所示。

“帧数图表”命令：可以用条形图的形式显示每一帧数据量的大小，如图 13-4 所示。

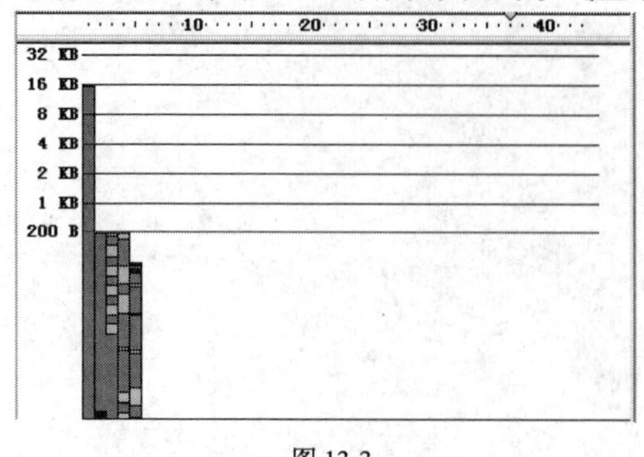

图 13-3

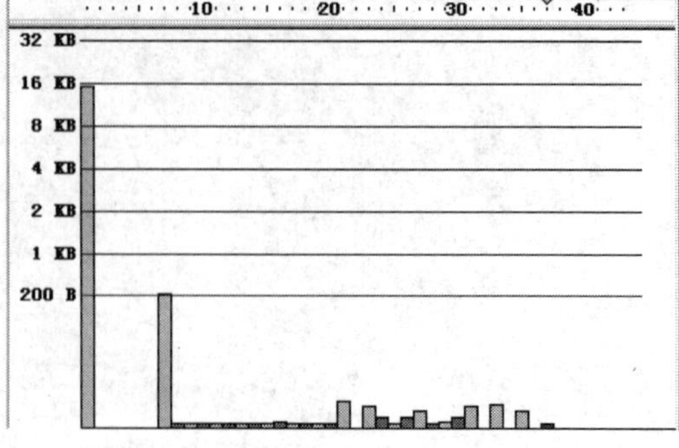

图 13-4

“模拟下载”命令：可以模拟在设定传输条件下，以数据流方式下载动画时的情况。可以通过标尺上绿色的进度条来观察下载情况，如图 13-5 所示。

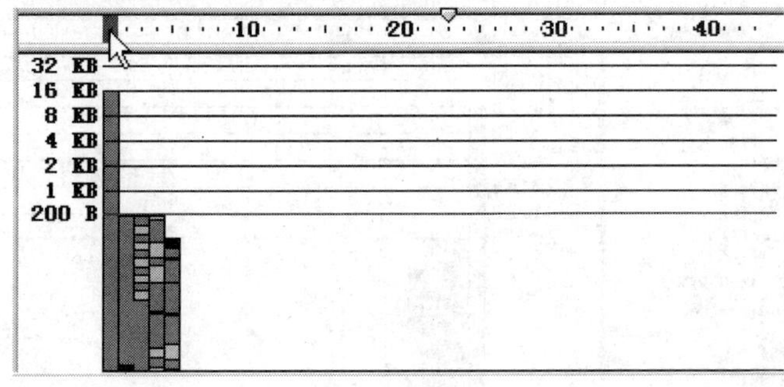

图 13-5

“下载设置”命令：可以设置模拟的下载条件。可在其子菜单中选择传输速率，也可自定义传输速率。

“品质”命令：可以设置影片测试区中动画显示的效果。

单击“控制”菜单，弹出其下拉子菜单，如图 13-6 所示。

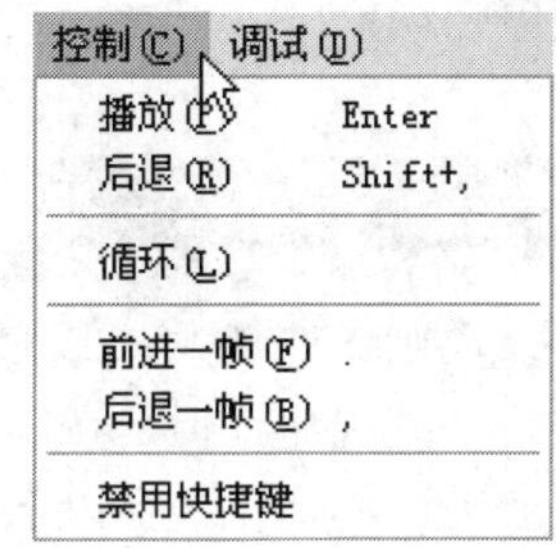

图 13-6

“播放”命令：可以播放当前的动画。

“后退”命令：回到动画的第 1 帧并停止播放动画。

“循环”命令：可以将动画进行循环播放。

“前进一帧”命令：可以将动画前进 1 帧显示。

“后退一帧”命令：可以将动画后退 1 帧显示。

“禁用快捷键”命令：使查看动画所使用的快捷键都为不可用。

13.1.2　测试影片下载性能

测试影片下载性能，对制作动画来说非常重要。用户可以使用宽带设置，以图形化的形式查看下载性能。要测试影片下载性能，选择“控制 > 测试影片”命令，进入影片测试窗口。选择“视图 > 带宽设置”命令，打开带宽特性窗口，如图 13-7 所示。

窗口的左侧显示的是当前动画的信息和播放情况。窗口的右侧显示的是动画影片各帧上的数据量。矩形条越大，表示该帧上的数据量越大。红色的水平线是动画传输速率的警备线，其位置由传输条件决定。当帧上的矩形条高于红色水平线时，表示在播放该帧时，有可能产生停顿。

在播放动画时，指针经过其中一帧，在窗口左侧的“帧”选项上显示出当前播放的帧数，如图 13-8 所示。

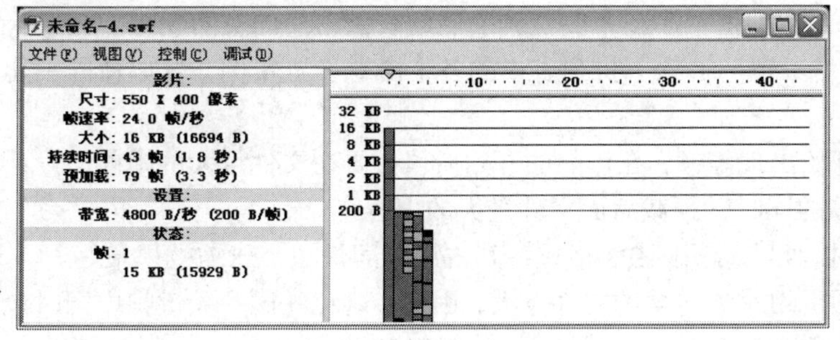

图 13-7

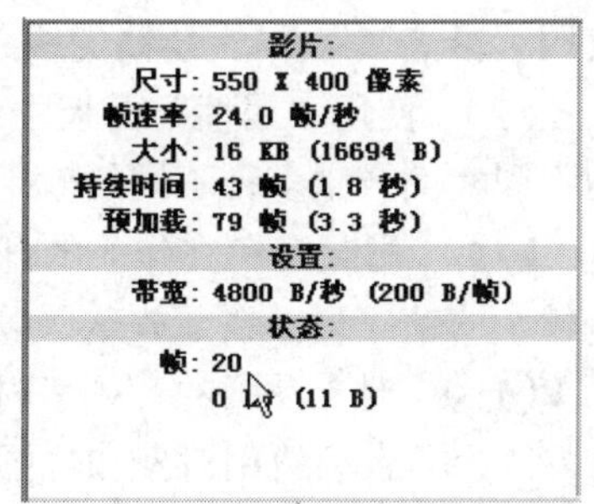

图 13-8

选择“视图 > 模拟下载”命令，在窗口左侧的“已加载”选项上显示加载的百分比，如图 13-9 所示。同时，在窗口右侧的标尺上显示出绿色的进度条，代表加载的速度，如图 13-10 所示。

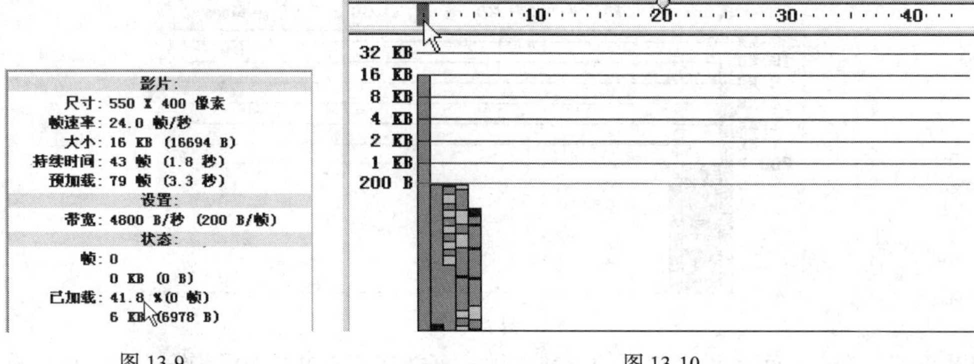

图 13-9　　　　图 13-10

标尺上的指针▽表示当前动画播放的位置，当指针显示的位置赶上加载进度条时，动画就会出现停顿现象。

13.1.3　作品优化

动画文件越大，在网络上播放浏览时等待播放的时间就越长。虽然在动画作品发布时会自动进行一些优化，但是在制作动画时还要从整体对动画进行优化，以减少文件量。

动画的优化包括以下几个方面。

（1） 将动画中所有相同的对象用同一个符号引用，这样，相同内容的对象在作品中只保存一次。

（2） 在动画中尽量避免使用逐帧动画，多使用补间动画。因为补间动画中的过渡帧是计算所得，所以其文件量大大少于逐帧动画。

（3）如果使用导入的位图，最好将位图作为背景或静止元素，尽量避免使用位图动画元素。

（4） 对舞台中多个相对位置固定的对象建组。

（5） 尽量用矢量线条代替矢量色块。减少矢量图形的复杂程度，如减少图形的边数或曲线上折线的数量。

（6） 尽量不要将文字打散成轮廓，尽量少用嵌入字体。

（7） 尽量少用渐变色，使用单色。因为渐变色比单色多占用 50 个字节的存储空间。少使用不透明度，因为会减慢回放速度。

（8）尽量限制使用特殊线条的类型数，如虚线、点线等。实线比特殊线条占用的空间要少。使用“铅笔”工具绘制的线条比使用“刷子”工具绘制的线条占用的空间要少。

（9） 使用“属性”面板中“颜色”选项下拉列表中的各个命令设置实例，可以使同一元件的不同实例产生多种不同的效果。

（10） 尽量避免在作品的开始出现停顿，在作品的开始阶段，要在文件量大的帧前面设计一些较小的帧序列，在播放这些帧的同时，预载后面文件量大的内容。

（11） 对于动画的音频素材，尽量使用 MP3 格式，其占用空间最小，压缩效果最好。

（12） 音频引用对象和位图引用对象包含的文件量大，因此，避免在同一关键帧中同时包含这两种引用对象，否则，可能会出现停顿帧。

13.2 影片的输出与发布

动画作品设计完成后，要通过输出或发布方式将其制作成可以脱离 Flash CS4 环境播放的动画文件。并不是所有应用系统都支持 Flash 文件格式，如果要在网页、应用程序、多媒体中编辑动画作品，可以将它们导出成通用的文件格式，如 GIF、JPEG、PNG、BMP、QuickTime 或 AVI。

13.2.1 输出影片设置

选择“文件 > 导出”命令，其子菜单如图 13-11 所示。可以选择将文件导出为图像或影片。

图 13-11

“导出图像”命令：可以将当前帧或所选图像导出为一种静止图像格式或导出为单帧 Flash Player 应用程序。

“导出影片”命令：可以将动画导出为包含一系列图片、音频的动画格式或静止帧。当导出静止图像时，可以为文档中的每一帧都创建一个带有编号的图像文件。还可以将文档中的声音导出为 WAV 文件。

提示：将 Flash 中的图像保存为位图、GIF、JPEG、BMP 文件时，图像会丢失其矢量信息，仅以像素信息做为保存。但在将 Flash 图像导出为矢量图形文件时，如 Illustrator 格式，可以保留其矢量信息。

13.2.2 输出影片格式

Flash CS4 可以输出多种格式的动画或图形文件，一般包含以下几种常用类型。

1. Flash 文档 (*.swf)

SWF 动画是浏览网页时常见的动画格式，它是以.swf 为后缀的文件，具有动画、声音和交互等功能，它需要在浏览器中安装 Flash 播放器插件才能观看。将整个文档导出为具有动画效果和交互功能的 Flash SWF 文件，以便将 Flash 内容导入其他应用程序中，如导入 Dreamweaver 中。

在导出 SWF 文件时，选择的菜单命令不同，所产生的效果也不同。选择“导出图像”命令，将导出一个只包含当前帧内容的 SWF 文件，如果有元件在当前帧上应用了动画实例或音频对象，那么该帧中的动画或音频对象仍然可以播放。选择“导出影片”命令，会生成一个完整的动画作品。

选择“文件 > 导出 > 导出影片”命令，弹出“导出影片”对话框，在“文件名”选项的文本框中输入要导出动画的名称，在“保存类型”选项的下拉列表中选择“Flash 影片 (*.swf) ”，如图 13-12 所示，单击“保存”按钮。

选择“文件 > 发布设置”命令，在弹出的对话框中选择“Flash”选项，弹出对话框，如图 13-13 所示。

图 13-12

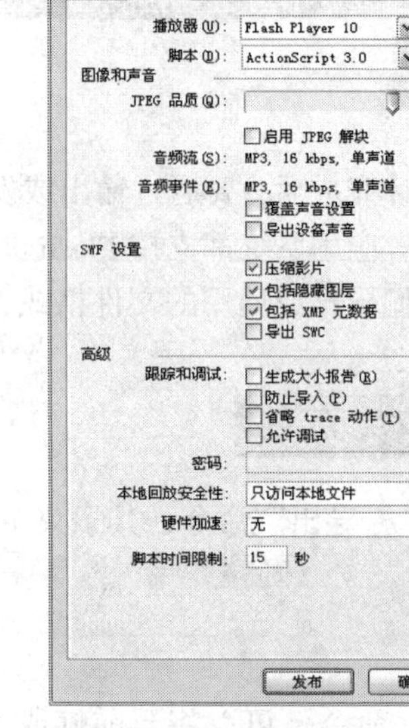

图 13-13

“版本”选项：可以选择 Flash 的各种版本进行导出。新版本的播放器可以播放旧版本的动画，但旧版本的播放器不能播放新版本的动画。将导出动画的版本适当选低，有利于在网络上用不同版本的播放器进行播放，但低版本对某些效果不支持。

“加载顺序”选项：可以选择动画在速度较慢的网络上先显示哪部分，也就是设定浏览者先看见动画中的哪些对象。有“由下而上”和“由上而下”两种选择。这种设定只对动画的开始帧起作用，其他帧中的各层内容是同时显示的。

“ActionScript 版本”选项：可以选择导出影片所使用的动作脚本的版本。可以使用 Flash CS4 默认的版本“ActionScript3.0”，也可以使用以前的版本“ActionScript2.0”。

在“选项”选项组中的各复选框作用如下。

“生成大小报告”复选框：勾选此选项，在导出影片的同时，生成一个文本文档，详细记载帧、场景、元件及声音压缩后的大小，如图 13-14 所示。

“防止导入”复选框：在 Flash CS4 中，可以将 SWF 格式的动画导入作为当前动画的一部分。如果不希望其他人随意导入 SWF 动画，可以将导出的动画进行保护。勾选此选项，下方的“密码”选项为可用，在“密码”选项的文本框中输入要设定的密码即可，如图 13-15 所示。

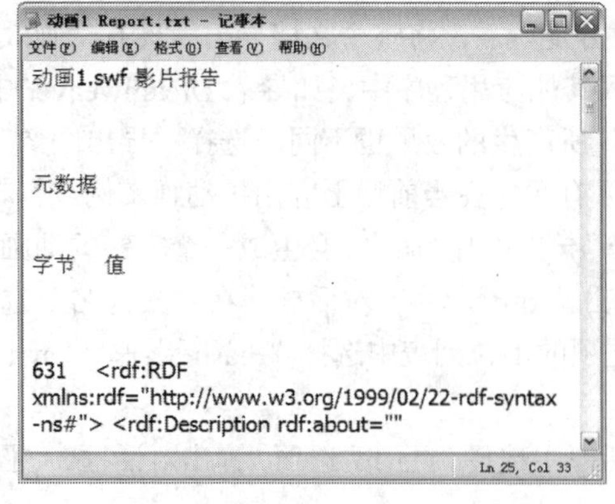
动画1 Report.txt - 记事本
文件(F) 编辑(E) 格式(O) 查看(V) 帮助(H)

动画1.swf 影片报告

元数据

字节 值

631 <rdf:RDF xmlns:rdf="http://www.w3.org/1999/02/22-rdf-syntax-ns#"> <rdf:Description rdf:about=""

Ln 25, Col 33

图 13-14

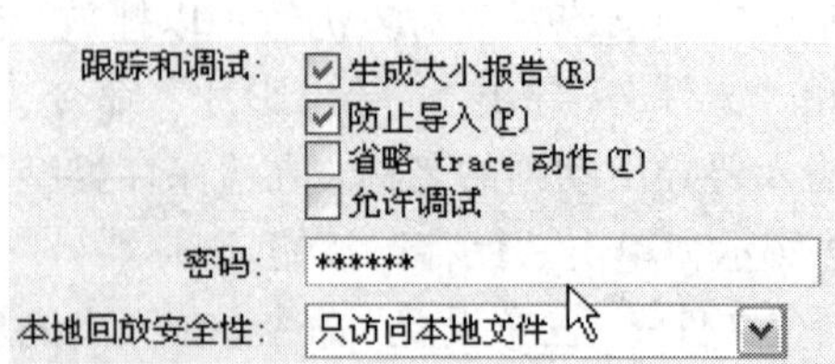

图 13-15

"省略 trace 动作"复选框：勾选此选项，可以省略当前影片中的跟踪动作。

"允许调试"复选框：勾选此选项，可以对动画进行调试操作。

"压缩影片"复选框：勾选此选项，可以将导出的影片进行压缩，从而减少影片的文件大小、缩短下载时间。在默认状态下，此选项为选中。

"JPEG 品质"选项：如果导出的影片中存在位图，可以应用此选项对位图进行压缩。可以移动滑块调节数值，也可在文本框中直接输入数值。数值越大，品质越好，文件量也越大；数值越小，品质越低，文件量越小。

"音频流"和"音频事件"选项：可以设置导出影片中音频素材的压缩格式和参数。音频流只要下载的前几帧有足够的数据，就可以与时间轴进行同步播放。音频事件必须完全下载以后才能开始播放，如果不明确将其停止，它将一直连续播放。

"覆盖声音设置"选项：勾选此选项，"音频流"和"音频事件"选项中的设置将对影片中所有的音频对象起作用。如果不勾选此选项，则"音频流"和"音频事件"选项中的设置只对在属性面板中没有设置压缩的音频素材起作用。

提示： 在以 SWF 格式导出 Flash 文件时，文本以 Unicode 格式进行编码。Unicode 编码是一种文字信息的通用字符集编码标准，它是一种 16 位编码格式。也就是说，Flash 文件中的文字使用双位元组字符集进行编码。

2．位图 (*.bmp)

用户可以将 Flash 文档中当前帧上的对象导出成位图。

选择"文件 > 导出 > 导出图像"命令，弹出"导出图像"对话框，在"文件名"选项的文本框中输入要导出位图的名称，在"保存类型"选项的下拉列表中选择"位图 (*.bmp) "，如图 13-16 所示，单击"保存"按钮，弹出"导出位图"对话框，如图 13-17 所示。

图 13-16　　　　图 13-17

"尺寸"选项：设置导出位图的图像大小。Flash CS4 确保指定的大小始终与原始图像保持相同的高宽比。

"分辨率"选项：设置导出位图的图像分辨率，并且让 Flash CS4 根据图形的大小自动计算宽度和高度。单击"匹配屏幕"按钮，可以将分辨率设置为与显示器相匹配。

"颜色深度"选项：指定图形使用颜色的位数。

"平滑"选项：消除导出位图的锯齿。勾选此选项，能产生高画质的位图图像。背景为彩色时，图形的边界可能会模糊，此时，不勾选此选项。

3．JPEG 图像（*.jpg）

可以将 Flash 文档中当前帧上的对象导出成 JPEG 位图文件。JPEG 格式图像为高压缩比的 24 位位图。JPEG 格式适合显示包含连续色调（如照片、渐变色或嵌入位图）的图像。其导出设置与位图（*.bmp)相似，不再赘述。

4．GIF 序列文件（*.gif)

网页中常见的动态图标大部分是 GIF 动画形式，它是由多个连续的 GIF 图像组成的。在 Flash 动画时间轴上的每一帧都会变为 GIF 动画中的一幅图片。GIF 动画不支持声音和交互，并比不含声音的 SWF 动画文件量大。

选择“文件 > 导出 > 导出影片”命令，弹出“导出影片”对话框，在“文件名”选项的文本框中输入要导出序列文件的名称，在“保存类型”选项的下拉列表中选择“GIF 序列文件（*.gif)”，如图 13-18 所示，单击“保存”按钮，弹出“导出 GIF”对话框，如图 13-19 所示。

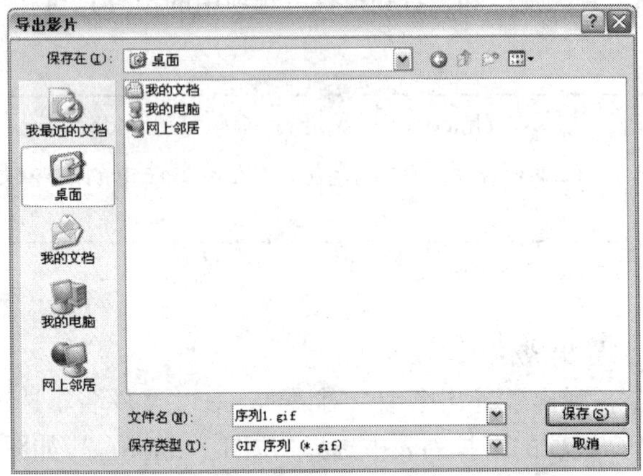

图 13-18

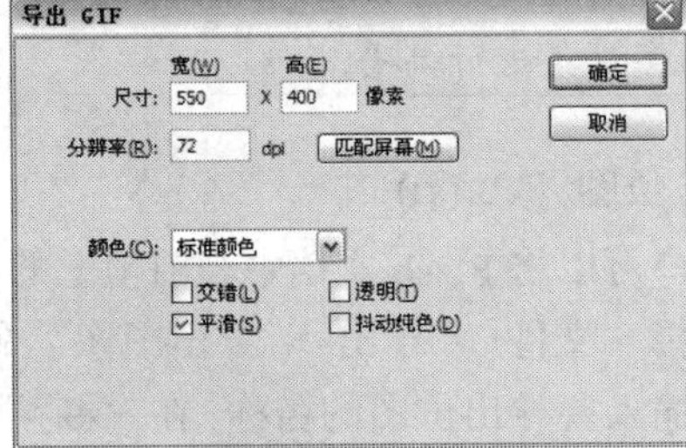

图 13-19

“尺寸”选项：设置 GIF 动画的尺寸大小。

“分辨率”选项：设置导出动画的分辨率，并且让 Flash CS4 根据图形的大小自动计算宽度和高度。单击“匹配屏幕”按钮，可以将分辨率设置为与显示器相匹配。

“颜色”选项：创建导出图像的颜色数量。

“交错”选项：勾选此选项，浏览者在下载过程中，动画以交互方式显示。

“透明”选项：勾选此选项，输出的 GIF 动画的背景色为透明。

“平滑”选项：勾选此选项，输出的 GIF 动画进行平滑处理。

“抖动纯色”选项：勾选此选项，对 GIF 动画中的色块进行抖动处理，以提高画面质量。

5．Windows AVI (*.avi)

Windows AVI 是标准的 Windows 影片格式，它是一种很好的、用于在视频编辑应用程序中打开 Flash 动画的格式。由于 AVI 是基于位图的格式，因此如果包含的动画很长或者分辨率比较高，文件量就会非常大。将 Flash 文件导出为 Windows 视频时，会丢失所有的交互性。

选择“文件 > 导出 > 导出影片”命令，弹出“导出影片”对话框，在“文件名”选项的文本框中输入要导出视频文件的名称，在“保存类型”选项的下拉列表中选择“Windows AVI (*.avi)”，如图 13-20 所示，单击“保存”按钮，弹出“导出 Windows AVI”对话框，如图 13-21 所示。

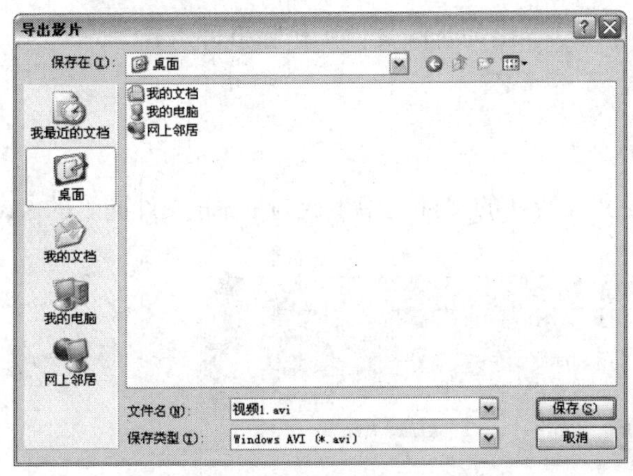

图 13-20

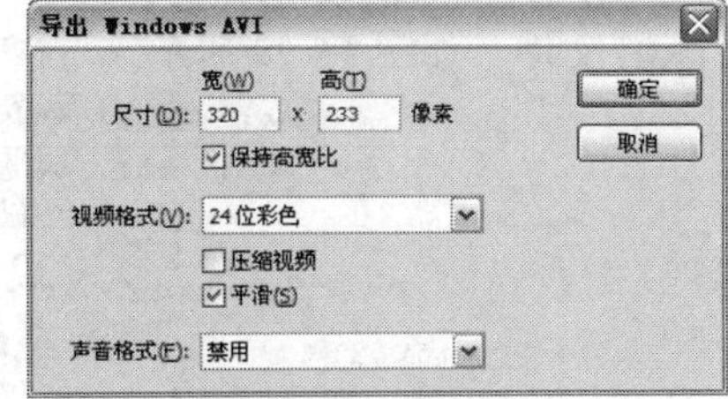

图 13-21

“尺寸”选项：可以指定 AVI 影片的宽度和高度，以像素为单位。当宽度和高度两者指定其一时，另一个尺寸会自动设置，这样会保持原始文档的高宽比。

“保持高宽比”选项：取消对此选项的选择，可以分别设置宽度和高度。

“视频格式”选项：可以选择输出作品的颜色位数。目前许多应用程序不支持 32 位色的图像格式，如果使用这种格式时出现问题，可以使用 24 位色的图像格式。

“压缩视频”选项：勾选此选项，可以选择标准的 AVI 压缩选项。

“平滑”选项：可以消除导出 AVI 影片中的锯齿。勾选此选项，能产生高质量的图像。背景为彩色时，AVI 影片可能会在图像的周围产生模糊，此时，不勾选此选项。

“声音格式”选项：设置音轨的取样比率和大小，以及是以单声还是以立体声导出声音。取样率高，声音的保真度就高，但占据的存储空间也大。取样比率和大小越小，导出的文件就越小，但可能会影响声音品质。

6. WAV 音频 (*.wav)

可以将动画中的音频对象导出，并以 WAV 声音文件格式保存。

选择“文件 > 导出 > 导出影片”命令，弹出“导出影片”对话框，在“文件名”选项的文本框中输入要导出音频文件的名称，在“保存类型”选项的下拉列表中选择“WAV 音频 (*.wav)”，如图 13-22 所示，单击“保存”按钮，弹出“导出 Windows WAV”对话框，如图 13-23 所示。

图 13-22

图 13-23

“声音格式”选项：可以设置导出声音的取样频率、比特率以及立体声或单声。

“忽略事件声音”选项：勾选此选项，可以从导出的音频文件中排除事件声音。

13.2.3 发布影片设置

选择“文件 > 发布”菜单命令，在 Flash 文件所在的文件夹中生成与 Flash 文件同名的 SWF 文件和 HTML 文件，如图 13-24 所示。

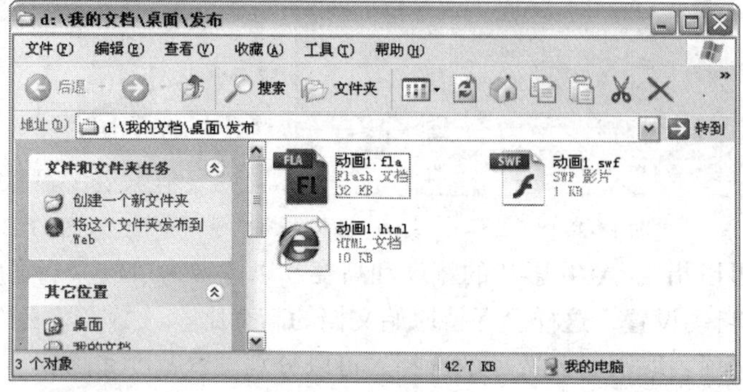

图 13-24

如果要设置同时输出多种格式的动画作品，选择“文件 > 发布设置”命令，弹出“发布设置”对话框，如图 13-25 所示。在默认状态下，只有两种发布格式，可以选择下方的复选框，对话框的上方也出现相应的格式选项卡，如图 13-26 所示。

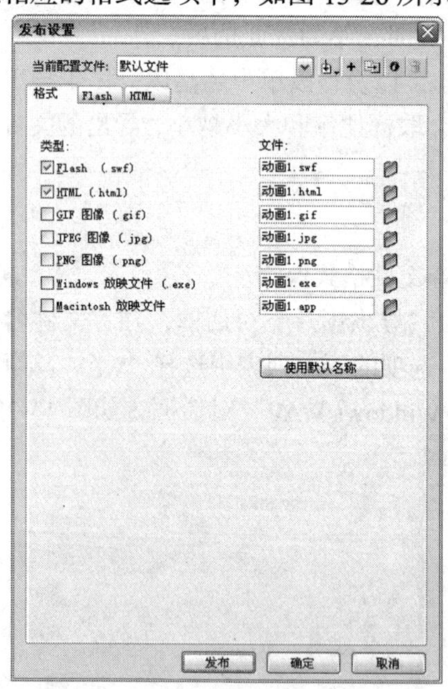

图 13-25

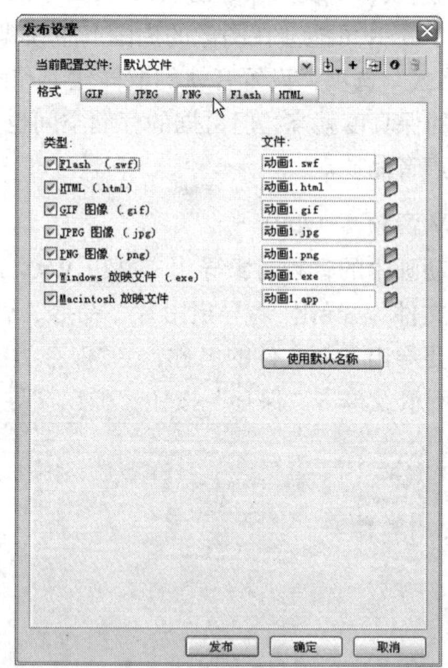

图 13-26

可以在每种格式右侧的文本框中，为文件重新命名。单击“使用默认名称”按钮，则每种格式都使用默认的影片文件名。单击发布目标按钮，可以为文件重新设置要发布的文件夹。

提示：在“发布设置”对话框中完成设置后，单击“确定”按钮，此时并不发布文件，只有单击“发布”按钮时才能发布文件。

13.2.4　发布影片格式

Flash CS4 能够发布多种格式的文件，下面介绍各种格式文件的参数设置。

1．Flash SWF 文件格式

Flash SWF 文件是网络上流行的动画格式。在“发布设置”对话框中单击“Flash”选项卡，切换到“Flash”对话框，如图 13-27 所示。

2．HTML 文件格式

HTML 文件用于在网页中引导和播放 Flash 动画作品。如果要在网络上播放 Flash 电影，需要创建一个能激活电影并指定浏览器设置的 HTML 文件。在“发布设置”对话框中单击 “HTML”选项卡，切换到“HTML”面板，如图 13-28 所示。

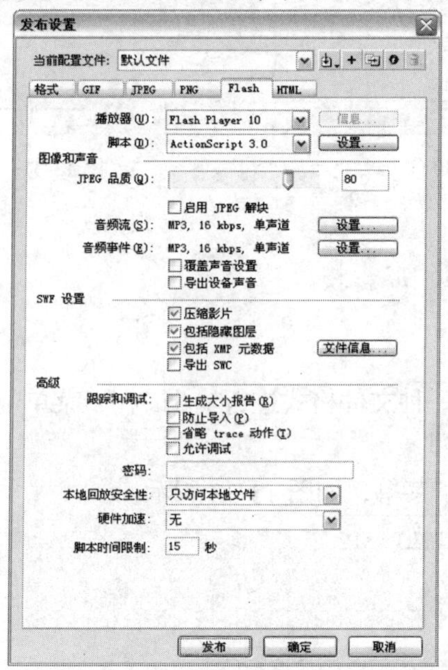

图 13-27

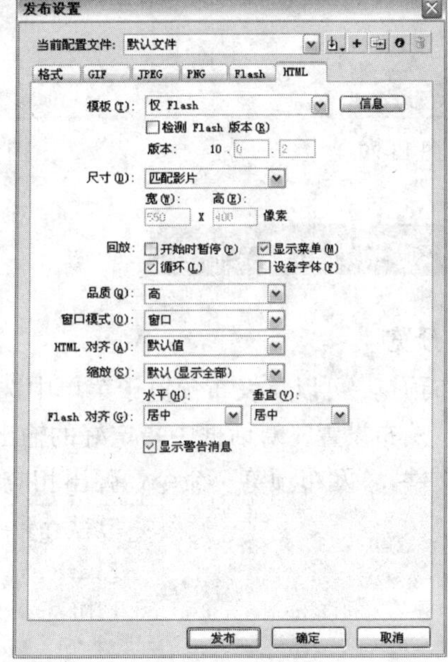

图 13-28

3．GIF 文件格式

Flash CS4 可以将动画发布为 GIF 格式的动画，这样不使用任何插件就可以观看动画。但 GIF 格式的动画已经不属于矢量动画，不能随意无损地放大或缩小画面，而且动画中的声音和动作都会失效。在“发布设置”对话框中单击“GIF”选项卡，切换到“GIF”面板，如图 13-29 所示。

4．JPEG 文件格式

在“发布设置”对话框中单击 “JPEG”选项卡，切换到“JPEG”面板，如图 13-30 所示。

5．PNG 文件格式

PNG 文件格式是一种可以跨平台支持透明度的图像格式。在“发布设置”对话框中单击 “PNG”选项卡，切换到“PNG”面板，如图 13-31 所示。

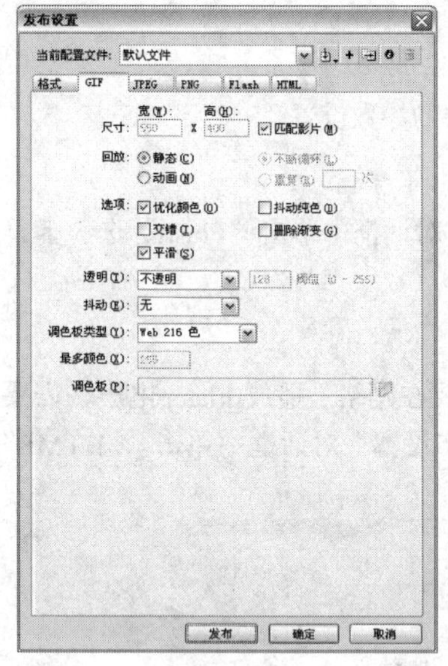

图 13-29

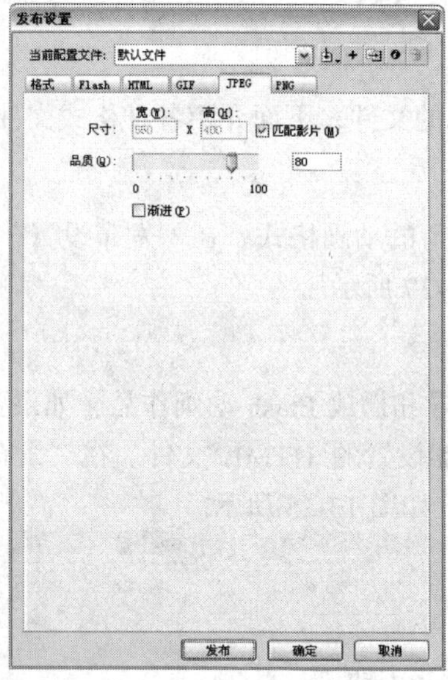

图 13-30

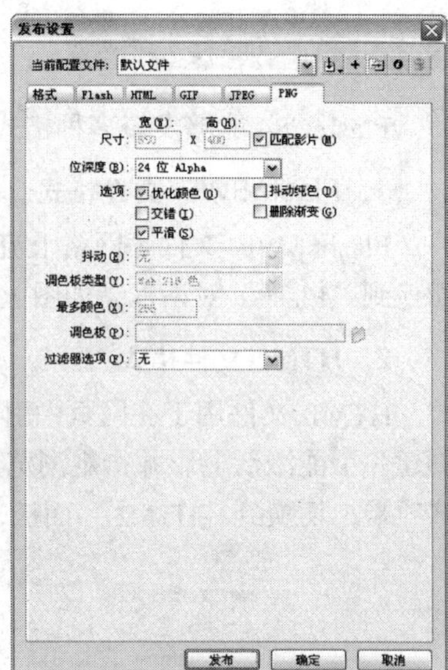

图 13-31

13.2.5 发布预览及打包文件

1．发布预览

使用发布预览，可以从发布预览子菜单中选择一种文件格式进行输出。在子菜单中可以选择的格式都是在“发布设置”对话框中指定好的输出格式。

选择“文件 > 发布预览”命令，弹出相应的子菜单，如图 13-32 所示。

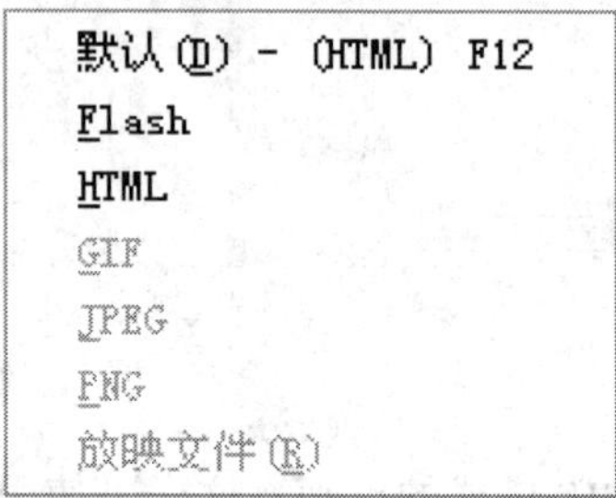

图 13-32

在子菜单中选择任何一种文件格式，Flash CS4 即可创建一个指定格式的文件，并将它放到 Flash 影片文档所在的文件夹中。

2．打包文件

在网页中浏览 SWF 动画需要先安装插件，如果在不安装插件的情况下观看动画，可以将 Flash 作品打包成后缀为.exe 的文件，此文件可独立运行，并与后缀为.swf 的动画效果相同。

制作好动画后，选择“文件 > 导出 > 导出影片”命令，弹出“导出影片”对话框，在对话框中设置导出影片的名称和格式，将“保存类型”设置为后缀是.swf 的 Flash 影片格式进行导出。导出的.swf 文件在 Flash 影片文档所在的文件夹中，如图 13-33 所示。

双击.swf 文件，打开 Flash Player 播放器，选择“文件 > 创建播放器”命令，如图 13-34 所示。

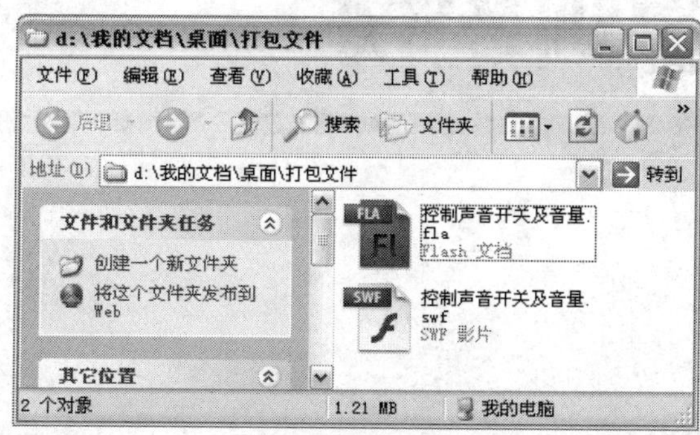

图 13-33

图 13-34

弹出“另存为”对话框，在“文件名”选项中输入名称，其他为默认值，如图 13-35 所示。单击“保存”按钮，在 Flash 影片文档所在的文件夹中，生成了后缀为.exe 的文件，如图 13-36 所示。

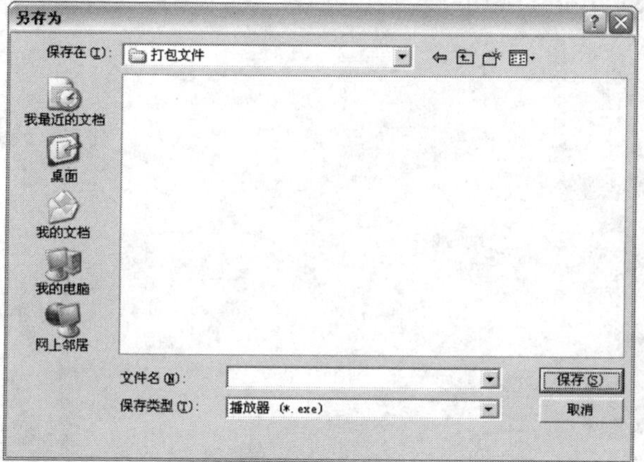

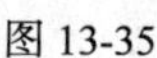
图 13-35

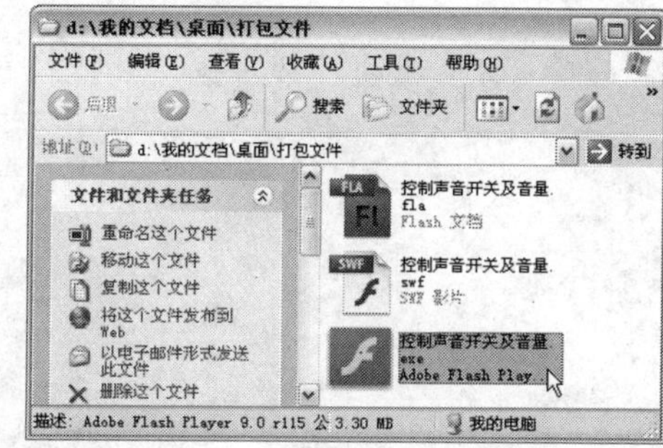

图 13-36

第14章 综合实训案例

本章通过多个商业应用案例，进一步讲解 Flash 动画设计与制作的方法和技巧，让读者能够快速地掌握软件功能和知识要点，创作出满意的动画作品。

14.1 制作家居组合游戏

案例知识要点：使用库面板创建按钮、图形和影片剪辑元件，使用椭圆工具绘制装饰图形，使用文本工具添加说明文字，如图 14-1 所示。

效果所在位置：光盘/Ch14/效果/制作家居组合游戏.fla。

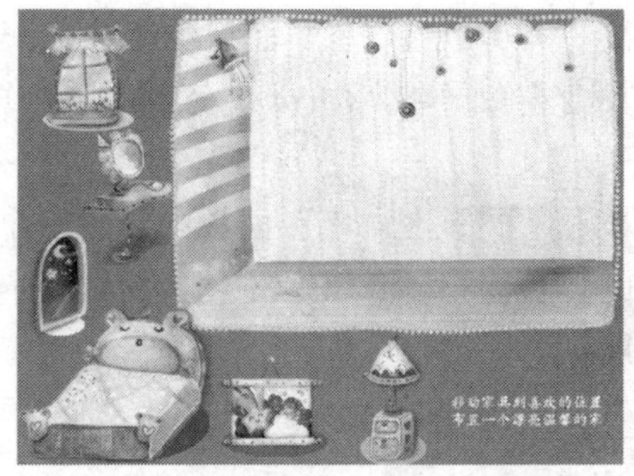

图 14-1

14.1.1　导入素材

Step 01 选择“文件 > 新建”命令，在弹出的“新建文档”对话框中选择“Flash 文件”选项，单击“确定”按钮，进入新建文档舞台窗口。按 Ctrl+F3 组合键，弹出文档“属性”面板，单击“大小”选项右侧的“编辑”按钮 编辑... ，弹出“文档属性”对话框，将“宽”选项设为 600，“高”选项设为 400，“背景颜色”选项设为紫色（#9965FF），单击“确定”按钮。单击“配置文件”右侧的“编辑”按钮 编辑... ，弹出“发布设置”对话框，选择“播放器”选项下拉列表中的“Flash Player 8”，如图 14-2 所示，单击“确定”按钮。

Step 02 调出“库”面板，在“库”面板下方单击“新建元件”按钮，弹出“创建新元件”对话框，在“名称”选项的文本框中输入“床”，在“类型”选项下拉列表中选择“按钮”选项，单击“确定”按钮，新建一个按钮元件“床”，如图 14-3 所示，舞台窗口也随之转换为按钮元件的舞台窗口。

Step 03 选择“文件 > 导入 > 导入到舞台”命令，在弹出的“导入”对话框中选择“Ch14 > 素材 > 制作家居组合游戏 > 01”文件，单击“打开”按钮，弹出提示对话框，单击“否”按钮，文件被导入到舞台窗口中，效果如图 14-4 所示。

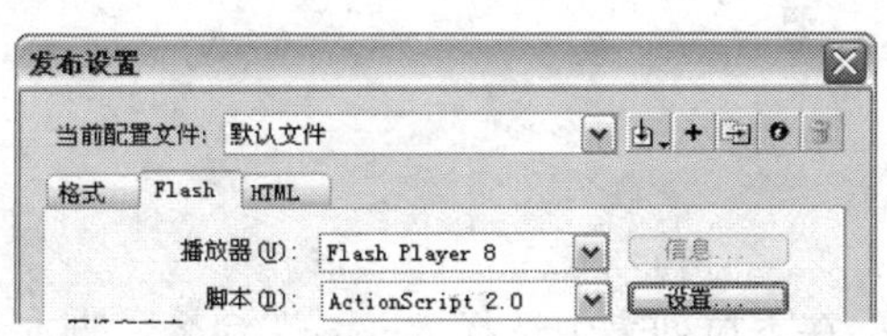

图 14-2

图 14-3

图 14-4

Step 04 在“库”面板中新建一个按钮元件“台灯”，舞台窗口也随之转换为“台灯”元件的舞台窗口。将“Ch14 > 素材 > 制作家居组合游戏 > 02”文件导入到舞台窗口中，效果如图 14-5 所示。

Step 05 在“库”面板中新建一个按钮元件“壁画”，舞台窗口也随之转换为“壁画”元件的舞台窗口。将“Ch14 > 素材 > 制作家居组合游戏 > 03”文件导入到舞台窗口中，效果如图 14-6 所示。

Step 06 在“库”面板中新建一个按钮元件“窗户 1”，舞台窗口也随之转换为“窗户 1”元件的舞台窗口。将“Ch14 > 素材 > 制作家居组合游戏 > 04”文件导入到舞台窗口中，效果如图 14-7 所示。

Step 07 在“库”面板中新建一个按钮元件“窗户 2”，舞台窗口也随之转换为“窗户 2”元件的舞台窗口。将“Ch14 > 素材 > 制作家居组合游戏 > 05”文件导入到舞台窗口中，效果如图 14-8 所示。

Step 08 在“库”面板中新建一个按钮元件“梳妆台”，舞台窗口也随之转换为“梳妆台”元件的舞台窗口。将“Ch14 > 素材 > 制作家居组合游戏 > 06”文件导入到舞台窗口中，效果如图 14-9 所示。

图 14-5

图 14-6

图 14-7

图 14-8

图 14-9

14.1.2 制作影片剪辑

Step 01 在“库”面板下方单击“新建元件”按钮，弹出“创建新元件”对话框，在“名称”选项的文本框中输入“01 床”，在“类型”选项下拉列表中选择“影片剪辑”选项，单击“确定”按钮，新建一个影片剪辑元件“01 床”，如图 14-10 所示，舞台窗口也随之转换为影片剪辑元件的舞台窗口。将“库”面板中的按钮元件“床”拖曳到舞台窗口中。

Step 02 选中床实例，选择“窗口 > 动作”命令，弹出“动作”面板（其快捷键为 F9）。在面板中单击“将新项目添加到脚本中”按钮，在弹出的菜单中选择“全局函数 > 影片剪辑控制 > on”命令，如图 14-11 所示。

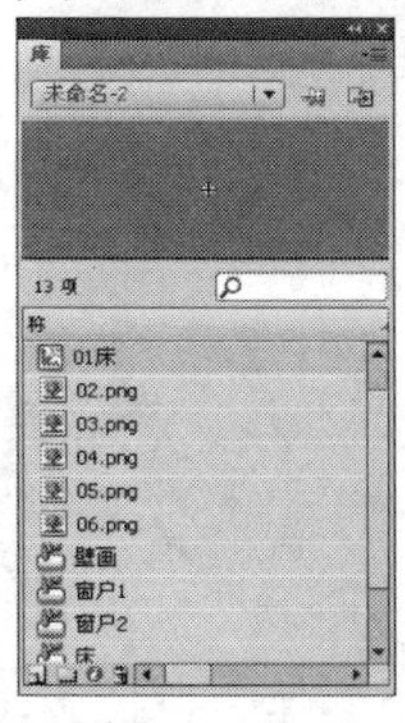

图 14-10

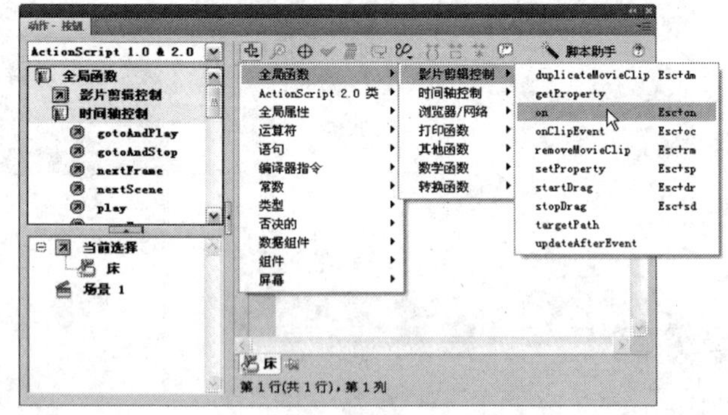

图 14-11

Step 03 在“脚本窗口”中显示出选择的脚本语言，在下拉列表中选择“press”命令，脚本语言如图 14-12 所示。将鼠标光标放置在第 1 行脚本语言的最后，按 Enter 键，光标显示到第 2 行。单击“将新项目添加到脚本中”按钮，在弹出的菜单中选择“全局函数 > 影片剪辑控制 > startDrag”命令，如图 14-13 所示。

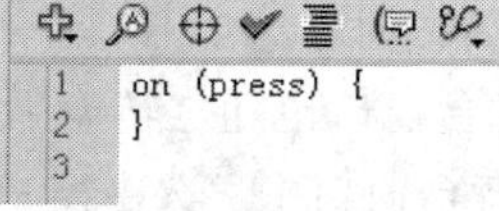

图 14-12

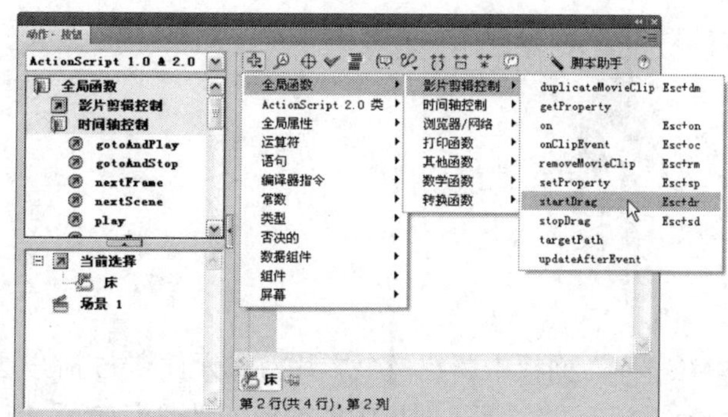

图 14-13

Step 04 “脚本窗口”中显示出选择的脚本语言，在脚本语言“startDrag”后面的括号中输入"/a"，如图 14-14 所示。将鼠标置入到第 5 行，在面板中单击“将新项目添加到脚本中”按钮 ，在弹出的菜单中选择“全局函数 > 影片剪辑控制 > on”命令，在“脚本窗口”中显示出选择的脚本语言，在下拉列表中选择“release”命令，脚本语言如图 14-15 所示。

```
1  on (press) {
2      startDrag("/a");
3
4  }
5
```

图 14-14

```
1  on (press) {
2      startDrag("/a");
3
4  }
5  on (release) {
6  }
7
```

图 14-15

Step 05 单击“将新项目添加到脚本中”按钮 ，在弹出的菜单中选择“全局函数 > 影片剪辑控制 > stopDrag”命令，脚本语言如图 14-16 所示。选中所有的脚本语言，用鼠标右键单击语言，在弹出的菜单中选择“复制”命令，进行复制。

Step 06 在“库”面板中新建一个影片剪辑元件“02 台灯”，舞台窗口也随之转换为“02 台灯”元件的舞台窗口。将“库”面板中的按钮元件“台灯”拖曳到舞台窗口中。选中台灯实例，用鼠标右键在“动作”面板的“脚本窗口”中单击，在弹出的菜单中选择“粘贴”命令，将刚才复制过的脚本语言进行粘贴，将第 2 行中的字母“a”改为字母“b”，如图 14-17 所示。

```
1  on (press) {
2      startDrag("/a");
3
4  }
5  on (release) {
6      stopDrag();
7
8  }
9
```

图 14-16

```
1  on (press) {
2      startDrag("/b");
3
4  }
5  on (release) {
6      stopDrag();
7
8  }
9
```

图 14-17

Step 07 在“库”面板中新建一个影片剪辑元件“03 壁画”，舞台窗口也随之转换为“03 壁画”元件的舞台窗口。将“库”面板中的按钮元件“壁画”拖曳到舞台窗口中。选中壁画实例，用鼠标右键在“动作”面板的“脚本窗口”中单击，在弹出的菜单中选择“粘贴”命令，粘贴脚本语言，将第 2 行中的字母“a”改为字母“c”，如图 14-18 所示。

Step 08 用相同的方法，在“库”面板中新建一个影片剪辑元件“04 窗户 1”，舞台窗口也随之转换为“04 窗户 1”元件的舞台窗口。将“库”面板中的按钮元件“窗户 1”拖曳到舞台窗口中。选中窗户 1 实例，用鼠标右键在“动作”面板的“脚本窗口”中单击，在弹出的菜单中选择“粘贴”命令，粘贴脚本语言，将第 2 行中的字母“a”改为字母“d”，如图 14-19 所示。

```
1  on (press) {
2      startDrag("/c");
3
4  }
5  on (release) {
6      stopDrag();
7
8  }
9
```

图 14-18

```
1  on (press) {
2      startDrag("/d");
3
4  }
5  on (release) {
6      stopDrag();
7
8  }
9
```

图 14-19

Step 09 在“库”面板中新建一个影片剪辑元件“05 窗户 2”，舞台窗口也随之转换为“05 窗户 2”元件的舞台窗口。将“库”面板中的按钮元件“窗户 2”拖曳到舞台窗口中。选中窗户 2 实例，用鼠标右键在“动作”面板的“脚本窗口”中单击，在弹出的菜单中选择“粘贴”命令，粘贴脚本语言，将第 2 行中的字母“a”改为字母“e”，如图 14-20 所示。

Step 10 在“库”面板中新建一个影片剪辑元件“06 梳妆台”，舞台窗口也随之转换为“06 梳妆台”元件的舞台窗口。将“库”面板中的按钮元件“梳妆台”拖曳到舞台窗口中。选中梳妆台实例，用鼠标右键在“动作”面板的“脚本窗口”中单击，在弹出的菜单中选择“粘贴”命令，粘贴脚本语言，将第 2 行中的字母“a”改为字母“f”，如图 14-21 所示。

```
1  on (press) {
2      startDrag("/e");
3
4  }
5  on (release) {
6      stopDrag();
7
8  }
9
```

图 14-20

```
1  on (press) {
2      startDrag("/f");
3
4  }
5  on (release) {
6      stopDrag();
7
8  }
9
```

图 14-21

14.1.3 编辑影片剪辑

Step 01 单击“时间轴”面板下方的“场景 1”图标 场景 1，进入“场景 1”的舞台窗口。将“图层 1”重新命名为“室内”。将“Ch14 > 素材 >制作家居组合游戏> 07”文件导入到舞台窗口中，放置在舞台窗口的右上方，效果如图 14-22 所示。

Step 02 选择“文本”工具 T，在文本“属性”面板中进行设置，在舞台窗口中输入白色文字“移动家具到喜欢的位置 布置一个漂亮温馨的家”，将文字放置在底图的右下角，效果如图 14-23 所示。

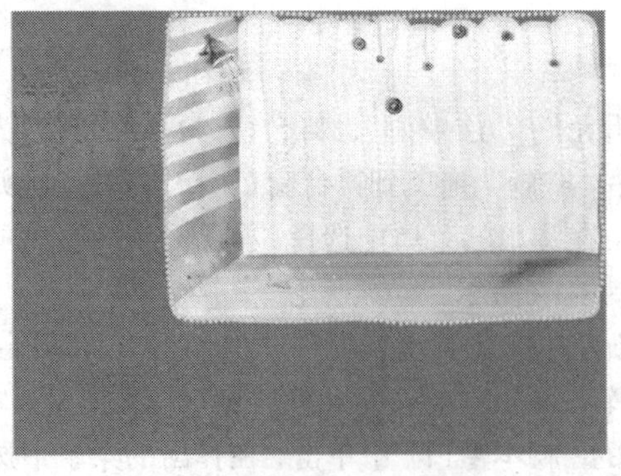

图 14-22

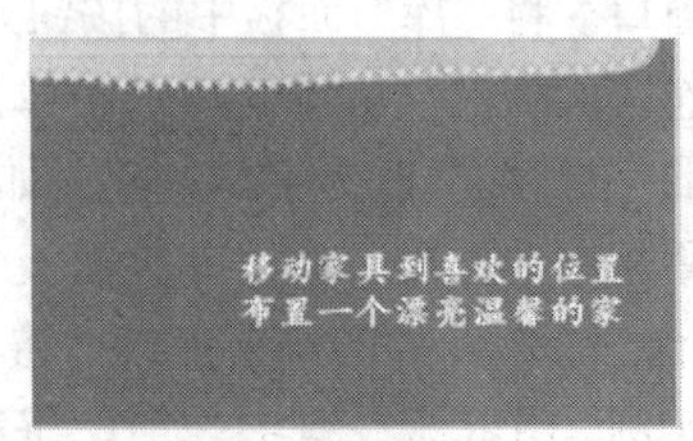

图 14-23

Step 03 在“时间轴”面板中创建新图层并将其命名为“家具”。将“库”面板中的影片剪辑元件“06 梳妆台”拖曳到舞台窗口中，并将其放置在室内图片的左上侧。选择影片剪辑“属性”面板，在“实例名称”选项的文本框中输入“f”，如图 14-24 所示，“06 梳妆台”实例的效果如图 14-25 所示。

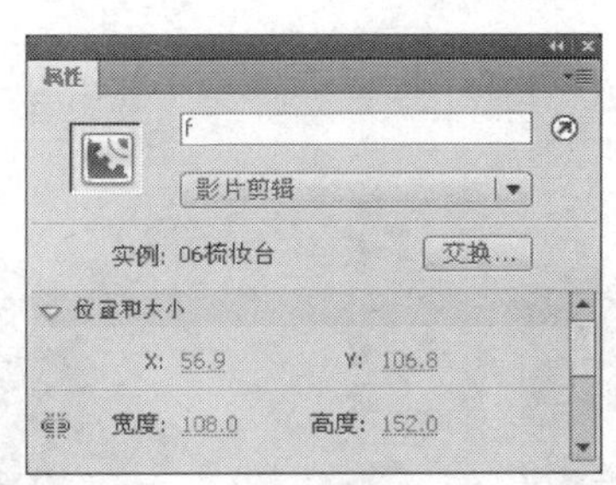

图 14-24

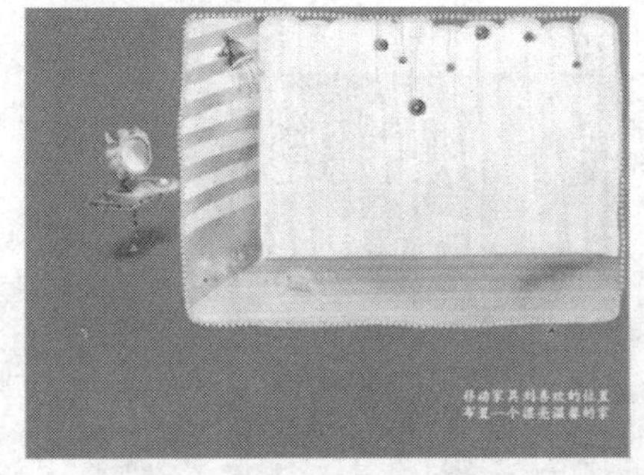
图 14-25

Step 04 将“库”面板中的影片剪辑元件“05 窗户 2”拖曳到舞台窗口中，并将其放置在梳妆台的左下方，选择影片剪辑“属性”面板，在“实例名称”选项的文本框中输入“e”，如图 14-26 所示，“05 窗户 2”实例的效果如图 14-27 所示。

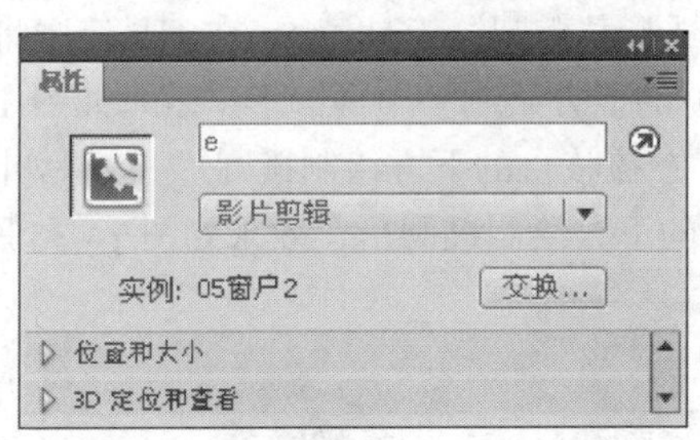

图 14-26

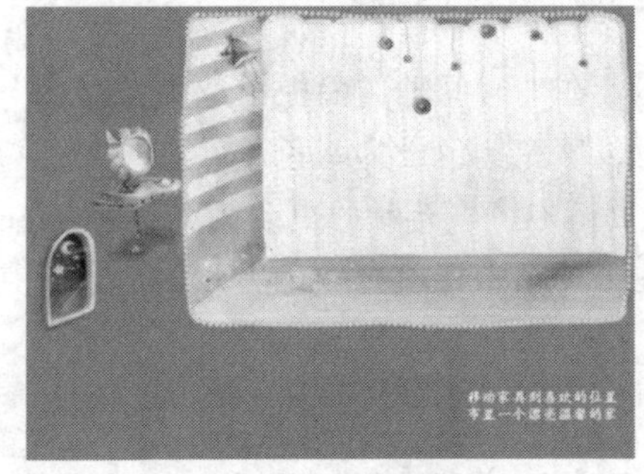
图 14-27

Step 05 将“库”面板中的影片剪辑元件“04 窗户 1”拖曳到舞台窗口中，并将其放置在梳妆台的左上方，选择影片剪辑“属性”面板，在“实例名称”选项的文本框中输入“d”，如图 14-28 所示，“04 窗户 1”实例的效果如图 14-29 所示。

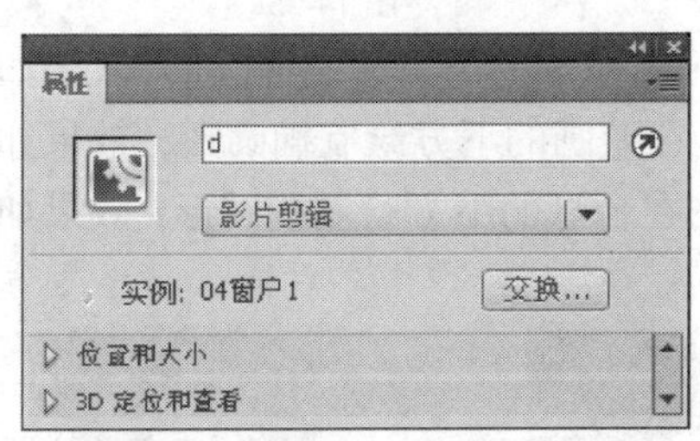

图 14-28

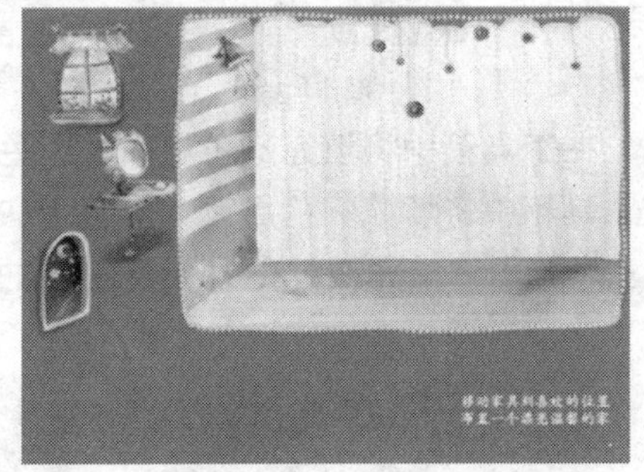
图 14-29

Step 06 将“库”面板中的影片剪辑元件“03 壁画”拖曳到舞台窗口中，并将其放置在室内图片的左下方，选择影片剪辑“属性”面板，在“实例名称”选项的文本框中输入“c”，“03 壁画”实例的效果如图 14-30 所示。

Step 07 将“库”面板中的影片剪辑元件“02 台灯”拖曳到舞台窗口中，并将其放置在壁画的右侧，选择影片剪辑“属性”面板，在“实例名称”选项的文本框中输入“b”，“02 台灯”实例的效果如图 14-31 所示。

Step 08 将“库”面板中的影片剪辑元件“01 床”拖曳到舞台窗口中，并将其放置在壁画的左侧，选择影片剪辑“属性”面板，在“实例名称”选项的文本框中输入“a”，“01 床”实例的效果如图 14-32 所示。

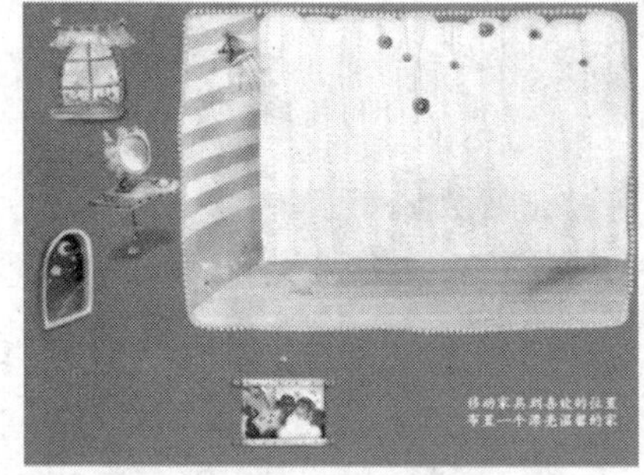

图 14-30

图 14-31

图 14-32

14.1.4 绘制装饰图形

Step 01 在“时间轴”面板中选中“室内”图层。选择“椭圆”工具，在工具箱中将笔触颜色设为无，填充颜色设为绿色（#CCFF66），在窗户 1 的下方绘制一个椭圆形，效果如图 14-33 所示。在工具箱中将填充颜色更改为天蓝色（#66FFFF），在梳妆台的下方绘制椭圆形，效果如图 14-34 所示。在工具箱中将填充颜色更改为白色，在窗户 2 的下方绘制椭圆形，效果如图 14-35 所示。

图 14-33

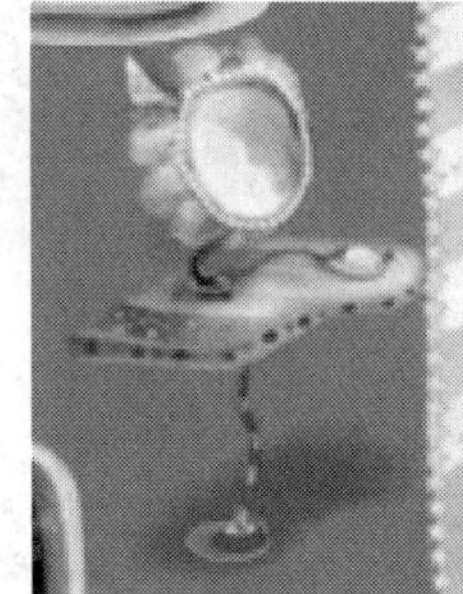

图 14-34

图 14-35

Step 02 在工具箱中将填充颜色更改为紫色（#9900FF），在床的下方绘制椭圆形，效果如图 14-36 所示。在工具箱中将填充颜色更改为褐色（#996600），在壁画的下方绘制椭圆形，效果如图 14-37 所示。在工具箱中将填充颜色更改为黄色（#F9AE6C），在台灯的下方绘制椭圆形，效果如图 14-38 所示。

图 14-36

图 14-37

图 14-38

Step 03 舞台窗口中的效果如图 14-39 所示。家居组合游戏制作完成，按 Ctrl+Enter 组合键即可查看效果。

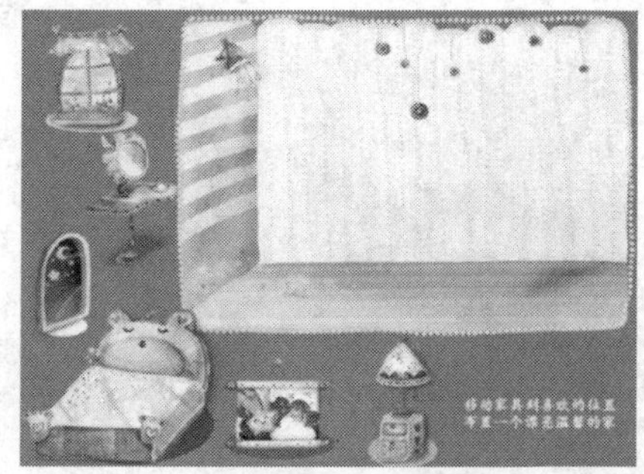

图 14-39

14.2 制作数码产品网页

案例知识要点：使用矩形工具和颜色面板绘制白色条图形，使用复制帧和粘贴帧命令制作手机切换效果，使用文本工具添加说明文字效果，效果如图 14-40 所示。

效果所在位置：光盘/Ch14/效果/制作数码产品网页.fla。

图 14-40

14.2.1 导入图片并绘制白色条图形

Step 01 选择“文件 > 新建”命令，在弹出的“新建文档”对话框中选择“Flash 文件”选项，单击“确定”按钮，进入新建文档舞台窗口。按 Ctrl+F3 组合键，弹出文档“属性”面板，单击面板中的“编辑”按钮 编辑... ，弹出“文档属性”对话框，将舞台窗口的宽设为 650，高设为 400，将背景颜色设为浅灰色（#E7E7E7），单击“确定”按钮，改变舞台窗口的大小。

Step 02 选择“文件 > 导入 > 导入到库”命令，在弹出的“导入到库”对话框中选择“Ch14 > 素材 > 制作数码产品网页 > 菜单.ai、电脑 1.png、电脑 2.png、电脑 3.png、电脑 4.png、绿色块.ai、模糊.png”文件，单击“打开”按钮，弹出提示对话框，单击“确定”按钮，文件被导入到“库”面板中，如图 14-41 所示。

Step 03 在“库”面板下方单击“新建元件”按钮，弹出“创建新元件”对话框，在“名称”选项的文本框中输入“白色条”，在“类型”选项的下拉列表中选择“图形”选项，单击“确定”

按钮，新建图形元件“白色条”，如图 14-42 所示，舞台窗口也随之转换为图形元件的舞台窗口。

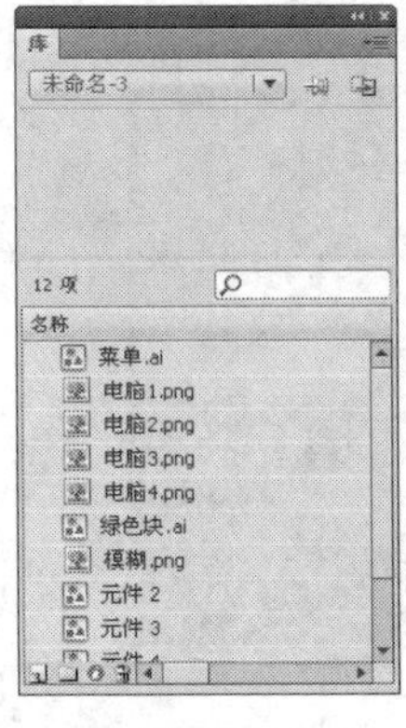

图 14-41

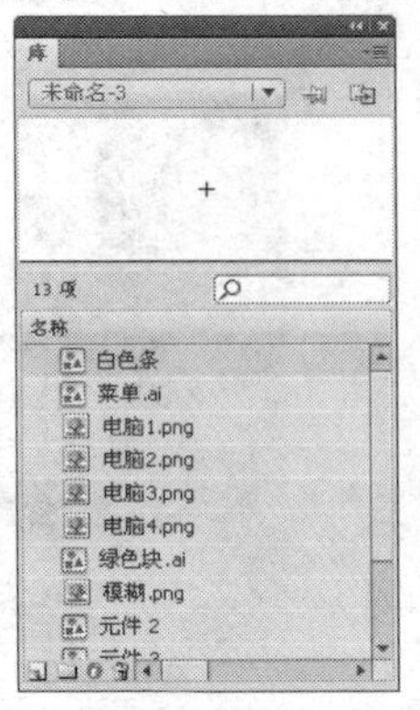

图 14-42

Step 04 选择“窗口 > 颜色”命令，弹出“颜色”面板，将填充色设为白色，“Alpha”选项设为 50%，选择“矩形”工具，在工具箱中将笔触颜色设为无，在舞台窗口中绘制一个矩形。选中矩形，调出形状“属性”面板，将“宽度”和“高度”选项分别设为 48、365，舞台窗口中的效果如图 14-43 所示。

Step 05 单击“新建元件”按钮，新建影片剪辑元件“白色条动 1”。将“库”面板中的图形元件“白色条”拖曳到舞台窗口中，效果如图 14-44 所示。

Step 06 分别选中“图层 1”的第 80 帧、第 160 帧，按 F6 键，在选中的帧上插入关键帧。选中“图层 1”的第 80 帧，在舞台窗口中选中“白色条”实例，按住 Shift 键的同时，将其水平向右拖曳到合适的位置，效果如图 14-45 所示。

Step 07 分别用鼠标右键单击“图层 1”的第 1 帧、第 80 帧，在弹出的菜单中选择“创建传统补间”命令，生成传统动作补间动画，如图 14-46 所示。

Step 08 用 Step05 到 Step07 的方法制作影片剪辑元件“白色条动 2”，“白色条”实例的运动方向与“白色条动 1”中的“白色条”实例运动方向相反。

图 14-43　　图 14-44　　图 14-45

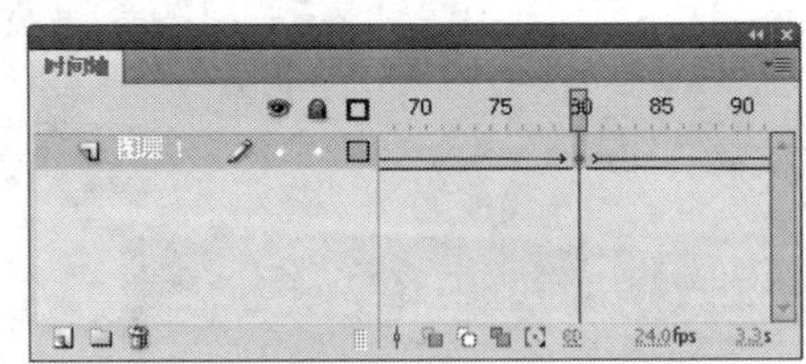

图 14-46

14.2.2 制作电脑自动切换效果

Step 01 单击“新建元件”按钮，新建影片剪辑元件“电脑切换”。将“图层 1”重新命名为“电脑 1”。将“库”面板中的位图“电脑 1”拖曳到舞台窗口中心位置，效果如图 14-47 所示。选中“电脑 1”图层的第 15 帧，按 F5 键，在该帧上插入普通帧。

Step 02 单击“时间轴”面板下方的“新建图层”按钮，创建新图层并将其命名为“电脑 2”。选中“电脑 2”图层的第 18 帧，在该帧上插入关键帧。将“库”面板中的位图“电脑 2”拖曳到舞台窗口中心位置。选中“电脑 2”图层的第 32 帧，在该帧上插入普通帧，如图 14-48 所示。

图 14-47

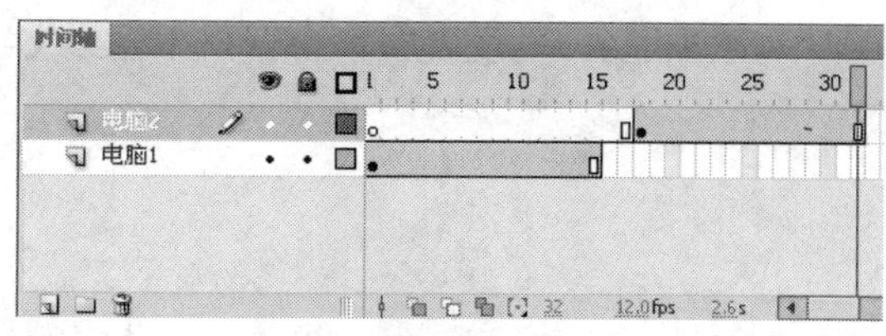
图 14-48

Step 03 在“时间轴”面板中创建新图层并将其命名为“电脑 3”。选中“电脑 3”图层的第 35 帧，在该帧上插入关键帧。将“库”面板中的位图“电脑 3”拖曳到舞台窗口中心位置。选中“电脑 3”图层的第 49 帧，在该帧上插入普通帧，如图 14-9 所示。

Step 04 在“时间轴”面板中创建新图层并将其命名为“电脑 4”。选中“电脑 4”图层的第 52 帧，在该帧上插入关键帧。将“库”面板中的位图“电脑 4”拖曳到舞台窗口中心位置。选中“电脑 4”图层的第 66 帧，在该帧上插入普通帧，如图 14-50 所示。

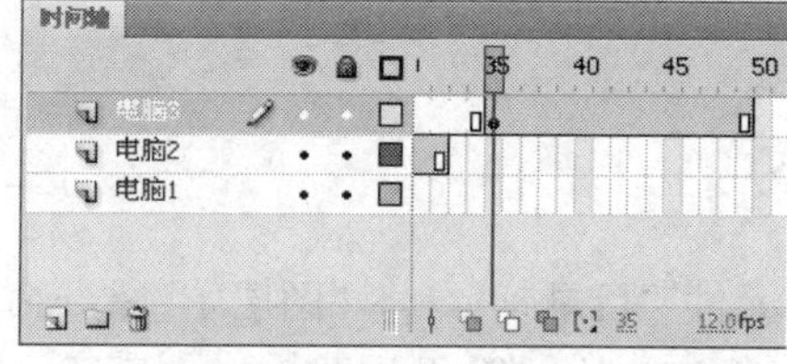
图 14-49

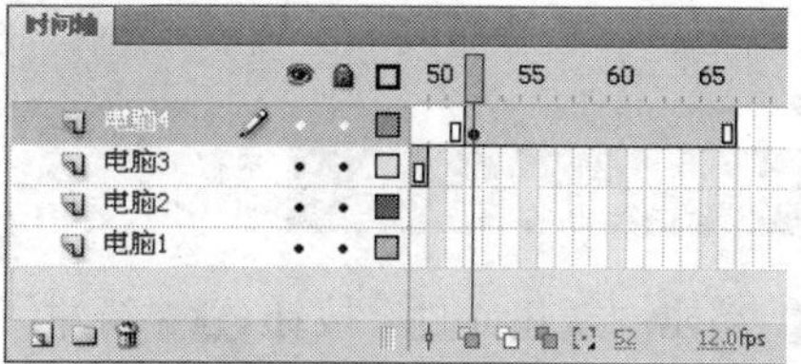
图 14-50

Step 05 在“时间轴”面板中创建新图层并将其命名为“模糊”。分别选中“模糊”图层的第 16 帧、第 18 帧，在选中的帧上插入关键帧。选中“模糊”图层的第 16 帧，将“库”面板中的位图“模糊”拖曳到舞台窗口中心位置，“时间轴”面板上的效果如图 14-51 所示。

Step 06 选中“模糊”图层的第 16 帧到第 18 帧，用鼠标右键单击被选中的帧，在弹出的菜单中选择“复制帧”命令，将其复制。分别用鼠标右键单击“模糊”图层的第 33 帧、第 50 帧、第 67 帧，在弹出的菜单中选择“粘贴帧”命令，将复制出来的帧粘贴到被选中的帧中。选中“模糊”图层的第 69 帧到第 72 帧，用鼠标右键单击被选中的帧，在弹出的菜单中选择“删除帧”命令，将其删除，“时间轴”面板上的效果如图 14-52 所示。

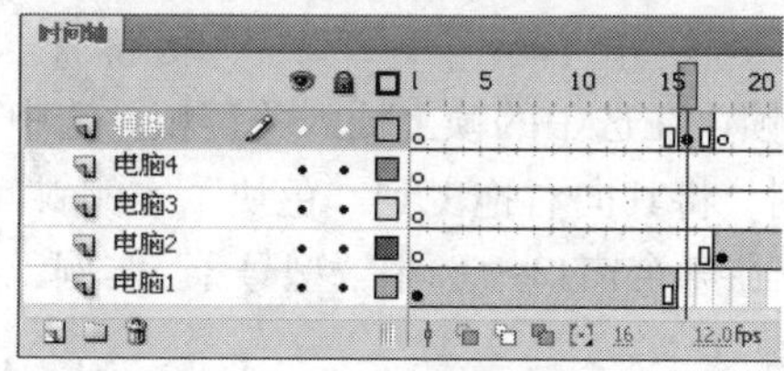
图 14-51

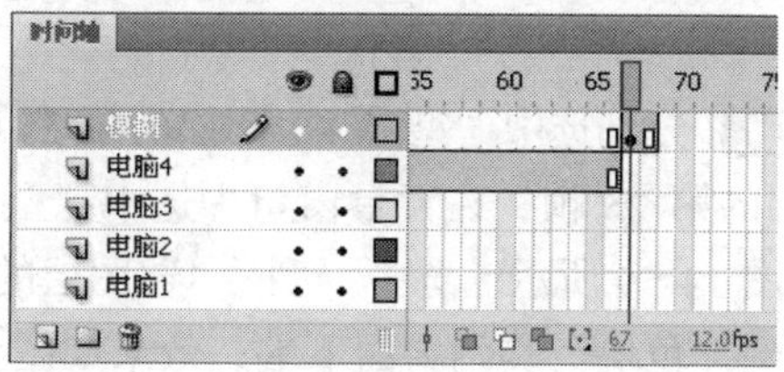
图 14-52

14.2.3 制作型号图形元件

Step 01 单击“新建元件”按钮，新建图形元件“型号 1”。选择“文本”工具，在文本“属性”面板中进行设置，在舞台窗口中输入需要的灰色（#8E8E8E）文字，效果如图 14-53 所示。

Step 02 单击“新建元件”按钮，新建图形元件“型号 2”。选择“文本”工具，用 Step01 的设置在舞台窗口中输入需要的文字，效果如图 14-54 所示。

Step 03 单击“新建元件”按钮，新建图形元件“型号 3”。选择“文本”工具，用 Step01

的设置在舞台窗口中输入需要的文字。单击“新建元件”按钮，新建图形元件“型号 4”。选择“文本”工具，用 Step01 的设置在舞台窗口中输入文字“KT-5620”，“库”面板中的效果如图 14-55 所示。

图 14-53

图 14-54

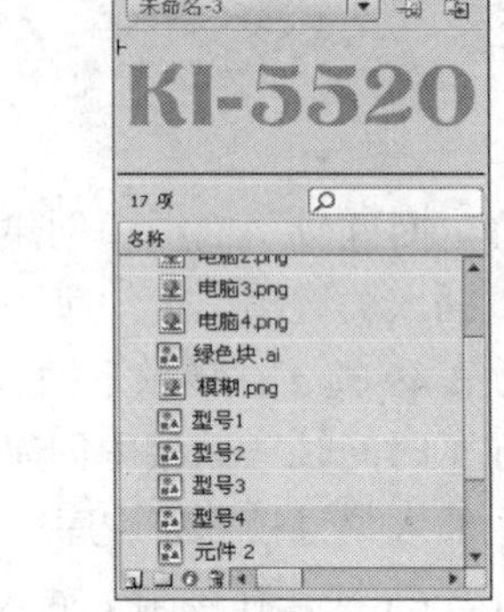

图 14-55

14.2.4 制作目录动的效果

Step 01 单击“新建元件”按钮，新建影片剪辑元件“目录动”。将“图层 1”重新命名为“色块”。将“库”面板中的图形元件“元件 7”拖曳到舞台窗口中，效果如图 14-56 所示。选择“文本”工具，在文本“属性”面板中进行设置，在舞台窗口中输入需要的绿色（#99CC00）文字，效果如图 14-57 所示。选中“色块”图层的第 102 帧，在该帧上插入普通帧。

Step 02 在“时间轴”面板中创建新图层并将其命名为“型号 1”。将“库”面板中的图形元件“型号 1”拖曳到舞台窗口中，选择“任意变形”工具，将文字适当旋转，使其与“色块”实例斜面平行，并将文字放置到“色块”实例斜面下端外侧，效果如图 14-58 所示。

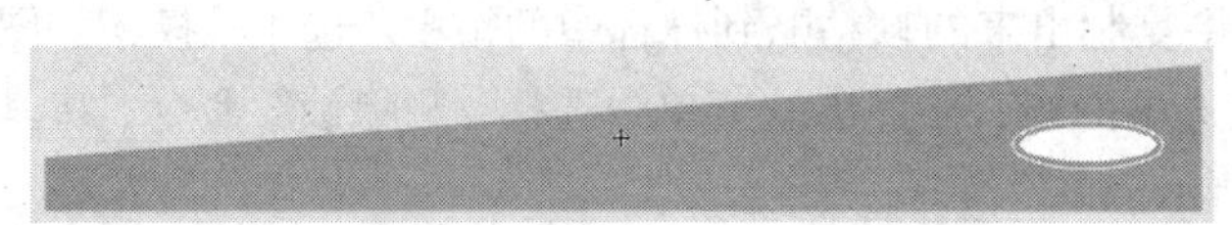

图 14-56

图 14-57

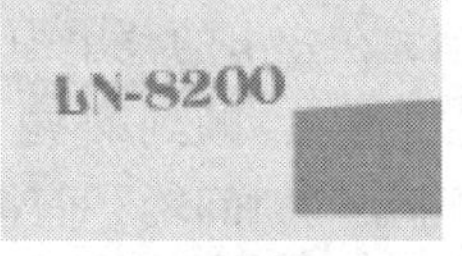

图 14-58

Step 03 分别选中“型号 1”图层的第 25 帧、第 35 帧，在选中的帧上插入关键帧。选中“型号 1”图层的第 25 帧，在舞台窗口中选中“型号 1”实例，将其向右拖曳到“色块”实例斜面上端，效果如图 14-59 所示。选中“型号 1”图层的第 35 帧，在舞台窗口中选中“型号 1”实例，将其向右拖曳到“色块”实例斜面下端，效果如图 14-60 所示。

图 14-59

图 14-60

Step 04 用鼠标右键单击“型号 1”图层的第 1 帧、第 25 帧，在弹出的菜单中选择“创建传统补间”命令，生成传统动作补间动画，如图 14-61 所示。选中“型号 1”图层的第 25 帧，在帧“属性”面板中选择“补间”选项组，将“缓动”选项设为 100，如图 14-62 所示。

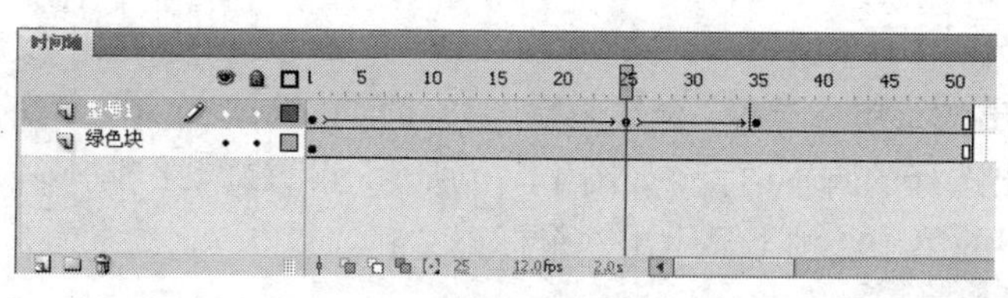

图 14-61

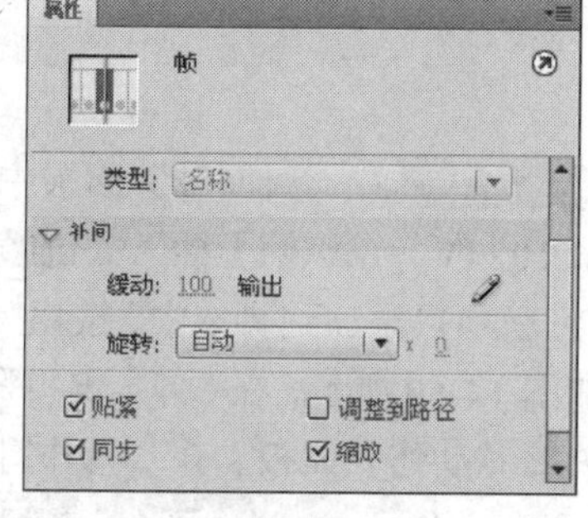

图 14-62

Step 05 在“时间轴”面板中创建新图层并将其命名为“型号 2”。选中“型号 2”图层的第 6 帧，在该帧上插入关键帧。将“库”面板中的图形元件“型号 2”拖曳到舞台窗口中，选择“任意变形”工具，将文字适当旋转，使其与“色块”实例斜面平行，并将文字放置到“色块”实例斜面下端外侧，效果如图 14-63 所示。

Step 06 分别选中“型号 2”图层的第 30 帧、第 40 帧，在选中的帧上插入关键帧。选中“型号 2”图层的第 30 帧，在舞台窗口中选中“型号 2”实例，将其向右拖曳到“色块”实例斜面上端，效果如图 14-64 所示。

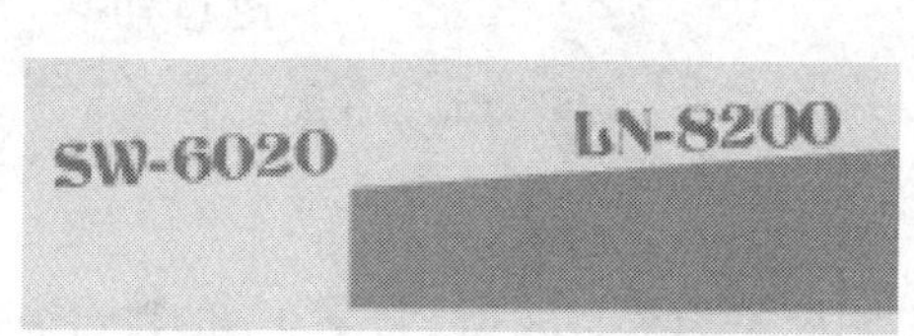

图 14-63

图 14-64

Step 07 选中“型号 2”图层的第 40 帧，在舞台窗口中选中“型号 2”实例，将其向右拖曳到“型号 1”右侧，效果如图 14-65 所示。

Step 08 用鼠标右键单击“型号 2”图层的第 6 帧、第 30 帧，在弹出的菜单中选择“创建传统补间”命令，生成传统动作补间动画，如图 14-66 所示。选中“型号 2”图层的第 30 帧，在帧“属性”面板中选择“补间”选项组，将“缓动”选项设为 100。

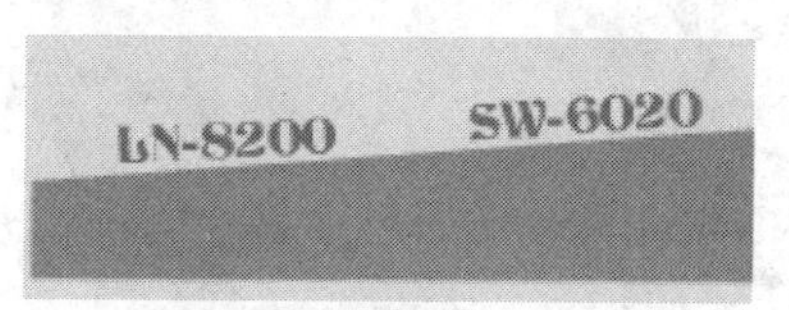

图 14-65

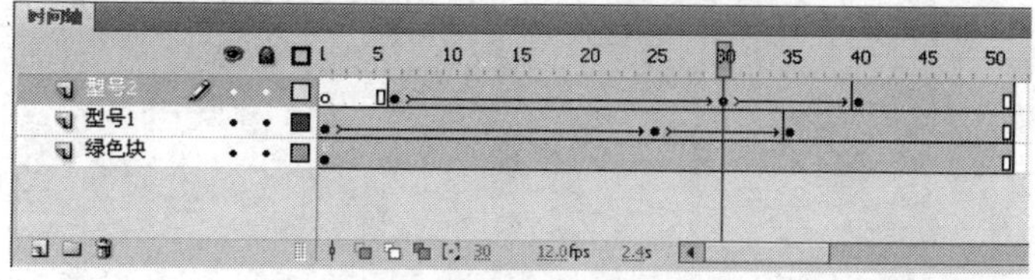

图 14-66

Step 09 在“时间轴”面板中创建两个新图层并分别命名为“型号 3”、“型号 4”。分别选中“型号 3”图层的第 11 帧、“型号 4”图层的第 16 帧，在选中的帧上插入关键帧。分别将“库”面板中的图形元件“型号 3”、“型号 4”拖曳到与其名称对应的舞台窗口中，用 Step06 到 Step08 的方法分别对两个图层进行操作，效果如图 14-67 所示。“时间轴”面板上的效果如图 14-68 所示。

图 14-67

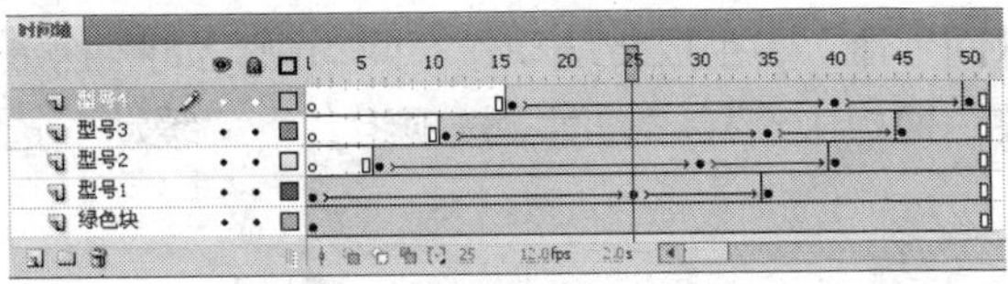

图 14-68

Step 10 在“时间轴”面板中创建新图层并将其命名为“动作脚本”。选中“动作脚本”图层的第 102 帧，在该帧上插入关键帧。选择“窗口 > 动作”命令，弹出“动作”面板。在面板中单击“将新项目添加到脚本中”按钮，在弹出的菜单中选择“全局函数 > 时间轴控制 > stop”命令，如图 14-69 所示，在“脚本窗口”中显示出选择的脚本语言，如图 14-70 所示。设置好动作脚本后，关闭“动作”面板。在“动作脚本”图层的第 102 帧上显示出一个标记“a”。

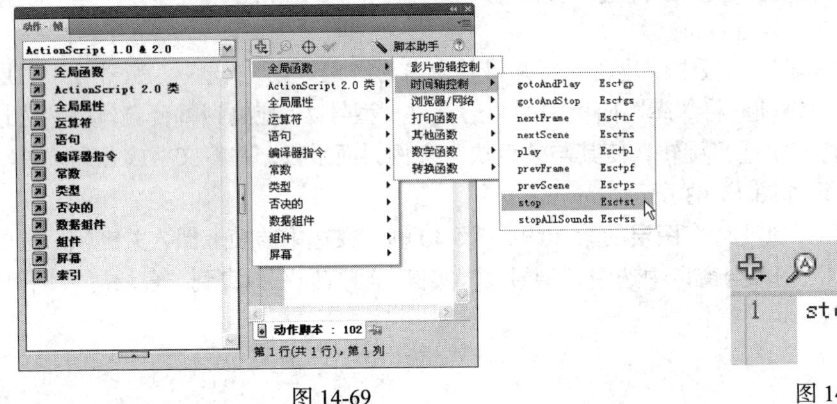

图 14-69

```
1    stop();
```

图 14-70

14.2.5 制作动画效果

Step 01 单击“时间轴”面板下方的“场景 1”图标，进入“场景 1”的舞台窗口。将“图层 1”重新命名为“白色条”。将“库”面板中的影片剪辑元件“白色条动 1”向舞台窗口中拖曳 3 次，并分别放置到合适的位置，效果如图 14-71 所示。将“库”面板中的影片剪辑元件“白色条动 2”向舞台窗口中拖曳 4 次，并分别放置到合适的位置，效果如图 14-72 所示。

图 14-71

图 14-72

Step 02 在“时间轴”面板中创建新图层并将其命名为“目录动”。将“库”面板中的影片剪辑元件“目录动”拖曳到舞台窗口中，效果如图 14-73 所示。

Step 03 在“时间轴”面板中创建新图层并将其命名为“电脑”。将“库”面板中的影片剪辑元件“电脑切换”拖曳到舞台窗口中，效果如图 14-74 所示。

图 14-73

图 14-74

Step 04 在“时间轴”面板中创建新图层并将其命名为“菜单”。将“库”面板中的图形“菜单”拖曳到舞台窗口中，如图 14-75 所示。在“时间轴”面板中创建新图层并将其命名为“文字”。选择“矩形”工具，在矩形“属性”面板中，将“笔触颜色”选项设为白色，“笔触高度”选项设为 2，“填充颜色”选项设为绿色（#8FBF00）。调出“颜色”面板，将“Alpha”选项设为 40，如图 14-76 所示。

Step 05 分别在舞台窗口的左侧绘制 3 个矩形，效果如图 14-77 所示。选择“文本”工具，在文本“属性”面板中进行设置，在舞台窗口中分别输入需要的白色说明文字，效果如图 14-78 所示。数码产品网页效果制作完成，按 Ctrl+Enter 组合键即可查看效果。

图 14-75

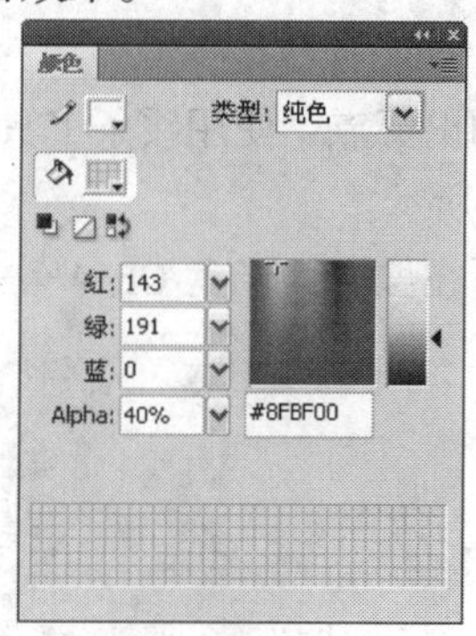

图 14-76

图 14-77

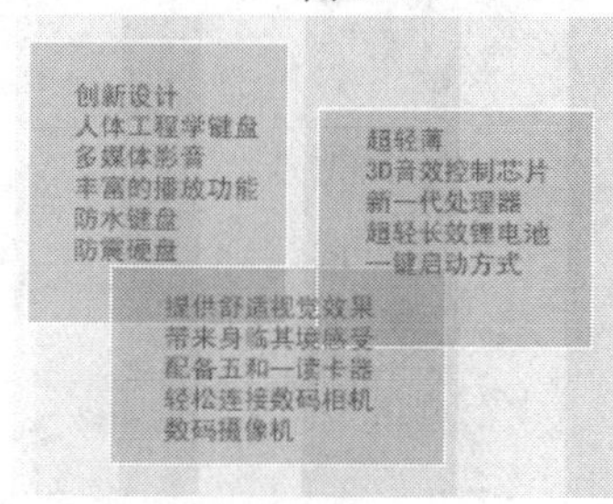

图 14-78

14.3 课堂练习——制作汉堡包游戏

练习知识要点：使用椭圆工具和按钮元件制作鼠标效果，使用文本工具制作成绩和时间效果，使用动作面板设置脚本语言，如图 14-79 所示。

效果所在位置：光盘/Ch14/效果/制作汉堡包游戏. fla。

图 14-79

14.4 课后习题——制作汽车宣传广告

习题知识要点：使用线条工具和引导层命令制作汽画动画效果，使用文本工具添加说明文字，如图 14-80 所示。

效果所在位置：光盘/Ch14/效果/制作汽车宣传广告. fla。

图 14-80